战略性新兴领域“十四五”高等教育系列教材

反铲液压挖掘机

主　编　史青录　王爱红
副主编　要志斌　董洪全
参　编　赵玲瑛　章　新　任亚峰
　　　　智晋宁　孙小娟　李　捷

机械工业出版社

本书是作者长期以来在工程机械方面教学与科研经验和成果的结晶，面向工程机械主要机种——反铲液压挖掘机的正向研发和智能化技术，从整体结构特点、工作原理及工程应用角度出发，详细介绍了液压挖掘机的发展概况与技术现状，系统阐述了动力系统、工作装置、回转驱动装置、回转支承、行走装置、液压系统、自动控制系统及智能化技术的结构特点、工作原理、设计理论和方法、性能分析手段，以及现代挖掘机上采用的国际领先技术，列出了一系列分析计算公式，给出了通过自行研发的综合性能分析软件对实例机型的相关性能进行的验证示例，以及具有工程指导价值的分析结果。

本书可作为高等院校机械类相关专业本科生的专业课程教材，也可供机械类专业的研究生以及工程机械行业液压挖掘机研发部门的专业技术人员参考。

图书在版编目（CIP）数据

反铲液压挖掘机 / 史青录，王爱红主编. -- 北京 : 机械工业出版社，2024. 10. --（战略性新兴领域“十四五”高等教育系列教材）. -- ISBN 978-7-111-77156-2

Ⅰ. TU621

中国国家版本馆 CIP 数据核字第 20241RQ914 号

机械工业出版社（北京市百万庄大街 22 号　邮政编码 100037）

策划编辑：徐鲁融　　责任编辑：徐鲁融　王　良

责任校对：张　薇　牟丽英　　封面设计：王　旭

责任印制：刘　媛

涿州市般润文化传播有限公司印刷

2024 年 12 月第 1 版第 1 次印刷

184mm×260mm · 21.75 印张 · 537 千字

标准书号：ISBN 978-7-111-77156-2

定价：79.00 元

电话服务　　网络服务

客服电话：010-88361066　　机　工　官　网：www.cmpbook.com

010-88379833　　机　工　官　博：weibo.com/cmp1952

010-68326294　　金　书　网：www.golden-book.com

机工教育服务网：www.cmpedu.com

PREFACE 前言

反铲液压挖掘机是各类土石方和基础设施建设中最为常见的主要机种之一，是体现国家科技水平的重大技术装备，其品种日益增多，设计和制造技术不断更新，使用范围不断扩大。本书面向工程机械的正向研发和智能化发展，从反铲液压挖掘机的结构特点、工作原理及工程应用角度出发，详细介绍了其发展概况与技术现状，重点对反铲液压挖掘机的设计理论和性能分析方法进行了系统性阐述，推导了一系列详细的分析计算公式，给出了总体结构、工作装置、回转和行走装置以及液压系统的具体设计方法和步骤。

全书共分为10章。第1章为绪论，主要介绍挖掘机的发展历史、应用领域、生产情况、技术现状及发展趋势。第2章介绍反铲液压挖掘机的总体结构特点、工作原理、总体方案和主要参数设计方法。第3章重点讲述反铲液压挖掘机工作装置的结构特点和设计方法，推导了基于三维空间的运动分析方程、主要工作尺寸分析计算公式，介绍了作业范围及挖掘包络图的绘制方法和分析技术，以及反铲液压挖掘机典型工作装置的设计方法。第4章利用矩阵矢量方法给出了反铲液压挖掘机整机最大理论挖掘力的分析计算公式、挖掘云图的计算机绘制方法，并通过作者研发的“EXCAB_T”软件对实例机型进行了数字映像及大数据统计分析，阐述了进行整机挖掘性能分析并提升整机挖掘性能的计算机可视化方法，介绍了整机最大理论挖掘力的确定方法。第5章阐述了回转平台、回转支承及回转驱动装置的结构特点、回转支承的可视化动态选型技术及回转驱动装置的设计方法。第6章介绍了履带式和轮胎式液压挖掘机的行走机构结构特点和工作原理，以及履带式行走驱动装置的设计方法。第7章介绍了整机稳定性的分析计算方法，推导了典型工况的稳定性分析计算公式，并介绍了最不稳定姿态的确定方法。第8章介绍了利用空间力学原理和矩阵矢量方法对反铲液压挖掘机各部件进行的受力分析和对工作装置各铰接点、转台及履带进行空间受力分析的计算公式，介绍了用有限元方法对主要结构件进行强度分析的方法和步骤，以及破碎工况下工作装置的动态特性和疲劳寿命分析计算方法。第9章针对反铲液压挖掘机的液压系统进行了全面阐述，对当今采用的先进节能控制系统进行了详细分析，介绍了挖掘机液压系统的主要类型、基本回路及特殊回路的组成和工作原理，以及挖掘机液压系统设计及性能分析的基本方法和过程。第10章介绍了近年来在液压挖掘机上采用的新能源动力技术、自动控制技术及智能化技术。

本书以新工科建设为中心，面向工程机械正向研发的理论与技术以及智能化领域卓越工程师人才培养需求，融合了数学、力学、机构学、机械原理、机械设计、液压传动与控制、计算机软件技术、自动控制与智能化技术等多学科领域的知识，体现了自然科学与专业基础知识的综合应用，兼备了基础性、理论性、实用性、系统性和前瞻性。

本书编者均来自太原科技大学，由史青录、王爱红任主编，负责本书的组织规划、内容制订和全书统稿。本书的具体编写分工如下：史青录和王爱红教授编写第 1、2 章，任亚峰副教授编写第 3 章，赵玲瑛博士编写第 4、8 章，孙小娟和李捷副教授编写第 5 章，章新副教授编写第 6 章，智晋宁教授编写第 7 章，董洪全副教授编写第 9 章，要志斌副教授编写第 10 章。

秉承工程机械行业前辈和专家严谨的治学作风，在太原科技大学工程机械教研室全体老师及相关研究生的辛勤劳动和付出，以及与行业企业徐工、詹阳动力、柳工、中联重科等的深度合作的基础上，编者经过了长期学习、深入探索和不断积累得以完成本书。太原科技大学高有山教授和北京信息科技大学林慕义教授作为主审。对本书提出了宝贵的意见。在此向各位前辈、专家及行业同仁致以深深的谢意！

限于编者水平，书中缺点和不足之处在所难免，敬请广大读者批评指正。

编　者

CONTENTS

目 录

第1章 绪论

1.1 挖掘机械的发展历史

1.1.1 国外发展历史

挖掘机是工程建筑机械的主要机种，是各类土石方施工工程的主要设备，它包含了各种类型与功能的机型，其雏形最早可追溯到16世纪的意大利，当时被用于威尼斯运河的疏浚工作，模拟人的掘土工作。以蒸汽机驱动的“动力铲”则诞生于19世纪（1836年），早期的挖掘机如图1-1所示，发展至今已有近200年的历史。

a) 早期的轨道式挖掘机(1920年)

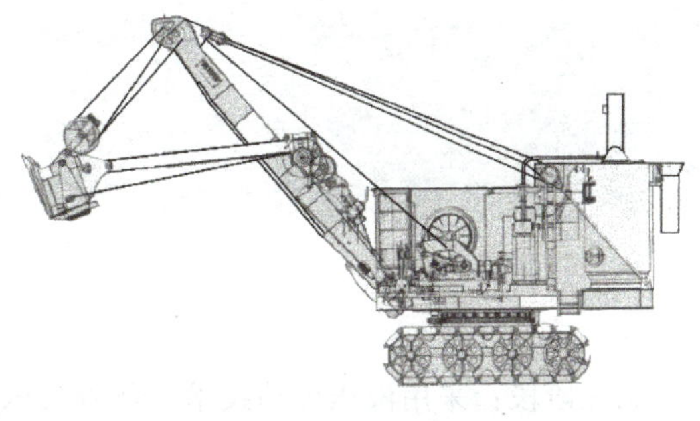

b) 早期的履带式挖掘机(1929年)

图1-1 蒸汽机驱动的单斗机械挖掘机（图片来自DEMAG公司的产品样本）

国际上，从20世纪60年代起，随着液压技术的发展，液压挖掘机在工程机械上得到了广泛应用并进入快速发展阶段，各国液压挖掘机制造厂和品种随之也得到快速增加。1968—1970年间，全球液压挖掘机的产量已占挖掘机总产量的83%，其余为机械式挖掘机。目前，液压挖掘机已成为拥有多种机型、多系列的成熟产品，其设计理论和手段、制造技术、性能分析技术也日臻完善，其产品在国际市场上占主导地位。

随着工业和科学技术的不断发展，挖掘机从早期的以简单正铲为代表的机械式挖掘机，发展到当今以采用液压和电力技术以及复杂控制技术为特征的单斗液压挖掘机和多斗液压挖掘机，在结构、材料、工艺、用途及性能等各个方面都取得了惊人的进步，但由于其作业对象相对未变，因而其基本工作原理至今未有明显的改变，只是在原工作装置基础上增加了部分配套机具，其使用范围得以扩大。而动力装置、传动系统及控制方式的不断革新则基本上反映了挖掘机发展的几个典型阶段。

第一阶段：蒸汽机驱动。以蒸汽机驱动的单斗机械式挖掘机从发明到广泛应用大约经历了 100 年左右。该机型初期主要用于开挖运河和修建铁路，而后逐渐扩展到采矿业和建筑业，其结构由轨道行走的半回转式，发展到履带行走的全回转式，如图 1-1 所示。

第二阶段：内燃机或电动机驱动。内燃机或电动机驱动的单斗挖掘机发展于 20 世纪初。其中，电动机驱动主要用于露天采矿的大型机械式挖掘机上，其专设输电线路提供电力。由于技术原因，其电器及控制系统长期采用晶闸管和直流电动机技术，目前这一技术已被交流变频电动机及其控制系统所取代。电动机驱动机械式挖掘机具有作业效率高、使用经济性好等优点，但也具有相对重量大、机动性差、工作装置运动特性不能很好地满足作业要求且操作灵活性差等缺点，目前只用于大型机械式正铲挖掘机上，如图 1-2 所示，在中小型液压挖掘机上则基本上采用内燃机驱动。第一次世界大战后，汽油机和柴油机先后用于轮胎式与履带式单斗挖掘机上，大大改善了挖掘机的机动性和灵活性，并扩大了其使用范围，如图 1-3 所示。但近年来，随着能源和环境问题的日益严峻，电动机驱动取代内燃机驱动已成为必然趋势。

图 1-2　美国 P-H 公司的大型机械式电铲

（图片来源于网络资源）

图 1-3　柴油机驱动的单斗机械挖掘机

（图片来自 DEMAG 公司 1952 年的产品样本）

第三阶段：采用液压传动技术。随着液压传动技术的迅速发展，20 世纪 50 年代初，挖掘机上开始采用液压传动技术，并且由半液压传动发展到全液压传动（图 1-4、图 1-5）。20 世纪 60 年代初期，液压挖掘机产量只占挖掘机总产量的 15%，但到了 20 世纪 70 年代初期，其产量已占到了总产量的 90% 左右，其传动型式的液压化是由传统的机械传动到现代传动的一次跃进。近几十年来，应用于工程建设的反铲挖掘机几乎全部采用液压传动。与此同时，斗轮挖掘机、轮斗挖沟机、铣切式挖掘机的工作装置和臂架升降等部分也采用液压传动，大型矿用挖掘机在基本传动型式不变的情况下，其工作装置也采用液压驱动。近年来，随着液压元件性能的提高，液压系统进一步实现了高压化，系统最高压力达到 35～40MPa，使得系统重量更轻、传动能力更大、灵敏度和传动效率更高。

第四阶段：改善操控方式。操作控制方式的不断革新，使挖掘机由简单的机械杠杆操纵发展到液压操纵、气压操纵、液压伺服操纵、电液伺服操纵，大大减小了操作力并提高了操作的灵活性和精准性，减轻了挖掘机驾驶员的劳动强度。

图 1-4　早期的单斗液压挖掘机
（图片来自 DEMAG 公司 1954 年的产品样本）

图 1-5　当代的反铲液压挖掘机
（图片来自 CATERPILLAR 产品样本 CAT 330）

第五阶段：采用节能技术及精准作业技术。20 世纪 90 年代，随着电子计算机技术的发展和普遍使用，人们开始利用电子计算机综合控制技术对液压挖掘机进行节能控制和精准作业控制，以满足作业精准性、使用经济性及节能环保的要求。为此，世界各大主流厂商开发了各种节能控制技术，如负流控制技术、正流控制技术、负载敏感控制技术、发动机自动息速控制技术及计算机综合控制技术等，一方面降低了能耗和排放，改善了使用经济性，提高了整机可靠性，延长了使用寿命；另一方面提高了作业精度、施工质量和作业安全性，成为相当长一段时间内体现液压挖掘机技术水平的重要标志。

第六阶段：采用人机工程技术。采用人机工程技术改善了人机交互性和驾驶环境，并提高了作业安全性。在驾驶室内，一方面驾驶员可通过各种仪表盘观察到整机、发动机及其他关键零部件的运行状态等全方位信息，为驾驶员实时掌握挖掘机的运行状况提供了保障；另一方面，挖掘机采用了可调节、可加热的悬浮减振座椅、采暖通风技术及全封闭加压技术，使得驾驶室的振动和噪声大大降低，保证了驾驶室的空气清洁，提高了操作舒适性和作业效率。驾驶室不仅视野开阔，而且还可通过各种视觉传感器或摄像头收集机外多个区域的情况，同时还可通过 GPS 定位、无线通信、电子围墙等新技术监测机器的运行状态和周围环境，扩大并延伸了驾驶员的视野范围，提高了作业安全性和舒适性。

第七阶段：采用远程监控与智能化控制技术。近年来，利用 GPS 和激光导向与定位技术使操纵者在集中控制室内通过中央控制器远程监控若干台工程机械协调工作的全自动化作业技术已崭露头角，如图 1-6 所示。此外，信息化技术和远程故障诊断技术也在这一阶段相继出现。通过远程故障诊断系统，现场设备可与远程控制系统连接，交换挖掘机的运行状态及故障数据，工作人员可实时地对整机的状态进行监控或离线分析，进行维护保养或故障排除，提高了服务效率。

图 1-6　DOOSAN 挖掘机的远程操控

第八阶段：采用新能源动力技术。20

世纪末，由于环境污染和能源问题的日益突显，世界各国陆续对非道路柴油发动机排放实施限制，各自推出了严格的环保标准，促进了挖掘机新能源动力技术的发展。现阶段体现在挖掘机上的新能源技术有纯电动技术、氢燃料电池技术、氢燃料发动机技术、油电混合动力技术和液压混合动力技术等。

1）纯电动技术。在液压挖掘机上采用纯电动技术，即利用机载蓄电池或电网的电力代替传统的柴油机，可以实现液压挖掘机工作时的零排放，而且可以大幅降低噪声，并提高使用经济性。图 1-7 所示为采用外接电源驱动的 LIEBHERR R976 液压挖掘机，其电力来自于远程输电线路，通过变电系统输入到电动机，然后再通过液压传动系统将动力传递至执行元件。由于这种动力传输方式需要建设固定设施和专门的变电设备，机动性较差，因此该方式不适合经常需要转场作业的中小型挖掘机，目前主要用于大型露天矿用挖掘机。国外近年来部分纯电动液压挖掘机见表 1-1。

图 1-7 LIEBHERR R976 外接电源驱动液压挖掘机

（图片来自于 LIEBHERR 产品样本）

表 1-1 国外近年来部分纯电动液压挖掘机

时间	2018	2019	2019	2020	2021	2022	2022
厂家	JCB	KOMATSU	CATERPILLAR/Pon	JCB	LIEBHERR	CASE	VOLVO
型号	19C-1E	PC30E-5	CAT 323F Z-Line	220X	R976-E	580EV	ECR25
工作质量/kg	2000	4730	26000	22000	90550~97100	1300	2500

2）氢燃料电池技术。氢燃料电池是利用氢气与氧气发生化学反应产生电能以驱动电动机，并带动挖掘机的动力传动系统工作。工作时的唯一排放物是无污染的水，同时有热量放出。图 1-8 所示为 2020 年 7 月 JCB 发布的其首台 22t 氢燃料电池液压挖掘机 220X。为了保证氢气供应，JCB 开发了一种移动式加氢装置，可在现场加装氢气。但由于目前在成本、性能及耐久性等方面存在较大的难题，该种挖掘机尚未正式推广应用。为此国际上已有发动机制造厂商研究将柴油发动机改造为使用氢气运行的技术，并取得了良好效果。

3）氢燃料发动机技术。氢内燃机类似于传统发动机，是通过燃烧氢气产生动力，其主要排放物是水蒸气，从而进一步降低了大气污染。图 1-9 所示为 LIEBHERR 采用氢内燃机的 R9XX H2 液压挖掘机，据称，经过大量的测试，该机型与对应的柴油机型在功率输出、动力学特性和响应方面具有相同的综合性能，该机型在 2022 年第 13 届德国慕尼黑宝马展上获得了创新奖。但氢燃料发动机技术目前仍未完全成熟，尽管世界各大公司都在大力研发，但完全取代传统燃油发动机还需要较长时间。

4）混合动力技术。由于能源和环境压力以及目前纯电动技术的技术瓶颈，国内外厂家对在挖掘机上采用混合动力技术已早有研究，近年来国外新开发的混合动力机型见表 1-2。

图 1-8 2020 年 JCB 发布的首台 22t 氢燃料电池液压挖掘机 220X

图 1-9 LIEBHERR 的氢燃料发动机液压挖掘机 R9XX H2

表 1-2 近年来国外开发的部分混合动力液压挖掘机

时间	2003	2004	2007	2008	2009	2011	2011
厂家	HITACHI	KOMATSU	KOBELCO	KOMATSU	CASE	HITACHI	KOBELCO
机型	EX200	PC2008-1	SK70H	PC200-8EOH	CX210B-H	ZH200-5A	SK80H
时间	2012	2013	2013	2013	2014	2016	2019
厂家	KOMATSU	CATERPILLAR	LIEBHERR	KOMATSU	KOMATSU	KOBELCO	VOLVO
机型	HB335-1	336E H	R9XX	H365-1	HB205-3/215-3	SK200H-10	EC300E

日本企业最早研发混合动力技术，2003 年，日立（HITACHI）公司推出了首台混合动力液压挖掘机 EX200，紧随其后的是小松（KOMATSU）公司推出的试验型混合动力液压挖掘机 PC2008-1，2008 年 6 月，该公司开始销售 PC200-8 混合动力液压挖掘机。图 1-10 所示为日本小松公司开发的油电混合动力液压挖掘机 HB205-1，该机采用柴油机和电池（或电容器）、电动机（发电机）联合为挖掘机提供动力，利用控制技术使柴油机长期工作在最佳燃油经济工况，同时可回收回转平台制动动能和动臂下降势能，在满足挖掘机工作性能的同时可降低排放和燃油消耗。该机的混合动力系统由一台发电机/电动机、一台回转电动机/发电机、一部超级电容和一台低转速发动机构成。由于回转机构采用电动机驱动，可把回转制动时转台的动能经变频器以电能型式存储到超级电容中，而超级电容能够瞬间有效地回收、存储并释放电能，可辅助发动机为挖掘机提供所需能量。

图 1-10 小松混合动力挖掘机 HB205-1

神钢（KOBELCO）2011 年推出的 SK80H 采用镍氢电池作为储能元件，但其电压低，储能密度小。2012 推出的 SK200H-9 采用超级电容作为储能元件，其充放电时是电子的迁移，比电池传递能量更快，并且因其擅长瞬时充放电，能发出很大的功率。2016 年推出的

SK200H-10采用锂离子电池作为储能元件，其产生的能量是镍氢电池的3.3倍多，放电能力是超级电容的17.6倍多，轻载时，柴油机通过发电机给锂离子电池充电，重载时电池电流驱动电动机辅助柴油机工作，提升了柴油机的效率，降低了燃油消耗；同时，回转驱动采用了电动机，回转加速时，电池驱动回转电动机，回转减速时，回收减速能量给电池充电。小松HB215LC-1也采用相同的方案，其是在第一代混合动力挖掘机PC200-8EOH的基础上，通过不断试验、测试和实际使用，并在进行了多项改进后而开发出来的新一代混合动力挖掘机。

鉴于油电混合动力系统的缺点，一些公司将研发方向转向液压解决方案，如美国环境署支持研究的液压混合动力装置。该方案利用蓄能器作为储能元件，采用静压传动技术驱动以行走、回转等动作为主的行走设备，如汽车、装载机、推土机等。

以CAT336E H机型为代表的液压混合动力技术，其主要特点是采用了液压蓄能器作为收集、存储和释放能量的主要装置，将回转制动时的动能通过回转液压马达/液压泵转化为压力能存储到液压蓄能器中，在需要时可与液压主泵一起提供所需的能量。图1-11所示为2013年CAT发布的336E H机型液压挖掘机。据称，采用上述技术比CAT 336D获得了明显的节能效果。此外，采用液压混合动力技术比油电混合动力少了一个能量转换环节，因而效率更高，且制造和维护成本较低。

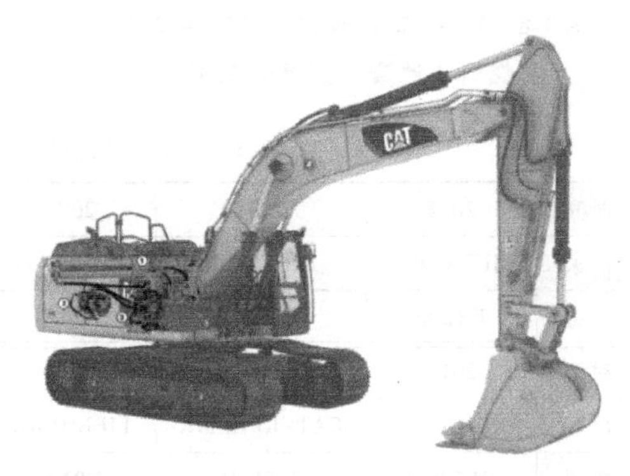

图1-11　CAT液压混合动力挖掘机336E H

1.1.2　国内发展历史

我国首台挖掘机W1001诞生于1954年，由抚顺挖掘机厂引进苏联技术制造，如图1-12所示。该机重量为42t，采用柴油机驱动，功率为88.2kW（120马力），斗容量为1m^3，采用机械传动，同时还引进电驱动技术生产了W1002机型。1960年，我国开始研制小型液压挖掘机和多斗挖掘机，并成立了6家挖掘机生产厂，到1965年，发展到9家，可生产7个品种，年产量400余台。1966年，由上海建筑机械厂试制成功国产第一台0.4m^3反铲液压挖掘机。1974年，挖掘机生产厂发展到17个，生产23个品种，其中单斗挖掘机有19个品种，产量近千台，总重量约3.9万t；1979年产量已达1500余台，约5万t。图1-13所示为1977年6月由长江挖掘机厂引进德国技术研制的第一台全液压正铲挖掘机WY160。

图1-12　国产首台机械式正铲挖掘机W1001

（抚顺挖掘机厂，1954年）

到20世纪70年代末，我国液压挖掘机的设计及制造水平仍处于起步阶段，当时由于受配件

（如发动机、液压件）及企业自身条件的限制，其产量和质量远未达到应有的水平，与国外同类产品相比存在较大差距。

图 1-13　国产首台全液压正铲挖掘机 WY160
（长江挖掘机厂，1977 年 6 月）

1985 起，我国液压挖掘机实施了一条龙引进国外技术的策略，主要引进德国 LIEBHERR、O@ K、DEMAG，日本日立和小松，美国 CATPILLAR 等国际知名公司的设计制造技术和关键技术设备，如液压泵、液压马达和液压阀等元件的制造技术。通过近几十年的消化吸收，基本达到了能生产全系列液压挖掘机的制造水平。到 20 世纪 80 年代末，我国挖掘机生产厂已有 30 多家，生产机型达四十余种。中、小型液压挖掘机已形成系列，斗容有 0.1~2.5m^3 等 12 个等级、20 多种型号，还生产 0.5~4m^3 液压挖掘机，以及大型矿用机械式挖掘机、隧道挖掘机、长臂挖掘机及船用液压挖掘机、水陆两用挖掘机等。

20 世纪 90 年代初期，随着我国基础建设的快速发展，国内市场迅速扩大，但由于国内液压挖掘机的产量和技术水平难以满足国家建设需要，国外二手挖掘机开始涌入国内市场。自 1994 起，国外挖掘机知名企业先后与国内同类企业建立了合资和独资企业，如成都神钢建设机械有限公司、贵州詹阳动力重工有限公司、常州现代工程机械有限公司、日立建机（中国）有限公司、大宇重工烟台有限公司、小松山推工程机械有限公司、卡特彼勒（徐州）有限公司等，至 2001 年底，包括国有企业在内，我国境内生产液压挖掘机的企业总数有 20 余家，可生产 1.3~45t 100 余种不同型号和规格的液压挖掘机。这些合资、独资企业完成了新一轮的技术更新，普遍采用了高压双回路液压系统、新型高性能液压元件、节能高效的微电子转换装置、电子监控及故障诊断等先进技术，大大提高了液压挖掘机的作业性能、作业效率和可靠性。据统计，1995 年全国生产各种型号、规格的液压挖掘机 2503 台，2000 年为 8111 台。到 2009 年，国内 23 家主要挖掘机制造公司总计销售各型挖掘机约 95000 台，2010 年，我国挖掘机市场总计销售量超过 10 万台，2021 年已达到 342784 台。而出口则从 2005 年的 1727 台发展到 2023 年的 105038 台，净增近 60 倍。我国挖掘机行业已成为我国工程机械行业增长最快的机种。由过去的产销量 80%为日、韩、美等外资所占有变为目前 62%以上为国产品牌，打破了多年来主要由国外挖掘机制造企业垄断国内市场的局面。表 1-3 为 2015—2023 年我国挖掘机的销量及出口量。

表 1-3　2015—2023 年我国挖掘机销量及出口量　　（单位：台）

年份	2015	2016	2017	2018	2019	2020	2021	2022	2023
总销量	56350	70320	144867	211214	235695	327605	342784	261346	195018
出口量	5731	7327	1727	19100	26616	34741	68427	109457	105038

改革开放以来，通过一条龙引进国外的设计制造技术和关键技术设备，国产液压挖掘机行业进入了一个快速发展的重要阶段，出现了一批实力比较雄厚的国产主机厂家，如徐工集

团工程机械股份有限公司（以下简称徐工）、三一集团有限公司（以下简称三一）、中联重科股份有限公司（以下简称中联重科）、广西柳工集团有限公司、贵州詹阳动力重工有限公司、广西玉柴机器集团有限公司、山东临工工程机械有限公司、山河智能装备股份有限公司等。据 Yellow Table 统计（英国 KHL 集团是目前全球最大、最具影响力的工程机械信息数据供应商，由 KHL 集团主导发布的“KHL Yellow Table”被认为是全球最为权威、最客观的行业排行榜之一）国际工程机械销量前 50 强的企业中，我国品牌由 2007 年的 8 家发展到 2022 年的 12 家，其中，徐工、三一和中联重科已进入前十强，2023 年有所下降，为 10 家，徐工位列第三、三一位列第五，中联重科位列第十二，柳工位列第十五位。2018 年 4 月，徐工发布了其自主研发的目前国内最大的正铲液压挖掘机 XE7000。该机工作质量为 672t，两台发动机的总功率为 2386kW，随后徐工又开发了电驱动版 XE7000E 及反铲机型，如图 1-14 所示。该机型的成功研发打破了我国没有超大型液压挖掘机的历史，使我国成为自美、日、德后第四个具备超大型液压挖掘机生产能力的国家，为我国进入国际超大型液压挖掘机前列迈出了重要一步。

图 1-15 所示为三一生产的履带式反铲液压挖掘机 SY215C-SA，是目前使用最多的 20t 级反铲液压挖掘机，采用了全电控技术，并符合国四排放标准，具备了自动怠速、远程故障诊断及精准作业等先进技术特征，代表了当今国际主流技术水平。

图 1-14 徐工履带式反铲液压挖掘机 XE7000

图 1-15 三一履带式反铲液压挖掘机 SY215C-SA

近年来，随着我国对能源环境问题的加强重视，新能源工程机械发展迅速，国内各主要生产厂商相继开发了机载纯电动液压挖掘机。图 1-16 所示为柳工于 2019 年首发的由蓄电池供电的纯电动液压挖掘机 922F-E，该机采用了磷酸铁锂电池和永磁同步电动机，机载电池额定储能达 430kW · h，可实现动臂势能回收。除柳工外，三一、徐工、中联重科、山河智能也相继开发了纯电动液压挖掘机，如徐工 XE215E、中联重科 ZE215GE 和山推 EE215，以及三一 SY16E 和山河智能 SWE240FED 电动微挖等。其中，部分机型已经通过了 4000m

图 1-16 柳工开发的纯电动液压挖掘机 922F-E

高原、高寒环境的施工考验，在川藏铁路建设中发挥了重要作用，另有部分已出口南美和欧洲。纯电驱动的突出优点是使用经济性好，且完全省去了燃油动力所需的保养环节，降低了保养费用和使用成本，作业效率也比燃油机型有了明显提高。表 1-4 为国内主要品牌纯电动液压挖掘机产品。

表 1-4　国内主要品牌纯电动液压挖掘机产品

品牌	型号	工作质量/kg
三一	SY16E	1890
临工	E6225H EV	24700
山河智能	SWE240FED	24000
徐工	XE270E/215E	27450/23500
柳工	924FTN-E	24900
国机重工	323EV	23700

国产另一种纯电驱动的液压挖掘机采用了外接电源技术，此项技术在大型机械式挖掘机上早已成熟，如由太原重工生产的 WK 系列电铲、四川邦立重机生产的 CED760-8 及 CED1250-7 液压挖掘机等机型。其电力来源于远程输电线路，通过变电系统输入到电动机，再通过液压传动系统将动力传递至执行元件。

在采用纯电驱动方面，目前国内还有公司开发了供电装置与主机分离的拖电式液压挖掘机，其主要优点是不需要建设专门的远程供电设施、主机结构简单、成本较低，缺点是影响作业范围和灵活性，不适合较为复杂的施工场地和转台转动范围较大的情况。

在混合动力技术方面，我国的研究比国外稍晚一些，主要在液压挖掘机功率匹配和节能控制方面，但也有一些企业在研究液压混合动力技术，如山河智能致力于动臂势能回收利用的研发。表 1-5 为国内主要厂商开发的几款混合动力液压挖掘机，但直至目前为止，多数未见量产，其主要原因在于混合动力技术复杂、初始研发成本过高、使用维护成本难以满足国内客户低成本购机和使用要求等。

表 1-5　国内研发混合动力的挖掘机厂商及代表机型

年份	2007	2009	2010	2010	2014	2014	2015	2019	2024
厂家	詹阳动力	三一	山河智能	柳工	山河智能	山重建机	中联重科	徐工	徐工
机型	JYL1621H	SY215C-H	SWE230S	CLG922H	SWE350ES	MC386HH-8	ZE205E-H	XE490HB	XE650GK HEV

图 1-17 所示为山东临工开发的利用 5G 技术实现远程控制的新一代液压挖掘机，驾驶员可远在千里之外操控机器作业，远离了危险施工环境，并可实时观察到施工现场情况，为实现自动化和无人化作业迈出了重要一步。

图 1-17　山东临工开发的液压挖掘机远程操控系统

到目前为止，我国已成为全球工程机械产品类别和品种最齐全的国家之一，拥有 21 大类，110 组，450 多种机型，1000 多个系列，上万个型号的产品设备。从市场结构来看，液压挖掘机、装载机、起重机、压路机这四个常用机种占据了我国工程机械市场上绝大部分的份额，其中反铲液压挖掘机占据市场绝对主流地位。

近年来，国产液压挖掘机的产量和技术水平提高很快，中小型液压挖掘机已接近国际水平。但由于起步较晚、工业基础薄弱，同时受市场竞争和国外技术垄断等因素影响，国产液压挖掘机在设计理论、研究手段、设计制造水平上与国外仍存在较大的差距，表现为对基础理论和方法重视不够、创新研发能力不足、在设计和分析手段以及关键核心零部件上对国外依赖严重，关键核心零部件设计制造技术、原材料性能、机电液系统集成水平、整机可靠性、加工制造设备性能、专用软件开发能力及实验研究等方面仍存在较大差距。具体表现为缺乏独立自主创新能力、关键和核心零部件不能自主、实验投入不足，以及设计分析软件、高端加工制造技术和设备对国外依赖严重，部分国产原材料成分和性能难以满足特殊场合性能要求，在智能化、自动控制、故障监测及机电液信一体化水平，以及质量、寿命和可靠性等方面与国外同类机型仍存在明显差距，出现问题难以从源头上查找。为克服这些技术难题，并在未来智能化方向取得长足进步，达到国际领先水平，必须在这些方面潜心研究，夯实基础，方能立于不败之地。

2020 年 9 月 22 日，我国在第七十五届联合国大会一般性辩论上宣布将采取更加有力的政策和措施，力争于 2030 年前达到二氧化碳排放峰值，努力争取 2060 年前实现碳中和。为贯彻《中华人民共和国环境保护法》和《中华人民共和国大气污染防治法》，改善环境空气质量，生态环境部于 2020 年 12 月 28 日制定了《非道路柴油移动机械污染物排放控制技术要求》（HJ 1014—2020）标准，规定了第四阶段非道路柴油移动机械及其装用的柴油机（含 560kW 及以下）污染物排放控制技术要求，并于 2022 年 12 月 1 日正式全面实施。在日趋严格的国家环保政策驱动下，逐步提升我国工程机械产品的排放控制水平，缩小与欧盟和美国等发达国家和地区的排放差距，向着更节能环保、更安全高效的方向发展。为此，我国工程机械主流制造厂商都相继推出了更加节能环保的液压挖掘机，如柳工的 9017FZTS G4、徐工的 XE700GA 等。

2023 年 12 月 28 日，《2023 中国制造强国发展指数报告》及《中国制造业重点领域技术创新绿皮书—技术路线图（2023）》（以下简称《绿皮书》）在北京发布，工程机械作为 16 个我国制造业重点领域之一首次发布技术路线图。工程机械首次进入《绿皮书》是对行业发展的高度认可，同时，《绿皮书》也提出了未来行业发展面临的机遇、挑战和发展方向。

在今后相当长一段时间内，随着我国对基础建设和基础设施投资规模的日益扩大，国内用户对高质量、高水平、高效率液压挖掘机的需求会越来越迫切。因此，迅速研发拥有自主知识产权的核心技术、提高正向研发能力和制造水平、积极发展高性能液压挖掘机是当前我国挖掘机行业面临的迫切而又艰巨的任务。具体应致力解决以下几个根本问题。

1）加强对基础理论和设计方法的研究，积极培养专业人才，加强产、学、研的紧密结合，注重正向设计，避免盲目仿制，提高企业的独立自主研发能力。

2）攻克核心零部件关键技术和卡脖子技术，如发动机、高压液压泵及马达、回转液压马达及减速器集成、行走液压马达及减速器集成、发动机及液压系统联合控制技术等，研发拥有自主知识产权的关键核心技术。

3）开发液压挖掘机专用设计软件，逐步摆脱对国外商用软件的依赖。将各种先进的设计理论和方法应用于液压挖掘机的结构设计和性能分析中，使国产液压挖掘机能够真正满足市场和用户的要求。

4）注重试验研究，着眼于提高产品的可靠性、使用经济性、操作安全性和维护的便利性，以保证产品质量和性能，避免产品进入市场后所产生的负面效应。

5）注重节能减排产品的开发，积极研发和采用高效节能、减少环境污染的新技术，如研究发动机功率的充分利用以及发动机与液压系统的最佳匹配及控制问题、提高液压系统的效率问题、能量回收问题，积极推进新能源技术，如混合动力、纯电动技术等的应用。

6）着眼于研究挖掘机的多功能化和专用化，开发多功能机具和快速更换装置，以扩大挖掘机的使用范围及满足特殊场合的使用要求。

7）提高整机的可靠性：据国家工程机械质量检验检测中心大量数据统计显示，2013—2015 年国产挖掘机的平均故障间隔时间（MTBF）为 402.1h，2018 年为 600h，2019 年为 610h，2020 年为 630h，约为发达国家的一半多。虽然近几年国产挖掘机在产品静态设计方面取得了一定进展，并借助于国外商用软件在动态分析方面做了较多的研究工作，但由于对载荷谱的研究不够深入，应用范围有限，因此难以进行有限寿命设计。到目前为止，尚没有一种算法能够准确地计算或衡量出工程机械产品 MTBF。工程机械行业“十四五”发展规划中明确指出，到 2025 年，液压挖掘机的 MTBF 的预测值要达到 900h，力争在“十四五”末使整机使用寿命超过 2 万 h，可靠性基本达到国际主流水平；核心零部件整体自主可控，核心液压件国产化率超过 60%；70%以上零部件具备市场竞争优势，25%零部件具备进口替代能力，完全依赖进口零部件比例低于 5%，而驾驶员位置的噪声则要达到 72dB（A）以下。

1.2 挖掘机械的分类与应用

1.2.1 挖掘机械的分类

挖掘机械类型众多、结构多样，可按照工作原理、用途、结构特征等进行分类。根据行业分类，把挖掘、运载、卸载等作业依次重复循环进行的挖掘机称为周期（间歇）作业式，各种单斗挖掘机都属于此类；把挖掘、运载、卸载等作业同时连续进行的挖掘机称为连续作业式挖掘机，各种多斗挖掘机以及滚切式挖掘机、隧洞掘进机等属于此类。前者数量众多，应用最为广泛，是各类土石方施工工程、大型采矿工程、水利施工工程、道路建设工程中不可或缺的主要机械设备；后者数量较少、体型较大，多应用于大型露天采矿及水利建设工程。按照作业循环方式、使用场合、动力装置、传动方式等依据对其进行分类，具体见表 1-6。其中，履带式与轮胎式反铲液压挖掘机应用最为广泛。

单斗挖掘机工作装置的结构型式很多，大体分为机械式和液压式两大类。前者主要为正铲型式，体型较大、数量较少，一般采用电驱动和机械传动组合方式，俗称电铲，如图 1-18 所示；后者主要有正、反铲两种结构，反铲型式较多，通常以柴油机为动力源，传动系统为液压与机械组合，核心为液压传动，其体型和机种跨度都很大，其中50t以上的机型多用于大型矿山开采和大型水利工程，小于50t的机型多用于建筑和道路施工等各类土石方施工工程。

表 1-6 挖掘机械分类

分类依据	型式	具体机型
作业循环方式	间歇式	单斗机械式挖掘机、单斗液压挖掘机
	连续式	斗轮挖掘机、链斗挖掘机等
使用场合	建筑型	中、小型单斗反铲液压挖掘机
	采矿型	大型电铲、正铲、反铲液压挖掘机、斗轮挖掘机
动力装置	内燃机驱动	各类正、反铲液压挖掘机
	机载电驱动	中小型电驱动液压挖掘机
	外接电源驱动	大型、超大型电动机械或液压挖掘机
	复合驱动	油电混合动力、液压混合动力
传动方式	机械传动	机械式挖掘机
	液压传动	各类液压挖掘机
	电传动	电铲、斗轮挖掘机
	混合传动	机液传动、电液传动、机电传动、机电液混合传动
行走装置型式	履带式	中、小型正、反铲液压挖掘机；大型、超大型电铲
	轮胎式	中、小型反铲液压挖掘机
	汽车式	小型反铲液压挖掘机
	步行式	大型拉铲挖掘机（电动机械式）
	轨道式	小型反铲挖掘机
	拖式等	小型反铲液压挖掘机
	船式	中型反铲液压挖掘机
	水陆两栖式	中型反铲液压挖掘机
	全地形式	小型多功能反铲液压挖掘机

图1-18~图1-21所示为机械式正铲、反铲、拉铲、抓斗等机型，其中拉铲体型更大，其行走机构多为步行式。这类机型体型一般都非常庞大，多用于大型露天采矿及其他大型土石方工程。

图 1-18 机械式正铲挖掘机

图 1-19 机械式反铲挖掘机

图 1-20　机械式拉铲（步行式）挖掘机

图 1-21　机械式抓斗挖掘机

液压挖掘机由液压泵输出具有一定压力和流量的油液，经过油管和各种控制阀到达执行元件（液压缸、液压马达），最后驱动工作装置、回转平台及行走装置动作。只有工作装置采用液压传动而其他部件采用机械传动的机型一般称为半液压型，而对于工作装置、行走装置和回转装置都采用液压传动的机型一般称为全液压型。

1.2.2　反铲液压挖掘机的应用情况

在工业建设、民用建筑、交通运输、水利电力工程、农田改造、矿山开采等基础设施建设以及国防工程中，各种类型的挖掘机已被广泛应用，据统计，土方施工工程中约有 60% 以上的土石方量是由挖掘机来完成。从 20 世纪 90 年代至今，全球挖掘机的年产量已由不足 20 万台发展到近 50 万台，大大高于装载机和推土机的年产量。采矿业、大型水利工程、城市建设、石油管道工程、大量的土建工程等都需要大批量通用的中小型液压挖掘机甚至大型的斗轮挖掘机，城镇建设和农田改造则需要小型、多功能的反铲挖掘机，而现代化国防工程及应急救援等则迫切需要机动性好、效率高、性能先进的轮胎式或高速履带式反铲液压挖掘机。中小型、通用型反铲挖掘机不仅用于土石方挖掘，而且还可以通过更换工作装置用于破碎、起重、装载、拆除、抓取、打桩、钻孔、振捣、推土等多种场合，如图 1-22～图 1-31 所示。

图 1-22　徐工 XE750GK 履带式反铲液压挖掘机

图 1-23　中联重科 ZE330E-10 履带式反铲液压挖掘机

图 1-24 液压抓料机（詹阳动力 JY635E-G）

图 1-25 挖掘装载机悬挂式反铲（柳工 765A）

图 1-26 伸缩臂式挖掘机（Gradall XL 3300）

图 1-27 全地形液压挖掘机（徐工 ET112）

图 1-28 水陆两栖液压挖掘机（詹阳动力）

图 1-29 水上挖泥船（浮式挖掘机）

图 1-30 更换剪切机具的液压挖掘机

图 1-31 液压挖掘机用于起重作业

从经济性考虑，完成同样的土石方工作量，采用挖掘机施工的成本最小、效率最高，装载机次之，推土机最高，而有的土石方工程，装载机和推土机无法完成。虽然购买一台挖掘机的一次性投资比装载机、推土机要多，但投资回收期短、回报率高。在国外工程施工中，挖掘机和装载机保有量配比约为 2∶1，而在我国，由于受国产化程度、购买力和施工单位组织水平等因素的影响，装载机的销量和保有量曾一度高于挖掘机。但从长远看，随着各类基础建设项目和土石方施工工程需求的不断扩大以及挖掘机功能的进一步扩展和购买力的提高，液压挖掘机的潜力会得到更大的发挥。

1.3 液压挖掘机的理论研究与技术现状

1.3.1 国内外理论研究现状

目前国外理论研究主要集中在液压挖掘机工作空间的挖掘轨迹特性和动态挖掘性能评估、工作装置优化设计、工作空间运动学仿真、作业效率及能耗评价、基于刚柔耦合多体系统动力学理论的分析及仿真等方面，理论研究方法包括疲劳损伤累积理论、断裂力学、有限元法、优化设计、电子计算机控制的电液伺服疲劳试验技术和疲劳强度分析方法等。

我国在早期对液压挖掘机的基础设计理论研究比较重视，近年来，研究者们正在努力突破针对液压挖掘机各种实际工况、关系到工作装置结构设计、强度分析等综合性能方面的关键零部件受力及极限载荷分析的理论瓶颈，此外，关系到作业安全性的整机稳定性研究、关系到整机和零部件质量和可靠性的加工工艺研究以及关系到作业效率和能耗的与物料相关的实验研究等日益为研究者们所重视。

太原科技大学工程机械教研室经过多年来的教学研究和产学研合作，对液压挖掘机的基础设计理论进行了详细研究，利用数学、力学、机构学、机械设计、液压传动等理论、结合了液压挖掘机的实际工况对整机综合性能、工作装置及相关主要部件的受力特性等进行了深入详细的理论分析，并以矩阵矢量形式建立了用于分析整机几何性能与力学性能、关键零部件空间受力特性以及回转支承及行走装置受力特性的一系列理论分析计算公式，这些理论分析也将在本书的相应章节做重点描述。

1.3.2 国内外技术现状

近年来，随着市场需求的增加、竞争的加剧和各种新技术的不断发展，挖掘机的设计和制造手段也在不断提高，这大大缩短了新产品研发和老产品更新换代周期，并扩大了挖掘机的使用范围。此外，为满足不同工程对象的要求，挖掘机的品种也在大量增加，其现状及技术特征可概括为以下几点。

1. 品种多、产量大、功能多

液压挖掘机的品种多达 600 种以上，在结构型式上，有用于不同作业场合和用途的众多机型；在功能上，除通用的反铲工作装置外，还开发了多达数十种可换工作装置和机具，如三节臂式、拐臂式、伸缩臂式工作装置及各种可换的机具；从常用挖掘铲斗到各种成形铲斗、平整铲斗、岩石铲斗、拇指斗、筛分铲斗等，同时还开发了破碎锤、裂土器、液压剪（钳）、振动压实装置、铣刨器等附属机具，大大扩大了液压挖掘机的使用范围，节约了成本，提高了作业效率。

为了提高机具更换效率，国际知名公司还开发了先进高效的快速连接器，使得各种附属装置能高效地连接到挖掘机上，从而快速实现各种扩展功能。全自动快换接头由机械、电气、液压、控制等子系统集成，可同时实现机械、液压及控制信号等的连接，除具备普通液压快接的更换功能外，还能实现下接属具偏摆±40°和回转±360°功能。

2. 生产的专业化程度不断提高，产品的标准化、系列化、通用化和模块化日趋成熟

主机厂与配套件厂分工协作，主机厂负责系统方案设计并对零部件或子系统进行组装和总体调试，配套件厂则专门生产特定的零部件并组装成相对独立的部件总成。这样能发挥各自的特长，不仅保证了零部件的质量和可靠性、降低了产品成本，同时还使零部件的标准化、通用化和系列化程度进一步提高，便于零部件的更换和整机的维护。

3. 机、电、液及信息化集成技术日益成熟

机械、液压、电力及电子控制技术和现代通信技术的结合，使得液压挖掘机从动力匹配、功率利用到自动控制、故障诊断及远程控制得以实现。这不仅提高了挖掘机的作业效率和作业精度，同时还降低了能耗，提高了整机可靠性和使用安全性，为液压挖掘机的智能化和现代化管理打下了良好基础，为单机智能化向机群智能化发展铺平了道路。

4. 注重操纵舒适性和安全性以及外观造型

普遍采用了电液比例控制技术，使操纵变得更加简单、省力，并提高了选采性和作业精准性，降低了能耗；驾驶室噪声更低、振动更小、更加舒适；限高、限位、限转矩、自动报警、翻车保护、制动转向系统防失效、结构件防断裂、防误操作等安全保护装置的采用大大提高了挖掘机和驾驶员的安全性；采用集中润滑技术减轻了驾驶员的日常维护和保养的劳动强度；结构更趋合理、紧凑，外观布局和色彩造型更加美观，并彰显了品牌个性。

5. 可靠性更高

目前发达国家普遍采用有限寿命设计理论以替代传统的无限寿命设计理论和方法。美国提出了考核动强度的动态设计分析方法，并创立了预测产品失效和更新的理论；日本开发了液压挖掘机结构件的强度评定程序和可靠性处理系统。由于关键零部件采用了疲劳设计，因而延长了平均无故障间隔时间和使用寿命，并提高了其可靠性和耐久性，从而保证了施工效率。据文献显示，国际先进工程机械的保养和寿命指标已经达到平均无故障工作间隔时间为1000h 以上，首次大修期 8000~12000h，平均使用寿命达到了 20000h 以上。

6. 节能效果和环保指标日益提高

迫于环境和能源危机，“绿色机械”已经成为全球的关注的热点。为此，国际先进产品十分注重以下几点：

1）减少废气、废水、噪声等影响环境的排放物，尤其严格控制发动机的废气排放和噪声污染，为此制定强制性排放指标。

2）强化绿色设计意识，注重低能耗、可回收和可再生利用技术。

3）大力开发节能技术，如混合动力、纯电动和多能源综合利用技术。

7. 重视试验与研究工作，加大产品早期研发的投入

采用计算机虚拟样机技术，从总体方案到工作装置、液压系统等的设计都建立了三维虚拟样机模型和数字化管理体系，开发专业的分析软件，大大缩短新产品的开发周期；在研制过程中除保证力学性能外，注重使用经济性和工作可靠性，要完成结构件疲劳强度试验、液压系统可靠性试验、操纵试验、耐久性试验等，要通过严格的科学试验和用户评价，才进行定型生产。

1.4 液压挖掘机的发展趋势

纵观挖掘机发展史，在技术上大致经历了三次飞跃，第一次是柴油机的出现，使挖掘机有了较理想的动力装置，提升了其机动性和灵活性；第二次是液压技术的广泛应用，使挖掘机的传动方式更趋合理；第三次是控制技术的广泛应用，使液压挖掘机的控制系统日益完善，逐步实现了液压挖掘机的高效、精准作业和阶段性节能减排目标。未来，随着能源和环境问题的日益严峻，市场对功能和性能要求的不断提高，液压挖掘机会向着零排放、自动化及智能化方向发展，并作为长远的发展目标。具体的研究内容应该是多方面的，其重点大致在两方面，其一是采用新能源动力系统，其目的是进一步减少对化石能源的依赖和对自然环境的危害；其二在智能化方向，如采用环境设别、自动化及无人驾驶技术，其目的是进一步提高挖掘机的施工质量、效率及安全性，并使人们从危险恶劣的劳动环境中彻底解放出来。

1. 新能源动力及节能减排技术

我国相关部门规定，自 2022 年 12 月 1 日起，所有生产、进口和销售的 37~560kW（含 560kW）非道路移动机械及其装用的柴油机应当符合“国四”排放标准，这一方面使在工程机械上仍采用燃油动力的非道路移动机械逐渐采用新技术提高燃油效率并尽可能降低排放，另一方面注重利用新能源技术并加快实现整个行业的电动化进程，发展混合动力及纯电动液压挖掘机，逐步摆脱对不可再生能源的依赖，从根本上解决能源和环境问题。

2. 智能化、无人化技术

随着科技的发展和市场需求的不断扩大，各国都在加快智能化、无人化及远距离操控技术的研发，以满足未来建设的需求。这样的施工现场不仅是智能化、无人化的，更应是智慧型的；不仅要提高多机种集群施工的效率，同时要降低施工成本，节约资源，保证施工安全。液压挖掘机的自动化及智能化技术大致经历以下几个发展阶段：

第一阶段：机器工作状态及安全性的电子自动监控。

第二阶段：局部操作控制的自动化。

第三阶段：在操作者可以控制状态下的整机完全自动化。

第四阶段：实现恶劣、危险环境下的无人化操作。

第五阶段：结合远程监控和故障诊断技术，无线网络及激光定位技术、环境感知技术、探地雷达技术等实现集群化、智能化甚至无人化作业。

液压挖掘机的智能化发展主要涉及以下 3 方面的技术。

（1）传感器技术　挖掘机用集成化、多功能化、智能化传感器是一个极其重要的课题。只有在伺服用传感器装备率得到提高的前提下才能实现精确运动，而要真正实现智能化，需要3D视觉传感器、探地雷达、实时图像处理及高速网络通信等多种新技术。

（2）机、电、液、信一体化技术　将机械传动技术、电力传动技术、液压传动技术、微电子技术、计算机技术、传感器技术和现代通信技术等集成应用到挖掘机上，实现挖掘机全电控及自动监控和远程操控。

（3）电子-液压集成控制技术　电子控制技术与液压控制技术相结合的电子-液压集成控制技术近年来获得了巨大发展，现代的液压挖掘机在各功能部件的自动控制和联合控制方面已趋成熟，目前的研究重点是实现整机的电子-液压集成控制，其优点在于：

1）提高系统可靠性。液压挖掘机作为在较恶劣环境下持续工作的施工设备，各功能部件都会受到恶劣环境的影响，控制系统的线束和液压管路会分布到机器的很多部分，成为系统不稳定的重要因素。而采用电子-液压集成控制，既能保证控制功能，又能有效提高系统的可靠性。

2）扩展系统功能。电子-液压集成控制的控制单元是根据通用标准设计的，其功能及完成的具体任务是由控制中心的微处理器决定并控制的，通常微处理器中可存储多套功能控制方案，以适应不同结构功能的控制要求。变换机器的功能只需调换相应的执行机构，选择相应的控制策略即可。

3）为系统维护和现代化管理奠定坚实的基础。由于电子-液压集成控制能够对整机各功能部件的主要参数进行实时监控，且本身具备自适应能力与故障诊断能力，因此机器的维护十分方便，借助于通信接口可以与工程管理系统进行数据交流，便于进行现代管理，从而延长机器寿命，提高生产率。

3. 虚拟样机与虚拟现实以及数字孪生技术

未来的液压挖掘机不仅需要对各功能部件实现自动控制，而且要实现整机的自动控制，以及以智能控制为基础的整体综合控制。在各功能部件自动控制的基础上，采用微型计算机对液压挖掘机进行集中控制与监测，从而使操作人员与挖掘机有机结合起来形成一种全新控制模式，以期达到人-机的合理配置与交流。适应这种控制需求的技术便是虚拟现实技术（Virtual Reality）。它是一种探讨如何实现人与机器间理想交互方式的技术。根据应用对象的不同，其具体作用可以表现为不同的模式，在此模式下，操作人员可以在驾驶室里甚至远距离对液压挖掘机进行全方位的监控，达到人机合一的最佳状态。虚拟现实（VR）技术的最终结果是实现液压挖掘机的机器人化，当然，它的实现仍有不少关键技术有待研究，如位置辨识技术、方向控制技术、环境识别技术、遥控和无人驾驶技术等。

4. 再制造技术

再制造是指以装备全生命周期理论为指导，以实现废旧装备性能提升为目标，以优质、高效、节能、节材、环保为准则，以先进技术和产业化生产为手段，进行修复、改造废旧装备的一系列技术措施或工程活动的总称。再制造后的产品质量和性能应不低于新品，有些还超过新品，而成本只是新品的50%，同时实现较为显著的节能和节材，对环境的不良影响显著降低，有力促进资源节约型、环境友好型社会的建设。

20世纪90年代，美国从产业角度建立了3R（Reduce，Reuse，Recycle）体系；日本从环境保护的角度也建立了3R体系。我国在总结世界各国经验的基础上，提出具有中国特色的 4R 体系，即减量化（Reduce）、再利用（Reuse）、再循环（Recycle）、再制造（Remanufacture）。

在再制造方面，国内企业通过合资或独资等不同方式开始进入该领域。中联重科融资租赁公司再制造中心起步较早，并已初步形成业务模式和一定产品规模，潍柴动力、玉柴、东风康明斯、柳工等公司也相继启动了再制造项目。但我国工程机械再制造技术目前仍处于发展初期，再制造成套技术尚不成熟，没有形成规模化生产。

5. 一机多用、功能扩展和高度机动性与灵活性技术

随着施工难度的增加、人力成本的上升和对施工质量、效率要求的提高，液压挖掘机的多功能化已成为一种趋势，要求一台挖掘机可以胜任多项任务。为此需要开发各种附属装置，在扩大功能、提升作业能力的同时减少设备闲置时间，节约设备购置成本，这已成为工程机械行业各方追求和共赢的目标；另一方面，在应急救援及抢险时需要更加快速、高效、灵巧的液压挖掘机和相应的辅助设备，为此需要在保证安全的前提下尽可能地提高挖掘机的机动性、抢险救援的灵活性和精准性，以最大限度地提高救援效率和效果。

6. CAD/CAM 技术

随着 CAD/CAM 技术的日益推广，机械设计及制造技术发生了革命性的变化。液压挖掘机行业作为机械行业的一个重要分支，CAD/CAM 技术的推广应用势在必行。CAD/CAM 技术既能缩短产品的设计和制造周期，又能大大提高产品的质量、可靠性和稳定性。特别是近来计算机集成制造系统（CIMS）和柔性制造系统（FMS）的迅速发展，为液压挖掘机的设计和制造提供了广阔的前景。

7. 人机工程与外观造型技术

随着液压挖掘机功能的日益完善，市场对现代施工设备的要求越来越高，在挖掘机性能稳定完善的情况下，舒适的操作性能、工作环境和完美的外观造型已经成为人们看重的一个重要品质。在满足产品性能的前提下，必须充分运用人机工程学知识和外观造型技术对所设计的产品进行外观造型分析，提前显现所设计的产品外形和操作性能，从而大大减少设计过程中隐藏在产品中的缺陷。

思考题

1-1　挖掘机的发展历史经过了哪几个阶段？各个阶段标记性的技术特征是什么？

1-2　按照不同的划分依据将挖掘机分为几类？各种类型有何特点？分别适用于何种场合？

1-3　根据挖掘机的结构特点（机型、机种及工作装置的结构型式）列出挖掘机的几种应用场合，它与装载机、推土机、铲运机等的主要区别是什么？

1-4　查阅资料，试举出国内外各大工程机械公司的挖掘机品种（机种、型号），并说明其规模、产量、技术特点及应用情况。

1-5　从技术层面和应用领域谈谈你对挖掘机未来发展趋势的预测。

1-6　从设计、制造、使用和研究方面谈谈我国自主品牌挖掘机所存在的问题、面临的机遇和挑战。

1-7 试举出几种采用纯电动及混合动力技术的典型机型，并说明其工作原理。

1-8 实现液压挖掘机的智能化、无人化技术大致要经历哪几个阶段，各有哪些技术特征？

1-9 实现液压挖掘机智能化的关键技术和零部件有哪些？

1-10 结合本专业的特点谈谈你对挖掘机课程重要性的认识，要学好这门课程需要具备哪些专业基础知识？

第 2 章 反铲液压挖掘机的总体结构与总体方案设计

2.1 反铲液压挖掘机的型号标记

按照国际通用标记方式，液压挖掘机的型号标记基本上由公司简称、机型代号和代表整机质量级别的数字组合方式组成。行业内普遍认为机型和整机质量最能代表液压挖掘机的主要特征，而铲斗容量则随可换铲斗的结构型式而变，但为了区别各个厂商的产品，大多数挖掘机制造商还在标记最前面冠以公司名称及产品类别缩写。

如“CAT320B”中的“CAT”是 CATERPILLAR（卡特）公司的缩写，数字“3”代表卡特系列中的通用建筑型液压挖掘机代码，数字“20”代表整机工作质量为 20 吨级，英文字母“B”表示该产品为第 2 代产品。利勃海尔的挖掘机则采用首字母“R”表示履带式挖掘机，“A”代表轮胎式挖掘机，随后的第一个数字“9”代表挖掘机系列，第二个数字为机重等级代号，用数字 0~9 表示，第三个数字为系列代号，最后的一组英文字母表示改进型号。如“R934B”表示履带式液压挖掘机，整机工作质量为 30 吨级，为第 4 系列改进产品。

徐工“XE200DA”中的“XE”是徐工挖掘机代号的缩写，数字“200”代表整机工作质量为 20 吨级，随后英文字母“DA”代表了更新换代产品序号。徐工“XE7000E”中的数字“7000”代表整机工作质量为 700 吨级，随后的英文字母“E”表示为电驱动。柳工新产品“CLG 920C”中的“CLG”代表“中国柳工”的缩写，紧随其后的第一个阿拉伯数字“9”代表产品为挖掘机系列，数字“20”表示整机工作质量为 20 吨级，最后的英文字母“C”代表产品更新换代序号。三一的“SY650H”中的“SY”是三一挖掘机代号的缩写，数字“650”代表整机工作质量为 65 吨级，随后的英文字母“H”代表了重载型。

为了适合不同的作业场地，同一机型常采用不同的履带尺寸，以改善机器的接地比压，提高其通过能力和作业稳定性，这时往往在型号标记后面加标履带的结构型式代号，如“STD”表示标准履带，“LC”表示加长履带，“HD”表示加重型履带。此外，对特殊场合使用的挖掘机，其标记型式也有其特殊意义，如水陆两用挖掘机，詹阳动力的型号标记为“SLJY300”，其前面的英文字母“SL”代表“水陆”，字母“JY”代表该公司名称，数字“300”表示机重为 30 吨级。

国际上其他公司在液压挖掘机型号命名方式上也大体相同，只是数字前面的英文字母不同，如小松公司的液压挖掘机用“PC”表示，日立公司的用“ZAXIS”表示等，限于篇幅不一一介绍，读者可参考实际机型及各公司的相关产品样本。

2.2 反铲液压挖掘机的总体结构组成与工作原理

按照液压挖掘机的整体结构组成及功能情况，对于上部可做 360°回转的液压挖掘机，可将其分为工作装置、回转平台和行走装置 3 大部分；对于悬挂式或半回转液压挖掘机，一般没有回转平台，而是一个相对于车身可做一定范围左右摆动的回转体，在其上安装工作装置，其整体结构可看作由车身、回转体及工作装置 3 部分组成。

按照部件功能，液压挖掘机主要由动力装置、工作装置、回转装置、行走装置、液压系统、操纵装置及电气控制系统等部分组成，如图 2-1、图 2-2 所示。

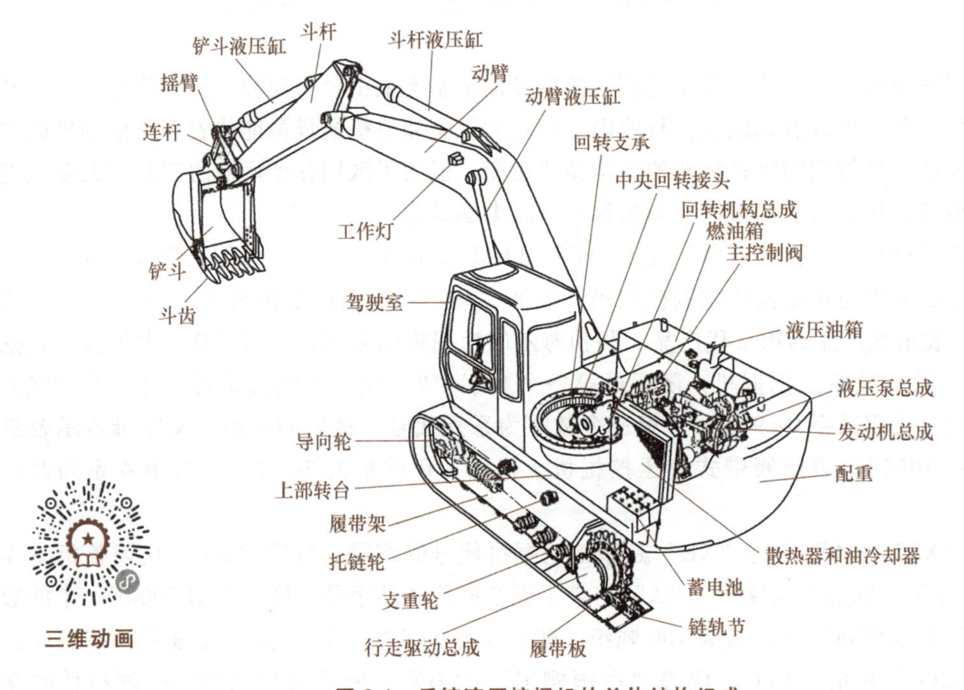

图 2-1 反铲液压挖掘机的总体结构组成

工作装置是直接完成挖掘任务的装置，一般由动臂、斗杆、铲斗及其相应的连杆机构等三部分铰接而成。动臂的起降、斗杆的摆动和铲斗的转动都用往复式双作用液压缸驱动。为了适应各种不同施工作业的要求，液压挖掘机可以配装多种工作装置，如挖掘、起重、装载、平整、夹钳、推土、冲击锤等多种作业机具。

回转平台与行走装置是液压挖掘机其余部件的载体，就其整体结构来说，除底架及行走机构外的其余部件均布置于回转平台上。回转平台通过回转支承置于行走装置之上，回转平台上部安装有动力装置、传动系统、驾驶室等其他附属装置。发动机、液压泵、各类控制阀和相关部件都固定于回转平台上，在平台的尾部，一般装有配重，以平衡前端工作装置的重量，保证整机的稳定性。驾驶室置于平台前端动臂下部一侧，保证作业时驾驶员能充分观察到工作装置的动作，提高作业效率、避免盲目作业和发生安全事故。

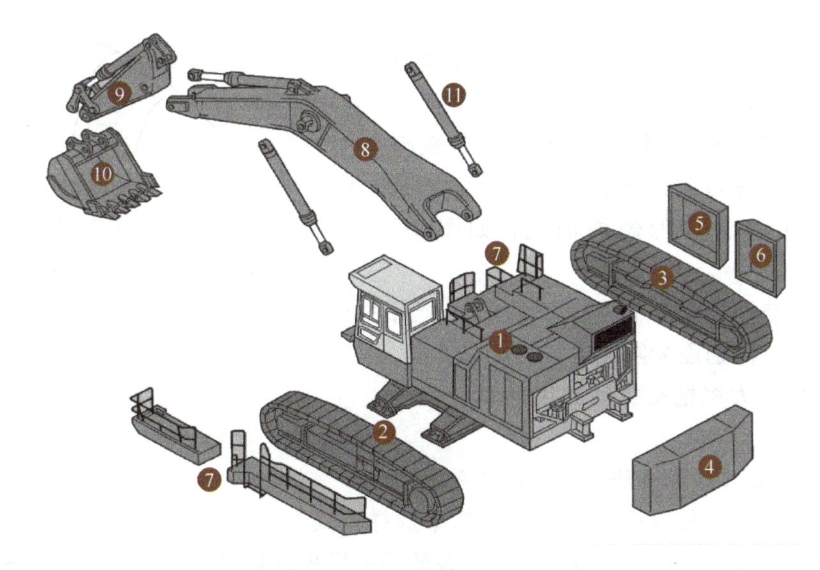

图 2-2　液压挖掘机结构组成（图片来自日立公司 EX1200 样本）

1—主机架总成（包括回转平台、驾驶室、动力装置等）　2—左侧履带总成　3—右侧履带总成　4—配重　5—散热器盖　6—油冷却器盖　7—人行道总成　8—动臂总成　9—斗杆总成　10—铲斗总成　11—动臂液压缸

回转平台与下部行走机构之间用回转支承相连接，回转支承分上、下两部分，其驱动通过回转马达及其减速机构来完成，回转马达、回转减速机构及回转支承外座圈用螺栓固定在上部回转平台上，回转支承内座圈与内齿圈固定在底架上，当回转减速机构输出小齿轮绕自身轴线转动时，同时会绕回转中心做行星转动，从而带动上部转台转动。

液压系统由液压泵、控制阀、液压缸、液压马达、各种管路、油箱等组成。液压传动系统通过液压泵将发动机的动力传递给液压马达、液压缸等执行元件，推动工作装置和相关部件动作，从而完成各种作业任务。

电气控制系统包括各类监控仪表、发动机及液压泵控制系统、各类传感器、电磁阀等。

2.2.1　动力装置

1. 燃油动力系统

柴油机动力系统的结构组成及技术已成熟稳定，其主要性能指标有动力性指标（发动机转速、有效转矩、有效功率等）、经济性指标（燃油消耗率）以及运转性能指标（排放、噪声等）。其中，功率是反映其性能的重要参数，根据 GB/T 21404—2022/ISO 15550：2016 的规定，在发动机铭牌上必须标定额定功率及对应的发动机转速等主要性能参数。

液压挖掘机所用柴油机应有足够的功率储备系数和转矩储备系数，能够适应较大差异的负载变化。为满足这种要求，中大型工程机械上多采用涡轮增压和中冷发动机技术，这是在发动机工作效率不变的情况下增加输出功率的有效途径。此外，目前还采用了高压共轨、电喷和电控技术，进一步提高了燃烧效率并降低了废气排放。对柴油机控制的目的是通过对节气门开度的控制来实现柴油机转速和输出功率的调节，目前应用在液压挖掘机柴油机上的控制装置有电子功率优化系统、自动怠速装置、电子调速器、电子节气门控制系统等。根据作业方式的不同，发动机配以相应的工作模式，即标准模式、重挖掘模式、平整模式、精细模式、破碎作业模式及触式功率增强模式，其目的是为了充分利用发动机功率并降低燃油消耗，如图 2-3 所示。

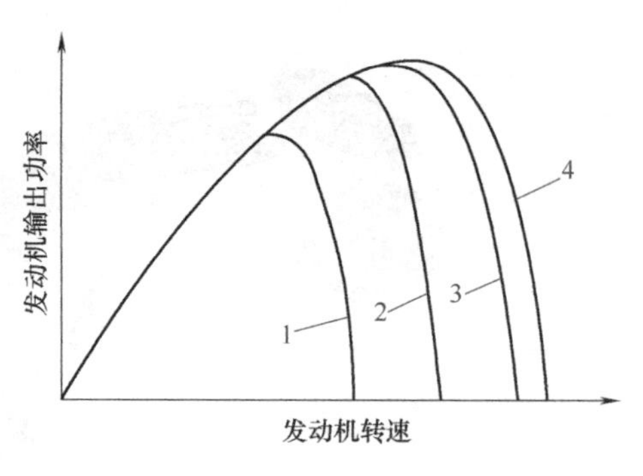

图 2-3　挖掘机发动机的工作模式

1—精细作业模式　2—标准、平整、破碎作业模式　3—重挖掘模式　4—触式功率增强模式

随着计算机自动控制技术和信息技术的结合，发动机节能和排放问题逐渐发展出新的解决方案，以下是国内外中、大型挖掘机动力源的几种代表性解决方案。

1）CAPO 系统（计算机辅助功率选择系统）：该系统根据不同的工况负载设计有不同的功率选择方式，由计算机辅助控制发动机功率输出，在减少燃油消耗的前提下使发动机和主泵的功率发挥达到最佳状态。此外，该系统还具有自动怠速、自动提升功率及自我诊断等功能，监控器显示发动机转速、冷却液温度及液压油温度与各种监控代码。

2）发动机多种工作模式：根据作业工况的不同，发动机具有重载模式、标准模式、轻载模式、破碎模式及精细作用模式等。

3）功率增加系统：该系统工作时挖掘功率增加约 10%左右。在某些需要短暂增加功率的情况下该功能特别有效，如挖掘坚硬地面及岩石，或者斗齿被树根挡住时。

4）热平衡技术：该系统使发动机和液压系统温度保持在合理范围内，以防止液压系统及发动机过热。

5）再起动防止系统：该系统确保发动机工作时，即使驾驶员转动起动钥匙，也不会再次起动发动机，以保护起动电动机。

6）自动暖机系统：发动机启动后，如果冷却液温度过低，CPU 使发电机转速提高，泵流量增加，以达到暖机目的。

7）为了满足 EPA Tier 4（美国环保署第四阶段排放标准）的排放要求，各国发动机制造商正在通过提高燃油品质和能效、可控燃烧技术及排气后处理系统三种常见的路径攻克技术难关。这些挑战带动了以下 5 种主要技术的开发和利用。

① 高压公共燃油轨道（HPCR）系统：该系统具有先进的燃油喷射和燃烧设计，可调节燃油压力（22000~34000PSI，1PSI=6.894757kPa）和喷油时点，在油规中存储高压燃料的同时精确地控制喷油器在每次燃烧循环中实现若干次燃料喷射。当燃料离开喷射器时，高压将其变成细小雾状，提高了燃烧效率，从而降低了废气排放。

② 冷却后的废气再循环（CEGR）：该系统是目前广泛使用的废气再循环系统的扩展，可降低燃烧氧气消耗总量、燃烧的峰值温度和氮氧化物的形成。冷却后的废气比未冷却的能在燃烧中提供更多的气体。

③ 选择性催化还原技术（SCR）：该项技术将废气中的氮氧化物转换成无害的氮气和水蒸气。在注入一种特殊催化剂前向柴油发动机的废气流中喷入液体尿素（DEF）作为还原剂，以与柴油机废气和催化剂产生催化还原化学反应，从而把有害的氮氧化物转化成氮气、

水和二氧化碳，有效消除了高达 90%的氮氧化物的存在。

④ 柴油氧化催化器（DOC）：这是另一种柴油发动机的排气后处理装置，用钯/铂与氧化铝作为催化剂将碳氢化合物、一氧化碳、柴油颗粒和其他污染物氧化成二氧化碳和水，能够降低 20%~30%的颗粒污染物。

⑤ 柴油颗粒过滤器（DPF）：该过滤器是利用物理反应来捕集颗粒污染物以降低废气中的颗粒物质，过滤燃烧过程中产生固体废物的废气。通过压差监测整个滤清器的堵塞程度，直到达到预定值为止，能够减少 95%以上的颗粒污染物。

2. 纯电动力系统

1）外接电源驱动：外接电源驱动技术的电源来源于外部输电设备，图 2-4 所示为柳工的 922FE 拖电式反铲液压挖掘机，是一种低使用成本的柴油机动力替代产品。主机上一般配有变电设备、电动机及相应的控制装置。使用经济性比燃油动力要好，但需要建设专门的配套固定电力设施，适用于工作中不需要频繁移动、储量较大、开挖周期较长的大型露天采矿工程。外接电源驱动技术除节能外还有环境友好、零排放、工作中振动噪声小、维护保养简单及使用成本低等优点。

图 2-4　外接电源驱动的液压挖掘机

2）车载电源驱动：车载电源驱动具有外接电力驱动的所有优点，可实现使用中的低能耗、零排放、低噪声，可移动，能满足场内机动性要求，适合在高海拔、缺氧、低温环境下作业。但由于电池能量密度小、充电时间长、电池寿命和续航能力较低，需要建设专门的基础设施等，在工程机械上的大规模应用还需较长时间。

3. 混合动力系统

1）油电混合动力驱动：在电池续驶里程和寿命问题没有妥善解决的情况下，油电混合动力驱动为折中方案，可使挖掘机匹配较小功率的柴油机，并使其经常工作在经济区，达到节能减排效果。

在传统的功率匹配控制中，只有在满足最大负载功率下，柴油机与液压泵的功率才能匹配得较好，使柴油机工作点位于经济工作区。由于工作负载剧烈波动，最大和最小负载功率是交替变化的，导致柴油机输出轴上的转矩也剧烈波动，使柴油机工作点经常严重偏离经济工作区，因此这种传统的功率匹配是不完善的。另外，为满足最大负载工况的要求，设计中必须按照工作过程中的峰值功率来选择柴油机，因此柴油机功率普遍偏大，燃油经济性较差。当选不到大功率柴油机时，发动机很容易过载，这在一些小型挖掘机上表现得非常明显（柴油机经常过热）。采用油电混合驱动，借助蓄电池、超级电容等储能元件，在小负载工况下由柴油机驱动发电机向储能元件蓄能，在大负载工况下再将储存的能量释放出来作为辅助动力与柴油机一起满足峰值负载功率的要求，或者用电动机直接驱动液压系统，实现柴油机输出功率和转矩的均衡控制。这样就可以在设计中按照平均负载功率来选择柴油机，匹配较小功率的柴油机来驱动大吨位挖掘机，而且柴油机的运行工况平稳，始终处于经济工作区，因此能大幅提高燃油效率，达到节能减排的效果。

油电混合传动的最大缺点是能量转换经历了柴油机-发电机-储能元件（电池）-电动机-液压泵-液压缸/液压马达等多个环节，每个环节都存在能量损失，因此，整个转换过程中的能量损失较大，从而在一定程度上抵消了采用这种技术所能取得的节能效果；另一个缺点是由于能量转换环节多，因此系统趋于复杂，技术要求也相应提高，如电池寿命、电源转换效率、重量、可靠性等都有待进一步提高。此外，油电混合动力技术使挖掘机动力系统从结构上发生了根本变化，对整个挖掘机制造体系影响巨大，从而造成生产成本的上升。这些缺点制约了该项技术在工程机械上的应用。

2）液压混合动力驱动：液压混合动力驱动方案是利用液压蓄能器作为储能元件，适合于以液压马达为驱动装置的回转运动，对于以液压缸驱动为主的设备来讲则不适用。CAT 336E H 液压混合动力系统即是在回转系统中采用了液压混合动力技术，也称为闭式静液压传动，即利用液压蓄能器存储回转制动时的动能，在回转加速时释放出来达到能量的再利用，据称其燃油效率比同类机型提高 50%，油耗降低 25%。

采用混合动力技术的优点是：①可减小发动机功率；②实现发动机输出功率和转矩的均衡控制，作业时使发动机始终运行在高效区，因而能大幅提高燃油效率和经济性，并降低排放；③可回收部分回转平台制动减速时的动能、动臂下降时的势能以及整机下坡制动时的动能等并实现再利用；④油电混合动力可充分利用电动机控制技术的优势，对每一个液压执行元件采用闭式传动控制方案，从而取消多路阀控制系统，彻底消除阀内的节流损失，避免了油温的升高和由此产生的各种故障；⑤由于降低了发动机功率并且电动机自身的噪声很低，因此整机的噪声也得以降低。

无论哪种混合动力系统，其缺点同样是能量转换环节过多，且每个环节都存在能耗，导致整个过程的能耗较大，这在一定程度上抵消了整体的节能效果；其次是控制系统复杂，存在电能、液压能、机械能等多种能源型式，在能量的管理和匹配方面存在较大困难；再就是电池的比功率、比重量、可靠性及寿命都较低。

目前，混合动力汽车已进入规模化产业发展阶段，这为混合动力挖掘机的发展提供了借鉴作用。我国的徐工、詹阳动力公司、日本的小松公司、美国的 CATERPILLAR、CASE 公司等都相继开发了混合动力挖掘机，并已进入市场。但由于目前的技术水平和生产能力限制，这种技术的成本仍较高，因此，在短时间内还难以规模化生产。

2.2.2 反铲工作装置

工作装置是液压挖掘机的工作执行机构，其主要结构有正铲、反铲、液压抓斗，除此之外还有用于平整场地的推土铲、用于破碎坚硬物料的破碎锤、用于拆除作业的液压剪、用于起重作业的起重装置、用于装载作业的大型铲斗等辅助作业装置，部分辅助作业装置还需专门的快速转换接头。

图 2-5 所示为最为常见的中型履带式反铲液压挖掘机结构，其工作装置由动臂、斗杆、铲斗、摇臂、连杆及相应的液压缸组成，各部件之间采用铰接方式，通过各液压缸的伸缩动作驱动相应部件绕各自的铰接点转动或摆动以实现挖掘、提升和卸土等要求的作业动作。图 2-6 所示为三一的小型反铲液压挖掘机，区别于中大机型，小型反铲的动臂液压缸铰接于动臂弯曲中部下方，且一般为单个动臂液压缸。

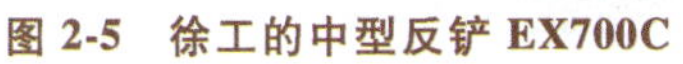

图 2-5　徐工的中型反铲 EX700C

图 2-6　三一的小型反铲 SY75C

图 2-7 所示为 LIEBHERR 的轮胎式反铲液压挖掘机，工作装置采用了三节臂结构，扩大了作业范围，但结构和操作更为复杂。

一般通用型液压挖掘机的工作装置属于平面连杆机构，其动臂液压缸置于动臂的下部。中、大型机一般采用双动臂液压缸，提高了工作装置的稳定性并有效防止了工作装置的左右摆动；小型机的动臂液压缸多采用单缸，结构简单。大多数中小型机的斗杆液压缸、铲斗液压缸也多为单缸，大型和超大型矿用液压挖掘机的上述 3 组液压缸多采用双缸。

另一种较为常见的反铲工作装置称为悬挂式反铲工作装置，图 2-8 所示的挖掘装载机的挖掘端即为这种结构型式。其动臂液压缸位于工作装置上部，使整个工作装置成悬挂状态。提升时动臂液压缸小腔进油，可加快提升速度，但提升力矩较小。这种结构多用于小型挖掘机上或挖掘装载机上。

图 2-7　LIEBHERR 的三节臂反铲机型 A918

图 2-8　柳工的挖掘装载机 765A

反铲工作装置的主要作用为挖掘地面以下土壤，尤以建筑物基础、沟槽等施工最为多见，其物料级别也较低，一般为四类以下土壤。当换装部分工作装置后可进行破碎、拆除、起重等作业。

2.2.3　回转驱动装置及回转支承

回转装置是驱动挖掘机回转平台转动的关键部件，它由回转驱动装置和回转支承两部分组成，由回转支承连接上部回转平台与下部行走机构。绝大部分液压挖掘机都可实现 360°任意回转，悬挂式液压挖掘机，如挖掘装载机的挖掘端一般为半回转结构，只能在一定角度范围内摆动，其中常见的为 180°左右的回转。

全回转驱动装置通常由回转液压马达及回转减速机构组成，目前已基本集成化，由专业厂商生产，挖掘机制造商只要根据主机性能要求选配即可。半回转驱动装置结构型式较多，有回转马达式、液压缸加齿轮式、齿条式等型式。图 2-9 所示为中大型液压挖掘机上采用较多的内齿式回转驱动机构，它由回转液压马达、机械减速机构、回转输出小齿轮及回转支承组成。

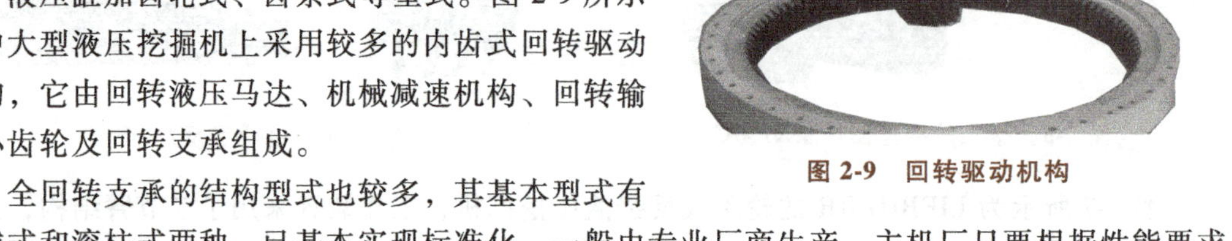

图 2-9　回转驱动机构

全回转支承的结构型式也较多，其基本型式有滚球式和滚柱式两种，已基本实现标准化，一般由专业厂商生产，主机厂只要根据性能要求按标准选用即可。

2.2.4　行走装置

挖掘机的行走装置有履带式、轮胎式、汽车式、步行式、轨道式、拖式、船式、步履式等多种型式，以适应不同作业场地的要求，其中最常见的为履带式行走装置，它是中小型乃至大型液压挖掘机普遍采用的结构型式，其次是轮胎式，由于其机动性较好，在中小型液压挖掘机上也有较多采用，船式、步履式、两栖式等其他结构型式只在特殊场合使用。

如图 2-10 所示，履带式行走装置通常由驱动轮、导向轮、支重轮、托带轮和履带组成，其直行和转向由两侧的行走液压马达总成独立驱动。图 2-11 所示为轮胎式行走装置，由变速器、前后传动轴、驱动桥、轮胎等部件组成，此外，轮胎式挖掘机一般还装有支腿和推土铲，以提高作业稳定性，并扩大作用功能。支腿支地时还可减轻轮胎及驱动桥的负载。

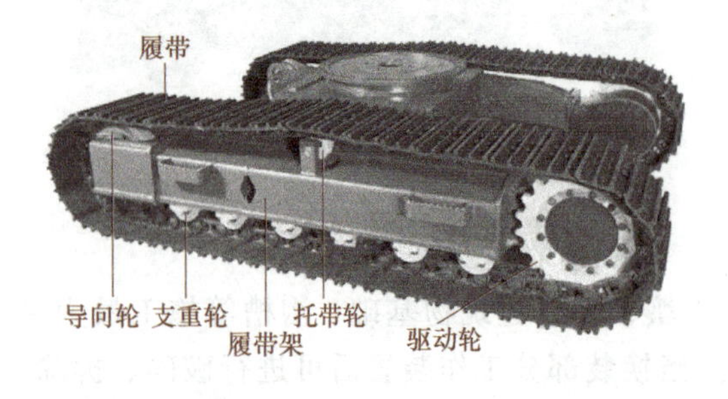

图 2-10　履带式液压挖掘机行走装置

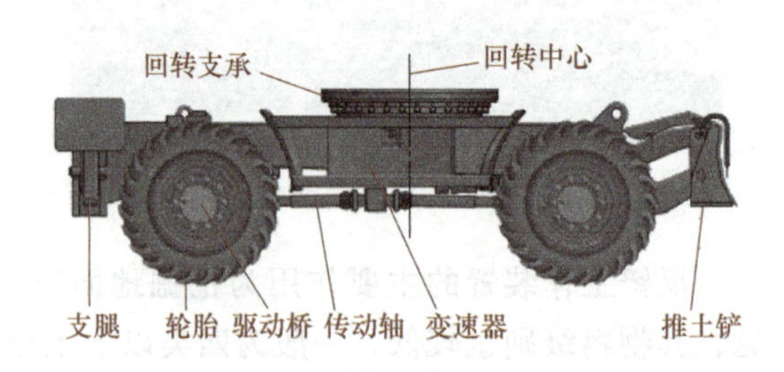

图 2-11　轮胎式液压挖掘机行走装置及附属装置

大多数轮胎式液压挖掘机的行走传动机构采用液压机械式，但为了提高传动效率和行驶速度，某些轮胎式行走机构也采用机械式传动，动力通过中心的传动轴传递至回转平台下部，再通过其后的传动轴到达驱动桥和车轮。

2.2.5　液压系统

根据挖掘机各运动部件是否全部由液压元件驱动，将液压挖掘机分为全液压系统和半液压系统两类。当工作装置、回转机构、行走机构及操作系统全部为液压驱动时为全液压系统，这种系统多用在履带式全液压挖掘机上；当其中的部分执行元件为液压驱动、另外一部分为机械驱动或其他方式驱动时为半液压驱动系统，这种系统多见于行走机构采用机械传动而其他部分采用液压驱动的挖掘机上，其典型结构为采用机械行走机构的轮胎式液压挖掘机，其主要目的是提高其机动性和行走传动效率。

液压系统是液压挖掘机的能量输送和控制部分，它兼有动力转换、传输及控制的作用。现代液压挖掘机的功能越来越齐全，在能量利用方面也越来越先进，但其液压系统也越来越复杂，除了构成系统的液压泵、液压马达、液压缸及主控制阀等主要元件之外还增加了较多的能量调节和控制回路及其相关液压元件。

2.2.6　操纵装置

早期的机械操纵机构由于其操作费力、控制精度低等缺点已经几乎完全被淘汰，取而代之的是液压先导或电液先导操作装置，甚至无线遥控或自动控制装置。

液压先导操作装置的基本特点是由先导泵供给先导阀一定压力和流量的液压油，经过先导阀后出来的控制油液再操作主阀阀芯的移动。这大大减轻了驾驶员的操作力，并能通过液压反馈作用使工作装置实现预期的动作和精度。

电液先导系统主要是由电先导阀和比例电磁阀组成，先导手柄的输出信号为电压和电流，主阀为比例电磁阀，其阀芯的移动是依靠电磁力实现的。采用这种操控系统具有响应快、布线灵活、易于实现计算机集中控制，以及降低操作难度、提高作业精度和效率等优点，因而已越来越多地被应用到工程机械上。将这种控制系统与数字式无线通信技术相结合，在主机上安装遥控接收装置，便于对液压挖掘机实现遥控及远程控制。

2.2.7　电气系统

液压挖掘机的电气系统主要由多条电路及相应的电器元件组成，其电路大致包括主电路、监测电路和控制电路 3 部分。

主电路主要负责操作发动机及其相关附件，并给机器上的所有电气系统提供电源；监测电路检测和显示机器的工作状态和安全性，对故障进行预测，它包括监测器、各类传感器和开关及自动报警系统等；控制电路包括发动机控制电路、液压泵控制电路和各类电磁阀控制电路，每条控制电路都包括各自的执行机构和元件，如控制器、传感器、各种电磁阀、电气开关和压力开关等。

液压挖掘机上的电气元器件包括微电子控制器、起动电动机、蓄电池及继电器、起动器继电器、辉光继电器、照明设备、扬声器、空调、传感器及其他相关电气元器件。其中，微电子控制器是核心，也称为主控制器，用于控制机器作业，它接收来自发动机控制表盘、各种传感器和开关的电信号，这些信号在经中央处理器处理后，由主控制器将控制信号发送到电控马达、各类电磁阀及其控制电路，以调节发动机、液压泵、马达和电磁阀的动作。

电子控制的发动机与液压系统相配合，从而提高了生产率和燃油效率。例如，目前国外中、大型液压挖掘机上普遍采用了发动机-液压泵电子控制系统，该系统的电子调速机构由检测目标转速的节流传感器、检测输出转速的调节传感器、控制齿条的调速执行元件及电子调速控制器等构成。其中，用比例电磁阀控制主泵的流量调节器，根据速差对主泵的输入转矩进行调节。

目前，机电液信一体化技术在液压挖掘机上已得到广泛应用，对各执行元件和功能部件的自动控制和联合控制技术已日趋成熟。根据预测，电子与液压的集成控制将成为主要的发展方向，这对扩展系统功能、提高系统可靠性将产生重要作用。

2.2.8 润滑系统

由于液压挖掘机结构复杂，相对运动的部件较多，部件质量和惯性较大，启、制动频繁，加之工作环境恶劣、尘土严重，使得维护管理工作复杂且难度较大，并给润滑系统提出了较高要求。

液压挖掘机的润滑系统涉及以下几个方面：

1）发动机自身的润滑。

2）工作装置各部件相互铰接处的销轴及衬套之间的润滑。

3）回转支承及回转机构内部各相对运动零部件之间的润滑。

4）行走机构各运动部件，包括驱动轮、导向轮、支重轮、托链轮各销轴等的润滑。

5）液压系统中具有相对运动的元件之间的润滑。

目前工程机械中使用的润滑方式按润滑介质来分主要有两种，即干油润滑（或称润滑脂润滑）和稀油润滑（或称矿物油润滑）。这两种润滑方式又分为手动润滑和集中润滑，两种方式各有特点。

（1）干油润滑　干油润滑主要用在高压和较高温度下工作的摩擦表面，可用来润滑具有变动载荷、振动和冲击的机械装置。干油润滑分为分散润滑和集中润滑，集中润滑又包括间歇压力润滑和连续压力润滑。干油集中润滑系统以其注油方便、强制润滑、延长使用寿命、增加机械可用时间、节省润滑脂等优点，降低了维修和保养成本，在工况较恶劣的部位得到较广泛的应用。但干油润滑存在以下缺点：①流动性差，内摩擦阻力大，所需工作压力高，无法形成动压油膜；②润滑脂难以有效迅速扩散到整个润滑面；③受污染后难以净化。根据挖掘机的工作特点，所用润滑脂应满足使用部位的极压抗磨要求，具有良好的抗水性和防锈性、机械安定性、南北冬夏通用性、适宜的稠度等。

挖掘机的工作装置各铰接处销轴、回转支承、行走机构等多采用干油润滑，如复合钙基脂或复合锂脂、蜗轮蜗杆油等。

（2）稀油润滑　稀油润滑流动性和散热性都较好，所需工作压力也比较低，一般在2MPa以下，但如果对各润滑点的流量控制不好，易污染环境。挖掘机中的发动机内部、液压系统、回转减速器、行走减速器等多采用稀油润滑，如发动机油、液压油、齿轮油等。

对稀油润滑，应根据不同使用场合选择不同的化学或物理添加剂，并应根据环境温度和用途选用适当标号的润滑油。环境温度高时应选用黏度较大的润滑油，反之用选用黏度较低的润滑油。一般情况下，液压油的黏度较小，以减小液体流动阻力；齿轮油黏度较大，以适应较大的传动负载。

挖掘机稀油润滑所用润滑油要有适当的黏度、较高的黏度指数、良好的抗氧化稳定性、防锈防腐性能、抗磨性能及耐水性能，良好的抗乳化性和水分离性能以及良好的密封性能，较高的清洁度和热氧化安定性，过滤性要好以及合理的换油周期，不同牌号和不同等级的用油不能混淆。

（3）集中润滑系统　目前，先进的工程机械已采用了集中润滑系统，它是通过控制器控制一台润滑油泵来同时润滑多个润滑部位，其中，递进式集中润滑系统可以定时、定点、定量、定序地加注润滑脂到所需润滑部位。这种集中润滑具有以下特点：

1）能实现定时、定点、定量、定序加注功能，避免人工润滑的遗漏。

2）润滑周期准确，定量给脂精确，节省油脂，减少对环境的污染。

3）系统压力高，用脂范围宽。

4）结构紧凑，便于布置、检查和维修。

5）延长了零部件的使用寿命，降低了维护成本。

6）具有故障报警功能，可对润滑系统进行全程监控。

2.2.9　热平衡系统

液压挖掘机的工作环境恶劣、负载变化频繁、工作时间长，其能量损失和热源主要来自于发动机和液压系统，各种能量损失转化成的热能一部分通过元件表面散发到周围环境中，另一部分则引起了零部件和液压系统温度的升高。

发动机的热量主要来自于燃烧室产生的炽热气体，目前普遍采用的发动机冷却系统一般由水泵、水套、水散热器、风扇、温度传感器及管道等组成，为强制吸风式冷却方式。

液压系统热量主要来源于工作液压泵、溢流阀和液压缸、液压马达，此外还有主阀组、各管路等液压元件相对运动时产生的摩擦热。一般来说，液压系统较合理的工作温度范围为30~50℃，最高不希望超过80℃，最低不低于15℃，但由于受环境温度和自身发热等因素的影响，实际工作温度很难保证在此范围内。

温度升高会导致一系列不良后果，一方面会降低机器的使用效率，另一方面会加速元件老化、引起元件损坏、降低系统的可靠性、缩短机器的使用寿命。必须采取适当措施将润滑系统或液压油的温度控制在合理的范围内，热平衡系统即是为此而专门设置的。

对上述问题的解决方法通常从两方面着手，首先应从热源上考虑，如采用高效率的发动机和液压元件、合理设计系统、提高液压元件的设计精度和耐热性能尤其是热变形能力，当这些措施不能解决问题时应采用热平衡系统，即在温度过高时采用冷却器进行强制冷却；反之，则采用加热器对系统进行加热。

（1）液压油的冷却装置　冷却系统可根据冷却介质分为水冷、风冷和冷冻式三类。对其基本要求是散热效率要高，压力损失要小，体积小、质量轻，并配备温控装置，以把油温控制在合理范围内。

工程机械上采用的传统冷却驱动方式一般是由发动机输出轴通过带传动装置以一定传动

比驱动冷却风扇和水泵，使冷却空气通过散热器带走冷却水的热量。该冷却系统在冷却发动机的同时，还担负着冷却液压系统的任务，散热强度非常大，但由于驱动方式的限制，风扇和散热器的安装位置受限。冷却系统增加温度传感器后可将温度信号传给电控单元，当油温高于温度上限时，电控单元起动冷却风扇使其工作，当温度低于下限温度时，风扇停止工作。采用这种油温控制方式避免了高速、中小负载工作时冷却能力严重过剩的问题，并缩短了发动机预热时间。

（2）液压油的加热装置　在冬季或环境温度较低的情况下，油液的黏度会增大，使机器内部运动部件间的运行阻力增加，液压泵吸油困难，影响机器的正常起动。为了使挖掘机能顺利起动，需要对系统进行预热，待油温升高后才能投入工作。

液压系统的加热器采用结构简单、可自动调节温度的电加热器。加热器应安装在油液流动处，使其水平放置并全部浸入油中，以利于热量交换。单个加热器的功率不宜太大，且油液流过加热器时要有一定的流速，以防止与加热器接触的油液过度受热后发生变质。

2.2.10　其他辅助系统

现代液压挖掘机增加了各种辅助系统，如空调系统、故障自动检测和报警系统、音响及各种显示仪表等，使得挖掘机越来越人性化，也大大提高了挖掘机的综合性能、驾驶员的操纵舒适性和作业效率。

2.3　反铲液压挖掘机的作业过程及基本作业方式

反铲液压挖掘机是一种周期性土方机械，其最常见的应用莫过于挖掘建筑物基础、路堑、填筑路堤、平面或坡面挖掘、沟槽挖掘等土方工程，其中，对建筑物基础的挖掘最为常见。按照不同场合的施工要求，其基本作业方式有曲线挖掘、直线挖掘、保持一定角度挖掘、沟端挖掘、沟侧挖掘、超深沟挖掘和沟坡挖掘等。但主要为停机面以下的挖掘作业，如图 2-12 所示，其典型作业动作可概括为：挖掘（切土并装土）→满斗提升并（或）回转→卸料→空斗返回并下降工作装置→下一次挖掘，如此进行周期性过程，简述为挖掘、满斗回转、卸料和空斗返回四个过程。作业时，首先操作控制手柄使动臂和斗杆摆动（一般为下降）以使铲斗位于要求的挖掘位置上，同时使铲斗先向前转动，然后绕斗杆向挖掘机机身方向转动进行切土，在此过程中，在工作面上会形成一条弧形切削面并同时将物料装满铲斗；随后，将满载的铲斗连同动臂和斗杆一起被提起，与此同时，转台转动并带动动臂、斗杆和铲斗一起回转到卸料方位；在卸料位置，操作控制阀使铲斗向前上方转动，使斗口朝下进行卸料；完成卸料后，回转平台反方向回转并带动整个工作装置一起转动，与此同时，动臂下降、斗杆下摆，使铲斗置于下一挖掘位置，以进行下一循环的挖掘作业，这种周期性的循环动作就构成了挖掘机的基本作业过程。其作业过程通常可简单概括为如图 2-12 所示的 4 个典型动作的连续过程。

挖掘（切土并装土）→满斗举升动臂并（或）回转→卸料→空斗返回并下降动臂→下一次挖掘，或者进一步简化为“挖掘、满斗回转、卸料和空斗返回”4 个动作过程。

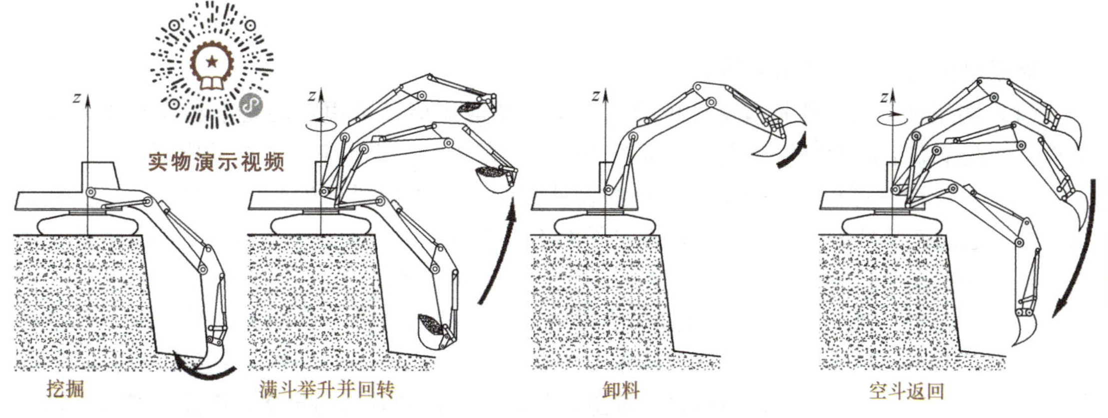

图 2-12　反铲液压挖掘机的一个作业循环过程

反铲液压挖掘机作业时的运动学与动力学特点如下：

1）通过液压缸驱动工作装置各部件运动，无回转时一般为平面运动，有回转或辅以行走动作时为空间复合运动。

2）多自由度。如不考虑行走机构的动作，一般为 4 个自由度。三节臂、拐臂式或装有液压快换接头的工作装置则具有更多的自由度，且多数为空间复合运动。

3）具有刚柔耦合多体系统动力学特性。

4）动作速度一般较低，且随着自身质量的增加其动作速度会进一步降低。

5）载荷大且复杂，变化频繁，冲击振动明显。

2.4　反铲液压挖掘机的总体设计

2.4.1　反铲液压挖掘机总体设计的内容及原则

设计液压挖掘机时首先应考虑施工对象的特点和要求，在对施工对象进行充分调查研究的基础上根据市场需求确定机种、机型和机重，然后考虑其他附属功能、制造条件、制造成本、性价比、先进性、市场竞争力、环保要求、售后及使用维修服务等，总之，应在综合考虑各种因素的基础上确定总体设计方案。然而，市场需求多变、技术发展迅速，这就要求企业领导人和研发人员随时注意市场变化和技术潮流，结合自身的实际能力，准确定位、不断创新，以满足用户日益增长和扩大的需求，并使企业立于不败之地。液压挖掘机的总体设计内容如下：

1）确定机种、机型。

2）确定设计原则、整机结构方案并拟订设计任务书。

3）确定整机主参数。

4）确定主要部件结构方案和相关主要结构参数。

5）确定液压系统结构方案及主参数。

6）确定其他辅助装置型式。

7）结合标准和行业规范分析并验证整机的各项性能参数。

液压挖掘机的设计原则大体如下。

（1）实用性 实用性是指挖掘机的各项基本功能应能满足用户的基本功能和正常使用要求，在此基础上应考虑便于操作、维护和保养，避免给用户带来不必要的麻烦。

（2）可行性 可行性是指企业自身的设计和制造能力能保证生产的顺利进行。实践证明，盲目追求产品性能的完善和高技术水平而不考虑自身能力和成本的做法是不可取的，因此，要从客观现实出发，在自身力所能及的情况下定位产品。

（3）经济性 通常从产品的制造和使用两方面考虑经济性，即制造与销售成本和使用经济性。其性价比是反映产品经济性的重要指标之一。作为生产厂商，要追求较高的利润，势必会提高产品的价格，而作为用户，则追求较高的性能和较低的价格，因此，必须在两者之间取得平衡。解决的办法是，生产厂商不断地进行技术创新以提高产品性能并降低研发成本，只有这样才能使双方达到一致。

（4）可靠性 可靠性设计是为了在设计过程中挖掘和确定隐患和薄弱环节，并设计、采取预防和改进措施有效地消除隐患并改善薄弱环节。要提高产品的固有可靠性，必须制订并遵从可靠性设计准则。

可靠性设计准则是把已有的、相似产品的工程经验总结起来，使其条理化、系统化、科学化，成为设计人员进行可靠性设计所遵循的原则和应满足的要求。其设计准则一般都是针对某个型号或产品的，建立设计准则是可靠性工作的重要而有效的工作项目。目前，某些产品已制定了相应的可靠性设计准则，如军用、民用飞机的可靠性设计准则等。但是，工程机械产品上尚无专用的可靠性设计准则。

可靠性设计主要包括制订元器件大纲、降额设计、简化设计、裕度设计、热设计以及防腐蚀、老化设计等。

（5）先进性 一般而言，技术的先进性代表着产品具有更加完善和优越的性能，也标志着企业的创新能力和技术水平，因而具有更强的竞争能力。企业可以对技术创新大力投入，以使产品取得领先地位，但对一些设计和制造能力相对弱的企业，盲目追求技术的先进性也会面临较大的困难，因此，企业应在市场需求、产品定位、研发能力、制造水平和经济性上进行权衡，既要保证基本功能的完善和可靠，又要顾及研发成本、用户的购买能力及使用的经济性。

（6）节能、环保要求 解决能源和环境问题的主要途径目前主要有3种，第一种是利用清洁能源，从动力源上进行突破，如采用纯电动技术、混合动力技术、氢燃料发电及氢内燃机技术等，这些技术目前大多已取得了突破性进展，并在汽车及工程机械领域开始得到了实际应用，其相应的法规、标准也在进一步充实之中，但离在工程机械上大规模应用仍有一段距离；第二种是在发动机功率利用上下功夫，通过开发各种控制技术提高发动机效率，以提高燃油经济性，降低尾气排放，为此，全球主要的发动机厂商都相继推出了采用各种先进节能技术的发动机，这些发动机在工程机械上已得到了广泛的应用，如在燃油发动机上普遍采用的电喷技术和高压共轨技术等；第三种是采用各种技术手段尽可能地减少废气中的有害物质，以减轻温室效应、保护环境，例如，日本小松公司的新型后处理系统结合了小松柴油颗粒滤清器（KDPF）和选择性催化还原技术（SCR），将 NO_x 分解为无毒水蒸气（H_2O）和氮气（N_2），明显降低了大气的污染。

综上所述，从方案制订起就应从环境保护、能源利用和经济性等方面确定相应的原则，严格按照相应的标准、法规设计产品，并把它们贯彻至产品的整个生命周期。

2.4.2　确定整机结构方案并拟定设计任务书

应根据市场需求确定整机结构方案，包括动力装置、工作装置、回转装置、行走装置、液压系统、操作控制系统及其他辅助装置的结构方案。

1. 确定机种、机型

机种是指挖掘机的种类，不同类别的机种适合于不同的作业场合。机型是指某个机种下的具体型式，反铲液压挖掘机按行走装置分有履带式、轮胎式、步履式等机型，按机重分有微型、小型、中大型和超大型等，按工作装置分有普通反铲工作装置、三节臂及悬挂式工作装置等。要确定这两项内容，应首先了解市场需求状况、行业产销状况、技术水平等，充分掌握这些信息，避免决策失误，然后结合企业自身的研发能力确定待生产的机种和机型。然后应结合企业的技术条件和制造能力制订详细的设计方案、步骤和时间安排等各项内容，做到有步骤、分阶段地实施，以确保研发任务的顺利进行。

2. 确定动力系统型式

除露天矿用的机械式挖掘机（电铲）外，目前各类挖掘机大多仍以柴油机作为动力源，但随着新能源技术的发展，混合动力和纯电驱动技术目前也应考虑在内。

（1）燃油动力驱动　目前，柴油机动力技术普遍采用了高压共轨、电控喷射、涡轮增压加中冷技术，在提高了动力性和燃油经济性的同时，降低了尾气排放。为了更好地利用发动机的功率，提高挖掘机的作业效率，目前一般都根据挖掘机的具体作业工况为发动机设置多种工作模式，如标准模式、精细模式、重载模式、破碎模式等。例如，日本近年来生产的 PC490LC-11 设置有 6 个工作模式，分别是 P（动力增强模式）、E（经济模式）、L（起重模式）、B（破碎模式）、ATT/P（附属件动力模式）和 ATT/E（附属件经济模式）。每种模式都匹配对应工况下的发动机转速、液压泵流量和系统压力，其中，P 模式可为要求苛刻的场合提供强劲的动力和速度，以提高作业性能，ATT/E 模式可使驾驶员在经济模式下操作附属件。

由美国环保署最新颁布的 Tier 4 Final（第四阶段最终排放法规）要求大幅减少颗粒物（PM）和氮氧化物（NO_x）的排放，这对燃油动力的后处理系统提出了更高的要求，为此，各大发动机制造厂商都在想方设法对发动机进行技术改造。

（2）油电混合动力驱动　油电混合动力一般采用蓄电池或电容与柴油机共同为挖掘机提供动力，这可降低所配置发动机的功率，其基本工作原理是：当挖掘机需要满负载或重载作业时，由发动机和蓄电池或电容共同提供动力；当轻负载工作时，只需发动机或蓄电池单独提供动力，多余的能量可通过发电机和逆变器转化为电能储存在蓄电池或电容中。

（3）液压混合动力驱动　目前比较成熟的液压混合动力技术是采用独立的静液压回转回路，其主要特点是采用双向回转泵、回转马达、充油泵和液压蓄能器的组合系统。该系统能够将回转制动能量存储到液压蓄能器使能量再生利用，并防止了气穴和过热。蓄能器中的油液是独立管理的，当挖掘机进行多任务处理时，可以获得更高的效率和更平稳、更可预测的性能。

当需要较高的动力时，蓄能器通过液压马达将能量释放出来作为发动机的辅助能量，从而达到节能目的，这种混合动力技术在结构上是最为简单和成熟的，具有生产效率高、运营成本低的优点，在CAT的336 E H液压挖掘机上已有采用，据称比传统液压挖掘机最多可节能25%。

（4）机载纯电驱动（拖电式） 机载纯电驱动是用机载电池和电动机代替柴油机作为动力。机载纯电驱动挖掘机的优点是工作安静且排放为零，经济性和可靠性好，维保简单方便，缺点是电池能量密度小，充电时间长，寿命短，使得整机质量大，成本高。而且从能量利用的角度来看，如果初始能源来源于化石燃料，由于中间能量转化环节增加（热电厂化石燃料燃烧转化为电能，电能充入电池，电池电能通过电动机转化为机械能，以上过程相当于柴油机中柴油燃烧的能量转化为机械能）使得热效率仍有可能低于柴油机。如果电能来源摆脱化石燃料，如核能、太阳能等，则总效率会大大高于柴油机，且可实质性摆脱对化石能源的依赖。采用机载纯电驱动还便于布置能量回收系统。

为实现“双碳”目标，从环保节能及机动性方面考虑，液压挖掘机的机载纯电驱动是其发展方向，目前国内外各大挖掘机厂商都在积极布局这类纯电动挖掘机产品。

（5）机外纯电动驱动 机外纯电动驱动是由电动机取代柴油机作为动力装置，能量来源于外接电网，电动机把电网电能转变为机械能驱动液压系统工作，如果电网为高压电网，还需要配置变压装置。大型电铲一般采用这种型式，具有零排放、噪声低、可靠性高等优点。缺点是机动性较差，存在电缆被辗压、拖拽的不利因素，且难以在远离电网的工作环境中使用。

山河智能SWE25E挖掘机，采用外接380V交流电源和15kW的交流电动机作为动力，实现了挖掘机的低噪声和零排放，尤其适合于隧道等特殊工作场所。为便于从电网取电，在顶配机型右后侧安装一个中心导电环，可以让电缆360°旋转且不影响供电。

（6）双动力驱动 在原有柴油驱动装置的基础上设置外接动力适配装置，同时配置外接电驱动力单元，可转换为双动力驱动挖掘机。两套驱动装置可单独工作，室外工作采用原有柴油机驱动，在室内工作时采用电驱动实现零排放和低噪声。

图2-13所示为CAT推出的微型挖掘机300.9D VPS &HPU300，该机自带柴油发动机，HPU300为标配的电驱动液压动力单元，安装有三相交流电动机和液压泵，通过外接动力适配装置可与主机液压系统连接。

图2-13 CAT双动力微型液压挖掘机

3. 确定工作装置结构

如前所述，反铲液压挖掘机主要挖掘停机面以下的土壤，在加装各种辅助作业装置后还可进行破碎、拆除、起吊等辅助作业。一般情况下，大多数反铲工作装置采用整体式弯动臂、动臂液压缸下置、直斗杆、共点式铲斗六连杆机构，这种结构有利于地面以下挖掘，同时还兼顾了最大卸料高度、提升力矩、铲斗转角范围等要求，因此被普遍采用，同时也是比较成熟的结构型式，如

图 2-14 所示。为了满足各种作业要求，多数厂商还提供了不同结构型式和尺寸的工作装置，如加长动臂、加长斗杆及各种结构的铲斗，这在方案制订阶段也应加以考虑，以充分发挥主机的工作潜能并满足客户需求。此外，还应为加装其他辅助机具留下备用接口和驱动及操作系统，如预备加装破碎锤、液压剪等的动力需求和控制接口等。

图 2-14　履带式反铲液压挖掘机
（詹阳动力 JY632）

对于小型挖掘机或挖掘装载机的挖掘端，一般可考虑选择悬挂式工作装置，这种结构一般为单动臂液压缸驱动，结构较为简单。在动臂提升时为有杆腔进油，提升速度快，挖掘和提升时液压缸的稳定性也能保证。

反铲工作装置的主要作业参数为：斗容量、最大挖掘深度、最大挖掘半径、最大挖掘高度及最大卸料高度等，在选择结构时要兼顾这些作业尺寸要求。

考虑到抓斗、起重装置、破碎装置等可换机具，在主机和基本工作装置结构方案确定后应一并予以考虑。但这些装置中有些是配套件，如破碎锤、裂土器及相应的快换装置等，可根据设计计算结果给配套厂商提出相应的要求来定制，也可为用户提出相应选择和使用注意事项；对于起重作业装置，一般应按照国际标准给出额定起重能力的相应操作参数，以指导和规范用户使用，避免超过起重能力作业而引发事故。

4. 确定回转装置结构

挖掘机的回转方式有全回转和半回转两种结构型式，除少数机型由于结构功能原因使用半回转型式外，各类挖掘机几乎都采用全回装装置，而有些小型和微型挖掘机还在此基础上增加了工作装置的独立回转机构，以适应特殊场合的作业要求，进一步扩大了其作业范围，提高了灵活性。

目前，全回转驱动机构普遍采用的结构型式由高速液压马达与行星减速机构组成，其主要特点是结构紧凑、效率高。而在部分中大型液压挖掘机上采用了静液压回转回路，并增加有能量回收装置。为了减速增扭，一般要在回转驱动马达的输出端增加回转减速装置，成熟而又结构紧凑的行星减速装置一般为首选。不仅如此，行星减速装置还可获得较大的传动比，因此，目前绝大多数全回转液压挖掘机上都采用了这种组合传动方案，其总成结构如图 2-15 所示，可由专门的配套件厂商生产。而单纯采用低速马达的驱动方案虽然结构简单，但由于体积尺寸较大，目前已很少被采用。

另一类新出现的回转装置是用电动机来驱动回转平台，这种驱动方式可把转台减速制动时的动能回收到电容器或蓄电池中并得到再利用。

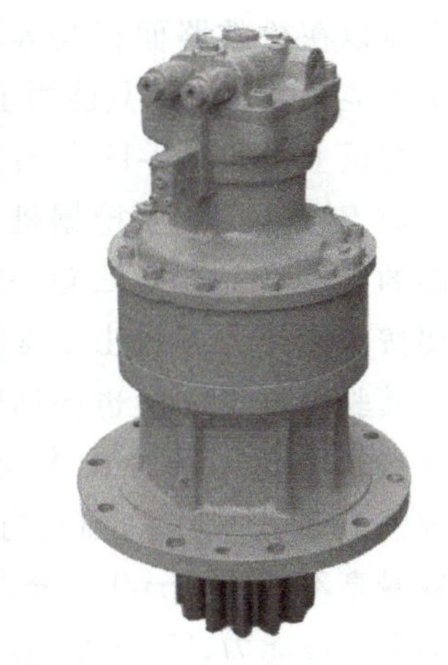

图 2-15　回转驱动集成装置

在某些情况下，由于机身结构方面的原因，不能采用全回转驱动方案，这时就需要考虑半回转驱动方案，如图 2-16 所示。该机种前端具有与机身连接的装载装置，不需要具有回转功能的转台，受此影响，机身后端的挖掘装置就不能实现全回转，因此通常的做法是在后端增设半回转机构，使挖掘工作装置在尽可能的范围内实现回转，其转角范围一般为左、右各转 90°左右；为了实现挖掘墙根等普通挖掘机难以进行的操作，某些挖掘装载装置还增设了侧移架，使挖掘工作装置能整体做横向移动，从而满足用户的特殊要求。半回转装置一般不需减速机构，目前大多采用液压缸驱动，只有少数采用液压马达驱动。

图 2-16　带侧移架的半回转装置
（成工重工挖掘装载机 862H）

对于全回转机构的制动方式，单纯采用液压制动的十分少见，机械型式的弹簧压紧全盘式制动器被广泛采用，且被集成在回转驱动装置总成中，如图 2-15 所示。在回转动作发生的初始，液压油首先进入液压活塞腔中压缩制动弹簧使制动器摩擦片分离从而释放制动力矩，转台才能在回转驱动装置的驱动下转动；当回转制动信号发出时，液压油压力减小，制动器摩擦片在弹簧作用下结合使转台得以减速制动，因此，这种制动器同时也是停车制动器。采用机械制动的好处之一是准确性高，另一优点是减轻了制动给液压系统带来的冲击，降低了制动时液压系统的发热和温升。对于采用再生制动的回转装置，还能以液压能或电能型式回收转台制动减速时的动能，并实现再利用。但这种制动方式结构较为复杂，需要一套能量转换和存储装置，目前已在混合动力挖掘机上被采用，节能效果明显。

对于液压半回转机构，一般不增设专用的制动器，而仅采用液压制动方式，但应设法考虑减轻制动给液压系统和元件带来的冲击。

5. 确定行走装置结构

液压挖掘机的行走装置主要有履带式和轮胎式两类，其中，履带式应用最为广泛，轮胎式由于其良好的机动性，也正在受到用户的青睐，但其接地比压过大所带来的作业稳定性问题和难以在松软路面行驶等不足之处导致了其机重不能较大，一般只能用于机重 20t 以下的反铲挖掘机上，如图 2-11 及图 2-17 所示。

图 2-17　日立轮胎式反铲液压挖掘机 ZAXIS140W

对于履带式液压挖掘机，其行走装置已成标准的定型产品，即四轮一带结构。主机厂商只要按照设计方案提出要求向专业厂商定购即可。其驱动方案一般也同回转驱动机构一样为高速液压马达与两级或多级行星传动相集成。目前的履带式液压挖掘机行走速度一般较低，多数最高不超过 6km/h，分为低速和高速两档。在选择行走装置结构方案时，应主要考虑牵引力和爬坡能力，其次是通过性。

对于轮胎式液压挖掘机，目前其行走机构一般采用液压-机械传动，即液压油经由中央回转接头到达行走液压马达，随后驱动变速器，再经主传动轴、差速器、驱动桥到达轮边减速器，从而驱动挖掘机行走，如图 2-11 所示。其行走速度一般分为高速、低速、爬行 3 档，高速档为公路行驶速度，最大可达 50km/h 左右，低速档为作业行走速度。在现代液压挖掘机中，多使用变量液压系统，可实现行驶速度与牵引力的无级变化。从结构上讲，由于轮胎式挖掘机比履带式挖掘机在底盘、行走装置、操作系统上更为复杂，且一般都增加了支腿，因此其制造成本比同级别履带式挖掘机要高 20%～30%，但效率却要低 15%左右。尽管如此，由于其转场便利性，对要求机动性高的用户仍是一种恰当的选择。综上所述，当考虑轮胎式行走方案时，应结合机动性、复杂性、制造成本、使用效率、用户需求等方面的因素进行综合分析，以避免决策失误。

液压挖掘机的制动方式一般有纯液压制动、纯机械制动、机械和液压制动。目前，单一型式的制动方式也不多见，这是因为仅采用液压制动难以满足制动要求，且容易对液压系统造成冲击、损坏液压元件，同时引起系统发热等一系列问题；而仅采用机械制动则对机身的冲击作用更为明显，缓冲效果也不好。此外，不采用助力制动方式还需要驾驶员给出较大的操纵力。目前在中大型液压挖掘机上所采用的主流行走制动器为液压机械式，其代表型式一般为弹簧压紧、液压分离式，这种结构同时也起停车制动作用。图 2-18 所示为液压马达、行走减速机构与制动器集成为一体的行走装置。

图 2-18　履带式行走驱动集成装置
（图片来自力士乐样本）

事实上，基于单一结构型式的传动方式在工程机械上已不多见，无论是履带式或轮胎式挖掘机，机械、电子和液压传动技术都不是孤立存在的，而是相互渗透、融合在一起的。因此，在方案确定时，可结合挖掘机的作业特点采用有针对性的集成方式，充分发挥各种传动方式的优势，以提高挖掘机的综合性能。

6. 确定液压系统结构方案

由于液压系统的存在，发动机的动力能通过液压泵转化为液压能，然后再通过液压油、各种阀和管路把能量传递到液压马达和液压缸，驱动行走装置、回转装置、工作装置及其他辅助装置动作。因此，液压系统在液压挖掘机中起着十分重要的作用，通过液压系统，能量发生了两次转化，即从机械能到液压能，再由液压能到机械能。由此可见，液压系统的结构型式、性能和效率对挖掘机的性能有着十分重要的影响。

按照不同的分类依据把液压系统分为如下几种代表型式。

1）按液压泵数目，将液压系统分为单泵系统、双泵系统和多泵系统。

2）按主泵结构类型，将液压系统分为定量系统和变量系统。定量系统是指液压泵的输出流量不随负载变化的系统，由于其结构简单、价格便宜，在小型挖掘机及其他速度和负载变化不大的机器上应用较多。变量系统是指液压泵的输出流量随负载的大小可以自动调节的系统，其优点是在调节范围内，输出流量与负载（即输出压力）成反比，使液压泵维持近似恒功率输出，从而可有效利用发动机功率，其缺点是结构复杂、成本高。按照变量方式可分为手动变量、伺服变量、压力补偿变量、恒压变量等类型。现代大中型液压挖掘机多采用双泵全功率变量系统，另设有一台小定量泵用于辅助操作控制。特大型挖掘机则多采用多泵变量系统。如 LIEBHERR 的 R996 正、反铲通用型液压挖掘机，其整机重量约 670t，主泵系统有 8 台斜盘式轴向柱塞泵用于驱动工作装置和行走装置，另有 4 台可逆式斜盘轴向柱塞泵用于回转闭式系统。

3）按油液的循环方式将液压系统分为开式和闭式系统。开式系统是指液压泵从油箱吸油，液压油经液压泵输出至液压执行元件，经过执行元件的回油则流回到油箱。这种系统的主要优点是利用油箱进行散热并沉淀油液中的杂质，缺点是油液与外界空气存在接触，空气易渗入系统，影响油液品质，腐蚀元件，从而引发系统和元件故障。

闭式系统是指液压泵的进油口直接与执行元件的回油相连，一般无油箱，液压油在油路中进行封闭循环。该系统的优点是结构紧凑、隔绝了与外界空气的接触，因而系统的可靠性较高。闭式系统中对执行元件的换向和调速是通过调节变量液压泵和变量液压马达的变量机构实现的，较之开式系统，避免了换向过程中所出现的液压冲击和能量损失。但闭式系统较开式系统复杂，因无油箱，油液的散热和过滤条件较差。此外，为补偿闭式系统中不可避免的油液泄漏，通常需要一个小流量的补油泵和油箱。值得注意的是，由于作为执行元件之一的单杆双作用液压缸大、小腔通流面积不等，因而进、出流量不等，所以闭式系统中的执行元件一般为液压马达。

现代中大型液压挖掘机的回转液压回路多采用闭式系统，而工作装置液压系统多采用开式系统。

4）按向执行元件供油方式的不同，又可把液压系统分为串联系统和并联系统。串联系统是指前一个执行元件的回油为下一个执行元件的进油，即各执行元件获得的流量相同，但液压油每通过一个执行元件，压力就要降低一次。在串联系统中，只要液压泵的出口压力足够，便可以实现各执行元件的复合动作，但系统克服外载荷的能力将随执行元件数量的增加而降低。

并联系统是指各执行元件的进口压力相同，但获得的流量会随自身的外负载大小而不同。外负载较小的执行元件将获得较大的流量，因而动作较快；反之，外负载较大的执行元件获得的流量较小，因而其动作速度较慢，只有当各执行元件的外负载相等时，才能实现同步动作。

液压挖掘机的每个作业循环过程都包括动臂的升降、斗杆的收放、铲斗的卷入卷出以及转台的回摆，这些动作有时单独进行，有时同时发生，因此，系统须能满足这些要求。此外，由于挖掘过程中阻力变化很大，因此执行元件的动作速度应能与之自动适应，达到无级调速。而在行走系统中，液压系统不但要满足牵引力要求，还要满足直行和转向要求，并使两侧驱动轮或履带能充分按照驾驶员的意图协调动作、稳定行走。

液压挖掘机的上述工况特点决定了各液压元件做单独或复合动作时对压力、流量和功率的需求规律。确定方案时，应首先考虑主机的这些工况特点，在满足基本使用功能的基础上，考虑各执行元件工作时动作的协调性、系统的功率利用情况、动态特性、效率及可靠性等因素，最后结合各类系统的功能特点、复杂程度、实现难度等技术经济特点，通过综合分析设计液压系统。特别要注意的是，液压挖掘机性能的优劣不仅取决于系统基本结构和设计的完美程度，还与元件质量及液压系统整体的协调性能等密切相关。而现代工程机械的液压系统已不再是由单纯的液压元件组成，而是融合了电子技术、信息技术、计算机智能控制技术等多领域、多学科的前沿技术，因此，在方案确定初期就应当充分调研并召集各方面专家进行论证，以避免决策失误，为后续的设计和制造工作创造良好的开端。

7. 确定其他辅助装置

主要结构方案确定后，可确定辅助装置的结构型式。辅助装置包括操作控制系统、电气系统、冷却散热系统、润滑系统、照明装置，以及推土铲、各种附属机具、快换接头等，这些装置对挖掘机整机性能的发挥也起着十分重要的作用，例如，冷却散热系统是调节液压系统温度的重要组成部分，其效果直接关系到挖掘机能否正常工作。所有这些都应在整机结构方案设计中一并予以考虑。

按照以上内容确定设计方案后，就可以制订设计任务书了。设计任务书除包括上述内容外，还应列出要达到的具体技术指标、人员和进度安排、预计费用等。

8. 确定自动化及智能化技术

液压挖掘机的自动化和智能化是未来的发展趋势，在抗震救灾、抢险救援、人员难以到达的危险场合作业以及大规模集群施工环境有着广阔的应用前景。但由于挖掘机自身的结构特点、作业环境及工况载荷的特殊性和复杂性，在挖掘机上采用智能化技术在理论研究和技术实现上都存在较大的难度，应重点考虑以下几点：

1）应对挖掘机自身的结构特点、工作原理以及运动和动力学特性有充分的掌握。

2）应能实时获得挖掘机的位置姿态、作业环境及工况负载等的详细信息。

3）应具备相应的基础条件和技术前提，如各类传感技术、远程控制及故障诊断技术、人工智能技术、信息技术等。

在确定采用该项技术前应结合市场需求、技术难度、研发成本、企业自身能力等进行充分的论证，采取逐步解决、各个击破的策略，而不应该盲目追求先进性。现阶段，应先从提高作业精度和效率、减轻操作难度、避免人员和设备的危险等方面来考虑，以实现常用工况的自动控制、特殊环境的安全作业、关键设备的远程控制与智能故障诊断等，然后逐步实现整机的智能化和无人化，以及大规模集群施工的智慧管理。

2.5 反铲液压挖掘机的基本参数和主要参数

1. 基本参数

液压挖掘机的基本参数分为以下几类。

1）质量参数：主机质量、工作质量及各主要部件的质量。

2）功率参数：发动机功率、液压系统功率。

3）挖掘力参数：最大挖掘力、破碎力。

4）尺寸参数：斗容量、工作尺寸、机体外形尺寸、工作装置尺寸。

5）经济技术指标参数：质斗比、作业周期、生产率。

6）行驶特性参数：最大爬坡度、最高行驶速度及最大牵引力。

2. 主要参数

以下为部分主要参数的意义。

（1）工作质量　工作质量是指整机处于工作状态下的质量，具体是指机体配备标准反铲或正铲工作装置，加注燃油、液压油、润滑油、冷却系统液体，以及随机工具和一名驾驶员后的工作质量，单位为“kg”或“t”。

（2）标准斗容量　标准斗容量是指挖掘Ⅲ级或容重为1800kg/m^{3}的土时的铲斗堆尖斗容量，单位为“m^3”。关于标准斗容量计算，目前有ISO、SAE、GB、CECE等标准。

（3）发动机功率　发动机功率是指发动机的额定功率。在给定转速和标准工况下除发动机自身及全部附件（包括风扇、散热器、空气滤清器、消声器、发电机、空压机等）消耗以外的净输出功率，单位为“kW”。

（4）液压系统压力和流量　液压系统压力是指主油路安全阀的设定溢流压力，单位为“MPa”。由于各部件油路压力的不同，又可分为工作装置油路压力、回转装置油路压力、行走装置油路压力及先导操作油路压力。液压系统流量是指主泵的最大流量，单位为“L/min”，它与主泵的输入转速或发动机的输出转速有关，若为变量泵，则还与变量方式有关。

（5）最大挖掘力　最大挖掘力是指液压挖掘机在特定工况和位置姿态以及系统最大压力时，铲斗液压缸或斗杆液压缸单独工作产生在铲斗齿尖或斗刃前缘的最大切向挖掘力，单位为“kN”。对反铲液压挖掘机，有斗杆最大挖掘力与铲斗最大挖掘力之分。

（6）转台最高转速　转台最高转速是指转台的最高回转速度，单位为“r/min”。

（7）最大牵引力　最大牵引力是指行走装置所能发出的驱动整机行走的最大驱动力，单位为“kN”。

（8）爬坡能力　爬坡能力是指挖掘机在坡上行走时所能克服的最大坡度，单位为“°”或“%”。目前，履带式液压挖掘机的最大爬坡度多数为35°（70%），轮胎式一般为30°（60%）。

（9）行走速度　行走速度对于履带式液压挖掘机，一般有高速和低速两挡；对于轮胎式挖掘机，有公路挡、越野挡和拖挂挡之分，单位为“km/h”。行走速度是范围值，它与变速方式有关。根据统计数据，目前中小型履带式液压挖掘机的低速挡行驶速度在0~3.5km/h之间，高速挡在0~6km/h之间；轮胎式液压挖掘机的最高速度一般为35km/h甚至更高。

（10）接地比压　接地比压是指单位接地面积上产生的压力，单位为“kPa”。该参数主要是针对履带式液压挖掘机而言。对于轮胎式液压挖掘机，一般难以确定该参数。接地比压又分为平均接地比压和最大接地比压，其中，平均接地比压是指履带式挖掘机工作重量与接地面积之比的平均值，是履带式挖掘机的一个重要指标，它反映主机对路面的适应能力，也是与同类型产品比较的一个重要参数，该值越小，反映其对松软场地或路面的适应能力越强。而最大接地比压则反映了履带局部所承受的最大比压，它与挖掘机自身重心位置、作业工况、接地压力分布情况等有关。目前，中小型履带式反铲液压挖掘机的平均接地比压在45~100kPa之间，多数在50kPa左右。

（11）主要工作尺寸或作业范围　主要工作尺寸或作业范围是指挖掘机在特定姿态下斗齿尖所能达到的位置坐标及其运动轨迹所包围的最大面积，单位分别为“mm”和“m^2”。主要工作尺寸对正、反铲机型有所区别，与挖掘包络图结合起来才能综合反映挖掘机的作业范围。值得注意的是，挖掘机的作业尺寸和作业范围会因加装不同尺寸的工作装置而有所改变，因而大多数厂商都在其产品样本中给出了不同工作装置对应的作业尺寸和作业范围。

以上参数还不能完全反映挖掘机的全部性能，但代表了挖掘机的基本性能，因而被称为主要参数，其中最能代表挖掘机性能的为工作质量、发动机功率和标准斗容量3个参数。

2.6 反铲液压挖掘机主要参数设计

液压挖掘机的主要参数集中反映了挖掘机整体性能，同时也与主机的结构型式密切相关。正确选择这些参数是后续设计工作顺利进行的前提，也是充分发挥整机各项性能的重要保证，因此，应在充分调研并综合分析各种因素的基础上确定主要参数，使挖掘机的结构型式和整机性能达到最佳匹配。

2.6.1 主要参数选择的基本依据

1）应满足用户和工作环境要求。

2）应满足设计任务书要求。

3）与同类机型相比要具有一定的先进性。

4）应符合国际、国家或企业的相关标准和法规。

5）应有翔实的理论和可靠的实验依据。

6）应考虑扩展功能要求和可更换作业机具。

7）应考虑企业自身的设计制造能力。

以上这些依据同时也是其基本设计原则。值得注意的是，某些参数之间可能会存在一定的矛盾，应在满足整体性能的基础上进行权衡，例如，加大斗容量会提高挖掘机的作业效率，但盲目加大斗容量会超出机器的能力、降低作业效率并要求更大的机重与之相匹配；在机重一定的条件下，盲目加大作业范围和作业尺寸会降低挖掘力并影响到整机的稳定性。

2.6.2 主要参数的确定方法

主要参数的选择方法有很多，可按照其典型特征分为以下几类。

1. 比拟法

比拟法是以相似理论为基础，适合于结构、液压系统、工作对象、环境及功能基本相同的机型。比拟法绝不是简单的仿制，而是在掌握结构原理和相关特性的基础上通过系统的理论分析和比较进行相似的设计。相似原理是通过对样机进行放大或缩小以及模型试验来确定实物结构参数、系列化产品的理论基础。相似原理包括几何相似、运动相似、动力相似及功能相似等方面。就挖掘机而言，具体如下。

1）几何相似：指两台以上挖掘机结构相似、各几何线型尺寸成比例、相应的角度接近或相等。

2）运动相似：指两台以上挖掘机的运动形式和状态相似，表现为相应点的速度成比例、方向相同、运动规律相同。

3）动力相似：是指两台以上挖掘机各部件对应点上作用同样性质的力（重力、惯性力、相互作用力、力矩等），且每类力的方向相同、大小成一定比例、变化规律相同。

4）功能相似：是指两台以上不同机重的挖掘机功能相同，只是具体数值不同，如液压系统型式、作业方式相同，但挖掘力、作业循环时间、挖掘尺寸和范围等各自存在一定的函数关系。

按照以上几种比拟方法，可以将同类型的先进成熟机型作为样机，通过搜集大量的几何、运动学、动力学及性能参数，找出其内在关系来初步选择待设计机型的主要参数。

采用比拟法的计算公式如下。

设 $\dfrac{设计工作质量\ m_1}{样机工作质量\ m_0}=y$，则其主要参数的比例如下：

线性参数比例关系

$$L_1/L_0 \approx \sqrt[3]{y}$$

面积参数比例关系

$$A_1/A_0 \approx \sqrt[3]{y^2}$$

斗容量比例关系

$$q_1/q_0 \approx y$$

功率比例关系

$$P_1/P_0 \approx y$$

式中，L_0、A_0、q_0、P_0 分别为选定样机的线性参数、面积参数、斗容量、功率；L_1、A_1、q_1、P_1 分别为待定样机的线性参数、面积参数、斗容量、功率。

2. 经验公式计算法

这也是在概率统计的基础上得出的以机重为基本参数的一系列经验公式，公式中的经验系数可从表 2-1 中查得，以下为这些经验公式的具体型式。

1）尺寸参数经验公式：线性尺寸参数

$$L_i = k_{Li}\sqrt[3]{m}$$

式中，L_i 为线性尺寸参数，单位为 m，包括机体外形尺寸、作业尺寸及工作装置结构尺寸等；k_{Li} 为线性尺寸系数；m 为挖掘机工作质量，单位为 t。

面积参数

$$A_i = k_{Ai}\sqrt[3]{m^2}$$

式中，A_i 为面积尺寸参数，单位为 m^2，包括机体挖掘包络图面积、机身迎风面机等；k_{Ai} 为面积系数。

体积参数

$$V_i = k_{Vi}m$$

式中，V_i 为体积尺寸参数，单位为 m^3，如斗容量；k_{Vi} 为体积尺寸系数。

2）质量参数经验公式：挖掘机的质量参数包括各组成部件重量及重心位置坐标等。

各部件质量

$$m_i = k_{mi}m$$

式中，k_{mi} 为各部件质量系数，单位为 t，参见表 2-2。

机体与回转中心的水平距离（单位为 m）

$$Y_t = k_{Yt}\sqrt[3]{m}$$

机体重心离地高度（单位为 m）

$$Z_t = k_{Zt}\sqrt[3]{m}$$

式中，k_{Yt}、k_{Zt} 为机体质心位置系数，参见表 2-2。

表 2-1　机体尺寸和工作尺寸经验系数表

机体尺寸系数			
名称	代号	推荐值	范围
轮距	k_A①③	1.07	1.0~1.2
履带长度	k_L③	1.38	1.25~1.5
轨距	k_B	0.80	0.75~0.85
转台总宽	k_C	0.93	0.85~1.0
驾驶员室总高	k_h	1.00	0.90~1.1
转台底部离地高	k_F	0.40	0.37~0.42
尾部半径	k_r	0.95	0.90~1.1
前部离回转中心	k_j	0.42	0.38~0.46
滚盘外径	k_D	0.45	0.4~0.5
机棚总高	k_g	0.80	0.75~0.85
履带总高	k_t	0.32	0.3~0.35
底架离地隙	k_O	>0.14	>0.13
臂铰离回转中心	k_{xo}	0.15	0.1~0.2
臂铰离地高度	k_{Ho}	0.63	0.6~0.7
臂铰与液压缸铰距	k_{ao}	0.30	0.25~0.32
臂铰与液压缸铰倾角	α^*	—	40°~50°
履带板宽	$b_1$②	—	0.4;0.6; 0.8;1.0; 1.2;1.5(m)

反铲作业尺寸系数				
名称		代号	推荐值	范围
臂长	短臂	k_{L1}	1.5	—
臂长	标准臂	k_L	1.8	1.7~1.9
斗杆长	标准斗杆	k_{L2}	0.8	0.7~0.9
斗杆长	长斗杆	k'_{L2}	1.1	—
斗	长度	k_{L3}	0.5	0.46~0.55
斗 斗容	硬土	k'_V	25	20~30
斗 斗容	中等土(标准)	k_V	40	32~45
斗 斗容	软土	k''_V	60	50~70
动臂转角		θ_1	-50°~40°	-52°~45°
斗杆转角		θ_2	50°~160°	45°~170°
铲斗转角		θ_3	50°~180°	40°~200°
最大挖掘半径		k_R	3.35	3~3.6
最大挖掘深度		k_Z	2.05	1.9~2.3
最大挖掘高度		k_H	2.25	2.1~2.8
最大挖高时半径		k_K	2.8	2.2~2.9
最大卸载高度		k_Q	1.55	1.2~1.9
最大卸高时半径		k'_M	2.3	1.8~2.5
挖掘总面积		$k_{\Sigma s}$	8.0	7~8.5
下挖面积		k'_s	5.1	4.3~5.3
上挖面积		k''_s	3.1	2.7~3.2
k'_s/k''_s的比值		k_m	1.6	1.5~1.7
纵、横挖行程比		k_n	1.75	1.6~1.9

① 长宽型底盘的轮距；轨距，履带长度，允许增加 10%。

② 履带板宽依机种大小而定。

③ 矿用需推荐 $k_A = 1.0$；$k_L = 1.28$。

表 2-2　液压挖掘机质量系数及质心位置系数

系数名称		代号	平均值	范围
机体质量系数		k_{mjt}	0.82	0.78~0.85
底盘质量系数		k_{mdp}	0.42	0.38~0.45
转台质量系数		k_{mzt}	0.18	0.15~0.23
配重质量系数		k_{mpz}	0.20	0.16~0.22
工作装置	反铲	k_{mfc}	0.15	0.13~0.18

（续）

系数名称		代号	平均值	范围
机体质心位置系数 $/\mathrm{m}\cdot\mathrm{t}^{-1/3}$	距回转中心	k_{yt}	0.30	0.26~0.34
	距地面	k_{zt}	0.32	0.28~0.40

3）功率参数经验公式：发动机功率（单位为 kW）

$$P_{f}=k_{Pf}m$$

液压功率（单位为 kW）

$$P_{y}=k_{Py}m\approx(0.75\sim0.88)P_{f}$$

式中，m 为挖掘机工作质量，单位为 t；k_{Pf}、k_{Py} 为功率系数，参见表 2-3。

4）力学性能参数经验公式（表 2-2、表 2-3）：对于整机工作质量 $m<30\mathrm{t}$ 级的反铲挖掘机，其铲斗最大挖掘力（单位为 kN）按下式计算：

$$F_{f}=k_{Ff}gm$$

式中，g 为重力加速度，单位为 $\mathrm{m/s^2}$；k_{Ff} 为挖掘力系数，其参考取值见表 2-3。

表 2-3　功率和挖掘力系数

参数名称	代号	平均值	范围
功率系数$/\mathrm{kW}\cdot\mathrm{t}^{-1}$	k_{Pf}(变量)	3.8	3.5~4.3
	k_{Pf}(定量)	5	4.4~5.9
功率系数$/\mathrm{kW}\cdot\mathrm{t}^{-1}$	k_{Py}(变量)	3	2.8~3.5
	k_{Py}(定量)	4	3.7~4.8
反铲挖掘力系数	k_{Ff}	0.5	0.4~0.55

5）回转机构的经验公式及系数参见表 2-4 。

表 2-4　回转机构经验公式及系数

回转机构参数		经验公式	系数 k_i	范围
转台起动力矩/N·m		$M_Q=k_Q\cdot m^{4/3}$	960	900~1100
转台制动力矩/N·m		$M_Z=k_Z\cdot m^{4/3}$	1500	1400~1600
转台惯量平均值$/\mathrm{Nm}\cdot\mathrm{s}^2$		$J_f=k_{Jf}\cdot m^{5/3}$	1000	—
制动减速度$/(\mathrm{rad/s^2})$		$\varepsilon_{zf}=k_{\varepsilon f}\cdot m^{-1/3}$	1.5	1.4~1.6
转台转速/(r/min)	小<20t	$n=K_n m^{-1/6}$	15	13~17
	中 20~50t		13.5	12.5~14.5
	大>50t		12.5	11~13.5
回转时间/s	大中型	$\sum t_f=k_{tf}\cdot m^{1/6}$	5.3	5~5.6
	小型	$\sum t=k_t\cdot m^{1/6}$	4.7	4.3~5.1
理论周期		$t_{zo}=k_{zo}\cdot m^{1/6}$	10	9~11

6）行走机构参数经验公式及系数参见表 2-5。

表 2-5 行走机构参数经验公式及系数

行走机构参数	经验公式	系数 k_t	范围
最大转弯力矩/kN·m	$M_w = k \cdot \mu \cdot m^{4/3}$	3.0	—
履带最大牵引力/kN	$T_{max} = k_T \cdot m$	0.8	0.75~0.85
轮胎式最大牵引力/kN	$T_{Lmax} = k_L \cdot m$	0.6	0.5~0.7
平均接地比压/kPa	$P_c = k_{Pe} \cdot m^{1/3}$	25	21~28

3. 按标准选定法

按国际标准、行业标准或国家颁布的液压挖掘机结构型式和基本参数系列标准规定的数值范围，结合实际要求和拟采用的结构特点选定相关参数。目前现行的标准有 ISO（国际标准）、SAE（美国）、CECE（欧洲）、JIS（日本）及我国的国家标准（GB）和行业标准等可以参照，其中关于土石方机械、工程建筑机械的部分详细列出了液压挖掘机的结构型式、名称术语及相关参数的测量标准等。

4. 理论分析计算法

该方法的主要思想是：按拟定的结构，利用理论分析方法并结合试验数据进行分析计算，得出主要参数值。

5. 虚拟样机设计方法

虚拟样机技术是近年来形成并迅速发展起来的现代设计方法，目前已被广泛应用于机械、航空、建筑、军事等领域，它包括计算机三维建模技术、有限元分析技术、机电液控制技术及最优化技术等相关技术，其核心是机械系统的三维几何建模及运动与动力学仿真技术。其中，计算机三维建模是首要技术，需要借助计算机构造机器的三维模型，并逼真地显示出来，这意味着在真实产品制造之前就可从计算机上观察到机器的实物模型。尽管模型为虚拟型式，但仍可以展示实物的真实结构及细节部分，除此之外，还可以对机器进行运动仿真、检验机构干涉情况、分析动力学特征及进行虚拟作业等。目前，个人计算机硬件技术已具备一般的三维模拟和显示功能，而要进行系统的虚拟样机仿真还必须具备三维建模软件和动力学仿真软件等。

2.6.3 液压挖掘机的正向研发

液压挖掘机的正向研发是以市场需求和预测为导向，在关键核心技术上强调独立自主，从原理和功能设计开始，经过理论分析、自主研发、样机试制、试验验证等各个阶段，然后通过市场检验、持续更新迭代，逐步积累技术和经验，形成成熟产品和技术。正向研发着眼于长远发展，聚焦于关键核心技术，其大致技术路线如图 2-19 所示。

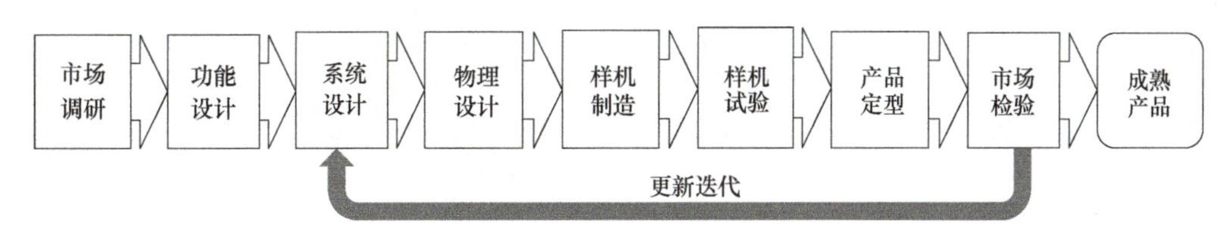

图 2-19 正向研发技术路线

逆向设计则以测绘仿制为主，从测绘实物开始到整机试制，以跟踪仿制现有技术为其基本特征。

正向研发起步慢，投入多，但便于更新迭代，持续发展后劲强；逆向设计起步快，投入少，但难于更新迭代和持续发展，且容易引起知识产权纠纷，难以掌握核心技术并实现超越，对外部技术依赖性强。

思考题

2-1 单斗液压挖掘机有哪些主要组成部分？各部分的功用如何？各有哪些典型结构特点？

2-2 举出几个国内外企业的液压挖掘机型号标记并说明其含义？

2-3 国内外中大型挖掘机动力源技术有哪几种代表性解决方案？试举出两种机型。

2-4 单斗液压挖掘机的基本参数和主要参数有哪些？试解释几个最重要的主要参数。

2-5 液压挖掘机的总体设计包括哪些内容？

2-6 单斗液压挖掘机主要参数的选择方法中有哪些共同之处？又有哪些不同之处？

2-7 试解释 EPA Tier 4 主要技术指标和解决途径。

2-8 结合燃油发动机的节能减排技术，试解释以下英文缩写的意义：①高压公共燃油轨道（HPCR）系统；②冷却后的废气再循环（CEGR）；③选择性催化还原技术（SCR）；④柴油氧化催化器（DOC）；⑤柴油颗粒过滤器（DPF）。

2-9 试举出几个中大型液压挖掘机上所采用的先进技术。

2-10 选择几种典型实物机型，分析各参数之间的相互关系。

第 3 章 反铲液压挖掘机工作装置构造与设计

反铲液压挖掘机的工作装置是代表其结构功能的标志性组成部分，本章介绍其结构组成、工作原理、设计理论与方法。

3.1 反铲工作装置构造

3.1.1 反铲工作装置的整体结构组成与工作原理

图 3-1 所示为履带式普通反铲液压挖掘机的整体结构，其工作装置包括动臂 2、斗杆 4、铲斗 8、摇臂 6、连杆 7 及其相应的液压缸 1、3、5，各部件铰接在一起共同构成平面或空间连杆机构，图 3-1 所示为其纵向平面图。为便于安装液压缸和改善其受力，一般在液压缸两端采用关节轴承，即球铰，其余部位的连接则一般为圆柱销铰接。工作装置的不同零部件分别由各自的液压缸驱动，以实现挖掘作业所需的各项动作。其中，铲斗 8 绕斗杆 4 的转动是通过铲斗液压缸的伸缩驱动摇臂 6 和连杆 7 实现的；斗杆 4 绕动臂 2 的转动是通过斗杆液压缸 3 的伸缩实现的；整个工作装置可在动臂液压缸 1 的驱动下绕动臂 2 与转台的铰接点 C 上下摆动，以提升或下降工作装置至要求位置。

图 3-2 所示为另一种典型的反铲液压挖掘机工作装置结构型式，其动臂液压缸安装于动

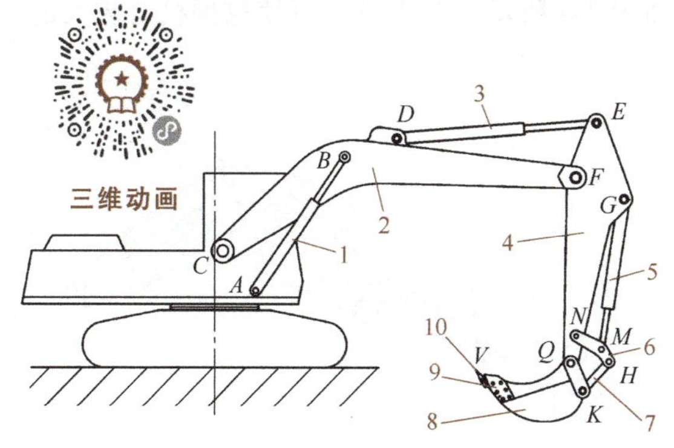

图 3-1 普通反铲工作装置

1—动臂液压缸 2—动臂 3—斗杆液压缸 4—斗杆 5—铲斗液压缸 6—摇臂 7—连杆 8—铲斗 9—侧齿 10—斗齿

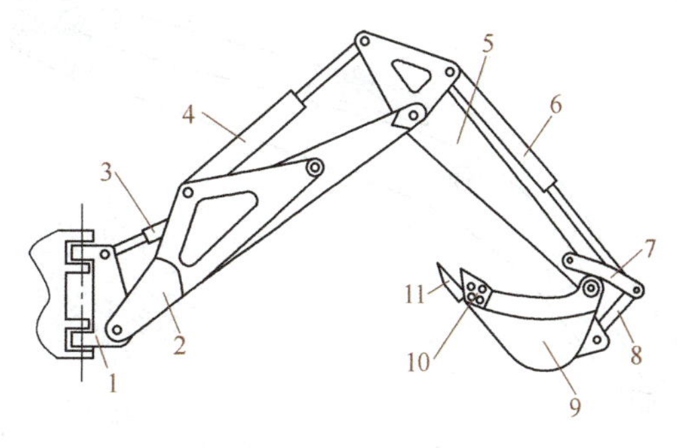

图 3-2 悬挂式反铲工作装置

1—回转支座 2—动臂 3—动臂液压缸 4—斗杆液压缸 5—斗杆 6—铲斗液压缸 7—摇臂 8—连杆 9—铲斗 10—侧齿 11—斗齿

臂上方，使整个工作装置成悬挂状态，又称为悬挂式反铲工作装置。其动臂一般为直的三角形结构，各部件的连接方式及工作原理与普通反铲工作装置基本相同，这种结构型式多见于小型反铲液压挖掘机或挖掘装载机的挖掘端。

反铲液压挖掘机最常应用于挖掘建筑物基础、路堑、填筑路堤、平面挖掘、沟槽挖掘等土方工程，其中，对建筑物基础的挖掘最为多见。按照施工要求，反铲液压挖掘机的基本作业方式有直线挖掘、曲线挖掘、保持一定角度挖掘、沟端挖掘、沟侧挖掘、超深沟挖掘和沟坡挖掘等。

反铲工作装置典型作业视频

反铲液压挖掘机多用于停机面以下的土壤挖掘，其作业动作可概括为：挖掘（切土并装土）→满斗提升并（或）回转→卸料→空斗返回并下降→下一次挖掘，如此周期性作业，简述为“挖掘、满斗回转、卸料和空斗返回”四个过程。作业时，首先操作控制手柄使动臂和斗杆摆动（一般为下降），以使铲斗位于要求的挖掘位置上，同时使铲斗向前转动，然后铲斗绕斗杆向挖掘机机身方向转动进行切土，在此过程中，在工作面上会形成一条弧形切削面并同时将物料装满铲斗；随后，满载的铲斗将连同动臂和斗杆一起被提起，与此同时，转台转动并带动动臂、斗杆和铲斗一起回转到卸料方位；在卸料位置，操作控制阀使铲斗向前上方转动，使斗口朝下进行卸料（反铲）；完成卸料后，回转平台反方向回转并带动整个工作装置一起转动，与此同时，动臂下降、斗杆下摆，使铲斗置于下一挖掘位置，以进行下一循环的挖掘作业，这种周期性的循环动作就构成了挖掘机的基本作业过程。

反铲工作装置平整场地视频

3.1.2 反铲动臂的结构型式

动臂是反铲工作装置的主要部件之一，其结构有整体式和组合式，按外形特征分有直动臂和弯动臂。

整体式动臂是由板类零件焊接而成的箱形结构件，其上焊接有用于连接相关零部件的铰接支座。整体式动臂一般有直动臂和弯动臂两种形状，其优点是结构简单、质量轻而刚度大，缺点是尺寸固定、通用性较差，多用于长期作业条件相似的挖掘机上，如图 3-3 所示。

整体式弯动臂是目前应用最广泛的结构，如图 3-4 所示。向下弯曲可使挖掘机有较大的

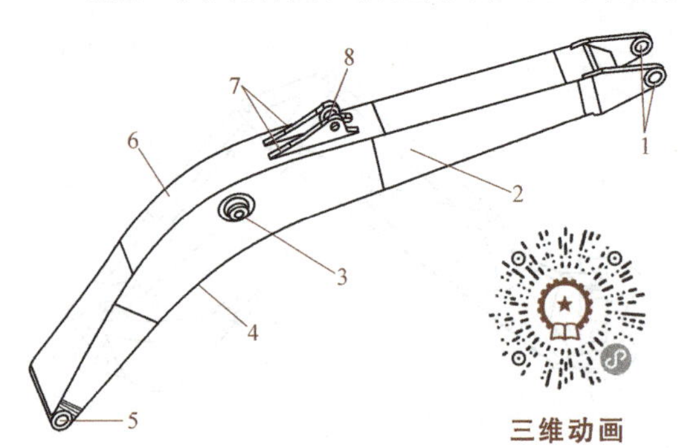

三维动画

图 3-3 整体式弯动臂结构示意图

1—与斗杆铰接处 2—腹板 3—与动臂液压缸铰接处 4—下翼板 5—与机身铰接处 6—上翼板 7—耳板 8—与斗杆液压缸铰接处

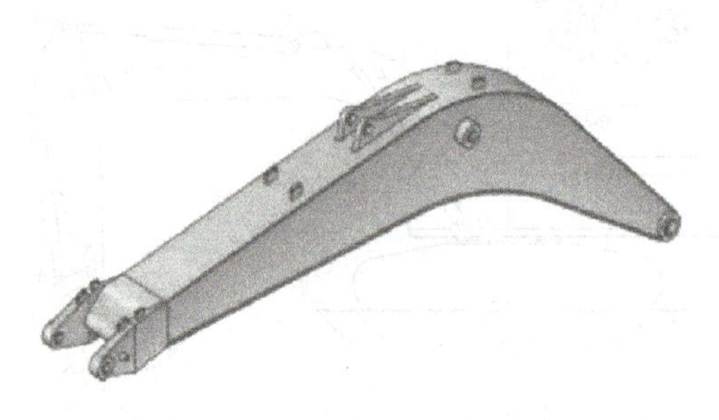

图 3-4 普通反铲液压挖掘机动臂结构组成（图片来自 CAT 样本）

挖掘深度，但降低了卸料高度。为使挖掘机适应不同作业要求，常常需配备几套完全不同的工作装置。由于弯曲和加工工艺原因，弯动臂在弯曲处会产生明显的应力集中，因此，该处的加工工艺和强度至关重要。

整体式直动臂在正铲液压挖掘机上较为多见，在反铲液压挖掘机上主要用于小型的悬挂式反铲工作装置中，如用于挖掘装载机的挖掘端，其结构简单、重量轻、便于制造，但它不能使挖掘机获得较大的挖掘深度，不适用于通用型挖掘机。

如图 3-3 所示，整体式弯动臂在结构上为左右对称的封闭式中空箱形焊接结构，前、后两端为铸钢件或焊接件，而中间部分采用高强度优质钢板。采用向下弯曲的结构主要是为了达到较大的挖掘深度。通常，动臂与机身的铰接部位略宽，以减轻该处的受力、增加其抗扭和抗弯能力，左、右两块腹板在中间部分一般成平行状态布置，便于加工。为了进一步改善局部强度和刚度、减小应力集中，一般将上、下翼板和左、右腹板取不同厚度。在动臂的内部，尤其是与动臂液压缸的铰接处一般焊接有加强筋板，以进一步提高该处的强度和刚度。这种结构型式是较为成熟的型式，其整体有较高的抗弯和抗扭强度，目前已在中大型机上被普遍采用。由于存在不可避免的焊接变形和应力集中，因而其制造对焊接工艺要求较高，焊接后一般要进行退火和时效处理，各铰接孔也应在焊接后消除应力集中和变形后再进行精加工。

为了使同一台挖掘机适应不同的作业范围和工作尺寸要求，需要改变工作装置的尺寸，采用组合式动臂便是解决办法之一，这类方法有两种基本型式，一类为辅助连杆（或液压缸）连接型式，另一类为螺栓连接型式，其基本思想都是通过改变动臂的弯角和长度达到改变作业尺寸的目的。

如图 3-5 和图 3-6 所示，上、下动臂之间的夹角可用辅助连杆或液压缸来调节，作业过

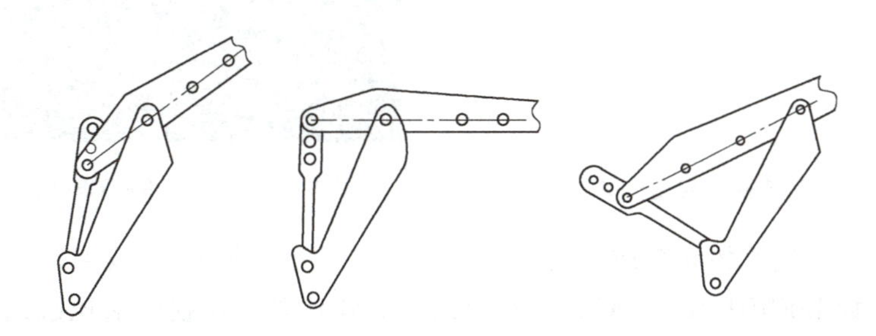

图 3-5　采用辅助连杆的组合式动臂

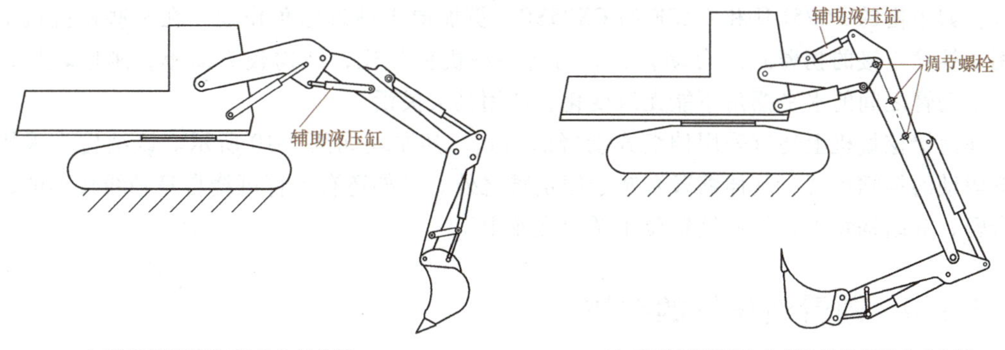

a) 采用辅助液压缸的组合式动臂　　b) 采用辅助液压缸与螺栓连接的组合式动臂

图 3-6　采用辅助液压缸的组合式动臂

程中，可根据需要大幅度调整上、下动臂之间的夹角，从而改变挖掘机的作业范围和相关性能。当挖掘窄而深的基坑时，采用组合式动臂易得到较长的竖直挖掘轨迹，提高挖掘质量和生产率。LIEBHERR 的 A918 和 CAT 的 M318D、M322D 等机型采用此种结构，明显扩大了挖掘机作业范围。但由于增加了零部件，且辅助液压缸受力较大，因此需要较大的液压缸直径，该液压缸直径与其他液压缸直径不易统一，此外还会增加结构的复杂性和操作难度。

另一种组合式也是将动臂设计成上、两节，两节之间采用不同的螺栓连接，如图 3-7 和图 3-8 所示。该结构型式的上、下动臂夹角和上动臂的有效伸出长度依靠上、下动臂上各铰接孔的不同组合型式获得。在下动臂上设置了Ⅰ、Ⅱ、Ⅲ共 3 个孔，Ⅰ、Ⅲ两孔与孔Ⅱ的中心距相等，等于上动臂上 4 个相邻孔之间的间距，当需要改变动臂的弯角和长度时改变下动臂上Ⅰ、Ⅱ、Ⅲ孔与上动臂上 4 个孔的连接方式即可。实际作业中，当土质松软或要求工作尺寸较大时，可采用上动臂伸出较长的位置；当土质坚硬或采用大斗容量铲斗挖掘时，可采用上动臂伸出较短的位置；当要求挖掘深度较大时，可采用弯角较小的位置；当要求较大的挖掘高度和卸料高度时，可采用较大动臂弯角的位置。作正铲使用时，一般不取上动臂最大伸出位置，因为此时的整机稳定性和液压缸作用力都不能满足正铲的挖掘要求。这种结构型式互换工作装置较多，装车运输也方便，其缺点是在施工现场调整费时且难度大，需要专门的设备，因此目前已较少采用。

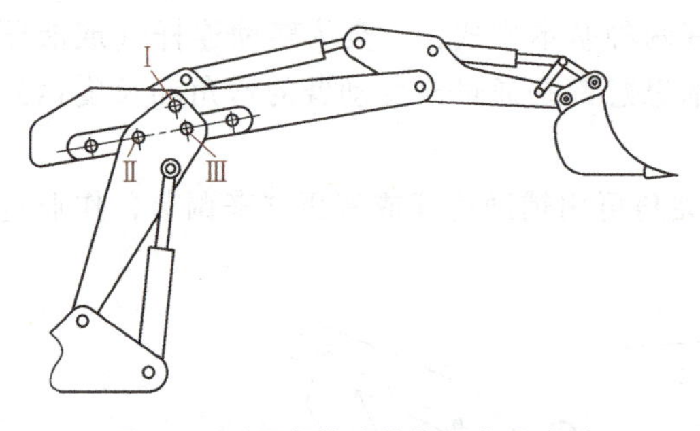

图 3-7　采用螺栓连接的组合式动臂

图 3-8　LIEBHERR R922 的组合式动臂

为便于沿栅栏、建筑物墙壁或在其他特殊场合挖掘沟渠或基坑，某些挖掘机还采用了拐臂式组合动臂，如 LIEBHERR 的 A314、小松的 PC75UU 等。在拐臂液压缸的驱动下，该机型的上动臂相对于下动臂可在垂直于弯曲平面的平面内向左或向右偏转一定角度 α，如图 3-9 所示。这种拐臂式组合动臂结构较为复杂，且增加了一个操作动作，有的机型还是双拐臂，如小松的 PC75UU 和 CASE 的 CX75SR，更加便于贴近墙角作业。在某些挖掘机上还采用了螺栓连接的拐臂式组合动臂，它与前一种机型相比，结构较为简单，刚性较好，但上、下动臂之间的水平摆角不能无级变化，使用稍欠灵活。

在反铲挖掘机上还有采用伸缩式动臂的型式，其原理如图 3-10 所示。该结构为采用液压缸驱动的伸缩动臂，其伸缩臂套装于固定臂之外。另外还有动臂可绕自身轴线转动的旋转组合臂，其结构特点是转动销轴位于转台支座上。

3.1.3　动臂液压缸的布置

动臂液压缸连接着机身和动臂，是举升整个工作装置及物料的动力元件，在挖掘过程中

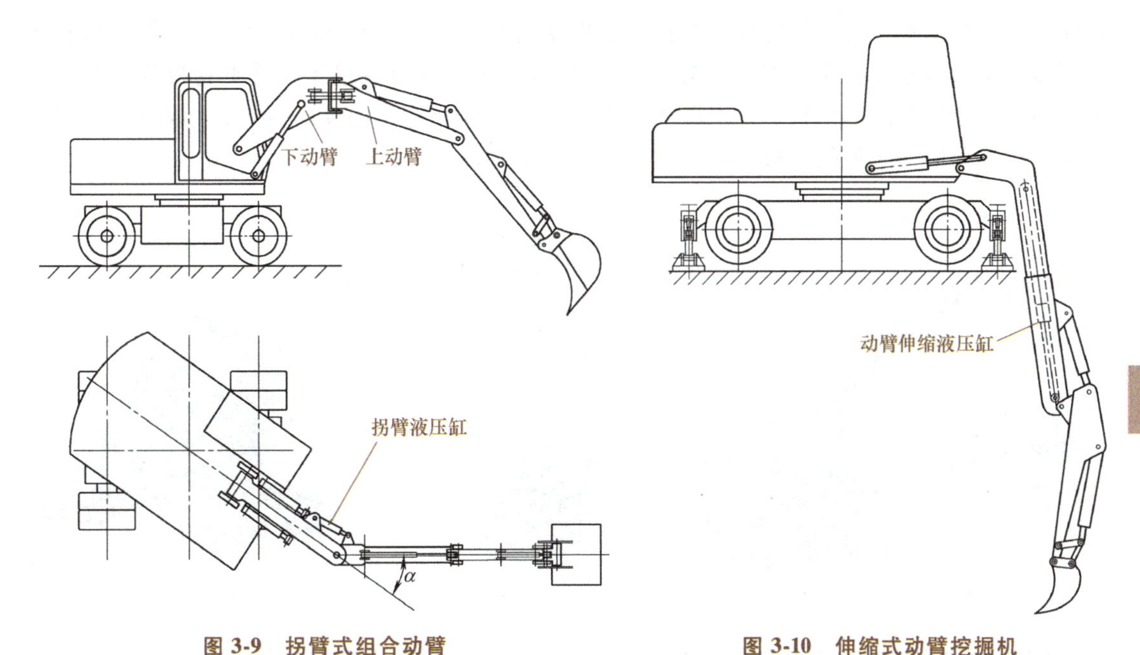

图 3-9　拐臂式组合动臂　　　　图 3-10　伸缩式动臂挖掘机

它还必须有足够的闭锁压力以保证挖掘力的正常发挥和挖掘过程的顺利进行，由于这些原因，其承受的载荷很大，并且会通过与回转平台的铰接点传至平台和下车架，因此，动臂及动臂液压缸铰接点布置对作业性能和整机的受力起着十分重要的作用。

按照工作要求和结构条件，对动臂液压缸的布置一般有以下两种方案。

（1）动臂液压缸下置式方案　图 3-11 为动臂液压缸置于动臂前下方的下置式方案。在水平方向上，动臂与转台的铰接点可置于转台回转中心之前或之后；在竖直方向上，动臂与转台的铰接点应高于转台底面以保证转台回转的顺利进行。考虑到反铲挖掘机对挖掘深度的特殊要求，动臂及动臂液压缸的下铰点一般在转台回转中心之前，这样布置还可增加水平伸出距离，但过于靠前会对上部转台产生较大力矩，恶化上部转台的受力状态，影响回转支承的强度、刚度和使用寿命，因此，有些挖掘机也采用了将动臂下铰点布置于回转中心之后的方案，但从统计结果来看，以反铲为主的中小型挖掘机大部分采用动臂铰接点靠前的方案。而考虑到对动臂液压缸的提升力矩和闭锁力矩的要求及机构布置条件，动臂液压缸下铰点一般也置于转台前部凸缘上，且在竖直方向上要低于动臂的下铰点，如图 3-11 和图 3-12 所示。

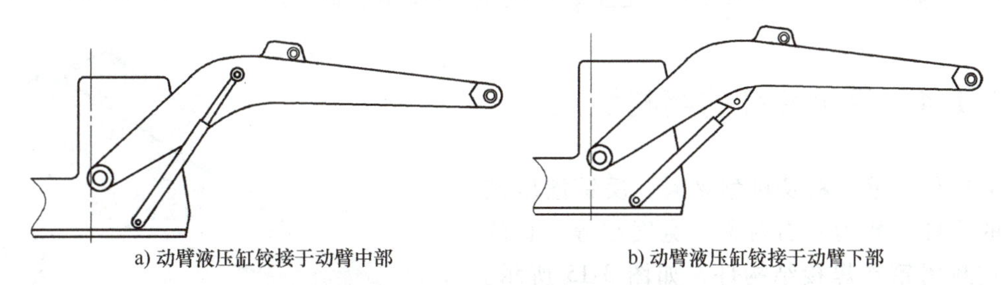

a) 动臂液压缸铰接于动臂中部　　　　b) 动臂液压缸铰接于动臂下部

图 3-11　下置式动臂液压缸方案

动臂液压缸与动臂的铰接点位置也有两种方案，图 3-11a 所示为动臂液压缸铰接于动臂中部的方案，此方案一般为双动臂液压缸分别置于动臂的两侧，有利于增加反铲挖掘机的挖掘深度并提高工作装置的稳定性，并在一定程度上避免了工作装置的横向晃动，但会削弱动臂强度，中大型挖掘机多采用此方案。图 3-11b 为动臂液压缸铰接于动臂下翼板的方案，该方案对动臂断面强度影响较小，但影响动臂的下降幅度和挖掘深度，但因其结构较为简单，在采用单动臂缸的小型挖掘机上多用此方案，如图 3-13 所示。

图 3-12　双动臂缸下置（山东临工 XE3000）

图 3-13　单动臂缸下置（山河智能 SWE80E9）

（2）动臂液压缸上置式方案　图 3-14 所示为动臂液压缸上置式方案。在此方案中，动臂液压缸置于动臂的后上方，此方案也称为悬挂式方案。其主要优点是提升工作装置时动臂液压缸小腔进油，提升速度快，可以使动臂具有较大的上升幅度。挖掘作业时，动臂液压缸一般处于受压状态，闭锁能力较强，有利于挖掘力的发挥。由于提升时小腔进油，因此提升力矩受到一定影响，但一般尚能满足使用要求。该结构的缺点是在进行地面以下挖掘作业时，动臂液压缸处于伸长和受压状态，存在细长杆受压失稳问题，因此此方案一般不用于中大型挖掘机上，而多用于小型挖掘机上，如挖掘装载机的挖掘端工作装置，如图 3-2 所示。

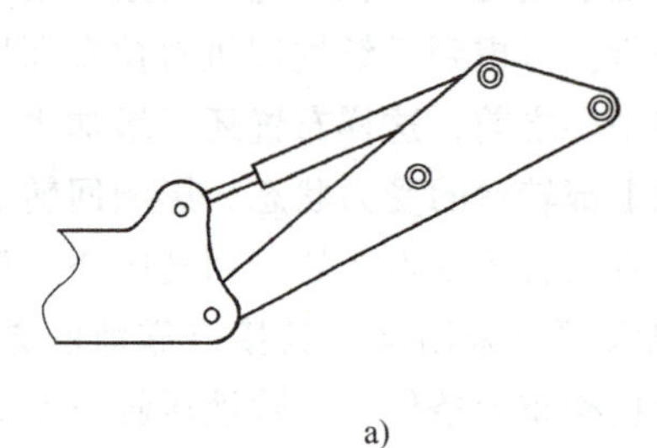

a)

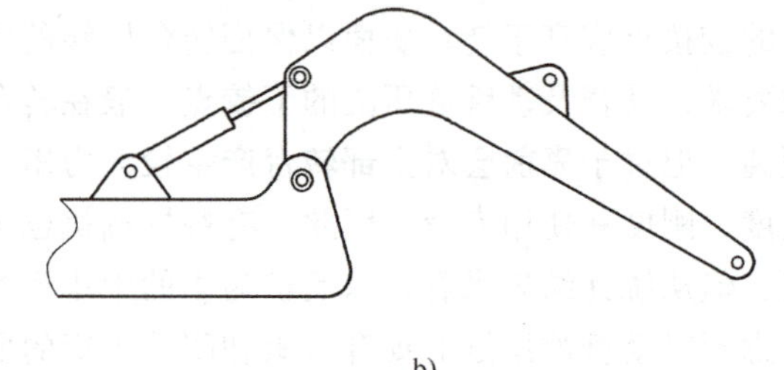

b)

图 3-14　上置式（悬挂式）动臂液压缸方案

3.1.4　反铲斗杆的结构型式

从现有文献资料及机型来看，反铲液压挖掘机的斗杆一般为左右对称、宽度相等、直的整体式封闭箱形焊接结构件，如图 3-15 所示。采用直的型式结构简单，同时也可达到较大的挖掘范围。当需要改变挖掘范围或作业尺寸时，一般采用更换斗杆的方法，或者在斗杆上设置

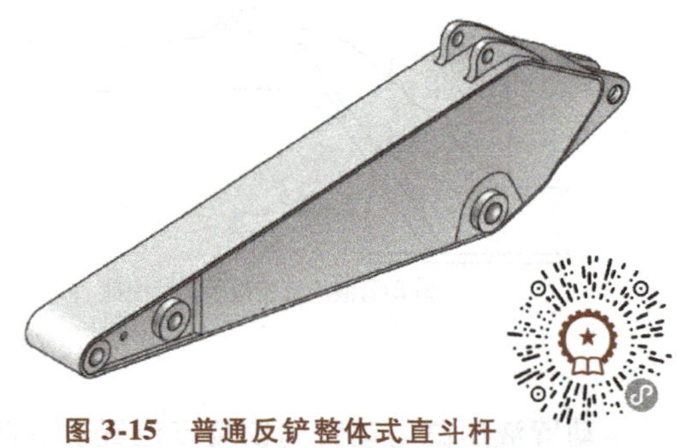

图 3-15　普通反铲整体式直斗杆

（图片来自 CAT 样本）

三维动画

若干个可供调节选择的与动臂端部铰接的孔。多数挖掘机厂商都在同一机型上配置了不同长度和规格的斗杆。

除整体式斗杆外，还有组合式斗杆，如图 3-16 和图 3-17 所示。这种结构型式把斗杆的加长部分拆下即为短斗杆。此外，当挖掘机的作业要求发生变化，如正、反铲互换时，斗杆液压缸的位置可进行针对性调整，一般在反铲作业时，将斗杆液压缸置于动臂的上部，而在正铲作业时，则将斗杆液压缸置于动臂的下部，以保证挖掘时斗杆液压缸大腔发挥作用，产生较大的挖掘力或闭锁力。

图 3-17 所示为螺栓连接的组合式斗杆，它通过改变斗杆两部分的连接螺孔位置达到改变斗杆长度的目的，这种型式结构简单，但调节复杂，由于斗杆中部开有螺孔，因此斗杆强度有所削弱。

图 3-18 所示为液压缸驱动的伸缩式组合斗杆，斗杆同样分前、后两部分，液压缸的伸缩可使斗杆前部在后部的导轨上移动，从而改变斗杆的长度。这种型式结构较复杂，但使用灵活，驾驶员只要根据需要实时地操作伸缩液压缸即可达到改变斗杆长度的目的。

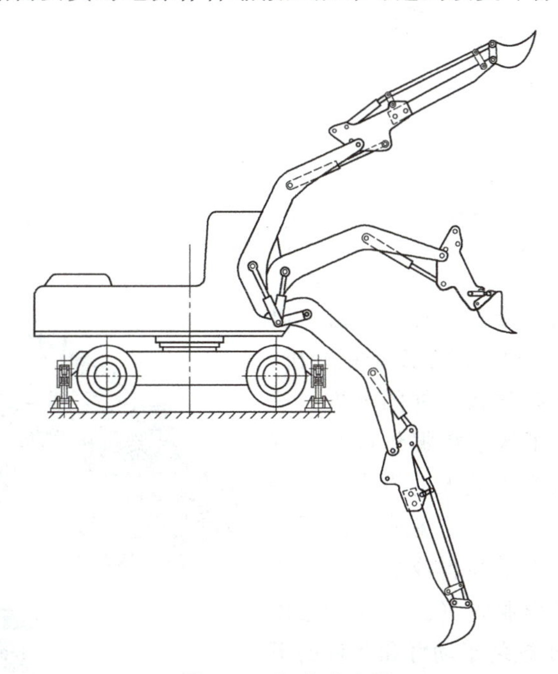

图 3-16　组合式斗杆

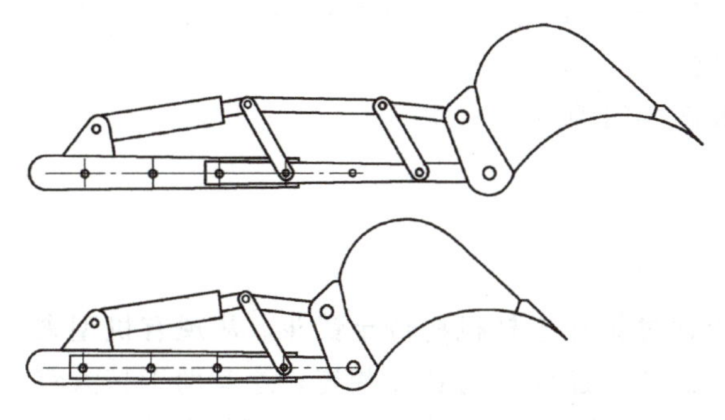

图 3-17　螺栓连接的伸缩式组合斗杆

图 3-18　液压缸驱动的伸缩式组合斗杆

3.1.5 动臂与斗杆的连接方式

动臂与斗杆的连接基本上采用铰接方式，在具体型式上有斗杆夹动臂与动臂夹斗杆之分。考虑到动臂一般相对不变而斗杆可根据作业要求进行更换，因此，通常采用动臂夹斗杆的连接方案（图 3-12、图 3-13）。在这种方案中，动臂的前端为开叉形的，如图 3-19、图 3-20 所示，各类挖掘机上多采用此方案。图 3-21 所示为徐工的超大型矿用反铲液压挖掘机 XE4000，该机采用了斗杆夹动臂方案，且各处液压缸都采用双缸结构。

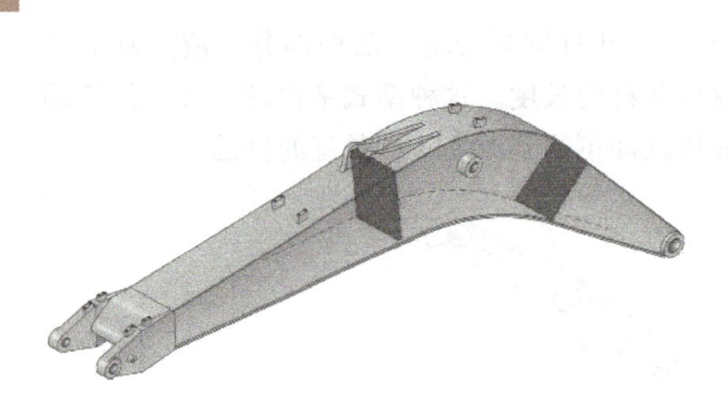

图 3-19 动臂前端开叉形结构

（图片来自 CAT 产品样本）

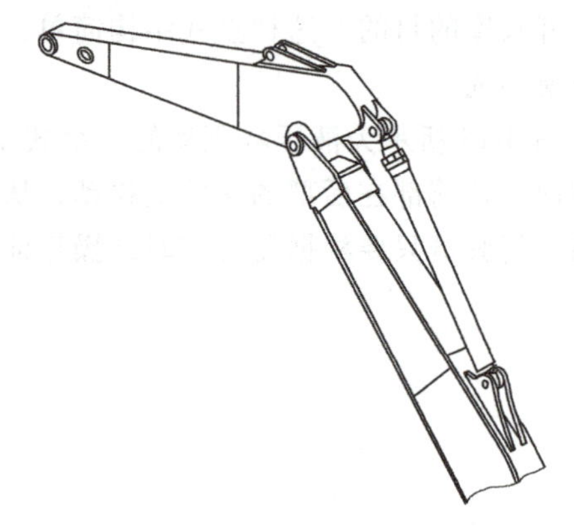

图 3-20 动臂夹斗杆方式

在动臂与斗杆之间连接有斗杆液压缸，以实现斗杆相对于动臂的转动。对于反铲挖掘机，斗杆液压缸一般布置于动臂和斗杆的上方，这样布置的目的主要是为了保证挖掘作业时斗杆液压缸的大腔工作，以产生较大的推力；另一方面，在一定程度上也可避免挖掘地面以下部分时斗杆液压缸与地面以下物料或机身发生接触碰撞。当考虑到正铲作业时（正、反铲通用的情况），可将斗杆液压缸装于动臂和斗杆的下方，这是为了正铲作业时斗杆液压缸大腔工作，以产生足够的挖掘力。对于中小型反铲液压挖掘机，斗杆液压缸一般采用单缸结构，大型挖掘机斗杆液压缸多采用双缸结构，如图 3-12 和图 3-21 所示。

图 3-21 徐工超大型反铲液压挖掘机 XE4000

3.1.6 反铲铲斗连杆机构

铲斗液压缸的作用力直接作用在铲斗上或通过铲斗连杆机构传至铲斗。从现有机型来看，大多数情况是铲斗液压缸通过中间部件（摇臂和连杆）与铲斗相连，这有助于扩大铲斗的转角范围。根据有无中间部件及中间部件的结构型式，一般将铲斗连杆机构分为四连杆机构和六连杆机构两种结构型式，如图 3-22 所示。

图 3-22a 所示为铲斗液压缸与铲斗直接铰接，铲斗液压缸、铲斗、斗杆构成四连杆机构。该方案结构简单，但铲斗转角范围较小，工作力矩变化较大。图 3-22b 所示为铲斗液压缸通过摇臂 3 和连杆 4 与铲斗相连，它们与斗杆一起构成六连杆机构，在此机构中，铲斗液压缸 1 与摇臂 3 的铰接中心及摇臂 3 与连杆 4 的铰接中心共线，此机构也被称为六连杆共点机构。图 3-22c 所示为铲斗液压缸 1 和摇臂 3 的铰接点与摇臂 3 和连杆 4 的铰接点不重合的情况，即非共点机构。比较而言，该方案与图 3-22b 所示方案无本质区别，但在其他参数相同的情况下，铲斗向顺时针方向转动了一个角度，若铲斗的最大转角一定，则铲斗液压缸的最大长度可适当减小，但这种方案会影响铲斗的开挖角，该方案目前较少见。图 3-22d 所示为另一种非共点机构，该方案与图 3-22b 和图 3-22c 所示方案也无本质区别，但在其他参数相同的情况下，该方案增加了铲斗的摆角范围，或者说在铲斗的转角范围确定的情况下，采用该方案可在一定程度上减小铲斗液压缸的行程，但比起图 3-22b 所示方案，该方案降低了铲斗连杆机构的传动比，因而减小了发挥在铲斗上的挖掘力，该方案目前也较少见。

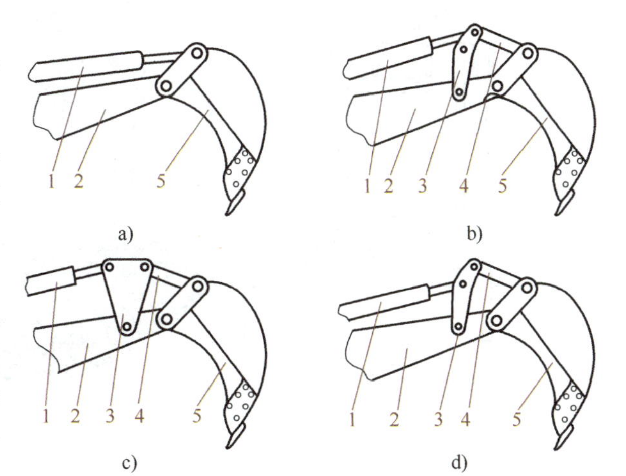

图 3-22　反铲铲斗连杆机构的常见结构型式

1—铲斗液压缸　2—斗杆　3—摇臂　4—连杆　5—铲斗

另一种较为少见的结构型式是连杆为 3 个铰接点的非共点机构，如图 3-23 所示。图中的 3 铰点连杆 4 分别与铲斗液压缸 2、摇臂 3 和铲斗 5 铰接。该结构的铲斗连杆机构主要见于日本小松公司的 PC1250 反铲挖掘机，经分析，在其他参数相同的情况下，该结构可增大铲斗的转角范围；或者反过来，在铲斗转角范围相同的情况下可减小铲斗液压缸的行程，但由于存在机构耦合问题，其设计计算较为复杂。

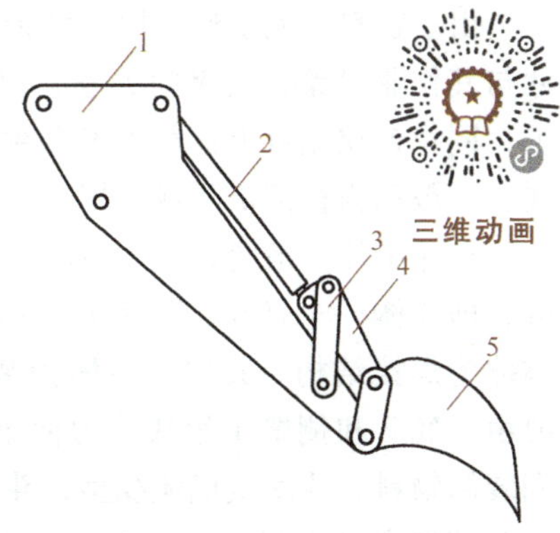

三维动画

图 3-23　连杆为 3 个铰接点的铲斗连杆机构

1—斗杆　2—铲斗液压缸　3—摇臂　4—连杆　5—铲斗

总的来说，铲斗液压缸与铲斗直接相连的四连杆机构结构简单，但铲斗的转角范围较小，工作力矩的变化范围较大；六连杆共点机构较四连杆机构复杂，但铲斗的转角范围易于保证，工作力矩变化平稳；六连杆非共点机构结构较为复杂，当铲斗液压缸的力臂较小时，可获得较大的铲斗极限摆角，但会降低发挥在斗齿尖上的挖掘力，反之，当铲斗液压缸的力臂较大时，虽然可获得较大的挖掘力，但同时也会增加铲斗液压缸的行程。因此，通过理论分析和长期的实践总结，经过权衡比较，目前大多数挖掘机上采用的是六连杆共点机构，铲斗连杆共点机构的装配关系如图 3-24 所示，连杆结构如图 3-25 所示。

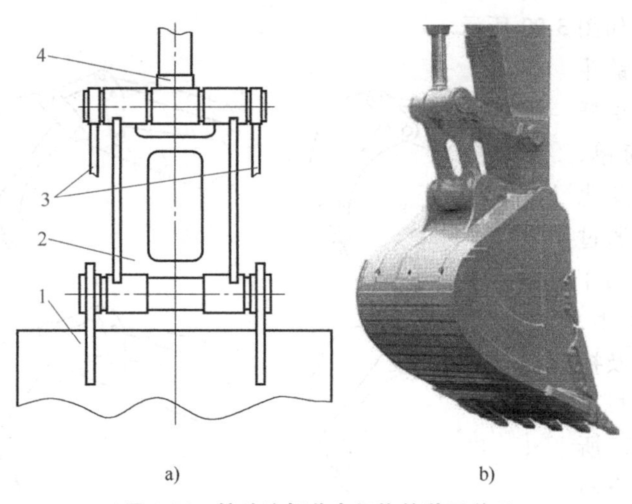

图 3-24　铲斗连杆共点机构的装配关系

1—铲斗　2—连杆　3—摇臂　4—铲斗液压缸

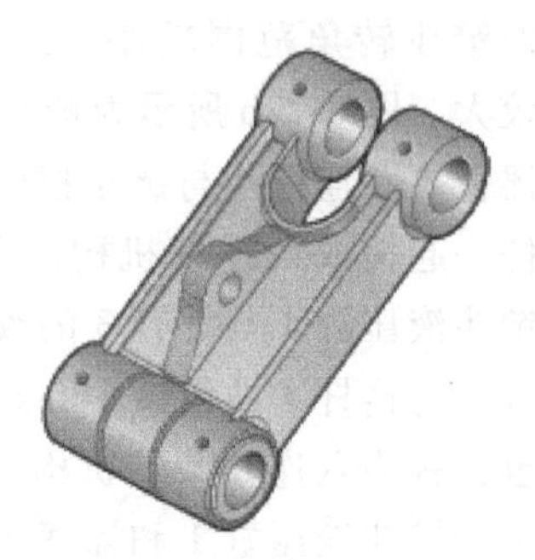

图 3-25　连杆结构图

这类机构的特点是，摇臂为两个相同的零件，对称布置于斗杆的两侧，连杆做成整体式，一端开叉，以便于安装铲斗液压缸，另一端铰接于铲斗的两个耳板中间，由于采用了共点机构，因此摇臂、连杆及铲斗液压缸用一根销轴贯穿相连。为防止销轴的轴向窜动，通常在销轴的两侧用适当方式加以固定。

3.1.7　反铲铲斗的结构型式

由于物料的复杂性，同一种铲斗很难适应不同的物料，因而，反铲铲斗的结构型式和尺寸与其作业对象有很大的关系，对作业效果影响很大。所以，为了满足各种不同的作业要求，同一台挖掘机上往往配置多种结构型式的铲斗，图 3-26 所示为反铲常用的铲斗结构型式，一般称为标准铲斗或通用铲斗。

铲斗整体一般为纵向对称结构，可分为 5 部分，即斗体、斗刃 6、斗齿 5、支座和加强部分，整体为焊接结构。其中，斗体为装土的容器，主要由斗底 7 和侧壁 1 组成，为便于切削物料和顺利装卸物料，斗底做成流线型，斗口略宽于斗底，斗前部略宽于后部。斗刃 6 为平面结构，其后的斗底 7 为与斗刃 6 相切的圆弧斗底。斗底一般由半径逐渐过渡且相切的两段或更多的圆弧曲面组成。侧壁 1 为平面结构，当挖沟或要求导向性能较好时，需要在侧壁 1 接近斗前端位置的上部装设侧齿 3，但这会增加挖掘阻力，因此，除非必要，一般情况下不应装设侧齿。在侧壁上部有加厚的侧壁边缘，有助于提高铲斗的强度、耐磨性和刚度，并减小作业过程中铲斗的变形。斗刃 6

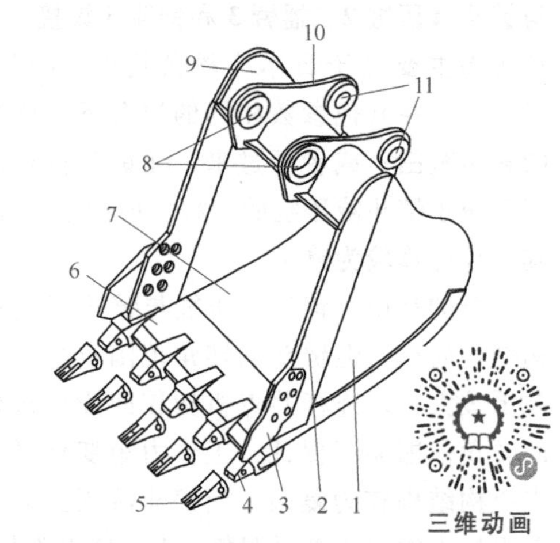

图 3-26　反铲常用铲斗结构型式

1—侧壁　2—侧刃　3—侧齿　4—齿座　5—斗齿　6—斗刃　7—斗底　8—与斗杆铰接支座　9—横梁　10—耳板　11—与连杆铰接支座

由高强度耐磨材料做成，在其前端一般焊有齿座 4，齿座 4 为开叉形结构，叉口处与斗刃 6 用焊接方式连接，它与斗齿 5 之间一般用橡胶卡销或螺栓连接，如图 3-27 所示。在铲斗的后部焊有左、右对称的两个耳板 10，其上的铰接孔用来与斗杆和连杆相连。为了保证耳板的强度和刚度以及铲斗的抗扭能力，在斗后部及耳板的中间和两侧焊有横梁 9。除此之外，为了进一步保证铲斗的强度、刚度及耐磨性，在铲斗的斗底一般焊有加强筋。

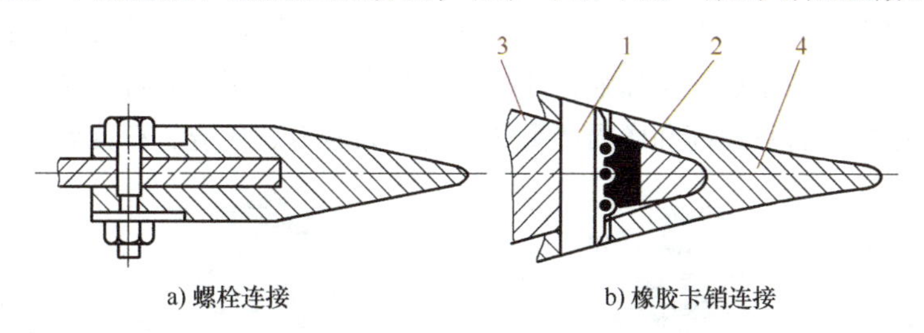

a) 螺栓连接　　b) 橡胶卡销连接

图 3-27　斗齿的安装型式

1—卡销　2—橡胶卡销　3—齿座　4—斗齿

由于物料特性的多样性，同一种铲斗不可能适应各种不同的物料，且在理论上也难以精确描述，因此，长期以来对铲斗结构的研究一直处于模型仿真、实验室及现场试验的过程中，未能建立起比较系统可靠的理论。有人曾将图 3-28a、b 所示的两只 0.6m³ 斗容量、斗型结构不同的铲斗装在 RH6 液压挖掘机上进行对比试验，结果见表 3-1。沙的挖掘阻力较小，不能充分检验铲斗设计的合理性，所以这两种铲斗的试验结果差别不大。而页岩对两种铲斗的作用效果就大不一样，图 3-28a 所示铲斗的切削前缘中间略为突出，不带侧齿，侧壁略成凹形，这些因素都使页岩的挖掘阻力降低。图 3-28b 所示铲斗的情况则相反。

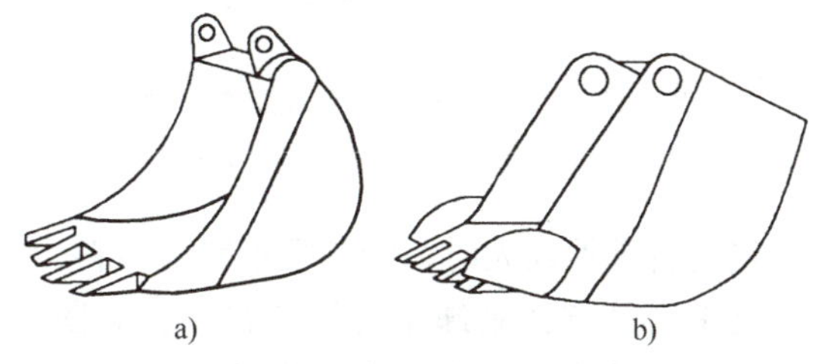

图 3-28　两种铲斗的对比试验

a) 铲斗 1　b) 铲斗 2

表 3-1　两种铲斗的对比试验结果

作业条件	铲斗	铲斗充满时间/s	生产率/t · h⁻¹	效率(%)
在页岩中作业	铲斗 1	19.1	42.6	100
	铲斗 2	40.6	22.68	53.3
在沙中作业	铲斗 1	5.9	163.5	100
	铲斗 2	6.3	152.7	93.3

从现有的机型来看，通用反铲装置通常都备有多种铲斗，当物料尺寸较小或土质较软时采用大容量铲斗，反之则采用小容量铲斗。

图 3-29 所示为 CAT 390D L 反铲液压挖掘机配备的 4 种不同类型的铲斗。通用铲斗（GD）用于低冲击和低磨损的场合，如松土、壤土、松土和细砾石的混合物；重型铲斗（HD）用于对冲击和磨损适用范围较宽的场合，包括松土、黏土和岩石及其混合物；重负荷铲斗（SD）用于更苛刻的磨损场合，如爆破花岗岩，相比于重型铲斗，这种铲斗的耐磨带和耐磨板更厚、更大，加强了对铲斗的保护；极限负荷铲斗（XD）增加了角护套，且侧

面耐磨板更大，以加强保护，适用于非常恶劣的磨损环境，如花岗岩采石场。

图 3-30 所示为 LIEBHERR 的 3 种结构和用途的铲斗，分别为标准型铲斗（SD）、加强型铲斗（HD）和极强型铲斗（HDV）。标准型铲斗有耐磨切削刃和底部，且有焊接式齿座，适用于一般用途，如挖掘和装载成熟和松散但不磨损的物料，如表土、黏土等；加强型铲斗在背面和侧面增加了耐磨带和耐磨板，且有焊接式齿座，适用于挖掘和装载较硬且磨损较强的物料，如表土、岩石、砂（黏）土、砂（砾）石和中低质量的石灰石等；极强型铲斗对背面、侧面、切削刃和斗齿都做了进一步加强，并附加了耐磨件，适用于采石场或拆除等极端作业场合，挖掘对象包括岩石含量较高和磨损严重的物料，如岩石、矿渣、石英等混合物料。

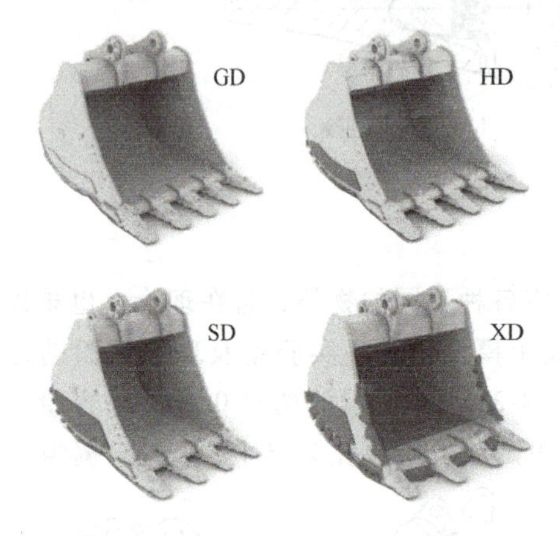

图 3-29　CAT 4 种结构型式和用途的铲斗
（图片来自 CAT 390D L 产品样本）

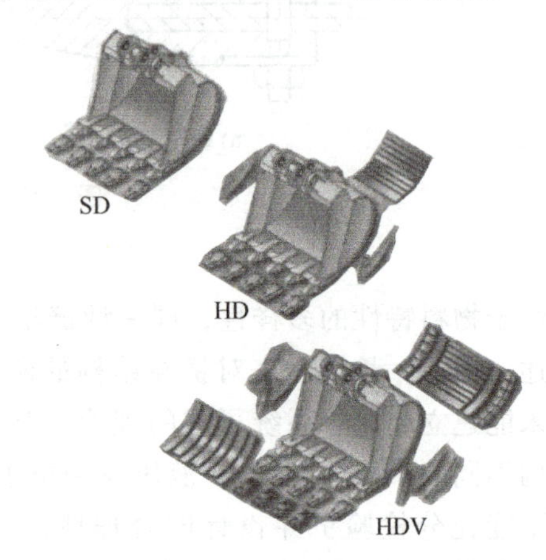

图 3-30　LIEBHERR 的 3 种结构型式和用途的铲斗
（图片来自 LIEBHERR 产品样本）

当物料黏性较大时，铲斗很难完全卸料，这时需采用具有强制卸土功能的铲斗，如图 3-31 所示。其中图 3-31a 所示为采用可以活动的铲斗后壁的铲斗，它可绕着铲斗与斗杆的铰销轴转动，转动范围由限位块 1 和 2 限制。限位块 2 起作用时，满载铲斗由位置Ⅰ转到位置Ⅱ的过程中铲斗后壁不动，实现强制卸土。当铲斗由位置Ⅰ逆时针转动时铲斗后壁随之转动，直至与限位块 1 相碰为止；图 3-31b 所示结构采用活动斗底，该斗底与连杆连成一体。卸土时铲斗液压缸缩短，铲斗沿顺时针方向转动，活动斗底则相对于铲斗逆时针转动，把土从斗中刮出，从而实现强制卸土。

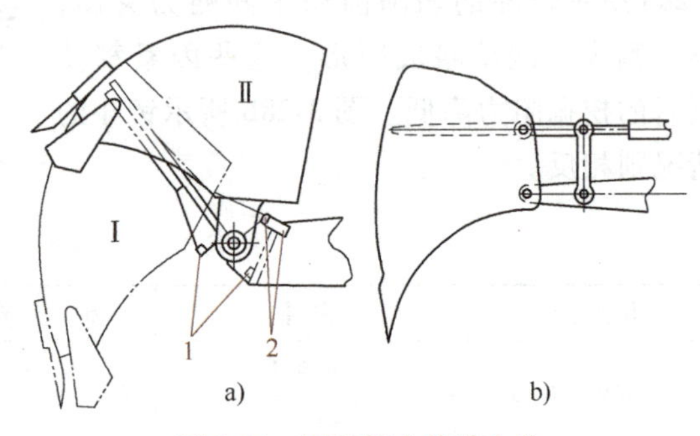

图 3-31　强制卸土的黏土斗

表 3-2 为斗容量为 0.4m^3 和 0.6m^3 的反铲斗的主要参数及适用范围，表中所指标准斗容量是指挖掘Ⅲ级或松密度为 1800kg/m^3 的土时的铲斗堆尖斗容量。

3.1.8　附属作业装置与快速更换装置

为了提高设备的利用率，节约设备购置成本，现代反铲液压挖掘机除挖掘作业外，还有较多的拓展功能，表 3-3 为常见的附属作业装置，主要分为 4 类：①以挖掘为主的各类铲斗；②以抓取、分拣为主的各类抓斗；③以剪切、破拆为主的各类剪切破碎装置；④其他辅助作业装置。

表 3-2　斗容量 0.4m^3 和 0.6m^3 同系列通用液压挖掘机反铲斗种类

标准斗容量/m^3	主要参数			铲斗编号	斗容量/m^3	斗宽/mm	斗齿	适用情况	斗重/kg	备注
	功率/kW	工作质量/kg	挖掘深度/m							
0.4	58.1	10600	3.2~5.2	a	0.15	390	2 个正齿	长斗杆	—	—
				b	0.21	400	3 个正齿	长斗杆、黏土		强制卸土
				c	0.30	600	3 个正齿	长斗杆		—
				d	0.40	940	4 个正齿 2 个侧齿	标准斗杆轻作业		有时可用于长斗杆
				e	0.50	1020	5 个正齿	标准斗杆轻作业		不可用于长斗杆
				f	0.40	940	4 个正齿	长斗杆轻作业		正反铲通用斗
				g	0.30	—	4 个正齿	成形沟		梯形斗
0.6	63.2	15800	5.1~6.1	a	0.35	500	3 个正齿	黏土	695	强制卸土
				b	0.35	500	3 个正齿 2 个侧齿	硬土	—	中齿特别突出
				c	0.5	986	3 个正齿 2 个侧齿	长斗杆	580	—
				d	0.6	1136	4 个正齿 2 个侧齿	正反铲通用 轻作业用	700	
				e	0.75	1214	5 个侧齿	—	670	

表 3-3　液压挖掘机常见附属作业装置

功能类型	挖掘	抓取、分拣	剪切、破拆	其他扩展功能
装置	通用铲斗	木材抓斗	液压钳、液压剪	钻孔装置
	沟渠清理铲斗(可侧倾)	岩石抓斗	破碎锤	伐木装置
	重型铲斗	废(钢)料抓斗	裂土器、松土器	推土装置
	岩石铲斗	带拇指铲斗	二次粉碎器	起吊装置
	湿地、海洋铲斗	打包抓斗	多功能拆除器	压实装置
	粉碎、筛分铲斗	垃圾抓斗	路面铣刨器	铁路专用装置

图 3-32 所示为 CAT 公司产品样本中列出的部分附属机具，利用这些机具，液压挖掘机在满足基本功能要求的基础上可以进行抓取、剪切、破拆、破碎、振动压实、松土等辅助作业，可实现一机多用。除通用挖掘铲斗外，为保证辅助功能的正常发挥，大多数辅助机具不仅要与主机在机械结构上正确对接，而且还需要专门的动力输入及操作手柄或按钮，如破碎锤、液压剪等，因此部分附属机具对主机的动力输出及操控系统还有特殊要求，此外，为了现场更换方便，大多数附属装置还需要快速更换装置（接头）。为此，国际主流厂商还开发了各种结构的快速更换装置。

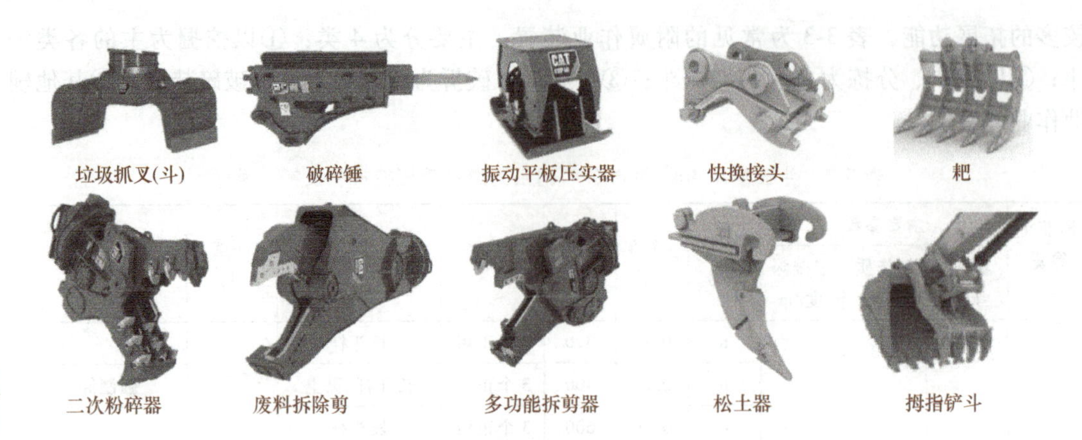

图 3-32　CAT 液压挖掘机部分附属机具（图片来自 CAT 产品样本）

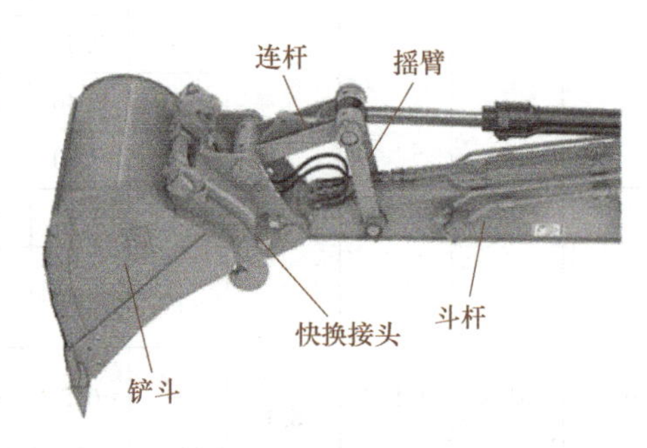

图 3-33　快换接头与工作装置的连接关系

快速更换装置是挖掘机工作装置主体与末端作业机具之间的连接部件，其一端的两个铰接孔分别连接挖掘机的斗杆和连杆，另一端则连接铲斗、破碎锤等末端作业机具。其目的是实现各机具的快速更换，提高更换效率，如图 3-33 所示。

按快换装置的使用方式不同，可将其分为专用型和通用型两类。专用型是针对一定机重和连接尺寸的液压挖掘机及其附属机具，快换装置与挖掘机斗杆和连杆直接连接，如图 3-33 所示，其铰销中心距与标准铲斗的相等，另一端连接机具的铰销中心距也一定，其优点是附属机具与挖掘机工作装置末端的几何关系不变，对挖掘机作业范围及其他性能参数影响较小，其缺点是附属机具的可选范围较小。通用型与工作装置末端的铰接关系虽然也一定，但其销轴中心距和直径可变，以连接不同功能和尺寸的附属机具。快换装置与附属机具的连接灵活便捷、通用性好，某些还具有侧倾和 360°回转功能，扩展了挖掘机的功能并提高了作业灵活性。为保证连接牢固、不脱钩，快换装置上需要设置专门的锁止机构。但由于其尺寸和重量较大，虽在一定程度上扩大了挖掘机的作业范围，但也影响了挖掘力的发挥。表 3-4 为现有快速更换装置的主要类型和结构特点。

表 3-4　液压挖掘机快速更换装置（快换接头）

名称	结构特点	优点	缺点
人工机械快换接头	有螺杆式、长孔型、连杆型、插拔式等多种类型	结构简单、不需动力	未增加机具自由度，需人工操作，费时，可靠性较低
普通液压快换接头	液压缸驱动，液控单向阀锁定、电磁换向阀控制	更换机具便捷、连接安全可靠	未增加机具自由度，结构较机械式复杂、需要专门动力和操控
全自动快换接头	机械、液压、电子及控制信号同时自动连接	可左右侧倾、360°转动、更换机具便捷	结构复杂、需要动力和操控，技术含量高，密封要求高

机械快换装置：机械快换装置结构如图 3-34 所示，由快换装置主体、前锁钩、后锁钩、调节机构和安全销等部件组成。一般情况下，前锁钩与快换装置主体做成一体，调节机构可移动以调节前、后锁钩之间的轴间距。调节机构有螺杆式、长孔型、连杆型、插拔式等多种类型。机械快换接头与附属机具的连接需要人工手动完成，主要是调节销轴间距和连接锁止（机具与锁钩的连接完成后，必须手工插入安全销锁止，防止机具意外脱落），以保证连接安全可靠。该结构最大的优点是结构简单、成本低、不需要额外的动力和控制装置，缺点是功能单一、更换机具费时费力。若附属机具需要动力，则附属机具与液压管路的连接和断开也需要人工操作，因此该结构适合于附属机具更换不频繁和工作条件恶劣的场合。

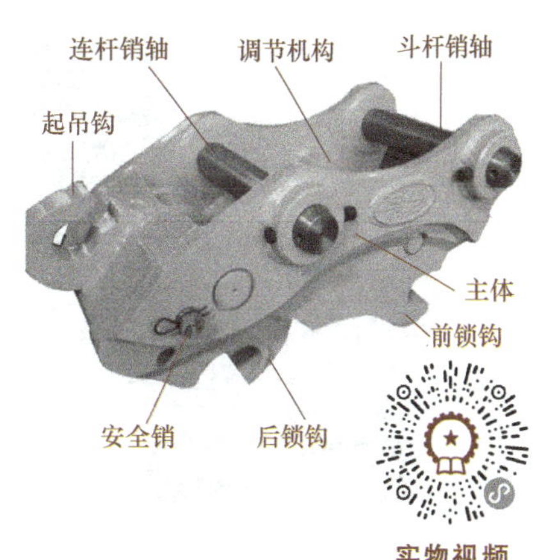

图 3-34　机械快换装置

液压快换装置：图 3-35 所示为液压快换装置的一般结构，它由主体、与工作装置末端的连接销孔、与附属机具的连接销孔、液压缸、锁闭装置部分组成，液压缸的一端与滑动销座及锁块连接，当液压缸伸缩时，带动滑动销座及锁块运动以调节与附属机具相连接的销轴之间的距离。当附属机具本身也需要液压动力时，附属机具与主机液压管路的连接和断开仍需要人工完成，但在驾驶室可监控到锁销的连接状态，以确保安全。该型快换接头的主要优点是快捷方便、安全可靠，适合于主要附属机具频繁更换的场合，一般无须其他人工辅助，但快换接头需要额外的动力输入和操控。

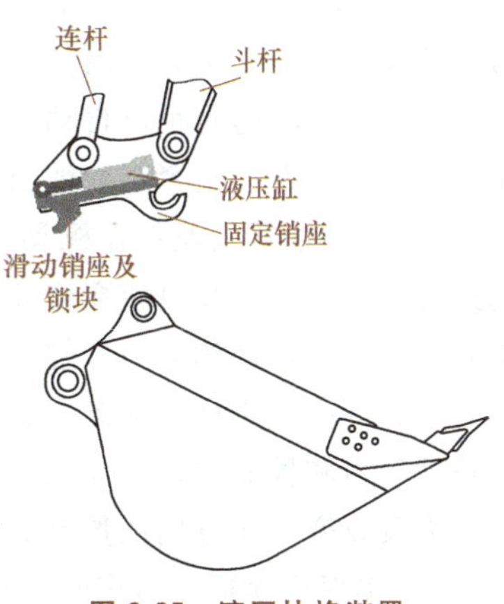

图 3-35　液压快换装置

全自动快换接头：全自动快换接头不仅可完成与附属机具机械动力和控制信号的自动对接，而且可实现附属机具的左右侧倾和 360°转动，大大扩大了液压挖掘机的使用范围并提高了其灵活性，是目前最先进的快换接头。图 3-36 所示的为 LIEBHERR 液压快换与 LIKUFIX 连接块集成的全自动快换系统，驾驶员在驾驶室内通过操作相应的按钮即可打开和关闭快速连接器，并可自动连接和断开液压管路，附属机具与快换接头的机械连接和与主机的液压连接都是自动完成的，无须人工辅助。其突出优点是自动完成机械和液压连接，更换时间更短、使用更安全可靠，适用范围更大，大大提高了主机的利用率。

除 LIEBHERR 外，瑞典的 OILQUICK 的 OQ 系列、CAT 的 CWAC 系列和德国 Lehnhoff 的 Variolock 系统等都可实现全自动快换。不同的全自动快换装置在机械结构、液压动力和控制系统的连接以及安全锁紧方式方面各有异同，但其功能和性能基本相似。图 3-37 所示为瑞典 OILQUICK 公司的全自动快换接头（液压手腕），该装置可通过两只液压缸实现左右侧倾 40°，采用液压马达带动机具实现 360°回转。

全自动快换装置完全省去了人工安装和拆卸环节，在保证安全可靠的同时，极大地提高了工作效率，节约了人工成本。要实现全自动快换，需要解决以下关键技术问题。

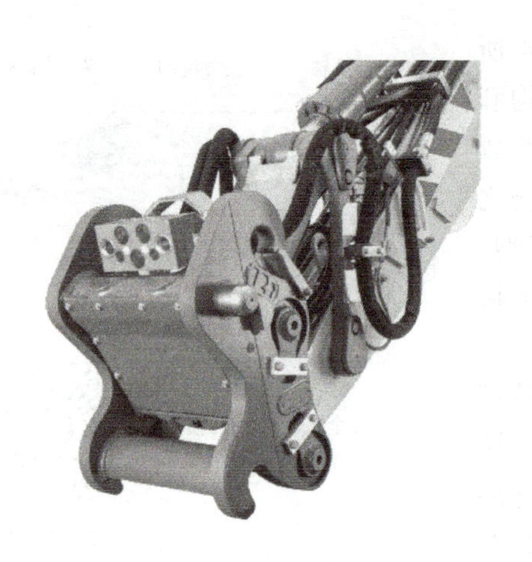

图 3-36 LIEBHERR 全自动快换系统
（图片来自 LIEBHERR 产品样本）

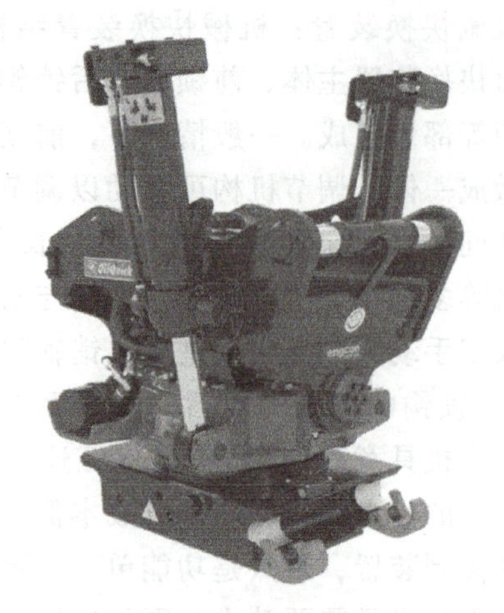

图 3-37 OILQUICK 的液压手腕
（图片来自 OILQUICK 的产品样本）

1）自动完成机械连接和安全锁紧。保证快换接头与附属机具两个销轴部位相关零部件的自动连接以及连接完成后的自动锁紧，以提高连接效率，并保证安全可靠性。为此需要快换接头两个销轴的间距可自动调整并适应不同尺寸的机具，调整后能与附属机具实现完全匹配，当两者结合后锁紧装置能自动到位以防止附属机具脱落。

2）为快换接头及作业机具提供额外的动力和控制。为了满足特殊工况要求，以及作业机具的运动灵活性和对狭窄作业场地的适应性要求，需要改变其运动方向，这需要对快换接头或机具提供额外的动力和控制以满足灵活运动要求。目前解决该问题的主要技术有两类，其一是为快换接头增加侧倾和旋转功能，如前述 OQ 的液压手腕，另一类是为作业机具提供所需的动力和控制装置，如为破碎锤提供所需的液压动力和打击频率控制装置、为液压剪提供动力及改变剪切方向的控制装置等。

3）实现快换接头与作业机具的动力和控制信号的精准连接。为了实现快换装置与各种作业机具的液压动力和控制反馈信号的快速精准连接，需要解决快换接头的类型和连接方式这两个关键技术问题。

4）实现快换接头的防尘控污。由于挖掘机的作业环境恶劣，粉尘和湿气严重，快换接头与作业机具的连接部位易于受到污染和腐蚀，并进入油液腐蚀液压元件，因此需要对其解决防尘、防水等相关控污技术问题。

5）附属机具自动识别和状态监控技术。挖掘机的作业工况多变，为使快换接头与多种作业机具达到良好匹配并保证作业安全和作业效果，需要对不同的作业机具和作业模式进行自动识别和判断，并对作业状态和故障进行监控和诊断，以保证工作可靠性和作业安全性。这涉及机具自动识别、作业模式判断和匹配、故障诊断、运行状态智能监控等技术。通过这些技术的综合应用，确保更换不同机具后作业过程的安全可靠性以及施工质量和效率。

3.1.9 挖掘机用液压缸

液压挖掘机用液压缸的一般结构如图 3-38 所示，主要包括缸筒、缸盖、活塞杆、活塞、导向套、缓冲装置、管接头、两端轴承、衬套、密封圈等零部件。其主要参数包括额定压力、缸筒内径、活塞杆直径、最小安装距离、行程等。挖掘机用液压缸承受载荷较大，往复运动频繁，强度、刚度及密封问题突出，为了保证其工作可靠性，在装配环节和工作中都要避免其因承受弯曲载荷而产生弯曲变形甚至导致受压失稳，为此，需要限制液压缸的伸缩比，并在两端采用关节轴承以改善其受力状况。液压缸通常由配套厂商专业化生产，一般由主机厂根据性能要求给出主要参数向专业厂商订购即可。

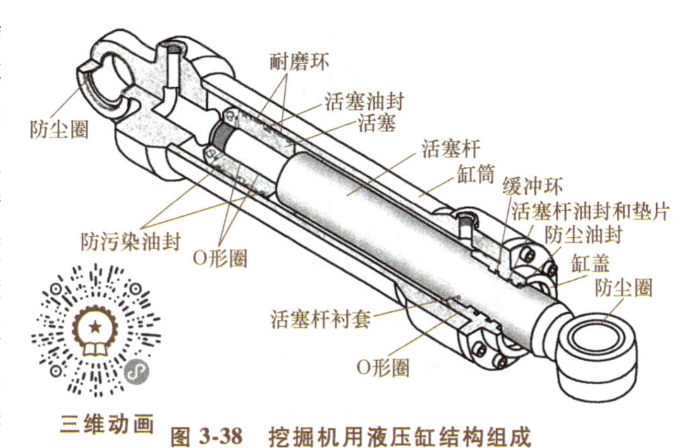

图 3-38　挖掘机用液压缸结构组成

3.2　反铲工作装置的几何关系及运动分析

对挖掘机工作装置及回转平台进行运动分析的内容包括：①分析任意回转平台转角和液压缸长度下工作装置各机构参数间的数学关系及各铰接点和斗齿尖的位置坐标；②核验工作装置连杆机构的干涉情况，并计算各部件的摆角范围；③计算挖掘机的几何作业参数、工作尺寸和特殊位姿参数。

反铲液压挖掘机工作装置的运动一般由液压缸驱动，无回转时为平面运动，有回转或辅以行走时为空间运动，其具有多自由度、多体（多刚体、流体）动力学特性。挖掘作业中，工作装置做空间复合运动，其中回转平台左右回转，机身一般固定不动。

反铲液压挖掘机在作业过程中一般进行 4 种运动：铲斗的挖掘和卸料、斗杆的收放、动臂的升降和回转平台的回转。

分析工作装置的运动，传统方法是解析法，该方法比较直观和易于理解，但缺乏灵活性和普适性。当需要研究不同位置的运动情况时，需要重新作图计算，不适合计算机编程运算。本节利用空间矩阵矢量方法，建立各参数间适用于任意位置的空间几何矢量关系，使全部从属变量与输入变量之间的关系用矩阵矢量形式表示，这样做不仅形式规范，而且便于计算机编程，也是目前比较普遍采用的手段。在特殊情况下，如位于水平面或斜坡上的挖掘机，其工作装置的运动与整机的移动同时发生，这种复合运动分析过程十分复杂，限于篇幅，本章对这种复合运动不作分析。

3.2.1　符号约定与坐标系的建立

图 3-39 所示为反铲液压挖掘机工作装置铰接点符号与坐标系示意图。

1. 反铲液压挖掘机工作装置铰接点符号标记意义

图 3-39 所示各部件铰接点及相关参数的符号标记意义如下。

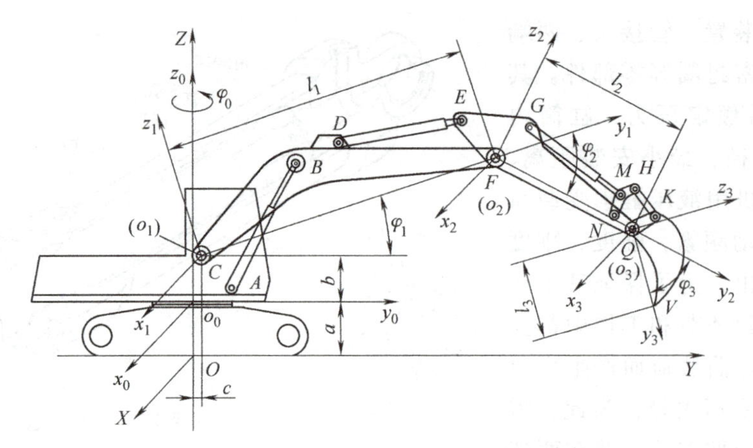

图 3-39　工作装置铰接点符号与坐标系示意图

A 点为动臂液压缸与机身的铰接点；B 点为动臂液压缸与动臂的铰接点；C 点为动臂与机身的铰接点；D 点为斗杆液压缸与动臂的铰接点；E 点为斗杆液压缸与斗杆的铰接点；F 点为动臂与斗杆的铰接点；G 点为铲斗液压缸与斗杆的铰接点；M 点为铲斗液压缸与摇臂的铰接点；H 点为摇臂与连杆的铰接点；N 点为摇臂与斗杆的铰接点；K 点为铲斗与连杆的铰接点；Q 点为斗杆与铲斗的铰接点；V 点为处于纵向对称中心平面内的斗齿尖。

a 为回转平台底面距停机面的垂直距离；b 为 C 点至回转平台底面的垂直距离；c 为工作装置对称平面内 C 点至回转中心的水平距离。其他符号意义如图 3-39 所示。上述各点位于工作装置的对称平面内。本节后续分析均以这些符号意义为准。

2. 反铲液压挖掘机工作装置空间直角坐标系意义

图 3-39 所示空间直角坐标系意义如下。

坐标系 $OXYZ$ 为固连于履带接地中心随整机一起移动的动坐标系，由于作业中挖掘机的底盘一般是固定不动的，因此，从挖掘作业的角度，可以把该坐标系看成与固连于大地的固定坐标系重合的坐标系。但若要研究整机的运动和动力学问题，则还应建立一个固连于大地的定坐标系，以此来观察整机的运动。为简化分析过程，此处只描述回转平台和工作装置相对于底盘的运动，而不考虑整机（车身）的运动，因此把坐标系 $OXYZ$ 当成定坐标系。其原点 O 与回转平台回转中心线与地面的交点重合，Y、Z 轴所在的平面为纵向对称平面，Y 轴水平向前为正，Z 轴竖直向上为正，X 轴垂直于 YZ 平面，坐标系符合右手规则。

坐标系 $o_0x_0y_0z_0$ 为固连于回转平台的动坐标系，原点 o_0 与回转中心线与回转平台台底面的交点重合，y_0 轴、z_0 轴位于工作装置纵向对称平面内，初始状态下 x_0、y_0 轴与 X、Y 轴平行，当挖掘机位于水平面时，z_0 轴与 Z 轴重合，否则不重合，它们之间的夹角等于坡角。

坐标系 $o_1x_1y_1z_1$ 为固连于动臂的动坐标系，原点 o_1 与 C 点重合，y_1、z_1 轴位于工作装置纵向对称平面内，y_1 轴沿 C 点指向 F 点为正，z_1 轴垂直于 y_1 轴，x_1 轴垂直于 y_1z_1 平面，初始状态下 x_1、y_1、z_1 轴分别与 X、Y、Z 轴平行，坐标系符合右手规则。

坐标系 $o_2x_2y_2z_2$ 为固连于斗杆的动坐标系，原点 o_2 与 F 点重合，y_2、z_2 轴位于工作装置纵向对称平面内，y_2 轴沿 F 点指向 Q 点为正，z_2 轴垂直于 y_2 轴，x_2 轴垂直于 y_2z_2 平面，在初始零位置时 x_2、y_2、z_2 轴分别与 X、Y、Z 轴平行，坐标系符合右手规则。

坐标系 $o_3x_3y_3z_3$ 为固连于铲斗的动坐标系，原点 o_3 与 Q 点重合，y_3、z_3 轴位于工作装置纵向对称平面内，y_3 轴沿 Q 点指向 V 点为正，z_3 轴垂直于 y_3 轴，x_3 轴垂直于 y_3z_3 平面，在初始零位置时 x_3、y_3、z_3 轴分别与 X、Y、Z 轴平行，坐标系符合右手规则。

3. 反铲液压挖掘机工作装置角度符号 φ 的含义

图 3-39 所示角度符号 φ 的含义如下。

φ_1 为动臂相对于回转平台的摆角，$\varphi_1=0°$为 x_1y_1 平面与 x_0y_0 平面平行的位置，逆时针为正，反之为负。φ_2 为斗杆相对于动臂的摆角，$\varphi_2=0°$为 y_2 轴与 y_1 轴重合的位置，即 C、F、Q 三点一线的姿态，沿逆时针方向为正，反之为负。按此处定义，斗杆相对于动臂的最小摆角 $\varphi_{2\min}$ 对应于斗杆液压缸的最大长度 $L_{2\max}$，斗杆相对于动臂的最大摆角 $\varphi_{2\max}$ 对应于斗杆液压缸的最短长度 $L_{2\min}$。φ_3 为铲斗相对于斗杆的摆角，$\varphi_3=0°$为 y_3 轴与 y_2 轴重合的位置，即 F、Q、V 三点一线的姿态，沿逆时针方向为正，反之为负。按此处定义，铲斗相对于斗杆的最小摆角 $\varphi_{3\min}$ 对应于铲斗液压缸的最大长度 $L_{3\max}$，铲斗相对于斗杆的最大摆角 $\varphi_{3\max}$ 对应于铲斗液压缸的最短长度 $L_{3\min}$。

3.2.2　回转平台的运动分析

挖掘机的回转平台上安装有除下车架及行走机构外的其余部件，这些部件连同回转平台一起转动，设其转角以 φ_0 表示，以逆时针方向为正，如图 3-39 所示，$\varphi_0=0°$为初始状态下 x_0、y_0 轴与 X、Y 轴平行的位置。当坡度为 0°时，φ_0 为上部回转平台绕 Z 轴转动的角度。

回转平台上，C 点和 A 点的相对位置不发生改变，因此这两点的计算公式为

$$[X_A \quad Y_A \quad Z_A]^{\mathrm{T}}=\boldsymbol{R}_{z_0,\varphi_0}[x_{0A} \quad y_{0A} \quad z_{0A}]^{\mathrm{T}} \tag{3-1}$$

$$[X_C \quad Y_C \quad Z_C]^{\mathrm{T}}=\boldsymbol{R}_{z_0,\varphi_0}[x_{0C} \quad y_{0C} \quad z_{0C}]^{\mathrm{T}} \tag{3-2}$$

式中，$\boldsymbol{R}_{z_0,\varphi_0}=\begin{bmatrix}\cos\varphi_0 & -\sin\varphi_0 & 0\\ \sin\varphi_0 & \cos\varphi_0 & 0\\ 0 & 0 & 1\end{bmatrix}$，表示回转平台相对于 z_0 轴的旋转矩阵，下标 z_0 表示旋转轴，下标 φ_0 表示旋转角度；x_{0A}、y_{0A}、z_{0A} 为 A 点在坐标系 $o_0x_0y_0z_0$ 中的坐标分量，是固定值；x_{0C}、y_{0C}、z_{0C} 为 C 点在坐标系 $o_0x_0y_0z_0$ 中的坐标分量，是固定值。

按照上述过程，回转平台（不含工作装置）的重心位置坐标的计算公式为

$$[X_{G2} \quad Y_{G2} \quad Z_{G2}]^{\mathrm{T}}=\boldsymbol{R}_{z_0,\varphi_0}[x_{0G2} \quad y_{0G2} \quad z_{0G2}]^{\mathrm{T}} \tag{3-3}$$

式中，$[x_{0G2} \quad y_{0G2} \quad z_{0G2}]^{\mathrm{T}}$ 为回转平台重心位置 G_2 在坐标系 $o_0x_0y_0z_0$ 中的位置坐标矢量。

3.2.3　动臂机构的几何关系及运动分析

分析动臂的运动在于建立动臂上各铰接点的位置坐标与动臂液压缸长度及平台转角的关系，本部分推导动臂摆角、动臂的极限摆角及动臂上各铰接点的计算公式。

如图 3-40 所示，在$\triangle AB'C$ 中，$\angle ACB'$为

$$\theta_1=\arccos\frac{l_5^2+l_7^2-L_1^2}{2l_5l_7} \tag{3-4}$$

式中，L_1 为动臂液压缸瞬时长度，其余参数同图 3-39。

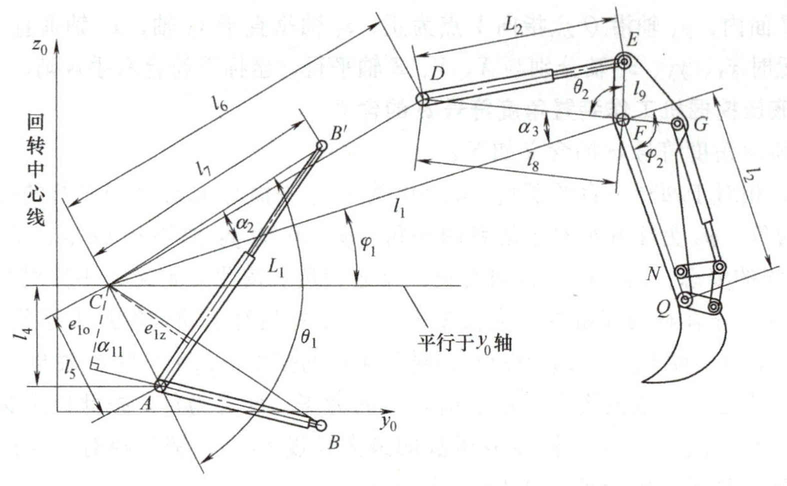

图 3-40　动臂机构示意图

CF 连线与停机面的夹角 φ_1 为

$$\varphi_1=\theta_1-\alpha_{11}-\alpha_2=\arccos\frac{l_5^2+l_7^2-L_1^2}{2l_5l_7}-\alpha_{11}-\alpha_2 \tag{3-5}$$

式中，α_{11} 为 CA 连线与 x_0y_0 平面的夹角；α_2 等于 $\angle B'CF$，为结构角，是固定值。

当动臂与动臂液压缸铰接点 B 位于图示 CF 连线左侧时，α_2 取正值；位于右侧时，取负值。当动臂摆角 φ_1 为正时，表示 CF 连线位于过 C 点与停机面平行的平面上方；反之，则位于其下方。

将动臂液压缸最长和最短长度 $L_{1\max}$ 和 $L_{1\min}$ 代入式（3-5）得动臂最大仰角和最大俯角分别为

$$\varphi_{1\max}=\arccos\frac{l_5^2+l_7^2-L_{1\max}^2}{2l_5l_7}-\alpha_{11}-\alpha_2 \tag{3-6}$$

$$\varphi_{1\min}=\arccos\frac{l_5^2+l_7^2-L_{1\min}^2}{2l_5l_7}-\alpha_{11}-\alpha_2 \tag{3-7}$$

则动臂的摆角范围为

$$\Delta\varphi_1=\varphi_{1\max}-\varphi_{1\min}=\arccos\frac{l_5^2+l_7^2-L_{1\max}^2}{2l_5l_7}-\arccos\frac{l_5^2+l_7^2-L_{1\min}^2}{2l_5l_7} \tag{3-8}$$

式中，$L_{1\max}$ 和 $L_{1\min}$ 分别为动臂液压缸的最大伸缩长度和最小伸缩长度。

基于上述分析，动臂上各点在坐标系 $OXYZ$ 中的坐标可看作先随动臂坐标系 $o_1x_1y_1z_1$ 绕 x_1 轴转动 φ_1，然后随固连于上部回转平台的动坐标系 $o_0x_0y_0z_0$ 绕 z_0 轴转动 φ_0 形成的。则动臂上的点 B、D、F 在固定坐标系 $OXYZ$ 中的位置坐标可表达为

$$\begin{bmatrix}X_B\\Y_B\\Z_B\end{bmatrix}=\begin{bmatrix}0\\0\\a\end{bmatrix}+\begin{bmatrix}\cos\varphi_0 & -\sin\varphi_0 & 0\\\sin\varphi_0 & \cos\varphi_0 & 0\\0 & 0 & 1\end{bmatrix}\left\{\begin{bmatrix}0\\c\\b\end{bmatrix}+\boldsymbol{R}_{x_1,\varphi_1}\begin{bmatrix}x_{1B}\\y_{1B}\\z_{1B}\end{bmatrix}\right\} \tag{3-9}$$

$$\begin{bmatrix}X_D\\Y_D\\Z_D\end{bmatrix}=\begin{bmatrix}0\\0\\a\end{bmatrix}+\begin{bmatrix}\cos\varphi_0 & -\sin\varphi_0 & 0\\\sin\varphi_0 & \cos\varphi_0 & 0\\0 & 0 & 1\end{bmatrix}\left\{\begin{bmatrix}0\\c\\b\end{bmatrix}+\boldsymbol{R}_{x_1,\varphi_1}\begin{bmatrix}x_{1D}\\y_{1D}\\z_{1D}\end{bmatrix}\right\} \tag{3-10}$$

$$\begin{bmatrix} Z_F \\ Z_F \\ Z_F \end{bmatrix} = \begin{bmatrix} 0 \\ 0 \\ a \end{bmatrix} + \begin{bmatrix} \cos\varphi_0 & -\sin\varphi_0 & 0 \\ \sin\varphi_0 & \cos\varphi_0 & 0 \\ 0 & 0 & 1 \end{bmatrix} \left\{ \begin{bmatrix} 0 \\ c \\ b \end{bmatrix} + \boldsymbol{R}_{x_1,\varphi_1} \begin{bmatrix} 0 \\ l_1 \\ 0 \end{bmatrix} \right\} \tag{3-11}$$

式中，$\boldsymbol{R}_{x_1,\varphi_1} = \begin{bmatrix} 1 & 0 & 0 \\ 0 & \cos\varphi_1 & -\sin\varphi_1 \\ 0 & \sin\varphi_1 & \cos\varphi_1 \end{bmatrix}$，代表动臂上各铰接点绕 x_1 轴的旋转矩阵，下标 x_1 表示旋转轴，下标 φ_1 表示旋转角度；x_{1B}、y_{1B}、z_{1B} 为 B 点在坐标系 $o_1x_1y_1z_1$ 中的坐标分量，是固定值；x_{1D}、y_{1D}、z_{1D} 为 D 点在坐标系 $o_1x_1y_1z_1$ 中的坐标分量，是固定值。

动臂液压缸是轴对称杆系部件，重心可近似看作位于其两端点连线的中心上，可表示为

$$[X_{G3} \quad Y_{G3} \quad Z_{G3}]^{\mathrm{T}} \approx 0.5([X_A \quad Y_A \quad Z_A]^{\mathrm{T}} + [X_B \quad Y_B \quad Z_B]^{\mathrm{T}}) \tag{3-12}$$

按照上述分析过程，动臂重心位置坐标可表示为

$$\begin{bmatrix} X_{G4} \\ Y_{G4} \\ Z_{G4} \end{bmatrix} = \begin{bmatrix} 0 \\ 0 \\ a \end{bmatrix} + \begin{bmatrix} \cos\varphi_0 & -\sin\varphi_0 & 0 \\ \sin\varphi_0 & \cos\varphi_0 & 0 \\ 0 & 0 & 1 \end{bmatrix} \left\{ \begin{bmatrix} 0 \\ c \\ b \end{bmatrix} + \boldsymbol{R}_{x_1,\varphi_1} \begin{bmatrix} x_{1G4} \\ y_{1G4} \\ z_{1G4} \end{bmatrix} \right\} \tag{3-13}$$

式中，$[x_{1G4} \quad y_{1G4} \quad z_{1G4}]^{\mathrm{T}}$ 为动臂重心 G_4 在坐标系 $o_1x_1y_1z_1$ 中的位置坐标矢量。

当机构参数已知时，根据式（3-1）~式（3-13）即可计算出动臂液压缸任意长度下动臂上各铰接点及相应部件重心的位置坐标和动臂的摆角，由这些关系式可以看出：在结构参数给定的情况下，动臂上各铰接点的坐标是回转平台转角 φ_0 和动臂液压缸长度 L_1 的函数。

3.2.4　斗杆机构的几何关系及运动分析

斗杆的运动不仅受制于斗杆液压缸，而且受制于动臂液压缸和回转平台的转动，因此，对斗杆的运动分析在于建立斗杆上各铰接点的位置坐标与动臂液压缸长度、回转平台转角及斗杆液压缸长度的关系。

如图 3-40 所示，$\triangle DEF$ 中 $\angle DFE$ 为

$$\theta_2 = \arccos \frac{l_8^2 + l_9^2 - L_2^2}{2l_8 l_9} \tag{3-14}$$

式中，L_2 为斗杆液压缸瞬时长度；其余参数如图 3-40 所示。

根据图 3-40 所示的几何关系，斗杆相对于动臂的转角 φ_2 表达式为

$$\varphi_2 = \pi - \theta_2 - \alpha_3 - \angle EFQ \tag{3-15}$$

式中，$\angle EFQ$ 为斗杆上的结构角，为固定值；α_3 为动臂上的 $\angle CFD$，为结构角，是固定值。

当动臂与斗杆液压缸铰接点 D 位于 CF 连线左侧时，α_3 取正值；位于右侧时，取负值。

按前述知：斗杆相对于动臂的最小摆角 $\varphi_{2\min}$ 对应于斗杆液压缸的最大长度 $L_{2\max}$，斗杆相对于动臂的最大摆角 $\varphi_{2\max}$ 对应于斗杆液压缸的最短长度 $L_{2\min}$，它们可表达为

$$\varphi_{2\min} = \pi - \alpha_3 - \angle EFQ - \arccos \frac{l_8^2 + l_9^2 - L_{2\max}^2}{2l_8 l_9} \tag{3-16}$$

$$\varphi_{2\max} = \pi - \alpha_3 - \angle EFQ - \arccos \frac{l_8^2 + l_9^2 - L_{2\min}^2}{2l_8 l_9} \tag{3-17}$$

则斗杆相对于动臂的最大摆角范围为

$$\Delta\varphi_2=\varphi_{2\max}-\varphi_{2\min}=\arccos\frac{l_8^2+l_9^2-L_{2\min}^2}{2l_8l_9}-\arccos\frac{l_8^2+l_9^2-L_{2\max}^2}{2l_8l_9} \tag{3-18}$$

式中，$L_{2\max}$ 和 $L_{2\min}$ 分别为斗杆液压缸最大伸缩长度和最小伸缩长度。

基于上述分析，斗杆上各点在固定坐标系 $OXYZ$ 中的位置坐标可看作先随斗杆坐标系 $o_2x_2y_2z_2$ 绕 x_2 轴转动 φ_2，再随动臂坐标系 $o_1x_1y_1z_1$ 绕 x_1 轴转动 φ_1，最后随固连于回转平台的动坐标系 $o_0x_0y_0z_0$ 绕 z_0 轴转动 φ_0 形成。则斗杆上点 E、G、N、Q 在固定坐标系 $OXYZ$ 中的位置坐标表达式为

$$\begin{bmatrix}X_E\\Y_E\\Z_E\end{bmatrix}=\begin{bmatrix}0\\0\\a\end{bmatrix}+\boldsymbol{R}_{z_0,\varphi_0}\left\{\begin{bmatrix}0\\c\\b\end{bmatrix}+\boldsymbol{R}_{x_1,\varphi_1}\left\{\begin{bmatrix}0\\l_1\\0\end{bmatrix}+\boldsymbol{R}_{x_2,\varphi_2}\begin{bmatrix}x_{2E}\\y_{2E}\\z_{2E}\end{bmatrix}\right\}\right\} \tag{3-19}$$

$$\begin{bmatrix}X_G\\Y_G\\Z_G\end{bmatrix}=\begin{bmatrix}0\\0\\a\end{bmatrix}+\boldsymbol{R}_{z_0,\varphi_0}\left\{\begin{bmatrix}0\\c\\b\end{bmatrix}+\boldsymbol{R}_{x_1,\varphi_1}\left\{\begin{bmatrix}0\\l_1\\0\end{bmatrix}+\boldsymbol{R}_{x_2,\varphi_2}\begin{bmatrix}x_{2G}\\y_{2G}\\z_{2G}\end{bmatrix}\right\}\right\} \tag{3-20}$$

$$\begin{bmatrix}X_N\\Y_N\\Z_N\end{bmatrix}=\begin{bmatrix}0\\0\\a\end{bmatrix}+\boldsymbol{R}_{z_0,\varphi_0}\left\{\begin{bmatrix}0\\c\\b\end{bmatrix}+\boldsymbol{R}_{x_1,\varphi_1}\left\{\begin{bmatrix}0\\l_1\\0\end{bmatrix}+\boldsymbol{R}_{x_2,\varphi_2}\begin{bmatrix}x_{2N}\\y_{2N}\\z_{2N}\end{bmatrix}\right\}\right\} \tag{3-21}$$

$$\begin{bmatrix}X_Q\\Y_Q\\Z_Q\end{bmatrix}=\begin{bmatrix}0\\0\\a\end{bmatrix}+\boldsymbol{R}_{z_0,\varphi_0}\left\{\begin{bmatrix}0\\c\\b\end{bmatrix}+\boldsymbol{R}_{x_1,\varphi_1}\left\{\begin{bmatrix}0\\l_1\\0\end{bmatrix}+\boldsymbol{R}_{x_2,\varphi_2}\begin{bmatrix}0\\l_2\\0\end{bmatrix}\right\}\right\} \tag{3-22}$$

式中，$\boldsymbol{R}_{x_2,\varphi_2}=\begin{bmatrix}1&0&0\\0&\cos\varphi_2&-\sin\varphi_2\\0&\sin\varphi_2&\cos\varphi_2\end{bmatrix}$，代表斗杆上各铰接点绕 x_2 轴的旋转矩阵，下标 x_2 表示旋转轴，下标 φ_2 表示旋转角度；x_{2E}、y_{2E}、z_{2E} 为 E 点在坐标系 $o_2x_2y_2z_2$ 中的坐标分量，是固定值；x_{2G}、y_{2G}、z_{2G} 为 G 点在坐标系 $o_2x_2y_2z_2$ 中的坐标分量，是固定值；x_{2N}、y_{2N}、z_{2N} 为 N 点在坐标系 $o_2x_2y_2z_2$ 中的坐标分量，是固定值；x_{2Q}、y_{2Q}、z_{2Q} 为 Q 点在坐标系 $o_2x_2y_2z_2$ 中的坐标分量，是固定值。

斗杆液压缸是轴对称杆系部件，重心可近似看作位于其两端点连线的中心上，可表示为

$$[X_{G5}\quad Y_{G5}\quad Z_{G5}]^{\mathrm{T}}\approx0.5([X_D\quad Y_D\quad Z_D]^{\mathrm{T}}+[X_E\quad Y_E\quad Z_E]^{\mathrm{T}}) \tag{3-23}$$

按照上述分析过程，斗杆重心位置坐标可表示为

$$\begin{bmatrix}X_{G6}\\Y_{G6}\\Z_{G6}\end{bmatrix}=\begin{bmatrix}0\\0\\a\end{bmatrix}+\boldsymbol{R}_{z_0,\varphi_0}\left\{\begin{bmatrix}0\\c\\b\end{bmatrix}+\boldsymbol{R}_{x_1,\varphi_1}\left\{\begin{bmatrix}0\\l_1\\0\end{bmatrix}+\boldsymbol{R}_{x_2,\varphi_2}\begin{bmatrix}x_{2G6}\\y_{2G6}\\z_{2G6}\end{bmatrix}\right\}\right\} \tag{3-24}$$

式中，$[x_{2G6}\quad y_{2G6}\quad z_{2G6}]^{\mathrm{T}}$ 为斗杆重心位置 G_6 在坐标系 $o_2x_2y_2z_2$ 中的位置坐标矢量。

在已知机构参数的情况下，根据式（3-14）~式（3-24）可计算出斗杆上各铰接点的位置坐标和斗杆的摆角。由这些关系式可以看出：在结构参数给定的情况下，斗杆上各铰接点的位置坐标是回转平台转角 φ_0、动臂液压缸长度 L_1 和斗杆液压缸长度 L_2 的函数。

3.2.5　铲斗连杆机构的几何关系及运动分析

铲斗及其相应连杆机构的几何关系略为复杂，原因是铲斗相对于斗杆的运动一般是通过两个四连杆机构传递的（图 3-41 中的三角形机构 *GMN* 和四杆机构 *HNQK*），而不是铲斗液压缸直接连接到铲斗上。图 3-41 中，铲斗液压缸的伸缩运动通过摇臂 *MHN* 和连杆 *HK* 传递至铲斗，从而推动铲斗绕 *Q* 点转动，实现挖掘作业动作。以反铲六连杆非共点机构为例分析该机构的运动，并运用空间矩阵矢量方法给出相应部件和铰接点的运动参数和位置坐标计算式。

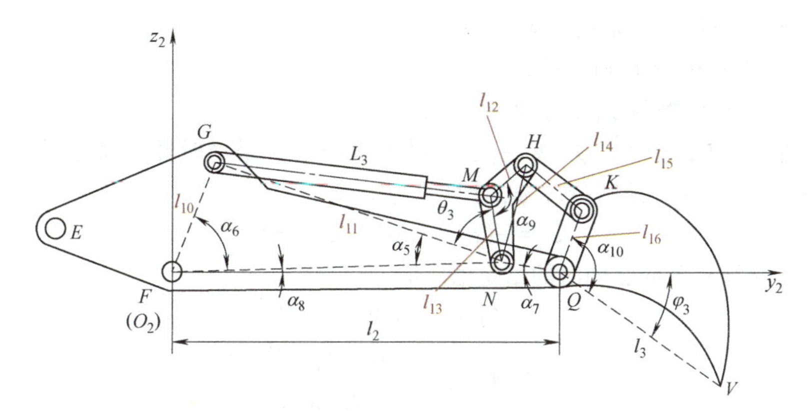

图 3-41　铲斗连杆机构几何关系示意图

如图 3-41 所示，在△*GMN* 中∠*GNM* 为

$$\theta_3 = \arccos\frac{l_{11}^2 + l_{13}^2 - L_3^2}{2l_{11}l_{13}} \tag{3-25}$$

式中，l_{11} 为 *GN* 连线长度；l_{13} 为 *MN* 的连线长度；L_3 为铲斗液压缸瞬时长度。

首先推导点 *M*、*H* 的坐标。点 *M*、*H* 相对于动坐标系 $o_2x_2y_2z_2$ 运动，应先建立这两点在坐标系 $o_2x_2y_2z_2$ 中的坐标表达式，然后根据几何运动关系转化到绝对坐标系 *OXYZ* 中即可。

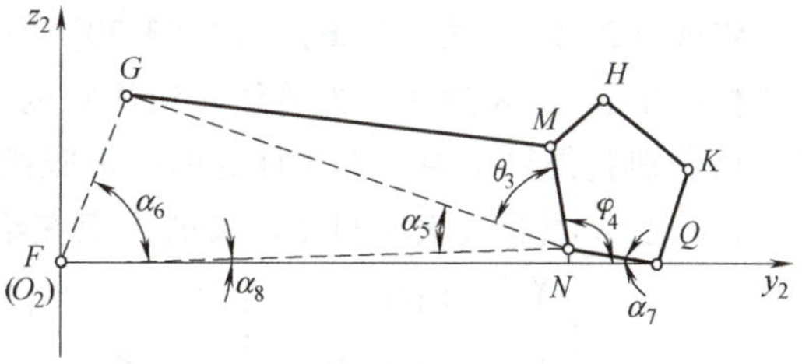

z2 G H M K θ3 α6 α5 φ4 Q F (O2) α8 N α7 y2

图 3-42　铲斗连杆机构几何关系图

令 *MN* 相对于 y_2 轴的摆角为 φ_4，其表达式可根据图 3-42 所示几何关系求得，即

$$\varphi_4 = \angle MNQ - \alpha_7 = 2\pi - \theta_3 - \alpha_5 - \angle FNQ - \alpha_7 \tag{3-26}$$

式中，α_5、α_7 和∠*FNQ* 为结构参数已知时的给定值，可根据坐标变换法推得点 *M*、*H* 在绝对坐标系 *OXYZ* 中的坐标表达式为

$$\begin{bmatrix} X_M \\ Y_M \\ Z_M \end{bmatrix} = \begin{bmatrix} 0 \\ 0 \\ a \end{bmatrix} + \boldsymbol{R}_{z_0,\varphi_0}\left\{\begin{bmatrix} 0 \\ c \\ b \end{bmatrix} + \boldsymbol{R}_{x_1,\varphi_1}\left\{\begin{bmatrix} 0 \\ l_1 \\ 0 \end{bmatrix} + \boldsymbol{R}_{x_2,\varphi_2}\begin{bmatrix} x_{2N} \\ y_{2N}+l_{13}\cos\varphi_4 \\ z_{2N}+l_{13}\sin\varphi_4 \end{bmatrix}\right\}\right\} \tag{3-27}$$

$$\begin{bmatrix} X_H \\ Y_H \\ Z_H \end{bmatrix} = \begin{bmatrix} 0 \\ 0 \\ a \end{bmatrix} + \boldsymbol{R}_{z_0,\varphi_0}\left\{\begin{bmatrix} 0 \\ c \\ b \end{bmatrix} + \boldsymbol{R}_{x_1,\varphi_1}\left\{\begin{bmatrix} 0 \\ l_1 \\ 0 \end{bmatrix} + \boldsymbol{R}_{x_2,\varphi_2}\begin{bmatrix} x_{2N} \\ y_{2N}+l_{14}\cos\varphi_5 \\ z_{2N}+l_{14}\sin\varphi_5 \end{bmatrix}\right\}\right\} \tag{3-28}$$

式中，$\varphi_5=\varphi_4-\angle MNH$；$\angle MNH$ 为摇臂 MNH 上的结构角，是已知参数。

如图 3-43 所示，铲斗连杆机构 $GNMHKQ$ 有 6 个铰接点、5 个部件，其中铲斗液压缸 GM 为原始输入参数（长度），摇臂 MNH（其各部分长度及对应的角度为已知参数）为四连杆机构 $NHKQ$ 的输入构件，铲斗 QK 为输出部件。解决该机构几何运动关系的主要目的在于建立 QK 转角与摇臂 MNH 转角的关系。

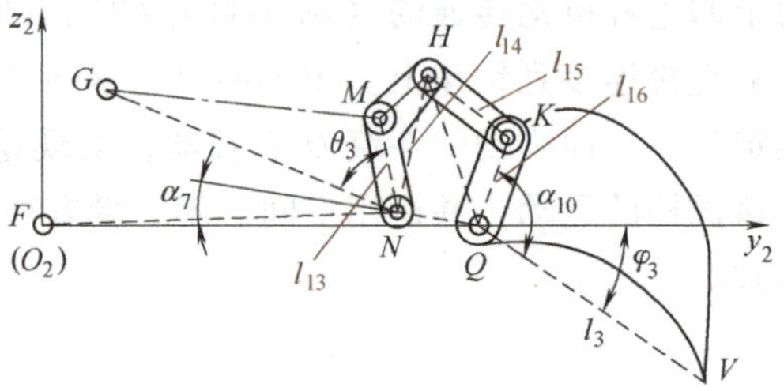

图 3-43　铲斗连杆机构简图

铲斗相对于斗杆的摆角 φ_3 为铲斗上 QV 连线相对于 y_2 轴的摆角，当 F、Q、V 三点一线时，$\varphi_3=0°$，沿逆时针方向为正，在图 3-43 所示位置时，$\varphi_3<0°$。根据几何关系，φ_3 计算式为

$$\varphi_3=-(\alpha_7+\angle NQK+\alpha_{10}-\pi) \tag{3-29}$$

式中，α_7、α_{10} 为结构参数已知时的给定值，有

$$\begin{gathered} \angle NQK=\angle NQH+\angle HQK \\ \angle NQH=\arccos\frac{l_{NQ}^2+l_{HQ}^2-l_{14}^2}{2l_{NQ}l_{HQ}} \end{gathered} \tag{3-30}$$

式中，l_{NQ}、l_{14} 为结构参数已知时的给定值；l_{HQ} 为变化值，可表示为

$$l_{HQ}=\sqrt{l_{14}^2+l_{NQ}^2-2l_{14}l_{NQ}\cos\angle HNQ}$$

$$\angle HNQ=\angle MNQ-\angle MNH=2\pi-\theta_3-\alpha_5-\angle FNQ-\angle MNH$$

如图 3-43 所示，在 $\triangle HQK$ 中，利用余弦定理得

$$\angle HQK=\arccos\frac{l_{16}^2+l_{HQ}^2-l_{15}^2}{2l_{16}l_{HQ}} \tag{3-31}$$

将式（3-25）、式（3-26）、式（3-30）及式（3-31）代入式（3-29）即可得到铲斗相对于斗杆摆角 φ_3 的表达式。当将铲斗液压缸的两个极限长度代入式（3-29）并进行上述计算时，可分别获得铲斗相对于斗杆的两个极限摆角，由于表达较为烦琐，此处省略。

铲斗上 K 点和代表中间斗齿尖的 V 点在绝对坐标系 $OXYZ$ 中的位置坐标表达式为

$$\begin{bmatrix} X_K \\ Y_K \\ Z_K \end{bmatrix} = \begin{bmatrix} 0 \\ 0 \\ a \end{bmatrix} + \boldsymbol{R}_{z_0,\varphi_0}\left\{\begin{bmatrix} 0 \\ c \\ b \end{bmatrix} + \boldsymbol{R}_{x_1,\varphi_1}\left\{\begin{bmatrix} 0 \\ l_1 \\ 0 \end{bmatrix} + \boldsymbol{R}_{x_2,\varphi_2}\left\{\begin{bmatrix} 0 \\ l_2 \\ 0 \end{bmatrix} + \boldsymbol{R}_{x_3,\varphi_3}\begin{bmatrix} x_{3K} \\ y_{3K} \\ z_{3K} \end{bmatrix}\right\}\right\}\right\} \tag{3-32}$$

$$\begin{bmatrix} X_V \\ Y_V \\ Z_V \end{bmatrix} = \begin{bmatrix} 0 \\ 0 \\ a \end{bmatrix} + \boldsymbol{R}_{z_0,\varphi_0}\left\{\begin{bmatrix} 0 \\ c \\ b \end{bmatrix} + \boldsymbol{R}_{x_1,\varphi_1}\left\{\begin{bmatrix} 0 \\ l_1 \\ 0 \end{bmatrix} + \boldsymbol{R}_{x_2,\varphi_2}\left\{\begin{bmatrix} 0 \\ l_2 \\ 0 \end{bmatrix} + \boldsymbol{R}_{x_3,\varphi_3}\begin{bmatrix} 0 \\ l_3 \\ 0 \end{bmatrix}\right\}\right\}\right\} \tag{3-33}$$

式中，$\boldsymbol{R}_{x_3,\varphi_3}=\begin{bmatrix}1 & 0 & 0\\0 & \cos\varphi_3 & -\sin\varphi_3\\0 & \sin\varphi_3 & \cos\varphi_3\end{bmatrix}$代表铲斗相对于斗杆绕 x_3 轴的旋转矩阵，下标 x_3 和 φ_3 表示旋转轴和旋转角度；x_{3K}、y_{3K}、z_{3K} 为 K 点在坐标系 $o_3x_3y_3z_3$ 中的坐标分量，是固定值。

铲斗液压缸是轴对称杆系部件，重心可近似看作位于其两端点连线的中心上，可表示为

$$[X_{G7}\quad Y_{G7}\quad Z_{G7}]^{\mathrm{T}}\approx 0.5([X_G\quad Y_G\quad Z_G]^{\mathrm{T}}+[X_M\quad Y_M\quad Z_M]^{\mathrm{T}})\tag{3-34}$$

按照上述分析过程，摇臂、连杆、铲斗重心位置坐标可表达为

$$\begin{bmatrix}X_{G8}\\Y_{G8}\\Z_{G8}\end{bmatrix}=\begin{bmatrix}0\\0\\a\end{bmatrix}+\boldsymbol{R}_{z_0,\varphi_0}\left\{\begin{bmatrix}0\\c\\b\end{bmatrix}+\boldsymbol{R}_{x_1,\varphi_1}\left\{\begin{bmatrix}0\\l_1\\0\end{bmatrix}+\boldsymbol{R}_{x_2,\varphi_2}\left\{\begin{bmatrix}0\\l_2\\0\end{bmatrix}+\boldsymbol{R}_{x_3,\varphi_3}\begin{bmatrix}x_{3G8}\\y_{3G8}\\z_{3G8}\end{bmatrix}\right\}\right\}\right\}\tag{3-35}$$

$$\begin{bmatrix}X_{G9}\\Y_{G9}\\Z_{G9}\end{bmatrix}=\begin{bmatrix}0\\0\\a\end{bmatrix}+\boldsymbol{R}_{z_0,\varphi_0}\left\{\begin{bmatrix}0\\c\\b\end{bmatrix}+\boldsymbol{R}_{x_1,\varphi_1}\left\{\begin{bmatrix}0\\l_1\\0\end{bmatrix}+\boldsymbol{R}_{x_2,\varphi_2}\left\{\begin{bmatrix}0\\l_2\\0\end{bmatrix}+\boldsymbol{R}_{x_3,\varphi_3}\begin{bmatrix}x_{3G9}\\y_{3G9}\\z_{3G9}\end{bmatrix}\right\}\right\}\right\}\tag{3-36}$$

$$\begin{bmatrix}X_{G10}\\Y_{G10}\\Z_{G10}\end{bmatrix}=\begin{bmatrix}0\\0\\a\end{bmatrix}+\boldsymbol{R}_{z_0,\varphi_0}\left\{\begin{bmatrix}0\\c\\b\end{bmatrix}+\boldsymbol{R}_{x_1,\varphi_1}\left\{\begin{bmatrix}0\\l_1\\0\end{bmatrix}+\boldsymbol{R}_{x_2,\varphi_2}\left\{\begin{bmatrix}0\\l_2\\0\end{bmatrix}+\boldsymbol{R}_{x_3,\varphi_3}\begin{bmatrix}x_{3G10}\\y_{3G10}\\z_{3G10}\end{bmatrix}\right\}\right\}\right\}\tag{3-37}$$

式中，$[x_{3G8}\quad y_{3G8}\quad z_{3G8}]^{\mathrm{T}}$、$[x_{3G9}\quad y_{3G9}\quad z_{3G9}]^{\mathrm{T}}$、$[x_{3G10}\quad y_{3G10}\quad z_{3G10}]^{\mathrm{T}}$ 分别为摇臂、连杆、铲斗重心位置 G_8、G_9、G_{10} 在坐标系 $o_3x_3y_3z_3$ 中的位置坐标矢量。

在已知结构参数的情况下，斗齿尖的绝对坐标取决于转角 φ_0、φ_1、φ_2 和 φ_3 的值，而 φ_0、φ_1、φ_2 和 φ_3 则分别取决于回转平台位置、动臂液压缸长度 L_1、斗杆液压缸长度 L_2 和铲斗液压缸长度 L_3，一组角度值唯一确定斗齿尖的一组坐标值，反之则不然。

3.2.6　反铲液压挖掘机的整机几何性能参数分析

1. 主要工作尺寸

根据国际标准和国家标准，反铲液压挖掘机的主要几何作业参数通常为：最大挖掘深度 h_1、最大挖掘高度 h_2、最大挖掘半径 r_1、最大卸载高度 h_3、停机面上的最大挖掘半径 r_0（基准地平面，下同）、最大垂直挖掘深度 h_4、水平底面为 2.5m 时的最大挖掘深度 h_5，如图 3-44 所示。

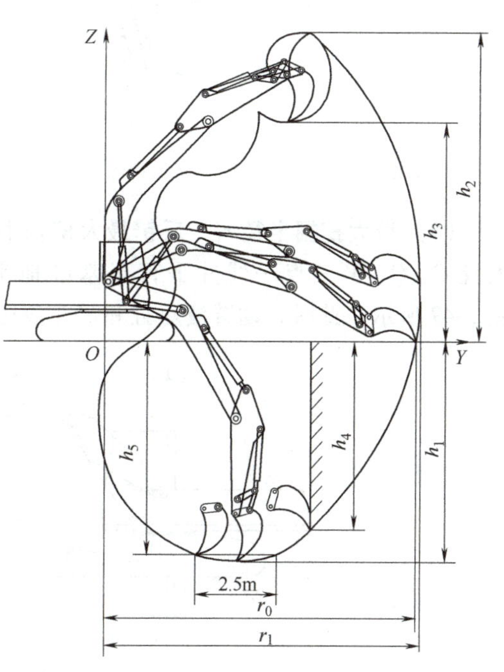

图 3-44　反铲主要几何作业尺寸

（1）最大挖掘深度 h_1　最大挖掘深度 h_1 是指动臂液压缸全缩或悬挂式动臂液压缸全伸，即动臂最低，F、Q、V 三点一线并垂直于基准地平面时，斗齿尖距基准地平面的垂直距离，如图 3-45 所示。按照图 3-45 中的几何关系，并结合图 3-39、图 3-40 所示几何关系和式（3-33），可得 h_1 的计算式为

$$h_1=a+b+l_1\sin\varphi_{1\min}-l_2-l_3 \tag{3-38}$$

（2）最大挖掘高度 h_2　反铲最大挖掘高度 h_2 是指下置式动臂液压缸全伸或悬挂式动臂液压缸全缩，即动臂仰角最大，斗杆液压缸及铲斗液压缸全缩时斗齿尖距基准地平面的垂直距离，如图 3-46 所示。

按照图 3-46 所示几何关系，并结合图 3-39 和图 3-40 所示几何关系和式（3-33），可得 h_2 的计算式为

$$h_2=a+b+l_1\sin\varphi_{1\max}+l_2\sin(\varphi_{1\max}+\varphi_{2\max})+l_3\sin(\varphi_{1\max}+\varphi_{2\max}+\varphi_{3\max}) \tag{3-39}$$

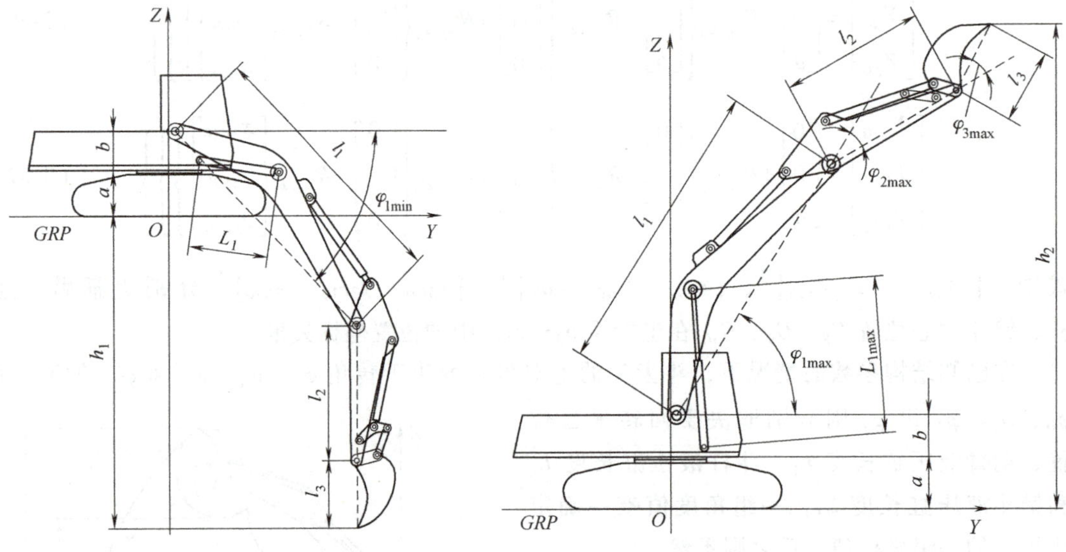

图 3-45　反铲最大挖掘深度示意图　　图 3-46　反铲最大挖掘高度示意图

（3）最大挖掘半径 r_1　反铲最大挖掘半径 r_1 是指斗杆液压缸全缩，C、Q 之间的距离最大且 C、Q、V 三点一线并平行于基准地平面时，斗齿尖距回转中心线的最大距离，如图 3-47 所示，此时，动臂液压缸和铲斗液压缸的长度不在极限长度上。

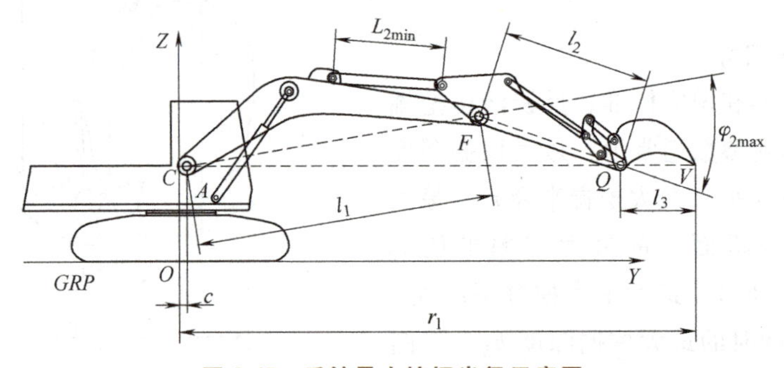

图 3-47　反铲最大挖掘半径示意图

按照图 3-47 所示几何关系，并结合图 3-39 和图 3-40 所示几何关系和式（3-33），可得 r_1 的计算式为

$$r_1 = c + l_{CQ\max} + l_3$$

式中，$l_{CQ\max}$ 可根据 $\triangle CFQ$ 中的几何关系，并利用余弦定理求得，即

$$l_{CQ\max} = \sqrt{l_1^2 + l_2^2 - 2l_1 l_2 \cos(\pi + \varphi_{2\max})} \tag{3-40}$$

则

$$r_1 = c + \sqrt{l_1^2 + l_2^2 - 2l_1 l_2 \cos(\pi + \varphi_{2\max})} + l_3 \tag{3-41}$$

（4）停机面上的最大挖掘半径 r_0　停机面上的最大挖掘半径 r_0 是指斗杆液压缸全缩，C、Q 之间的距离最大且 C、Q、V 三点一线、斗齿触地时斗齿尖距回转中心线的最大垂直距离，如图 3-48 所示，动臂液压缸和铲斗液压缸的长度不一定在极限长度上。

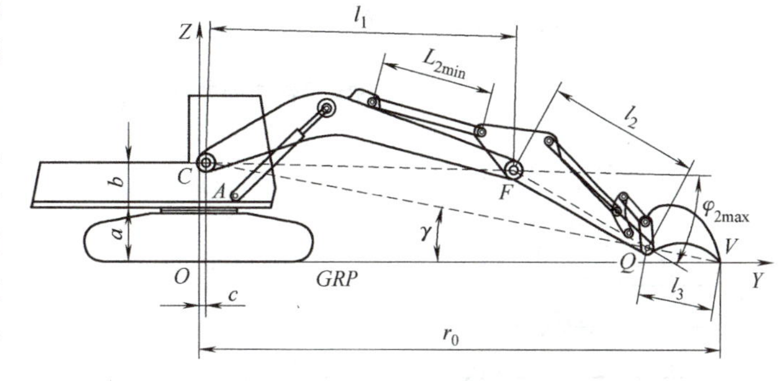

图 3-48　反铲停机面最大挖掘半径示意图

据图 3-48 所示几何关系，并结合图 3-39、图 3-40 所示几何关系和式（3-33），可得 r_0 的计算式为

$$r_0 = c + (l_{CQ\max} + l_3)\cos\gamma \tag{3-42}$$

式中，c 为动臂与机身铰接点距回转中心线的垂直距离；$l_{CQ\max}$ 为铰接点 C、Q 的最大距离。

根据几何关系可得角度 γ 表达式为

$$\gamma = \arctan\frac{a+b}{\sqrt{(l_{CQ\max} + l_3)^2 - (a+b)^2}}$$

（5）最大卸载高度 h_3　最大卸载高度 h_3 是指在 Z 坐标轴方向上，铲斗铰轴处于最高位置时，铲斗齿尖可达到的最低点至基准地平面之间的距离。当下置式动臂液压缸全伸或悬挂式动臂液压缸全缩，即动臂仰角最大、斗杆液压缸全缩，以及铲斗上 Q、V 连线垂直于基准地平面时，斗齿尖距停机面的垂直距离，如图 3-49 所示。

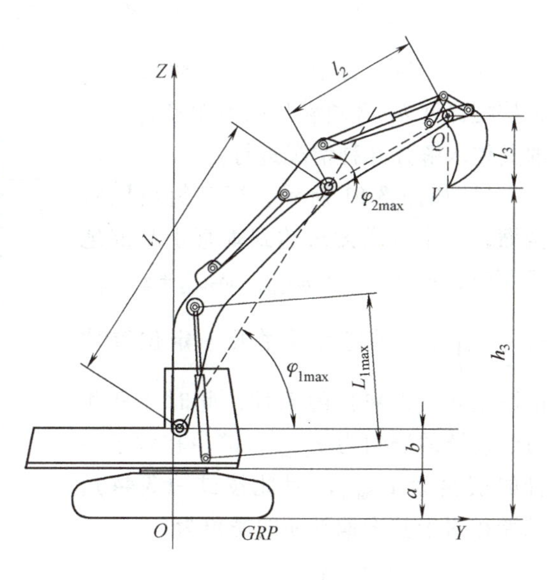

图 3-49　反铲最大卸载高度示意图

按照图 3-49 所示几何关系，并结合图 3-39 和图 3-40 所示几何关系，可得 h_3 的计算式为

$$h_3 = a + b + l_1 \sin\varphi_{1\max} + l_2 \sin(\varphi_{1\max} + \varphi_{2\max}) - l_3 \tag{3-43}$$

（6）最大垂直挖掘深度 h_4　最大垂直挖

掘深度 h_4 是指在 Z 坐标轴方向上，斗刃垂直于基准地平面时所能达到的最深点距基准地平面之间的距离，如图 3-50a、b 所示。

受斗刃垂直于基准地平面的条件限制，铲斗上 QV 连线与基准地平面的夹角为

$$\varphi_{30}=-\left(\frac{\pi}{2}-\xi\right)$$

式中，ξ 为斗刃外侧底面与 QV 连线的夹角。

如图 3-50 所示，由于 QV 连线与基准地平面的相对位置关系，因此 φ_{30} 应为负值，由该图的几何关系，可建立的数学关系为

$$\varphi_{30}=\varphi_1+\varphi_2+\varphi_3=-\left(\frac{\pi}{2}-\xi\right) \tag{3-44}$$

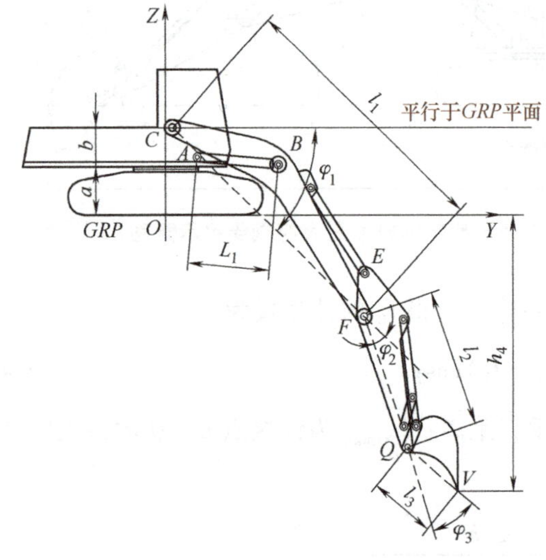

a) 工作装置姿态图

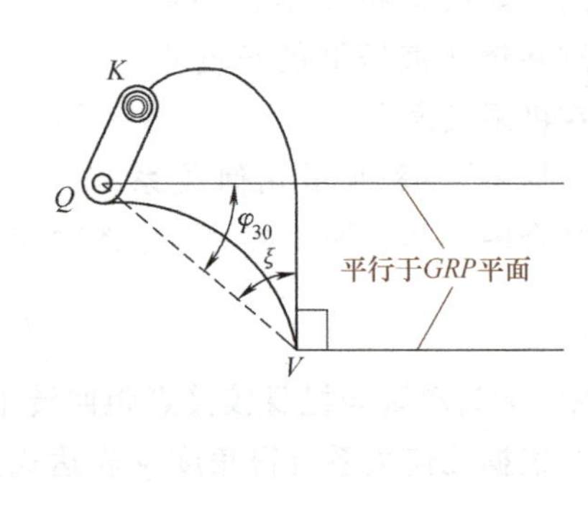

b) 铲斗方位图

图 3-50　最大垂直挖掘深度示意图

式（3-44）为根据定义求解最大垂直挖掘深度 h_4 必须满足的前提条件。h_4 的具体求解分几种情况进行。

1）如图 3-51 所示，当三组液压缸全缩，而斗刃仍无法达到垂直于基准地平面时，即当 $\varphi_{31}=\varphi_{1\min}+\varphi_{2\max}+\varphi_{3\max}<-\left(\frac{\pi}{2}-\xi\right)$ 时，需将动臂举升一定位置才能满足式（3-44）的条件，此时斗杆相对于动臂的摆角为 $\varphi_{2\max}$，铲斗相对于斗杆的摆角为 $\varphi_{3\max}$，因此按式（3-44），动臂相对于基准地平面的摆角为

$$\varphi_1=-\left(\frac{\pi}{2}-\xi\right)-\varphi_{2\max}-\varphi_{3\max}$$

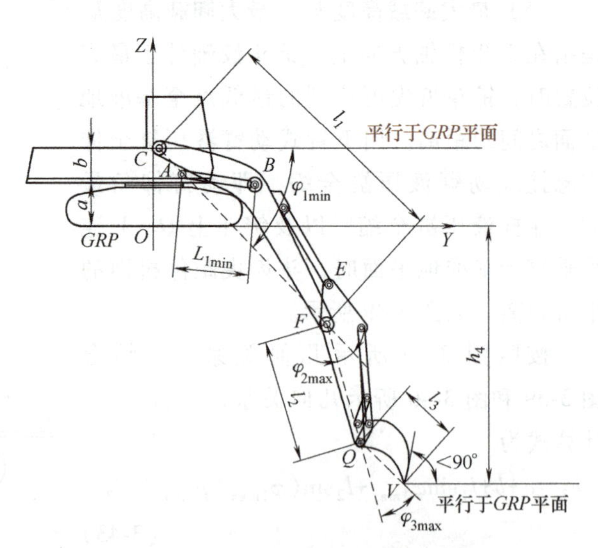

图 3-51　斗刃无法垂直于基准地平面示意图

从而推得 h_4 的表达式为

$$\begin{aligned} h_4 &= a+b+l_1\sin\varphi_1+l_2\sin(\varphi_1+\varphi_{2\max})+l_3\sin(\varphi_1+\varphi_{2\max}+\varphi_{3\max}) \\ &= a+b+l_1\sin\varphi_1+l_2\sin(\varphi_1+\varphi_{2\max})-l_3\cos\xi \end{aligned} \tag{3-45}$$

2）当三组液压缸全缩，斗刃可达到垂直于基准地平面时，即当 $\varphi_{31}=\varphi_{1\min}+\varphi_{2\max}+\varphi_{3\max}\geqslant-\left(\frac{\pi}{2}-\xi\right)$ 时，可通过以下 3 种方式达到斗刃垂直于基准地平面的状态。

① 保持动臂液压缸和斗杆液压缸最短，只调整铲斗液压缸长度。此时铲斗相对于斗杆的转角和相应的最大垂直挖掘深度的计算式分别为

$$\varphi_3=-\left(\frac{\pi}{2}-\xi\right)-\varphi_{1\min}-\varphi_{2\max}$$

$$\begin{aligned} h_4' &= a+b+l_1\sin\varphi_{1\min}+l_2\sin(\varphi_{1\min}+\varphi_{2\max})+l_3\sin(\varphi_{1\min}+\varphi_{2\max}+\varphi_3) \\ &= a+b+l_1\sin\varphi_{1\min}+l_2\sin(\varphi_{1\min}+\varphi_{2\max})-l_3\cos\xi \end{aligned} \tag{3-46}$$

② 保持动臂液压缸和铲斗液压缸最短，只调整斗杆液压缸长度。此时斗杆相对于动臂的转角和相应的最大垂直挖掘深度的计算式分别为

$$\varphi_2=-\left(\frac{\pi}{2}-\xi\right)-\varphi_{1\min}-\varphi_{3\max}$$

$$\begin{aligned} h_4' &= a+b+l_1\sin\varphi_{1\min}+l_2\sin(\varphi_{1\min}+\varphi_2)+l_3\sin(\varphi_{1\min}+\varphi_2+\varphi_{3\max}) \\ &= a+b+l_1\sin\varphi_{1\min}+l_2\sin\left(-\frac{\pi}{2}-\varphi_{3\max}+\xi\right)-l_3\cos\xi \end{aligned} \tag{3-47}$$

③ 保持动臂液压缸最短，同时调整斗杆液压缸和铲斗液压缸的长度。此种情况涉及非线性方程的求解，计算较为烦琐，可借助优化方法中求极小值的方法。目标函数为最大垂直挖掘深度，设计变量为 φ_2 和 φ_3，而实际的变量应为斗杆液压缸长度 L_2 和铲斗液压缸长度 L_3，约束条件为液压缸最长和最短长度及式（3-44），限于篇幅，此处不作详细介绍。

实际计算时应将三种情况的计算结果进行比较，取其最大绝对值作为所能达到的最大垂直挖掘深度。

（7）水平底面为 2. 5m 时的最大挖掘深度 h_5　如图 3-52a 所示，按国际标准，水平底面为 2. 5m 时的最大挖掘深度 h_5 是指在 Z 轴方向上，斗刃在平行于 Y 轴方向上挖掘出 2. 5m 水平底面时，该底面至基准地平面之间的最大垂直距离。该参数反映了挖掘机能挖出 2. 5m 宽底面的最大深度，其值越大，作业范围越宽，挖掘深度也越大。

如图 3-52a 所示姿态，动臂位于最低位置，点 V_0 为最大挖掘深度时斗齿尖的位置，点 V_1、V_2 分别为挖掘底面宽为 2. 5m 时的起点和终点，此处假定该两点在包络线的同一半径弧线上。在该两点位置，F、Q 和斗齿尖 V 三点一线，V_1、V_2 关于 FV_0 对称，点 P 为 V_1、V_2 连线的中点，则有

$$\overline{FP}=\sqrt{\overline{FV_2}^2-\overline{V_2P}^2}=\sqrt{(l_2+l_3)^2-\left(\frac{2.5}{2}\right)^2}=\sqrt{(l_2+l_3)^2-1.5625}$$

根据图 3-52 a 所示几何关系，该工况下的挖掘深度 h_5 的计算式为

$$h_5=a+b+l_1\sin\varphi_{1\min}-\overline{FP}=a+b+l_1\sin\varphi_{1\min}-\sqrt{(l_2+l_3)^2-1.5625} \tag{3-48}$$

$$\angle V_1FV_2=2\arctan\frac{1.25}{\overline{FP}}=2\arctan\frac{1.25}{\sqrt{(l_2+l_3)^2-1.5625}} \tag{3-49}$$

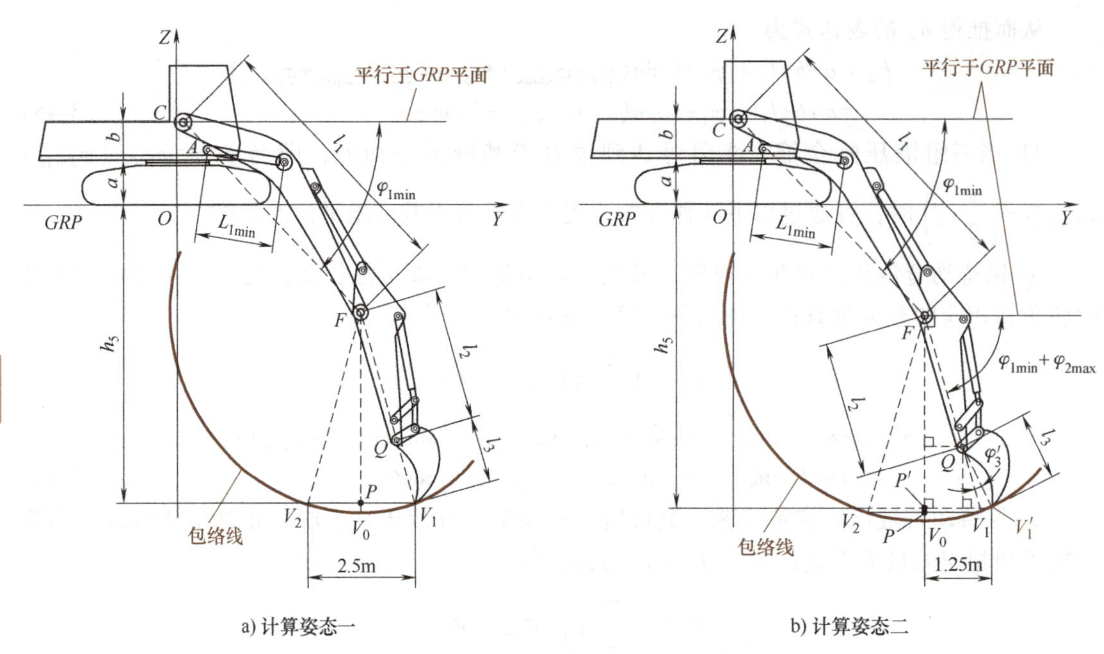

a) 计算姿态一　　b) 计算姿态二

图 3-52　水平底面为 2.5m 时的最大挖掘深度计算姿态

需要指出的是：当 V_1、V_2 两点不在包络线的同一半径弧线上，即图 3-52b 所示位置，当斗杆液压缸全缩时，斗齿尖达不到点 V_1 的位置而是在点 V_1 的左侧，这说明斗杆液压缸全缩时斗杆相对于动臂的摆角不能满足此几何关系，即

$$\frac{\pi}{2}+\varphi_{1\min}+\varphi_{2\max}\geqslant 0.5\angle V_1FV_2$$

此时不能用式（3-48）计算 h_5，而应寻求其他方法计算。

以上分析姿态是在假定 V_1、V_2 两点在包络线的同一半径弧线上并对称于 FV_0 的情况。实际情况中，可能会存在由于斗杆和铲斗的上极限摆角较小而导致 V_1、V_2 点不在同一弧段上的情形，这就给计算该参数带来一定困难，这时可利用计算机进行迭代求解。实践证明，绝大多数反铲液压挖掘机的该项作业尺寸属于上述同一弧段的情况。若存在其他情况，可在掌握包络图曲线的情况下，利用计算机迭代求解，计算精度可完全满足要求，作者就利用该方法在软件“EXCAB_T”中成功地实现了该参数的求解。

2. 作业范围和挖掘包络图

理论上讲，挖掘机的作业范围是指斗齿尖能达到的最大范围，但受机构干涉、作业场地空间、作业对象特性及安全方面的影响，实际的作业范围常受到一定程度的限制。挖掘机的作业范围通常用挖掘包络图反映，该图能直观地观察到挖掘机的作业范围、几何作业参数及相关性能，如图 3-53 所示。

（1）挖掘包络图的定义　挖掘包络图是指斗齿尖所能达到的最远位置所形成的封闭区域，它由一组连续的、首尾相连的封闭曲线（圆弧）构成。边界内为斗齿尖在理论上能到达的部分，因此，挖掘包络图的边界是构成该图的主要元素。除此之外，挖掘包络图还应反映整机的主要作业尺寸、各部件转角范围及极限位置、工作装置机构干涉情况、挖掘总面积及主要挖掘区域的分布情况等信息。

（2）挖掘包络图的绘制 当挖掘机工作装置机构参数给定时，不难绘制出挖掘包络图，如图3-53所示，其中，F_1、F_2 为动臂与斗杆的铰接点；Q_1 ~ Q_4 为斗杆与铲斗的铰接点。挖掘包络图的边界一般由9段圆弧曲线组成，各圆弧的交接点分别为 V_1、V_2、…、V_9，以下简述各段的形成过程。

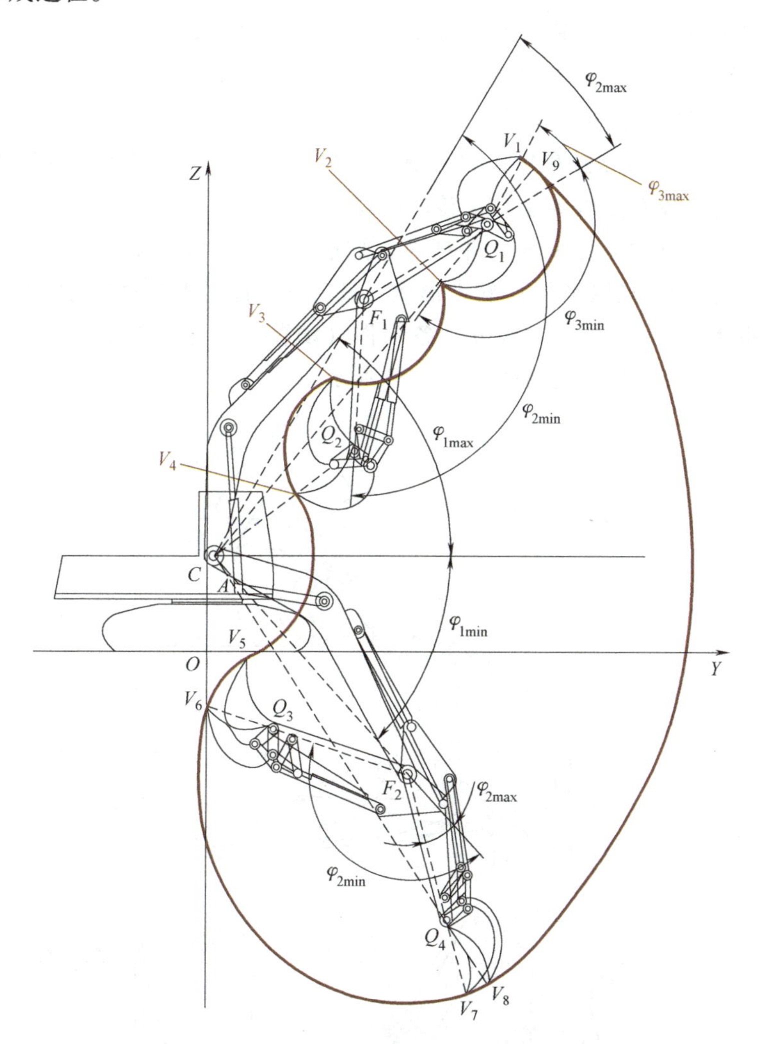

图3-53 挖掘包络图的绘制步骤

① V_1 ~ V_2 段：动臂液压缸最长，斗杆液压缸最短，铲斗液压缸由最短伸到最长，由斗齿尖绕 Q_1 点以半径 l_3 转动形成。

② V_2 ~ V_3 段：动臂液压缸最长，铲斗液压缸最长，斗杆液压缸由最短伸到最长，由斗齿尖绕 F_1 点以半径 F_1V_2 转动形成。

③ V_3 ~ V_4 段：动臂液压缸最长，斗杆液压缸最长，铲斗液压缸由最长缩至斗齿尖位于 CQ_2 连线上为止，由斗齿尖绕 Q_2 点以半径 Q_2V_3 转动形成。

④ V_4 ~ V_5 段：斗杆液压缸最长，铲斗液压缸固定，动臂液压缸由最长缩至最短，由斗齿尖绕 C 点以半径 CV_4 转动形成。

⑤ V_5 ~ V_6 段：动臂液压缸最短，斗杆液压缸最长，铲斗液压缸由原固定值缩至 F、Q、

V三点一线，即图3-53中的V_6位置，由斗齿尖绕Q_3点以半径l_3转动形成。

⑥ $V_6 \sim V_7$段：动臂液压缸最短，铲斗液压缸固定，F、Q、V三点一线，斗杆液压缸由最长缩至最短，由斗齿尖绕F_2点以半径l_3+l_3转动形成。

⑦ $V_7 \sim V_8$段：动臂液压缸最短，斗杆液压缸最短，铲斗液压缸由使F、Q、V三点一线的姿态缩至斗齿尖位于C、Q_4连线的延长线上，即使C、Q、V三点一线为止（图3-53中的V_8），由斗齿尖绕Q_4点以半径l_3转动形成。如铲斗液压缸最短仍不能保证达到C、Q、V三点一线的状态，则以实际能达到的状态时的CV距离为半径。

⑧ $V_8 \sim V_9$段：斗杆液压缸最短，铲斗液压缸为上一弧段时的状态，动臂液压缸由最短伸至最长，由斗齿尖绕C点以半径CV_8转动形成。

⑨ $V_9 \sim V_1$段：动臂液压缸最长，斗杆液压缸最短，铲斗液压缸由上一弧段时的状态缩至最短，由斗齿尖绕Q_1点以半径l_3转动形成，最后形成首尾相连的封闭曲线。

经过上述步骤后，将主要作业尺寸、各部件（动臂、斗杆、铲斗）的摆角范围及极限姿态标于图中，所绘制的挖掘包络图如图3-54所示。

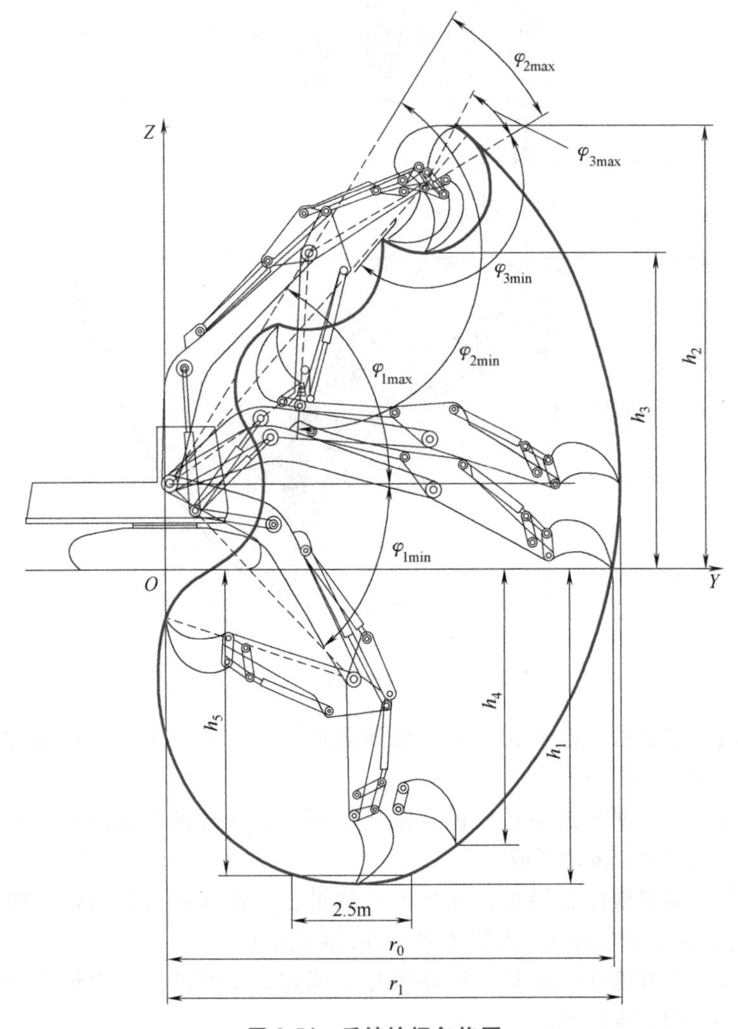

图 3-54　反铲挖掘包络图

图 3-54 所示主要作业尺寸包含：最大挖掘深度 h_1、最大挖掘高度 h_2、最大挖掘半径 r_1、最大卸载高度 h_3、停机面上的最大挖掘半径 r_0、最大垂直挖掘深度 h_4、水平底面为 2.5m 时的最大挖掘深度 h_5。

图 3-54 所示挖掘包络图中各部件的极限摆角包括：动臂的极限摆角 $\varphi_{1\min}$ 和 $\varphi_{1\max}$、斗杆的极限摆角 $\varphi_{2\min}$ 和 $\varphi_{2\max}$、铲斗的极限摆角 $\varphi_{3\min}$ 和 $\varphi_{3\max}$。按照前述定义，为便于公式中符号的一致与运算，$\varphi_{1\min}$ 为负值，$\varphi_{1\max}$ 为正值，$\varphi_{2\min}$ 和 $\varphi_{2\max}$ 皆为负值，$\varphi_{3\max}$ 为正值，$\varphi_{3\min}$ 为负值。挖掘包络图中的极限姿态能反映工作装置各机构的干涉情况。

挖掘包络图的绘制和主要工作尺寸的分析计算较为烦琐，涉及各部件的相对转动关系、转角范围以及各部件的铰接点位置坐标和位姿。编者利用可视化工具开发了专用的分析模块，可一次性自动生成 4 种主要机型的挖掘包络图和主要工作尺寸，绘制过程直观、生动，其程序框图如图 3-55 所示。

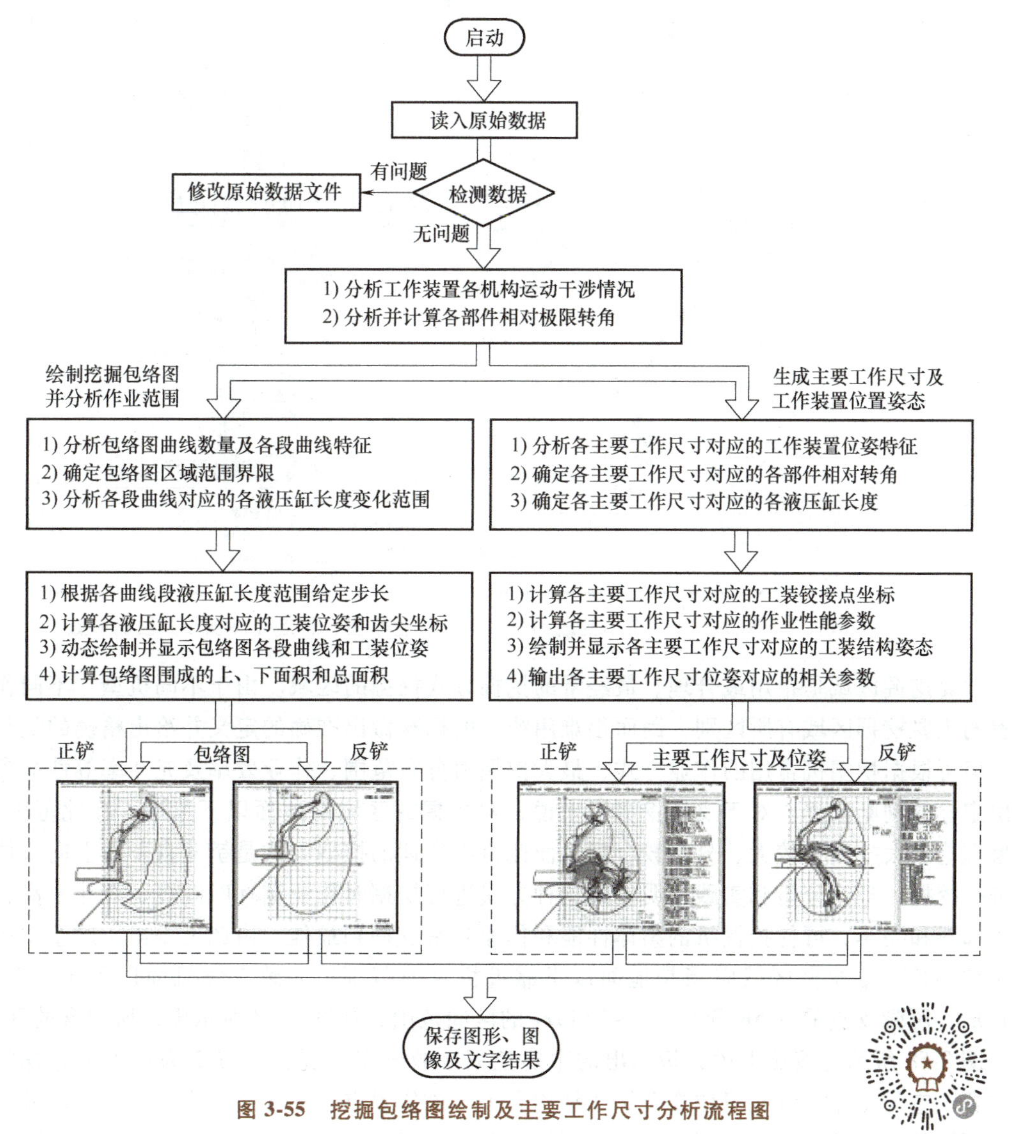

图 3-55　挖掘包络图绘制及主要工作尺寸分析流程图

包络图绘制过程动画

（3）挖掘包络图的总面积及主要挖掘区域　挖掘包络图总面积的计算可用分块求和法进行，各区域包括扇形、三角形和拱形等，因而不难计算出停机面以上、以下部分面积及总面积。

图 3-56 是用编者研发的软件“EXCAB_T”自动生成的履带式反铲液压挖掘机的挖掘包络图及其特定位置的工作装置姿态，这些姿态包括边界曲线上各转折点的工作装置位姿，同时还给出了这些位姿中各液压缸的长度、部件相对摆角、主要工作尺寸，以及挖掘包络图的上、下部分面积和总面积等参数。

图 3-57 是用作者研发的软件“EXCAB_H”自动生成的悬挂式反铲液压挖掘机包络图及特定位置姿态。

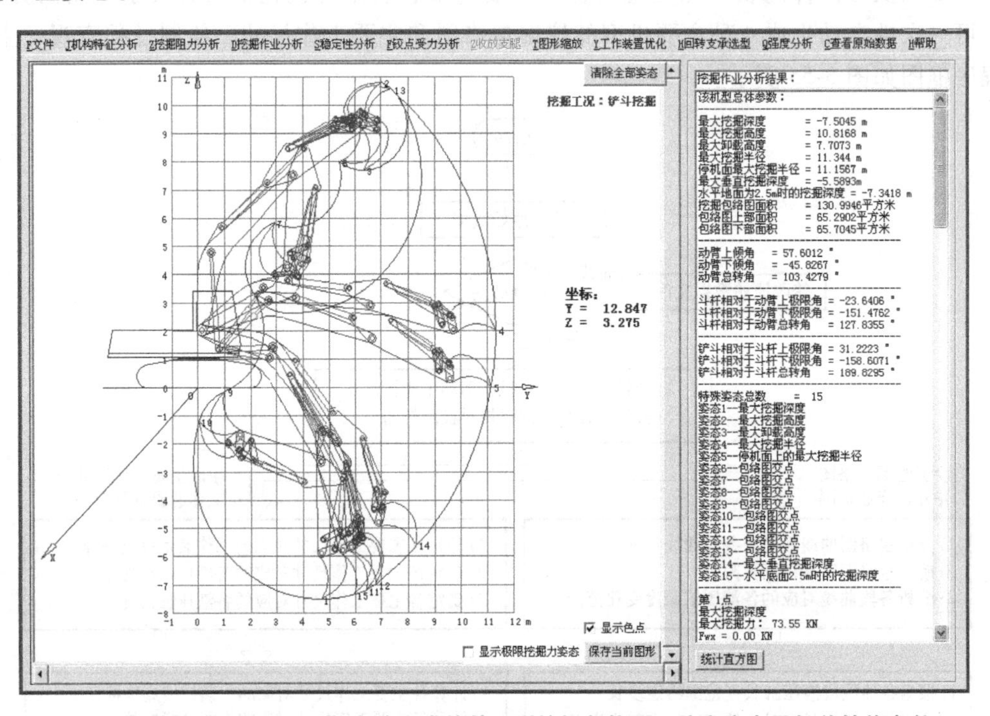

图 3-56　软件“EXCAB_T”自动生成的某机型挖掘包络图、特定姿态及相关性能参数

主要挖掘区域是指用最合理、最经常的挖掘方式挖掘的区域。由于不同机型、不同作业装置的主要挖掘区域有所区别，因而很难用统一的标准做出准确的定义并给出精确的量化指标，但可根据挖掘机常用的作业方式、最大挖掘力分布范围、作业效率及充斗率等性能参数给出定性的判断依据。对于反铲挖掘机来说，常挖掘的区域是地面以下范围，在此范围内，斗齿理论最大挖掘力较大、分布较合理，而此范围合理的挖掘方式是铲斗自下而上向机体运动进行挖掘。理论分析和实践证明，用这种方式进行挖掘时作业循环时间短、充斗率高，且便于卸料和装车，可使挖掘机的整体性能和作业效率发挥到最佳。由此可得出：对于中小型反铲挖掘机，常挖掘区域应当是地面以下靠近机身的范围，大致在停机面以下至（2/3～3/4）h_1，履带支点前 0.5m 至（2/3～3/4）r_1 的区间范围，如图 3-58 所示虚线所包含的区域。

图 3-58 所示为按照上述分析标出的主要挖掘区域分布情况，位置 3 为最大垂直挖掘深度位置，它与工作装置相对位姿及铲斗结构有关，该位置点在上述所定主要挖掘区之外。显然，所谓的主要挖掘区只能粗略地说明问题，无法进行量化。但结合以上分析和图 3-58 可以

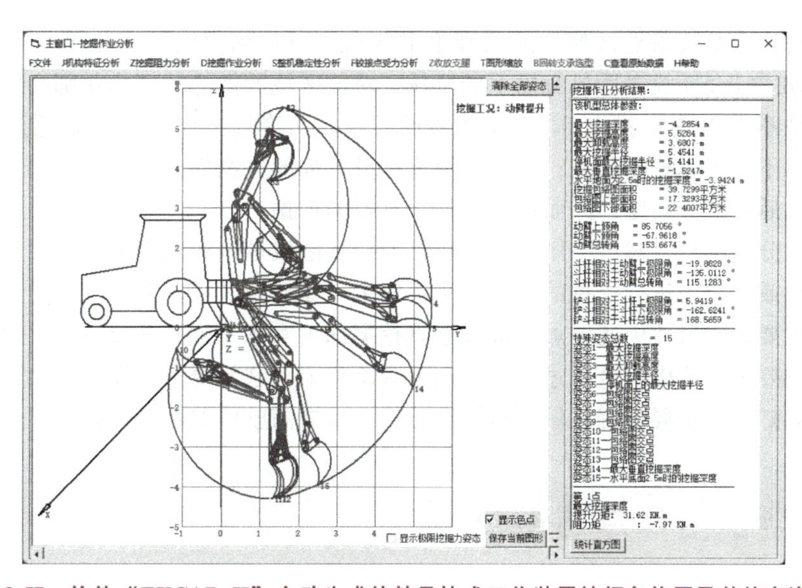

图 3-57　软件“EXCAB_H”自动生成的某悬挂式工作装置挖掘包络图及其特定姿态

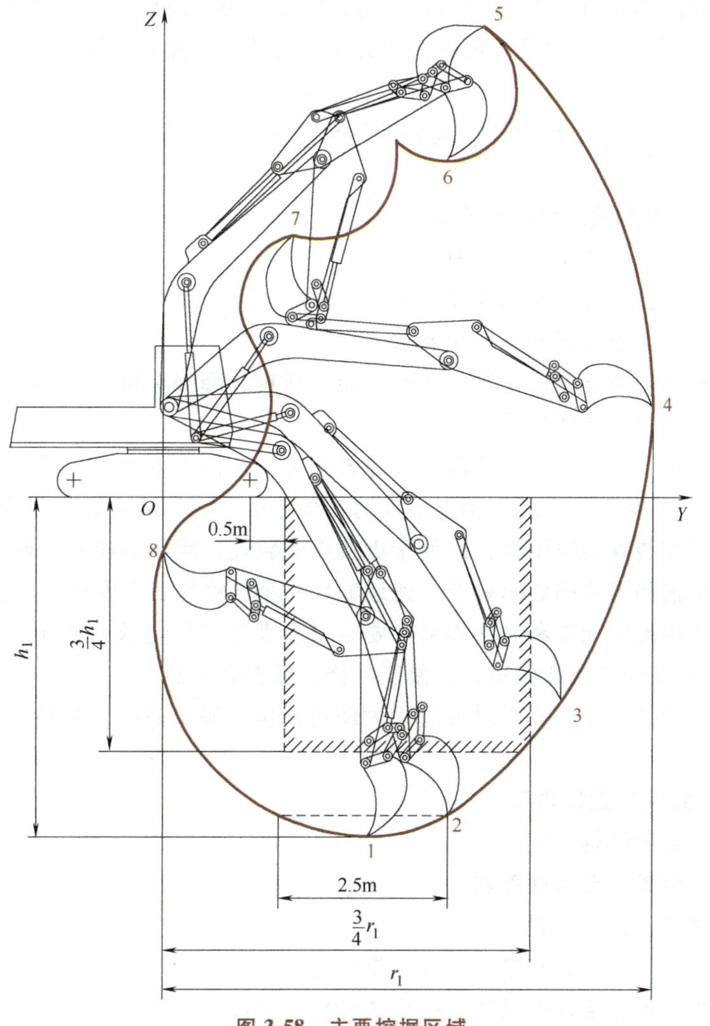

图 3-58　主要挖掘区域

看出：对某些位置及其附近区域，虽然理论上斗齿尖可达到但实际上是不应作为挖掘区域的，如图 3-58 中 0.5m 线之后机身以下的区域，对该区域所做的任何作业都会影响到机器的安全；其次是图 3-58 中位置点 6、7 及其邻近区域，无论从工作装置姿态还是实际情况判断，该区域都不能作为挖掘区域；最后是距离机身较远的边缘部分，在这些区域挖掘力会很小且存在整机后倾失稳问题，因而也难以进行有效的挖掘。

通过以上分析可见，对于专用反铲，通常的挖掘区域是地面以下范围，在此范围内，除去上述不可能或不应当进行挖掘的区域，余下的为主要挖掘区域。值得注意的是，现代液压挖掘机在其主要作业尺寸中还增加了最大垂直挖掘深度和水平底面为 2.5m 时的最大挖掘深度，这说明主要挖掘范围应该在过去的基础上有所扩大，这就要求在设计初始就考虑这些作业参数，并对扩大的主要挖掘区域进行详细分析，以提高整体的综合性能。

3.3 反铲工作装置设计

在对液压挖掘机反铲工作装置进行设计时，首先应明确设计目标、具体设计指标、设计原则和规范，然后确定具体的设计内容并制订详细的设计步骤和进程。

3.3.1 反铲工作装置的设计准则、内容和方法

1. 反铲工作装置的设计目标和原则

1）满足主要作业尺寸及作业范围要求。

2）符合国家、国际及行业标准和规范。

3）满足挖掘力大小及其分布规律要求。

4）尽可能充分利用发动机功率，达到节能、减排、降噪标准，并尽可能缩短理论工作循环时间，以提高挖掘机的作业效率。

5）在确定结构、铰接点位置及截面尺寸时要考虑空间布置条件，避免机构干涉，使部件受力状态有利，并在满足强度和刚度条件的基础上尽可能使结构紧凑并减轻自重。

6）要考虑工作装置的通用性，以便于更换作业装置、满足不同的作业要求。

7）应满足运输和停放的姿态要求，使运输尺寸小、停放姿态安全、整机稳定性好。

8）工作装置用液压元件和其他零部件要尽可能满足三化要求并便于装拆，尽可能减少零部件，尤其是易损件种类和数量，以便于维修、保养和更换。

9）在基本功能满足的前提下尽可能扩大使用范围，满足破碎、起重、拆除等特殊作业要求。

2. 反铲工作装置的设计内容

1）确定工作装置结构方案。

2）确定工作装置主要特性参数。

3）确定各部件铰接点位置。

4）分析计算工作液压缸和整机的理论挖掘力。

5）设计工作装置各部件的具体结构型式和尺寸参数。

6）对工作装置各部件进行受力分析，确定各铰接点所受载荷及极限载荷。

7）对工作装置进行强度、刚度、动态特性、疲劳寿命等性能分析。

8）工作装置设计合理性分析。

上述各项设计内容难以给出严格的设计步骤和前后顺序，常需交叉反复进行，部分内容将在后续章节中介绍，本节只对前 3 部分进行介绍。

3. 反铲工作装置的设计方法

在给定了设计目标和技术指标后，反铲工作装置的设计方法有以下几种。

（1）理论分析法　该方法通过对工作装置机构几何参数的分析计算来确定工作装置各部件的铰接点位置，当这些铰接点位置确定后，还需验算各几何作业尺寸、挖掘力、提升力矩等性能参数是否满足要求。

（2）几何作图法　该方法通过给定的几何作业尺寸利用几何作图法来确定各部件的铰接点位置，在此基础上验算挖掘力、提升力矩等性能参数是否满足要求。

（3）比拟法　该方法通过确定待设计机器与同类型样机的比例关系，参照样机来确定工作装置各部件上的铰接点位置。通常情况下，使用该方法还需要测绘样机的相应几何结构参数和其他性能参数并与同类型机对比。比拟法的初级阶段是测绘仿制，该方法简单便捷、成本低廉，但使用不当就极易变成对外观造型和尺寸参数的简单模仿，而忽略了本质，长此以往不仅会消磨创新动力，也会使产品失去竞争力，并在行业内造成恶劣影响。所以，正确的理念应是正向设计，即从初期的外观模仿逐步深入到掌握其内在本质，直到具备独立开发和创新设计的能力，从逆向设计走向正向设计。这就需要具备坚实的理论基础、掌握系统的设计理论和方法，通过不断实践和探索，形成自己的核心技术，并具备完全独立自主的开发能力和创新能力。

（4）优化设计法　该方法是在现有原型机或设计结果的基础上，按照欲达到的优化（或设计）目标，对现有机型工作装置的几何铰接点位置或其他几何参数进行调整或改进，使其得到理想的设计目标或对原机型的相关性能做最大限度的改善，该方法一般需借助计算机完成。

（5）虚拟样机设计法　该方法是借助计算机可视化技术及三维设计软件技术，建立待设计机型的三维模型，在设计阶段即可观察到机器的装配关系、运动关系及外观造型等，并生成二维设计图及加工工艺卡等。在此基础上，还可借助更先进的软件进一步分析机器的运动及动力学特性，甚至基于实际作业工况的虚拟仿真进行各项性能的分析，这是近年来比较流行的设计方法，也是未来的主要发展方向。

以上设计方法各有优缺点，具体使用哪种方法应根据客观条件来定。作为专业厂商的研发人员，无论采用哪种方法，都应着眼于长远发展目标，基于正向研发，聚焦关键核心技术，都应掌握液压挖掘机的基础设计理论和方法，尤其是掌握某些设计参数的选择依据、各参数之间的相互关系以及它们对整机性能的影响等，不注重基本的设计理论和方法而盲目地使用先进的设计软件和方法很难达到理想的设计效果。以下就反铲液压挖掘机工作装置的基本设计理论和方法进行基本阐述。

3.3.2　反铲工作装置结构方案的确定

反铲工作装置的基本结构型式目前已基本定型，但如何选择这些具体结构参数使其达到期望的目标以及如何分析某些参数对整机性能的影响却存在较大的难度。其原因首先是参数较多，仅涉及普通反铲工作装置铰接点位置的几何参数就有 30 余个，而各个参数对设计目标的影响是高度非线性的，单独研究某个参数的影响只能在特定的局部范围内才有意义，对整体性能的研究则需综合考虑全部参数；其次是这些参数之间存在相互耦合关系，在既定的统一目标下研究它们之间的关系存在困难，尤其是对整机几何性能及力学性能的影响，无论是在理论还是在实验方面都存在较大的难度，因此本节仍从设计的角度来介绍这些参数的选择方法。

1. 确定动臂结构型式及动臂和动臂液压缸的布置方案

由前述构造部分可知，动臂的结构型式主要为整体式和组合式两种，整体式动臂结构简单但适应性较差，组合式动臂结构复杂但可满足不同作业范围和尺寸的要求。从动臂结构外形上看，又将整体式动臂分为弯动臂和直动臂，整体式弯动臂有利于地面以下的挖掘作业，但相对直动臂而言结构复杂并在动臂弯曲部位容易发生应力集中。目前在各类反铲液压挖掘机上，整体式弯动臂得到了普遍应用，因而可作为首选方案。在此基础上，若要改变作业范围，可通过更换不同长度的斗杆或不同结构的铲斗来实现，在特殊情况下可与动臂一起整体更换。整体式直动臂结构简单，但会影响挖掘深度，一般只用于小型或悬挂式液压挖掘机上。组合式动臂可按连接方式的不同有多种组合方式，如液压缸连接和螺栓连接等，具体采用哪种方案要考虑使用要求、制造能力、经济性等各种情况，需进行综合分析，不能一概而论。

动臂与机身的铰接点 C（图 3-1）一般布置于回转平台的前部，这样有利于扩大作业半径和挖掘深度，但会加大平台所受的力矩。对于动臂液压缸与机身的铰接点位置 A，则与 C 点的位置有密切关系，对普通反铲一般置于动臂与机身铰接点前下方、回转平台的最前端，并不能低于平台底面，这有利于满足动臂对提升力矩和闭锁力矩的要求；对悬挂式工作装置，则只能置于动臂与回转支座铰接点的上部稍后位置，这样布置兼顾了这种型式的结构条件以及对提升力矩、提升速度和闭锁力等方面的要求。

中大型普通反铲液压挖掘机的动臂液压缸与动臂的铰接点一般位于动臂腹板中部。对于中大型挖掘机，动臂液压缸一般为双缸，并布置于动臂两侧，在增加提升力矩的同时提高动臂及整个工作装置在运动过程中的稳定性，如图 3-12 所示。对于小型或微型挖掘机，为简化结构，在满足使用要求的前提下可采用单动臂液压缸，并将动臂液压缸与动臂的铰接点置于动臂中部下方，这样做既可满足小型机对挖掘深度的要求，同时也不影响动臂的结构强度，因而在实际应用中较为多见，如图 3-13 所示。而悬挂式布置方案是将动臂液压缸布置于动臂的上部，使整个工作装置形同悬挂，此种布置型式虽然提升力矩较小，但可提高提升速度，因而在挖掘装载机等小型挖掘机上较多见，如图 3-2 所示。

综上所述，各种布置方案都有其优缺点，具体确定时，应首先满足使用要求并兼顾其他情况，同时还应参考同类机型中比较成熟的结构型式，最后通过多方面的综合分析来确定。

2. 斗杆和斗杆液压缸的布置

确定斗杆的结构方案时，也有多种选择。整体式斗杆结构简单，应用较多，但难以满足不同作业范围要求，尤其是大范围、远距离挖掘作业。而组合式斗杆可弥补这种不足，但结构复杂。组合式斗杆有多种方式可选，如螺栓连接组合式斗杆、液压缸连接组合式斗杆、伸缩式斗杆等。

对于普通反铲工作装置，斗杆液压缸布置于斗杆上部，主要考虑反铲挖掘机的挖掘方式为向下向后挖掘，这时斗杆液压缸大腔为工作腔，可产生较大的推力和挖掘力；而铲斗液压缸单独工作进行挖掘时，斗杆液压缸大腔闭锁，也能产生足够的闭锁压力。当铲斗装满物料进行提升时，斗杆需要回摆，此时斗杆液压缸小腔进油变为工作腔，可产生较大的回摆速度，而到最上部位置时其回摆力臂可能会很小，因此要保证能产生足够的回摆力矩。

3. 动臂与斗杆长度比的确定

动臂长度与斗杆长度的比值 $K_1=l_1/l_2$ 是反映工作装置特性的一个重要参数，但因作业要求不同其选择范围较大，故难以对其进行准确分类和描述。一般认为，当 $K_1>2$ 时为长动臂短斗杆方案，当 $K_1<1.5$ 时为短动臂长斗杆方案，当 K_1 在 1.5~2 之间时为中间方案，这可作为大体的参考，而不应作为严格意义上的分类依据，这是因为，同一台挖掘机常常会根据不同的作业条件和要求配置不同的可换工作装置，如加长斗杆、加长动臂、采取组合动臂或组合斗杆而改变该特性参数的取值。

结合反铲作业的特点，在作业范围和工作尺寸相同的条件下，K_1 越大，斗杆相对越短，作业范围越小，反之，则作业范围越大。从挖掘方式来说，K_1 大宜以斗杆挖掘为主，这是因为斗杆相对较短，斗杆阻力臂较小，因而可产生较大的斗杆挖掘力，反之则应以铲斗挖掘为主，但无论哪种挖掘方式，从现有的反铲液压挖掘机看，铲斗最大挖掘力一般大于斗杆最大挖掘力，这主要是因为斗杆机构与铲斗机构型式不同导致传动比不同的缘故。从挖掘轨迹看，较小的 K_1 值容易使斗齿得到接近于直线的运动轨迹，便于进行平整和清理作业（图 3-59），也便于挖掘窄而深的沟渠或基坑（图 3-60），且其挖掘质量和装卸效率比抓斗高。

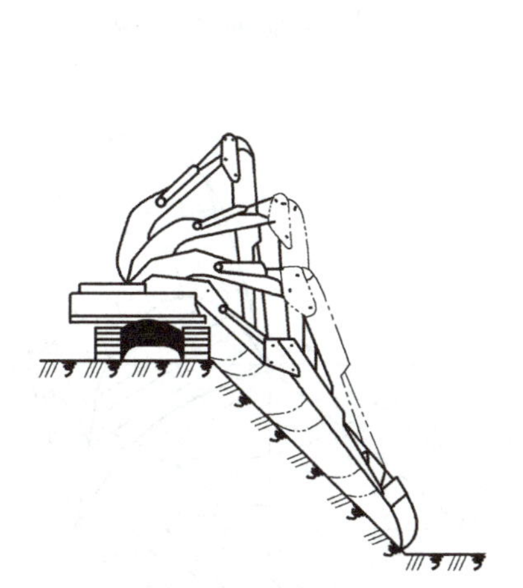

图 3-59　短动臂长斗杆方案用于平整作业

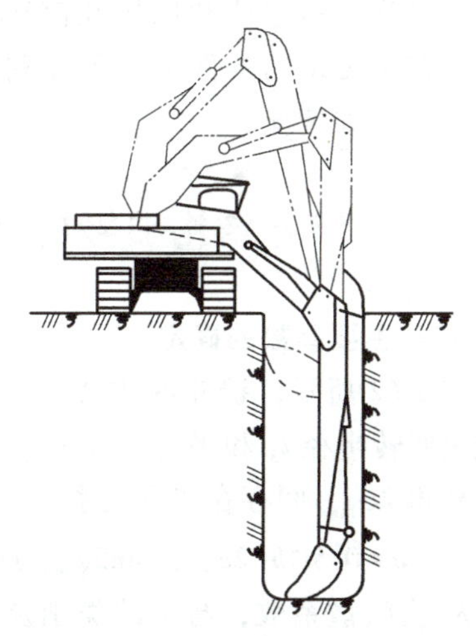

图 3-60　短动臂长斗杆方案用于挖掘基坑

另一种在欧美发达国家较早出现的结构是三节臂工作装置，如图 3-61 所示。这种结构的作业范围更加灵活，在平整作业、空间受限的深度挖掘作业中有明显的优越性，但结构较复杂，多一个操作动作，不适合一般的挖掘作业。

图 3-61　CAT 三节臂反铲液压挖掘机（图片来自 CAT 样本）

4. 确定配套铲斗的种类、结构、斗容量及相应主要参数

不同类别和特性的土壤要求不同结构的配套铲斗，这样有利于充分发挥挖掘机的能力并提高作业效果和效率，现有的挖掘机大多配置了多种挖掘铲斗，此外，某些铲斗专业生产厂商还开发了各种异形铲斗供用户在特定的作业环境下选配。

5. 确定铲斗连杆机构的结构型式

铲斗连杆机构有铲斗液压缸直接连接铲斗的四连杆机构、通过摇臂和连杆连接铲斗的六连杆机构两种基本型式，其中，四连杆机构结构简单，能产生较大的挖掘力，但转角范围受到较大影响，难以满足使用要求，因此在反铲工作装置中较少采用，目前使用较多的是六连杆机构，如图 3-22b、c、d 所示，其中图 3-22b 所示的共点机构型式较为常见，原因是该结构不仅能满足铲斗转角范围的要求，同时也能发挥较大的铲斗挖掘力，并省去了一个销轴，图 3-22c、d 所示的两种情况在个别机型上也可见到。

6. 确定各液压缸的数目、缸径及伸缩比

在系统压力及最大流量确定的情况下，可根据主机工况及结构特点，并参考同类机型初选各液压缸的数目。考虑三化（标准化、系列化、通用化）要求，参照标准初选液压缸缸径和活塞杆直径；考虑结构尺寸、运动余量、机构运动幅度、液压缸稳定性等要求选择液压缸的伸缩比。动臂液压缸一般取 $\lambda_1=1.6\sim1.7$，个别情况下因动臂摆角和铰点布置要求可取 $\lambda_1\leqslant1.75$，对斗杆液压缸，推荐其伸缩比 $\lambda_2=1.6\sim1.75$；对铲斗液压缸，取 $\lambda_3=1.5\sim1.75$。无论是哪组液压缸，若伸缩比选择得较小，则相应的部件运动范围会较小并浪费液压缸的部分行程；反之，若伸缩比选择得过大，则液压缸除受自身结构原因限制外，还受其稳定性和机构几何运动干涉因素的限制，因此，选择的原则应是在满足部件运动范围要求的条件下尽可能利用液压缸的全部行程，同时应避免出现液压缸受压失稳和机构干涉情况。

3.3.3 铲斗结构参数的确定

1. 铲斗主要参数的确定

如图 3-62 所示，铲斗的主要参数有斗容量 q、铲斗挖掘回转半径 l_3 和平均斗宽 b，它们与铲斗挖掘装满转角 $2\varphi_{\max}$ 间存在如下关系：

$$q=0.5l_3^2b(2\varphi_{\max}-\sin2\varphi_{\max})K_s \qquad (3\text{-}50)$$

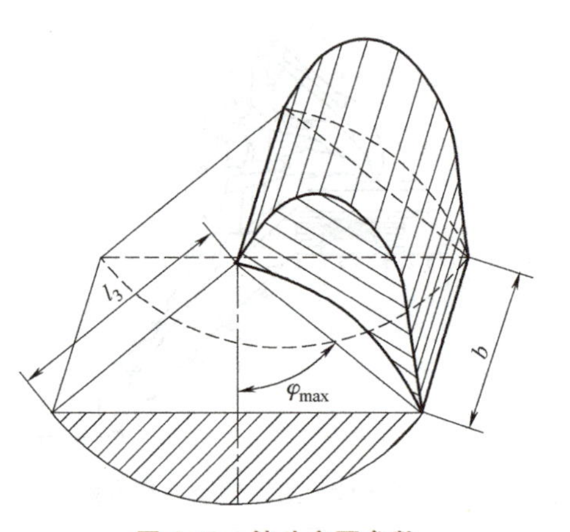

图 3-62 铲斗主要参数

式中，K_s 为松散系数，与土的类别及其状态有关，参照文献［1］，对Ⅲ级土，其范围在 1.24~1.3 之间，初选可近似取其中间值。挖掘装满转角 $2\varphi_{\max}$ 是指铲斗从开始接触土壤到挖掘过程结束并脱离土壤的转角，并非铲斗的整个转角范围，试验和统计结果显示，该值一般在 90°~110°之间，而为了满足开挖、卸载及运输的要求，铲斗的总转角一般要达到 180°左右。

由于同一机型和重量级别的挖掘机，有时需要配备不同尺寸的动臂、斗杆及不同结构型式和斗容量的铲斗，因此设计人员难以确定机重和斗容量的确切关系，或者说相同机型和机重的斗容量可比性较差，如 LIEBHERR 的 R944 履带式液压挖掘机，其可配备的铲斗容量范围在 0.6~2.6m³ 之间。不仅如此，铲斗的结构也会随物料的不同而存在较大的差异。在结构相同、工作尺寸相近的不同级别挖掘机中，铲斗的标准斗容量和机重之间的关系如图 3-63 所示，这个关系主要取决于以下 3 个因素，其一是铲斗伸至与回转中心水平距离最远、满斗举升时整机的稳定性限制条件；其二是动臂液压缸在各种姿态时的举升能力；其三是物料的松密度。要找出其内在关系和规律，除了需要搜集和分析大量现有机型的数据外，还需进行必要的实验，而搜集相关数据存在一定的困难，因此，选择铲斗容量时只能将使用条件相同或基本相近的同类型机作为参考样机，利用比拟法初步确定，然后进行理论分析和试验验证，若同一机型需配备不同结构型式和斗容量的铲斗，则应按照物料情况确定。

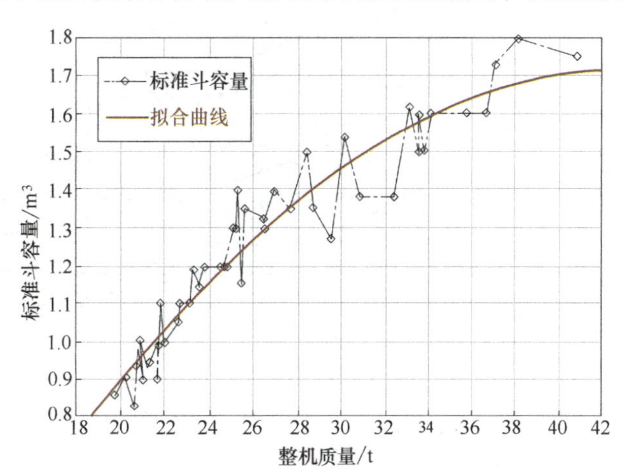

图 3-63　整机质量与标准斗容量拟合曲线

关于标准斗容量的计算方法，在 ISO、SAE、CECE 及 GB 标准中都有明确规定，此处不展开介绍。

在初选了铲斗容量 q、铲斗挖掘装满转角 $2\varphi_{max}$ 的情况下，可以通过式（3-50）分析转斗挖掘半径 l_3 和平均斗宽 b 的关系。

铲斗主要结构参数选择的合理性还可以依据铲斗挖掘能容量 E 来判断，该参数是指铲斗挖掘单位体积土壤所耗费的能量，其表达式为

$$E=\frac{K}{b}\left(2K_2\frac{\sin\varphi_{max}-\varphi_{max}\cos\varphi_{max}}{2\varphi_{max}-\sin2\varphi_{max}}+100RK_3\frac{\varphi_{max}-1.5\sin2\varphi_{max}+2\varphi_{max}\cos^2\varphi_{max}}{2\varphi_{max}-\sin2\varphi_{max}}\right)\qquad(3\text{-}51)$$

式中，K 为考虑挖掘过程中其他因素影响的系数；K_2 为函数，当 $q=0.15\sim1\text{m}^3$ 时 $K_2=1.5$；K_3 为函数，当 $q=0.15\sim1\text{m}^3$ 时 $K_3=0.07$；R 为挖掘回转半径。

参照文献［1］，当斗容量一定时，最大挖掘阻力和铲斗挖掘能容量会随着挖掘回转半径 R 和 b 的增大而下降，但当 $2\varphi_{max}<90°$ 以后，这种下降趋势会逐渐变缓，如图 3-64 所示。另一方面，除非所挖掘的物料为散料，否则铲斗宽度 B 不可太大，这是因为，当挖掘阻力作用在边齿上时，过大的铲斗宽度会加大载荷不对称引起的附加转矩，从而加重工作装置所受的载荷，破坏铲斗、动臂及斗杆的结构强度和刚度。

图 3-64 中的 F_D 为铲斗最大挖掘阻力与斗刃挤压土壤的力的差值，参照文献［1］，斗刃挤压土壤的力可根据斗容量在 10000~17000N 间选取，当斗容量 $q<0.25\text{m}^3$ 时，该值应<10000N，关于挖掘阻力的计算将在后文中详细介绍。

图 3-65 所示为根据式（3-50）和式（3-51）计算得出的斗容量为 0.4 m³ 的铲斗的挖掘能容量 E 与铲斗平均宽度 B 及挖掘回转半径 R 的关系曲线。由该图可以看出，在斗容量一定的情况下，铲斗宽度 B 对挖掘能容量的影响远大于铲斗挖掘回转半径 R 的影响，因此，从能容量的角度看，铲斗宽度不宜太大。

表 3-5 为国内外百余种反铲斗的平均斗宽统计结果。根据该统计并结合试验分析结果，

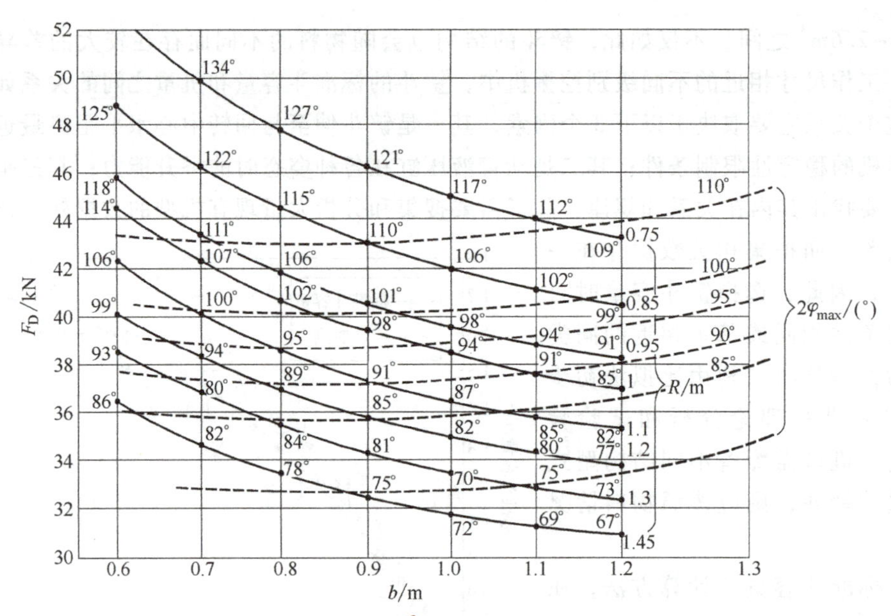

图 3-64　$q=0.4m^3$ 时的 F_D-$2\varphi_{max}$-B-R 曲线

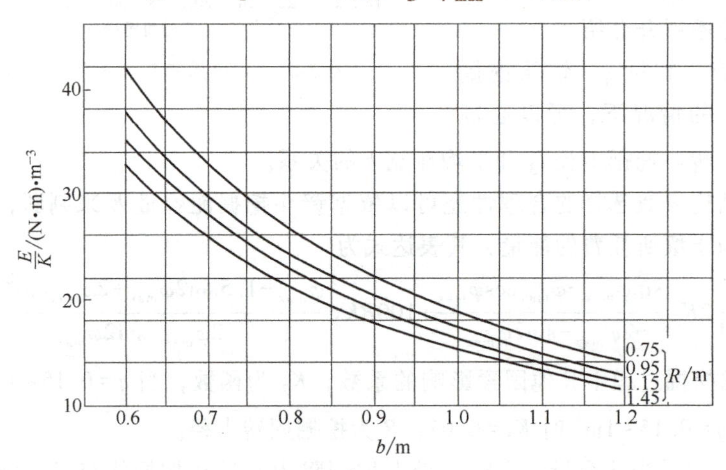

图 3-65　$q=0.4m^3$ 时的 E/K-B-R 曲线

建议铲斗平均斗宽按如下情况取值：对于标准斗容量的铲斗，B 值可取中间偏低的值；对于替换的加大容量铲斗，B 值可取中间偏高的值，甚至超出推荐上限值；当小型反铲主要挖掘湿黏土时，考虑到要便于卸载，B 值可取大些；对于定量系统，若挖掘功率不充裕，为降低挖掘阻力，也可将 B 值取大些。

表 3-5　反铲斗平均斗宽统计值及推荐范围　　（单位：m）

斗容量 q/m^3		0.05	0.1	0.15	0.2	0.25	0.4	0.5	0.6	0.8	1	1.6	2
斗宽 B	欧美 120 种	0.3	0.4	0.7	0.52	0.72	0.78	0.88	0.94	1.18	1.26	1.5	1.65
	日本 50 种	—	0.3	0.4	0.5	0.67	0.85	1	1.06	1.12	1.27	1.6	1.77
	苏联 6 种	—	—	—	—	0.65	—	0.78	0.84	—	1.16	1.56	—
	中国 12 种	—	0.54	0.51	0.75	—	0.8	0.9	0.91	—	1.18	—	—
	其他	—	—	—	—	0.8	0.9	—	1.1	—	1.4	1.8	—
	推荐上限	—	0.6	0.7	0.8	0.9	1.0	—	1.2	—	1.4	1.8	—
	推荐下限	—	0.5	0.6	0.7	0.7	0.8	—	1.0	—	1.2	1.6	—

综上所述，在斗容量一定的情况下，增大铲斗宽度 B 或增大铲斗挖掘回转半径 R 都可降低最大挖掘阻力和挖掘能容量，这也能同时减小挖掘转角和液压缸行程，但由于在一定的斗容量下它们之间存在相互制约的关系，因此，在设计时应兼顾最大挖掘阻力和挖掘能容量，希望两者都尽可能小，以降低结构受力和能耗，所以，综合考虑各因素后 B 和 R 一般不宜相差悬殊。

2. 铲斗其他结构参数的确定

选定铲斗主要参数后，接下来就应考虑铲斗的结构形状和具体结构参数，如铲斗上两铰接点的距离 l_{KQ}、$\angle KQV$ 以及斗底几何形状、斗齿形状、斗齿的排列方式等，如图 3-66 所示。

如图 3-66 所示，l_{KQ} 的取值范围一般为 $l_{KQ}=(0.3\sim0.38)l_3$。该值小有利于扩大铲斗的转角范围，但会增大该处的受力，对铲斗的结构强度和刚度不利；反之，则影响铲斗的转角范围和铲斗的传动特性。该值的选择原则是在满足挖掘力要求的情况下，使铲斗有足够大的转角范围，同时还应保证铲斗的结构强度和刚度并避免铲斗连杆机构的干涉。

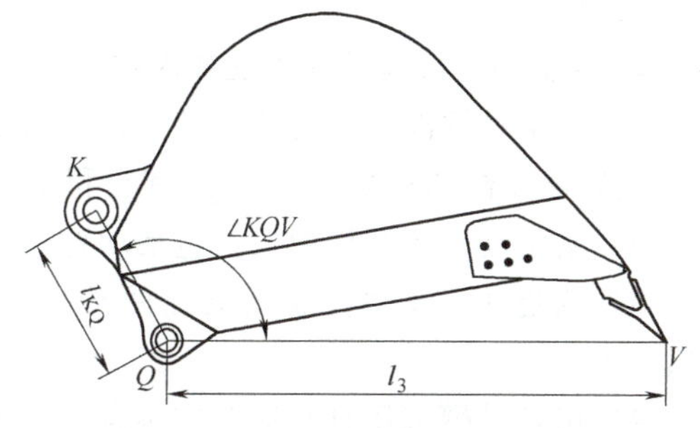

图 3-66　铲斗的主要结构参数

$\angle KQV$ 的确定涉及铲斗的具体结构情况，一般在 95°~105°范围选取，过小的值不利于物料在铲斗内流动，反之，则不利于铲斗挖掘力的正常发挥，还会使斗容量过大。

对于铲斗的结构形状，从挖掘和卸料两方面考虑有以下要求。

1）铲斗内、外壁要尽量光滑，以减小物料与铲斗的摩擦阻力并便于物料在铲斗内自由流动；对于黏性较大的物料，为了保证完全卸净物料，需在结构上采取强制卸土措施，如图 3-31a、b 所示，但这会在一定程度上降低铲斗的斗容量并增加铲斗的重量。

2）同样是为了挖掘和卸料，铲斗的前部通常比后部略宽，斗口比斗底略宽，其倾角大致在 2°~5°范围内。

3）为了使斗内物料不易洒落和掉出，铲斗宽度与物料颗粒的平均直径之比应大于 4∶1，当该比值大于 50∶1 时，可不考虑颗粒尺寸的影响。

4）斗齿的装设。为了提高铲斗的切入和破碎能力，并便于耙出物料中的石块，对于较为坚硬的物料或夹杂石块，一般要在斗刃上装设斗齿。斗齿刃角一般取 20°~25°，刃角越小，挖掘阻力越小，但刃角过小会使斗齿的结构强度降低，并加快斗齿的磨损，因此，斗齿刃角不宜太小。有时在斗侧壁前部与斗刃交界处要装设侧齿，但正齿应超前于侧齿，以免挖掘时侧齿频繁受力导致载荷不对称的情况。由于斗齿首先接触物料、受力很大且复杂，因而应充分考虑其结构形状、所用材料以及安装和拆卸方式，以增加其耐久性和易更换性。根据挖掘难易程度，并考虑斗齿的强度和切土方便性，对较硬的或含石头较多的土，斗齿应较为粗短，而对于黏性的松软土则可细长些。对以挖掘岩石为主的重载铲斗，在斗侧壁及底部还应增加耐磨板并在侧刃处增加护罩，以增加铲斗的强度、刚度和耐磨性，如图 3-67 所示。而用于场地清理的铲斗也可不带斗齿而采用平切削刃，当挖掘中等硬度或黏性较大的成形土沟时可用带三角缺口的切削刃。

3.3.4 反铲动臂机构的设计

1. 动臂机构的参数设计涉及以下三类问题

1）动臂的结构形式及动臂机构上3个铰接点位置的布置问题。

2）主要作业尺寸，如最大挖掘高度、最大挖掘深度、最大挖掘半径等。

3）动臂液压缸的举升能力（提升力矩）及挖掘作业时的闭锁能力。

图 3-67 岩石型重载铲斗

2. 反铲动臂机构设计的主要内容

1）确定动臂液压缸的结构参数，包括伸缩比 λ_1、动臂液压缸缸径 D_1、活塞杆直径 d_1，以及动臂液压缸的最短长度 $L_{1\min}$ 和行程 ΔL_1。

2）确定动臂的结构型式，包括动臂长度、弯角及上下动臂的长度。

3）确定动臂及动臂液压缸在回转平台上的铰接点 C 及 A 的位置坐标（Y_C，Z_C）和（Y_A，Z_A）。

4）确定动臂液压缸与动臂铰接点 B 在动臂上的位置坐标（Y_B，Z_B）。

5）计算动臂的摆角范围及动臂液压缸的作用力臂和作用力矩。

6）确定动臂的具体结构参数。

3. 动臂机构上3个铰接点位置的布置

反铲液压挖掘机以进行地面以下的挖掘为主，因而为了满足最大挖掘深度，通常将动臂做成向下弯曲的形状，由上、下两段直的部分和中间的弯曲部分组成，如图3-68所示。根据文献统计，动臂弯角 α_1 一般取值范围为110°~140°，小弯臂可取150°~170°。较小的 α_1 值有利于增大挖掘深度，但会降低最大挖掘高度，且对结构强度不利，易导致弯曲部位发生应力集中，且该值越小，应力集中越严重，同时会加大侧向力引起的附加转矩。弯动臂在弯折处以 U 点为界分为上、下两部分，UF 与 UC 分别为上、下动臂在图示平面内的对称中心线，上、下动臂的长度比 $k_2=UF/UC$ 与动臂液压缸铰接点位置 B 有关，但 U、B 两点并不一定重合，初选时可取 $k_2=1.1\sim1.3$。

动臂长度 l_1 的取值不仅与最大挖掘深度、最大挖掘高度等作业尺寸有关，还与斗杆长度及铲斗挖掘回转半径等几何参数有关。设计时可参考现有机型或相关文献首先选择动臂与斗杆的长度比 $k_1=l_1/l_2=1.1\sim1.3$，但该范围只适用于标准配置，不适合于加长斗杆等非标准配置的情况。

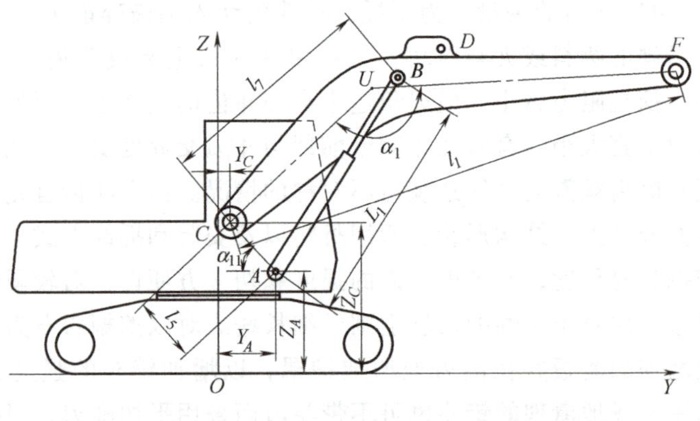

图 3-68 动臂机构参数及铰接点位置示意图

区别于悬挂式反铲工作装

置，对普通反铲工作装置，动臂液压缸与回转平台的铰接点 A 一般位于回转平台的前端较低位置，其高度应略高于平台底面和履带高度，目的是为了增大最大挖掘深度和最大挖掘半径，同时保证回转平台顺利回转，但 A 点距回转中心的水平距离不应太大，否则将恶化回转平台中部的受力。

动臂与回转平台的铰接点 C 一般位于回转平台上 A 点的后上部，选择该点位置时应注意以下几点。

1）要保证动臂液压缸在任何位置都能产生足够的提升力矩，将整个工作装置连同斗内物料顺利提起。

2）保证在主要挖掘工况和区域中，动臂液压缸能可靠闭锁。

3）保证动臂有足够的摆角范围，以满足挖掘机的主要作业尺寸和作业范围。

4）铰接点 C 与 A 点之间的距离 l_5 不应太大，否则会使其在回转平台上难以布置并加大动臂液压缸的行程，使机构变得不紧凑；反之，则会使动臂液压缸的力臂太小，降低动臂的提升力矩和闭锁力矩。

铰接点 C 的位置可通过 AC 与水平面的夹角 α_{11} 及 C 与 A 点的距离 l_5 等参数来描述。

α_{11} 的取值对最大挖掘深度和最大挖掘高度都有影响。在其他参数不变时，加大该值会增大挖掘深度但减小最大挖掘高度；反之，减小该值则会减小最大挖掘深度而提高最大挖掘高度。以反铲为主时，可以取 $\alpha_{11}>60°$，甚至大于 80°；以反铲为主的通用机取 $\alpha_{11}>50°$；正、反铲通用机可取 $\alpha_{11}\approx45°$；以正铲或挖掘装载为主的通用机可取 $\alpha_{11}=40°\sim45°$；对专用正铲，可在前述基础上将该值适当减小。

对于铰接点 C 与 A 点之间的距离 l_5 的选取，则应综合考虑回转平台的结构、动臂液压缸的结构参数，如长度、缸径、活塞杆直径以及缸内液压油压力和动臂所需提升力矩、闭锁力矩、动臂摆角范围等，该值大则动臂液压缸的作用力臂大，相应的提升力矩和闭锁力矩也大，但会加大在回转平台上的布置空间并影响动臂的摆角范围；反之，减小 l_5 则会减小动臂液压缸的作用力矩，使结构变得紧凑，但会增大铰接点 A、C 的受力，影响回转平台的结构强度和刚度。根据理论分析和统计结果，l_5 通常为动臂液压缸最短长度 L_{1min} 的 0.5~0.6 倍。

关于动臂与动臂液压缸铰接点 B 的确定，应考虑以下几点。

1）要保证动臂 ΔABC 在动臂液压缸的伸缩过程中不被破坏，即不出现 A、B、C 三点一线或动臂液压缸力臂为零的情况。

2）保证动臂有足够的摆角范围，以满足挖掘机的主要作业尺寸和作业范围要求。

3）要保证动臂液压缸在任何位置都能产生足够的提升力矩，将整个工作装置连同斗内物料顺利举起，并在主要挖掘工况和区域中，动臂液压缸能可靠闭锁。

在保证上述各项要求基础上，初选 B 点位置时还应考虑动臂液压缸的数目和布置方式。对于中大型机，动臂液压缸一般为双缸，对称布置于动臂两侧，此时，B 点应位于动臂弯曲部位的中间大致与 U 点重合的位置，此种布置方式不会影响最大挖掘深度，但由于在弯曲部位需要加工铰支座，该部位易发生应力集中，并会削弱动臂强度；对小型机，有时采用单动臂液压缸，从加工工艺和动臂结构强度考虑，一般将 B 点置于动臂弯曲部位下方，如图 3-11b、图 3-13 及图 3-69 所示，该布置方式虽不会削弱动臂结构强度，但会在一定程度上影响最大挖掘深度。由于初选 B 点位置时，动臂具体结构尚未确定，因此，无论选择上述哪种布置方案，建议参考现有机型，考虑实际结构情况确定。

4. 动臂的结构形状设计

图 3-69　日立 ZAXIS 35U 小型挖掘机

动臂机构参数的设计步骤如下。

1）根据给定条件确定工作装置的设计技术指标。在设计工作装置之前应首先掌握机身参数及必要的总体参数，包括：①底盘及回转平台参数，包括机身重量及重心位置坐标、履带中心矩、履带接地长度、履带宽度、履带高度、轮胎式轮距、轮胎式轴距、轮胎直径、回转平台底面离地高度、回转支承高度及回转滚道直径等；②液压系统参数，包括主泵额定压力和最大输出流量；③作业尺寸和性能参数，包括最大挖掘深度、最大挖掘高度、最大挖掘半径、最大卸载高度、标准斗容量、铲斗最大挖掘力、斗杆最大挖掘力。

2）根据底盘及回转平台结构情况布置铰接点 A 的位置，该点一般在回转平台前上端，在竖直方向上要适当高于回转平台底面，随后给出 A 点的位置坐标 Y_A、Z_A。

3）参照同类机型和设计手册初选动臂液压缸的伸缩比 $\lambda_1=1.6\sim1.7$、动臂液压缸数目 n_1、缸径 D_1、活塞杆直径 d_1、动臂液压缸最短长度 $L_{1\min}$ 和行程 ΔL_1，并计算出动臂液压缸的最大长度 $L_{1\max}=\lambda_1 L_{1\min}$。

4）根据前述分析初选 AC 长度为 $l_5=(0.5\sim0.6)\ L_{1\min}$，并初选 AC 与水平面的倾角 α_{11}。

5）根据前面关于铲斗主参数设计的论述并参考同类机型初选铲斗挖掘回转半径 l_3，取动臂与斗杆的长度比 $k_1=1.1\sim1.3$，其中，k_1 的具体数值还取决于结构方案，若为加长斗杆方案，则该值可取大些，甚至突破该推荐范围，但 k_1 值过大会减小挖掘范围。然后，根据最大挖掘半径 r_1 近似确定动臂和斗杆的长度

$$l_2=\frac{r_1-l_3}{1+k_1} \tag{3-52}$$

并进一步求出

$$l_1=k_1 l_2 \tag{3-53}$$

6）初选动臂弯角 α_1，参考范围在 110°~170°之间，上、下动臂的比值 $k_2=l_{UF}/l_{UC}$，参考范围在 1.1~1.3 之间。确定动臂 $\triangle UCF$ 的几何关系，求出上、下动臂的长度，并确定 U 点的位置尺寸

$$\begin{cases} l_{UC}=\dfrac{l_1}{\sqrt{1+k_2^2-2k_2\cos\alpha_1}} \\ l_{UF}=k_2 l_{UC} \end{cases} \tag{3-54}$$

7）根据动臂结构情况及动臂液压缸数目初定动臂液压缸与动臂铰接点 B 的位置。

对于弯动臂且采用双动臂液压缸的情况，无论是整体式还是组合式，动臂液压缸都对称布置于动臂的两侧，而动臂液压缸与动臂的铰接点 B 则一般位于动臂弯曲部位，且与动臂弯折点 U 比较接近或重合，这样，初选时就可使 B 点与 U 点重合。对于采用单动臂液压缸的情况，则如前所述，应置于动臂弯曲部位下翼板的纵向对称位置上，其具体位置应根据动臂结构情况初步估计，待到进行结构设计时再调整。

B 点位置给出后，B、C 之距 l_7 和 $\angle BCF$ 就确定了，因而动臂 $\triangle BCF$ 就确定了。

8）校核动臂机构△ABC的运动情况，检查是否存在干涉问题。

完成以上各步骤后，首先要校核动臂机构△ABC是否存在干涉，即需要检验动臂液压缸伸长过程中该三角形是否会发生A、B、C三点一线或动臂液压缸力臂为零的情况，这可根据动臂液压缸取$L_{1\min}$和$L_{1\max}$这两个极限长度时△ABC是否成立进行判断。

图 3-70 所示为动臂液压缸取两个极限长度时动臂三角形的几何关系，应符合△ABC成立的几何法则。

若动臂机构不存在干涉，则应分析动臂摆角与动臂液压缸的函数关系，并计算动臂摆角范围和极限倾角，分析它们是否满足要求。

9）校核动臂液压缸的力臂和力矩，判断其举升能力和闭锁能力。

动臂液压缸的作用力臂的大小及其变化规律关系到动臂的提升力矩和闭锁力矩是否满足要求，是检验动臂机构是否满足要求的依据之一，因此，当动臂机构参数基本确定后应当校核该参数。

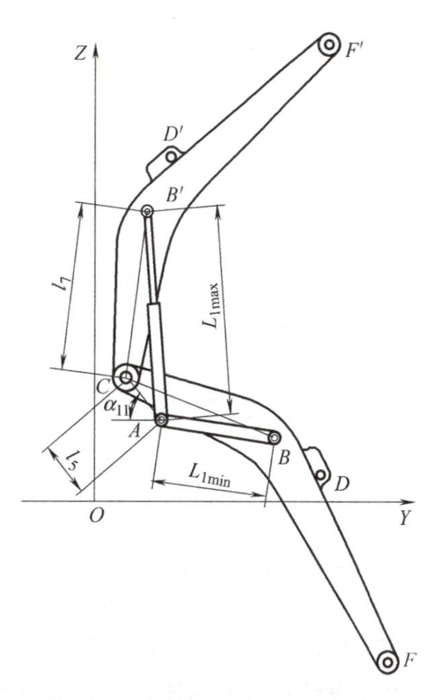

图 3-70　动臂液压缸极限长度时动臂机构三角形的几何关系

如图 3-71 所示，动臂液压缸作用力臂e_1取决于动臂液压缸长度L_1。由几何关系得动臂液压缸的力臂

$$e_1=l_7\sqrt{1-\left(\frac{l_7^2+L_1^2-l_5^2}{2l_7L_1}\right)^2}=\frac{1}{2L_1}\sqrt{2l_5^2l_7^2+2l_5^2L_1^2+2l_7^2L_1^2-l_5^4-l_7^4-L_1^4} \tag{3-55}$$

动臂液压缸的最大提升力矩计算式为

$$M_1=F_1e_1=\frac{\pi n_1 l_7}{4}[D_1^2p_0-(D_1^2-d_1^2)p_1]\sqrt{1-\left(\frac{l_7^2+L_1^2-l_5^2}{2l_7L_1}\right)^2} \tag{3-56}$$

式中，F_1为动臂液压缸最大推力；n_1为动臂液压缸数目；D_1为动臂液压缸缸径；d_1为动臂液压缸活塞杆直径；p_0为动臂液压缸进油压力；p_1为动臂液压缸回油背压。

将动臂液压缸的任意长度L_1（$L_{1\min}<L_1<L_{1\max}$）代入式（3-55）和式（3-56）即可得到动臂液压缸的任意力臂值e_1和提升力矩M_1，或者得出e_1或M_1随L_1的变化关系曲线。

图 3-72 所示为某机型在斗杆液压缸全缩、铲斗液压缸全伸、满斗动臂从最低位置提升到最高位置时动臂液压缸提升力矩及阻力矩随动臂液压缸伸长量ΔL_1的变化曲线。图中，提升力矩为正值，阻力矩为负值。由图可知，提升力矩随动臂液压缸长度变化呈现两头低中间高的规律，而阻力矩绝对值也呈此变化规律，提升力矩较符合阻力矩的变化规律且有余量，但此余量是克服动载及加速提升所必需的。

为简化设计过程，可先通过动臂液压缸在其全伸与全缩两个极限位置的力臂比k_4来判断动臂机构设计的合理性，或者以k_4的参考范围作为初步设计的依据。k_4的表达式为

$$k_4=\frac{1}{\lambda_1}\sqrt{\frac{2\rho^2\sigma^2+2\rho^2\lambda_1^2+2\sigma^2\lambda_1^2-\rho^4-\sigma^4-\lambda_1^4}{2\rho^2\sigma^2+2\rho^2+2\sigma^2-\rho^4-\sigma^4-1}} \tag{3-57}$$

式中，$\rho=\dfrac{l_5}{L_{1\min}}$，$\sigma=\dfrac{l_7}{L_{1\min}}$。

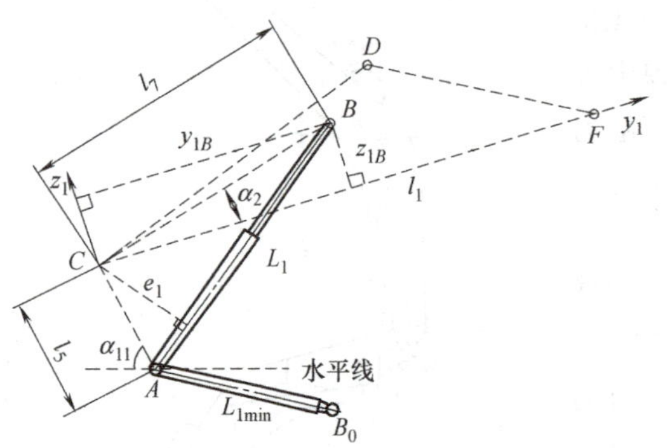

图 3-71　动臂液压缸力臂计算简图

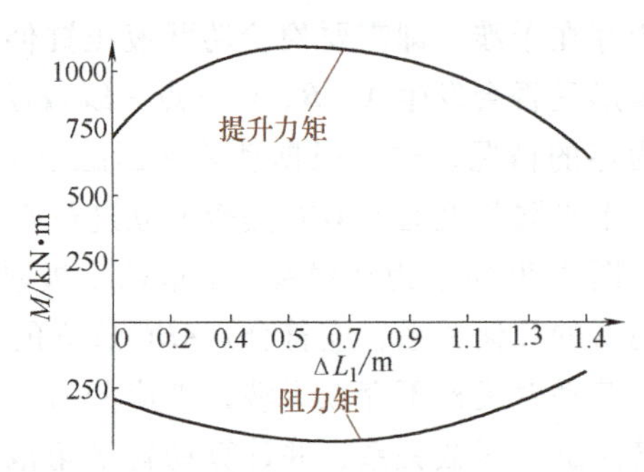

图 3-72　某机型动臂液压缸提升力矩及阻力矩

k_4 的取值范围因挖掘机的用途不同有所区别，对于专用反铲，可取 $k_4<0.8$；对于以反铲为主的通用机，应考虑换用正铲铲斗时地面以上挖掘作业对动臂液压缸力矩的要求，可取 $k_4=0.8\sim1.1$；对于正、反铲通用机，可取 $k_4=1$。

上述设计结果常常不能一次设计就满足全部要求，当某些性能不能满足要求时，需要返回到相应步骤重新选择有关参数，如此反复进行直到满足全部要求为止。但即便如此，还不能最后确定这些参数，因为随后的斗杆机构和铲斗连杆机构尚未确定，并且由于所有这些参数之间存在相互关联和耦合关系，当某些性能不能满足要求时，甚至可能返回到最开始去修改相应的参数，这也是试凑法的特点。因此，只有当工作装置乃至整机的全部结构及性能参数都确定并满足全部要求后，才能算是完成了这部分设计任务。

当动臂机构的以上几何参数都确定后，即可根据机构几何关系计算动臂相对于水平面的摆角、动臂的最大仰角、最大俯角等参数，相关的分析方法已在工作装置运动分析部分有详细描述，此处不再重复。

3.3.5　反铲斗杆机构的设计

1. 斗杆机构的设计问题及设计内容

反铲斗杆机构的参数设计涉及 3 类问题：①斗杆的结构形状及斗杆机构各铰接点位置的布置问题；②主要作业尺寸，如最大挖掘高度、最大挖掘深度、最大挖掘半径等；③斗杆液压缸的挖掘力、回摆力矩，以及铲斗挖掘时斗杆液压缸的闭锁能力。

反铲斗杆机构设计的主要内容为：①确定斗杆液压缸的结构参数，包括伸缩比 λ_2、斗杆液压缸缸径 D_2、活塞杆直径 d_2、以及斗杆液压缸的最短长度 $L_{2\min}$ 和行程 ΔL_2；②确定斗杆液压缸在动臂上的铰接点 D 的位置坐标（Y_D，Z_D）；③确定斗杆后部长度 l_9 及 E 点在斗杆上的位置坐标（Y_E，Z_E）；④计算斗杆的摆角范围及斗杆液压缸的作用力臂和作用力矩；⑤确定斗杆的具体结构参数。

2. 斗杆的结构形状及斗杆机构上各铰接点位置的布置

对于反铲工作装置，为了使斗杆发挥较大的挖掘力和闭锁力，希望在斗杆液压缸挖掘时大腔进油、闭锁时大腔受压，结合反铲的工作特点，应把斗杆液压缸布置在动臂上方，如图

3-73 所示；另一方面，在举升时，为了使铲斗达到一定的高度，斗杆必须回摆，此时要求斗杆液压缸能产生足够的回摆力矩，以克服部件重力和惯性力形成的阻力矩。从几何上讲，为了满足作业范围和尺寸要求，斗杆必须有足够的摆角范围，在此范围内，斗杆必须摆动自如并不与其他部件发生干涉。其摆角范围及斗杆液压缸产生的力矩不仅与斗杆液压缸本身的结构参数有关，还与斗杆机构的结构型式，即斗杆液压缸两端铰接点 D 和 E 在动臂和斗杆上的位置，以及各铰接点之间的距离等参数有关。这些参数之间存在一定的几何关系，又都统一于挖掘机的工作尺寸和要求的力矩等性能要求上，因此设计时应兼顾各方面情况进行权衡。以下为斗杆机构的设计步骤。

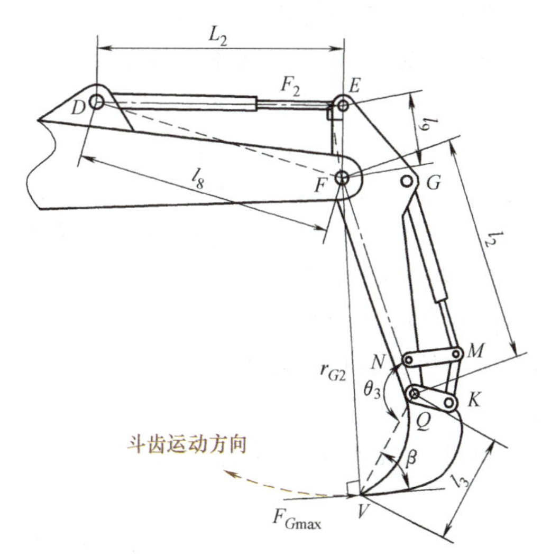

图 3-73　斗杆后部长度 l_9 的确定

1）参照同类机型和设计手册初选斗杆液压缸的伸缩比 $\lambda_2=1.6\sim1.7$、斗杆液压缸数目 n_2、缸径 D_2、活塞杆直径 d_2 及斗杆的摆角范围 $\theta_{2\max}$。

2）按要求的斗杆最大挖掘力确定斗杆液压缸的最大力臂 l_9，该值应等于斗杆液压缸和斗杆的铰接点 E 与斗杆和动臂的铰接点 F 之间的距离，如图 3-73 所示。此时，假定 F、Q、V 三点一线，即阻力臂为斗杆长度 l_2 与铲斗回转半径 l_3 之和，主动力臂即为 E、F 之距 l_9，则由力矩平衡方程得

$$l_9=e_{2\max}=\frac{F_{G\max}(l_2+l_3)}{F_2}=\frac{4F_{G\max}(l_2+l_3)}{\pi n_2[D_2^2p_0-(D_2^2-d_2^2)p_2]} \tag{3-58}$$

式中，$F_{G\max}$ 为斗杆最大挖掘力；F_2 为斗杆液压缸最大推力；p_0 为斗杆液压缸进油压力；p_2 为回油背压。

按式（3-58）计算得到的 l_9 偏大，原因是实际的斗杆液压缸最大挖掘力并不是在 F、Q、V 三点一线时发挥出来的，即在推导式（3-58）时假定了最大的阻力臂 l_2+l_3，因此，更加符合实际情况的前提条件应当是斗杆液压缸能进行挖掘时的最小阻力臂，基于此，可将图 3-73 所示的位置姿态作为斗杆液压缸产生最大挖掘力的姿态，此时斗刃与斗齿的运动曲线相切，切削后角为零，则阻力臂按下式计算

$$r_{G2}=l_3\cos\left(\frac{\pi}{2}-\beta\right)+\sqrt{l_2^2-\left[l_3\sin\left(\frac{\pi}{2}-\beta\right)\right]^2}=l_3\sin\beta+\sqrt{l_2^2-(l_3\cos\beta)^2} \tag{3-59}$$

式中，β 为图 3-73 所示平面内斗刃与 QV 连线的夹角，该值可参考样机初步选定，对标准铲斗，大致为 60°。

因此，根据力矩平衡方程，可推得 l_9 的计算式为

$$l_9=\frac{F_{G\max}r_{G2}}{F_2}=\frac{4F_{G\max}\left[l_3\sin\beta+\sqrt{l_2^2-(l_3\cos\beta)^2}\right]}{\pi n_2[D_2^2p_0-(D_2^2-d_2^2)p_2]} \tag{3-60}$$

3）确定斗杆液压缸的行程 $\Delta L_{2\max}$、最短长度 $L_{2\min}$ 和最大长度 $L_{2\max}=\lambda_2L_{2\min}$。

斗杆液压缸的行程 ΔL_2 与摆角范围 θ_{2max} 及 l_9 有关，其中，θ_{2max} 可参照同类机型初选，其参考范围为 105°~125°。减小该值会减小作业范围，该值太大则无必要，且会受结构条件限制，并使平均挖掘力减小，斗杆的实际挖掘转角在 $(1/2\sim2/3)\theta_{2max}$ 之间。斗杆液压缸参数的初始设计值可按以下方法近似得到。

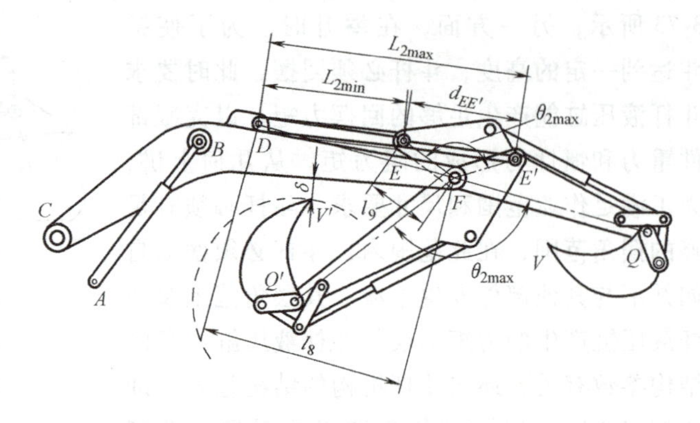

图 3-74　斗杆机构参数设计

如图 3-74 所示，斗杆的总行程为

$$\Delta L_{2max}=L_{2max}-L_{2min}=(\lambda_2-1)L_{2min}$$

由于斗杆液压缸在最短和最长两个姿态时的相对摆角很小，因此可认为这两个姿态下液压缸的力臂相等，即 D、E、E'三点一线，则

$$\Delta L_{2max}=(\lambda_2-1)L_{2min}\approx d_{EE'}=2l_9\sin\frac{\theta_{2max}}{2} \tag{3-61}$$

$$L_{2min}\approx\frac{2l_9\sin\dfrac{\theta_{2max}}{2}}{\lambda_2-1} \tag{3-62}$$

$$L_{2max}\approx\frac{2\lambda_2 l_9\sin\dfrac{\theta_{2max}}{2}}{\lambda_2-1} \tag{3-63}$$

4）确定斗杆液压缸在动臂上的铰接点 D 的位置。

根据图 3-74 所示的几何关系，得斗杆液压缸和动臂的铰接点 D 与斗杆和动臂的铰接点 F 之间的距离 l_8 为

$$l_8\approx\sqrt{l_9^2+L_{2max}^2-2l_9L_{2max}\sin\frac{\theta_{2max}}{2}} \tag{3-64}$$

D 点的确切位置应根据动臂结构情况及斗杆液压缸的装配关系来定，一般情况下，D 点位于上动臂的上翼板之上，其高度应能保证斗杆液压缸的正确拆装，并使其在整个行程中能顺利摆动，高出太多对 D 点支座与动臂翼板的焊缝强度不利。

5）确定斗杆前后段的夹角 $\angle EFQ$。

如图 3-74 所示，斗杆的另一重要参数是前后段的夹角 $\angle EFQ$，该参数可根据要求的斗杆摆角范围和发挥的挖掘力来确定，参考范围为 130°~170°。此外，选择该参数时还应考虑斗杆相对于动臂的两个极限位置的情况，其一是要避免斗杆液压缸全伸状态下铲斗转动时斗齿与动臂下部发生干涉，其二是在运输姿态下应保证铲斗前部能搭到回转平台前端使工作装置不产生晃动。

6）检验斗杆机构的合理性。

检验斗杆机构的合理性主要从两方面来考虑，其一检验运动范围是否满足要求，是否存

在干涉问题；其二是斗杆液压缸所发挥的挖掘力是否满足要求，在此基础上还应检验斗杆液压缸的回摆力矩是否满足要求，即当斗杆液压缸小腔进油时所发挥的力矩是否能克服斗杆连同铲斗连杆机构及斗内物料在内的重力所形成的阻力矩。当然，此处的校核还有一定的粗略性，因为在详细结构参数确定之前还不能确定工作装置的重量及其重心位置，因此，只能根据参考文献进行估计，并给出适当的余量。

7）斗杆挖掘阻力计算及斗杆挖掘力的校核。

斗杆挖掘时切削行程较大，切土厚度在挖掘过程中可视为常数，如图3-75所示。一般取斗杆挖掘过程的总转角 $\varphi_g=50°\sim80°$，该范围一般小于斗杆的实际总转角，在此行程中铲斗被装满。这时，斗齿的实际行程

$$s=r_g\varphi_g$$

式中，r_g 为斗杆挖掘回转半径；φ_g 为斗杆挖掘转角，用弧度代入。

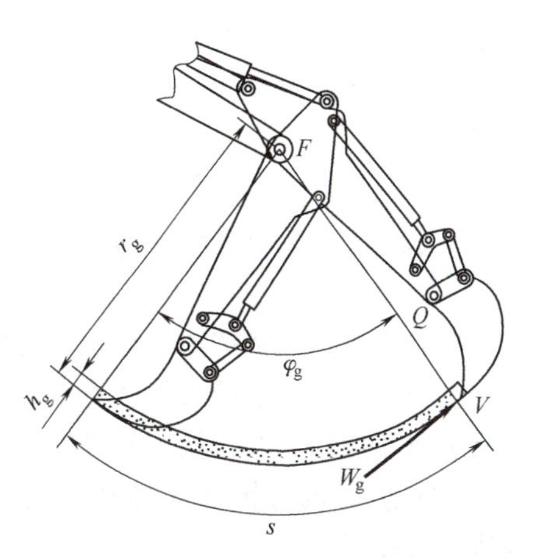

图3-75　斗杆挖掘阻力计算简图

斗杆挖掘时的切削厚度 h_g、切削行程 s、切削宽度 B 及斗容量 q 三者满足如下关系

$$q=h_g sBK_s$$

式中，K_s 为物料的松散系数。

因此，斗杆挖掘时的切削厚度为

$$h_g=\frac{q}{sBK_s}=\frac{q}{r_g\varphi_g BK_s} \tag{3-65}$$

则，斗杆挖掘阻力为

$$F_g=K_0Bh_g=\frac{K_0q}{sK_s}=\frac{K_0q}{r_g\varphi_g K_s} \tag{3-66}$$

式中，K_0 为挖掘比阻力，由文献［1］表0-11查得，当取主要挖掘土壤的 K_0 值时可求得正常挖掘阻力，取要求的最硬土质的 K_0 值时得到最大挖掘阻力。

值得注意的是，在计算斗杆挖掘时的挖掘阻力时，挖掘转角 φ_g 和切削半径 r_g 的选取将对计算结果产生较明显的影响。由式（3-65）和式（3-66）可看出，若这两个值取得小，则切削厚度和斗杆挖掘阻力都会增大，反之，则斗杆挖掘阻力会减小，但综合反映到对 F 点的阻力矩则不会体现出 r_g 的这种作用，而对斗杆、铲斗及铲斗连杆机构的作用力也会产生影响。为了能充分估计斗杆挖掘时的最大挖掘阻力，以及提高机器的作业能力和安全性能，在设计计算时建议将斗杆挖掘转角 φ_g 和切削半径 r_g 取得小些，其中，斗杆挖掘转角可取50°~80°范围内的下限，而对切削半径 r_g 的选取，则应考虑不使斗底先于斗齿接触土壤时的最小值，即应以图3-73中 FV 连线垂直于斗前刃底部的姿态作为 r_g 的最小值。

一般情况下，斗杆挖掘阻力小于铲斗挖掘阻力，这主要是由于斗杆挖掘时挖掘回转半径较大而切削厚度较小的缘故。

对斗杆挖掘力的校核可从两方面进行，一方面要看斗杆发挥的最大挖掘力是否达到设计要求的最大挖掘力，但这不能仅从式（3-66）得出结论，因为在推导该式时利用了最大挖掘阻力臂，实际的斗杆挖掘力会随阻力臂的减小而有所增加，而斗杆挖掘的最小阻力臂应等于

铲斗转到不能挖掘位置时斗齿尖至 F 点的最小距离；另一方面，按照式（3-66）计算最大的斗杆挖掘阻力时需要保证铲斗装满的情况下的最小斗齿行程，与之对应的是最大切削厚度、最小挖掘转角及最小挖掘回转半径（最小挖掘阻力臂）。最小挖掘转角可选斗杆挖掘时的转角范围下限值，一般为50°。

研究挖掘阻力是为了确定斗齿应发挥的主动挖掘力，并使其与挖掘阻力的变化规律相适应，以便在工作装置设计中予以保证。挖掘力太小则不能满足作业要求，太大则可能造成机器能力的浪费并提高制造和使用成本。但受机器结构型式、挖掘方式和物料各种特性的影响，充分掌握挖掘阻力及其变化规律是十分困难的，需要复杂的理论分析和大量的实验研究。

3.3.6 反铲铲斗连杆机构的设计

如前所述，反铲铲斗连杆机构有四连杆机构和六连杆机构两种主要结构型式，其中，六连杆机构以其转角范围大等优点获得了较多的应用，四连杆机构型式较为简单，因此以下就以反铲非共点六连杆机构为例说明其设计方法和步骤。

反铲挖掘机对铲斗连杆机构的具体要求如下。

1. 反铲铲斗连杆机构的设计要求

1）要保证铲斗有足够的转角范围。

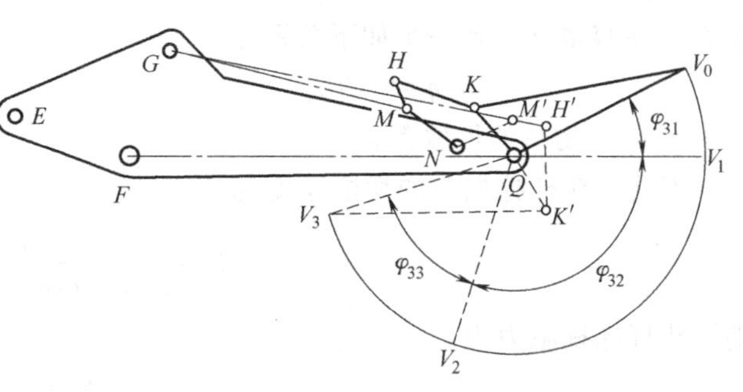

图 3-76 铲斗的转角范围

如图3-76所示，铲斗的总转角为$\angle V_0QV_3$，可将其分为挖掘区（$\angle V_0QV_2$）和收斗区$\angle V_2QV_3$两部分。其中挖掘区总转角$\angle V_0QV_2=\varphi_{31}+\varphi_{32}$，该范围又可分为两部分，在 FQ 延长线上方，即$\angle V_0QV_1=\varphi_{31}$为开挖仰角，该区域是为了在挖掘初始阶段使铲斗顺利切入土中，一般为30°左右；在 FQ 延长线位置 V_1 ~ V_2 之间的 φ_{32} 角范围为主要挖掘区，其值大约为60°~80°，因此铲斗的实际挖掘转角范围大约为90°~110°；$\angle V_2QV_3$ 区域（φ_{33}）为收斗区，在此范围内铲斗已脱离土体，一般已无法进行挖掘，铲斗的进一步转动主要是为了使物料充满铲斗且不会在转运过程中洒落，该范围一般约为30°~50°。把这3个转角范围加起来就是要求的铲斗总转角，即$\angle V_0QV_3=\varphi_{31}+\varphi_{32}+\varphi_{33}$，大约为160°~180°。根据统计分析，现今大部分反铲挖掘机的总转角在170°~185°之间。为了避免铲斗液压缸全伸出时斗齿尖与斗杆下翼板相碰（图3-76所示 V_3 点），铲斗的总转角也不应太大。

2）要使铲斗斗齿上产生足够大的挖掘力，且其变化规律与挖掘阻力的变化规律尽可能一致。

首先，斗齿上必须产生足够大的挖掘力才能顺利完成挖掘过程，其次，斗齿最大挖掘力的变化规律要尽量与挖掘阻力的变化规律相一致。但事实上这是难以做到的，因为物料具有极其复杂的随机特性，而且挖掘断面形状也随挖掘方式的不同而产生很大的变化，因此，在理论分析和结构设计时只能结合理想的铲斗挖掘断面几何形状、铲斗连杆机构的几何运动形式及斗齿的几何运动轨迹进行考虑。

图 3-77 所示为铲斗挖掘时几种典型的理想纵向断面形状，其中，图 3-77a 所示为挖掘开始和终了断面厚度都为零的对称月牙断面形状；图 3-77b 所示为开始切削厚度为零，终了切削厚度较大的断面形状；图 3-77c 所示为开始切削厚度较大，终了切削厚度不零的断面形状；图 3-77d 所示为整个挖掘过程中切削厚度相等的断面形状。将以上 4 种理想挖掘端面的载荷变化规律描绘成与铲斗挖掘转角的函数关系即可得出图 3-78 所示的 4 条载荷曲线。

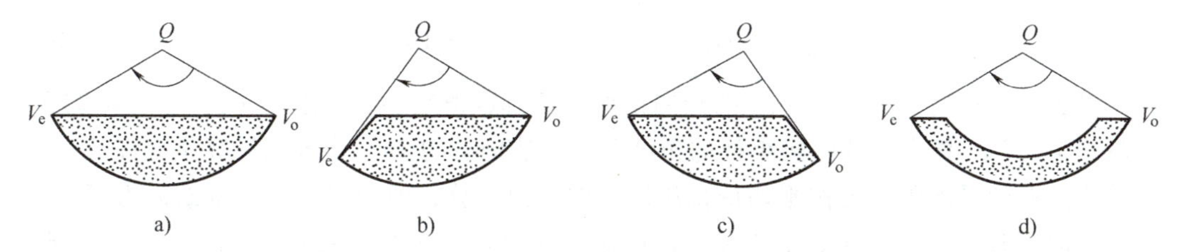

图 3-77 铲斗挖掘时的几种理想纵向断面形状

图 3-78 所示曲线 a(1-2-3) 代表图 3-77a 所示的载荷变化情况，曲线 b(1-2-3′) 代表图 3-77b 所示的载荷变化情况，曲线 c(1′-2-3) 代表图 3-77c 所示的载荷变化情况，水平直线 d 代表图 3-77d 所示的载荷情况。图 3-78 中 4 种情况的铲斗挖掘转角都假设为 $2\varphi_{3\max}$，$\varphi_3=0°$ 代表斗齿尖位于 FQ 延长线的情况，即图 3-76 中的 V_1 点。φ_{30} 为开挖角，φ_{30} 比铲斗的最大开挖角 φ_{31} 要小，大约为 15°~20°。由图 3-78 可以看出，要使铲斗能顺利挖下图 3-77 所示的 4 种切削形状，则在各个转角位置上斗齿所能产生的最大理论挖掘力就必须大于图 3-78 中 4 条曲线形成的包络线上的最大挖掘阻力。此外，在挖掘完成的后期（φ_{33} 范围），为了保证物料充满铲斗且使铲斗克服自重和斗内物料形成的阻力矩及动载（动载系数 1.5~2），铲斗上还必须具备足够的主动力矩。

铲斗挖掘时，土壤切削阻力的切向分力可以用以下公式表达

$$F_{W1}=Ch_{\varphi}^{1.35}BAZX+D=C\left\{R\left[1-\frac{\cos\varphi_{\max}}{\cos(\varphi_{\max}-\varphi)}\right]^{1.35}BAZX+D\right\} \tag{3-67}$$

式中，C 为土壤硬度系数，对Ⅱ级土壤宜取 $C=50\sim80$，对Ⅲ级土壤宜取 $C=90\sim150$，对Ⅳ级土壤宜取 $C=160\sim320$；h_{φ} 为挖掘转角 φ 处的挖掘厚度（图 3-79）；R 为纵向对称平面内铲斗与斗杆铰接点至斗齿尖的距离，即转斗切削半径，单位为 cm；φ 为铲斗瞬时转角；$\varphi_{\max}$ 为铲斗挖掘装满总转角的一半；B 为切削刃宽度系数，$B=1+2.6b$，其中 b 为铲斗平均斗宽，

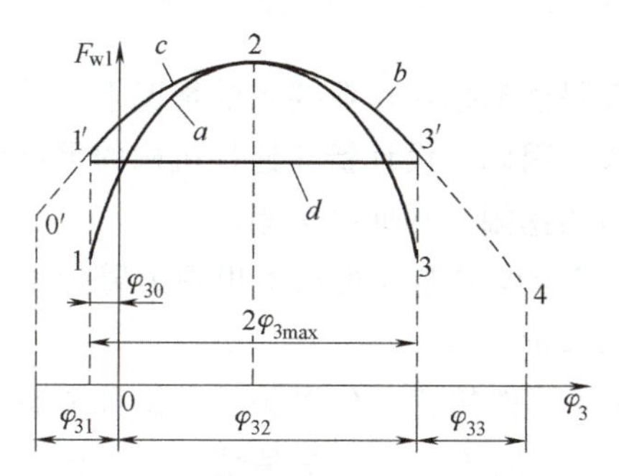

图 3-78 几种理想的铲斗挖掘载荷曲线

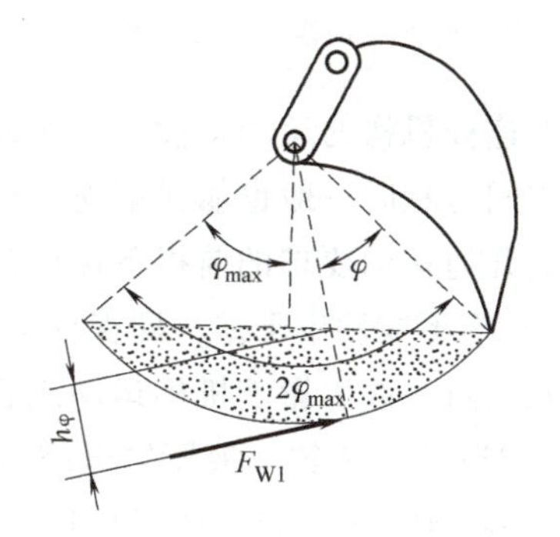

图 3-79 铲斗挖掘阻力计算简图

单位为 m；A 为切削角变化影响系数，取 $A=1.3$；Z 为带有斗齿的系数，$Z=0.75$（无斗齿时，$Z=1$）；X 为铲斗侧壁厚度影响系数，$X=1+0.03s$，其中 s 为侧壁厚度，单位为 cm，初步设计时可取 $X=1.15$；D 为斗刃挤压土壤的力，根据斗容量大小在 $D=10000\sim17000\text{N}$ 范围内选取，当斗容量 $q<0.25\text{m}^3$ 时，D 应小于 10000N。

转斗挖掘装土阻力的切向分力 F'_{W_1} 与 F_{W_1} 相比很小，可忽略不计。当 $\varphi=\varphi_{\max}$ 时出现转斗挖掘最大切削分力 F_{W1max}，其值按下式计算

$$F_{\text{W1max}}=C[R(1-\cos\varphi_{\max})]^{1.35}BAZX+D \tag{3-68}$$

试验表明，法向挖掘阻力 F_{W2} 的指向是可变的且数值较小，一般为 $F_{\text{W2}}=(0\sim0.2)F_{\text{W1}}$。土质越均匀，$F_{\text{W2}}$ 越小。从随机统计的角度看，取法向分力 F_{W2} 为零来计算是允许的。

铲斗挖掘的平均阻力可按平均挖掘深度下的阻力计算，即视月牙形切割断面为相等面积的条形断面，条形断面长度等于斗齿转过的圆弧长度与其相应之弦的平均值，如图 3-80 所示，平均挖掘阻力为

$$F_{\text{W1J}}=Ch_{\text{J}}^{1.35}BAZX+D=C\left[\frac{R(\varphi_{\max}-0.5\sin2\varphi_{\max})}{\varphi_{\max}+\sin\varphi_{\max}}\right]^{1.35}BAZX+D \tag{3-69}$$

需要指出的是，平均挖掘阻力是指装满铲斗全过程的平均挖掘阻力，式（3-67）~式（3-69）中的 $\varphi_{\max}$ 为挖掘装满总转角的一半。该方法是近似的，国外有经验认为，平均挖掘阻力为最大挖掘阻力的 70%~80%。如图 3-81 所示，当斗齿尖位于 FQ 延长线上的 V_1 点时，其理论切向挖掘力应不低于铲斗最大挖掘力的 70%~80%，而与最大挖掘力对应的斗齿尖位置大约在 $\angle V_1QV_{\max}=25°\sim35°$之间，这与现行的实际机型比较接近，可作为设计参考。

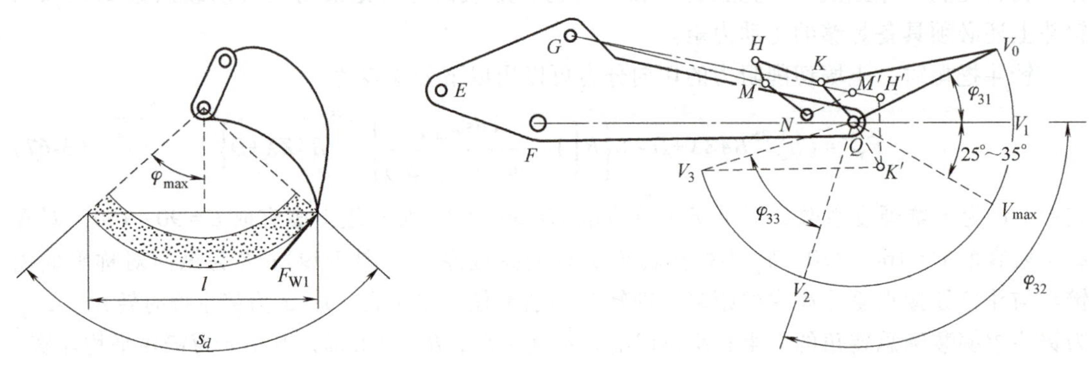

图 3-80　铲斗挖掘平均阻力计算简图

图 3-81　铲斗挖掘最大挖掘阻力位置

按照连杆机构的运动特性，在保证了上述两个极限姿态挖掘作业要求的情况下，铲斗液压缸在中间行程时一般也能保证连杆机构的运动要求，因此，设计铲斗连杆机构的重点应当是在满足几何运动要求的前提下保证铲斗能产生足够的挖掘力和回摆力矩。

3）机构不能发生干涉，即保证铲斗液压缸在全部行程中连杆机构不出现力臂为零或机构铰接点三点一线等影响机构运动或恶化受力状态的情形。

图 3-82a 所示为铲斗液压缸全缩时铲斗连杆机构各部件的相对位置关系。此种姿态下首先应避免 G、M、N 三点一线或接近于三点一线的情况，因为，发生这种情况时，铲斗液压缸对摇臂 HMN 的作用力臂接近于零，从而导致铲斗液压缸推力很大但力矩很小的现象，并

会恶化部件的受力；另一方面，此时铲斗液压缸的外壳及其与摇臂的铰接点 M 也不能与斗杆上盖板发生碰撞。同样的现象还可能发生在四连杆机构 $HKQN$ 上，此时，H、K、Q 接近于三点一线的情况，这使得连杆 HK 即使有很大的作用力也不能对铲斗形成足够的作用力矩，因此在满足铲斗转角范围的前提下应避免此种情况发生。

图 3-82b 所示为铲斗液压缸全伸时铲斗连杆机构各部件的相对位置关系。出于同样的原因，应避免该姿态下 G、M、N 三点一线或接近于三点一线；另一方面，还要尽量避免摇臂与铲斗的接触碰撞以及斗齿尖与斗杆底板的接触碰撞。尽管足够大的铲斗转角可避免铲斗在最高位置时发生洒料现象，但由于上述原因，铲斗的转角范围会受到一定程度的限制。

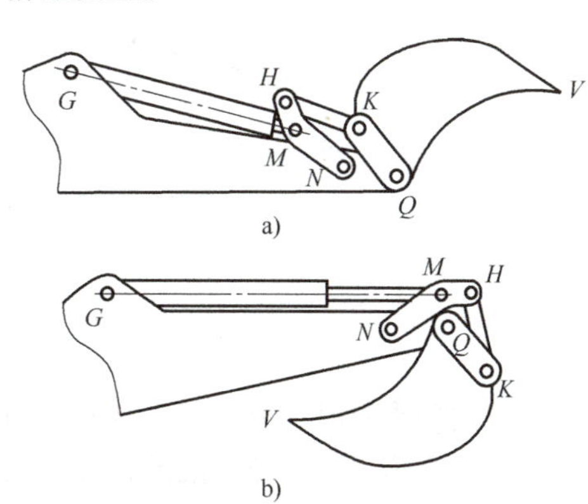

图 3-82 铲斗连杆机构的两个极限姿态

2. 反铲铲斗连杆机构的设计方法

如前所述，铲斗连杆机构设计所涉及的参数不仅包括机构本身的尺寸参数，还涉及机构与斗杆的铰接位置，以及在后期结构设计中可能遇到的装配关系问题以及由此带来的干涉问题等。在设计初期，只能在满足前述相关要求的前提下就机构尺寸参数进行初选并进行必要的运动分析和挖掘力校核，而最终结果只能到具体零部件的结构参数都确定下来并满足所有要求以后才能确定并作为制造依据。这个过程较为复杂，并且需要不断地反复进行。以下就常用的三种方法进行简单介绍。

（1）解析法　解析法为传统的设计方法，其主要思想是试凑，这要借助人工作图法反复进行，以下为基本的设计过程和步骤，供读者参考。

1）初选反铲铲斗的主要结构参数。如图 3-62 和图 3-66 所示，反铲铲斗的主要结构参数包括铲斗挖掘回转半径 $R(l_3)$、铲斗平均斗宽 b、铲斗上两铰接点距离 KQ、$\angle KQV$ 以及转斗挖掘装满转角 $2\varphi_{max}$。这些参数的确定可按照前述方法并参照现有机型利用比拟法进行，此处不再重复介绍。

2）初选反铲铲斗连杆机构的尺寸参数。如图 3-83 所示，除铲斗的主要结构参数外，反铲铲斗连杆机构的参数包括铲斗液压缸的数量 n_3、缸径 D_3、活塞杆直径 d_3、最短长度 L_{3min}、铲斗液压缸的行程 ΔL_3、铲斗液压缸伸缩比 λ_3、铲斗液压缸在斗杆上的铰接点 G 的位置坐标、摇臂 NMH 的结构尺寸参数 l_{MN}、l_{HN}、l_{MH}、摇臂与斗杆的铰接点 N 的位置坐标以及连杆长度 l_{HK}。以上各部件组成了一个复合六连杆机构，如 $l_{MN}=l_{HN}$，且 $\angle MNH=0°$，则 M 点与 H 点重合，称为六连杆共点机构；否则为六连杆非共点机构，通常为了增大铲斗的转角范围，取 $l_{MN}<l_{HN}$。除以上参数外，还有一些具体的结构参数，它们在连杆机构几何设计阶段暂不涉及，暂不讨论。

铲斗液压缸的缸径和活塞杆直径可参考同类机型和国家标准进行初选，其余尺寸参数可根据统计规律并参考现有机型初选，根据有关文献，推荐按以下比例关系初选以上铲斗连杆机构的主要尺寸参数：

$$l_{KQ}\approx 1/3l_3 \text{ 或 } l_{KQ}\approx(0.3\sim0.38)l_3$$

对六连杆共点机构：

$$l_{MN}\approx l_{KQ},\ l_{MK}\approx l_{MN},\ l_{NQ}\approx(0.7\sim0.8)l_{MN}$$

对六连杆非共点机构：

$$l_{MN}\approx l_{KQ},\ l_{HN}\approx 1.5l_{MN},\ l_{HK}\approx l_{HN},\ l_{NQ}\approx(0.7\sim0.8)l_{MN},\ \angle MNH=0°\sim10°$$

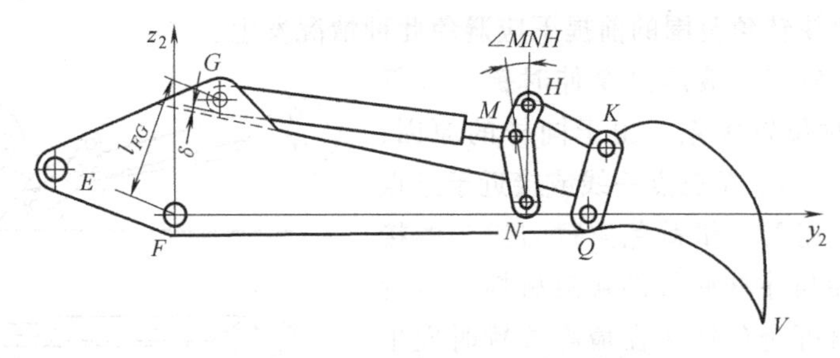

图 3-83 铲斗连杆机构的主要参数

初选这些参数时，要注意不要使连杆机构的尺寸参数选得过大，因为这会使机构不紧凑，同时还会增大铲斗液压缸的行程，但有利于增大铲斗挖掘力。例如，增大 l_{QK} 和 l_{MK} 都会增大铲斗挖掘力，但会增加 K 点和 M 点之间的移动距离，从而增大连杆机构的尺寸。在其他参数不变的情况下，增大连杆的长度 l_{HK} 就会减小铲斗的开挖仰角（图 3-81），但也会增大挖掘终了时的挖掘力；而缩小 l_{HK} 则会增大铲斗的开挖仰角并增大开始挖掘阶段的铲斗挖掘力，但会在一定程度上减小收斗时的铲斗转角。在铲斗液压缸行程一定的情况下，为扩大铲斗的转角范围，可采用非共点机构，但这种结构型式会减小转斗挖掘力。

除以上尺寸参数外，还有以下两个铰接点位置坐标也需要初步确定：

① 铲斗液压缸与斗杆的铰接点 G 在斗杆上的位置坐标。如图 3-83 所示，初选 G 点在斗杆上的位置坐标需要考虑斗杆的具体结构，尤其是斗杆的截面尺寸（如参数 l_{FG}），但这在进行斗杆的具体结构设计之前是无法知道的，为此，只能参考同类机型利用比拟法估计。确定该点的位置时通常还应考虑铲斗液压缸的外径并应使其与斗杆的上翼板保持一定的间隙 δ，以便于安装和使铲斗液压缸顺利摆动。

② 摇臂与斗杆的铰接点 N 的位置坐标。由于斗杆在该处截面高度较小，考虑到斗杆受力及结构强度，该点位置一般位于斗杆腹板的中部附近，可根据连杆机构的运动要求做微小的调整，如图 3-83 所示。

对连杆机构进行运动分析，初选以上参数后，可利用作图法对连杆机构进行运动分析，检验其是否满足铲斗转角范围要求和是否存在干涉问题。也可利用本章前述运动分析部分给出的计算公式对连杆机构进行计算机编程运算，作出其传动比随铲斗液压缸行程的变化曲线。图 3-84 所示为某机型铲斗转角与铲斗液压缸行程的关系曲线，由该曲线可以看出，从铲斗液压缸最短到最长的大部分行程范围内，铲斗转角与铲斗缸行程成近似线性关系，但在铲斗液压缸伸长到接近最长时，铲斗转角变化比较剧烈，这主要是因为该状态下铲斗连杆机构已发生严重畸变，M 点与 Q 点几乎重合，即使是微小的行程变化也会引起较大的

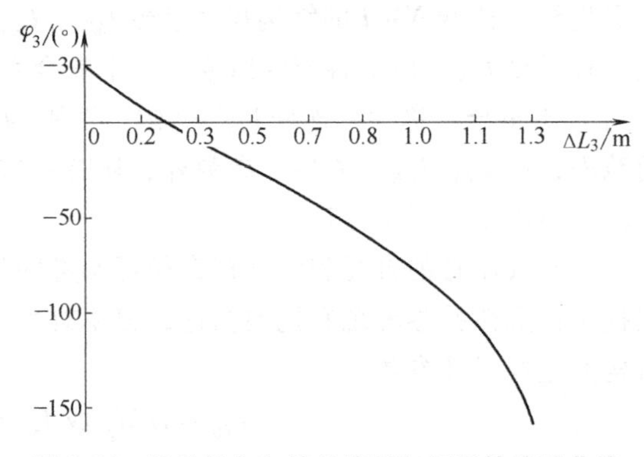

图 3-84 铲斗转角与铲斗液压缸行程的关系曲线

转角变化。由于这会引起铲斗转动速度的突然加快以及振动和冲击现象，应予以重视。

③ 挖掘力分析。在运动和干涉条件满足的基础上，进一步检验铲斗液压缸工作时发挥在斗齿尖上的理论挖掘力及其变化规律，其详细分析计算将在下一章讲解。

（2）优化设计方法　在优化设计方法中，目标函数、设计变量和约束条件通常被称为优化方法的三要素，包含这些内容的数学表达式被称为优化方法的数学模型。但优化设计方法通常要有一个可行的初始方案，优化的过程或目标就是在一定约束条件下实现对该初始方案的最佳改进；其次是由于存在多个设计变量和高度的非线性特性，因此需要借助计算机来完成。

1）目标函数。就工作装置来说，优化的目标函数通常有以下几个。

① 质量最小：工作装置的质量对挖掘机的作业性能起着十分重要的作用，减轻工作装置的质量可有效地提高整机作业时的稳定性并增加斗齿挖掘力和动臂液压缸的提升能力，同时还可节约材料、能耗并降低制造成本，但工作装置质量的计算涉及零部件的具体结构形状，其数学表达式比较复杂，因此，需要对实物结构进行必要的简化，以建立一个切实可行的优化模型。

② 结构最紧凑：工作装置的紧凑性在一定程度上体现了挖掘机的设计和制造水平，这与减小质量的目标基本一致，但其目标函数的表达式是零部件的外形结构尺寸参数和所占据的空间。

③ 挖掘力最大：挖掘力是反映挖掘机整机性能的主要参数之一，相同结构型式和机重的挖掘机，挖掘力越大，则挖掘性能越强，因此，如何提高整机的挖掘力一直是制造厂商和用户十分关心的问题。但铲斗挖掘力不是一个点上的问题，而涉及整个铲斗液压缸的行程，单纯提高某个点的挖掘力没有太大的意义，只有在经常挖掘的范围内使斗齿综合挖掘力得到提高才具有工程实际意义。因此，在建立该项目标函数时，应当在铲斗液压缸主要工作行程或铲斗的主要挖掘范围内、斗齿的多个连续点上建立其挖掘力函数，取其加权平均值作为挖掘力目标函数的数学表达式，即

$$\overline{F_{\max}} = \frac{1}{n}\sum_{i=1}^{n} w_i F_{wi} \tag{3-70}$$

式中，n 为在铲斗液压缸行程内的取点数；w_i 为对应点的权重系数；F_{wi} 为对应斗齿尖的最大切向挖掘力。

铲斗挖掘力受铲斗连杆机构诸多结构参数的影响，同时也与铲斗液压缸的缸径、行程、液压系统压力等因素密切相关，此外，它还受动臂液压缸和斗杆液压缸的闭锁压力及整机稳定性等因素的限制。

④ 能耗最小：一台性能良好的挖掘机应当具有较低的能耗，式（3-51）及图 3-65 反映了部分机型铲斗的铲斗挖掘能容量的理论分析和试验结果，但式（3-51）的适用范围有限，且其中的系数 K、K_2 和 K_3 需要考虑铲斗结构特点、挖掘方式及物料情况才能确定。

目前的能耗问题研究主要从发动机、液压系统及其控制特性进行研究，力求利用计算机信息控制技术减少液压系统的溢流损失和空闲状态下的发动机消耗；另一方面，人们已开始使用新的能源技术，如混合动力技术、纯电动技术及新能源技术，力求从根本上解决能源浪费和环境污染问题。

⑤ 作业效率最高：作业效率主要通过挖掘机的作业循环时间来体现。这涉及发动机功

率、液压泵的压力和流量、工作装置的结构特性以及各组液压缸的结构参数。仅就挖掘过程而言，液压泵的供油方式、供油量、铲斗液压缸的缸径、铲斗连杆机构的传动比及挖掘阻力是决定挖掘速度的主要因素，考虑到挖掘过程中液压系统的动态特性，挖掘时间按下式计算

$$t_w = \int_0^{\Delta L_3} \frac{dL_3}{v_3} = \frac{n_3 \pi D_3^2}{4} \int_0^{\Delta L_3} \frac{1}{Q} dL_3 \tag{3-71}$$

式中，ΔL_3 为挖满一斗所需的铲斗液压缸行程；Q 为液压泵给铲斗液压缸的瞬时供油量，该值取决于液压泵及液压系统的控制特性，以及铲斗挖掘阻力的特性。

2）约束条件。约束条件包括结构件强度要求、装配空间限制因素、机构干涉条件等，只有在满足各项限制因素及性能要求前提下得出的优化结果才具有工程实际意义，因此，建立优化数学模型时还需要满足约束条件。

3）设计变量。如前所述，除铲斗的主要结构参数外，构成铲斗连杆机构优化问题的设计变量主要有：铲斗液压缸的缸径 D_3、活塞杆直径 d_3、最短长度 $L_{3\min}$、铲斗液压缸的行程 ΔL_3、铲斗液压缸伸缩比 λ_3、铲斗液压缸在斗杆上的铰接点 G 的位置坐标、摇臂 NMH 的主要结构参数 l_{MN}、l_{HN}、l_{MH}、摇臂与斗杆的铰接点 N 的位置坐标以及连杆长度 l_{HK} 等。

（3）虚拟样机设计方法　虚拟样机技术是基于计算机技术的一种全新设计方法，是在建立第一台物理样机之前，利用计算机技术建立机械系统的三维可视化模型，利用虚拟样机代替物理样机进行仿真分析并对其候选设计方案的各种特性进行测试和评价，以三维实体、图形曲线及图像方式显示该系统在真实工程条件下的各种特性，从而修改并得到最优设计方案的技术。图 3-85 所示为编者利用三维虚拟样机软件建立的三节臂反铲液压挖掘机虚拟样机模型，用于分析该机型的部分性能。虚拟样机技术是目前的主要设计方法之一。对于液压挖掘机这种多自由度且存在刚柔耦合和高度非线性的复杂机械系统，在对其进行刚柔耦合系统动力学仿真、各种控制特性研究时仍需要做必要的简化，这不仅需要较高的理论基础和专业知识，而且需要丰富的实践经验。

图 3-85　三节臂反铲液压挖掘机虚拟样机模型

3.3.7　反铲工作装置设计的混合方法

实践证明，将工作装置各个部分单独进行设计虽然能满足某一部分的要求，但难以同时满足挖掘机的综合性能要求，并且设计效率较低。而单纯采用作图的方法对工作装置进行设计虽然效率较高，但设计精度较低，因此，编者经过长期的教学实践并在参考了相关文献的基础上总结出了如下将解析计算与作图法结合起来的混合方法，供读者参考。

首先假定整机性能参数、机体尺寸参数、整机的工作尺寸已知，包括整机工作质量、发动机额定功率、机身质量及质心位置、斗容量、液压系统功率、工作液压泵特性参数、机体外形结构尺寸、要求的主要作业尺寸、回转平台回转中心位置、要求的最大挖掘力等。则混合方法设计的主要步骤如下。

1. 建立坐标系，构造设计基准线

根据上述已知条件，绘制机体外形尺寸、整机坐标系，标出主要工作尺寸，如图 3-86 所示。其中，整机坐标系 XYZ 的原点 O 及其坐标轴方向与前述约定相同。如果动臂与回转平台的铰接点 C 以及动臂液压缸与回转平台的铰接点 A 也可根据机身结构参数确定下来，则也应标出 C 和 A 的位置，否则，应在随后的设计中予以确定，其中，A 点的高度应略高于回转平台底面的离地高度。

2. 初选铲斗的主要结构参数

通过参考同类机型利用比拟法初选铲斗挖掘回转半径 l_3、铲斗平均斗宽 B 和铲斗挖掘转角 $2\varphi_{3\max}$，推荐 $2\varphi_{3\max}=100°\sim110°$。选定上述参数后，在最大卸料高度 h_3 之上标出铲斗与斗杆铰接点 Q 的最高位置水平线 P_7P_8，在最大挖掘深度 h_1 之上标出铲斗与斗杆铰接点 Q 的最低位置水平线 P_3P_4，如图 3-86 所示。

3. 确定动臂和斗杆的长度及摆角范围

主要确定动臂长度 $l_1(=l_{CF})$ 和斗杆长度 $l_2(=l_{FQ})$ 以及它们的相对摆角。首先初选动臂液压缸全缩时的动臂俯角 $\varphi_{1\min}$，可参考同类机型在 40°~60°范围内选择。然后从动臂与机身铰接点 C 处画出动臂最低位置方位线 CC_1，如图 3-86 所示。

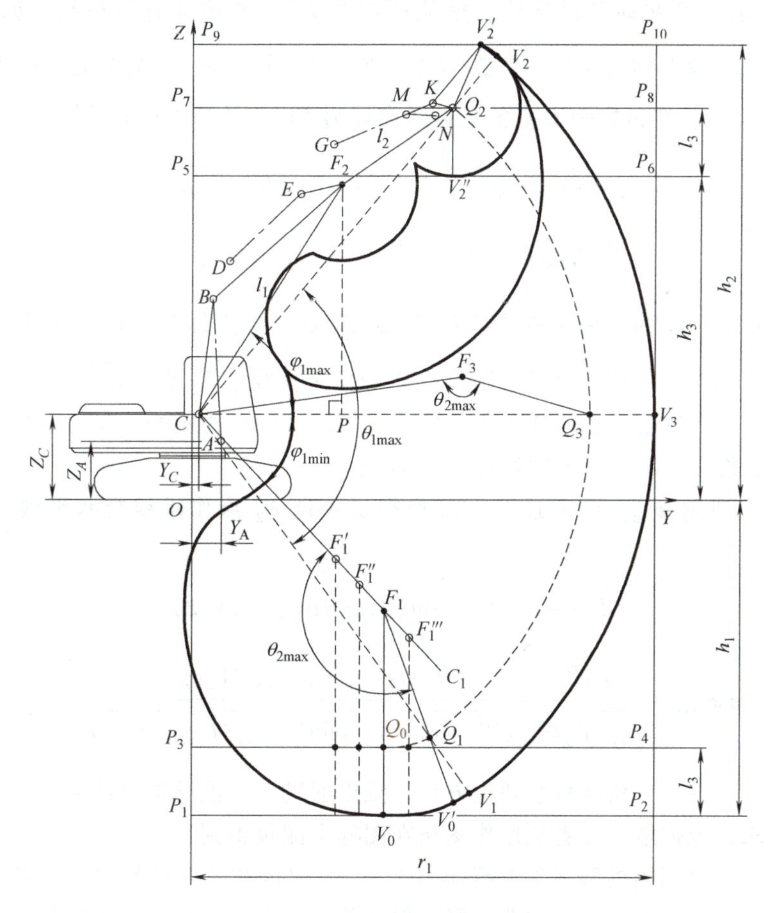

图 3-86　工作装置设计的作图法

选取若干个不同的动臂长度，分别以这些长度为半径、C 点为圆心画弧，在 CC_1 线上得出若干个交点，如图 3-86 中的 F_1、F_1'、F_1''、F_1'''，然后分别过以上各交点作垂直于停机面的直线段，这些线段与 P_3P_4 相交得出斗杆与铲斗的相应铰接点，这些对应点之间的垂直距离即代表不同方案时的斗杆长度 l_2。此时，可按下式计算对应的特性参数 $k_{12}=l_1/l_2$。

$$k_1=\frac{l_1}{Z_C+l_1\sin\varphi_{1\min}-l_3-h_1} \tag{3-72}$$

式中，动臂俯角 $\varphi_{1\min}$ 和最大挖掘深度 h_1 应代以负值。

根据设计要求或作业需要选择适当的 k_1。k_1 值较大时，斗杆相对较短，因而挖掘范围较小，但斗杆挖掘力会有所提高；反之，k_1 值较小时，斗杆较长，挖掘范围较大，但减小了斗杆挖掘力，初选可取 k_1 在 1.1~2 之间。长动臂短斗杆方案可选择较大的值，而采用加长斗杆方案时，该值可取得很小。选定 k_1 后可在图 3-86 中标出动臂与斗杆铰接点的相应位置，如 F_1 点。

在上述基础上，初选动臂与斗杆的最大夹角 $\theta_{2\max}$，该值通常在 150°~170°之间，增大该值可提高挖掘高度，但由于斗杆液压缸在全缩时力臂很小，因此会降低回摆力矩，影响斗杆回摆。

初选 $\theta_{2\max}$ 后，可在动臂最低位置处从选定的 F_1 点作出斗杆方位线，如图 3-86 中的 F_1Q_1，并在其延长线上标出斗齿尖位置 V_0'点，则 $l_3=\overline{Q_1V_0'}$。以 Q_1 为圆心、l_3 为半径作弧交 CQ_1 延长线于 V_1 点，斗齿尖距 C 点的最远距离即为 $\overline{CV_1}$，该值按下式计算

$$l_{CV\max}=\overline{CV_1}=\overline{CQ_1}+\overline{Q_1V_1}=\sqrt{l_1^2+l_2^2-2l_1l_2\cos\theta_{2\max}}+l_3 \tag{3-73}$$

$$l_{CQ\max}=\overline{CQ_1}=\sqrt{l_1^2+l_2^2-2l_1l_2\cos\theta_{2\max}} \tag{3-74}$$

以 C 为圆心、$\overline{CQ_1}$ 为半径作圆弧交 P_7P_8 于 Q_2 点，该点即为斗杆与铲斗铰接点的最高位置点。再以 C 为圆心、$\overline{CV_1}$ 为半径作圆弧交 $\overline{CQ_2}$ 延长线于 V_2 点，$\widehat{V_1V_2}$ 为包络线的其中一段，并通过达到最大挖掘半径时的斗齿尖位置 V_3 点。以 Q_2 为圆心、l_3 为半径作弧与最大挖掘高度线 P_9P_{10} 相交得出斗齿尖的最高位置 V_2'点。

动臂的最大仰角 $\varphi_{1\max}$ 可通过以下过程得出：自 F_2 点作垂线交水平线 CQ_3 于 P 点，则有

$$\overline{F_2P}=H_3+l_3-l_2\sin(\varphi_{1\max}+\theta_{2\max}-\pi)-Z_C$$

$$\tan\varphi_{1\max}=\frac{\overline{F_2P}}{\sqrt{l_1^2-\overline{F_2P}^2}}=\frac{H_3+l_3-l_2\sin(\varphi_{1\max}+\theta_{2\max}-\pi)-Z_C}{\sqrt{l_1^2-[H_3+l_3-l_2\sin(\varphi_{1\max}+\theta_{2\max}-\pi)-Z_C)]^2}} \tag{3-75}$$

式（3-75）是带有三角函数的超越方程，难以通过人工推导得出结果，为此可用计算机数值迭代方法求得近似解，或者利用作图法在图样上测量得到。

如前所述，参照同类机型在参考范围 105°~125°之间初选斗杆的摆角范围 $\Delta\varphi_{2\max}$。该值大，作业范围大，反之则会减小作业范围。但该值过大会受结构条件的限制，并使平均挖掘力减小。选定该值后可于动臂最高位置标出，如图 3-87 所示。

铲斗的转角范围一般在 170°~185°之间，这包括斗杆延长线以上部分的开挖仰角（约30°左右），如图 3-81 所示，选择好后在图 3-87 中的相应位置标出。

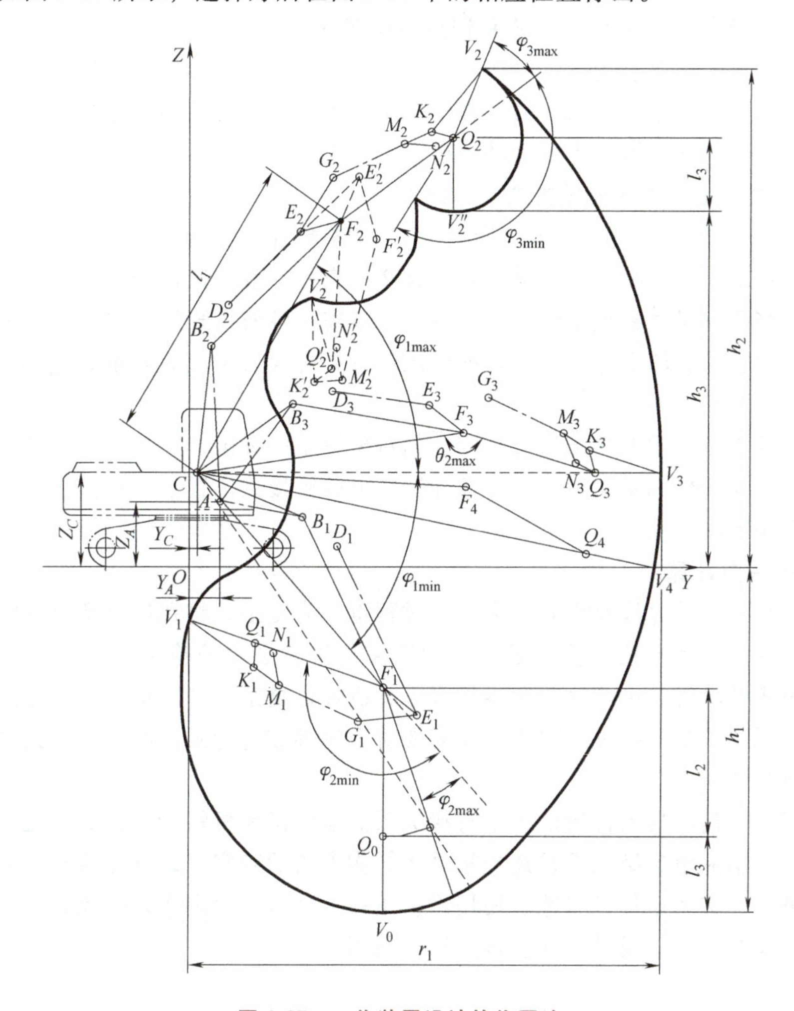

图 3-87　工作装置设计的作图法

4. 确定动臂的结构型式及动臂机构其余铰接点位置

初选以上参数后，可首先确定动臂弯角 α_1 及上、下动臂的长度比。其中，动臂弯角 α_1 的参考范围在 110°~170°之间。对小型挖掘机，由于多采用单动臂液压缸，且动臂截面尺寸较小，因此动臂与动臂液压缸的铰接点 B 多布置于动臂弯曲部位的下部，但这种布置型式在一定程度上影响了最大挖掘深度，所以，对小型挖掘机的动臂弯角可取较小值。对中、大型挖掘机，动臂液压缸多为双缸，且动臂的截面尺寸也较大，因而 B 点多布置于动臂弯曲部位的中间部分，不会影响挖掘深度，因此可选择较大的动臂弯角；另一方面，从结构上来说，较大的动臂弯角可在一定程度上减小由焊接引起的应力集中。对于上、下动臂的比值 $k_2=l_{UF}/l_{UC}$，则可在 1.1~1.3 之间初步选定。选定上述结构参数后，在图 3-87 中相应位置标出，并校核动臂液压缸的伸缩比 λ_1，其范围应在 1.6~1.75 之间。该值较小则浪费液压缸能力，太大则会带来液压缸的稳定性问题。

5. 确定斗杆机构的其余铰接点位置

可参照本章 3.3.5 节中的介绍，此处不再重复，结果如图 3-87 所示。

6. 确定铲斗连杆机构的结构型式和铰接点位置

由于铲斗转角范围要求较大，一般采用六连杆机构。初选其结构参数时一方面可根据要求参照本章前述介绍的方法选取，另一方面可参照现有相同机型的成熟结构型式按比拟法确定。初步选定后再对连杆机构进行运动分析和干涉检验，以满足基本设计要求。

7. 绘制挖掘包络曲线并校核主要工作尺寸

工作装置的全部铰接点位置和各部件几何尺寸参数都选定后，应首先校核主要工作尺寸是否满足设计要求，若不满足，则返回到步骤 2 检查各参数选择是否合适，直到满足所有设计要求为止。当所有尺寸参数都满足后，可进一步按照各液压缸的伸缩动作及机构运动关系绘制挖掘包络图，并在图中标出各部件的极限位置姿态及其相应的摆角 φ_{1max} 和 φ_{1min}、φ_{2max} 和 φ_{2min}、φ_{3max} 和 φ_{3min}。

各部件铰接点位置的最终结果参数应在相对坐标系中标出，如动臂上铰接点的位置坐标应在与动臂相固连的坐标系中标出，斗杆和铲斗上的铰接点位置坐标也应在与斗杆或铲斗相固连的坐标系中标出。

8. 整机挖掘力计算

由于整机挖掘力计算涉及内容较多，其过程也较为复杂，将在后续章节专门介绍。

以上工作装置几何铰接点位置是否合理还需要进行必要的检验，包括几何运动干涉情况、挖掘力发挥情况等。由于这些内容较多且分析过程复杂、计算量大，因此需要借助计算机来完成。当某些项目不能满足要求时还需要对上述参数进行必要的调整，其过程的重复也是设计的正常现象。

工作装置的几何铰接点位置的确定直接关系到挖掘机整机性能的优劣，是挖掘机设计的关键内容之一，但完整的结构设计还包括具体结构参数的确定，以满足结构强度和刚度的要求。除此之外，还应考虑加工工艺、使用维护条件、经济性等因素，因此，上述设计内容和过程不应是完全独立的，设计时还应该兼顾其他因素。

思考题

3-1　简要说明反铲液压挖掘机的作业过程及基本作业方式。

3-2　采用弯动臂和直动臂对作业尺寸有何影响？在结构件强度及加工工艺方面有何考虑？

3-3　比较而言，长动臂短斗杆方案和短动臂长斗杆方案对作业范围有何影响？

3-4　各液压缸的伸缩比希望在合理的范围内，太大或太小会产生什么不利影响？

3-5　为了适应不同的作业对象（物料），一般要采用不同的铲斗，试举出几种适应情况。

3-6　在选择不同类型的作业机具时应考虑哪些因素？

3-7　简要说明快换接头的种类、结构和性能特点。

3-8　查阅文献资料，列出目前代表国际先进技术的快换接头厂商及主要产品型号。

3-9　比较而言，采用双动臂液压缸与单动臂液压缸在结构和受力上有何不同？

3-10　动臂及动臂液压缸与回转平台的铰接点位置（A、C）应如何确定？

3-11　铲斗四连杆机构、六连杆共点机构和六连杆非共点机构各自的结构特点是什么？各有哪些优缺点？

3-12　利用优化设计方法设计液压挖掘机的工作装置时需要考虑哪些问题？最大挖掘力、最小能耗及最高效率的模型应如何建立？这些目标之间是否存在冲突？应如何处理？

3-13　在进行工作装置铰接点位置设计时，主要的工作尺寸是否应严格满足？

3-14　参照现有机型，自定工作尺寸和要求的挖掘力，设计一种反铲工作装置使其满足作业范围要求，并作出包络图。

3-15　分析现有机型，普通反铲挖掘机的动臂、斗杆、铲斗的极限摆角大致在多大范围？悬挂式反铲挖掘机的动臂极限摆角大概有多大？

第4章 反铲液压挖掘机的整机力学性能分析

挖掘力是反映液压挖掘机性能的主要参数之一，也是结构设计和强度分析的依据。按标准，反铲液压挖掘机的挖掘力有铲斗液压缸挖掘力和斗杆液压缸挖掘力之分，分别为铲斗液压缸和斗杆液压缸单独工作时发挥在斗齿尖或切削刃上的最大切向挖掘力。挖掘力涉及作业工况、主机及工作装置位姿、各部件重量及重心位置等诸多因素，其分析计算过程较为复杂。传统方法是根据经验选择最危险工况和姿态并用解析法进行计算，并据此对工作装置进行受力分析，以其结果作为结构设计和强度分析的依据，这样分析具有较大的主观性，难以准确、全面地分析和掌握整机的最大挖掘力及各部件的受力状况，结果也不能全面反映挖掘机的实际能力，同时对工作装置的结构强度和整机可靠性构成潜在威胁，因此，有必要利用现代设计理论、方法对挖掘力的计算工况和位姿进行一般化处理，使其既能反映任意工况和位姿的最大挖掘力，又能得到最危险工况的相关参数。具体内容和步骤为。

1）用空间矢量法，建立不同工况下任意位姿的理论挖掘力分析模型，并使之适合于计算机编程运算。

2）开发相应的计算机可视化分析软件，既可分析得出任意工况和位姿的挖掘力，又可获得全部工况和位姿的整机理论最大挖掘力，以补充结构设计和强度分析时应考虑的危险工况。

3）通过计算机软件获得尽可能详细的分析信息，更加全面地掌握挖掘机的性能。

4.1 理论挖掘力分析

液压缸理论挖掘力是指某液压缸工作时由其理论推力所能产生的斗齿切向挖掘力。反铲液压挖掘机进行挖掘时，一般通过铲斗液压缸或斗杆液压缸驱动进行作业，有时两者共同驱动进行挖掘，有时单独驱动，下面分别对铲斗液压缸和斗杆液压缸单独工作时产生的理论挖掘力进行分析。

4.1.1 铲斗液压缸的理论挖掘力

铲斗液压缸理论挖掘力计算简图如图4-1所示，忽略部件重量时，连杆 HK 可当作二力杆，其两端受力沿着 HK 两铰接中心连线方向。根据受力平衡条件，铲斗液压缸无杆腔主动发挥作用时，铲斗液压缸理论挖掘力计算式为

$$F_{W3}=-\frac{M_{QD}}{r_{QVY}\cos(\varphi_1+\varphi_2+\varphi_3)+r_{QVZ}\sin(\varphi_1+\varphi_2+\varphi_3)} \tag{4-1}$$

式中，r_{QVY} 和 r_{QVZ} 分别是 Q 点指向 V 点的矢量在坐标系 $OXYZ$ 中沿 Y、Z 轴的分量；φ_1 为动臂相对于停机面的转角，由式（3-5）求得；φ_2 为斗杆相对于动臂的摆角，由式（3-15）求得；φ_3 为铲斗相对于斗杆的转角，由式（3-29）求得；M_{QD} 为铲斗液压缸对 Q 点的力矩，可表达为

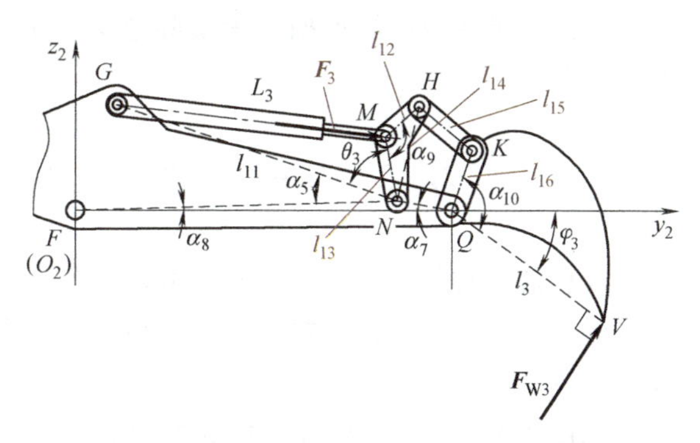

图 4-1　铲斗液压缸理论挖掘力计算简图

$$M_{QD}=-\frac{F_3 l_{GN}\sin\angle MGN\cdot l_{QK}\sin(\pi-\angle HKQ)}{l_{HN}\sin\angle KHN}=-\frac{n_3\pi l_{11}\sin\angle MGN\cdot l_{16}\sin\angle HKQ}{4l_{14}\sin\angle KHN}D_3^2p_0 \tag{4-2}$$

式中，F_3 为铲斗液压缸推力，$F_3=n_3\pi D_3^2p_0/4$；n_3 为铲斗液压缸数目；D_3 为铲斗液压缸缸径；p_0 为系统压力；$\angle MGN$、$\angle HKQ$、$\angle KHN$ 分别由 $\triangle MGN$、$\triangle HQK$、$\triangle KHN$ 求得，与铲斗液压缸长度有关，可表达为

$$\angle MGN=\arccos\frac{L_3^2+l_{11}^2-l_{13}^2}{2L_3l_{11}} \tag{4-3}$$

由式（3-25）、式（3-26）及图 3-42、图 3-43 得

$$\angle NQK=\arccos\frac{l_{NQ}^2+l_{HQ}^2-l_{14}^2}{2l_{NQ}l_{HQ}}+\arccos\frac{l_{16}^2+l_{HQ}^2-l_{15}^2}{2l_{16}l_{HQ}} \tag{4-4}$$

式中，

$$l_{HQ}=\sqrt{l_{14}^2+l_{NQ}^2-2l_{14}l_{NQ}\cos(2\pi-\theta_3-\alpha_5-\angle FNQ-\angle MNH)}$$

则

$$l_{NK}=\sqrt{l_{16}^2+l_{NQ}^2-2l_{16}l_{NQ}\cos\angle NQK}$$

$$\angle KHN=\arccos\frac{l_{14}^2+l_{15}^2-l_{NK}^2}{2l_{14}l_{15}} \tag{4-5}$$

$$\angle HKQ=\arccos\frac{l_{15}^2+l_{16}^2-l_{HQ}^2}{2l_{15}l_{16}} \tag{4-6}$$

将式（4-2）~式（4-6）代入式（4-1）即可得到铲斗液压缸的理论挖掘力。需要说明的是：推导过程建立在机构不干涉的基础上，即 $\triangle GNM$ 和四边形 $NHKQ$ 始终成立。

由式（4-1）和式（4-2）可得铲斗连杆机构的传动比 i_3 的计算式为

$$i_3=\frac{F_{W3}}{F_3}=\frac{l_{11}\sin\angle MGN\cdot l_{16}\sin\angle HKQ}{l_{14}\sin\angle KHN\cdot[(r_{QVY}\cos(\varphi_1+\varphi_2+\varphi_3)+r_{QVZ}\sin(\varphi_1+\varphi_2+\varphi_3)]} \tag{4-7}$$

由上述公式可得到某挖掘机动臂、斗杆处于某一位置时铲斗连杆机构传动比 i_3 与铲斗液压缸行程 ΔL_3 的关系，如图 4-2 所示，该过程未考虑工作装置和物料的自重，该机型铲斗的总转角约为 180°。由图 4-2 可知：开挖位置的传动比约为最大传动比的 1/2，i_3 在约 $1/3\Delta L_3$ 处（铲斗从铲斗液压缸最短位置开始转过约 60°）达到最大值，i_3 在约 $2/3\Delta L_3$ 以后

很小，此时铲斗液压缸挖掘已无实际意义，主要为收斗过程。

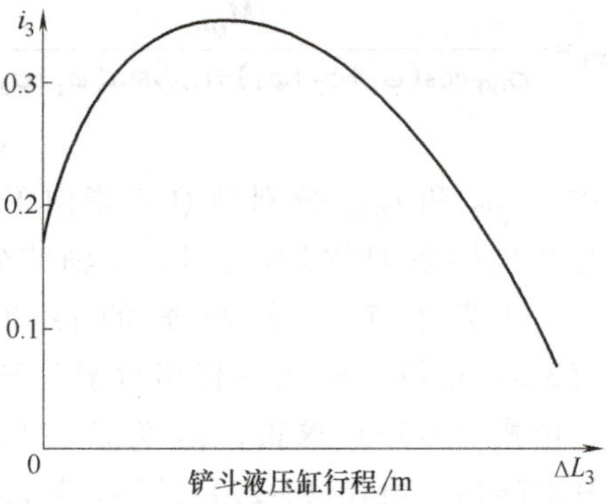

4.1.2 斗杆液压缸的理论挖掘力

斗杆液压缸的理论挖掘力与斗杆液压缸的伸缩长度和铲斗相对于斗杆的转角（铲斗液压缸的伸缩长度）有关。

如图 4-3 所示，斗杆液压缸的主动力臂 r_2 的计算式为

图 4-2 铲斗机构传动比与铲斗液压缸行程的关系

$$r_2 = l_8 \sin\angle EDF$$

$$\angle EDF = \arccos\frac{L_2^2+l_8^2-l_9^2}{2L_2 l_8}$$

斗杆液压缸工作时，挖掘力与挖掘阻力大小相等，垂直于 FV 连线方向，其力臂为 r_{W2}，计算式为

$$r_{W2} = \sqrt{l_2^2+l_3^2-2l_2 l_3\cos\theta_3} = \sqrt{l_2^2+l_3^2-2l_2 l_3\cos(\pi+\varphi_3)}$$

因此，斗杆液压缸的理论挖掘力为

$$F_{W2} = \frac{\pi D_2^2 p_0 l_8 \sin\angle EDF}{4\sqrt{l_2^2+l_3^2-2l_2 l_3\cos(\pi+\varphi_3)}} \tag{4-8}$$

式中，D_2 为斗杆液压缸的缸径。

对于斗杆挖掘工况来说，铲斗相对于斗杆的转动位置决定了阻力臂的值和斗前刃切削角的大小，当铲斗转角达到切削后角≤0°时，斗杆挖掘就无意义了。图 4-4 所示为斗杆挖掘的临界姿态，当铲斗液压缸<该姿态的长度时，$\varphi_3>\varphi_{30}$（注：图中铲斗转角为负值），存在一定的切削后角，斗杆挖掘可以正常进行；当铲斗液压缸>该姿态的长度时，$\varphi_3<\varphi_{30}$，切削后角<0°，斗底先于斗齿接触土壤，斗杆挖掘无法进行。

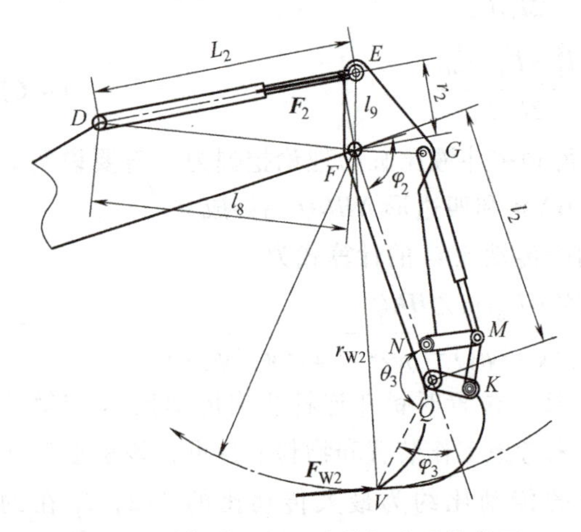

图 4-3 斗杆液压缸理论挖掘力计算简图

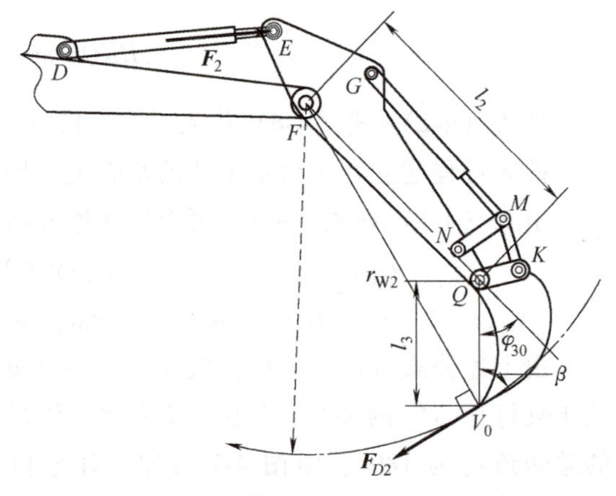

图 4-4 斗杆液压缸挖掘力计算的临界姿态

根据图 4-4 所示几何关系，φ_{30} 可表达为

$$\varphi_{30}=-(\pi-\angle FQV_0) \tag{4-9}$$

式中，负号表示铲斗相对于斗杆的转角为负，$\angle FQV_0$ 的计算式为

$$\angle FQV_0=\arccos\frac{l_2^2+l_3^2-l_{FV_0}^2}{2l_2l_3} \tag{4-10}$$

式中，l_{FV_0} 为斗杆液压缸挖掘时的最小阻力臂，可表示为

$$l_{FV_0}=l_3\cos\left(\frac{\pi}{2}-\beta\right)+\sqrt{l_2^2-\left[l_3\sin\left(\frac{\pi}{2}-\beta\right)\right]^2}=l_3\sin\beta+\sqrt{l_2^2-(l_3\cos\beta)^2}$$

式中，β 为纵向对称平面内 QV_0 连线与斗刃的夹角。

由上述公式可得出动臂相对于机身不动、铲斗相对于斗杆不动（铲斗相对于斗杆转角不变，即阻力臂不变）时斗杆机构传动比 i_2（$=F_{W2}/F_2$）与斗杆液压缸行程 ΔL_2 的关系，如图 4-5 所示，未考虑工作装置和物料自重，斗杆的总转角约为 120°。由图 4-5 可知：i_2 与 ΔL_2 成中间大两头小接近对称的关系，当斗杆液压缸伸长到中间位置时斗杆液压缸的力臂最大。

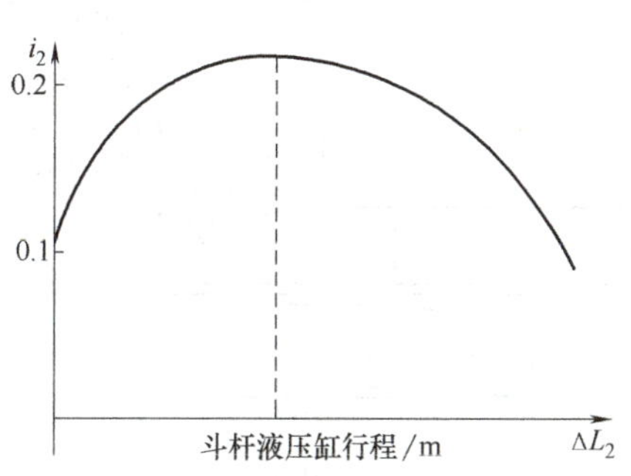

图 4-5 斗杆机构传动比与斗杆液压缸行程的关系

值得注意的是：图 4-5 中忽略了工作装置自重，可能会与考虑其自重后的曲线有较大差异。对斗杆机构来说，斗杆与其上部件的自重较大，对 F 点形成的阻力臂较大，这些部件对 F 点形成的阻力矩较大，因此，在计算 i_2 及斗杆挖掘力时，建议将部件自重及重心位置考虑在内。

4.1.3 任意位姿整机的理论挖掘力

影响整机理论挖掘力的因素有：主动液压缸的推力、被动液压缸的闭锁能力、部件和物料的自重、整机稳定性（前倾和后倾）、整机与地面的附着性能、作业对象的阻力、部件的结构强度等，若将这些因素全部考虑在内，整机理论挖掘力计算过程的复杂度会大大增加，因此，假设条件为考虑主动液压缸的工作能力、被动液压缸的闭锁能力、部件和物料的自重及其重心位置、整机的前、后倾稳定性、整机与地面的附着性能以及回油压力；不考虑作业对象的阻力、部件的结构强度、液压系统及连杆机构的效率、坡度、风力、惯性力及动载荷、结构强度等因素。

除上述因素外，整机的理论挖掘力还与工作装置各部件的相对位置，即工作装置的姿态、液压缸的结构参数（缸径和活塞杆直径）、液压系统压力等因素有关。对于上述全部限制因素共同作用时所能达到的最大挖掘力，为便于表示和比较，通常有斗杆液压缸挖掘力和铲斗液压缸挖掘力之分，有时也应考虑动臂液压缸挖掘力。

根据上述分析和假设，在结构参数一定时，各部件自重及重心位置和系统压力是一定的，因此，对整机理论挖掘力的分析只考虑：工作液压缸主动能力、非工作液压缸闭锁压力、作业过程中前倾稳定性、作业过程中后倾稳定性、整机与地面的附着力 5 类因素。在这些影响因素中，第二个因素包含了两组被动液压缸。整机所能发挥的理论最大挖掘力为上述

诸因素限定的最小值。根据牛顿第三定律，计算斗齿上发挥的切向挖掘力（即整机理论挖掘力）等同于计算其所受的切向挖掘阻力，在同一姿态下，切向挖掘力的方向取决于斗齿的运动方向，即具体的工作液压缸。

履带式液压挖掘机的受力分析图如图 4-6 所示，I、J 代表履带前、后接地点（前、后倾覆线），$G_1 \sim G_{10}$ 代表各部件自重，G_{11} 代表斗内物料的自重，$\boldsymbol{r}$ 表示矢量，$\boldsymbol{F}_W$ 为切向挖掘阻力，其方向沿着挖掘中主动液压缸所决定的斗齿运动切线方向的反方向，若铲斗液压缸挖掘，则 $\boldsymbol{F}_W$ 垂直于 $\boldsymbol{r}_{QV}$，方向如图 4-6 所示。

限于篇幅，本书仅介绍铲斗液压缸主动发挥，动臂液压缸和斗杆液压缸闭锁时的挖掘工况。该工况为铲斗液压缸无杆腔进油，假设其压力等于系统压力，被动液压缸的闭锁压力取决于各液压缸限压阀的调定压力。下面分别从限制最大挖掘力的 6 种因素进行分析。

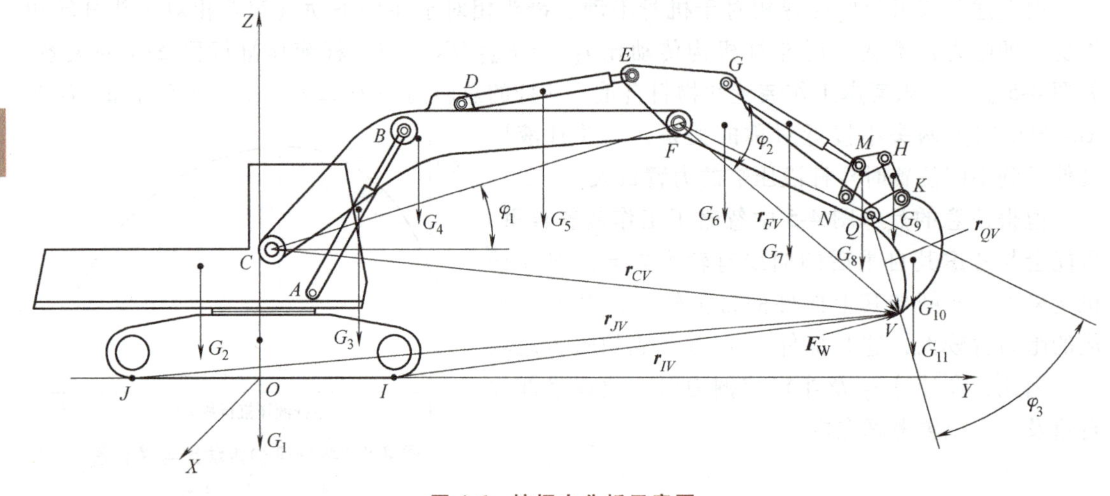

图 4-6　挖掘力分析示意图

（1）动臂液压缸闭锁压力限制的斗齿切向挖掘力　如图 4-7 所示，铲斗液压缸工作时，斗齿上所受的挖掘阻力沿斗齿运动切线方向的反方向，即垂直于 QV 方向，各部件所受重力如图 4-7 所示，由于 G_{11} 的重心位置难以确定，因此，假设其重心位置与铲斗的重心位置重合。下面进行推导。

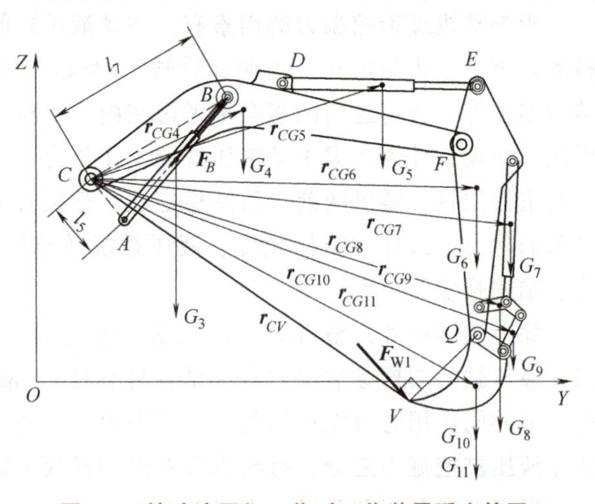

图 4-7　铲斗液压缸工作时工作装置受力简图

隔离动臂液压缸，其受力如图 4-8 所示。$|F_{By'}|$ 等于动臂液压缸的推力，其方向沿着动臂液压缸轴线方向，$F_{Bz'} \perp F_{By'}$，γ 为动臂液压缸与水平面的夹角，对 A 点建立力矩平衡方程有

$$\sum M_{AX} = F_{Bz'} L_1 - 0.5 G_3 L_1 \cos\gamma = 0$$

则

$$F_{Bz'} = 0.5 G_3 \cos\gamma \tag{4-11}$$

式中，$\gamma = \arctan \dfrac{Z_B - Z_A}{Y_B - Y_A}$。

动臂液压缸的推力或拉力 $F_{By'}$ 的计算式为

$$\begin{cases} F_{By'}=-\dfrac{n_1\pi}{4}[D_1^2p_B+(D_1^2-d_1^2)p_H] & （动臂液压缸受压）\\ F_{By'}=\dfrac{n_1\pi}{4}[(D_1^2-d_1^2)p_B+D_1^2p_H] & （动臂液压缸受拉）\end{cases}$$

式中，n_1、D_1、d_1 为动臂液压缸数目、缸径和活塞杆直径；p_B 和 p_H 为动臂液压缸闭锁压力和回油背压。

为进一步分析推导，将动臂液压缸 B 点的力 $F_{By'}$ 和 $F_{Bz'}$ 转换为坐标系 $OXYZ$ 下的分量形式，并假定回转平台无转角，即 $\varphi_0=0°$，转换后的形式为

$$\begin{bmatrix}0\\F_{BY}\\F_{BZ}\end{bmatrix}=\begin{bmatrix}1&0&0\\0&\cos\gamma&-\sin\gamma\\0&\sin\gamma&\cos\gamma\end{bmatrix}\begin{bmatrix}0\\F_{By'}\\F_{Bz'}\end{bmatrix}=\begin{bmatrix}0\\F_{By'}\cos\gamma-F_{Bz}\sin\gamma\\F_{By'}\sin\gamma+F_{Bz'}\cos\gamma\end{bmatrix} \tag{4-12}$$

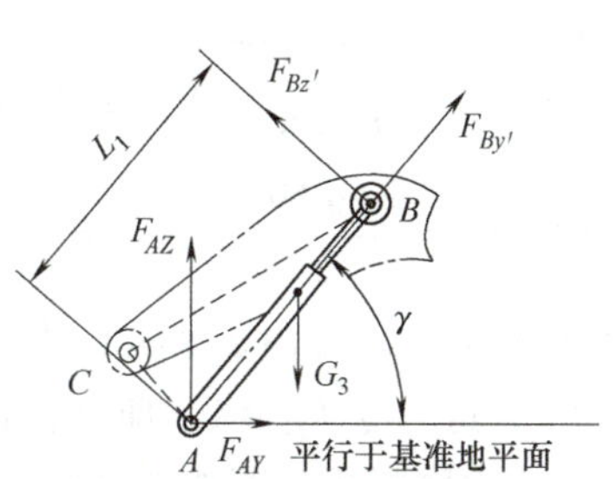

图 4-8　动臂液压缸受力简图

如图 4-7 所示，隔离动臂及其上连接的斗杆机构和铲斗连杆机构，对 C 点建立力矩平衡方程，并考虑动臂液压缸的力 $F'_{BY}(F'_{BY}=-F_{BY})$ 和 $F'_{BZ}(F'_{BZ}=-F_{BZ})$ 对 B 点的作用，有

$$\sum M_{CX}=r_{CVY}F_{W1Z}-r_{CVZ}F_{W1Y}+r_{CBY}F'_{BZ}-r_{CBZ}F'_{BY}+\sum_{i=4}^{11}(-r_{CGiY}G_i)=0 \tag{4-13}$$

式中，r_{CVY}、r_{CVZ} 和 r_{CBY}、r_{CBZ} 分别为 C 指向 V 的矢量和 C 指向 B 的矢量在坐标系 $OXYZ$ 中沿 Y、Z 轴的分量，由式（3-2）、式（3-9）和式（3-33）可得它们的计算式为

$$\begin{bmatrix}r_{CVX}\\r_{CVY}\\r_{CVZ}\end{bmatrix}=\begin{bmatrix}X_V-X_C\\Y_V-Y_C\\Z_V-Z_C\end{bmatrix}$$

$$\begin{bmatrix}r_{CBX}\\r_{CBY}\\r_{CBZ}\end{bmatrix}=\begin{bmatrix}X_B-X_C\\Y_B-Y_C\\Z_B-Z_C\end{bmatrix}$$

F_{W1Y}、F_{W1Z} 分别为斗齿切向挖掘阻力 $\boldsymbol{F}_{W1}$ 在坐标系 $OXYZ$ 中沿 Y、Z 轴的分量，当工作装置姿态和作业方式一定时，其方向是确定的，因此可将 $\boldsymbol{F}_{W1}$ 表示成挖掘阻力绝对值与单位矢量的乘积形式，即

$$\boldsymbol{F}_{W1}=\begin{bmatrix}F_{W1X}\\F_{W1Y}\\F_{W1Z}\end{bmatrix}=\|\boldsymbol{F}_{W1}\|\begin{bmatrix}r_{QVX}/l_3\\-r_{QVZ}/l_3\\r_{QVY}/l_3\end{bmatrix}=F_{W1}\begin{bmatrix}r_{QVX}/l_3\\-r_{QVZ}/l_3\\r_{QVY}/l_3\end{bmatrix}$$

由式（4-13）可得 F_{W1} 的数量表达式（标量）为

$$F_{W1}=\frac{l_3\left[\sum_{i=4}^{11}r_{CGiY}G_i+r_{CBY}(F_{By'}\sin\gamma+F_{Bz'}\cos\gamma)-r_{CBZ}(F_{By'}\cos\gamma-F_{Bz'}\sin\gamma)\right]}{r_{CVY}r_{QVY}+r_{CVZ}r_{QVZ}} \tag{4-14}$$

式中，$l_3=|r_{QV}|$为纵向对称面内 Q、V 的距离，即铲斗长度；r_{CGiY} 为 C 点指向工作装置各部件重心的矢量在 Y 轴的分量（图 4-7 中，$i=4$，5，6，7，8，9，10，11）；G_i 为各部件自重，式中已考虑重力方向，故 G_i 取正值，下同。

需要说明的是：铲斗内物料的自重应按照铲斗的方位，即斗口的朝向计算，而不应在任何姿态下都不加区分地计入满斗土的重量。下面为近似计算方法。

如图 4-9 所示，假定 QV 连线与水平面夹角为−45°时铲斗完全卸料，即斗内无法装载任何物料（图 4-9 中 V_1 位置），斗口水平朝上为完全装满物料位置（图 4-9 中 V_2 位置），铲斗从 V_1 到 V_2 的转动过程中，斗内物料重量成线性增加，即与转角成正比，满足

$$\begin{cases} G_{11}=0 & (\varphi_{3k}\geqslant -\pi/4) \\ G_{11}=\dfrac{|\varphi_{3k}+0.25\pi|}{0.75\pi}G_{11\max}=k_{3k}G_{11\max} & (\varphi_{3k}<-\pi/4) \end{cases}$$

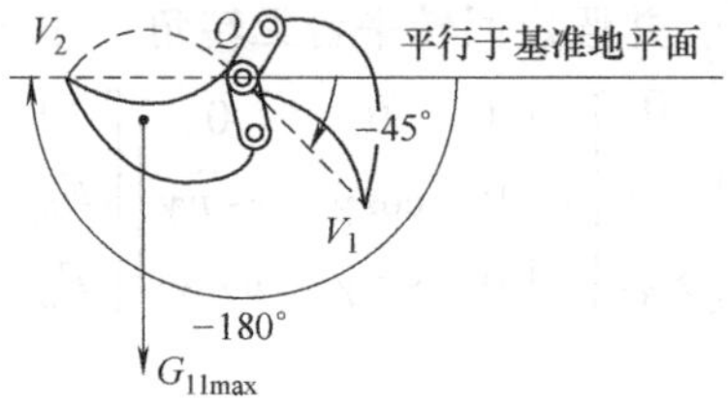

图 4-9　斗内料重计算法

式中，$k_{3k}=\dfrac{|\varphi_{3k}+0.25\pi|}{0.75\pi}$，$\varphi_{3k}$ 为斗口与水平面的夹角，表达式为 $\varphi_{3k}=\varphi_1+\varphi_2+\varphi_3$；当 $\varphi_{3k}+0.25\pi<-0.75\pi$ 时，$k_{3k}>1$，这时令 $k_{3k}=1$，即 k_{3k} 的取值不能大于 1，这是因为斗内物料重量不能超过铲斗所能装载的最大值；$G_{11\max}$ 为物料的最大重量，它等于铲斗的标准斗容量与物料比重的乘积，即

$$G_{11\max}=q\rho$$

式中，q 为铲斗的标准斗容量；ρ 为物料密度。

（2）斗杆液压缸闭锁压力限制的斗齿切向挖掘力　挖掘阻力 F_{W2} 有使斗杆连同其上工作装置产生绕 F 点逆时针转动的趋势，工作装置自重的作用则视其相对于 F 点的情况而变，图 4-10 所示位置有使其绕 F 点顺时针转动的趋势，当某个部件重心转至 F 点左下方位置时，该部件有使其绕 F 点产生逆时针转动的趋势。为计算斗杆液压缸闭锁压力限制的挖掘力，隔离斗杆液压缸，受力如图 4-11 所示，$|F_{Ey'}|$等于斗杆液压缸推力，方向沿斗杆液压缸轴线方向，$F_{Ez'}\perp F_{Ey'}$，δ 为斗杆液压缸与水平面的夹角。对 D 点建立力矩平衡方程有

$$\sum M_{DX}=F_{Ez'}L_2-0.5G_5L_2\cos\delta=0$$

则

$$F_{Ez'}=0.5G_5\cos\delta \tag{4-15}$$

式中，$\delta=\arctan\dfrac{Z_E-Z_D}{Y_E-Y_D}$。

斗杆液压缸的推力或拉力 $F_{Ey'}$的计算式为

$$\begin{cases} F_{Ey'}=-\dfrac{n_2\pi}{4}[D_2^2p_S+(D_2^2-d_2^2)p_H] & (\text{斗杆液压缸受压}) \\ F_{Ey'}=\dfrac{n_2\pi}{4}[(D_2^2-d_2^2)p_S+D_2^2p_H] & (\text{斗杆液压缸受拉}) \end{cases}$$

式中，n_2、D_2、d_2 为斗杆液压缸数目、缸径和活塞杆直径；p_S 和 p_H 为斗杆液压缸闭锁压力和回油背压。

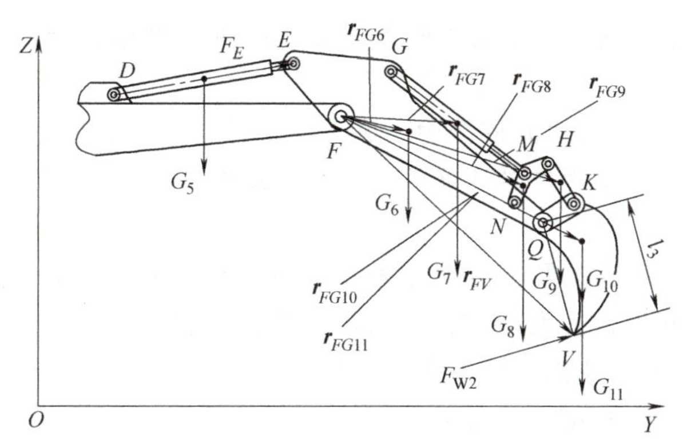

图 4-10　铲斗液压缸工作，斗杆液压缸闭锁限制的挖掘力

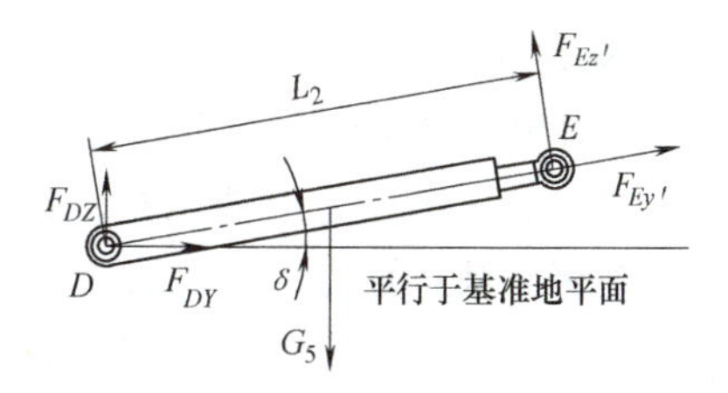

图 4-11　斗杆液压缸受力简图

为进一步分析，将 E 处作用力 $F_{Ey'}$ 和 $F_{Ez'}$ 转换为固定坐标系 OXYZ 下的分量形式，假定回转平台无转角，即 $\varphi_0=0°$，转换后的形式为

$$\begin{bmatrix} 0 \\ F_{EY} \\ F_{EZ} \end{bmatrix} = \begin{bmatrix} 1 & 0 & 0 \\ 0 & \cos\delta & -\sin\delta \\ 0 & \sin\delta & \cos\delta \end{bmatrix} \begin{bmatrix} 0 \\ F_{Ey'} \\ F_{Ez'} \end{bmatrix} = \begin{bmatrix} 0 \\ F_{Ey'}\cos\delta - F_{Ez'}\sin\delta \\ F_{Ey'}\sin\delta + F_{Ez'}\cos\xi \end{bmatrix} \tag{4-16}$$

如图 4-10 所示，隔离斗杆及其上连接的斗杆机构和铲斗连杆机构，对 F 点建立力矩平衡方程，并考虑斗杆液压缸的力 F'_{EY}（$F'_{EY}=-F_{EY}$）和 F'_{EZ}（$F'_{EZ}=-F_{EZ}$）对 E 点的作用，有

$$\sum M_{FX} = r_{FVY}F_{W2Z} - r_{FVZ}F_{W2Y} + r_{FEY}F'_{EZ} - r_{FEZ}F'_{EY} + \sum_{i=6}^{11}(-r_{FGiY}G_i) = 0 \tag{4-17}$$

式中，r_{FVY}、r_{FVZ} 和 r_{FEY}、r_{FEZ} 分别为 F 指向 V 的矢量和 F 指向 E 的矢量在坐标系 OXYZ 中沿 Y、Z 轴的分量，由式（3-11）、式（3-19）和式（3-33）可得它们的计算式为

$$\begin{bmatrix} r_{FVX} \\ r_{FVY} \\ r_{FVZ} \end{bmatrix} = \begin{bmatrix} X_V - X_F \\ Y_V - Y_F \\ Z_V - Z_F \end{bmatrix}$$

$$\begin{bmatrix} r_{FEX} \\ r_{FEY} \\ r_{FEZ} \end{bmatrix} = \begin{bmatrix} X_E - X_F \\ Y_E - Y_F \\ Z_E - Z_F \end{bmatrix}$$

F_{W2Y}、F_{W2Z} 分别为斗齿切向挖掘阻力 $\boldsymbol{F}_{W2}$ 在坐标系 OXYZ 中沿 Y、Z 轴的分量，在工作装置姿态和作业方式一定时，其方向是确定的，沿斗齿运动切线方向的反方向，即图中垂直于 QV 的方向（与 $\boldsymbol{F}_{W1}$ 方向相同），因此，可将 $\boldsymbol{F}_{W2}$ 表示成挖掘阻力绝对值与单位矢量的乘积形式，即

$$\boldsymbol{F}_{W2} = \begin{bmatrix} F_{W2X} \\ F_{W2Y} \\ F_{W2Z} \end{bmatrix} = \|\boldsymbol{F}_{W2}\| \begin{bmatrix} r_{QVX}/l_3 \\ -r_{QVZ}/l_3 \\ r_{QVY}/l_3 \end{bmatrix} = F_{W2} \begin{bmatrix} r_{QVX}/l_3 \\ -r_{QVZ}/l_3 \\ r_{QVY}/l_3 \end{bmatrix}$$

由式（4-17），可得出 F_{W2} 的数量表达式（标量）为

$$F_{W2} = \frac{l_3\left[\sum_{i=6}^{11} r_{FGiY}G_i + r_{FEY}(F_{Ey'}\sin\delta + F_{Ez'}\cos\delta) - r_{FEZ}(F_{Ey'}\cos\delta - F_{Ez'}\sin\delta)\right]}{r_{FVY}r_{QVY} + r_{FVZ}r_{QVZ}} \tag{4-18}$$

式中，r_{FGiY} 为 F 点指向工作装置各部件重心位置的矢量沿 Y 轴的分量（在图 4-10 中，$i=6$，7，8，9，11）。

（3）铲斗液压缸无杆腔主动推力决定的斗齿切向挖掘力　在考虑部件自重的情况下，如图 4-12 所示，对铲斗液压缸工作时的最大挖掘力推导计算，应将各个部件独立进行分析，具体步骤如下。

1）对铲斗液压缸的受力分析如图 4-13 所示，需求出 M 点所受垂直于铲斗液压缸轴线方向的力 $F_{Mz'}$；$F_{My'}$ 为沿液压缸轴线方向的力，其大小与铲斗液压缸的推力相等，方向相反；ξ 为铲斗液压缸与水平面的夹角。对 G 点建立的力矩平衡方程为

$$\sum M_{GX}=F_{Mz'}L_3-0.5G_7L_3\cos\xi=0$$

则

$$F_{Mz'}=0.5G_7\cos\xi \tag{4-19}$$

式中，$\xi=\arctan\dfrac{Z_M-Z_G}{Y_M-Y_G}$。

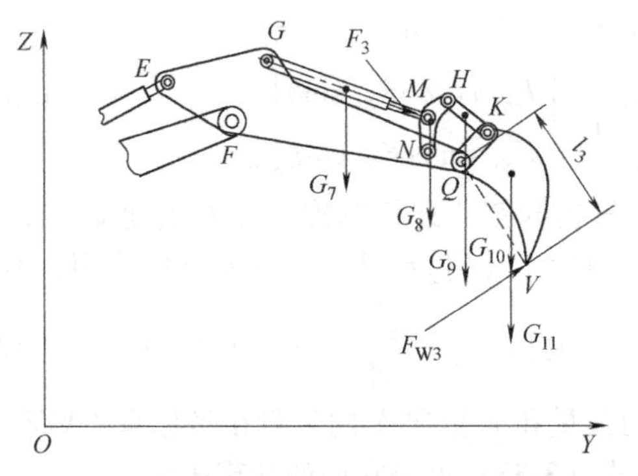

图 4-12　铲斗液压缸工作时由其主动推力决定的最大挖掘力分析图

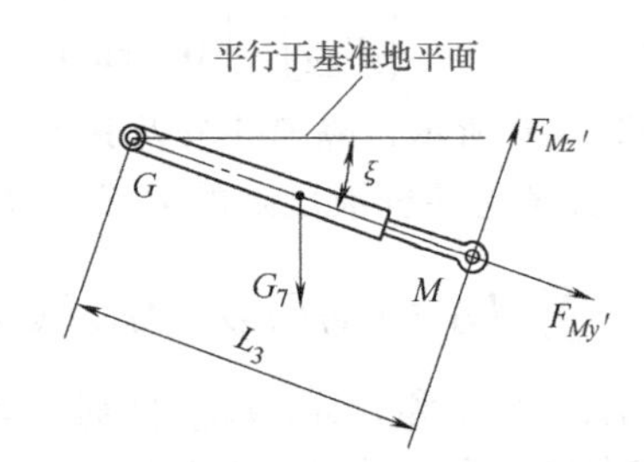

图 4-13　铲斗液压缸受力图

铲斗液压缸的推力或拉力 $F_{My'}$ 的计算公式为

$$\begin{cases}F_{My'}=-\dfrac{n_3\pi}{4}[D_3^2p_0+(D_3^2-d_3^2)p_{\mathrm{H}}] & \text{（铲斗液压缸伸长进行推压）}\\[2ex] F_{My'}=\dfrac{n_3\pi}{4}[(D_3^2-d_3^2)p_0+D_3^2p_{\mathrm{H}}] & \text{（铲斗液压缸缩短进行卸料）}\end{cases}$$

式中，n_3、D_3、d_3 为铲斗液压缸数目、缸径和活塞杆直径；p_0 为系统压力；p_{H} 为铲斗液压缸回油背压。

为了进一步分析推导，将铲斗液压缸在 M 点所受的作用力 $F_{My'}$ 和 $F_{Mz'}$ 转换为在固定坐标系 $OXYZ$ 下的分量形式，并假定回转平台无转角，即 $\varphi_0=0°$，转换后的形式为

$$\begin{bmatrix}0\\F_{MY}\\F_{MZ}\end{bmatrix}=\begin{bmatrix}1&0&0\\0&\cos\xi&-\sin\xi\\0&\sin\xi&\cos\xi\end{bmatrix}\begin{bmatrix}0\\F_{My'}\\F_{Mz'}\end{bmatrix}=\begin{bmatrix}0\\F_{My'}\cos\xi-F_{Mz'}\sin\xi\\F_{My'}\sin\xi+F_{Mz'}\cos\xi\end{bmatrix} \tag{4-20}$$

2）连杆受力如图 4-14 所示，需求出 H 处垂直于连杆轴线方向的力 $F_{Hz'}$。假设连杆重心在其两端中心连线的中点处，对 K 点建立力矩平衡方程有

$$\sum M_{KX}=-F_{Hz'}l_{15}+0.5G_9l_{15}\cos\psi=0$$

则

$$F_{Hz'}=0.5G_9\cos\psi \tag{4-21}$$

式中，$\psi=\arctan\dfrac{Z_K-Z_H}{Y_K-Y_H}$。

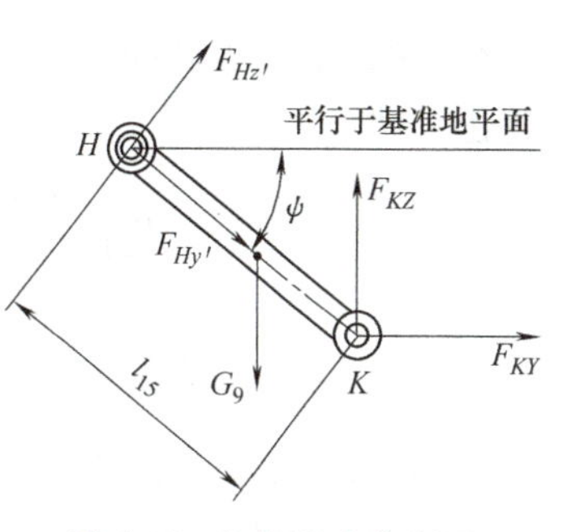

图 4-14　连杆受力分析图

计算连杆铰接点 H 的另一分量 $F_{Hy'}$，需借助摇臂的受力分析及其求解过程。

将连杆上 H 处的受力 $F_{Hy'}$和 $F_{Hz'}$转换为在坐标系 $OXYZ$ 下的分量形式，假定 $\varphi_0=0°$，转换后的形式为

$$\begin{bmatrix}0\\F_{HY}\\F_{HZ}\end{bmatrix}=\begin{bmatrix}1&0&0\\0&\cos\psi&-\sin\psi\\0&\sin\psi&\cos\psi\end{bmatrix}\begin{bmatrix}0\\F_{Hy'}\\F_{Hz'}\end{bmatrix}=\begin{bmatrix}0\\F_{Hy'}\cos\psi-F_{Hz'}\sin\psi\\F_{Hy'}\sin\psi+F_{Hz'}\cos\psi\end{bmatrix} \tag{4-22}$$

3）摇臂的受力如图 4-15 所示，需求得摇臂上 H 处所受来自连杆的力。其中，$F'_{HY}=-F_{HY}$ 和 $F'_{HZ}=-F_{HZ}$ 为来自连杆的力，$F'_{MY}=-F_{MY}$ 和 $F'_{MZ}=-F_{MZ}$ 为来自铲斗液压缸的力。对 N 点建立力矩平衡方程有

$$\sum M_{NX}=r_{NHY}F'_{HZ}-r_{NHZ}F'_{HY}+r_{NMY}F'_{MZ}-r_{NMZ}F'_{MY}-r_{NG8Y}G_8 \tag{4-23}$$

式中，r_{NHY}、r_{NHZ} 和 r_{NMY}、r_{NMZ} 分别为矢量 $\boldsymbol{r}_{NH}$ 和矢量 $\boldsymbol{r}_{NM}$ 在固定坐标系 $OXYZ$ 中 Y、Z 轴的分量；r_{NG8Y} 为矢量 $\boldsymbol{r}_{NG8}$ 在固定坐标系 $OXYZ$ 中 Y、Z 轴的分量。

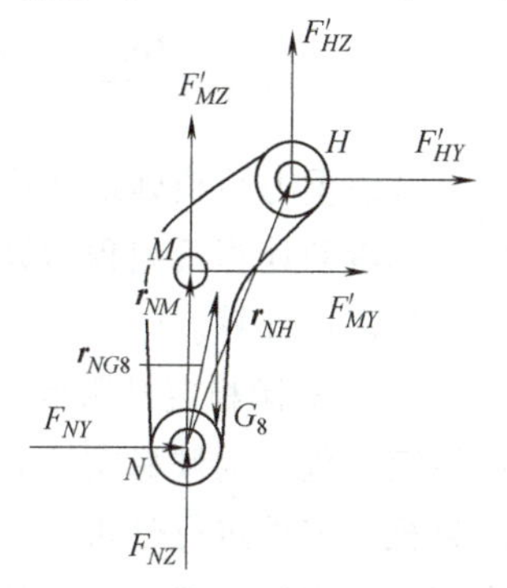

图 4-15　摇臂受力分析图

将 F'_{HY}、F'_{HZ}、F'_{MY}和 F'_{MZ}代入式（4-23），可得摇臂在 H 点的受力为

$$F_{Hy'}=\frac{r_{NMY}F'_{MZ}-r_{NMZ}F'_{MY}-r_{NG8Y}G_8-(r_{NHY}\cos\psi+r_{NHZ}\sin\psi)F_{Hz'}}{r_{NHY}\sin\psi-r_{NHZ}\cos\psi} \tag{4-24}$$

$F_{Hy'}$是连杆沿 HK 方向所受的力，或式（4-24）中分母为 0 时，$F_{Hy'}=\infty$，则 $\tan\psi=r_{NHZ}/r_{NHY}$ 成立，反映 N、H、K 三点一线的几何关系，即四杆机构产生死点或被破坏的情形，这是设计时应避免的。

将式（4-24）代入式（4-22）中，可得连杆在 K 点所受的力在坐标系 $OXYZ$ 中沿 Y、Z 轴的分量，即

$$F_{HY}=\frac{(r_{NMY}F'_{MZ}-r_{NMZ}F'_{MY}-r_{NG8Y}G_8)\cos\psi-r_{NHY}F_{Hz'}}{r_{NHY}\sin\psi-r_{NHZ}\cos\psi} \tag{4-25}$$

$$F_{HZ}=\frac{(r_{NMY}F'_{MZ}-r_{NMZ}F'_{MY}-r_{NG8Y}G_8)\sin\psi-r_{NHZ}F_{Hz'}}{r_{NHY}\sin\psi-r_{NHZ}\cos\psi} \tag{4-26}$$

在式（4-25）和式（4-26）中的 $F_{Hz'}$由式（4-21）求得，而 $F'_{MY}=-F_{MY}$、$F'_{MZ}=-F_{MZ}$ 由式（4-20）求得。由 $F'_{HY}=-F_{HY}$、$F'_{HZ}=-F_{HZ}$ 可得出摇臂 H 处所受来自连杆的力为

$$F'_{HY}=\frac{r_{NHY}F_{Hz'}-(r_{NMY}F'_{MZ}-r_{NMZ}F'_{MY}-r_{NG8Y}G_8)\cos\psi}{r_{NHY}\sin\psi-r_{NHZ}\cos\psi} \tag{4-27}$$

$$F'_{HZ}=\frac{r_{NHZ}F_{Hz'}-(r_{NMY}F'_{MZ}-r_{NMZ}F'_{MY}-r_{NG8Y}G_8)\sin\psi}{r_{NHY}\sin\psi-r_{NHZ}\cos\psi} \tag{4-28}$$

4）连杆上 K 点的受力。参照图 4-14 所示受力图，连杆上 K 点的受力可根据受力平衡条件得出，即

$$F_{KY}=\frac{r_{NHY}F_{Hz'}-(r_{NMY}F'_{MZ}-r_{NMZ}F'_{MY}-r_{NG8Y}G_8)\cos\psi}{r_{NHY}\sin\psi-r_{NHZ}\cos\psi} \tag{4-29}$$

$$F_{KZ}=G_9+\frac{r_{NHZ}F_{Hz'}-(r_{NMY}F'_{MZ}-r_{NMZ}F'_{MY}-r_{NG8Y}G_8)\sin\psi}{r_{NHY}\sin\psi-r_{NHZ}\cos\psi} \tag{4-30}$$

5）铲斗的受力如图 4-16 所示，需求出铲斗液压缸工作时的挖掘力。挖掘阻力 $\boldsymbol{F}_{W3}$ 沿着斗齿运动的切线方向，此处不考虑偏载和横向力；Q 处为来自斗杆的力，G_{10} 为铲斗自重，G_{11} 为物料自重，其实际取值应与斗内物料多少和斗口与水平面的夹角有关，其重心位置可假定与铲斗重心位置相同。对 Q 点建立力矩平衡方程，即

$$\sum M_{QX}=r_{QKY}F'_{KZ}-r_{QKZ}F'_{KY}+l_3F_{W3}-r_{QG10Y}(G_{10}+G_{11})=0$$

式中，r_{QKY}、r_{QKZ} 为矢量 $\boldsymbol{r}_{QK}$ 在固定坐标系 $OXYZ$ 中 Y、Z 轴的分量；r_{QG10Y} 为 Q 点指向铲斗和物料重心位置的矢量 $\boldsymbol{r}_{QG10Y}$ 在固定坐标系 $OXYZ$ 中 Y 轴的分量。

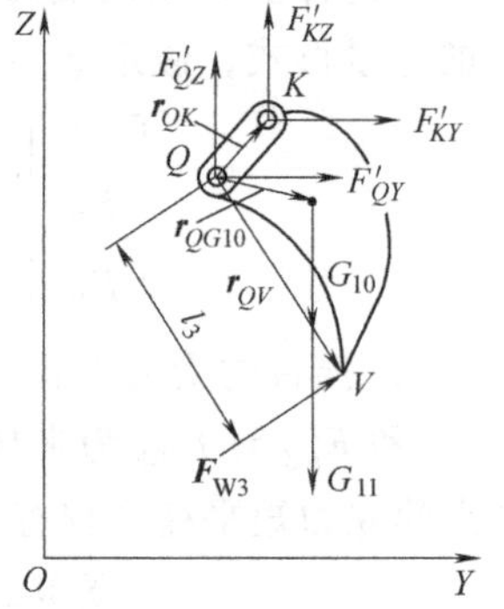

图 4-16 铲斗受力图

由 $F'_{KY}=-F_{KY}$ 和 $F'_{KZ}=-F_{KZ}$，可推得 F_{W3} 的表达式为

$$F_{W3}=\frac{r_{QG10Y}(G_{10}+G_{11})-r_{QKY}F'_{KZ}+r_{QKZ}F'_{KY}}{l_3} \tag{4-31}$$

考虑重力后精确地计算铲斗液压缸的挖掘力较为烦琐，若已知各铰接点及各部件的重心位置，借助计算机编程运算则可大大减轻工作量，并可利用循环方式对液压缸伸长的各个位置进行多点计算。

（4）前倾稳定性限制的斗齿切向挖掘力　整机稳定性与挖掘机正常作业息息相关，整机稳定性包括前倾稳定性和后倾稳定性。稳定性分析参见第 7 章，此处仅对影响挖掘力发挥的整机稳定性进行分析。当挖掘机进行挖掘作业时，受挖掘阻力和工作装置自重的作用，整机有前倾或后倾趋势，当达到临界状态时，继续挖掘将导致整机绕前倾覆线或后倾覆线翻转，限制了挖掘力发挥，在作业中一般也是不允许的。

前倾覆线为工作装置一侧两边导向轮（或驱动轮）中心连线在基准地平面的投影，即图 4-17 所示用 I 点表示的位置。考虑整机各部件自重和重心位置，对 I 点建立的力矩平衡方程为

$$M_{IX}=\sum_{i=1}^{11}(-r_{IGiY}G_i)+r_{IVY}F_{W4Z}-r_{IVZ}F_{W4Y}=0 \tag{4-32}$$

式中，F_{W4Y}、F_{W4Z} 为斗齿切向挖掘阻力 $\boldsymbol{F}_{W4}$ 在坐标系 $OXYZ$ 中沿 Y、Z 轴的分量。

铲斗挖掘工况如图 4-17 所示，$\boldsymbol{F}_{W4}$ 沿斗齿运动轨迹切线方向的反方向，即垂直于 QV 方向，可将 $\boldsymbol{F}_{W4}$ 表示成挖掘阻力绝对值与单位矢量的乘积形式，即

$$\boldsymbol{F}_{W4}=\begin{bmatrix}F_{W4X}\\F_{W4Y}\\F_{W4Z}\end{bmatrix}=\|\boldsymbol{F}_{W4}\|\begin{bmatrix}r_{QVX}/l_3\\-r_{QVZ}/l_3\\r_{QVY}/l_3\end{bmatrix}=F_{W4}\begin{bmatrix}r_{QVX}/l_3\\-r_{QVZ}/l_3\\r_{QVY}/l_3\end{bmatrix} \tag{4-33}$$

将式（4-33）代入式（4-32）得

$$F_{W4}=\frac{l_3\sum_{i=1}^{11}r_{IGiY}G_i}{r_{IVY}r_{QVY}+r_{IVZ}r_{QVZ}} \tag{4-34}$$

式中，r_{IVY}、r_{IVZ} 和 r_{QVY}、r_{QVZ} 分别为 I 点指向斗齿尖 V 的矢量 $\boldsymbol{r}_{IV}$ 和 Q 点指向斗齿尖 V 的矢量 $\boldsymbol{r}_{QV}$ 在 Y、Z 轴的分量；r_{IGiY} 为 I 点指向工作装置各部件重心位置的矢量在 Y 轴的分量；G_i 为各部件自重。

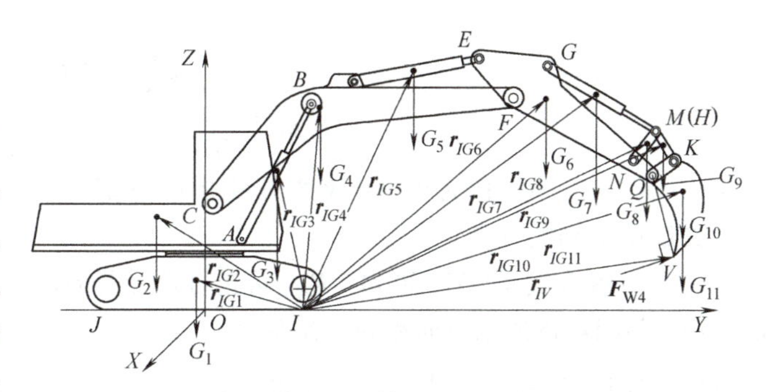

图 4-17　整机前倾稳定性限制的斗齿切向挖掘力

由于工作装置的姿态随各组液压缸长度变化而变化，因而各部件重量对倾覆线的作用也在变化，因此，用矢量形式反映这种变化的位置关系比传统的解析法更准确。

由图 4-17 和式（4-34）可知：F_{W4} 可为正值或负值，若为正值，则表示按整机前倾稳定性限制的挖掘力与图 4-17 所示方向相同，存在前倾失稳问题；反之，则相反，说明相应姿态下挖掘不存在整机前倾失稳问题。

（5）后倾稳定性限制的斗齿切向挖掘力　后倾覆线为平台尾部两边导向轮（或驱动轮）中心连线在基准平面的投影，如图 4-18 所示 J 点。考虑各部件自重和重心位置，对 J 点建立力矩平衡方程有

$$M_{JX}=\sum_{i=1}^{11}(-r_{JGiY}G_i)+r_{JVY}F_{W5Z}-r_{JVZ}F_{W5Y}=0 \tag{4-35}$$

式中，F_{W5Y}、F_{W5Z} 为斗齿切向挖掘阻力 $\boldsymbol{F}_{W5}$ 在坐标系 $OXYZ$ 中沿 Y、Z 轴的分量。

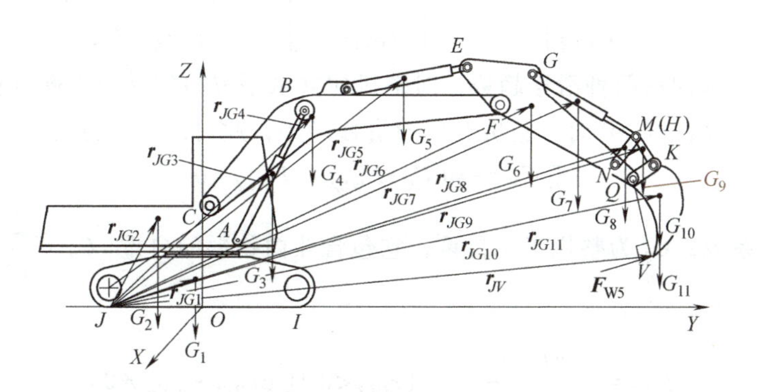

图 4-18　整机后倾稳定性限制的斗齿切向挖掘力

$\boldsymbol{F}_{W5}$ 沿斗齿运动轨迹切线方向的反方向，即垂直于 QV 方向，因此可将 $\boldsymbol{F}_{W5}$ 表示成挖掘阻力绝对值与单位矢量的乘积形式，即

$$\boldsymbol{F}_{W5}=\begin{bmatrix}F_{W5X}\\F_{W5Y}\\F_{W5Z}\end{bmatrix}=\|\boldsymbol{F}_{W5}\|\begin{bmatrix}r_{QVX}/l_3\\-r_{QVZ}/l_3\\r_{QVY}/l_3\end{bmatrix}=F_{W5}\begin{bmatrix}r_{QVX}/l_3\\-r_{QVZ}/l_3\\r_{QVY}/l_3\end{bmatrix} \tag{4-36}$$

将式（4-36）代入式（4-35）得

$$F_{W5}=\frac{l_3\sum_{i=1}^{11}r_{JGiY}G_i}{r_{JVY}r_{QVY}+r_{JVZ}r_{QVZ}} \tag{4-37}$$

式中，r_{JVY}、r_{JVZ} 为 J 指向斗齿尖 V 的矢量沿 Y、Z 轴的分量；r_{JGiY} 为 J 指向工作装置各部件重心的矢量在 Y 轴的分量。

由图 4-18 和式 (4-37) 可知：F_{W5} 可正可负，若为正值，则表示整机后倾稳定性条件限制的挖掘力与图 4-18 所示方向相同，存在后倾失稳问题；反之，则相反，说明相应姿态下挖掘不存在整机后倾失稳问题。

(6) 地面附着力限制的斗齿切向挖掘力　挖掘作业过程中使整机沿停机面滑移时，说明设备克服了整机与地面的最大附着力，这种情况同样限制挖掘力的发挥。

如图 4-19 所示，挖掘阻力 $\boldsymbol{F}_{W6}$ 存在水平分力 $\boldsymbol{F}_{W6Y}$ 的作用而使整机有水平滑移（向前或向后）的趋势，当该水平分力等于地面给的附着力时，达到滑移临界状态。而 $\boldsymbol{F}_{W6}$ 的竖直分力则根据实际情况有增加或减少地面垂直压力的作用。

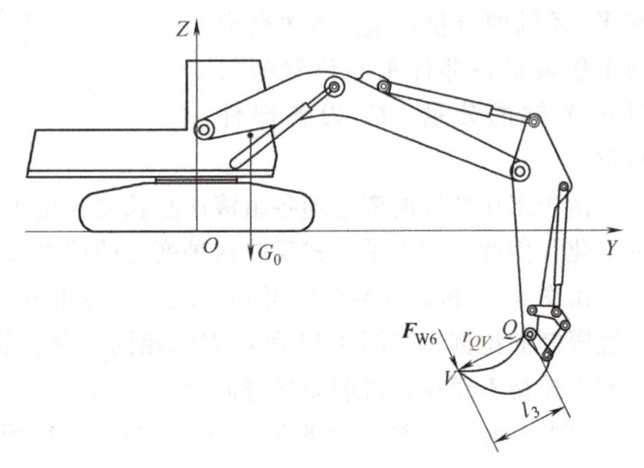

图 4-19　地面附着力限制的斗齿挖掘力

将 $\boldsymbol{F}_{W6}$ 表示成在固定坐标系 $OXYZ$ 中的矢量形式，即

$$\boldsymbol{F}_{W6}=\begin{bmatrix}F_{W6X}\\F_{W6Y}\\F_{W6Z}\end{bmatrix}=\|\boldsymbol{F}_{W6}\|\begin{bmatrix}r_{QVX}/l_3\\-r_{QVZ}/l_3\\r_{QVY}/l_3\end{bmatrix}=F_{W6}\begin{bmatrix}r_{QVX}/l_3\\-r_{QVZ}/l_3\\r_{QVY}/l_3\end{bmatrix} \tag{4-38}$$

考虑整机向前和向后两种滑移趋势，对整机建立水平方向的受力平衡方程。

当 $F_{W6Y}=-r_{QVZ}F_{W6}/l_3>0$ 时，整机有向前滑移趋势，此时的平衡方程为

$$\sum F_Y=-\varphi(G_0+F_{W6Z})+F_{W6Y}=0 \tag{4-39}$$

式中，φ 为附着系数；G_0 为整机工作自重，它包含斗内物料的自重，$G_0=\sum_{i=1}^{11}G_i$。

则

$$F_{W6}=\frac{-\varphi l_3G_0}{\varphi r_{QVY}+r_{QVZ}}\quad(r_{QVZ}<0\text{ 且 }\varphi r_{QVY}+r_{QVZ}\neq0) \tag{4-40}$$

当 $F_{W6Y}=-r_{QVZ}F_{W6}/l_3<0$ 时，整机有向后滑移趋势，此时的平衡方程为

$$\sum F_Y=\varphi(G_0+F_{W6Z})+F_{W6Y}=0 \tag{4-41}$$

则

$$F_{W6}=\frac{\varphi l_3G_0}{r_{QVZ}-\varphi r_{QVY}}\quad(r_{QVZ}>0\text{ 且 }r_{QVZ}-\varphi r_{QVY}\neq0) \tag{4-42}$$

式（4-40）和式（4-42）分母为 0 时，$F_{W6}=\infty$，表示再大的挖掘力也不会使整机产生滑移，处于摩擦自锁状态。

综上所述，整机最大理论挖掘力应取决于所计算出的挖掘力 $F_{W1} \sim F_{W6}$ 中的最小值，即

$$F_{W\max} = \min\{F_{W1}, F_{W2}, F_{W3}, F_{W4}, F_{W5}, F_{W6}\} \tag{4-43}$$

由上述分析可知：结构参数和挖掘方式确定时，最大理论挖掘力是三组液压缸长度的函数。

上述分析为铲斗液压缸主动推力发挥作用、其他液压缸闭锁时最大挖掘力的计算过程。对于斗杆液压缸挖掘工况，其挖掘力分析过程与上述过程基本相同，不同的是：斗杆液压缸主动推力发挥作用时理论挖掘力的方向沿着斗齿绕 F 点转动的切线方向，因此，阻力的力臂为 $\boldsymbol{r}_{FV}$。动臂液压缸收缩时的挖掘力推导过程也完全相同。

4.1.4　全局整机最大挖掘力

整机理论挖掘力是针对特定姿态和挖掘方式下的整机挖掘力，若给定挖掘方式和三组液压缸的任意组合，则可计算出相应的整机理论挖掘力，但若要掌握整机的最大挖掘力，则需要通过以下方法获得。

(1) 穷举法　根据不同工况，通过选择大量计算位置来确定。此方法需要在整个挖掘范围内尽量密集地布点，并计算每个点的整机理论挖掘力，然后找出其中的最大值。该方法得出的结果较可靠，但较耗时。

(2) 经验法　根据设计人员的经验，选择适当的工况和位置计算其挖掘力。该方法基本依靠设计人员的经验，不能完全掌握整个挖掘范围，具有一定的局限性。

(3) 优化搜索法　利用适当的优化方法进行全局搜索。对于该法来说，如果初始点和方法选择得当则效率较高，但过程较为复杂，需要编制相应的分析计算程序。

前两种方法的过程较为简单，此处仅介绍方法（3），即利用优化搜索法确定整机的最大挖掘力。

1. 整机最大挖掘力的数学模型

用优化方法建立优化模型，如式（4-44）所示。目标函数为整机理论挖掘力的倒数；设计变量 $\boldsymbol{X}=[x_1 \quad x_2 \quad x_3]^{\mathrm{T}}$，为动臂液压缸、斗杆液压缸、铲斗液压缸的长度，即 $x_1=L_1$，$x_2=L_2$，$x_3=L_3$；约束条件为三组液压缸的极限长度，根据变化范围共列了 6 个约束条件。此外，还应根据结构情况增加几何方面的约束条件，但本部分不涉及机构设计方面的内容，即假定机构参数已知且确定，因此在约束条件中不必考虑。

$$\min f(\boldsymbol{X}) = \min(1/F_W) \tag{4-44}$$

$$\boldsymbol{X}=[x_1 \quad x_2 \quad x_3]^{\mathrm{T}}$$

$$\text{s.t.} \quad g_1(\boldsymbol{X})=x_1-x_{1\min} \quad g_2(\boldsymbol{X})=x_{1\max}-x_1 \quad g_3(\boldsymbol{X})=x_2-x_{2\min}$$

$$g_4(\boldsymbol{X})=x_{2\max}-x_2 \quad g_5(\boldsymbol{X})=x_3-x_{3\min} \quad g_6(\boldsymbol{X})=x_{3\max}-x_3$$

2. 选择优化搜索方法

由前述分析可知，目标函数涉及的参数较多，因此这是一个非常复杂的三维非线性约束问题，求导数较为困难，可以选择复合形优化方法，该方法不需要求导数，且对于维数不高的问题效率较高，同时该优化方法采用的是全局范围内的搜索。

3. 实例分析

根据式（4-44）的数学模型，在“EXCAB_T”软件中应用相应的分析模块，按照给定

的原始参数对某机型进行分析，结果如图 4-20 和图 4-21 所示。图 4-20 为按传统方法确定的工况，图 4-21 所示为按优化方法确定的工况，两种工况中每组数字自上而下分别代表最大理论挖掘阻力 F_W（切向）、横向阻力 F_X（垂直于 YZ 平面）及限制最大挖掘力发挥的因素（符号意义如前所述）。为便于对比分析，本实例对所有工况都取为不对称受力，即 F_W 和 F_X 是作用在铲斗左侧角齿上，数据前的负号表示与 X 轴方向相反。

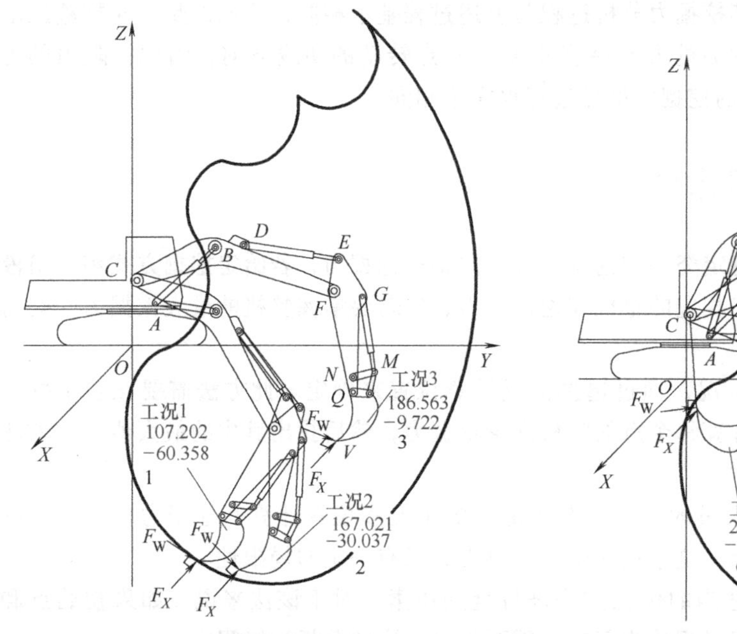

图 4-20　传统方法确定的工况

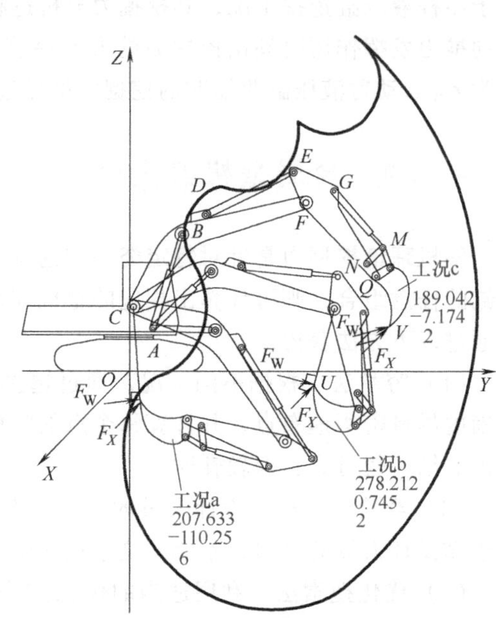

图 4-21　优化方法确定的工况

图 4-20 所示为铲斗挖掘方式下的工况。工况 1 为动臂最低，斗杆液压缸作用力臂最大，动臂与斗杆的铰接点、斗杆与铲斗的铰接点及斗齿尖处于一条直线上；工况 2 为动臂最低，动臂与斗杆的铰接点、斗杆与铲斗的铰接点连线垂直于停机面，铲斗转至最大挖掘力位置；工况 3 为动臂液压缸和斗杆液压缸的作用力臂最大，铲斗转至最大挖掘力位置。而这 3 种工况下，限制最大挖掘力发挥的因素各不相同，工况 1 为动臂液压缸闭锁能力，工况 2 为斗杆液压缸闭锁能力，工况 3 为铲斗液压缸的主动发挥能力。图 4-21 中，工况 a 为动臂液压缸收缩（其他液压缸闭锁）挖掘工况，$F_W = 207.633\text{kN}$，$F_X = -110.25\text{kN}$，限制因素为整机水平滑移；工况 b 为斗杆液压缸伸长（其他液压缸闭锁）挖掘工况，$F_W = 278.212\text{kN}$，$F_X = 0.745\text{kN}$，限制因素为斗杆液压缸主动发挥能力；工况 c 为铲斗缸伸长（其他液压缸闭锁）挖掘工况，$F_W = 189.042\text{kN}$，$F_X = -7.174\text{kN}$，限制因素为斗杆液压缸闭锁能力。

由分析结果可以看出，由优化搜索得出的三种工况下的理论最大切向挖掘力比传统意义上危险工况下的值大。对比图 4-20 所示的工况 3 和图 4-21 所示的工况 c 可以看出：最大挖掘力发挥的位置并不是动臂液压缸和斗杆液压缸的作用力臂最大的位置，图 4-21 所示的工况 c 中 $\angle BAC = 59.02°$，$\angle DEF = 88.35°$，说明各液压缸的作用力臂最大并不意味着就能发挥最大的挖掘力，原因是最大挖掘力的发挥受多种因素的影响，而不单是几何因素决定的。此外，需要注意的是，图 4-21 所示的工况 a 和工况 b 并不具有实际的挖掘意义，这样的计算结果主要是根据挖掘力方向沿着斗齿运动轨迹的切线方向这一假设前提而来的。但考虑到作业对象的复杂多变性和驾驶员难以避免的误操作，因此不能完全排除这种可能；同时，也不能断定某些破坏形式就一定出现在常规的危险工况中，破坏也可能是某些因素综合影响的结果。实例分析中，还将该计算结果用于该机型的强度分析，通过比较，证明了上述分析计算的正确性。

4.2 挖掘性能分析

4.2.1 挖掘图的绘制方法

挖掘图是某工况下斗齿尖在系列位置点上所能产生的整机理论最大挖掘力、消耗的最大功率及影响挖掘力发挥的因素等信息的综合反映，其包含信息多、计算复杂，一般用计算机绘制。利用挖掘图可以检验挖掘力发挥情况、功率利用情况、影响挖掘力发挥的因素及各因素间的匹配情况等。

绘制挖掘图时，一般已知各铰接点位置坐标、液压缸主参数（缸径、活塞杆直径及行程）、系统压力（工作压力）、闭锁压力、各部件重量及其重心位置，具体绘制步骤如下。

（1）选定机身姿态和工况　机身姿态包括坡度、机身相对于工作装置的纵向或横向姿态；根据作业情况、三组液压缸的组合方式及动作特点，主要有如下 5 种工况。

1）动臂液压缸举升工况：该工况是指动臂液压缸单独动作举起整个工作装置及满斗物料至要求位置。通过分析动臂液压缸发挥的力矩，检验其举升能力。

2）铲斗液压缸挖掘工况：通过分析铲斗液压缸工作、其他液压缸闭锁时产生的最大挖掘力及其影响因素，检验铲斗液压缸的挖掘能力。

3）斗杆液压缸挖掘工况：通过分析斗杆液压缸工作、其他液压缸闭锁时产生的最大挖掘力及其影响因素，检验斗杆液压缸的挖掘能力。

4）斗杆液压缸回摆工况：通过分析斗杆液压缸工作时（普通反铲为有杆腔回油）斗杆机构连同铲斗连杆机构及满斗物料回摆至目标位置所发挥的力或力矩，检验斗杆液压缸的回摆能力。

5）铲斗液压缸回摆工况。通过分析铲斗液压缸工作时（普通反铲为铲斗液压缸收缩）铲斗回摆完成卸料或其他作业动作所发挥的力或力矩，检验铲斗液压缸的回摆能力。

这 5 种工况不能完全反映挖掘机的全部工况，但代表了挖掘机常见的几种工况，并能基本反映整个工作装置铰点位置设计的合理性及各液压缸的匹配情况，限于篇幅，仅论述 2）、3）两种工况。

（2）计算斗齿尖位置坐标　已知三组液压缸长度的不同组合，在一定挖掘范围内，取适量的计算点。

（3）计算各位置点的整机理论最大挖掘力和消耗的最大功率　计算中要考虑影响挖掘力发挥的因素，为便于后续分析，将这些因素进行排序，即①动臂液压缸工作能力或闭锁能力；②斗杆液压缸主动发挥能力或被动作用时的闭锁能力；③铲斗液压缸主动发挥能力或被动作用时的闭锁能力；④整机前倾失稳时限制挖掘力发挥情况；⑤整机后倾失稳时限制挖掘力发挥情况；⑥整机与地面附着性能限制挖掘力发挥情况。

(4) 绘制挖掘图　利用“EXCAB_T”软件计算各工况中的相应参数，并将这些参数组合起来绘成挖掘图。

挖掘图绘制流程图

4.2.2　挖掘性能可视化与大数据统计分析技术

挖掘图是对某挖掘工况在一定作业范围内的特定计算位置点的挖掘力及其限制因素分布规律进行分析得到的图形。对挖掘图来说，所选齿尖计算位置是按液压缸长度均布计算得来的，导致整个挖掘范围的疏密度不均匀，分析结果不全面，并且当计算位置点数量较多时，数据多，可视化程度低，结果分析费时费力。为此，编者开发了挖掘性能的数字可视化分析技术及分析软件“EXCAS”（履带式正铲）、“EXCAB_T”（履带式反铲）、“EXCAB_W”（轮胎式反铲）及“EXCAB_H”（挖掘装载反铲）。该软件可将取点模式改为挖掘范围内按点距离均布方式，同时将数据按挖掘力大小显示为云图形式，并显示限制因素区域分布，共同形成挖掘云图。在此基础上，进一步绘制挖掘力、限制因素统计分布图和相关的数据统计结果曲线或图像。将挖掘性能分析的数据和可视化图像技术结合起来，为全面、快速地掌握挖掘机的挖掘性能提供直观便捷可靠的分析手段。

下面以一台整机质量为30t、标准斗容量为1.6m^3的反铲液压挖掘机为例简要介绍挖掘图的绘制过程及数字映像与大数据统计分析技术。该机型采用双泵双回路全功率变量系统，可以合流供油。挖掘性能可视化分析的流程图如图4-22所示。图4-22所示的技术路线图包括整机几何性能、工作模式（挖掘、起重及破碎）下的整机力学性能、整机稳定性、关键零部件受力及特殊工况下工作装置的运动与动力学分析等模块，部分技术将在本书后文的相关章节中介绍。

1. 铲斗挖掘云图及大数据统计分析

该工况为铲斗液压缸工作，动臂液压缸和斗杆液压缸成闭锁状态，在铲斗液压缸长度上以均布方式取12个铲斗的计算位姿，得出12个铲斗转角对应的12张挖掘云图，如图4-23所示。在各张挖掘云图中，因铲斗液压缸长度不同，其边界范围也不同。在各自的边界范围内，按一定间距取齿尖计算位置点，则各张挖掘图的计算点数见表4-1，12张图共取了95924个计算位置。由于每张挖掘图的挖掘范围不同，因此其计算点数也不相同。确定了计算位置点和数量之后，可求得每个计算位置点上动臂液压缸和斗杆液压缸的长度，这与按液压缸长度等分来确定计算位置点的过程相反。

表4-1　铲斗挖掘工况计算位置分组信息

组号	1	2	3	4	5	6	7	8	9	10	11	12
L_3/mm	2050	2132	2215	2298	2381	2464	2546	2629	2712	2795	2877	2960
φ_3/(°)	25.90	4.61	-10.32	-23.33	-35.62	-47.78	-60.30	-73.66	-88.55	-106.13	-128.83	-162.95
取点数	9833	10165	10129	9906	9556	9075	8484	7767	6898	5864	4685	3562

确定了每个计算位置点上的动臂液压缸和斗杆液压缸长度后，考虑6种限制因素及部件自重和重心位置，计算得出每个齿尖位置点所能产生的最大挖掘力，随后，将挖掘力大小用

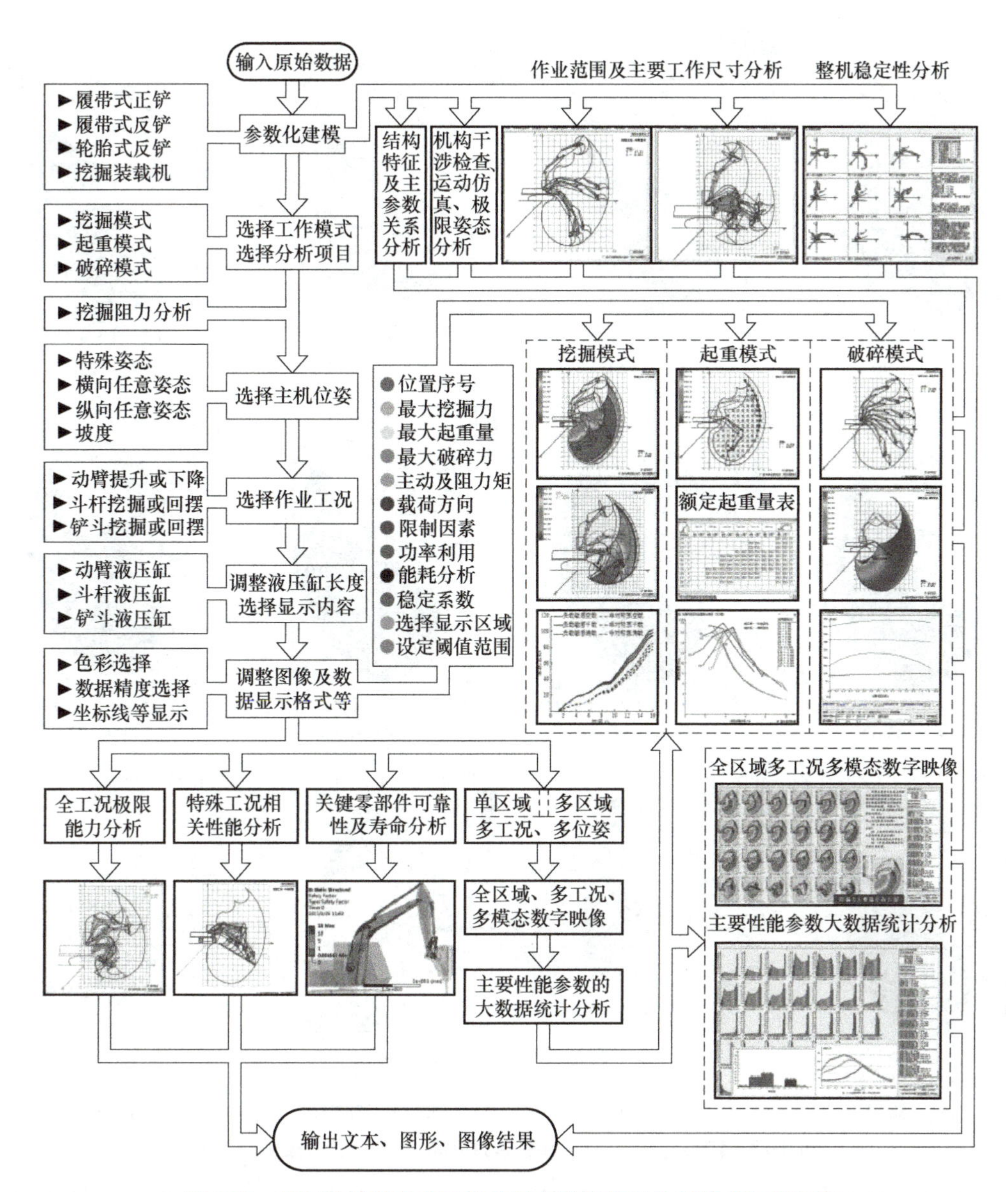

图 4-22 挖掘性能的数字可视化及大数据统计分析技术程流程图

不同颜色或色彩饱和度显示，如图 4-23 所示。图 4-23 中的每张云图仅对应一个铲斗液压缸长度和一个铲斗转角，色彩饱和度由纯白到纯黑对应挖掘力由最小到最大（色标位于左上角），即颜色越深挖掘力越大。云图中还显示了 6 种限制因素限制的区域（图中数字）和所发挥的最大和最小挖掘力位姿。每张云图的具体数值信息也可以进行显示。

挖掘力分布云图（彩色独立色标）

图 4-24 所示为挖掘力统计分布图，横坐标为挖掘力分布区间，纵坐标为挖掘力各区段所占的百分比。由图 4-24 可以看出：图 4-24a～h 的挖掘力较大区域所占比例较大，图 4-24i～l 的挖掘力较小区域占的百分比较大。这说明当铲斗转角在 25.9°～-88.55°（总转角<114.45°）时，最大挖掘力能在较大范围内发挥，当铲斗转角达到-88.55°（总转角>114.45°）时，只能在小范围内发挥出较大挖掘力，大部分范围发挥的挖掘力都很小，

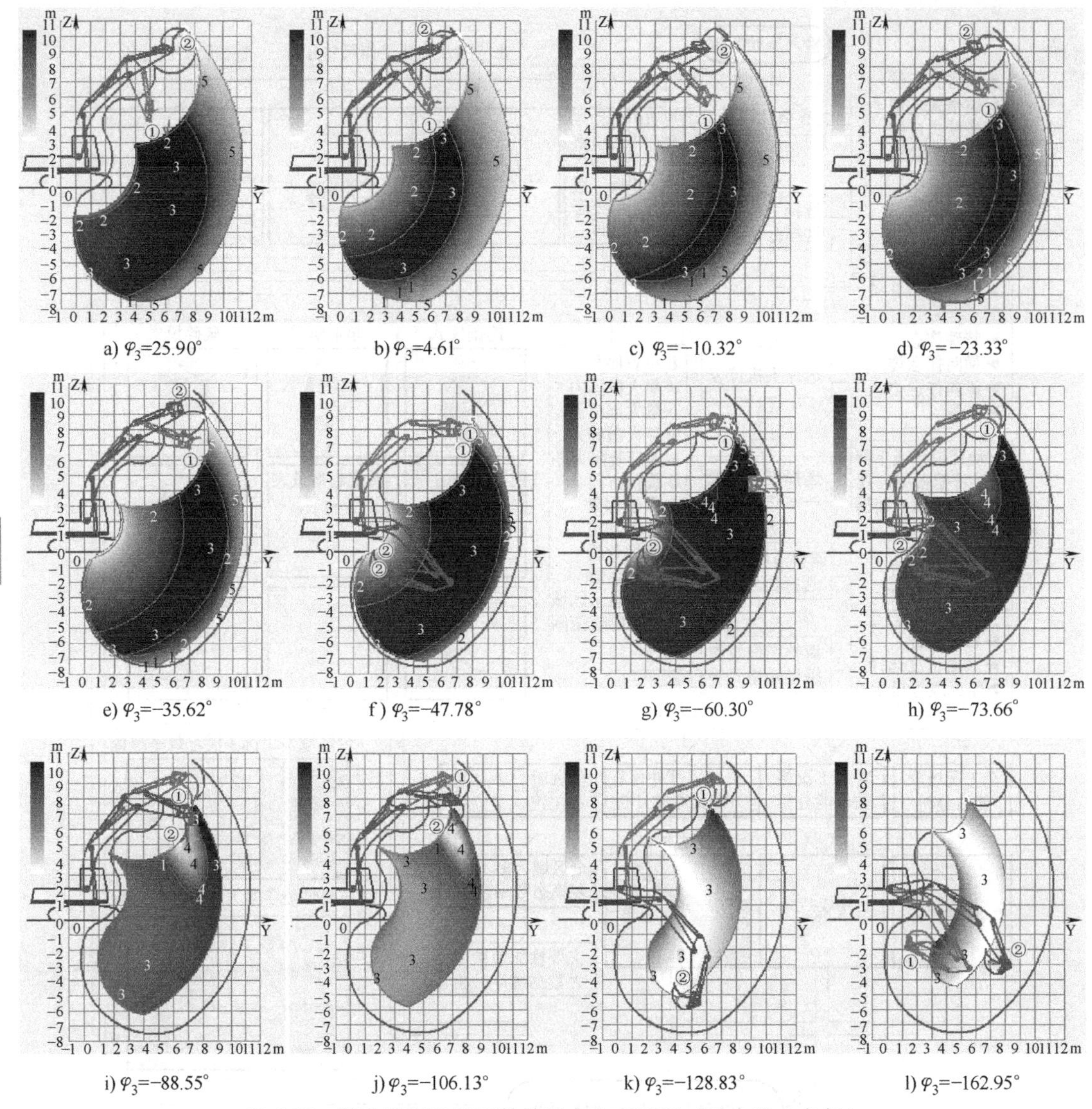

a) φ_3=25.90°　b) φ_3=4.61°　c) φ_3=−10.32°　d) φ_3=−23.33°

e) φ_3=−35.62°　f) φ_3=−47.78°　g) φ_3=−60.30°　h) φ_3=−73.66°

i) φ_3=−88.55°　j) φ_3=−106.13°　k) φ_3=−128.83°　l) φ_3=−162.95°

图 4-23　铲斗挖掘工况下的挖掘力分布云图（黑白独立色标）

因此，铲斗液压缸能发挥较大挖掘力的情况只能在铲斗总转角<114.45°时产生。对比图 4-2 可以看出：铲斗转角较大时铲斗连杆机构的传动比也会变得很小，此时实际的挖掘过程已完成，铲斗液压缸继续伸长只是为了装满铲斗，因此对挖掘力可不作要求，只要铲斗力矩能满足满斗转动要求即可。

表 4-2 给出了挖掘云图中限制最大挖掘力发挥因素的占比。图 4-25 所示为限制因素的总体统计分析，可以看出：全部计算位置上，铲斗液压缸主动能力限制的区域占比为 56.84%，斗杆液压缸闭锁能力限制的区域占比为 22.33%，整机后倾失稳限制的区域占比为 17.02%，动臂液压缸闭锁不住和前倾失稳限制的区域占比都不到 3%，整个挖掘范围无整机滑移限制。由此可知：铲斗液压缸主动能力发挥一般，斗杆液压缸的闭锁能力有些不足，此外，当齿尖达到机身的远端时，整机产生后倾的可能性也较大，这对防止挖掘机向前倾翻而具备自救能力十分重要，但由于斗杆液压缸能力较为薄弱，在一定程度上也影响了整机的自救能力。

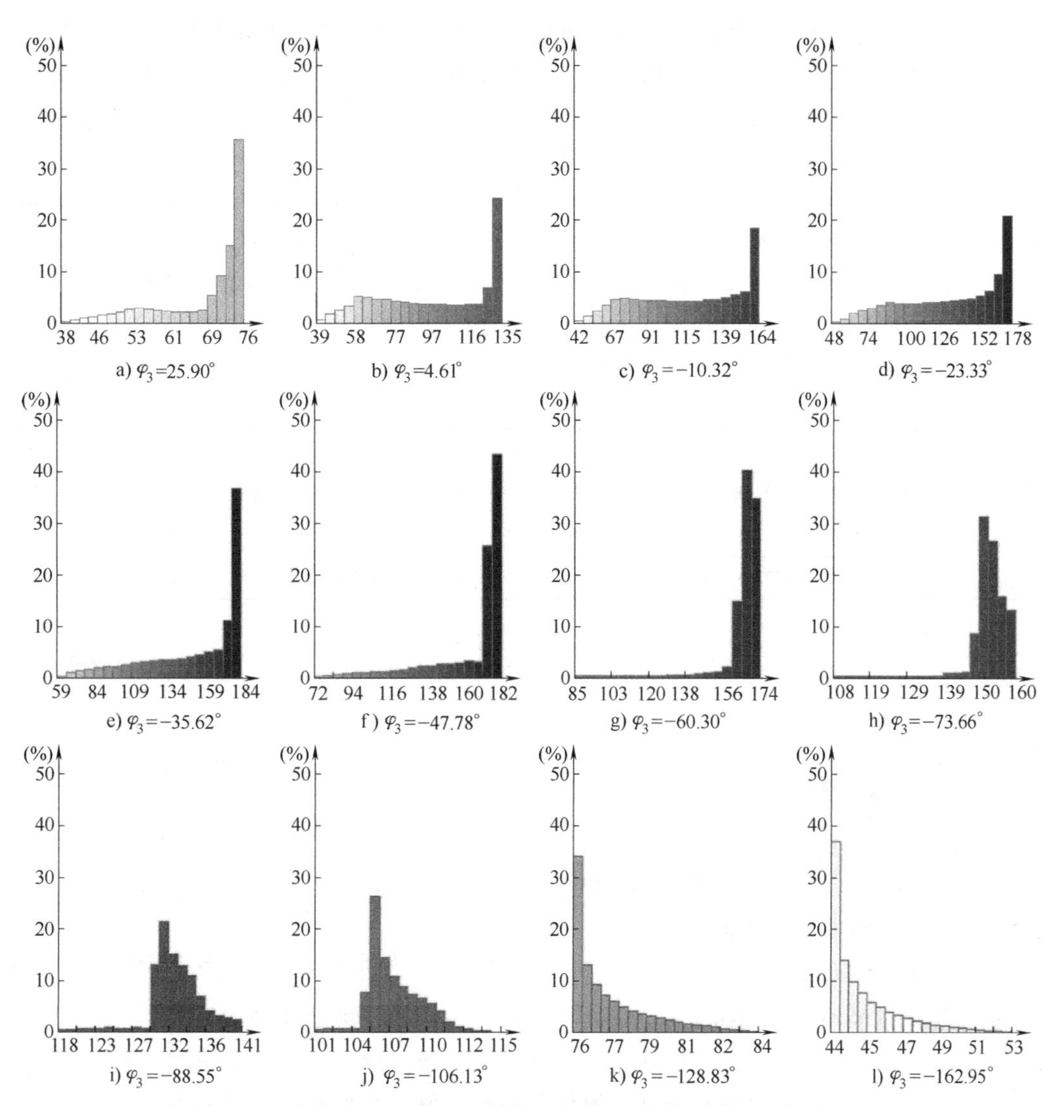

图 4-24　铲斗挖掘工况的挖掘力统计分布图

表 4-2　挖掘云图限制因素占比

限制因素	1	2	3	4	5	6	7	8	9	10	11	12
1	0.01%	2.82%	4.46%	4.31%	1.90%	0	0	0	0.22%	0.34%	0	0
2	1.83%	26.65%	44.61%	55.71%	46.19%	30.83%	13.31%	1.96%	0	0	0	0
3	59.47%	26.02%	14.89%	14.19%	38.08%	64.37%	84.23%	90.69%	87.45%	88.06%	100%	100%
4	0	0	0	0	0	0	1.99%	7.35%	12.34%	11.60%	0	0
5	38.69%	44.51%	36.04%	25.78%	13.82%	4.79%	0.47%	0	0	0	0	0
6	0	0	0	0	0	0	0	0	0	0	0	0

表 4-3 列出了图 4-23 中 12 张云图的最大挖掘力、最小挖掘力及平均挖掘力。图 4-26 所示为铲斗挖掘云图的最大挖掘力、最小挖掘力和平均挖掘力曲线，横坐标为铲斗转角。这三组曲线反映了铲斗不同转角下挖掘力的总体发挥水平。可以看出：挖掘云图中最大挖掘力和

平均挖掘力的变化趋势大致相同，但最大挖掘力和平均挖掘力的峰值并不在同一铲斗转角对应的挖掘云图中，平均挖掘力的峰值出现在铲斗转角的后期。结合表 4-2，这反映了如下问题：在铲斗转角的某些区段（本例为铲斗转角前段，25.90°~-47.78°范围）最大挖掘力与平均挖掘力变化的相关性不完全不一致。平均挖掘力较小的区域，其他因素限制的范围较大；在铲斗转动的后期（-73.66~-162.95°范围），由于铲斗液压缸主动能力限制的区域占了绝对优势，因此最大挖掘力与平均挖掘力变化规律基本一致。最小挖掘力的变化在开始阶段很小，结合图 4-23 和图 4-24 可以看出，其所占比例较小，分布在不常挖掘的较小区域内，铲斗转角的后期，最小挖掘力接近于最大挖掘力和平均挖掘力，此阶段铲斗已基本脱离土体，为收斗阶段，这也比较符合实际情况。

表 4-3　挖掘云图的最大挖掘力、最小挖掘力和平均挖掘力　（单位：kN）

组号	1	2	3	4	5	6	7	8	9	10	11	12
F_{3max}	76.19	135.08	163.58	178.24	183.7	181.95	173.96	160.20	140.61	114.92	83.75	52.83
F_{3min}	37.90	38.63	42.24	48.471	58.98	71.96	84.80	108.29	118.18	101.48	75.70	43.54
F_{3ave}	67.69	99.41	117.59	135.54	153.35	164.41	164.86	152.80	132.46	107.26	77.31	45.16

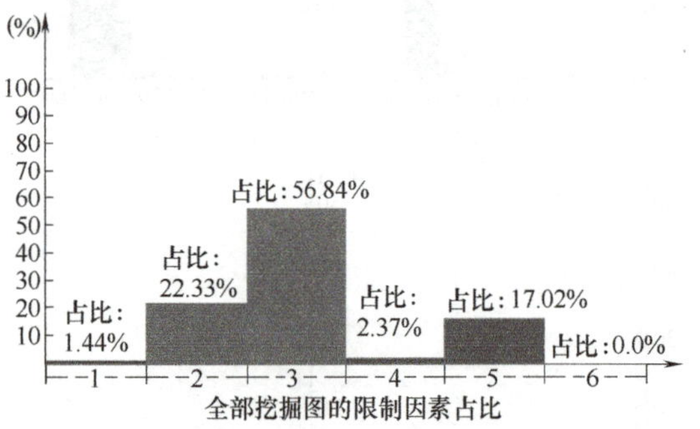

图 4-25　计算位置的限制因素占比

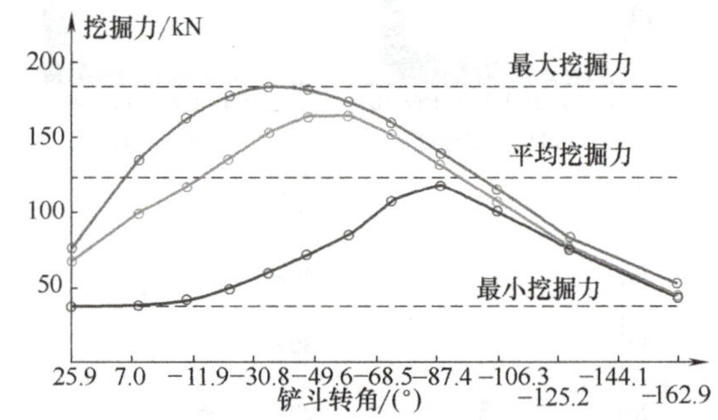

图 4-26　全局最大、平均及最小挖掘力变化曲线

图 4-23 所示的挖掘云图包含了 256 种黑白色，可详细反映单张挖掘云图的挖掘力分布，但不便于在不同挖掘云图之间进行比较观察，为此，对全部计算位置点统一按挖掘力大小赋予对应的色彩饱和度值，得到在统一色标下的 12 张挖掘云图，如图 4-27 所示，这样就可从云图中直观地观察到不同铲斗转角时最大挖掘力的整体发挥水平和对比情况。从图 4-27 所示分布云图可以看到：图 4-27e~h 所示挖掘云图的整体发挥水平较好，即当铲斗转角在-35.62°~-73.66°（总转角 61.52°~99.56°）之间时挖掘力发挥得较好，结合图中限制因素区域分布情况和表 4-3 的挖掘力统计结果也能看出这点。

挖掘力分布云图（彩色统一色标）

2. 斗杆挖掘云图及大数据统计分析

该工况是斗杆液压缸工作，动臂液压缸和铲斗液压缸闭锁状态。表 4-4 为斗杆挖掘工况挖掘云图分组信息。对于斗杆挖掘，当铲斗转角达到-53.97°时，斗底会先于斗齿接触物料，无法实施斗杆挖掘，因此仅分析铲斗转角在 25.90°~-53.97°之间的斗杆挖掘情况。在铲斗液压缸长度上均布取 9 个铲斗的计算位姿，得出 9 个铲斗转角下对应的挖掘云图。在挖掘云图中，仍以前述方法分布齿尖计算位置点，其铲斗液压缸长度、铲斗转角及取点数见表 4-4，共取了 87467 个齿尖计算位置。每个计算位置都是斗杆液压缸伸长进行挖掘，而动臂

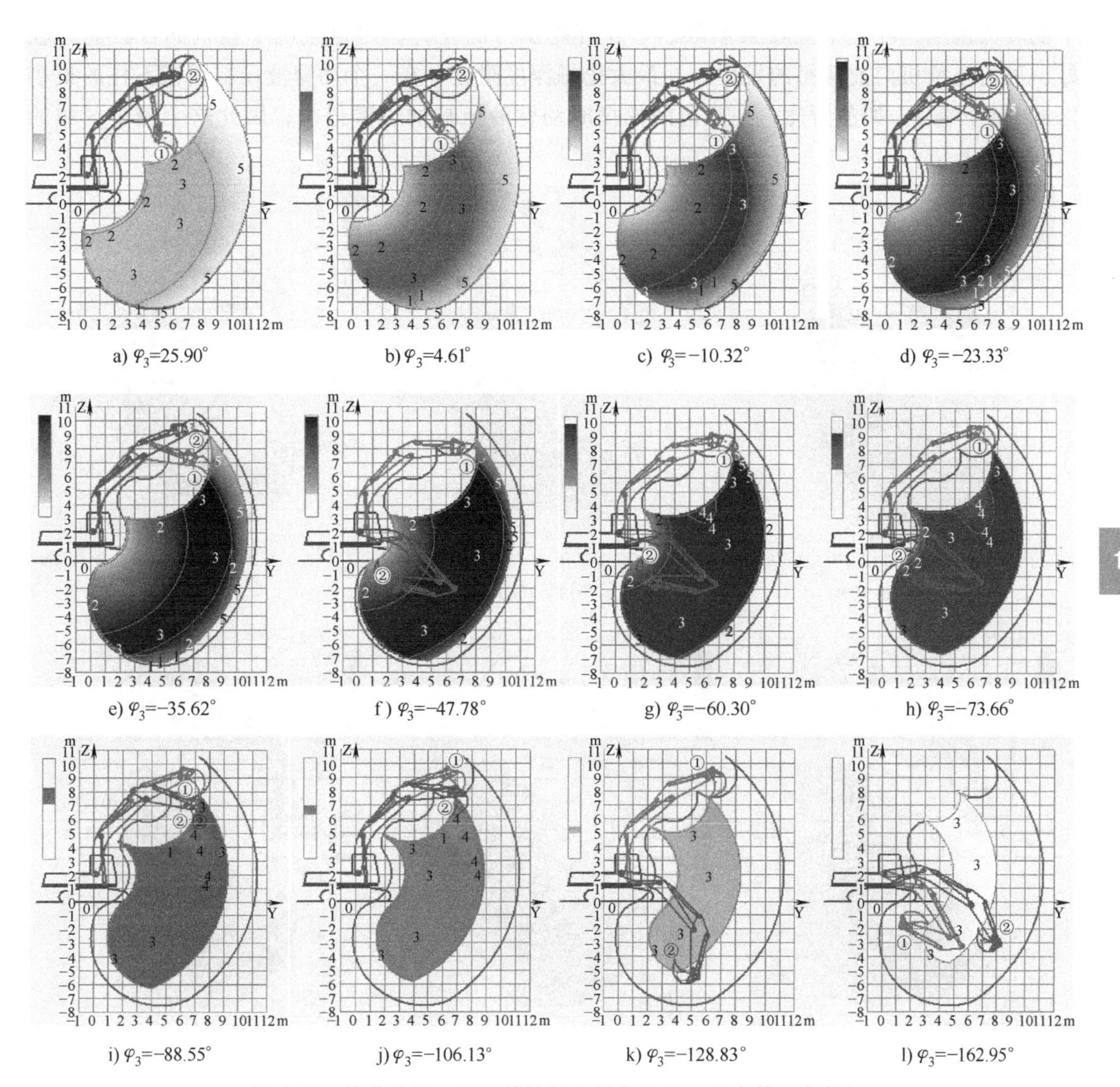

图 4-27　铲斗挖掘工况下的挖掘力分布云图（黑白统一色标）

液压缸和铲斗液压缸为闭锁状态。确定了计算位置点和数量后，可求得每个计算点上动臂液压缸和斗杆液压缸的长度，进而求得每个点的整机最大挖掘力。

表 4-4　斗杆挖掘工况的挖掘云图分组设置信息

组号	1	2	3	4	5	6	7	8	9
L_3/mm	2050	2107	2164	2221	2278	2334	2391	2448	2505
φ_3/(°)	25.90	10.11	−1.34	−11.17	−20.18	−28.76	−37.14	−45.49	−53.97
取点数	9833	10127	10173	10118	9981	9769	9493	9181	8792

图 4-28 所示为斗杆挖掘的挖掘力云图。从图 4-28a 可以看出：在铲斗开挖角位姿下，有一个较大的铲斗液压缸闭锁不住限制的区域（3 区域）限制了整机最大挖掘力的发挥，说明铲斗连杆机构在铲斗液压缸全缩状态及其附近的传动比较小或者铲斗液压缸的缸径较小；在远离机身的部位还有一个整机后倾失稳限制的较大区域（5 区域），该区域贯穿了停机面上

下的较大范围，在这个区域虽然限制了斗杆挖掘力的发挥，但也说明了整机的自救能力较好，可防止整机向前倾翻的发生；在最大挖掘深度附近存在一个动臂液压缸闭锁不住的很小区域（1 区域），如前所述，在此范围挖掘时动臂液压缸的力臂最小，因此这个较小区域的

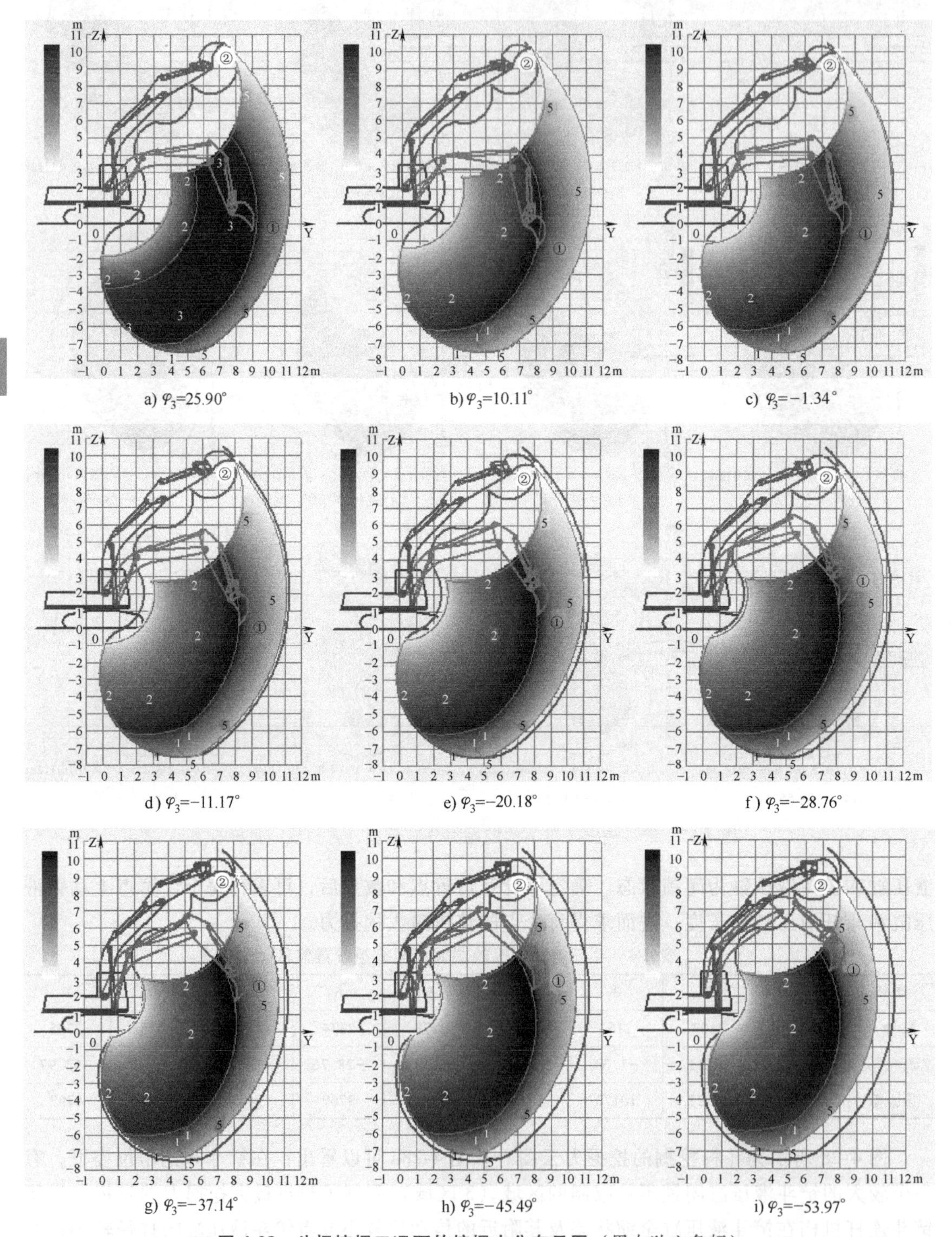

a) φ_3=25.90°　b) φ_3=10.11°　c) φ_3=−1.34°

d) φ_3=−11.17°　e) φ_3=−20.18°　f) φ_3=−28.76°

g) φ_3=−37.14°　h) φ_3=−45.49°　i) φ_3=−53.97°

图 4-28　斗杆挖掘工况下的挖掘力分布云图（黑白独立色标）

存在在一定程度上是难以避免的。除上述 3 个区域外，在靠近机身部位有一个斗杆液压缸主动能力限制的较小区域（2 区域），贯穿了停机面上下部分，在该区域挖掘无实际意义，因此，从该图看，斗杆液压缸的最大挖掘能力不能发挥出来。解决办法是：首先改善铲斗连杆机构的传动比，通过适当增加铲斗连杆机构在铲斗液压缸最短长度附近的传动比来提高铲斗液压缸的能力，从而保证斗杆液压缸的最大能力能发挥出来；其次将整机的重心位置适当前移以减小整机后倾所限制的区域 5。从图 4-28b～i 综合来看，挖掘云图中主要有 3 个限制因素起作用，其中，斗杆液压缸主动能力限制区域较大，远离机身的部位存在贯穿停机面上下范围的整机后倾失稳限制的区域次之，在最大挖掘深度处存在动臂液压缸闭锁不住的区域较小。

挖掘力分布云图
（彩色独立色标）

限制因素占比如图 4-29 所示。限制因素所占比例说明：斗杆液压缸的主动能力在铲斗不同转角的这些区域能够大范围发挥出来，但在距离机身的远端挖掘时会存在较大范围的整机后倾失稳区域，而限制斗杆液压缸主动能力的发挥，为防止整机向前倾翻发生，该范围在一定程度上是必要的，但过大的后倾限制区域不仅会限制斗杆挖掘力的充分发挥，还会使整机频繁“点头”，对回转平台、回转支承及底盘造成一定的疲劳损伤，因此该区域应在保证整机安全的前提下限制在适当范围内。而解决该问题最简单的办法是：通过改变配重来调整整机的重心位置。另外需思考的是：斗杆液压缸自身能力限制的区域较大，其自身能力在 6 种限制因素中也是最弱的，结合铲斗挖掘工况的分析结果，说明斗杆液压缸的挖掘能力有提高的空间和必要。

表 4-5 为斗杆挖掘云图的最大、最小及平均挖掘力，图 4-30 为不同铲斗转角下的挖掘力变化曲线。从表 4-5 和图 4-30 所示曲线可以看出：随铲斗液压缸行程的增加，最大、最小及平均挖掘力都在缓慢增加，其变化率大致相同，说明铲斗液压缸行程的变化对斗杆挖掘力的影响较为平缓，原因是斗杆较长导致阻力臂较大，而铲斗转角的变化对阻力臂的影响相对较小，所以长斗杆结构适合较大范围的挖掘，如修坡或平整场地，若要提高斗杆挖掘力，除增大斗杆液压缸直径外，还可缩短斗杆长度，该方法在大型矿用挖掘机上较为常见。

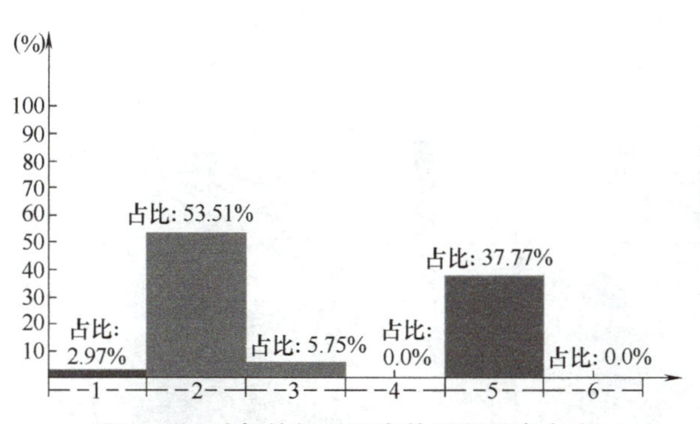

图 4-29　斗杆挖掘云图中的限制因素占比

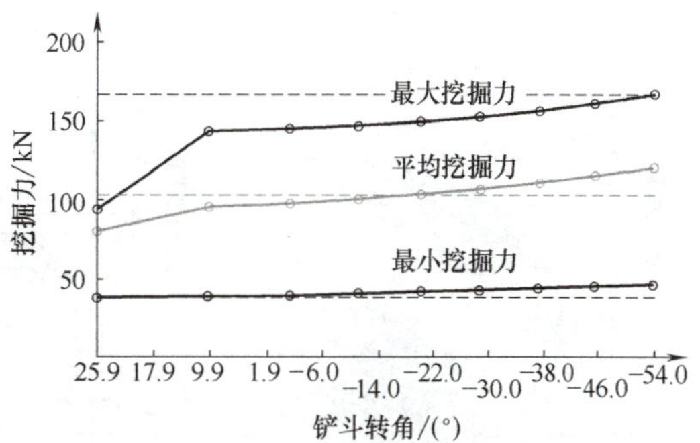

图 4-30　最大、平均及最小挖掘力曲线

表 4-5　斗杆挖掘工况的最大挖掘力、最小挖掘力及平均挖掘力

组号	1	2	3	4	5	6	7	8	9
F_{3max}/kN	93.62	143.51	144.89	146.94	149.56	152.66	156.54	161.11	166.62
F_{3min}/kN	38.15	38.78	39.54	40.40	41.37	42.46	43.70	45.11	46.73
F_{3ave}/kN	80.69	95.49	97.77	100.42	103.46	106.91	110.9	115.48	120.89

为便于对比不同铲斗转角时斗杆挖掘力分布情况，云图用统一色标显示，如图 4-31 所示。铲斗转角初始（开挖角附近），斗杆挖掘力明显较小，印证了铲斗连杆机构在此处传动比较小导致铲斗挖掘力较小。

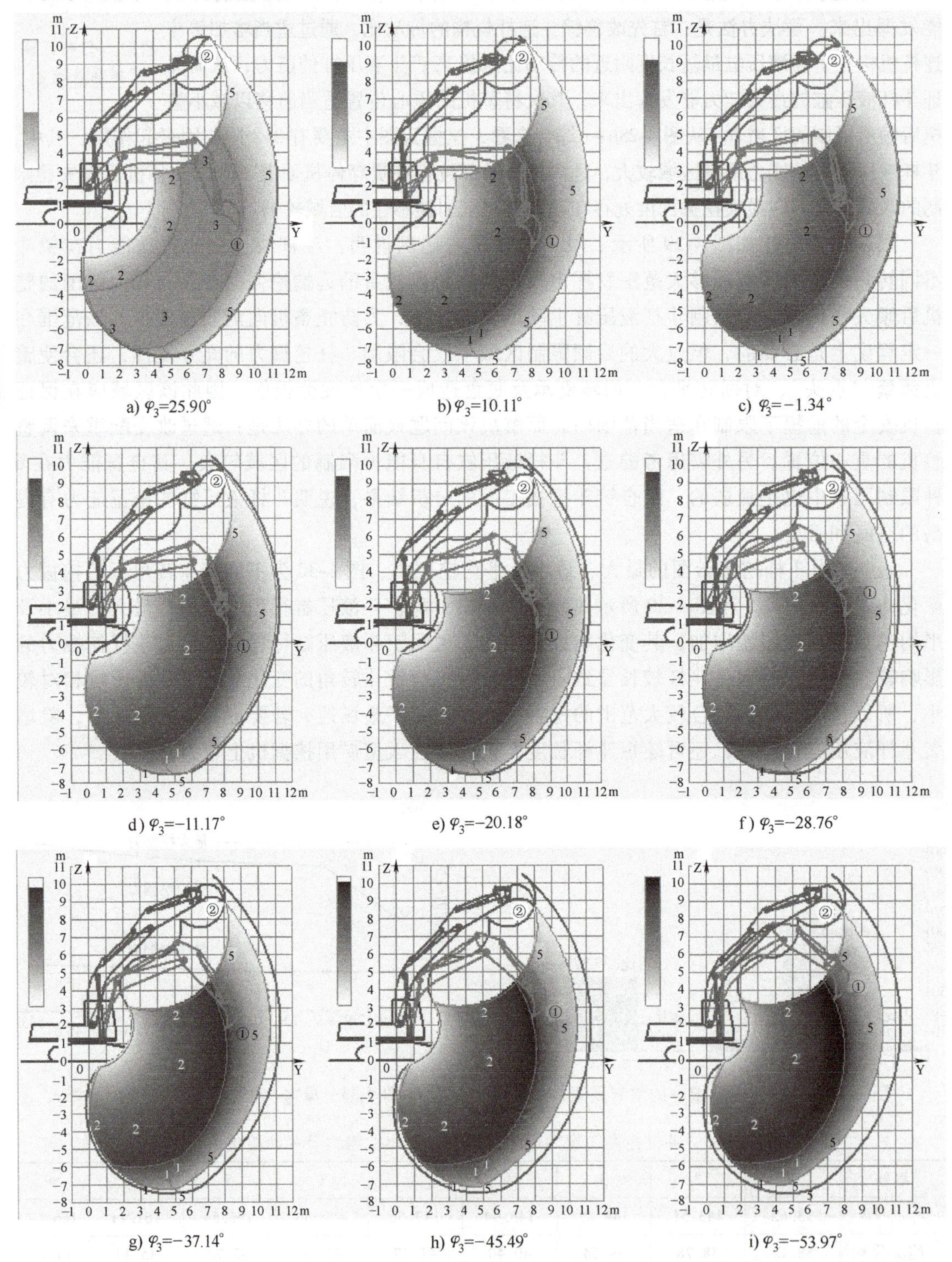

a) φ_3=25.90°　b) φ_3=10.11°　c) φ_3=−1.34°

d) φ_3=−11.17°　e) φ_3=−20.18°　f) φ_3=−28.76°

g) φ_3=−37.14°　h) φ_3=−45.49°　i) φ_3=−53.97°

图 4-31　斗杆挖掘工况下的挖掘力分布云图（黑白统一色标）

关于挖掘图反映的功率利用问题，该机型可以合流供油，当主回路压力达到变量泵起调压力时，挖掘功率达到液压系统的额定功率。从图4-31中看出：在斗杆液压缸主动发挥限制的区域2和铲斗液压缸闭锁能力限制的区域3中，液压系统的功率基本达到充分利用，但区域3会产生溢流损失。另外，由限制因素5限制的区域大部功率利用较差，说明在该区域斗杆液压缸的工作压力低于变量泵的起调压力，易产生后倾失稳，这与铲斗挖掘时的分析结果一致。总体来看，斗杆挖掘力较小，原因是斗杆机构设计不合理及整机重心位置偏后。

挖掘力分布云图（彩色统一色标）

综上所述，该机型存在如下问题。

1）铲斗液压缸处于初始位置（即铲斗液压缸长度最短）时，铲斗连杆机构传动比太小，限制了斗杆液压缸挖掘力的发挥，可通过修改铲斗连杆机构或加大铲斗液压缸缸径的方法来解决该问题。

2）整机重心位置靠后，为使挖掘机发挥挖掘力的同时具有一定的自救能力，应将重心位置适当前移。

3）斗杆挖掘的最大挖掘力和平均挖掘力明显小于铲斗挖掘的相同参数值，属于正常现象，不必讨论。

除上述两种工况外，完整的分析还应包括：①动臂液压缸举升工况，通过计算动臂液压缸发挥的提升力矩检验其举升能力；②斗杆液压缸回摆工况，通过计算斗杆液压缸收缩时发挥的力矩检验其回摆能力；③铲斗液压缸回摆工况，通过计算铲斗液压缸收缩时发挥的力矩检验其回摆能力。

4.3　工作装置设计合理性分析

工作装置的合理性分析是在综合了各种影响因素的情况下对工作装置乃至整机进行的性能分析，目的是检验挖掘机工作装置几何设计是否满足要求，反铲挖掘机工作装置的设计合理性应从以下几方面考虑。

1）挖掘范围及主要工作尺寸是否满足要求？

2）整机理论最大挖掘力的值及其分布区域是否合理？

3）影响整机理论挖掘力的因素有哪些？其区域是如何分布的？各影响因素之间是否达到了合理匹配？

4）作业过程中的功率利用情况如何？作业循环时间，即作业效率如何？

5）工作装置结构和布置是否可行？部件重量及重心位置是否合理？机构空间分布，即机构是否紧凑？

6）工作装置乃至整机的受力状态是否合理？部件的结构强度是否满足要求？

1. 工作尺寸和部件的摆角范围

挖掘机的挖掘范围并非与理论值相等，实际上，铲斗挖掘物料的范围仅为其总转角的2/3左右，例如，一台挖掘机铲斗的总转角为180°，则铲斗有效挖掘范围为120°左右。此范围内，发挥在斗齿上的挖掘力对切削物料具有实际意义，当铲斗转角>120°时，主要实现装满铲斗的收斗过程，并防止物料洒落，因此，要使斗齿尖所能达到的整个范围都成为有效挖掘范围，既无必要也无实际意义。工作尺寸应与机型大小相适应，即一定重量的机型应具有与之相配的工作尺寸和作业范围，应结合实践经验，不可过大或过小。机身重量一定时，为使满足不同作业范围要求，一般配以不同尺寸的工作装置。

2. 挖掘力和挖掘速度

在一定的功率下，挖掘力和挖掘速度相互制约。挖掘力太小就无法挖掘具有一定硬度和切削尺寸的物料，此时速度和效率等于零；挖掘力太大则会增加结构尺寸并造成浪费，例如，过大的液压缸直径会造成材料浪费，在一定程度上降低作业速度，在使用过程中则会造成功率的浪费。当液压功率不充足时，特别是在采用定量系统的情况下，正确处理挖掘力与作业速度的关系至关重要。

根据参考文献［1］的分析和对现有机型的研究，铲斗挖掘力与阻力的基本规律是：当铲斗从铲斗液压缸最短的初始位置（转角为0°的位置）转动至30°左右，挖掘力≥平均挖掘阻力；当铲斗转角在30°~80°范围时，希望挖掘力较大，其中某些位置应与最大挖掘阻力接近，如铲斗转角在45°~55°范围及其附近时；当铲斗转角在80°~120°范围时，对挖掘力的要求可有所降低，因为这时物料已被疏松，阻力明显下降；当铲斗转角>120°时，一般不考虑挖掘作业，这个过程主要实现装满铲斗的收斗动作，挖掘图中的挖掘力值只要大于零且略有余量即可。

对于斗杆挖掘，文献［1］指出：对斗容量在0.6m^3以上的中大型挖掘机，当铲斗转角在0°~30°左右、斗杆转角在0°~60°左右时，斗杆液压缸的挖掘力要大于斗杆挖掘阻力的最大值；当斗杆转角>60°时，斗杆液压缸的挖掘力不小于平均挖掘阻力即可。对于以铲斗挖掘为主的小型机，要求可略微降低。但从文献［1］及式（3-66）得知：在一定铲斗结构和物料下，斗杆挖掘阻力与斗杆挖掘回转半径和斗杆挖掘转角成反比。

关于挖掘速度，对定量系统而言，若无溢流，则挖掘速度与液压泵的流量成正比，即与发动机的输出转速成正比。当外阻力很大或挖掘姿态不合理导致闭锁液压缸的压力超过其调定压力时，系统将产生溢流，此时，挖掘速度取决于挖掘姿态或方式决定的主动力和挖掘阻力相互作用的变化关系，若主动力大于挖掘阻力，则溢流减少、挖掘速度加快；反之，则溢流增加，挖掘速度降低甚至变为零，液压泵的供油将全部溢流回油箱而导致油温升高，由于定量系统不能调节液压泵的输出流量，会造成功率的浪费。对变量系统而言，由于液压泵在一定的工作压力范围内维持恒功率输出，因此，当外阻力增大导致主回路工作压力升高时，液压泵的供油会自动减少，挖掘速度也会自动降低，此时，即便闭锁液压缸的压力达到调定压力，溢流损失也会很小，不会造成系统的过分发热；反之，当外阻力减小时，工作压力下降，液压泵的供油会自动增加，挖掘速度得到提升。

3. 挖掘功率

挖掘功率的利用与系统形式有关。一般情况下，发动机的工作转速在一定范围内，即额定功率附近，其输出功率变化不大。对定量系统而言，其液压泵的输出流量基本恒定，因回路的工作压力随外负载的增大而增大，因此功率消耗也随外负载的增大而增大，只有外负载达到一定值，并使工作压力也达到额定值时，功率消耗才能达到额定值，否则，发动机的功率得不到充分利用。而挖掘机的实际作业情况决定了其不可能总在最大负载下工作，通常的作业工况是在中等偏上的负载下工作，这就会使发动机的功率利用不足。而对于某些小型挖掘机，因成本问题，常采用定量系统。

对于变量系统，只要系统压力达到变量泵的起始调节压力并在起始调节压力与额定工作压力范围内，液压泵的输出功率从理论上来说是恒定的。当外负载较小、系统工作压力达不到变量泵起调压力的情况下，系统的功率利用类似于定量泵的情况，但这种情况并不多见，因此，变量系统的发动机功率利用是较好的，尤其是全功率变量系统。中、大型挖掘机基本采用变量系统，详细描述请参见第 9 章液压系统部分。

由于受物料特性、挖掘方式、液压系统型式、控制系统特性及整机稳定性等因素的影响，对挖掘机功率利用情况的判断往往不能仅靠数字，一般认为：**只要在主要挖掘区域内主动液压缸的挖掘力能正常发挥出来，并使最大可能消耗的挖掘功率接近或达到液压系统的额定功率，功率利用就基本符合要求。**

4. 各液压缸的作用力矩及其匹配情况

各液压缸的合理匹配只能在一定的前提条件下讨论，参考文献［1］概括为：**当主动液压缸作用力在整个地面以下作业范围内大面积地充分发挥时，闭锁液压缸的闭锁能力仅在地面以下作业范围的边缘地区控制小块面积，不同控制区之间的挖掘力和功率过渡平缓时，即不同限制因素之间处于动平衡状态，就表明三组液压缸之间达到了合理匹配状态，这也是理想的设计目标。**例如，在铲斗挖掘图中，当铲斗转角在 30°～60°范围对地面以下挖掘时，铲斗液压缸的主动力基本能发挥出来，只有在靠近机身部位（斗杆液压缸力臂很小）的小范围和远离机身的边缘区域才出现斗杆液压缸或动臂液压缸闭锁不住的情况或存在整机失稳的情况。

如果液压缸匹配情况不符合上述情况，则视为不合理，应当采取相应的措施。

1）首先调整各液压缸的闭锁压力：当某个被动液压缸的限制范围太大时，可调高其闭锁压力，但注意闭锁压力一般不应大于系统压力的 25%，否则会降低保护元件的作用；反之，则适当调低。

2）当措施 1）不能解决问题时，在结构条件允许的情况下，可考虑改变主动作用液压缸和被动作用液压缸的参数，如改变液压缸的缸径和活塞杆直径等。

3）当措施 1）和 2）都不能解决问题时，应考虑修改工作装置机构参数，即铰接点位置，可借助计算机进行。

5. 整机稳定性和附着性能

挖掘机作业时应具有良好的稳定性和一定的自救能力，即在主要作业范围内应保证工作液压缸完全发挥其作用力，在远离机身的边缘地区可以出现整机稳定性控制的适当区域。无论铲斗处于何种转角状态和哪组液压缸工作，将铲斗支在坚硬的地面上时整机前部应能完全抬起。

挖掘阻力沿停机面的分力有使整机沿停机面滑移的趋势，不仅如此，侧向力的作用还能使整机产生转动，这种情况有时是十分危险的，因此，应利用挖掘图掌握附着性能控制的区域，设法加以避免。

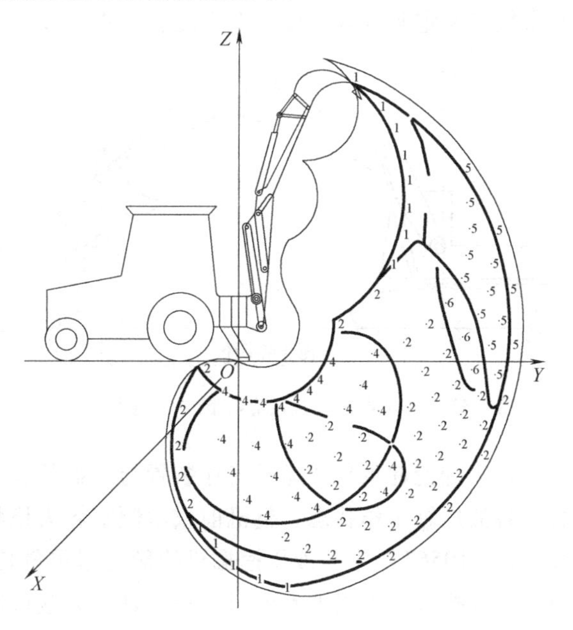

图 4-32　某机型铲斗挖掘图

图 4-32 所示为用“EXCAB_H”软件

对某机型进行分析得出的铲斗挖掘图。由该图可以看出该机型存在的问题有：①工作液压缸的主动力没有发挥出来，说明该机铲斗液压缸的缸径太大、斗杆液压缸的缸径太小或斗杆液压缸的闭锁压力太低（因为斗杆液压缸闭锁不住的区域几乎占据了大半个区域）；②整机发生前倾失稳的区域 4 和整机滑移区域 6 不应出现，说明该机型的重心位置靠前，且附着力不够；③在地面以下边缘地区无后倾控制区域，说明整机的自救能力较差。通过将整机重心位置适当后移并减小铲斗液压缸缸径，情况会得到改善，且不会影响整机挖掘力的发挥。

4.4 起重能力分析

本节对反铲液压挖掘机的起重能力进行分析。分析 4 种因素限制下的整机理论最大起重量，推导计算式；在此基础上，利用计算机可视化技术开发相应的分析计算模块，集成文字、图形、图像及数据的综合显示方式，得到反铲液压挖掘机的纵向和横向位姿、起吊点分别在铲斗斗底和斗杆端部情况下、任意起重幅度和高度下整机的最大理论起重量和符合国际标准的额定起重量表，为技术人员分析和改善反铲液压挖掘机的起重能力提供理论依据和技术手段，提高起重作业安全性。

4.4.1 起重工况的主要参数

液压挖掘机起重工况下的载荷提升点（起吊位置）与工作装置及铲斗结构、施工现场及起重物外形等因素有关，它可位于铲斗齿座处或铲斗斗底专设吊钩处，也可在斗杆与铲斗的铰销轴中心部位。图 4-33 所示为挖掘机在纵向作业姿态下，起吊点在铲斗斗底吊钩处；图 4-34 所示为挖掘机在横向作业姿态下，起吊点位于斗杆与铲斗的铰接处。起重工况的主要参数有额定起重量、提升点高度、起重幅度等。

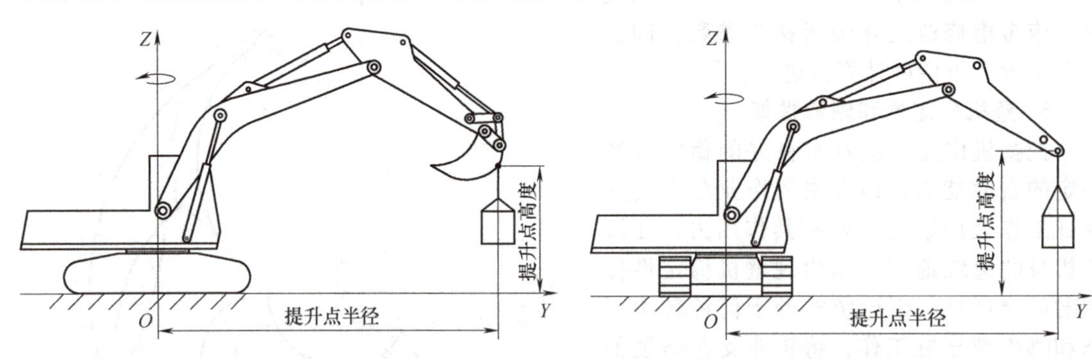

图 4-33 纵向姿态时起吊点在铲斗斗底处

图 4-34 横向姿态时起吊点在斗杆与铲斗铰接处

最大理论起重量考虑了工作装置与底盘的相对位姿（横或纵向）、各部件重量和重心位置、各液压缸工作状态、整机前或后倾临界失稳状态及相关限制因素。为确保起重工况安全性，ISO 10567 规定：液压挖掘机的额定起重量是考虑了限制因素后得出的整机最大理论起重量再经换算后得出的有效起重量，具体为整机倾翻（前或后倾）限定最大起重量的 75%，液压缸能力限定最大起重量的 87%，比较后取最小值。

4.4.2　整机最大起重能力的理论分析

1. 起重工况的确定

对整机的最大起重量进行分析的前提如下。

1）已知条件：主机结构参数（包括各部件重量和重心位置）、工作装置位姿、主动液压缸的工作能力和被动液压缸的闭锁能力。

2）考虑因素：整机稳定性（前或后倾）、整机与地面的附着性能、液压系统的回油背压、风载。

3）不考虑因素：结构强度、连杆机构的效率、部件惯性力及动载荷的影响。

此外，作业过程中各液压缸的工作状态不同，分析计算时还需进一步假设各液压缸的工作状态。参照整机最大理论挖掘力计算方法，可假设某工况下只有一组液压缸工作，其最大压力等于主泵的出口压力，即系统压力；而其他液压缸为闭锁状态，其最大压力等于该液压缸的闭锁压力。上述条件下得到的整机最大理论起重量是诸因素限制后的最小值。

2. 最大理论起重量的分析

选定工况后，对整机进行受力分析，如图 4-35 所示。其中，$G_1 \sim G_{10}$ 为底盘、回转平台、动臂液压缸、动臂、斗杆液压缸、斗杆、铲斗液压缸、摇臂、连杆及铲斗的重量，W 为起重物重量，$\boldsymbol{F}_{\mathrm{dm}}$ 为地面施加于履带上的垂直作用合力，由于不考虑坡度，地面施加给主机的作用力垂直向上。起吊点位置坐标在铲斗上是固定的，可根据铲斗结构预先确定，各铰接点及起吊点在整机坐标系下的坐标可通过坐标变换求得。利用静力学分析法隔离相应部件，分别对动臂与回转平台的铰接点 C、动臂与斗杆的铰接点 F、斗杆与铲斗的铰接点 Q 及前倾覆点（线）I、后倾覆点（线）J 建立力矩平衡方程，求得各平衡方程中的最大起重量。若整机停于坡面上，则还应以整机在坡面上产生滑移时的临界状态求出该因素限制下的最大起重量。下面对动臂液压缸、斗杆液压缸、铲斗液压缸及整机前倾临界失稳 4 种因素限制的最大起重量进行分析。

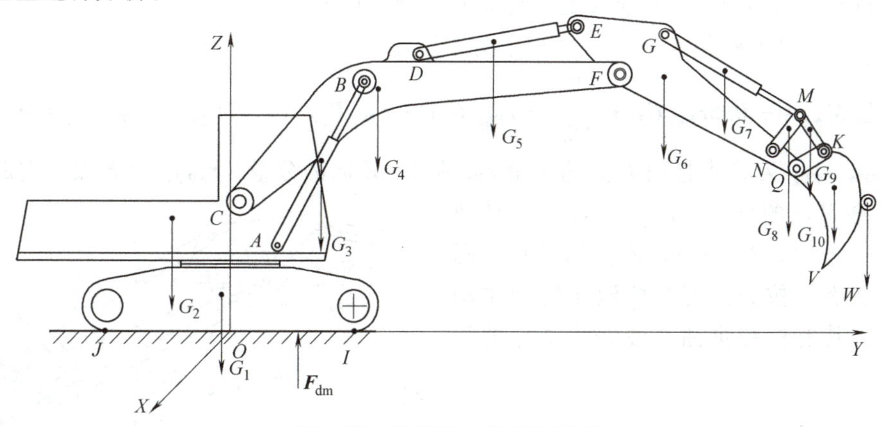

图 4-35　整机受力分析示意图

（1）动臂液压缸能力限制的最大起重量　隔离动臂及工作装置前端各部件，其受力包括各部件重力 $G_3 \sim G_{10}$，动臂液压缸的推力 $\boldsymbol{F}_1$ 及回转平台施加于动臂与回转平台铰接点 C 的力 F_{CY} 和 F_{CZ}。其中，假设动臂液压缸重力 G_3 的 0.5 倍作用在动臂与动臂液压缸的铰接

点 B，动臂液压缸对动臂的作用力 $\boldsymbol{F}_1$ 沿着动臂液压缸的轴线方向，其最大值取决于动臂液压缸的数量、缸径、活塞杆直径及液压系统压力（或自身的闭锁压力）。在铲斗起吊点作用有起吊重物的重力 W_1。图 4-36 所示的 $\boldsymbol{r}$ 为 C 点指向各部件重心位置的矢量。

对动臂与回转平台的铰接点 C 建立力矩平衡方程有

$$\sum M_{CX} = -0.5r_{CBY}G_3 + \sum_{i=4}^{10}(-r_{CGiY}G_i) + r_{CBY}F_{1Z} - r_{CBZ}F_{1Y} - r_{CW1Y}W_1 = 0 \quad (4\text{-}45)$$

式中，r_{CBY}、r_{CBZ} 为 C 点指向 B 点的矢量在 Y、Z 向的分量；r_{CW1Y} 为 C 点指向起吊点的矢量 $\boldsymbol{r}_{CW1}$ 在 Y 向的分量；F_{1Y}、F_{1Z} 为动臂液压缸推力 $\boldsymbol{F}_1$ 在 Y、Z 向的分量，$\boldsymbol{F}_1$ 由 A 点指向 B 点的矢量决定，$\boldsymbol{F}_1$ 的最大值的计算式为

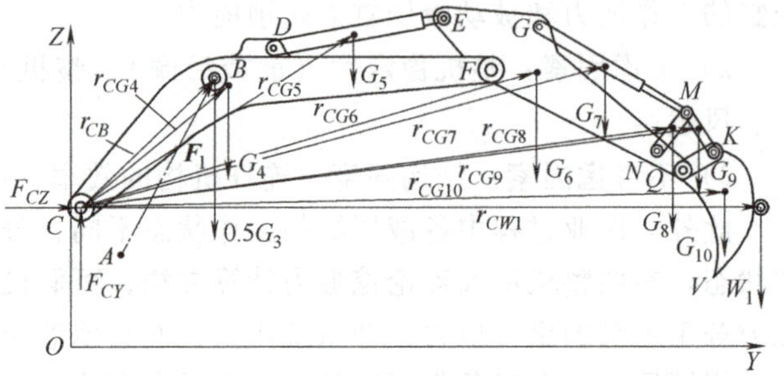

$$F_{1\mathrm{m}} = \frac{n_1\pi}{4}[D_1^2p_0 - (D_1^2 - d_1^2)p_\mathrm{h}]$$

图 4-36　动臂液压缸限制最大起重量分析图

式中，n_1、D_1、d_1、p_0、p_h 分别为动臂液压缸的数量、缸径、活塞杆直径、系统压力及回油背压。

由式（4-45）得动臂液压缸主动能力限制的最大起重量 $W_{1\mathrm{m}}$ 为

$$W_{1\mathrm{m}} = \frac{-0.5r_{CBY}G_3 - \sum\limits_{i=4}^{10} r_{CGiY}G_i + r_{CBY}F_{1Z} - r_{CBZ}F_{1Y}}{r_{CW1Y}} \quad (4\text{-}46)$$

（2）斗杆液压缸能力限制最大的起重量　隔离斗杆及其上部件，受力包括各部件重力 $G_5 \sim G_{10}$，设斗杆液压缸重力 G_5 的 0.5 倍作用在斗杆与斗杆液压缸的铰接点 E，动臂施加给斗杆与动臂铰接点 F 的力为 F_{FY} 和 F_{FZ}，斗杆液压缸对斗杆的作用力 $\boldsymbol{F}_2$（推力或拉力）沿着斗杆液压缸的轴线方向，其最大值取决于斗杆液压缸的数量、缸径、活塞杆直径及液压系统压力或自身的闭锁压力，在铲斗起吊处有起吊物的重力 W_2。

对动臂与斗杆的铰接点 F 建立力矩平衡方程有

$$\sum M_{FX} = -0.5r_{FEY}G_5 + \sum_{i=6}^{10}(-r_{FGiY}G_i) + r_{FEY}F_{2Z} - r_{FEZ}F_{2Y} - r_{FW2Y}W_2 = 0 \quad (4\text{-}47)$$

式中，r_{FEY}、r_{FEZ} 为 F 点指向 E 点的矢量 $\boldsymbol{r}_{FE}$ 在 Y、Z 向的分量；r_{FW2Y} 为 F 点指向起吊点的矢量 $\boldsymbol{r}_{FW2}$ 在 Y 向的分量；F_{2Y}、F_{2Z} 为斗杆液压缸拉力（推力）$\boldsymbol{F}_2$ 在 Y、Z 向的分量，图 4-37 所示状态为拉力，若斗杆液压缸为主动收缩状态，其有杆腔进油，最大值 $F_{2\mathrm{m}}$ 的计算式为

$$F_{2\mathrm{m}} = \frac{n_2\pi}{4}[(D_2^2 - d_2^2)p_0 - D_2^2p_\mathrm{h}]$$

式中，n_2、D_2、d_2 为斗杆液压缸数量、缸径、活塞杆直径。

若斗杆液压缸为闭锁受拉状态，则最大

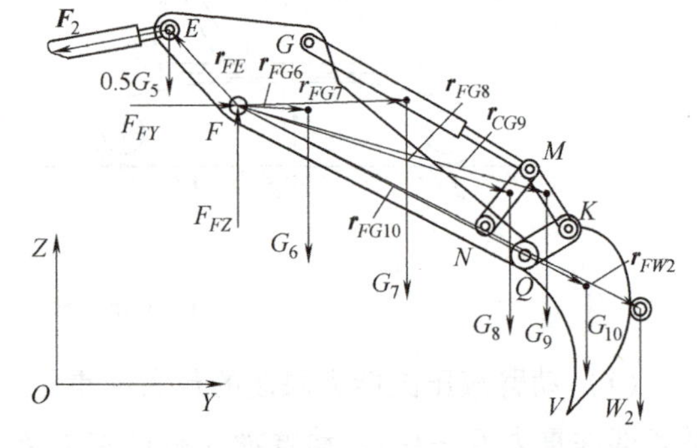

图 4-37　斗杆液压缸限制最大起重量分析图

值 F'_{2m} 为

$$F'_{2m}=\frac{n_2\pi}{4}[(D_2^2-d_2^2)p_{b2}-D_2^2p_h]$$

式中，p_{b2} 为斗杆液压缸的闭锁压力。

由式（4-47）得斗杆液压缸能力限制的最大起重量 W_{2m} 为

$$W_{2m}=\frac{-0.5r_{FEY}G_5-\sum_{i=6}^{10}r_{FGiY}G_i+r_{FEY}F_{2Z}-r_{FEZ}F_{2Y}}{r_{FW2Y}} \tag{4-48}$$

（3）铲斗液压缸能力限制的最大起重量　隔离铲斗、摇臂及连杆，其受力包括各部件重力 $G_7\sim G_{10}$，其中，假设铲斗液压缸重力 G_7 的 0.5 倍作用在铲斗液压缸与摇臂铰接点 M，铲斗液压缸对摇臂的作用力 $\boldsymbol{F}_3$（推力或拉力）沿着铲斗液压缸的轴线方向，其最大值取决于铲斗液压缸的数量、缸径、活塞杆直径及液压系统压力或自身的闭锁压力，在铲斗起吊处起吊重物的重力为 W_3。

对铲斗与斗杆的铰接点 Q 建立力矩平衡方程有

$$\sum M_{QX}=-0.5r_{QMY}G_7+\sum_{i=8}^{10}(-r_{QGiY}G_i)+r_{QMY}F_{3Z}-r_{QMZ}F_{3Y}-r_{QW3Y}W_3=0 \tag{4-49}$$

式中，r_{QMY}、r_{QMZ} 为 Q 点指向 M 点的矢量 $\boldsymbol{r}_{QM}$ 在 Y、Z 向的分量；r_{QW3Y} 为 Q 点指向起吊点的矢量 $\boldsymbol{r}_{QW3}$ 在 Y 向的分量；F_{3Y}、F_{3Z} 为铲斗液压缸拉力（推力）$\boldsymbol{F}_3$ 在 Y、Z 向的分量，图 4-38 所示状态为拉力，若铲斗液压缸为主动收缩状态，其有杆腔进油，最大值 F_{3m} 的计算式为

$$F_{3m}=\frac{n_3\pi}{4}[(D_3^2-d_3^2)p_0-D_3^2p_h]$$

式中，n_3、D_3、d_3 分别为铲斗液压缸的数量、缸径、活塞杆直径。

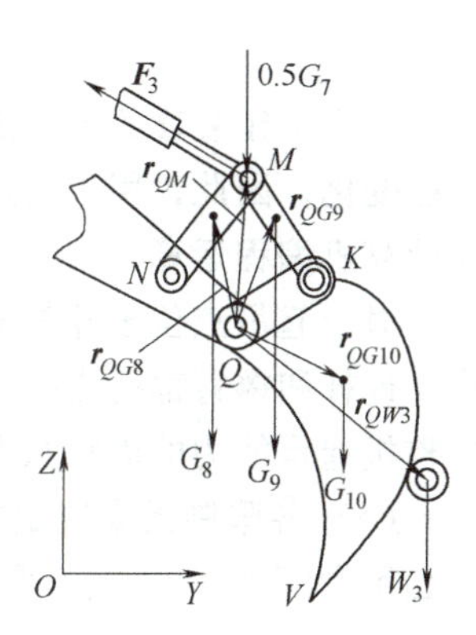

图 4-38　铲斗液压缸限制最大起重量分析图

若铲斗液压缸为闭锁受拉状态，则最大值 F'_{3m} 计算式为

$$F'_{3m}=\frac{n_3\pi}{4}[(D_3^2-d_3^2)p_{b3}+D_3^2p_h]$$

式中，p_{b3} 为铲斗液压缸的闭锁压力。

由式（4-49）得铲斗液压缸能力限制的最大起重量 W_{3m} 为

$$W_{3m}=\frac{-0.5r_{QMY}G_7-\sum_{i=8}^{10}r_{QGiY}G_i+r_{QMY}F_{3Z}-r_{QMZ}F_{3Y}}{r_{QW3Y}} \tag{4-50}$$

（4）整机前倾临界失稳状态决定的最大起重量　对于反铲液压挖掘机，整机前倾是最危险情况，必须重点考虑。下面按整机前倾临界失稳状态进行分析，推导最大理论起重量。图 4-39 所示为纵向作业工况下的整机受力，起重物重力为 W_4。前倾覆线定义为工作装置一侧导向轮（或驱动轮）中心连线在基准地平面的投影，用 I 表示。$\boldsymbol{r}$ 为前倾覆线（或点）指向各部件重心位置的矢量。在前倾临界状态下，假设履带与地面的接触只在前倾覆线处，此位置处地面施加给整机有垂直向上的作用力 F_{dm}，该力对 I 点的力臂为 0。

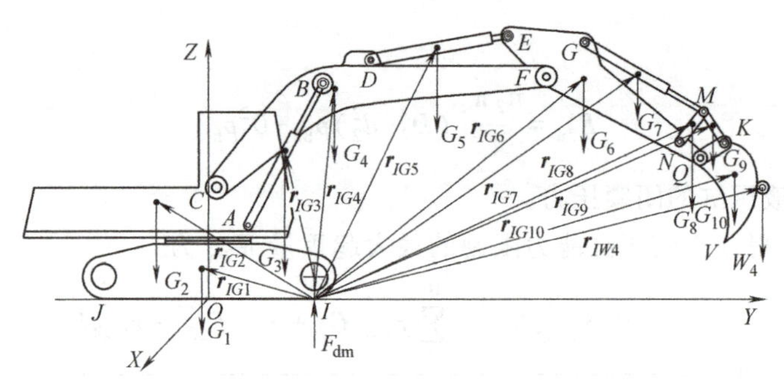

图 4-39 前倾稳定性限制最大起重量分析图

对 I 点建立力矩平衡方程有

$$M_{IX}=\sum_{i=1}^{10}(-r_{IGiY}G_i)-r_{IW4Y}W_4=0 \tag{4-51}$$

式中，r_{IW4Y}、r_{IGiY} 为 I 点指向起吊点的矢量和 I 点指向工作装置各部件重心位置的矢量在 Y 向的分量。

由式（4-51）得整机在前倾临界失稳状态下的最大起重量 W_{4m} 为

$$W_{4m}=\frac{-\sum_{i=1}^{10}r_{IGiY}G_i}{r_{IW4Y}} \tag{4-52}$$

由于工作装置的姿态随各组液压缸长度的变化而变化，因而各部件重量对倾覆线的作用也在变化，因此，用矢量形式反映这种变化的位置关系，比传统的解析形式更准确，也更适合计算机编程运算。

对于起吊点位于斗杆和铲斗铰接点的情况，则相对简单，此种情况下铲斗液压缸、铲斗、连杆和摇臂都已去掉，因此也不需要考虑这些部件的重量和铲斗液压缸的能力，此时影响整机起重能力的因素只有 3 个，即整机前倾稳定性、动臂液压缸和斗杆液压缸的能力。

（5）各限制因素决定的整机理论最大起重量　对比上述 4 种因素限制下得出的 4 个最大起重量值 W_{1m} ~ W_{4m}，取其最小值，即某工况位姿下的整机理论最大起重 W_{max} 为

$$W_{max}=\min(W_{1m},W_{2m},W_{3m},W_{4m}) \tag{4-53}$$

3. 符合国际标准的最大起重量

以上得出的整机理论最大起重量需明确是哪个因素限制的，按照 ISO 10567，若为液压缸能力限制，则其额定最大起重量应为式（4-46）、式（4-48）、式（4-50）最大理论起重量的 87%，若为整机稳定性限制，则应为式（4-52）的 75%，即

$$W_{1mISO}=0.87\frac{-0.5r_{CBY}G_3-\sum_{i=4}^{10}r_{CGiY}G_i+r_{CBY}F_{1Z}-r_{CBZ}F_{1Y}}{r_{CW1Y}} \tag{4-54}$$

$$W_{2mISO}=0.87\frac{-0.5r_{FEY}G_5-\sum_{i=6}^{10}r_{FGiY}G_i+r_{FEY}F_{2Z}-r_{FEZ}F_{2Y}}{r_{FW2Y}} \tag{4-55}$$

$$W_{3mISO}=0.87\frac{-0.5r_{QMY}G_7-\sum_{i=8}^{10}r_{QGiY}G_i+r_{QMY}F_{3Z}-r_{QMZ}F_{3Y}}{r_{QW3Y}} \tag{4-56}$$

$$W_{4\mathrm{mISO}} = -0.75\frac{\sum_{i=1}^{10} r_{IGiY}G_i}{r_{IW4Y}} \tag{4-57}$$

取式（4-54）~式（4-57）中的最小值，即可得到符合国际标准的整机额定起重量，即

$$W_{\mathrm{ed}} = \min(W_{1\mathrm{mISO}}, W_{2\mathrm{mISO}}, W_{3\mathrm{mISO}}, W_{4\mathrm{mISO}}) \tag{4-58}$$

4.4.3　整机最大起重能力的可视化分析技术

图 4-40 所示为挖掘机起重能力可视化分析的技术路线。

该分析模块包括了图 4-33 和图 4-34 所示的两种形式的起重分析功能，即起吊点位于斗底任意位置（具体位置可根据实际情况调节）以及起吊点位于斗杆与铲斗铰接点位置的情况。可得到的结果形式有：①工作装置任意位姿的最大起重量；②在液压缸工作长度范围内均布取若干个计算位置点上的最大起重量；③在整个范围内按照一定间隔均布取若干个起吊点上的最大起重量；④按照国际标准，对标国际主流机型自动生成纵向和横向姿态下若干个等间距起吊位置上的额定起重量表；⑤在整个范围内，按照各起吊点上的理论最大起重量和一定色彩分布规律赋以该位置一定色彩，得到理论最大起重量分布云图和限制因素分布区域，用于对整机起重能力的综合分析。

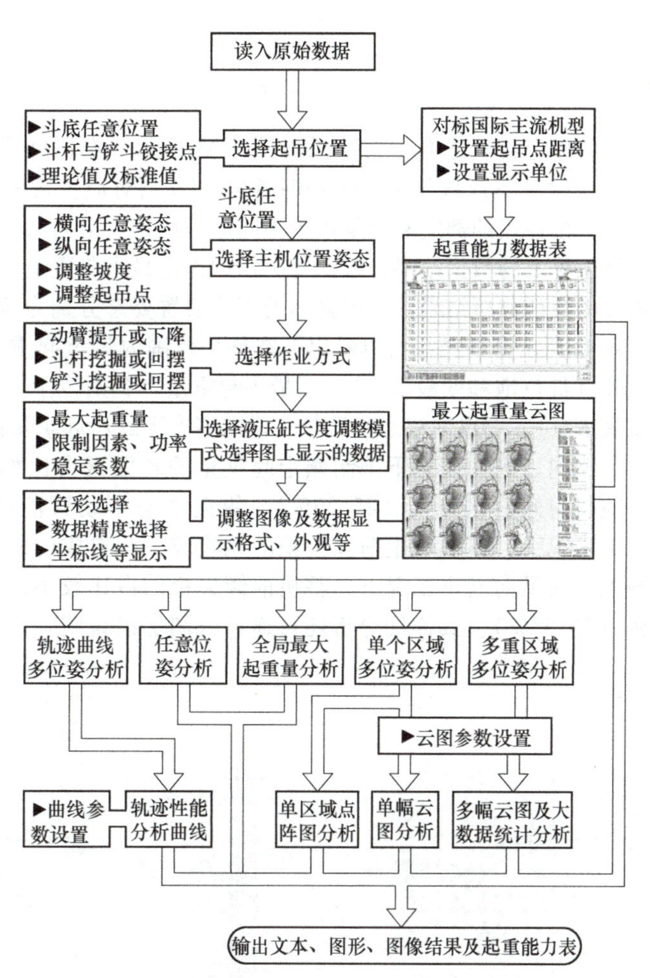

图 4-40　反铲液压挖掘机起重能力分析的流程图

图 4-41 所示为“EXCAB_T”软件中起重能力分析模块的设置界面。该界面包括理论与标准值、起吊位置、计算点布置方式、数据结果单位等选项设置。为了更加直观且丰富地显示分析结果，软件采用了数据文本与图形或图像相结合的结果显示形式，兼顾了数据的精准性与图形图像的直观性。图 4-42 所示为某机型横向停车、工作装置在选定位置姿态、动臂液压缸工作（伸长）、其他液压缸闭锁时的整机最大起重量分析结果，左侧图形区为分析工况的位姿，右侧文本框为详细的数据结果及文字说明。

选择铲斗底部靠后位置处为起吊点，铲斗相对于斗杆的转角为-118°，在纵、横向均布

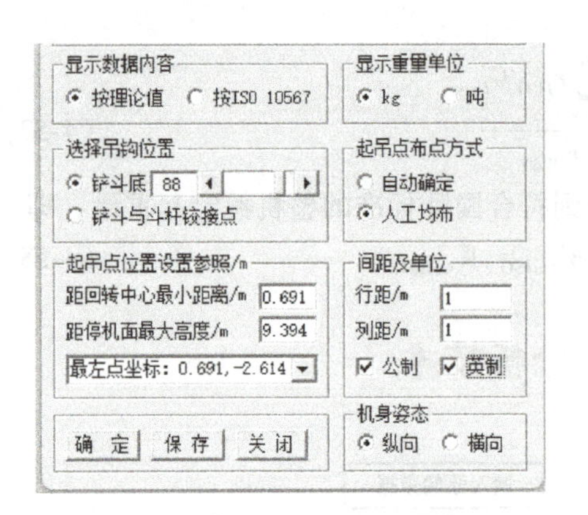

图 4-41　起重能力分析设置界面

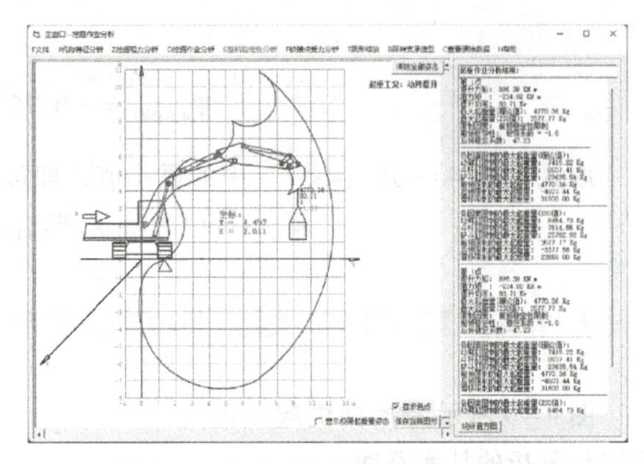

图 4-42　任意工况位姿的最大起重量

取点的额定起重能力分析结果如图 4-43 所示。在所在平面的 Y 轴和 Z 轴上的取点间距均为 1m，有效计算点数共 2×102 = 204 个点，分别对应主机的纵、横向停机姿态上的 102 个起吊位置点，按各点的额定起重量赋予不同的颜色，左上角为对应的色标。右侧文本框列出了 102 个计算位置上的数据结果，包括每个点的理论最大起重量、符合标准的额定起重量、限制因素及相应的统计分析结果。图中显示的工作装置姿态分别为最大起重量姿态和最小起重量姿态。从图 4-43 所示分析结果可以看出：在整个范围内最大起重量位置均位于靠近机身下方的较低位置处（红色饱和度最浓点），而最小起重量位置则位于停机面以上距离机身的远端（蓝色饱和度最浓点）。与纵向姿态相比较，横向姿态下最小起重量的起重半径更大，但其值更小。

横向、纵向姿态下限制额定起重量的各因素占比如图 4-43 右侧文本框所示。横向姿态下整机前倾占比较大（85.29%），纵向姿态下动臂液压缸占比较大（43.14%），说明横向起重工况下，整机发生前倾失稳的风险较大，造成的危害也较大，应严格按照起重作业规范施工；在纵向起重工况下，整机前倾失稳的占比较小，只在起吊点远端前下方占有一定的比例（23.53%），其详细分析还可通过云图加以说明。

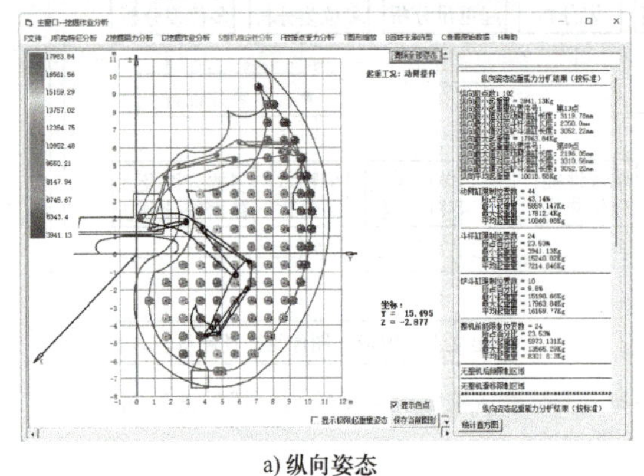

a) 纵向姿态

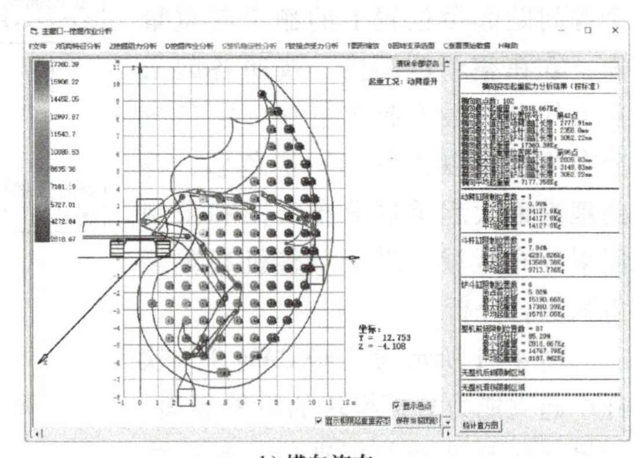

b) 横向姿态

图 4-43　不同姿态下均布取点的整机额定起重量分析

同时，分析结果还可以自动生成如图 4-44 所示的额定起重量表，以数据、图像及表格形式结合起来，既便于观察，又提供了技术指导。图 4-44 所示的起重能力表反映了主机与工作装置纵向和横向两种相对位姿、公制和英制两种数据单位、有一定间隔的若干个起重位置上的额定起重量。每行数据代表同一个起吊高度的额定起重量，每列包括两个子列数据，分别对应同一起吊点坐标下主机成纵向和横向两种姿态的额定起重量。左侧第一列代表行号，第二列为对应行公制和英制两种单位的起吊点高度，最右侧一列为各行最右侧起吊点的水平坐标，最上一行数据代表对应列的起吊半径，即起吊点距离回转中心的水平距离，同样也列出了公制和英制两种数据单位。每个数据前的圆括弧数字代表依据 ISO 10567 得出的限制该位置额定起重量的因素代号，1~4 分别代表动臂液压缸、斗杆液压缸、铲斗液压缸、整机前倾，最下方文本框给出了数据说明和相关技术规范。该表不仅达到了 CAT、小松等国际先进机型的详细程度，同时还结合前述图像和文本结果，更加详细地反映了挖掘机的起重能力。

从各因素占比和图 4-44 所示分析结果看出：横向和纵向姿态下对应起吊点在起吊高度较低、起吊半径较小的情况下是重合的，说明在这些点上的额定起重量相等，其限制因素主要为斗杆液压缸和铲斗液压缸的闭锁能力；对于横向和纵向姿态下不同起吊高度而言，当起吊半径超过一定值后随起吊半径的增大，其额定起重量整体成下降趋势，但横向姿态的限制因素主要为整机前倾，且在起吊半径大于 4m 后明显低于纵向姿态的额定起重量。对纵向姿态，动臂液压缸限制的区域在地面以上占比较大，其他区域斗杆液压缸和整机前倾占比相当，在起吊位置远端，纵向姿态下主要由斗杆液压缸能力限制，而地面以下动臂液压缸限制的区域也较大，说明纵向姿态下起重时动臂液压缸和斗杆液压缸的能力相对薄弱，而横向姿态下整机前倾稳定性相对较差。

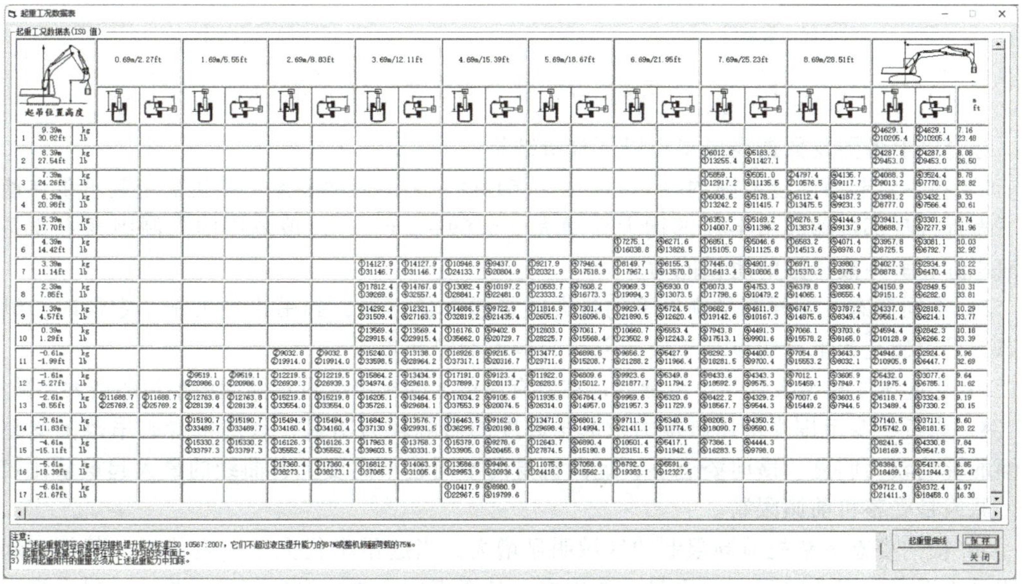

起重工况数据表

起重工况数据表(ISO 值)

	起吊位置高度		0.69m/2.27ft		1.69m/5.55ft		2.69m/8.83ft		3.69m/12.11ft		4.69m/15.39ft		5.69m/18.67ft		6.69m/21.95ft		7.69m/25.23ft		8.69m/28.51ft				m ft
1	9.39m 30.82ft	kg lb																			②4629.1 ②10205.4	②4629.1 ②10205.4	7.16 23.48
2	8.39m 27.54ft	kg lb															①6012.6 ①13255.4	④5183.2 ④11427.1			②4287.8 ②9453.0	②4287.8 ②9453.0	8.08 26.50
3	7.39m 24.26ft	kg lb															①5859.1 ①12917.2	④5061.0 ④11135.5	②4797.4 ②10576.5	④4136.7 ④9117.7	②4088.3 ②9013.2	④3524.4 ④7770.0	8.78 28.82
4	6.39m 20.98ft	kg lb															①6006.6 ①13242.2	④5178.1 ④11415.7	①6112.4 ①13475.5	④4187.2 ④9231.3	②3981.2 ②8777.0	④3432.1 ④7566.4	9.33 30.61
5	5.39m 17.70ft	kg lb															①6353.5 ①14007.0	④5169.2 ④11396.2	①6276.5 ①13837.4	④4144.9 ④9137.9	②3941.1 ②8688.7	④3301.2 ④7277.9	9.74 31.96
6	4.39m 14.42ft	kg lb													①7275.1 ①16038.8	④6271.6 ④13826.5	①6851.5 ①15105.0	④5046.6 ④11125.8	①6583.2 ①14513.6	④4071.4 ④8976.0	②3957.8 ②8725.5	④3081.1 ④6792.7	10.03 32.92
7	3.39m 11.14ft	kg lb							①14127.9 ①31146.7	①14127.9 ①31146.7	①10946.9 ①24133.7	④9437.0 ④20804.9	①9217.9 ①20321.9	④7946.4 ④17518.9	①8149.7 ①17967.1	④6155.3 ④13570.0	①7445.0 ①16413.4	④4901.9 ④10806.8	①6971.8 ①15370.2	④3980.7 ④8775.9	②4027.3 ②8878.7	④2934.9 ④6470.4	10.22 33.53
8	2.39m 7.85ft	kg lb							①17812.4 ①39269.6	④14767.6 ④32557.4	①13082.4 ①28841.7	④10197.2 ④22481.0	①10583.7 ①23333.2	④7608.2 ④16773.3	①9069.3 ①19994.3	④5930.0 ④13073.5	①8073.3 ①17798.6	④4753.3 ④10479.2	④6379.8 ④14065.1	④3880.7 ④8555.4	②4150.9 ②9151.2	④2849.5 ④6282.0	10.31 33.81
9	1.39m 4.57ft	kg lb							②14292.4 ②31509.4	④12321.1 ④27163.3	①14886.5 ①32819.2	④9722.9 ④21435.4	①11816.9 ①26051.7	④7301.4 ④16096.8	①9929.4 ①21890.5	④5724.5 ④12620.4	①8682.9 ①19142.6	④4611.8 ④10167.3	④6747.5 ④14875.6	④3787.2 ④8349.4	②4337.0 ②9561.4	④2818.7 ④6214.1	10.29 33.77
10	0.39m 1.29ft	kg lb							②13569.4 ②29915.4	②13569.4 ②29915.4	①16176.0 ①35662.0	④9402.8 ④20729.7	①12803.0 ①28225.7	④7061.7 ④15568.4	①10660.7 ①23502.9	④5553.4 ④12243.2	④7943.8 ④17513.1	④4491.3 ④9901.6	④7066.1 ④15578.2	④3703.6 ④8165.0	②4594.4 ②10128.9	④2842.3 ④6266.2	10.18 33.39
11	-0.61m -1.99ft	kg lb					②9032.8 ②19914.0	②9032.8 ②19914.0	②15240.0 ②33598.5	④13138.0 ④28964.2	①16926.8 ①37317.1	④9215.5 ④20316.7	①13477.0 ①29711.6	④6898.6 ④15208.7	④9656.2 ④21288.2	④5427.9 ④11966.4	④8292.3 ④18281.5	④4400.0 ④9700.4	④7054.8 ④15553.2	④3643.3 ④8032.1	②4946.8 ②10905.8	④2924.6 ④6447.7	9.96 32.69
12	-1.61m -5.27ft	kg lb			②9519.1 ②20986.0	②9519.1 ②20986.0	②12219.5 ②26939.3	②12219.5 ②26939.3	③15864.2 ③34974.6	④13434.9 ④29618.9	①17191.0 ①37899.7	④9123.4 ④20113.7	④11922.0 ④26283.5	④6809.6 ④15012.7	④9923.6 ④21877.7	④5349.8 ④11794.2	④8433.6 ④18592.9	④4343.3 ④9575.3	④7012.1 ④15459.1	④3605.9 ④7949.7	②5432.0 ②11975.4	④3077.6 ④6785.1	9.64 31.62
13	-2.61m -8.56ft	kg lb	②11688.7 ②25769.2	②11688.7 ②25769.2	②12763.8 ②28139.4	②12763.8 ②28139.4	③15219.8 ③33554.0	③15219.8 ③33554.0	③16205.1 ③35726.1	④13464.5 ④29684.1	①17034.2 ①37553.9	④9105.6 ④20074.5	④11935.8 ④26314.0	④6784.4 ④14957.0	④9959.6 ④21957.3	④5320.6 ④11729.9	④8422.2 ④18567.7	④4329.2 ④9544.3	④7007.6 ④15449.2	④3603.6 ④7944.5	②6118.7 ②13489.4	④3324.9 ④7330.2	9.19 30.15
14	-3.61m -11.83ft	kg lb			③15190.7 ③33489.7	③15190.7 ③33489.7	③15494.9 ③34160.4	③15494.9 ③34160.4	③16842.3 ③37130.9	④13576.7 ④29931.5	①16463.5 ①36295.7	④9162.0 ④20198.8	①13471.0 ①29698.4	④6801.2 ④14994.1	④9711.9 ④21411.1	④5340.8 ④11774.5	④8205.8 ④18090.7	④4350.2 ④9590.6			②7140.5 ②15742.0	④3711.1 ④8181.5	8.60 28.22
15	-4.61m -15.11ft	kg lb			③15330.2 ③33797.3	③15330.2 ③33797.3	③16126.3 ③35552.4	③16126.3 ③35552.4	③17963.8 ③39603.5	④13758.3 ④30331.9	①15379.0 ①33905.0	④9278.6 ④20455.8	①12643.7 ①27874.5	④6890.4 ④15190.8	①10501.4 ①23151.5	④5417.1 ④11942.6	④7386.1 ④16283.5	④4444.3 ④9798.0			①8241.5 ①18169.3	④4330.8 ④9547.8	7.84 25.73
16	-5.61m -18.39ft	kg lb					③17360.4 ③38273.1	③17360.4 ③38273.1	①16812.7 ①37065.7	④14063.9 ④31005.6	①13586.8 ①29953.9	④9496.6 ④20936.4	①11075.8 ①24418.0	④7058.8 ④15562.1	①8792.0 ①19383.1	④5591.6 ④12327.5					①8386.5 ①18489.1	④5417.6 ④11944.3	6.86 22.47
17	-6.61m -21.67ft	kg lb									①10417.9 ①22967.5	④8980.9 ④19799.6									①9712.0 ①21411.3	④8372.4 ④18458.0	4.97 16.30

注意：
1）上述起重载荷符合液压挖掘机提升能力标准ISO 10567:2007，它们不超过液压提升能力的87%或整机倾翻荷载的75%。
2）起重能力是基于机器停在坚实、均匀的支承面上。
3）所有起重附件的重量必须从上述起重能力中扣除。

起重量曲线　保存　关闭

图 4-44　不同起重半径和高度的额定起重能力表

4.4.4　整机起重能力的云图分析技术

针对上述工况以一定密度在整个作业范围内取 8483 个起吊位置计算其纵、横向额定起重量，并赋以色彩后得到额定起重量及其限制因素分布云图，如图 4-45 所示。色彩按照色标及计算值分布，红色区的额定起重量较大，蓝色区则较小，中间为过渡区，数字代表限制因素，并用区域分割线隔开。右侧列出了具体的统计数据和对应点的计算值。从图 4-45 所示分析结果可以看出：相比于纵向姿态，横向姿态下的额定起重量在大范围内受整机前倾限制，占比 81.36%，而动臂液压缸限制的区域则正好相反，其在纵向姿态限制的区域较大，占比 44.74%，这与前述统计结果存在一定的差别，其主要原因在于取点间隔和数量，图 4-45 所示结果更为准确，也更为直观。另外，与图 4-43 所示分析结果相比较可以看出：两种姿态下整机的额定最大起重量和最小起重量出现的位置也不相同。在图 4-45 所示云图中，整个区域内的最大额定起重量都在靠近机身的上方，与图 4-43 所示结果有较大差别，而最小起重量的位置与图 4-43 所示结果基本一致，这主要是因为云图方式下取点较多、较密，更能精确地确定极限起重量的位置姿态，但云图方式计算量大，耗时多。

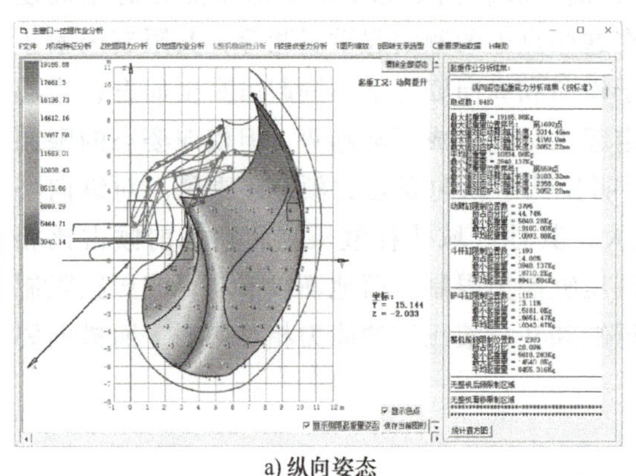

a) 纵向姿态

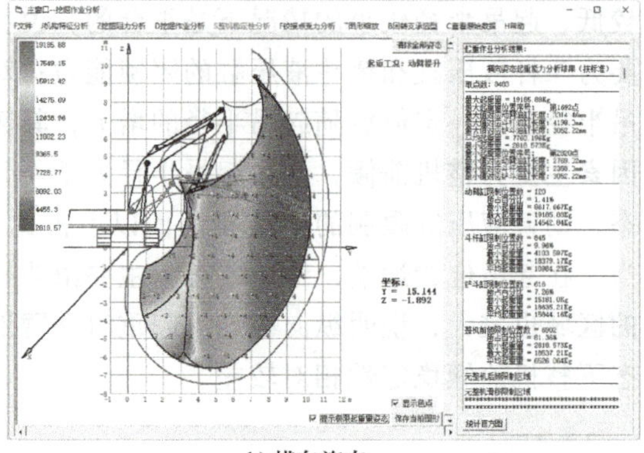

b) 横向姿态

图 4-45　不同姿态的额定起重量及限制因素分布云图

综合以上各图及数据表可得出以下分析结果。

1）在一定起吊高度范围内（-5.61～-0.61m），无论何种姿态，整机额定起重量在地面以下靠近机身部位随起吊半径的增大而增大（0.69～2.69m），该范围的限制因素主要是斗杆液压缸和铲斗液压缸的闭锁能力。

2）不同姿态、不同起吊高度下的最大额定起重量不同，起吊半径大于一定值时，纵向姿态的最大额定起重量明显高于横向姿态的最大额定起重量。

3）当起吊半径增大到某个范围后，在所有高度上的额定起重量随起吊半径的增大而减小。

4）靠近机身范围受液压缸能力及起吊高度的影响较为明显，远离机身起吊范围受整机前倾的影响较为明显。横向姿态下，远离机身的不同起吊高度上各曲线的最大起重量比较接近，原因是受整机前倾限制。

5）横向姿态下整机前倾限制的区域明显增大，当起吊半径大于一定值时，其额定起重量明显小于纵向姿态的额定起重量，原因之一是履带中心距比纵向接地长度小，横向姿态下的前倾覆线靠后，原因之二是纵向姿态的底盘重心位置在回转中心之后，而横向姿态下的底盘重心靠前，其水平坐标为 0，导致横向姿态下的稳定力矩明显低于纵向姿态下的稳定力矩。

思考题

4-1　考虑回油背压时工作液压缸的理论推力应如何计算？

4-2　工作液压缸（铲斗液压缸和斗杆液压缸）的理论挖掘力、整机理论挖掘力及整机实际挖掘力有何区别？

4-3　计算工作液压缸的理论挖掘力时可以不考虑哪些因素？

4-4　计算整机理论挖掘力时应考虑哪些因素？如何确定整机最大理论挖掘力？它受哪些因素影响？

4-5　解释铲斗挖掘力和斗杆挖掘力的含义。

4-6　挖掘图所反映的信息包括哪些？哪些是最主要的？

4-7　按照本章所述，工作装置的合理性分析包含哪些内容？判断工作装置设计合理性的基本依据是什么？

4-8　从挖掘图中看，当铲斗液压缸工作时，其主动力发挥区域较小，斗杆液压缸闭锁压力和后倾限制的区域较大，这说明什么问题？其原因是什么？应采取何种措施进行改善？

4-9　从挖掘图中看，限制整机挖掘力发挥的后倾因素区域有其必要性，但该区域不能太大，试解释其意义。

4-10　挖掘图能否反映挖掘速度？对定量系统和变量系统来说，挖掘速度有什么不同？

4-11　如何从挖掘图中理解出三组液压缸间的合理匹配状态？如何理解各种限制因素所控制区域的“过渡平缓”？

4-12　起重工况的主要参数包括哪些？

4-13　如何确定整机理论最大起重量？如何确定符合国际标准的最大起重量？

第5章 回转平台、回转支承及回转驱动装置

5.1 回转平台

5.1.1 回转平台的结构型式

回转平台简称为转台，它是支承或安装挖掘机部件的基础。对全回转液压挖掘机，回转平台上布置了除底盘部件外的发动机总成、工作装置总成、液压泵及控制阀组总成、驾驶室总成、油箱及配重等部件，因此转台必须具备足够的空间和承载能力。据统计，转台上布置的部件连同转台自身的重量占据反铲挖掘机总重的60%以上，不仅如此，这些部件在随转台一起转动时会产生很大的惯性力矩。而在挖掘作业过程中，由于挖掘阻力的作用，转台经常承受很大的作用力或力矩，如果再考虑载荷的突变和冲击作用，则转台会承受更大的动载荷，因此，转台的受力情况十分复杂且恶劣，其结构型式、强度及刚度应满足这些要求。

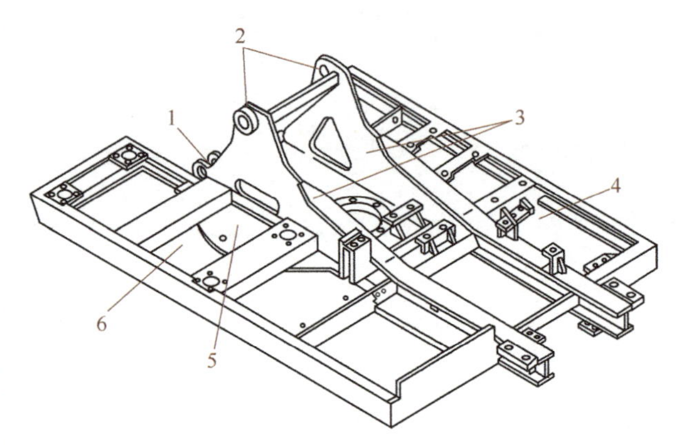

图5-1 回转平台结构

1—动臂液压缸支座 2—动臂支座 3—主梁 4—右副平台 5—主板 6—左副平台

图5-1所示为全回转液压挖掘机的回转平台，其整体为焊接结构。在平台纵向的中间部分从前端动臂下铰点（支座）位置向后延伸的两根纵向布置的梁为主梁3，其前端分别加工有支座1和2，分别与动臂液压缸及动臂相铰接。主梁的两侧为左、右副平台，在其上安装挖掘机的相应部件。在平台的中部下方有一较厚的平板称为主板5，在主板上焊接主梁与左、右副平台。主板下方有一加工了螺孔的环形加工面，该面与回转支承的上端面用螺栓连接，通过回转支承将平台与下部底盘及行走装置相连。

5.1.2 回转平台上各部件的布置及转台平衡

挖掘机作业时固定于回转平台上的零部件的重心位置会随着转台的转动而发生变化，作

用在平台乃至底盘上的合力和合力矩也在发生变化。为了平衡各种外载荷，使转台、回转支承及底盘的受力尽可能均衡，同时也为了维持整机良好的稳定性，需要对转台上的各个部件进行合理布置，布置的原则是：左右对称、质量均衡、便于部件协调工作、便于使用维修，对较重的部件尽量布置在平台的尾部，以利于平衡外负载。必要的时候应在尾部增加配重，以进一步平衡各部件重量及外负载、改善下部结构受力、减轻回转支承的磨损并保证整机稳定性。

图 5-2 所示为国产 WY160 型液压挖掘机转台布置示意图。发动机 1 横向布置于转台尾部，液压油箱 3 和燃油箱 7 布置于平台的两侧，在平台的尾部增设有一定重量的配重。图 5-3 所示为 Poclain 公司的 HC300 反铲挖掘机的转台布置图，其发动机成纵向布置，动力经分动箱 10 传递到对称布置的左、右两台主泵 2，油箱 3 和油冷却器 7 对称布置在发动机 1 的两侧，阀组 4 和回转机构 8 也对称布置在转台的两侧。

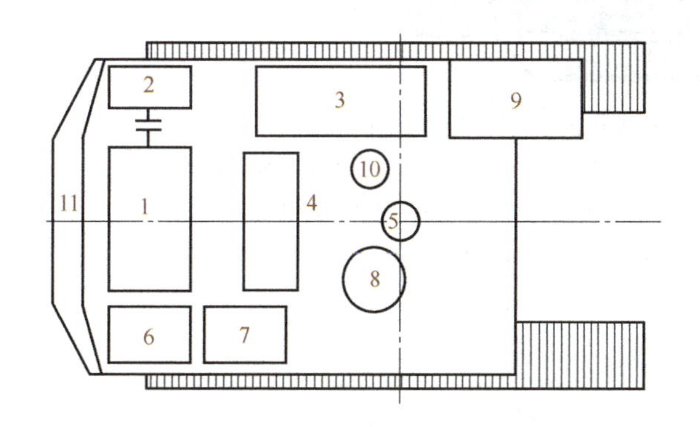

图 5-2　WY160 型挖掘机转台布置图

1—发动机　2—液压泵　3—油箱　4—阀组
5—中央回转接头　6—水、油冷却器
7—燃油箱　8—回转机构　9—驾驶室
10—回转润滑装置　11—配重

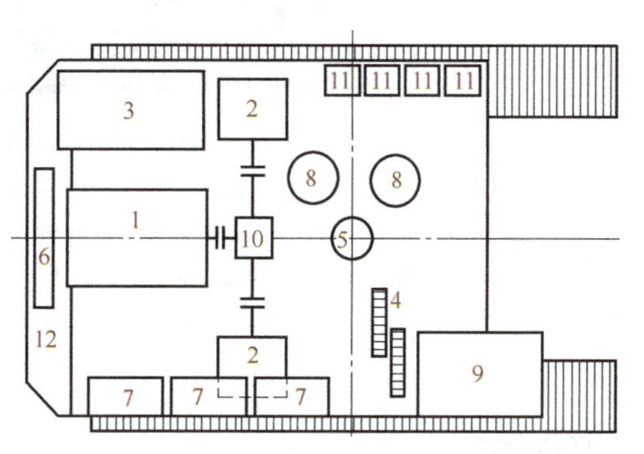

图 5-3　HC300 型挖掘机转台布置图

1—发动机　2—主泵　3—油箱　4—阀组
5—中央回转接头　6—水冷却器　7—油冷却器
8—回转机构　9—驾驶室　10—分动箱
11—蓄电池　12—配重

图 5-4 所示为 HITACHI EX8000 液压挖掘机的转台布置图。该机工作重量为 805t，它的两台 1400kW 的燃油发动机 1 及其附属设备（散热器 2、中间冷却器 3、空气滤清器 16 和消声器 17 等）都对称布置在平台的后部两侧；16 台液压泵 4 分为两组，对称布置在转台的两侧；16 个高压油滤清器 9 同样分为两组，对称布置在转台的两侧；有 6 部回转驱动机构 13 在回转中心前面对称布置；液压油箱 6 和燃油箱 7 布置于转台尾部两台发动机中间；驾驶室 15 布置于左副台前端；另有其他附属设备按质量对称和空间安排分别布置在转台的两侧。

从这几种典型机型的布置型式并结合现有大多数机型的布置情况来看，回转平台上主要部件的布置方案大体如下。

发动机一般置于平台后部，其输出端接液压主泵，发动机前端一般装有水、油冷却器（水箱及散热器等）；在左副平台或右副平台前端放置驾驶室，便于驾驶员观察作业过程；一般将燃油箱和液压油箱置于左、右两侧，以利于左右重量的平衡；在主板及回转支承装置中心位置安装中央回转接头；在主板环形孔边缘及靠近回转支承内齿圈部位安装回转液压马达及回转减速机构。其余部件则按照协调工作、质量对称并便于空间布置和维修的原则进行布置。

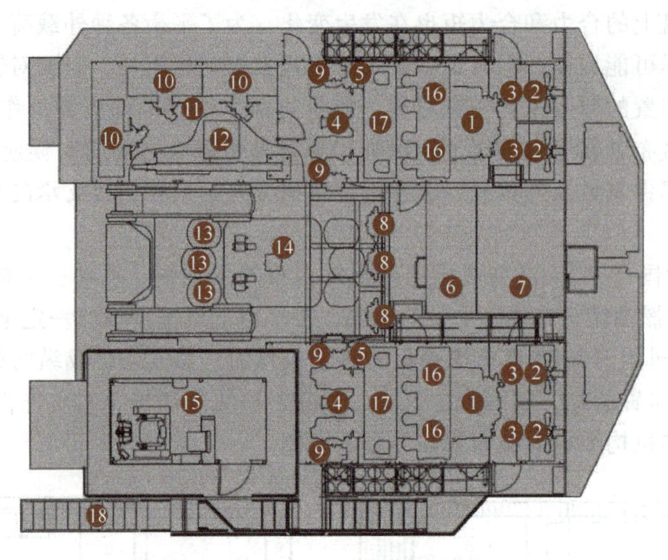

图 5-4　HITACHI EX8000 液压挖掘机的转台布置图

1—发动机×2　2—发动机散热器×4　3—中间冷却器×4　4—液压泵×16　5—发动机舱（室）隔壁×2　6—液压油箱　7—燃油箱　8—控制阀×6　9—高压油滤清器×16　10—液压油冷却器×6　11—液压油冷却风扇电动机×3　12—润滑装置　13—回转驱动机构×6　14—中央回转接头　15—驾驶室　16—空气滤清器×8　17—消声器×2　18—折叠式护梯

5.2 回转支承

回转支承对上部工作装置起着支承作用，使上部工作装置与底盘之间能相对运动，同时将回转平台及铲斗上的载荷通过底盘传递至地面。以下分别就全回转支承和半回转支承的结构特点和工作原理作简要介绍。

5.2.1 转柱式回转支承

图 5-5 所示为转柱式回转支承，它主要由上支承轴 10、上支承座 8 和下支承轴 3、下支承座 1 组成。回转液压马达 6 的外壳和上、下支承座 8、1 被固定在机架上，回转体 5 与回转液压马达 6 的输出轴用花键连接，当回转液压马达输出轴转动时即驱动回转体 5 转动，回转体一般被做成“]”形，以避免与回转机构相碰。

如图 5-5a 所示，由于挖掘机结构和作业时的载荷特点，回转支承座上受有水平载荷 $\boldsymbol{F}_{H1}$、$\boldsymbol{F}_{H2}$ 和竖直载荷 $\boldsymbol{F}_V$，其中，垂直载荷 $\boldsymbol{F}_V$ 作用于轴向，其方向根据作业工况有时朝上、有时朝下，因此，转柱式回转支承中常成对使用单列圆锥滚子轴承，该轴承可承受轴向和径向载荷的作用。

这种回转支承的回转角度一般为左、右各 90°左右，即总转角一般为 180°左右，悬挂式液压挖掘机或挖掘装载机的挖掘端常用此种回转机构。

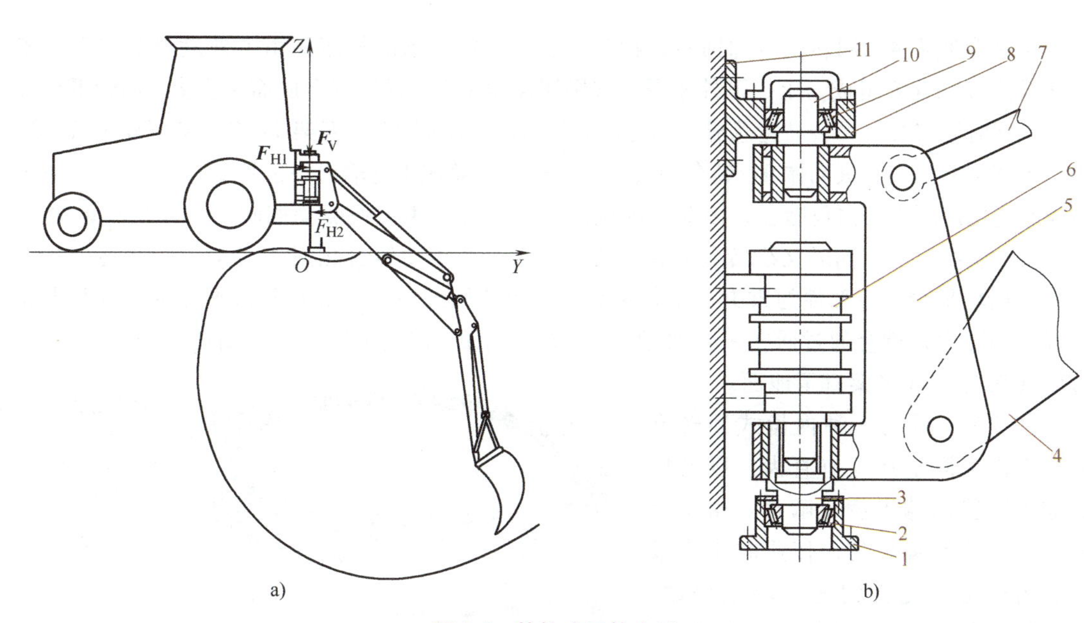

图 5-5　转柱式回转支承

1—下支承座　2—下轴承　3—下支承轴　4—动臂　5—回转体　6—回转液压马达　7—动臂液压缸　8—上支承座　9—上轴承　10—上支承轴　11—机架

5.2.2　滚动轴承式回转支承

从结构组成上讲，滚动轴承式回转支承的主要部件为内座圈、外座圈、滚动体、隔离块、密封圈和油杯等。这类回转支承是机械设备中的基础零部件，在各行业应用十分广泛，其产品广泛应用于工程机械、港口机械、冶金机械、矿山机械、石油机械、化工机械、船舶机械等行业，如全回转挖掘机、起重机、风力发电机、混凝土泵车等。

1. 滚动轴承式回转支承的结构特点

图 5-6 所示为全液压挖掘机上普遍采用的一种单排交叉滚柱式回转支承（内齿式），它

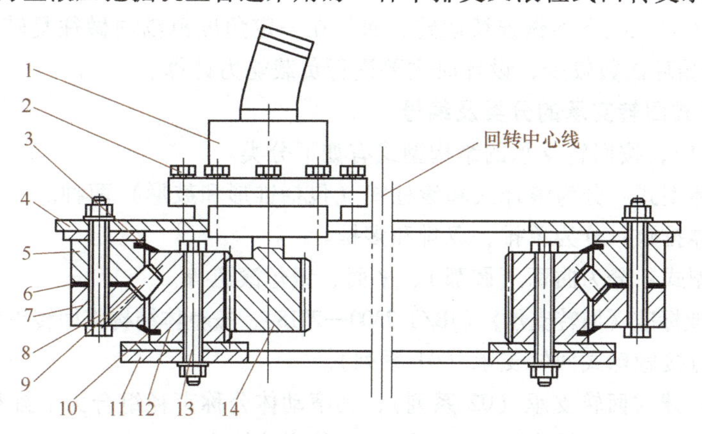

图 5-6　单排交叉滚柱式回转支承（内齿式）

1—回转马达总成　2—回转马达固定螺栓　3、10—密封垫　4—回转平台底面　5—上外座圈　6—调整垫　7—下外座圈　8、13—连接螺栓　9—滚动体　11—底架　12—内座圈（带内齿）　14—回转马达输出小齿轮

由回转平台底面4、回转支承和回转机构等组成。回转支承的外座圈由上外座圈5和下外座圈7及连接螺栓8组成，上、下外座圈一起用螺栓连接8与回转平台底面4连接，回转平台底面4上同时还安装有回转马达总成1的壳体。带齿的内座圈12与底架11用连接螺栓13连接，内、外座圈之间装有滚动体9。转台回转时，回转马达总成1的输出小齿轮14输出转矩，由于该齿轮与内座圈上的内齿啮合，因此，内座圈内齿的反作用力便驱动回转马达输出小齿轮14绕自身的轴线自转、同时又绕转台回转中心线公转，并带动转台相对于底架进行回转。另一方面，回转平台上各部件的重力、工作装置的自重连同外载荷的竖直和水平分量，以及由此形成的倾覆力矩就会通过回转平台底面4、回转支承的外座圈5、7、滚动体9及内座圈12传给底架11、履带架直至地面。

图5-7所示为一种内齿式回转支承，其内座圈上加工有直齿，以与回转驱动装置的输出齿轮啮合。由于挖掘机的工作环境恶劣，作业时尘土较大，为避免齿轮受到恶劣环境侵蚀，影响使用寿命，故而采用内齿型式。

三维动画

图5-7 单排滚球式回转支承（内齿式）

回转支承与普通滚动轴承相比，又有许多差异，主要体现在以下几点。

1）回转支承的尺寸较大，其直径通常在0.4~10m之间，有的直径大于10m甚至达到40m。

2）安装方式不同，回转支承不像普通轴承那样套在心轴上并装在轴承箱内，而是采用螺栓固定在上、下支座上，即回转平台和底架上。

3）普通轴承的内、外座圈刚度靠轴和轴承座的装配来保证，而回转支承的刚度则靠支承它的转台和底架来保证。因此，设计回转支承时必须重视底架和转台的刚度以保证回转支承内、外座圈的刚度。

4）普通轴承主要起支承作用，不传递运动和载荷，而回转支承则不仅要承受轴向力、径向力和较大的倾覆力矩，还要传递运动和载荷（转矩）。

5）回转支承的转速较低，通常在50r/min以下，液压挖掘机的甚至更低，通常在10r/min以下，且在很多工况下不做连续运转，而仅在一定角度范围内做往复转动，因此，滚道上接触点的载荷循环次数较少，设计时主要进行负载能力计算。

2. 滚动轴承式回转支承的分类及编号

参照文献［1］，按回转支承的结构型式有如下分类。

1）按滚动体型式：分为滚球式和滚柱式（包括锥形和鼓形）两种。

2）按滚动体排数：分为单排、双排和多排。

3）按滚道型式：分为曲面（圆弧）、平面、钢丝滚道等。

根据我国行业标准《回转支承》（JB/T 2300—2018），按整体结构将回转支承分为以下4类。

a）单排四点接触球式回转支承（01系列）。

b）双排异径球式回转支承（02系列），其滚动体公称直径组合为上排和下排。

c）单排交叉滚柱式回转支承（11系列），其滚动体为1：1成90°交叉排列。

d）三排滚柱式回转支承（13系列），其滚动体公称直径组合为上排、下排和径向。

回转支承编号方法如图5-8所示。

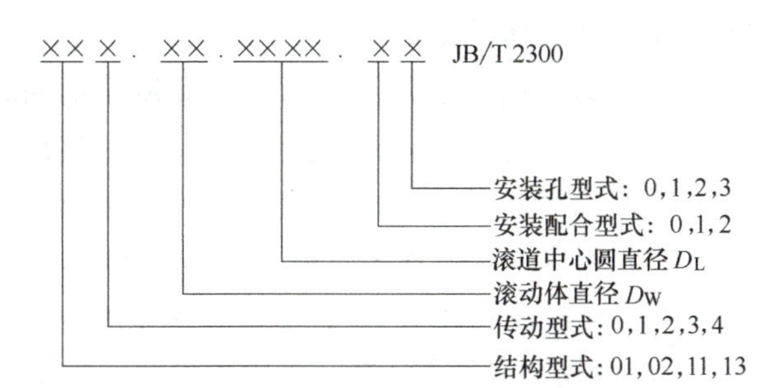

图 5-8　回转支承的编号方法示意图

5.3 回转驱动装置

单斗液压挖掘机回转机构的运动时间约占整个作业循环时间的 50%~70%，其能量消耗约占 25%~40%，回转液压回路的发热量占液压系统总发热量的 30%~40%。因此，合理地确定回转驱动装置的结构方案及液压回路，正确地选择回转驱动装置的各项参数对提高液压挖掘机生产率和功率利用率、改善驾驶员的劳动条件、减少工作装置的冲击等具有十分重要的意义。鉴于这些特点，对回转驱动装置提出如下基本要求。

1）在角加速度和回转力矩不超过允许值的前提下，应尽可能地缩短转台的回转时间。在回转部分惯性矩已知的情况下，角加速度的大小受转台最大转矩的限制，此转矩不应超过行走部分与地面的附着力矩。

2）回转时工作装置的动荷系数不应超过允许值。对于非全回转的挖掘机，在它回转时工作装置不应碰撞定位器。要采取措施减小回转启动和制动过程中的摆动现象。

3）回转机构结构要紧凑，传动效率要高，回转能耗要最小。

5.3.1 半回转驱动装置

半回转的回转机构一般左、右回转角均为 90°，挖掘装载机的挖掘端及某些小型液压挖掘机常用此种型式。

按驱动方式，半回转机构有液压缸驱动和液压马达驱动两类。液压缸驱动的回转装置如图 5-9 所示：图 5-9a 所示为液压缸拉动链条或钢索带动链轮或滑轮转动，从而驱动回转装置转动；图 5-9c、d 所示为齿轮齿条式，该结构中的液压缸与齿条连成一体，液压缸伸缩时带动齿条移动从而驱动回转齿轮转动；图 5-9b、e 所示为杠杆式，液压缸的一个铰接点直接连接于

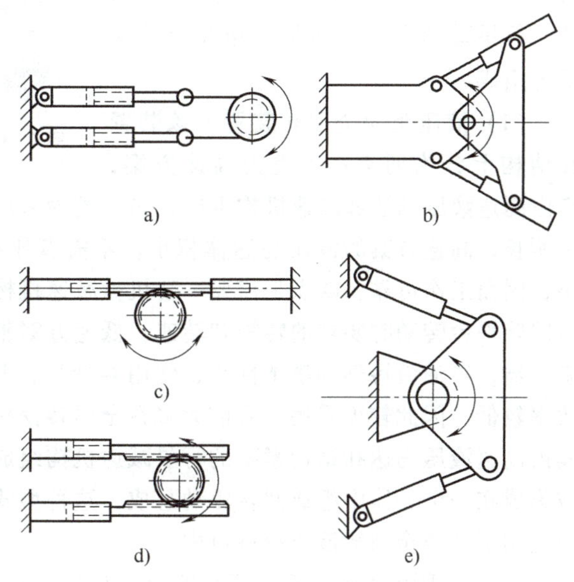

图 5-9　液压缸驱动的回转装置

转动体上，液压缸伸缩直接带动转动体转动。

比较图 5-9 所示几种结构方案可以看出，图 5-9a、c、d 所示的回转装置液压缸缸体固定，不摆动，可实现较大的转角，且转矩稳定，但整体结构较为复杂，所占空间较大，尽管液压缸容易布置但整体结构不易布置，其中图 5-9a 所示的回转装置还存在难以准确定位的缺点。图 5-9b、e 所示的回转装置整体结构方案简单，但也存在液压缸铰接点布置上的困难，其中，图 5-9b 所示的回转装置在转动过程中液压缸还存在摆动，易发生干涉现象。综合这些方案，目前现有的机型较多采用图 5-9c、e 所示的两种方案，其中图 5-9e 所示的方案更为多见。

另一种半回转驱动方案是叶片马达驱动的型式，该方案整体结构简单，转角范围大，转矩稳定，空间尺寸小，但叶片马达加工精度要求较高，工作效率较低，因此目前较少采用。

5.3.2 全回转驱动装置

全回转液压挖掘机的转台可做 360°任意回转，其驱动装置目前主要有两种结构型式，一种为液压驱动，即由液压马达通过回转减速装置驱动转台转动；另一种为电力驱动，即由电动机通过回转减速装置驱动回转平台转动，这也是机械式挖掘机上普遍采用的驱动方式。回转液压马达或电动机、回转减速机构及回转支承共同构成全回转传动系统，以驱动回转平台转动。此外，由于单纯采用液压制动或电磁制动难以满足制动力矩及制动准确性要求，因此还需要增设专门的机械制动装置。全回转液压传动装置的传动原理如图 5-6 所示，其外观结构如图 5-10 所示，由回转液压马达、行星减速器、回转制动器及回转支承等组成。

图 5-10 LIEBHERR 挖掘机上采用的回转驱动装置

（1）液压驱动全回转装置　该装置在结构上分为两类：一类为高速方案，它由高速液压马达和减速机构组成；另一类为采用低速大转矩液压马达的低速方案。两者各有所长，高速方案的液压马达体积小，不需背压补油，通用性好，效率高，发热和损失都小，因而工作可靠，缺点是需要一套机械减速机构与之匹配，并且配有机械制动装置才能满足回转平台转动时要求的转矩和转速；低速方案整体结构简单，启、制动性能好，不需另设制动器，对油液污染的敏感性小，使用寿命长，其缺点是体积较大、受空间限制不易布置、效率较低，因此较少采用。目前大多数全回转挖掘机上采用的是高速方案，如图 5-10 所示。其由高速液压马达和结构紧凑的行星减速机构组成，液压马达、行星减速机构及机械制动器被集成在一个壳体中组成回转驱动总成，这种型式结构紧凑，便于布置，传动效率高，被广泛应用于各类全回转液压挖掘机中。

图 5-11 所示为采用斜轴式高速液压马达与双排行星减速机构的全回转驱动装置传动原

理图，该结构采用液压与机械联合制动，结构紧凑，应用最广。采用行星减速机构可获得较大的传动比，并会使结构更加紧凑。但对加工和装配精度要求较高，可用一般渐开线齿廓的模数铣刀进行加工，其制造技术已比较成熟，因而已获得了广泛的应用。

图 5-12 所示为由斜轴式高速液压马达与行星摆线针轮减速机构组成的回转驱动装置。由于行星摆线针轮减速机构同时啮合的齿数多，没有齿顶和齿廓的重叠干涉问题，因而齿数可以做得更少，因此具有结构紧凑、速比大、传动平稳、效率高、接触应力小、过载能力强等优点。但摆线齿轮传动对中心距的安装要求更高，若精度达不到要求则无法实现定传动比传动，此外，由于其啮合角是变化的，因此载荷的大小和方向随时变化，这在一定程度上影响了传动的稳定性，同时，摆线齿轮对加工精度要求较高，需用特殊铣刀或专用机床加工，使得其成本较高、互换性较差。LIEBHERR 和日系的部分挖掘机以及我国早期的挖掘机多采用这种传动型式。图 5-13 所示为目前应用较多的回转驱动装置外形结构照片。

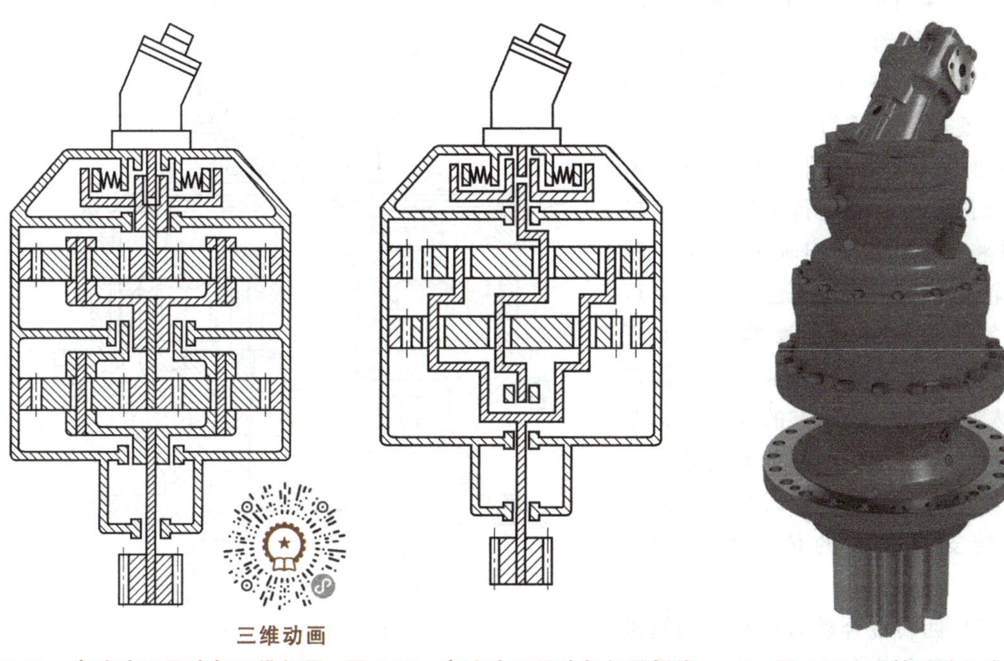

图 5-11　高速液压马达与双排行星减速回转驱动机构原理图

图 5-12　高速液压马达与行星摆线针轮减速回转驱动机构原理图

图 5-13　回转驱动总成外形结构图

在低速方案中，一般由低速大转矩液压马达直接输出转矩到回转小齿轮驱动转台转动，不需中间机械减速机构和机械制动器。这种马达通常为内曲线式、静力平衡式或行星柱塞式等。法国 Poclian 公司的一些产品和我国早期的 WY40、WYL40、WY60、WLY60、WY100 等挖掘机采用了这种传动型式。

（2）回转制动装置　制动方式的选择与挖掘机的工作情况和回转马达的结构型式有关。纯液压制动结构紧凑，制动过程平稳，但制动时间长且不易精确定位，制动时产生的油温也较高。采用反接制动，虽然能使制动性能得到部分改善，但会加剧换向时的液压冲击，使制动过程变得不平稳，并进一步导致油温升高。除此之外，采用纯液压制动的回转装置还应注意在长期停车、远距离行驶及坡道上停车时因液压马达泄漏而产生的自行转动问题，解决此问题的办法一般是在转台和底架之间设置一个插销式机械锁，当挖掘机长期不工作或处于上述情况时用它来锁住转台。

采用纯机械制动，制动力矩大，制动时间短，工作可靠，制动时转台的转动动能几乎全部转换为机械制动器的摩擦热能，使摩擦片温度升高而不会引起液压系统的温度升高。但这种制动方式结构复杂，体积较大，且冲击较大，制动平稳性也较差，难以起到保护液压元件的作用。

采用液压与机械的联合制动方式可以获得较大的制动力矩，结构紧凑，可缩短制动时间，实现精确制动，制动导致的温升也不致过高，但这种方式结构较为复杂。

图 5-14 所示为全回转减速装置结构组成，其传动原理为斜轴式液压马达 1 的输出轴 18 与第一排太阳轮 4 结合，再通过第一排行星轮 5 及行星架 15 将动力传至第二排太阳轮 14；第二排太阳轮再通过其行星轮 7 和行星架 13 将动力传至输出轴 11 及输出轴小齿轮 9。回转制动是通过制动盘 17 由弹簧 2 压紧制动器摩擦片后实现的。当一定压力的先导油由先导油口 3 进入制动器压盘下方的腔体时，制动弹簧被压缩，从而释放制动器，转台即可通过液压马达、行星减速机构及回转支承组成的传动系统实现转动。

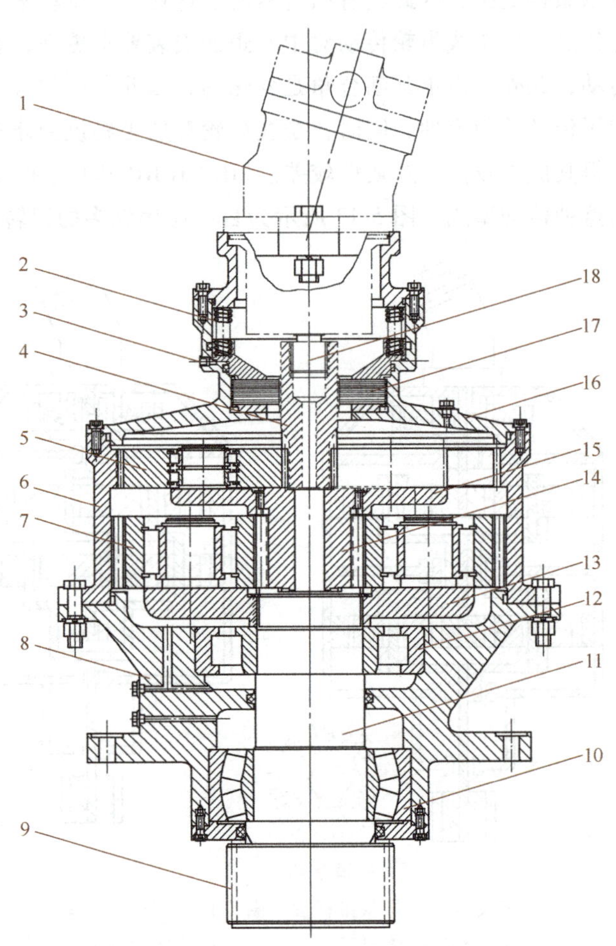

图 5-14　全回转减速装置结构原理

1—液压马达　2—制动弹簧　3—先导油口　4—第一排太阳轮　5—第一排行星轮　6—中壳体　7—第二排行星轮　8—下壳体　9—输出轴小齿轮　10、12—轴承　11—输出轴　13—第二排行星架　14—第二排太阳轮　15—第一排行星架　16—上壳体　17—制动盘　18—液压马达输出轴

（3）回转混合动力技术　挖掘机上采用的混合动力技术主要有油液混合动力和油电混合动力。前者以液压蓄能器为能量存储装置，用于回收动臂下降时的势能和转台回转制动时的动能；后者则用蓄电池或超级电容来吸收和释放能量，但需将原来的液压马达驱动改造为电动机驱动。其共同特点是可以减小发动机的装机功率，同时，由于采用了能量回收与再利用技术，能耗和排放明显降低，提高了使用经济性，但结构复杂，研发和购机成本都较高。

1）回转液压混合动力原理：回转液压混合动力主要用于液压挖掘机的回转回路中，用于回收转台的制动动能。主动力源仍为发动机，二次动力源为液压泵，能量的回收与存储装置为液压蓄能器，将回转制动动能转化为液压能回收存储于液压蓄能器中并进行再利用，其关键技术在于液压泵（马达）与蓄能器的性能匹配。CAT 336E H 液压挖掘机即采用了液压混合动力回转再生系统，其工作原理如图 5-15 所示。该系统通过回转能量再生阀将回转制动时的能量收集到由氮气和液压油组成的回转蓄能器中，以压缩氮气的形式存储起来，在回转加速时再把能量释放出来，辅助回转马达转动，以减轻发动机负载，节省燃油消耗。该机配备了一台普通液压回转马达，结构简单，维护方便，充分考虑了设备可靠性和安全性。

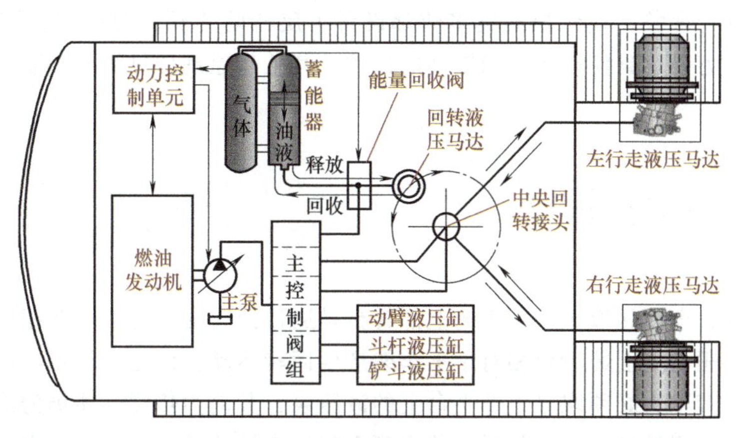

图 5-15　回转液压混合动力原理

除上述几种传动型式外，目前在部分液压挖掘机上还采用了闭式回转系统，其特点是液压马达的回油直接通到液压泵的进油口而不经过油箱，这可减少启、制动过程中的发热损失，并可部分回收制动能量，但由于液压马达存在不可避免的泄漏，因此，在这种回路中还需另设一个补油泵。

2）回转油电混合动力原理：液压挖掘机上采用的回转油电混合动力技术原理如图 5-16 所示，由电动回转马达取代了传统的液压回转马达，采用了电动机（发电机）和蓄电池或超级电容组合方式驱动转台回转，并将转台制动时的动能以电能形式回收存储起来。当转台制动减速时，电动回转马达转为发电状态、将电能储存于超级电容器或蓄电池中；当转台启动加速时，蓄电池或超级电容器与发电机共同给回转马达提供能量。采用这种油电混合动力技术，减小了发动机装机功率，且可以使其经常处于最经济转速，从而降低燃油消耗、废气

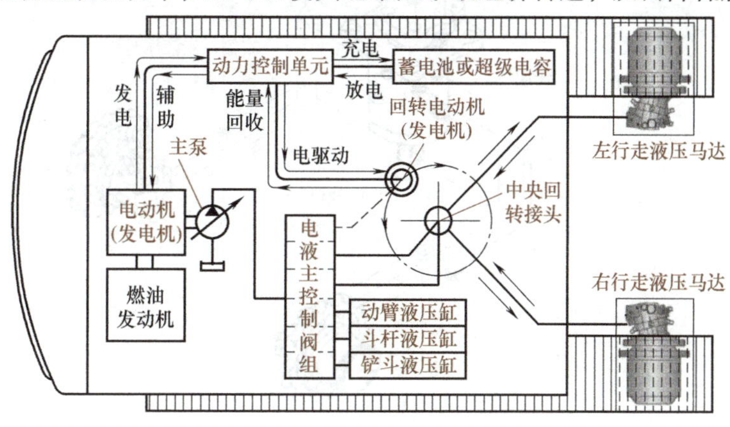

图 5-16　回转油电混合动力原理

和噪声，但由于增加了电动机（发电机），因而增加了能量转换环节和系统复杂性。小松、日立、神钢和 VOLVO、CASE 等公司多采用该项技术，据称，其燃料消耗比以前降低 20%以上。此外，油电混合动力挖掘机还可利用其电容器中储存的能量产生电磁吸力用于搬运废旧钢铁。

在转台被完全制动的瞬间，由于上部转台的惯性作用，要将上部结构和工作装置停止在要求的位置是十分困难的。这种惯性与回转马达出油口阻塞共同作用的结果会引起回转马达和转台的摆动或摇晃，对结构强度产生不利影响，给液压系统带来冲击并使驾驶员感到不适。为了避免这种现象，现代挖掘机多数都设置了反转防止阀，通过设置该阀来平衡马达进、出油口的压力以达到使转台平稳制动的目的，其工作原理详见第 9 章液压系统部分的相关内容。

5.4 中央回转接头

由前述可知，全回转液压挖掘机的上部转台是通过回转支承与下车架相连接的，并且在回转驱动装置的驱动下上部转台相对于下车架产生回转运动。但是，行走液压马达位于下部履带行走架上，其动力必须取自上部平台上的液压泵，其动力传递介质仍为液压油，这些液压油即是通过中央回转接头从上部平台传递至下部行走马达的，同时，行走马达的回油也必须通过中央回转接头从下部传到上部平台上的油箱中。除动力源外，操纵控制系统的液压油或气路中（轮胎式挖掘机上常有）的压缩空气也必须通过中央回转接头才能传输到回转支承下部的执行元件上。因此，中央回转接头起到连接上部液压动力源、控制系统信号源与下部执行元件（行走液压马达）的枢纽作用。由于有了中央回转接头，消除了通向行走液压马达的管道被扭曲、折断的可能性，使液压油能顺畅地进、出行走液压马达，保证了挖掘机行走动作的正常进行，如图 5-17 所示。

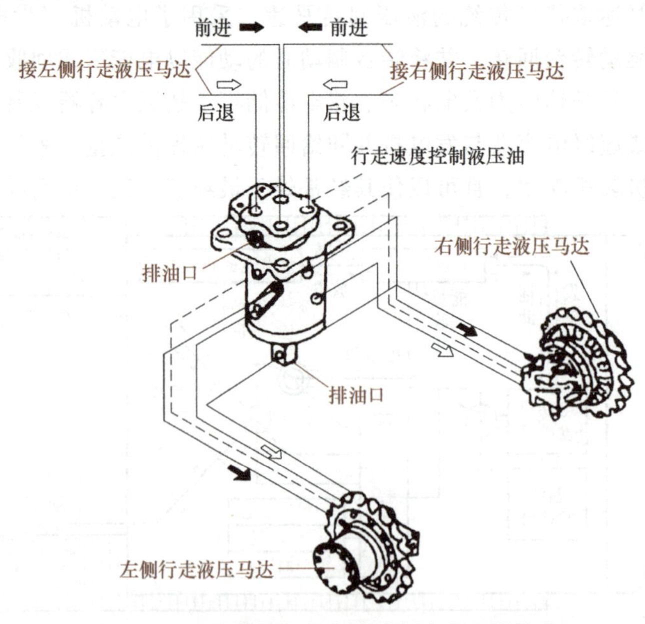

图 5-17 液压挖掘机行走传动与中央回转接头

图 5-18 所示为一种中央回转接头的轴向剖视图，其主要部件是壳体 3、上部芯轴 4 和下部芯轴 2。壳体 3 上部有一径向凸臂，该部位被回转平台上的挡块卡住以防止壳体相对于回转平台转动，因此，壳体 3 相对于回转平台是不动的，或者说是固定在上部回转平台上的；另一方面，上、下芯轴 4 和 2 用连接螺钉 1 连成一体，再用螺栓将其固定在下车架回转中心部位，这样，当上部转台相对于下车架转动时，壳体 3 与转台一起转动，而芯轴 2、4 则与下车架相对固定不动。

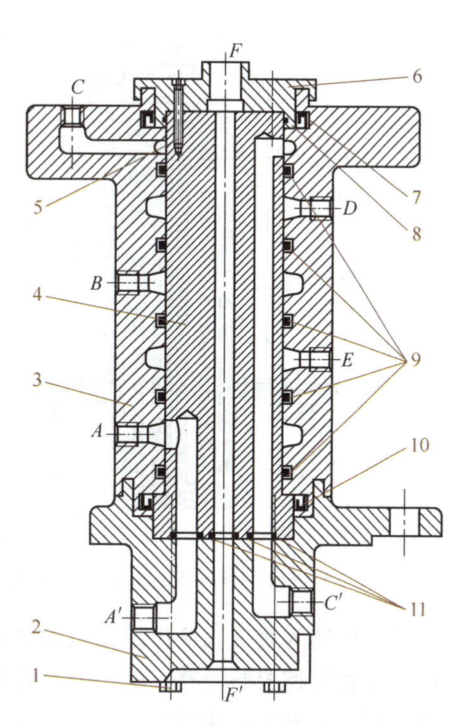

图 5-18　履带式液压挖掘机中央回转接头示意图

1、5—连接螺钉　2—下部芯轴　3—壳体　4—上部芯轴　6—端盖　7~11—密封圈

在壳体 3 的内表面自上而下加工有若干个互相平行的环形槽，在环形槽的某一径向位置加工有与转台上部或侧面油管相连通的油口 *A*、*B*、*C*、*D*、*E*，各环形槽用密封圈 9 相隔开，防止油液相通。在芯轴 2、4 的轴线方向的不同部位加工有能各自单独通向壳体对应环形槽的孔，下部芯轴 2 上孔的另一出口则与下部芯轴的对应径向输出孔口 *A′*、*C′*等相连通，如图 5-18 中的 *A* 与 *A′*、*C* 与 *C′*等，共有 6 条对应油道，壳体 3 的径向孔口 *B*、*D*、*E* 与下部芯轴 2 的对应孔口 *B′*、*D′*、*E′*不在剖视平面内，故没有标示出来。下部芯轴上的径向孔口 *A′*、*B′*、*C′*、*D′*、*E′*用油管与行走液压马达的进、出油口、控制油口及泄油口相连通。这样，来自上部转台液压泵的供油和下部底架上行走液压马达的回油可通过这些油口和对应的通道各自连通，而不会受转台回转的影响。例如，当挖掘机行走时，无论转台转动与否、处于什么位置，通过 *A* 孔给左行走液压马达供油，而 *B* 孔则接受左行走液压马达的回油；通过 *D* 孔给右行走液压马达供油，*E* 孔则接受右行走液压马达的回油。反过来，则供油口变成回油口，回油口变为供油口，液压马达反转。图 5-18 所示的 *C*-*C′*为控制油道，用于改变行走液压马达速度档位，*F*-*F′*为液压马达的泄油通道，用于将行走液压马达的泄油返回油箱。

图 5-19 所示为现代 R220-5 挖掘机的中央回转接头油路图，该中央回转接头的外壳与转台连接，芯轴与底架连接，上、下共有 6 个通道相连通，分别通向左、右行走液压马达的各个油口。

图 5-20 所示为某机型中央回转接头的结构外形图，该结构进、出油口设在侧向，芯轴随上部转台转动，壳体与底架用螺栓连接。也有把进、出油口设在轴向的，这主要取决于与之相连的管路的空间布置方式以及中央回转接头的结构工艺要求。

若挖掘机行走出现跑偏现象，有可能是液压油中的杂质直接进入中心回转接头的滑动表面处，使其上的密封圈损伤，机器在行走时因一侧的液压油泄漏而两侧行走液压马达的速度不等，造成机器行走跑偏。排除方法一般是检查该处故障，若为上述原因则应更换中心回转接头油封和滤芯及液压油。

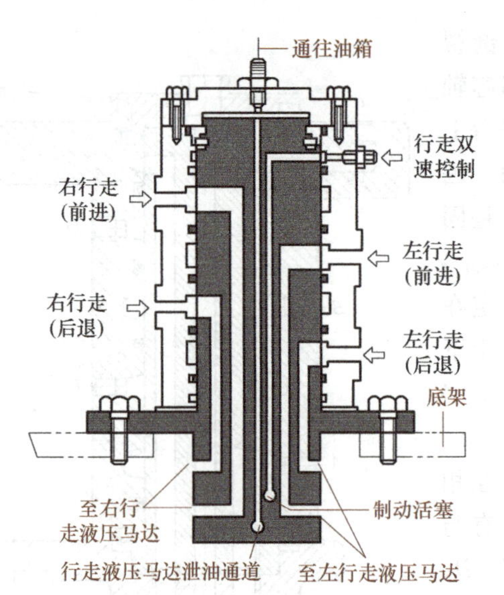

图 5-19　现代 R220-5 中央回转接头油路图

图 5-20　中央回转接头外形结构

以上所述为履带式液压挖掘机的中央回转接头，对于轮胎式液压挖掘机，由于存在支腿回路、多档变速控制回路、气压制动管路等，中央回转接头内的通道一般更多，结构也稍微复杂一些，但基本结构型式和工作原理与履带式的大致相同。

5.5 转台的运动特点及载荷类型

转台的转动过程通常包括启动加速、匀速和制动减速 3 个阶段，当转角范围较小时无匀速阶段。对于结构基本相同的挖掘机，当采用不同的液压系统时，由于液压泵的压力-流量特性不同，因而其运动参数（角加速度、转速、时间）的变化也不相同。根据文献［1］，在角加速度和转台回转力矩不超过允许值的条件下，为了最大限度地缩短转台回转时间，提高作业效率，通常可计算出转台的最佳转速。但这只考虑了转台的理想情况，可以将其作为对转台进行运动分析的参考。因为在实际作业中，转台的转速会受到转角范围、液压系统的特性、结构强度因素、现场条件、驾驶员的操作水平等因素影响，因此不能只考虑作业效率，也就是不能简单地按照理想情况得出转台最佳转速。在充分考虑了转台结构、液压系统及转台驱动机构特性的情况下可以进行计算机仿真，其结果对掌握转台及工作装置的运动和动力学特性并为实现自动控制提供参考。

转台的载荷主要来自 5 个方面：①转台上所属各部件的重量；②工作装置的运动导致的动臂及动臂液压缸施加在转台上的动态载荷；③底架通过回转支承作用于转台上的载荷；④由回转驱动机构引起的与回转机构接触处产生的载荷（回转小齿轮及大齿轮啮合处、转台上固定回转驱动马达及减速机构的部位）；⑤由于转台的启、制动而产生的惯性载荷。

上述 5 类载荷中，前 3 种载荷分别属于垂直载荷、倾覆力矩和径向载荷，后两种载荷主要通过回转驱动机构的相应部位（回转机构固定位置、回转小齿轮与回转大齿圈啮合部位）传递，在对回转支承的选型计算中可不予考虑。

5.6 全回转支承的选型计算

液压挖掘机的全回转支承的转速较低（一般在 10r/min 以下），且在很多工况下不做连续运转，只在一定角度范围内做往复摆动，回转滚道上接触点的载荷循环次数较少，因此，设计时主要是校核滚动体和滚道的接触强度，即进行负载能力计算。

5.6.1 全回转支承选型计算的工况选择及载荷分析

转台通过回转支承传递的载荷可简化为轴向力 $F_{O'Z}$、倾覆力矩 $M_{O'X}$ 和径向力 $F_{O'Y}$，这些载荷通过滚动体、滚道传至底架，直至地面。计算上述三种载荷时需要选择相应的工况和位姿，考虑到回转支承的转速较低、载荷较大，通常选择使转台或回转支承产生最大载荷的危险工况，如图 5-21 所示。

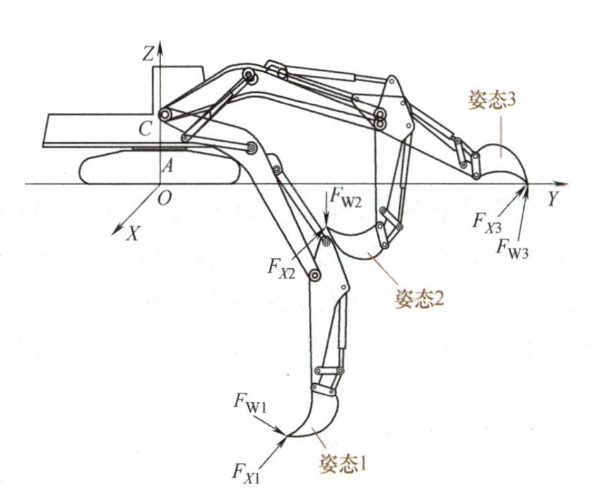

图 5-21 回转支承选型计算典型工况

1）如图 5-21 中姿态 1 所示，最大挖掘深度时铲斗挖掘、铲斗液压缸发挥最大挖掘力，铲斗上受最大的切向挖掘阻力 F_{W1} 作用，考虑横向挖掘阻力 F_{X1}，但不考虑法向挖掘阻力。考虑偏载情况，假定 F_{W1} 和 F_{X1} 作用在侧齿上。在该工况下，由于动臂液压缸力臂最小，从挖掘图上看，有可能产生动臂液压缸闭锁不住的情况，同时考虑到铲斗上所受横向力 F_{X1} 的作用，工作装置及转台会受到较大的横向弯矩及转矩作用，因此，在 A、C 两点可能产生很大的作用力；另一方面，还有可能使整机产生后倾失稳状态，因此转台在此工况的受力和力矩都可能很大。

2）如图 5-21 中姿态 2 所示，整机前倾失稳工况下可取动臂上、下铰接点连线成水平时的姿态，斗杆垂直于停机面，铲斗挖掘，铲斗上受最大的切向挖掘阻力 F_{W2} 和横向挖掘阻力 F_{X2} 的作用，考虑偏载情况，假定 F_{W2} 和 F_{X2} 作用在侧齿上。此时，转台的前倾稳定力矩最大并有可能使整机产生前倾失稳状态。

3）如图 5-21 中姿态 3 所示，斗齿伸到地面最远端即处于地面最大挖掘半径位置，铲斗液压缸工作进行挖掘，挖掘力最大，斗齿上受最大切向挖掘阻力 F_{W3} 和横向挖掘阻力 F_{X3} 的作用，考虑偏载情况，假定 F_{W3} 和 F_{X3} 作用在侧齿上。此时，整机处于后倾临界失稳状态，对转台的向后倾翻力矩也是最大的。

以图 5-21 中工况 2 为例作出图 5-22 所示的转台与工作装置受力分析图。也可首先求出工作装置与转台在 A、C 两点的相互作用力后，单独将转台隔离出来进行受力分析。

将转台及工作装置上所受重力及斗齿上的挖掘阻力简化至回转滚道所在平面与回转中心轴线的交点 O' 上，如图 5-22 所示。得出在整机与地面固定的坐标系 $OXYZ$ 内标定的力 $F'_{O'X}$、

$F'_{O'Y}$、$F'_{O'Z}$和力矩 $M'_{O'X}$、$M'_{O'Y}$、$M'_{O'Z}$。这些力和力矩与底架给转台的支承力 $F_{O'X}$、$F_{O'Y}$、$F_{O'Z}$ 和力矩 $M_{O'X}$、$M_{O'Y}$、$M_{O'Z}$ 互为作用力与反作用力。

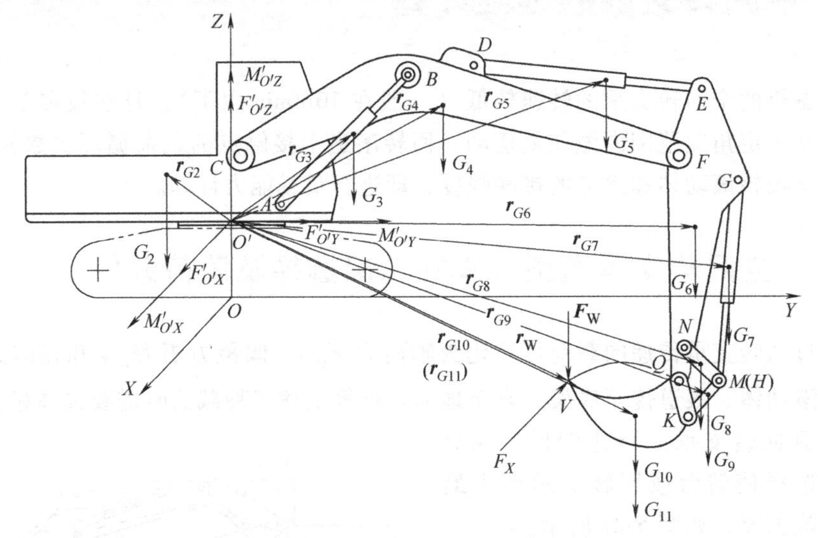

图 5-22　转台及工作装置的受力分析

值得注意的是，Z 向力矩 $M_{O'Z}$ 是通过回转小齿轮和内齿圈直接传递至底架和履带而到达地面的，而没有通过回转支承传递，而其他 5 个力和力矩都是通过回转支承传递的，因此，在对回转支承进行选型计算时不考虑 $M_{O'Z}$ 的影响。但对转台本身来说，该力矩不可忽略，它由回转驱动装置在回转平台上的固定螺栓承受，并通过回转小齿轮传给回转内齿圈、底架而到达地面。

通过空间力和力矩的分析，按以下各式计算转台所受合力和合力矩，有

$$F'_{O'X}=F_X \tag{5-1}$$

式中，F_X 为斗齿上所受横向阻力，该值取决于转台制动力矩和齿尖受力点到回转中心线（图 5-22 中的 Z 坐标轴）的垂直距离，结合图 5-22 所示几何关系，计算式为

$$F_X=\frac{M_{TZ}}{r_{WY}} \tag{5-2}$$

式中，M_{TZ} 为转台制动力矩；r_{WY} 为 O'指向铲斗齿尖受力点的矢量 $\boldsymbol{r}_W$ 在 Y 坐标方向的投影。

$$F'_{O'Y}=F_{WY} \tag{5-3}$$

式中，为 F_{WY} 为斗齿上所受切向挖掘阻力在 Y 坐标方向的分力。

$$F'_{O'Z}=\sum_{i=2}^{11}G_i+F_{WZ} \tag{5-4}$$

式中，G_i 为转台、工作装置各部件及铲斗内物料的重量，应代以负值；F_{WZ} 为斗齿上所受切向挖掘阻力在 Z 坐标方向的分力。

$$M'_{O'X}=\sum_{i=2}^{11}r_{GiY}G_i+r_{WY}F_{WZ}-r_{WZ}F_{WY} \tag{5-5}$$

式中，r_{GiY} 为 O'指向各部件重心位置的矢量 $\boldsymbol{r}_{Gi}$ 在 Y 坐标方向的投影；r_{WZ} 为 O'指向铲斗齿尖受力点的矢量 $\boldsymbol{r}_W$ 在 Z 坐标方向的投影。

$$M'_{O'Y}=r_{WZ}F_X-r_{WX}F_{WZ} \tag{5-6}$$

式中，r_{WX} 为 O'指向铲斗齿尖受力点的矢量 $\boldsymbol{r}_W$ 在 X 坐标方向的投影，其绝对值可近似取两侧齿横向距离的一半。

$$M'_{O'Z}=r_{WX}F_{WY}-r_{WY}F_X \tag{5-7}$$

为了分析回转支承所受的合力和合力矩，可按照空间力系的简化方法对以上求出的力和力矩进行进一步简化，求出转台所受的轴向载荷 F_{ZX}、径向载荷 F_{JX}、倾覆力矩 M_{QF} 和回转力矩 M_{HZ}，表达式分别为

$$F_{ZX}=\sum_{i=2}^{11}G_i+F_{WZ} \tag{5-8}$$

$$F_{JX}=\sqrt{F'^2_{O'X}+F'^2_{O'Y}}=\sqrt{\left(\frac{M_{TZ}}{r_{WY}}\right)^2+F^2_{WY}} \tag{5-9}$$

$$M_{QF}=\sqrt{M'^2_{O'X}+M'^2_{O'Y}}=\sqrt{\left(\sum_{i=2}^{11}r_{GiY}G_i+r_{WY}F_{WZ}-r_{WZ}F_{WY}\right)^2+(r_{WZ}F_X-r_{WX}F_{WZ})^2} \tag{5-10}$$

$$M_{HZ}=M_{TZ} \tag{5-11}$$

5.6.2　滚动轴承式全回转支承的选型计算

滚动轴承式全回转支承的选型计算理论上只是在线性假设的前提下利用载荷叠加法计算其当量负载，并将当量负载与其负载能力进行比较，再按照要求的安全系数来确定回转支承的承载能力。

1）回转支承的当量负载 F_d。根据文献［1］，对交叉滚柱式，其当量负载计算式为

$$F_d=G_{ZX}+\frac{4.5M_{QF}}{D_0}+2.5F_{JX} \tag{5-12}$$

式中，G_{ZX} 为作用在回转支承上的总轴向力（kN）；M_{QF} 为作用在回转支承上的总倾覆力矩（kN·m）；F_{JX} 为作用在回转支承上的总径向力（kN）；D_0 为滚道中心直径（m）。

对四点接触球式，其当量负载计算式为

$$F_d=G_{ZX}+\frac{5M_{QF}}{D_0}+2.5F_{JX} \tag{5-13}$$

2）回转支承的负载能力 C_{0d}。回转支承的负载能力一般用静容量和动容量表示，但由于回转支承的转速低、负载大，因此通常只进行静容量计算即可。

静容量是指回转支承在静态负载作用下滚动体与滚道接触处的永久变形量之和达到滚动体直径的万分之一而不影响回转支承正常运转的负载能力。但根据相关文献，该变形量在 $(1\sim3)d_0/10000$ 之间，其中 d_0 为滚动体直径，单位为 mm。动容量是指回转支承回转到 100 万转后不出现疲劳裂纹的负载能力。

对四点接触球式，其静容量计算式为

$$F'_d=f_0d_0^2z\sin\alpha/10^3 \tag{5-14}$$

对单排交叉滚柱式回转支承，则计算式为

$$F'_d=f'_0d_0l_x\frac{z}{2}\sin\alpha/10^3 \tag{5-15}$$

式中，f_0 为滚球的静容量系数（N/mm^2）；f'_0为滚柱的静容量系数（N/mm^2），一般取 $f'_0=2f_0$；d_0 为滚动体直径（mm）；l_x 为滚柱有效长度（mm），$l_x=0.8d_0$；α 为滚动体与滚道的接触角，按标准取 $\alpha=45°$；z 为滚动体总数，不带隔离块时，

$$z=\frac{\pi D_0\cdot 10^3}{d_0}$$

带隔离块时，

$$z=\frac{\pi D_0\cdot 10^3}{d_0+b}$$

式中，D_0 为滚道中心直径；b 为隔离块的有效宽度（mm），当 $D_0>2.6$mm 时，$b=3$mm，当 $D_0\leqslant 2.6$mm 时，$b=2$mm。

以上计算的 z 值应进行圆整，对四点接触球式应圆整到最接近的较小整数，对交叉滚柱式则应圆整到最接近的较小偶数。

滚动体的静容量系数可在系列标准中查得，但该系数是在滚道表面硬度为 55HRC 并带隔离体的情况下算出的，若情况变化，则应按式（5-14）或式（5-15）重新计算。

表 5-1 为滚道硬度改变时静容量系数的对应值。

表 5-1 回转支承静容量系数与滚道表面硬度的关系

滚道表面硬度 HRC	45	48	50	52	53	55	56	58	60	61
静容量系数 f_0/(N/mm^2)	17	22	25	27	31	34	36	41	46	49

3）回转支承的安全系数。按文献［1］，回转支承的安全系数取

$$f_s=\frac{F'_d}{F_d}>1.2\sim1.3 \tag{5-16}$$

除以上选型计算方法外，JB/T 2300—2018 还针对各类机械上所用的回转支承的选型计算方法进行了系统描述，并提供了静态和动态计算方法，以及图表形式的选型计算方法，可在需要时参阅。

4）回转支承齿圈的最大圆周力校核。关于回转齿圈（内齿或外齿）的有关参数，可根据要求的回转支承结构参数在国家标准中查出对应的齿数、模数、齿宽等。为安全起见，一般应按下式对回转支承的齿圈进行最大圆周力校核，即

$$F_{\tau\max}=\frac{2M_{z\max}}{D}<\frac{\sigma_b bm}{q} \tag{5-17}$$

式中，$F_{\tau\max}$ 为回转支承齿圈最大圆周力（N）；$M_{z\max}$ 为回转支承齿圈传递的最大转矩（N·m）；D 为回转支承齿圈的节圆直径（m）；σ_b 为齿圈材料的抗弯强度（MPa）；b 为齿轮宽度（m）；m 为齿圈模数；q 为齿形系数，当齿圈齿数 $z>40$，修正系数 $\xi=+0.5$ 时，对内齿式，$q=2.055$，对外齿式，$q=2.1$。

5.6.3 依据标准的全回转支承可视化动态选型技术

回转支承应用比较广泛，是连接全回转装备上部回转平台和下部行走机构的关键部件，承受着来自上部结构的全部载荷并传递运动，其所受的静态载荷约占整机质量的 80%左右。

长期以来，主机厂家主要依靠经验选择危险工况并计算出回转支承所受的最大静态载荷，然后自行或由回转支承生产厂商按标准换算为当量载荷，最后选出需要的回转支承及连接螺栓型号。由于全回转支承使用范围较广，对承载能力和使用寿命要求较高，因此行业内逐渐形成了专业化生产，为此制定了行业标准（JB/T 2300—2018）和相关选型依据及规范的数据图表。

全回转支承的选型技术路线如图 5-23 所示。选型过程主要包括 4 方面内容：①确定危险工况并分析计算回转支承所受的理论极限载荷（轴向载荷、径向载荷和倾覆力矩）；②根据机型及作业工况选择回转支承的动、静态安全系数；③计算当量载荷；④按 JB/T 2300—2018 进行选型，具体包括回转支承结构及对应系列型号选择以及回转支承及连接螺栓的承载能力分析。目前 JB/T 2300—2018 按回转支承结构列出了 4 个系列（单排接触球式、双排异径球式、单排交叉滚柱式和三排滚柱式）共 108 个基本型号的回转支承主要参数和对应的 108 组回转支承和连接螺栓承载能力曲线，每组承载能力曲线一般包括回转支承的动、静态承载能力曲线各一条、1~3 个精度等级的连接螺栓承载能力曲线各一条。

利用该项技术不仅对危险工况有了更全面的把握，而且可自动确定回转支承所受的极限

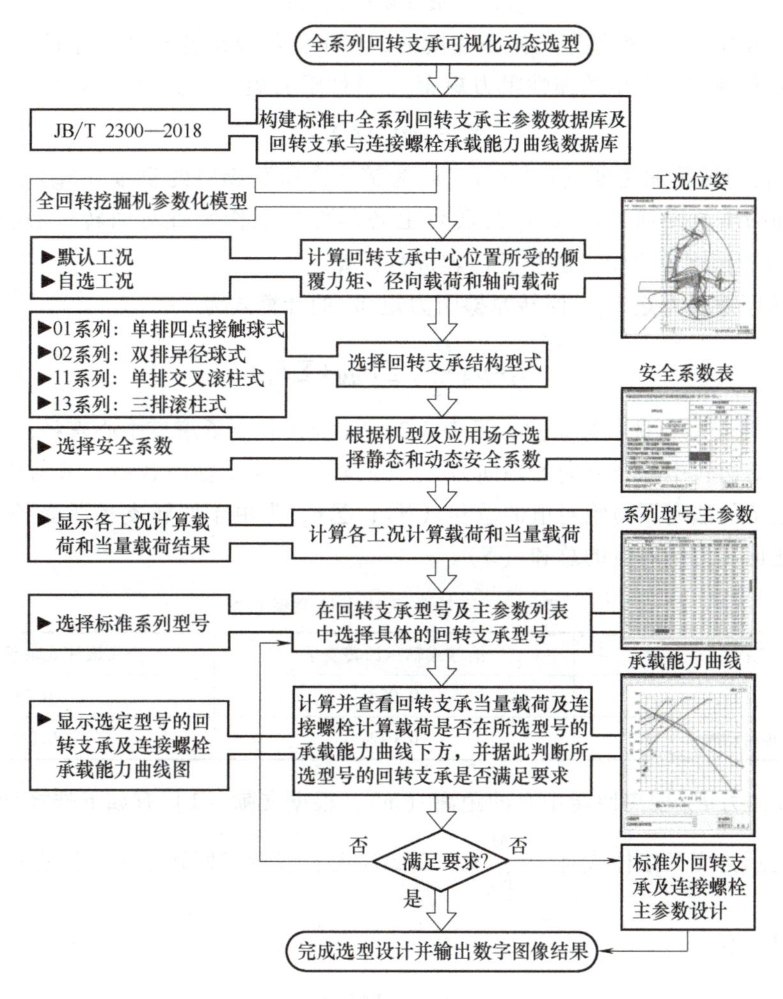

图 5-23　回转支承可视化动态选型计算技术路线

载荷，在选型过程中也不再需要查阅相关标准和人工计算，只需点击鼠标即可完成。其过程直观便捷，使技术人员摆脱了复杂的工况姿态选择、受力分析计算及查阅标准的繁杂选型过程，避免了人为错误，缩短了产品研发周期，并提高了选型设计的准确性和可靠性。

对超大型液压挖掘机或某些特大型设备，现行标准中所列回转支承型号已不能满足其要求，或者在标准系列中查不到满足其使用要求的回转支承，为此，本节所述标准外回转支承及连接螺栓可视化设计技术及其功能模块可设计出所需回转支承和连接螺栓的主要参数，为自行设计制造回转支承提供了可靠依据，弥补了标准所列系列型号不能满足需求的不足。

5.7 回转平台回转阻力矩分析

转台的阻力矩由以下 4 部分组成：①启动和制动时产生的惯性阻力矩 M_i；②回转摩擦阻力矩 M_f；③回转风阻力矩 M_w；④由于停机面倾斜所产生的回转坡度阻力矩 M_s。

因此，转台回转阻力矩表达式为

$$M_{sw}=M_i+M_f+M_w+M_s \tag{5-18}$$

以上 4 种阻力矩中，惯性阻力矩是主要的，以下详细介绍各部分的计算方法。

（1）启动和制动时产生的惯性阻力矩 M_i　惯性阻力矩 M_i 的计算式为

$$M_i=\varepsilon mr^2+\varepsilon\sum J_i \tag{5-19}$$

式中，ε 为转台回转角加速度（rad/s^2）；m 为铲斗内所装物料的质量（kg）；r 为物料重心到回转中心轴的垂直距离（m）；J_i 为转台上各部件及工作装置对回转中心轴的转动惯量（$kg\cdot m^2$），可参照理论力学中的相关内容进行计算。

（2）回转摩擦阻力矩 M_f　回转摩擦阻力矩 M_f 的计算式为

$$M_f=\mu_d\frac{D_0}{2}\left(\sum F_{GM}+\sum F_h\right) \tag{5-20}$$

式中，μ_d 为回转支承当量摩擦系数，见表 5-2；D_0 为回转支承滚道中心直径；$\sum F_{GM}$ 为由于回转支承所受沿回转中心线方向的轴向力 F_G（回转支承所受轴向载荷）和倾覆力矩 M 作用而产生的对滚道的法向压力绝对值的总和（N）；$\sum F_H$ 为由于回转支承所受径向力 F_H 产生的对滚道的法向压力绝对值的总和（N）。

表 5-2　回转支承的当量摩擦系数

工况	滚球式轴承回转支承	交叉滚柱式轴承回转支承
正常回转	0.008	0.01
回转启动时	0.012	0.015

设 e 为轴向力 F_G 偏离回转中心的距离（m），根据文献［1］有如下选择计算公式：

当回转支承为交叉滚柱式且 $e=\dfrac{M}{F_G}\leqslant 0.262D_0$ 时，或者当回转支承为四点接触球式且 $e=\dfrac{M}{F_G}\leqslant 0.3D_0$ 时，有

$$\sum F_{GM}=1414F_G \tag{5-21}$$

式中，F_G 为回转支承所受沿回转中心线方向的总轴向力（kN）。

当 e 大于上述值时，有

$$\sum F_{GM}=k_e e\frac{2828F_G}{D_0} \tag{5-22}$$

式中，e 为轴向载荷 F_G 偏离回转中心的距离（m）；k_e 为系数。可根据 $2e/D_0$ 从图 5-24 所示关系图查得。

$$\sum F_h=K_h F_h \tag{5-23}$$

式中，K_h 为系数。当滚动体与滚道的接触角为 45°时，对交叉滚柱式取 1790，对四点接触球式取 1720。

在计算法向压力时，外载荷 F_G、倾覆力矩 M 及径向载荷 F_h 可不考虑回转支承的工作条件系数。

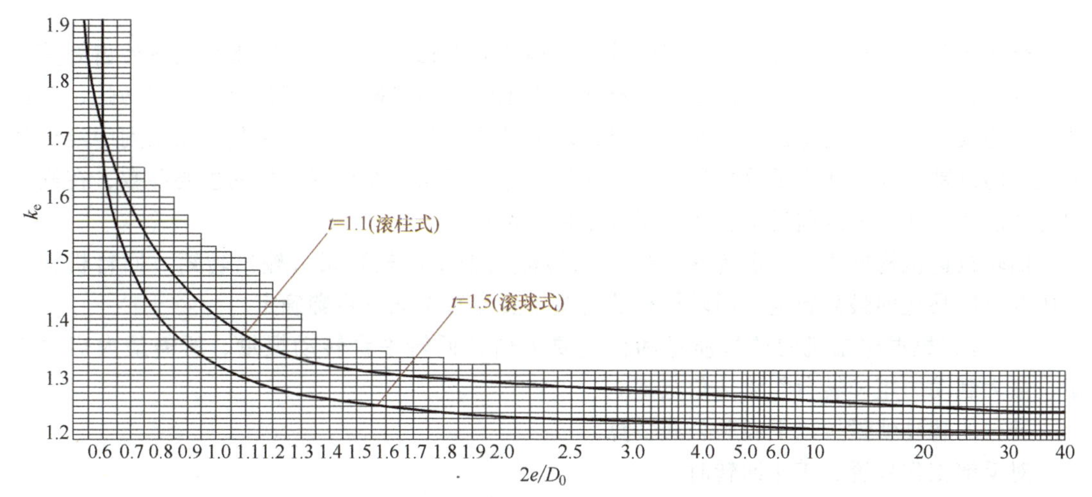

图 5-24　系数 k_e 与 $2e/D_0$ 的关系图

（3）回转风阻力矩 M_w　M_w 的计算式为

$$M_w=p\sum A_i l_i \tag{5-24}$$

式中，p 为计算风压值，取 $p=150\text{Pa}$，风向垂直于工作装置的侧面；A_i 为回转部分的承风面积（m^2）；l_i 为回转各部件的承风面积形心到回转中心的垂直距离（m），在工作装置一侧取正号，反之取负号。

（4）由于停机面倾斜所产生的回转坡度阻力矩 M_s　回转坡度阻力矩与挖掘机在坡上的方位有关，根据分析，当挖掘机横坡停车且工作装置所在对称平面与坡度方向垂直时，工作装置向上坡一侧回转时的阻力矩最大，因此，可按此姿态计算由坡度引起的回转阻力矩，有

$$M_s=G_{土}r_{土}\sin\alpha+G_b r_b\sin\alpha-G_0 r_0\sin\alpha \tag{5-25}$$

式中，α 为停机面的倾斜角，一般取 3°~5°；G_b 为工作装置总重（N）；G_0 为转台上部（工作装置除外）自重（N）；$G_{土}$ 为铲斗内物料重量（N）；$r_{土}$ 为物料重心至回转中心轴线的垂直距离（m）；r_b 为工作装置重心至回转中心轴线的垂直距离（m）；r_0 为转台上部（工作装置除外）重心至回转中心轴线的垂直距离（m）。

以上 4 部分之和为转台的回转阻力矩，但这并不一定是作用在回转马达上的阻力矩。一

般情况下，回转马达输出轴上连接有齿轮减速机构，它起着减速增扭的作用，因此，应将以上4项之和除以回转减速机构的传动比，才能得到回转马达输出轴上所承受的负载转矩，即

$$M_m = \frac{M_{sw}}{i_{sw}} \tag{5-26}$$

式中，i_{sw} 为转台回转机构总传动比。

关于转台回转速度，目前大多数液压挖掘机采用变量泵-定量马达传动方案，转台回转可实现无级变速，范围一般在0~12r/min之间。

5.8 全回转驱动装置主要参数设计

全回转驱动机构由回转马达、回转减速机构及输出轴小齿轮、回转支承内或外齿圈等组成，其中，回转支承的内或外齿圈在选择回转支承时已同时确定，而目前的回转马达、回转减速机构及输出轴小齿轮已由专业厂商经过匹配计算后配套供应，并在其产品系列中给出与之匹配的机重、标准斗容量等主机参数。挖掘机生产厂商只要根据整机的主要参数，在满足回转速度和回转力矩的前提下在产品系列中进行选择。

回转减速机构的主要参数为减速器（回转输出轴小齿轮）最大输出转矩、回转机构传动比及液压马达的最高转速，回转机构的这些主要参数按如下步骤确定。

1）首先根据挖掘机的整机质量和作业要求估计回转平台转动惯量、所需最大启动力矩、最大制动力矩和转台作业转角范围。

转台的转动惯量按以下经验公式估算。

对反铲工作装置，满斗回转时，

$$J = 128m^{5/3} \tag{5-27}$$

空斗回转时，

$$J_0 = 72m^{5/3} \tag{5-28}$$

二者之比

$$\lambda = J/J_0 = 1.778$$

式中，m 为整机质量（t）。

对装载工作装置或正铲工作装置，满斗回转时，

$$J = 115m^{5/3} \tag{5-29}$$

空斗回转时，

$$J_0 = 65m^{5/3} \tag{5-30}$$

二者之比

$$\lambda = J/J_0 = 1.769$$

编者针对以上转动惯量的经验估算公式查阅了各类文献，其具体表达形式都不相同，因此建议设计人员在结合实际情况并参照现有机型的基础上对上述公式进行必要的验证，进而获得精确的分析计算结果。

在设计的初始阶段，转台所需的最大启、制动力矩同样是根据经验公式进行估计的，但

这两种力矩不应超过整机与地面的最大附着力矩，否则，转台的转动会引起整机相对于地面的转动。根据文献 [1]，在以下范围内估计转台的最大制动力矩 M_B。当转台采用机械制动时，

$$M_B = 0.8 \sim 0.9M_\varphi \tag{5-31}$$

当转台仅靠液压制动时，

$$M_B = 0.5 \sim 0.7M_\varphi \tag{5-32}$$

式中，M_φ 为履带式液压挖掘机相对于地面的附着力矩（N · m），按下式求得

$$M_\varphi = 4910\varphi m^{4/3} \tag{5-33}$$

式中，m 为整机质量（t）；φ 为附着系数，对平履带板，取 $\varphi = 0.3$；对带筋履带板，取 $\varphi = 0.5$。

转台所需的最大启、制动力矩同时还受到动载系数的限制，回转时工作装置的动载系数不应超过 1.2。

因传动效率的原因，作用在转台上的最大启动力矩一般小于最大制动力矩，其比值因制动方式而异。对纯液压制动，

$$c = \frac{M_B}{M_S} = \frac{1}{\eta_0^2} \tag{5-34}$$

式中，$\eta_0 = \eta_1 \cdot \eta_2 \cdot \eta_3$，其中 η_1 为回转支承效率，η_2 为回转减速机构效率，η_3 为回转马达机械效率。采用高速液压马达时，取 $\eta_0 = 0.78$；采用低速大转矩马达时，取 $\eta_0 = 0.85$。

对机械制动，一般取 $c = 1.6$，有时可达 $c = 2$。

转台的最大启动力矩的估算式为

$$M_S = \frac{M_B}{c} \tag{5-35}$$

对转台的转角范围，中小型液压挖掘机一般在 75° ~ 135°之间，标准转角在 90° ~ 120°之间选择比较恰当。

2）按照 5.2 节中介绍的，在标准系列中选择回转支承及其传动比 i_h。

3）确定回转驱动机构输出轴小齿轮的最大输出转矩 M_{hj}，有

$$M_{hj} = \frac{M_h}{i_h \eta_{hj}} \tag{5-36}$$

式中，M_h 为转台所需最大转矩（N · m）；i_h 为回转支承的传动比，$i_h = z_{hc}/z_{hx}$，其中，z_{hc} 为回转支承齿圈齿数，z_{hx} 为回转减速机构输出小齿轮齿数；η_{hj} 为回转支承机械效率，$\eta_{hj} = 0.95$。

对上述回转驱动装置输出轴小齿轮的最大输出转矩 M_{hj}，若配套件专业制造商给出了对应的整机主要参数，如整机重量或标准斗容量，则也可根据这些参数从产品样本参数中查出回转驱动装置的最大输出转矩。

4）确定回转减速机构（回转液压马达至输出轴小齿轮）的传动比 i_{mj}，有

$$i_{mj}=\frac{M_{hjmax}}{M_{mmax}\eta_{mj}} \tag{5-37}$$

式中，η_{mj} 为回转减速机构的机械效率，$\eta_{mj}=0.90$；M_{mmax} 为回转液压马达最大输出转矩（N·m），计算式为

$$M_{mmax}=\frac{\Delta pq\eta_{m1}}{2\pi} \tag{5-38}$$

式中，Δp 为回转液压马达的进、出口压力差（MPa）；q 为回转液压马达的排量（mL/r）；η_{m1} 为回转液压马达的机械效率，齿轮和柱塞式取 0.9~0.95，叶片式取 0.85~0.9。

5）校核转台的最高转速 n_{hmax}。液压马达的公称排量及变量马达的最大、最小排量可以从厂家的产品目录中查出，由此可根据液压系统的最大供油量计算出马达的最高转速 n_{mmax}。

对于定量液压马达，有

$$n_{mmax}=\frac{1000Q_{max}\eta_{v}}{q_{m}} \tag{5-39}$$

式中，Q_{max} 为液压系统给回转液压马达的最大供油量（L/min）；q_{m} 为定量液压马达的公称排量（mL/r）；η_{v} 为液压马达的容积效率。

对于变量液压马达，有

$$n_{mmax}=\frac{1000Q_{max}\eta_{v}}{q_{min}} \tag{5-40}$$

式中，q_{min} 为变量马达的最小排量（mL/r）。

根据式（5-39）或式（5-40）计算得出的回转液压马达最高转速 n_{mmax} 不应超过产品系列中给出的最高转速，否则应重选回转液压马达或减小系统最大供油量。

当确定了回转液压马达的最高转速后，可由下式计算转台的最高转速并与设计要求进行对比。

$$n_{hmax}=\frac{n_{mmax}}{i_{h}i_{mj}} \tag{5-41}$$

由式（5-41）计算的转台最高转速应达到设计要求的最高转速。根据统计数据，转台最高转速一般不超过 12r/min，较高的转速可提高挖掘机的作业效率，但不应超过太多，否则转台会产生过大的惯性力矩，进而导致转台自身及相关结构件的损坏。

按照传统设计规律，对回转驱动装置及回转支承的选型计算与校核常常交叉进行，可以从设计要求出发通过计算得出相关零部件参数，然后在产品目录或标准系列中查找，再进行必要的校核；也可根据统计规律或经验直接从产品目录或标准系列中查找，然后分析计算各项性能参数并验证其是否满足要求。

思考题

5-1 转台上各部件的布置应遵循什么原则？还应注意哪些问题？

5-2 全回转支承和半回转支承的主要区别是什么？各适合于什么机型？

5-3　回转支承与普通轴承相比有哪些典型结构特征？受哪些载荷作用？这些载荷分为哪几类？

5-4　按照我国行业标准，对回转支承是如何进行分类的？

5-5　回转支承的负载能力的意义是什么？如何进行负载能力计算？

5-6　中央回转接头的作用是什么？履带式和轮胎式液压挖掘机的中央回转接头有何主要区别？

5-7　查找产品样本，列出国际上几个知名品牌挖掘机的回转机构结构及转台最高转速范围。

5-8　比较说明采用液压混合动力与油电混合动力回转装置的结构特点和工作原理，试分别举出一个应用上述技术的实例机型。

第6章 行走装置构造及设计

单斗液压挖掘机的行走装置是整机的支承部分，它承受全部部件的重量和来自铲斗上挖掘阻力的转化形式（力或力矩）。最常见的液压挖掘机行走装置一般为轮胎式和履带式两种结构，也有其他型式的，如步履式、浮式及水陆两用等，本章将对轮胎式和履带式两种主要结构进行介绍。

6.1 履带式行走装置

履带式行走装置的特点是牵引力大（通常每条履带的牵引力达机重的35%~45%）、接地比压小（40~100kPa）、转弯半径小（可原地转向）、爬坡能力大（一般为50%~80%，最大达100%），在单斗液压挖掘机中得到了广泛使用。履带式行走装置的制造成本约占整机的1/4，目前其零部件已标准化，普遍采用工业拖拉机型的结构型式，提高了行走性能，有利于专业化、批量化和系列化生产并降低制造成本。但履带式行走装置的履带结构复杂，行驶速度较低（0.5~6km/h）。

图6-1所示为目前广泛使用的带有X型行走架的履带式行走装置，它由“四轮一带”组成，即驱动轮7、导向轮1、支重轮5、托链轮6和履带3，这些零部件被分别装在左、右

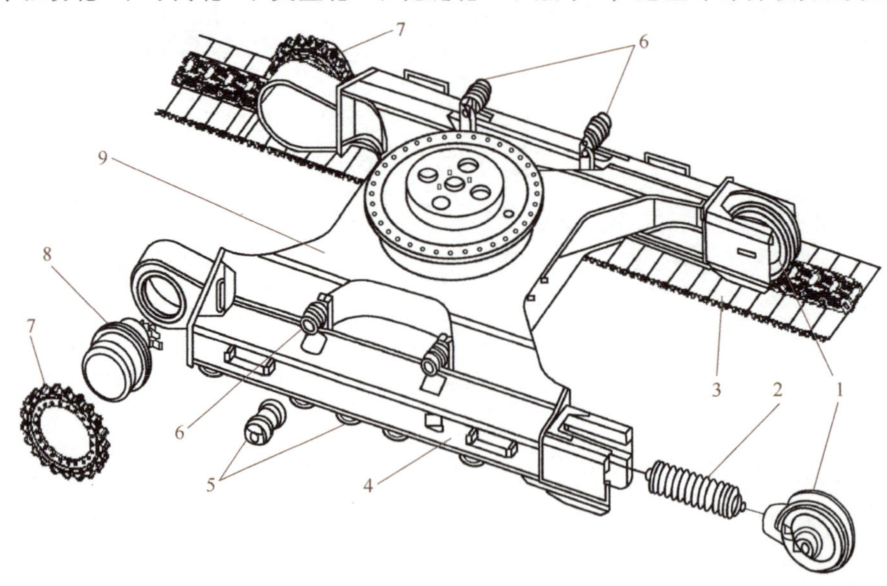

图6-1 履带式行走部分的组成（X型行走架）

1—导向轮 2—张紧弹簧 3—履带 4—履带架 5—支重轮 6—托链轮 7—驱动轮 8—行走马达总成 9—底架

两个履带架4上，履带成闭合环形卷绕在驱动轮7、导向轮1、支重轮5、托链轮6上。两条履带架用中间底架9相连，组成一个整体，称为行走架。

6.1.1　履带式行走架

行走架是履带式行走装置的承重骨架，它与上部转台连接，并承受包括转台在内的上部各部件的重量和挖掘机斗齿上所受挖掘阻力转化为的轴向力、径向力和倾覆力矩，把这些载荷连同自身的重量通过履带架和支重轮、履带传给地面；另一方面，行走架把地面的反作用力传递给上部转台，同时有减小地面冲击、保证挖掘机行驶平顺性和工作稳定性的作用。由于行走架的结构和受力十分复杂，对其基本要求是结构合理、紧凑、具有足够的强度、刚度和稳定性，能够满足机器特定的工作要求，便于维护。

行走架一般分为整体式和组合式两类。图6-2所示为带有H型行走架的履带式行走装

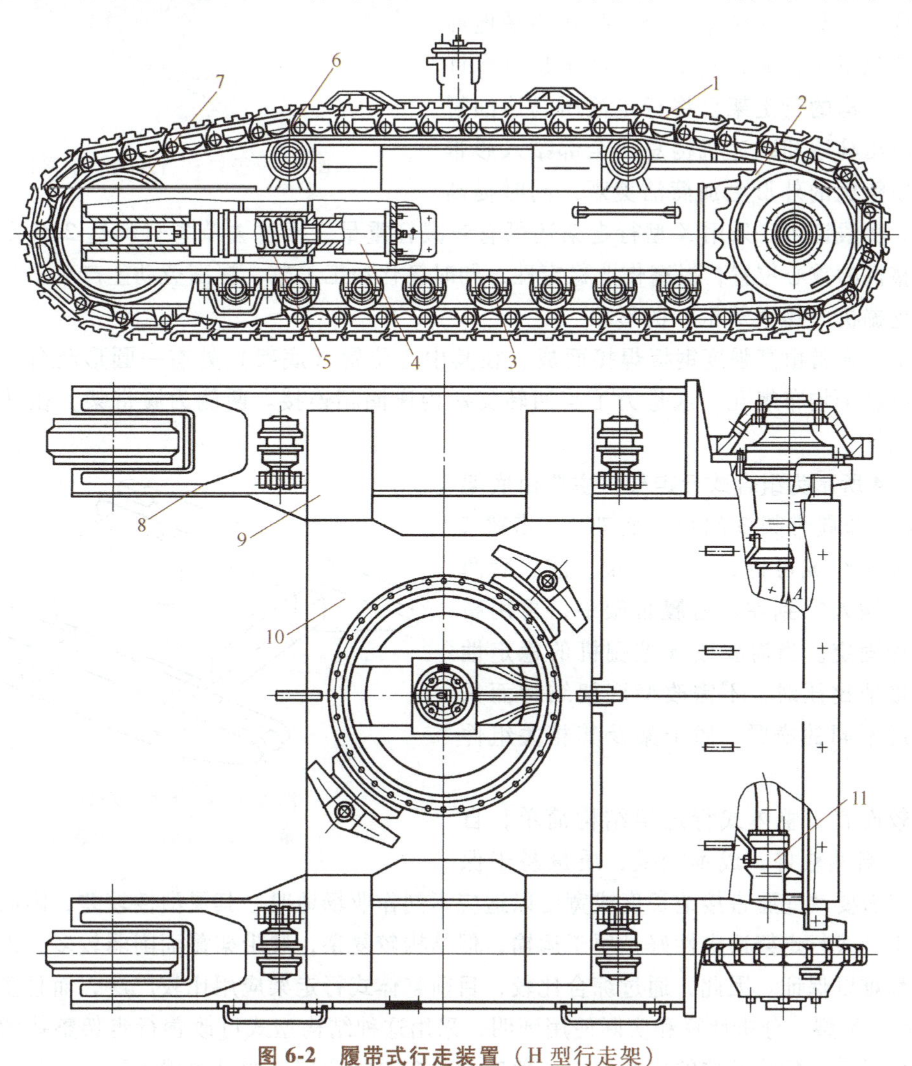

图6-2　履带式行走装置（H型行走架）

1—履带　2—驱动轮　3—支重轮　4—张紧装置　5—缓冲弹簧　6—托链轮
7—导向轮　8—履带架　9—横梁　10—底架　11—行走马达总成

置。这种行走架的外形成横向 H 形，其名称即由此而来。长期以来，国产履带式挖掘机及其他履带式车辆多采用此种结构的行走架，其结构特点是外形尺寸大，但搭接在履带架上的纵向距离小；用材多、重量大，但行走架的刚度相对较差，因而变形较大，易产生应力集中。此外，过去的行走液压马达及相应减速机构的轴向尺寸较大，液压管道无法内藏于行走架内部，液压马达和液压管道几乎都外露着，因而极易与障碍物相碰而损坏。随着技术的进步，内藏式行走减速机构已被大量生产和广泛应用，因此，国产履带式液压挖掘机的行走架及其履带架也逐渐得到了改进。

图 6-3 所示为整体式 X 型行走架，其中心部分成 X 形，因而称为 X 型行走架。这种行走架搭接在履带架上的距离较大，从而增加了整体的强度和刚度，避免了左、右履带架的扭曲、变形，使上部载荷和工作载荷产生的应力能较均匀地分布于整个履带架，当车架在不平地面或恶劣工况下工作时，其变形不至于超过允许值。这种结构的行走架可将行走液压马达油管及行走液压马达和减速机构总成全部藏入履带架内，使整机的外形更加简洁美观，同时提高通过性。实践证明，采用 X 型行走架还可有效减轻重量，比过去节省材料达 20%左右，并可降低整机的重心位置，提高作业稳定性，同时简化加工工艺，提高劳动生产率，并从外观上改变挖掘机“傻大笨粗”的形象。

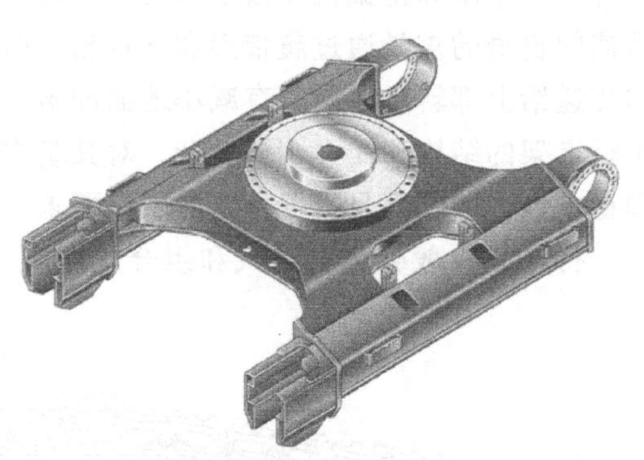

图 6-3　整体式行走架（X 型）

行走架通常由高强度钢板焊接而成，在其中心位置（底架）处有一圆形凸台，凸台周边加工有若干均布螺孔，这是为了与回转支承内座圈相连接。两侧为履带架，在其上安装“四轮一带”。

图 6-4 所示为组合式行走架，主要由底架 1、横梁 2 和履带架 3 组成，底架 1、横梁 2 及履带架 3 组成可拆卸的行走架。前、后两条横梁“插入”到左、右履带架中，再用高强度螺栓固定。当需要改善挖掘机的稳定性或改变接地比压时，不需改变底架结构而只需要换用不同的横梁、履带架及其相关组件即可。

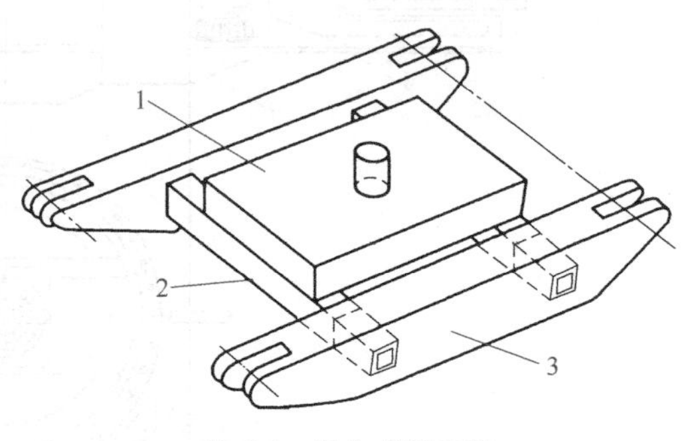

图 6-4　组合式行走架

1—底架　2—横梁　3—履带架

比较而言，整体式行走架结构简单，自重较轻，刚性较好，成本较低，质量易于保证，但当需要改变履带接地长度或宽度以适应不同作业场地时，其灵活性较差，因而适应性较差。组合式行走架适应性好且便于运输，但结构较复杂，履带架截面削弱较多，因而强度和刚度都难以保证。因此，通过综合比较，目前整体式行走架应用比较广泛，而且多采用图 6-3 所示的 X 型。分析计算和实际使用证明，采用这种结构型式可改善行走架整体的受力状况，避免了某些危险部位的应力集中，使应力分布更加合理，明显改善支重轮的受力和履带的接地比压分布，并提高了其通过性。

6.1.2　四轮一带

1. 履带

履带是履带式行走装置的重要部件之一，它直接关系到挖掘机的工作性能和行走性能。挖掘机的履带有整体式和组合式两种，整体式履带板上带有啮合齿，直接与驱动轮啮合，履带板本身成为支重轮等轮子的滚动轨道。这种履带制造方便，连接履带板的销子装拆容易。缺点是磨损较快，“ 三化 ”性差，在机械式挖掘机中使用较多。

图 6-5 所示为目前液压挖掘机中广泛采用的组合式履带。它由履带板、链轨节、履带销轴和销套等组成。左、右链轨节 10、9 与销套 5 用紧配合连接，履带销轴 4 插入销套有一定间隙，以保证转动灵活，其两端与另两个链轨节孔紧配合。锁紧履带销 7 与链轨节孔配合较松，便于整个履带的安装和拆卸。这种结构节距小，绕转性好，行走速度较快，销轴和衬套硬度较高，耐磨性好，使用寿命长。

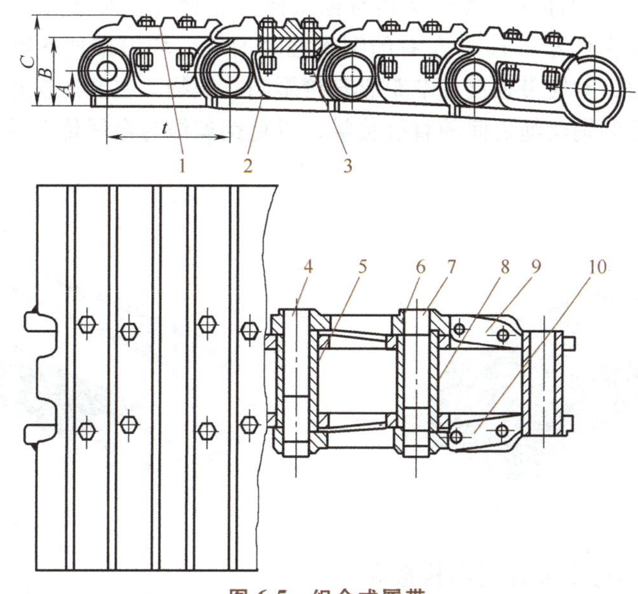

图 6-5　组合式履带

1—履带板　2—履带螺栓　3—履带螺母　4—履带销轴　5—销套　6—锁紧销垫　7—锁紧履带销　8—锁紧销套　9—右链轨节　10—左链轨节

我国挖掘机已采用的标准化履带节距共有四种，即 173mm、203mm、216mm 和 228.5mm。此外，还有采用 101mm、125mm、135mm、154mm 和 260mm 等节距的履带。履带节距的大小影响传动的均匀性、行走速度及效率。节距越小，履带链轨运转在驱动轮、导向轮上的冲击力越小，运转越均匀，有利于减少磨损，提高效率，但最小节距值受到链轨结构尺寸的限制，履带节距、齿数及适用范围见表 6-1。

表 6-1　挖掘机履带节距、齿数及适用范围

节距/mm	齿数	适用范围
101、125、135	23、25	0.25m^3 以下的挖掘机
154	23、25	0.25~0.4m^3 挖掘机

（续）

节距/mm	齿数	适用范围
173	23	0.4~0.6m^3 挖掘机
203	23	1.0m^3、1.6m^3 挖掘机
216、228.5	25	2.5m^3 挖掘机
260	23	4m^3 挖掘机

图 6-6 为橡胶履带外形图，它是用橡胶分段模压或整体硫化而成的不可拆分的环形整体连续履带，其结构如图 6-7 所示。图 6-8 为其横断面，由该图可以看出，橡胶履带由橡胶体 1、织物 2、金属传动件 3 及钢丝绳 4 组成。其心部用织物和多条钢丝绳加强，外侧为橡胶履刺，内侧为金属传动件，金属传动件镶嵌在硫化橡胶带里。橡胶履带的横断面被制成中间厚、两侧渐薄的结构，可减轻转向时履带的侧向刮土作用、减少履带侧面的积土和淤泥，从而降低转向阻力。橡胶体 1 的主要成分是天然橡胶和合成橡胶。金属传动件为履带的骨架，也是履带与驱动轮啮合的部件，为提高其与橡胶体的黏合力，通常要对其表面进行喷丸处理。钢丝绳 4 由多股直径为 0.1mm 左右的钢丝缠绕而成，均匀排列在履带的两侧，它主要用于承受履带的拉力，对履带强度和节距有直接影响。织物 2 主要由帆布或尼龙组成，其作用是防止金属传动件和钢丝绳之间的直接接触，以免钢丝绳与金属传动件在履带卷绕时直接接触而发生折断。

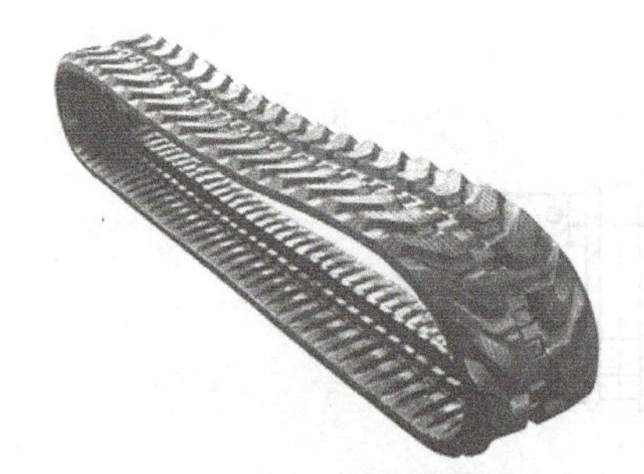

图 6-6 橡胶履带外形图

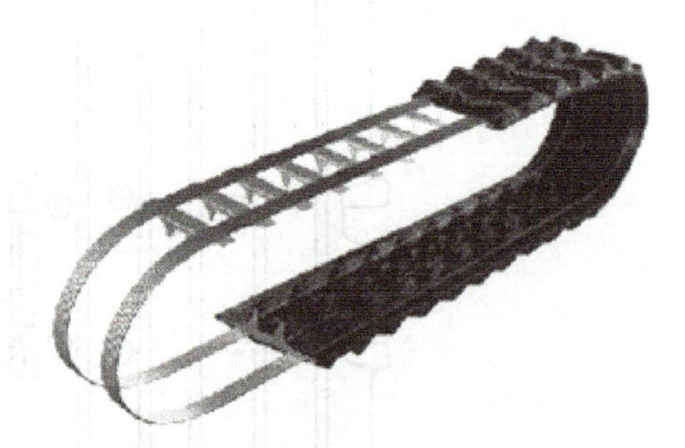

图 6-7 橡胶履带整体结构

采用橡胶履带的行走装置基本构造和金属履带行走装置的基本相同，也是由驱动轮、支重轮、导向轮、托链轮、履带和行走架等部分组成。但由于履带在卷绕过程中承受交变的弯曲应力，此种应力会引起履带的疲劳损坏，故驱动轮直径不宜过小，以减小履带卷绕时的弯曲程度；同时由于履齿较高，因此轮体直径也必须较大一些。另外，支重轮、托链轮和导向轮应分别骑跨在履带齿的两边，压在橡胶平面上，同时为了防止轮缘被切割、橡胶严重挤压而引起损伤，应将轮缘做得宽一些。

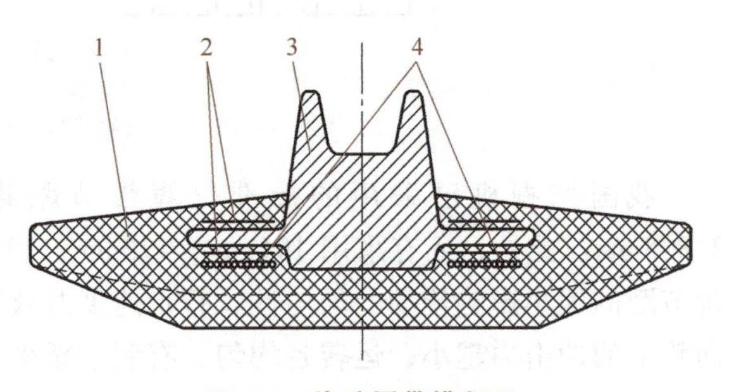

图 6-8 橡胶履带横断面

1—橡胶体 2—织物 3—金属传动件 4—钢丝绳

橡胶履带的主要结构参数是节距、节数、履带宽度、花纹样式、预埋金属件样式等。

橡胶履带具有重量轻、振动小、噪声低、行驶平顺、附着力大、行驶阻力小、转向灵活、地面适应性好、不损坏路面、接地比压小等特点。此外，由于橡胶履带无销轴与销套，结构简单，无内部摩擦和磨损，因而传动效率高，很适合于在城市或农田施工。但橡胶履带的主要缺点是强度低、承载能力差，且在连续反复的受载和变形作用下温升较高，因而橡胶易快速老化、刚度下降并变脆脱落，从而影响整体使用寿命，故橡胶履带不适合在中、大型挖掘机上使用，而一般用在小型或微型挖掘机上。此外，在使用维护中，橡胶履带还有以下几点需要注意。

1）必须维持适当的张紧力。张紧力过小，则履带容易脱落；张紧力过大，则履带寿命会缩短。

2）机器行走过程中应避开尖锐物体，以免履带被划伤；应避免转弯过快、过急，以免橡胶撕裂，转弯时尽量不用单边履带转向。

3）橡胶对油污比较敏感，因此要注意避免履带黏上油等腐蚀性物质。

4）应避免日晒雨淋，否则橡胶会加速老化。

5）驱动轮及其他轮子一旦磨损，应及时更换，否则会加速履带的磨损。

2. 支重轮

挖掘机的几乎全部重量都通过支重轮传给地面，在偏载或前后失稳的临界状态下，整机的全部重量几乎都集中在单个支重轮上，行走时，若地面不平，则整机会受到来自地面的冲击，所以支重轮所受载荷较大。此外，支重轮工作条件十分恶劣，经常处于尘土中，有时还浸泡于泥水之中，故要求密封可靠。支重轮轮体常用35Mn或50Mn制造，轮面淬火硬度应达48~57HRC，多采用滑动轴承，并用浮动油封防尘。

标准化后支重轮的一种结构如图6-9所示，为直轴式结构，轴的构造简单，工艺性好，虽然承受轴向力的能力较差，但适用于挖掘机的工况。支重轮的轴1通过两端轴座7固定在履带架上，因此不转动。轮体4一般由两段焊接而成，轮边有凸缘，起夹持履带的作用，同时保持履带板在行走时不会横向脱落。轮体内压装有轴套3，这种轴套是双金属式的，也就是在08F的钢套内涂有0.8mm厚的锡青铜合金，耐磨性好，强度高，轴两端装有浮动油封。

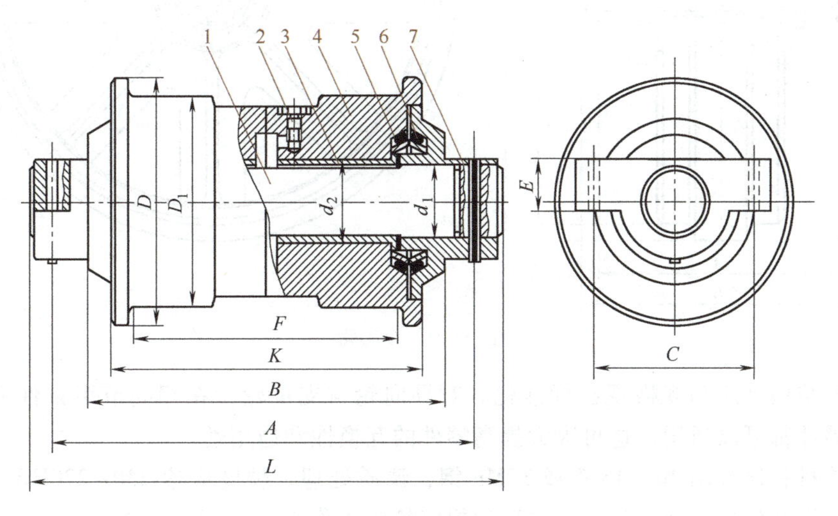

图6-9　支重轮结构示意图

1—轴　2—螺塞　3—轴套　4—轮体　5—浮封环　6—O形密封圈　7—轴座

浮动油封是一种结构较简单，密封效果较好的端面密封装置。它由两个形状相同的金属浮封环5和两个O形密封圈6组成，每个浮封环上套一个O形密封圈。不转动的油封环固定在轴座7的槽中，另一个浮封环装在支重轮体槽内，随支重轮转动。当旋转件被压紧后，O形密封圈被压紧而产生弹性变形，使两浮封环端面始终贴紧，起到密封作用。润滑油从支重轮中部的螺塞孔加入，这样不但能润滑轴与轴套的摩擦面，而且也能润滑浮封环的端面，同时防止水和灰尘等污物侵入。

这种端面油封的密封效果很好，使用寿命长，通常在一个大修期间不需加油，使平时的保养工作得以简化。故挖掘机的支重轮、导向轮等广泛使用这种油封。

有时，为了使支重轮的受力更加均衡，往往在有限的履带接地长度上多增加几个支重轮，并把其中的几个支重轮做成无外凸缘的，再将有凸缘支重轮与无凸缘支重轮交替排列。

3. 导向轮

导向轮用于引导履带正确绕转，以防止履带跑偏和越轨。大部分液压挖掘机的导向轮同时起支重轮的作用，这样可增加履带的接地长度和接地面积，减小接地比压，提高通过能力和稳定性。如图6-10所示，导向轮的轮面大多制成光面，中间有挡肩环起导向作用，两侧的环面则能支承轨链起支重轮的作用。导向轮的中间挡肩环应有足够的高度，两侧边的斜度要小。导向轮与最靠近的支重轮距离越小则导向性能越好。

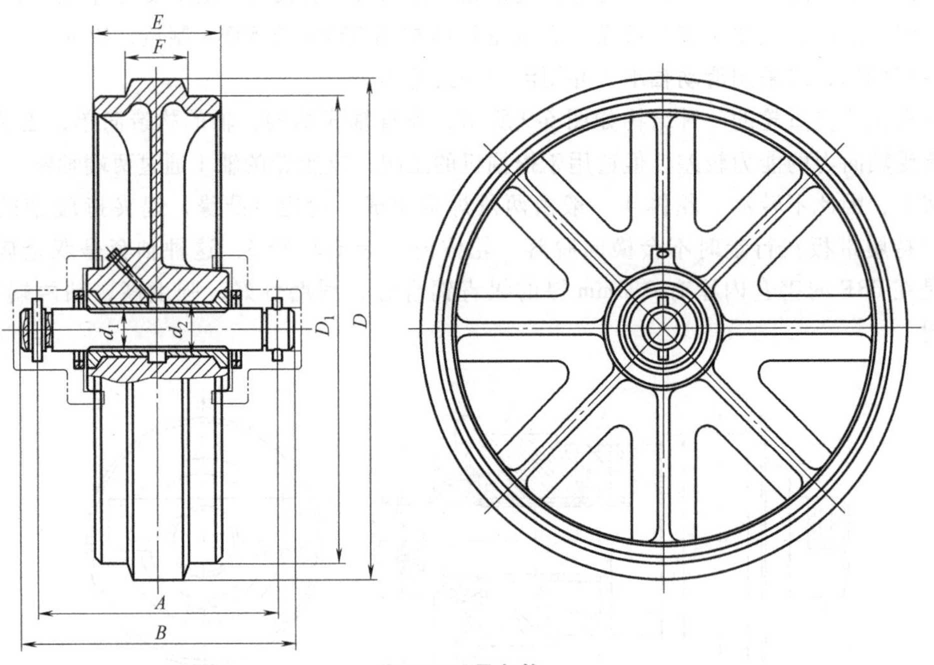

图6-10　导向轮

导向轮结构型式和规格现已标准化。对导向轮与支重轮，在相同节距条件下，除轮体外，其余零件都可以通用，这可大大提高零件的互换性和通用性。

导向轮材料通常用40、45钢或35Mn钢，调质处理，硬度应达230~270HB。为了使导向轮发挥作用并延长其使用寿命，制造时规定轮缘工作表面对配合孔的跳动不得超过3mm，安装时应正确对中。

4. 驱动轮

驱动轮将行走液压马达及传动机构的输出转矩和转速传递给履带，再通过地面使车辆获得牵引力而行走，因此，对驱动轮的要求首先是与履带正确啮合，以实现平稳传动，并且当履带因销套磨损而伸长后仍能良好啮合而传递动力。

履带车辆的驱动轮通常置于后部，这样可使履带的张紧段较短，减少磨损和功率损失。

驱动轮的结构有多种型式，按轮体构造可分为整体式和分体式两种。分体式链轮的轮齿被分割成5~9片齿圈，如图6-11所示，每片齿圈用3~4个螺栓固定在驱动轮轮毂上。当轮齿磨损后不必卸下履带便可更换局部的轮齿，便于施工现场操作。

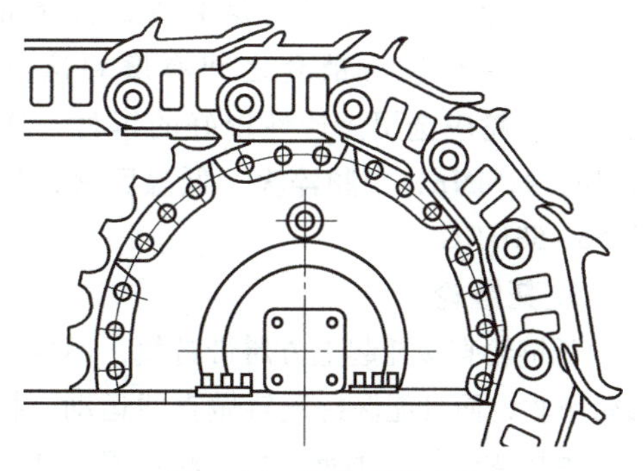

图6-11　分体式驱动轮

驱动轮按轮齿节距的不同可分为等距齿驱动轮和不等距齿驱动轮两种。等距齿驱动轮使用较多，不等距齿驱动轮是一种较新的结构，图6-12所示为国产1.6m^3液压挖掘机上采用的不等距齿的驱动轮。它的齿数较少，仅为8个，其中有两个齿之间的节距最小，所对的中心角为31°18′15.5″，而其余的节距均相等，所对中心角为46°57′23.5″。

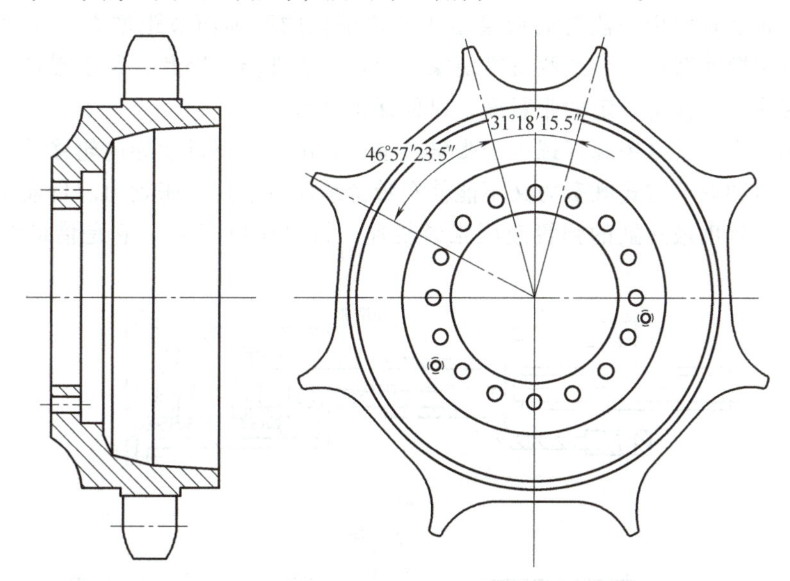

图6-12　不等距齿的驱动轮

在履带的包角范围内，同时啮合的轮齿仅有两个左右。由于驱动轮与链轨节踏面相接触，因此，一部分转矩由驱动轮的踏面来传递，同时履带中很大的张紧力也由驱动轮踏面承受，这样就减小了轮齿的受力，也减少了磨损，延长了驱动轮的寿命。

不等距齿驱动轮由于轮齿数少，齿根较厚，从而提高了轮齿强度。这种驱动轮的轮齿要驱动轮转两圈才啮合一次，它的啮合是逐渐接触的，因而冲击较小。此外，这种驱动轮由于齿数少，加工容易，精度要求低，若铸造质量较好则不必加工即可使用。它的缺点是链轨节的踏面易磨损、使用寿命较短。

驱动轮的结构除轮体有上述不同之外，轮壳与最终传动输出轴的连接也有多种方式，有锥形渐开线花键连接、锥形六平键连接、普通矩形花键连接等。这些往往与传动结构有关，因此标准中有关驱动轮的结构未给出统一规定，仅规定了节距大小和相应的齿数。

驱动轮轮齿工作时受履带销套的弯曲压应力，而且在轮齿与销套之间有磨料磨损。因此，驱动轮应选用淬透性较好的钢材，通常用50Mn、42SiMn，中频淬火、低温回火，硬度应达55~58HRC。

5. 托链轮

托链轮直接托起上方履带链轨，不仅可防止履带下垂，而且能保持链轨做直线运动。托链轮主要由托链轮轴、轴承、托链轮体等组成，如图6-13所示。具体型号见JB/T 2984—2014。

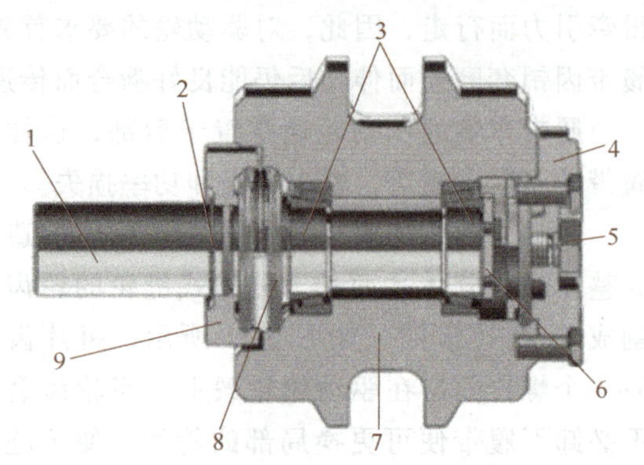

图 6-13 托链轮

1—托链轮轴 2—挡圈 3—轴承 4—托链轮盖 5—堵头 6—轴承挡板 7—托链轮体 8—浮动油封 9—浮封座

6.1.3 履带张紧装置

履带式行走装置使用一段时间后会由于链轨销轴的磨损而节距增大，并使整条履带伸长，加剧履带架摩擦磨损，导致脱轨等现象，影响行走性能。因此，每条履带都必须设置张紧装置，使履带经常保持一定的张紧度，以保证正常行走。

旧式挖掘机中通常采用螺杆螺母来张紧履带，利用张紧螺母使导向轮移动一定距离达到张紧的目的，这种调节方式既费力又不能使履带持续保持适度的张紧力。目前在液压挖掘机中广泛采用带有辅助液压缸的弹簧液压张紧装置，如图6-14所示。它是借助润滑用的润滑

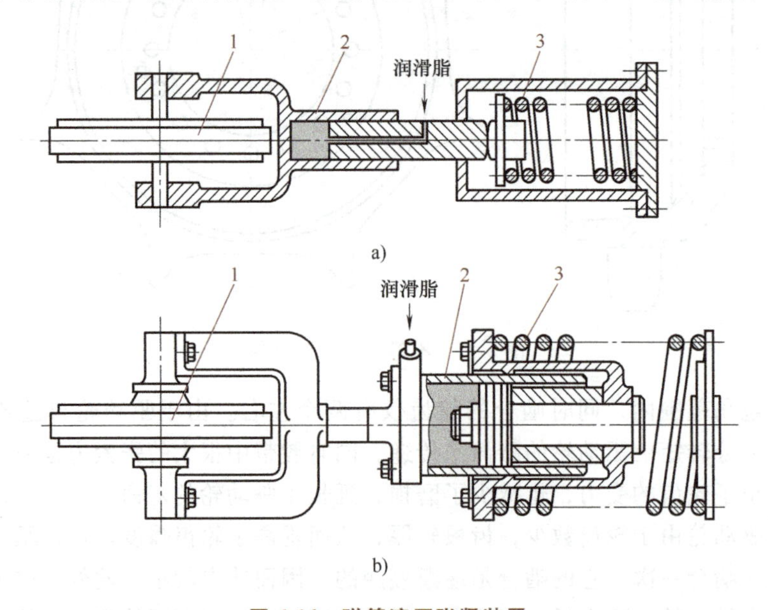

图 6-14 弹簧液压张紧装置

1—导向轮 2—张紧液压缸 3—张紧弹簧

脂枪将润滑脂从图中箭头所指处压入张紧液压缸 2，使活塞杆外伸，一端移动导向轮 1，另一端压缩张紧弹簧 3 使之预紧。但预紧后的张紧弹簧 3 尚需留有适当的行程以起缓冲作用。如果履带太紧需放松，则可拧开注油嘴，从液压缸中放出适量的润滑脂。

图 6-14a 所示为液压缸活塞直接顶弹簧的结构，这种结构虽简单但外形尺寸较长，图 6-14b 所示为液压缸活塞置于弹簧中间的型式，这种结构可缩短外形尺寸，但零件稍多。

导向轮前后移动的调整距离应设计成大于履带节距一半的长度，这样就可以在履带因磨损伸长过多时去掉一节履带板而将履带连接上。链轨的调节应松紧适当，否则会影响使用寿命。检查链轨松紧度的简易方法，是先将木楔放在导向轮的前方对其制动，然后驱动履带，使接地的履带分支张紧，上部链轨便松弛下垂。上部履带的下垂度可用直尺放在托链轮和驱动轮上测得，通常不应超过 2~4cm 。

6.1.4　履带式行走装置的传动方式

单斗液压挖掘机的履带行走装置绝大部分都采用液压传动，它使履带行走架结构简化，并且省去了机械传动中采用的复杂锥齿轮、离合器及传动轴等零件。液压传动的方式是每条履带有各自的驱动液压马达及减速装置，由于两台液压马达可以独立操纵，因此，挖掘机的左、右履带可以等速前进、后退，实现直驶；也可以一条履带驱动，一条履带制动实现 $B/2$ 转向；还可以两条履带沿相反方向驱动，实现原地旋转，提高作业的灵活性。虽然液压传动的效率低，仅为 50%左右（机械传动的效率约 70%），但因液压传动具备上述优点，目前履带式液压挖掘机都采用此种方式。

与回转驱动机构类似，可把履带式行走装置的传动方式分为高速方案和低速方案两类。高速方案通常采用定量轴向柱塞式、叶片式或齿轮式液压马达，通过多级直齿轮减速，或者通过直齿轮和行星齿轮组合的减速器减速，最后驱动履带的驱动轮。图 6-15 所示为高速液压马达驱动的履带行走装置。其中，图 6-15a 所示为液压马达减速机构总成。图 6-15b 所示为从内后侧观察的情形，行走液压马达及相应的减速机构藏于尾部壳体中。图 6-15c 所示为从驱动轮外侧观察到的驱动链轮与履带啮合的情形，由该图可以看出，驱动链轮采用了分体式结构，其轮齿部分用螺栓连接于驱动轮轮毂上，另外行走液压马达总成的周向和径向尺寸都很紧凑，基本上不影响挖掘机的通过性。

采用高速液压马达驱动，由于马达转速可达 2000~3000r/min，因此减速装置需一对或两

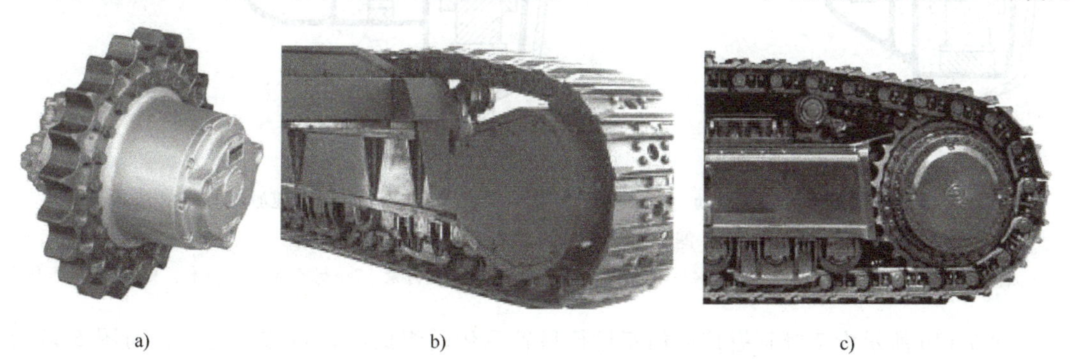

a)　　　　b)　　　　c)

图 6-15　用高速液压马达驱动的履带行走装置（图片来自 HITACHI 公司产品样本）

对直齿轮与一列或两列行星齿轮组合成减速器，这种减速器常常连同液压马达和制动器组成一个独立紧凑的部件，这种结构已系列化和专业化，因而使挖掘机的设计和制造工作大为简化。

图 6-16 所示为二级行星减速的行走液压马达驱动装置组成结构示意图。该机构采用了 2 级行星传动与 1 级直齿传动，可得到较大的传动比。驱动轮采用了分体式结构，便于维修更换。

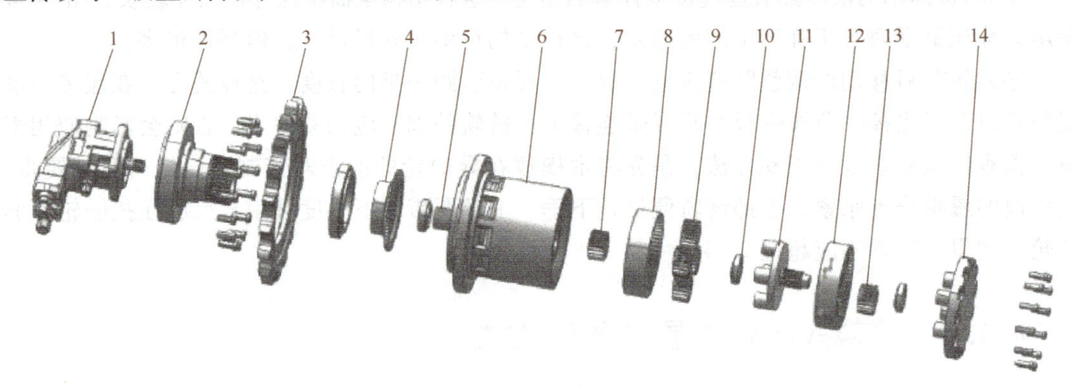

图 6-16　二级行星减速的行走液压马达驱动装置组成

1—行走液压马达　2—轮毂　3—驱动轮　4—传动轴　5—主动轴　6—壳体　7—第一级太阳轮　8—第一级内齿圈　9—第一级行星轮　10—轴承　11—传动轴　12—第二级内齿圈　13—第二级太阳轮　14—壳体

图 6-17a 所示为 2 级直齿传动加单排行星轮系组成的行走减速机构。轴向柱塞液压马达 9 经两对直齿轮 6 驱动行星轮系的太阳轮 1 转动，由于内齿圈 4 和壳体 8 固定，因此，太阳轮 1 运转时便驱动行星轮 2 绕内齿圈 4 转动，并带动行星架 5 转动，从而使与行星架连接的驱动链轮 3 转动，驱动链轮 3 的转向与太阳轮 1 的转向相同。

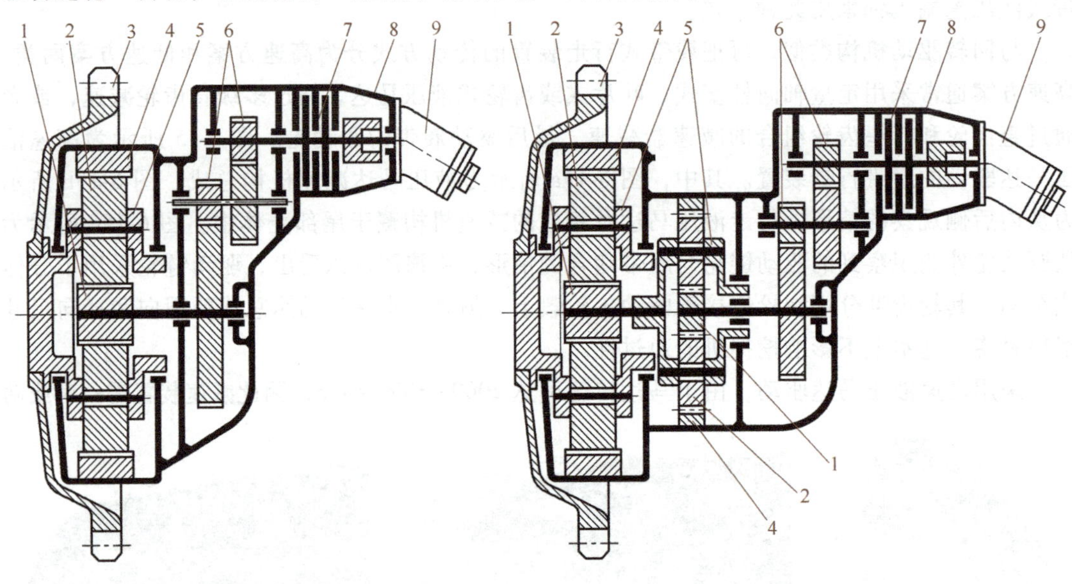

a) 2级直齿减速加单排行星传动　　b) 2级直齿减速加双排行星传动

图 6-17　高速马达行走减速机构

1—太阳轮　2—行星轮　3—驱动链轮　4—内齿圈　5—行星架　6—直齿轮　7—制动器　8—壳体　9—行走液压马达

图 6-17b 所示为 2 级直齿传动加双排行星轮系传动组成的行走减速机构，与图 6-17a 所示传动机构的主要区别是在图 6-17a 所示的 2 级直齿传动与行星传动之间增加了一排行星传

动，其中，第一排行星架的输出为第二排太阳轮的输入，可获得更大的传动比。

这两种传动方式的共同特点是在液压马达的高速输出轴上直接安装盘式制动器 7，因而都具有结构紧凑、制动效果较好的优点。

行走机构的制动器有常闭和常开两种型式。常闭式制动器在常态下用弹簧压紧制动，行走时用液压油分离制动盘，故简称为弹簧压紧、液压分离式，其压紧弹簧一般采用碟形弹簧，这种弹簧结构紧凑；常开式制动器用液压或手动操纵制动。此外，为了防止润滑油侵入制动器的摩擦面，在制动器和减速器之间装有密封圈。

上述减速装置由于采用了行星轮系，速比大，体积小，使挖掘机的离地间隙较大，通过性能好。其缺点是液压马达连同行走减速机构的径向和轴向尺寸都较大，当挖掘机行驶中遇到较大障碍物时，液压马达可能被碰坏并影响整机的通过性。近年来，国内外大多数挖掘机都采用将液压马达和减速机构集成在履带驱动轮内的紧凑型结构，如图 6-18 所示。

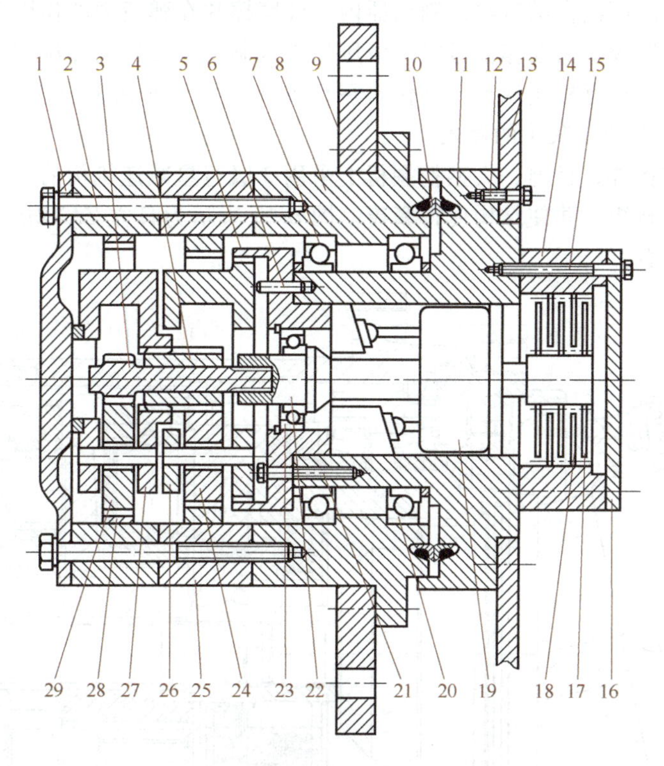

图 6-18　紧凑型履带驱动装置示意图

1、16—端盖　2、12、15、21—螺栓　3—第一级太阳轮　4—第二级太阳轮　5—联轴器　6—定位销　7、20、23—轴承　8—减速机构外壳　9—驱动轮毂　10—浮动油封　11—行走液压马达外壳　13—法兰盘　14—制动器外壳　17—制动器内摩擦片　18—制动器外摩擦片　19—行走液压马达　22—行走液压马达输出轴　24—第二级行星齿轮　25—第二级内齿圈　26—第二级行星架　27—第一级行星架　28—第一级内齿圈　29—第一级行星齿轮

图 6-18 所示行走减速机构由行走液压马达 19 与两级行星减速机构组成。第一级行星减速机构由太阳轮 3、行星架 27、内齿圈 28 及行星齿轮 29 组成。第二级行星减速机构由太阳轮 4、行星架 26、内齿圈 25 和行星齿轮 24 组成。

行走液压马达 19 得到供油后缸体转动，通过输出轴 22 输出至第一级行星机构的太阳轮 3，并带动第一级行星轮 29 和行星架 27 转动。行星架 27 与第二级行星减速机构的太阳轮 4

用花键连接，这样，第二级行星减速机构的太阳轮就转动起来了。

第二级行星减速机构的太阳轮 4 带动行星轮 24 转动，第二级行星减速机构的行星架 26 与联轴器 5 是用花键连接在一起的，而联轴器 5 则与行走液压马达外壳 11 用螺栓 21 连接并通过法兰盘 13 固定在履带架上，因此，第二级行星架 26 是不能旋转的。这样，第二级太阳轮 4 通过第二级行星轮 24，将动力传至第二级内齿圈 25，使得内齿圈 25 转动。第二级内齿圈 25、第一级内齿圈 28 及行走减速机构外壳用螺栓 2 连接成一体，并进一步与驱动轮毂用螺栓连成一体，这样，通过第一级内齿圈 28 和第二级内齿圈 25 便带动驱动轮转动了起来。

驱动轮的载荷是通过外壳 8 经轴承 7 和 20 由行走液压马达外壳 11 来支持。液压马达的输出轴另一端则装有制动器，其内摩擦片 17 用花键与液压马达缸体（转动部分）相连，并与液压马达壳体一起转动；外摩擦片 18 用花键与行走液压马达外壳 11 相连，不能转动。制动器一般为全盘式结构，并采用弹簧制动、液压分离结构。当发动机停止工作或行走控制阀回到中位时，制动液压油自动解除，制动器内、外摩擦片在弹簧力的作用下结合，以保证安全工作。当行走控制阀发出动作信号时，液压油进入制动器液压缸并压缩制动弹簧使制动器内、外摩擦片分离，挖掘机实现行走动作。在行走液压马达外壳 11 和减速机构外壳 8 之间装有浮动油封 10，防止了灰尘的侵入。

除上述几种结构外，目前，大型挖掘机上采用 3 级行星减速机构的也较多，其目的是为了获得更大的输出转矩，并使结构变得紧凑。图 6-19 所示为日立 ZAXIS330、ZAXIS350H 上采用的行走驱动装置。

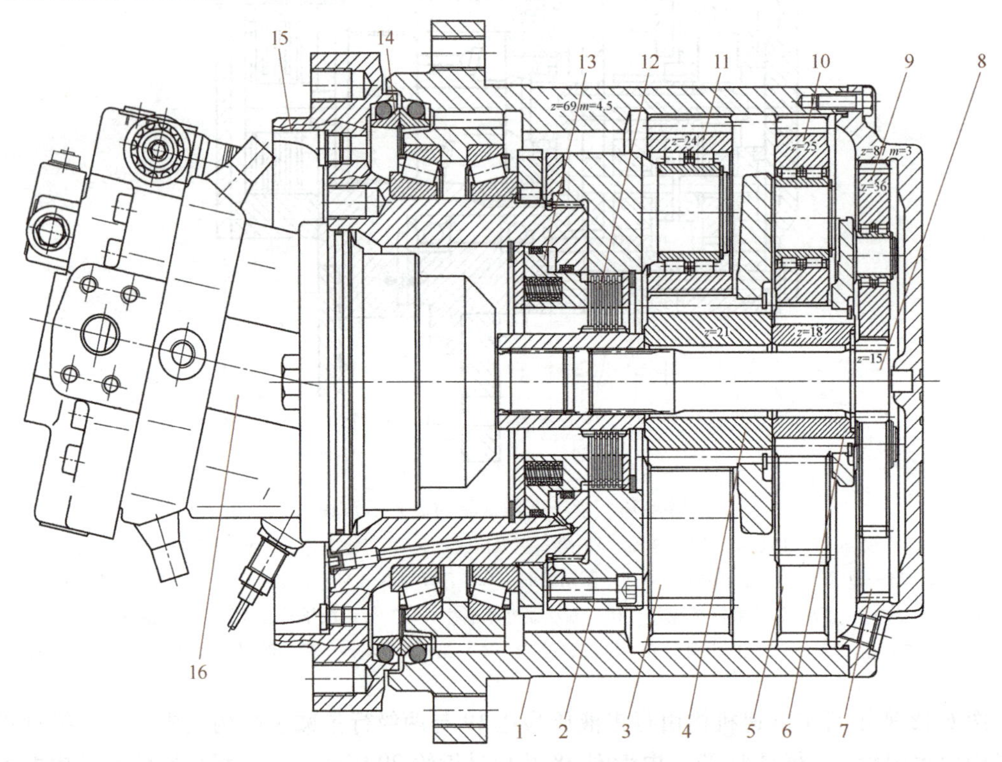

图 6-19　采用 3 级行星传动的行走驱动装置

1—内齿圈　2—锁紧装置　3—第三级行星架　4—第三级太阳轮　5—第二级行星架　6—第二级太阳轮
7—第一级行星架　8—第一级太阳轮（液压马达输出轴）　9—第一级行星轮　10—第二级行星轮　11—第三级行星轮
12—制动器摩擦片　13—压紧活塞　14—浮动油封　15—壳体　16—行走液压马达

该装置包括行走液压马达、行走减速装置和行走制动装置3部分。其行走液压马达是斜轴式变量轴向柱塞马达，减速装置是三级行星齿轮式，停车制动器为湿式多片常闭型，弹簧压紧、液压分离。

行走液压马达16输出轴8同时也是一级行星传动的太阳轮。其转矩和转速通过第一级行星齿轮、第一级行星架7传给第二级太阳轮6（花键连接）；然后通过第二级行星齿轮10、第二级行星架5传给第三级太阳轮4、第三级行星齿轮11及第三级行星架3。第三级行星架3用锁紧装置2与行走液压马达壳体相连接，并用螺栓连接在履带架上，因此第三级行星架3不能转动。驱动轮毂与内齿圈用螺栓连接成一体，同样，用螺栓将驱动轮连接到轮毂上。因此，当内齿圈1转动时，便带动轮毂和驱动轮一起转动。

制动是靠压紧活塞13后的弹簧的压力使制动器中的摩擦片12结合而起作用的，当液压油进入制动活塞腔室时，就会把活塞向左推动，从而松开制动器，实现行走。

以上几种行走驱动装置结构紧凑，外形尺寸一般不超出履带板宽度，因而离地间隙大，通过性好。但液压马达装在中间，散热性较差，维修也不太方便。

有些全液压挖掘机采用低速大转距液压马达驱动，可省去减速装置，使机构大为简化。采用低速大转矩液压马达结构方案简单，但由于爬坡和转弯时阻力很大，因而牵引力显得有些不足。此外，由于低速液压马达在转速较低时效率很低，故一般还得辅以一级直齿轮减速或一级行星齿轮减速，以增大输出转矩并减小液压马达的径向尺寸，使结构变得紧凑。

图6-20所示为液压挖掘机上采用的一种双排径向柱塞式行走液压马达结构示意图。这种液压马达为内曲线液压马达，转子有两排柱塞。其变速原理是：当需要高速行走时可操纵控制阀使两排柱塞串联工作，如图6-21a所示，前一液压马达的出油口为后一液压马达的进油口；当需要低速行走时可操纵控制阀使两排柱塞并联工作，如图6-21b所示，两排液压马

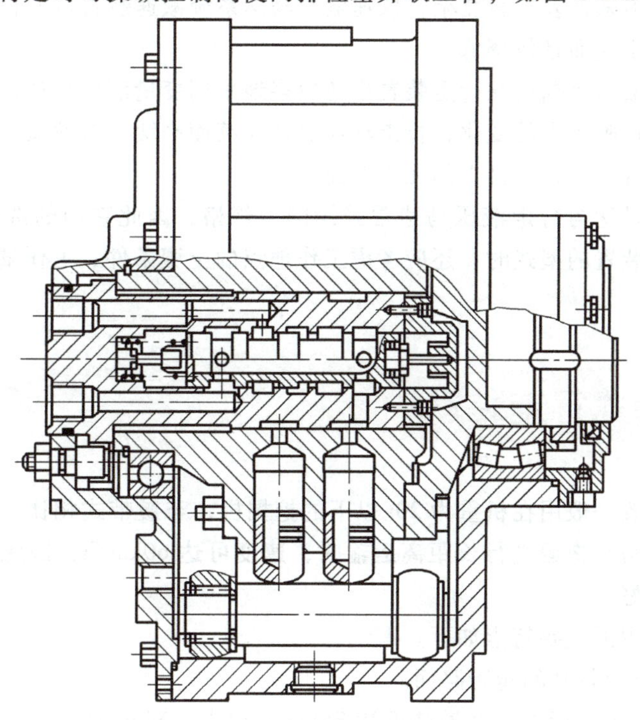

图6-20　双排径向柱塞式行走液压马达

达同时进油，从而实现双速行走。

设液压马达的总流量为 Q，进、出口压力差为 Δp，每排柱塞的排量为 q。

如图 6-21a 所示，当两排柱塞串联工作实现高速行走时，每排柱塞所受的压差为 $\Delta p/2$，故液压马达的输出转矩为

$$M_1 = 2q\frac{\Delta p}{2} = q\Delta p$$

其输出转速为

$$n_1 = \frac{Q}{q}$$

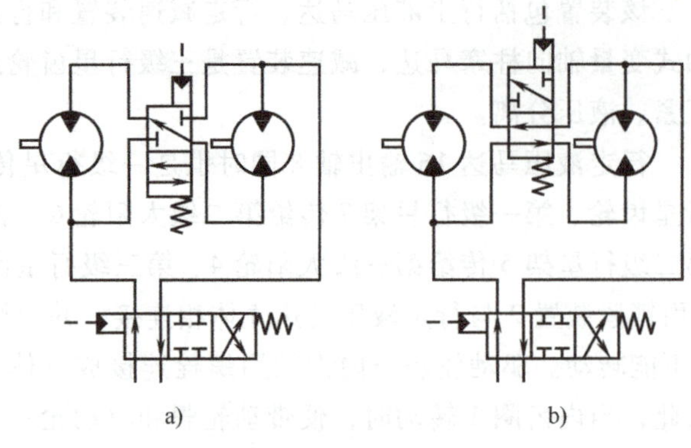

图 6-21 双排液压马达的调速方式

如图 6-21b 所示，当两排柱塞并联工作时，其输出转矩为

$$M_2 = q\Delta p + q\Delta p = 2q\Delta p$$

其输出转速为

$$n_2 = \frac{Q}{q+q} = \frac{Q}{2q}$$

由此可见，将两排柱塞串联后转矩较小，但转速提高了一倍；而将两排柱塞并联后转矩为串联时的 2 倍，但转速变成串联时的一半。

在进行行走装置的液压系统设计时，除与设计回转机构一样应考虑缓冲、补油外，还应注意须具有限速装置，以防止挖掘机下坡行走时产生超速溜坡的危险。

在行走装置中采用高速液压马达系统或低速液压马达系统各有优缺点，高速液压马达可靠，离地间隙大，但减速装置较复杂，低速液压马达系统减速装置可简化，但液压马达径向尺寸大，离地间隙小，而且效率低。

近年来，现代液压挖掘机在行走装置中还较多地采用变量液压马达，使挖掘机的行走速度能自动适应地面行驶阻力的变化，行走动作更加连续而平缓，有效减少换档和地面阻力变化带来的冲击，实现了真正意义上的无级变速。

因为回转液压马达与行走液压马达常采用同一规格，因此它们的选型设计通常统一考虑。但在选择行走装置的型式时，还应考虑工作地点的土壤条件、工作量、运输距离及使用条件等因素。

6.2 轮胎式行走装置

轮胎式行走装置一般用在机重为 20t 以下的挖掘机，与履带式相比，其行驶速度快，将传动箱脱档后由牵引车拖运进行长距离运输时，速度可达 60km/h，因此，轮胎式挖掘机的机动性比履带式的好。

轮胎式行走装置的主要特点如下。

1）用于承载能力较高的越野路面。

2）轮胎式挖掘机的行走速度最高可达 35km/h 以上，对地面最大比压为 150~500kPa，

爬坡能力为 40%～60%，标准斗容量小于 0.6m^3 的挖掘机可采用与履带行走装置完全相同的回转平台及上部机构。

3）为了改善越野性能，轮胎式行走装置多采用全轮驱动，液压悬挂平衡摆动轴。作业时由液压支腿支承，使驱动桥卸荷，工作稳定。

4）长距离运输时为了提高效率，传动分配箱应脱档，由牵引车牵引，并应有拖挂转向、拖挂制动及照明等装置。通过与转向轴连接的牵引车达到同步行走，而挖掘机可以无驾驶员照管。

6.2.1　轮胎式行走装置的结构布置与支腿

轮胎式液压挖掘机型式很多，有装在标准汽车底盘上的液压挖掘机，也有装在轮胎式拖拉机底盘上的悬挂式液压挖掘机，但它们的斗容量都较小，工作装置回转角度受一定程度的限制。而斗容量稍大、作业性能要求较高的轮胎式挖掘机一般需要专用的轮胎底盘行走装置。根据前后轴的驱动方式不同，轮式挖掘机可分为全轮驱动和单轴驱动两种；根据支腿的不同，轮式挖掘机可分为无支腿、双支腿、四支腿、前推土铲结合后支腿，后推土铲而无支腿五种。

在挖掘机作业时，支腿放下并支承于地面，可增加整机横向和纵向接地长度（支承间距），从而提高作业稳定性、减轻车桥和轮胎的受力；挖掘机行走时支腿收起，使整机的横向尺寸不超过机体范围，提高挖掘机的通过性并减小其运输尺寸。为了提高整机与地面的附着能力，一般将支腿的支承面（接地面）制成爪形。

支腿的操作和驱动一般也采用液压型式，但要求液压系统操作方便、动作灵敏，并装有支腿闭锁装置以防支腿被动缩回引起整机失稳。

按驱动型式，支腿分为单缸驱动支腿和双缸驱动支腿；按收放方式，支腿分为横向收放、纵向收放和任意收放三种；按支腿的数量，支腿分为双支腿、四支腿及双支腿带推土铲之分。支腿在整机上的布置应按照作业要求、底盘结构、转台位置等因素确定。下面简述支腿的布置型式及驱动方式。

1. 双支腿单缸驱动

双支腿是小型轮胎式液压挖掘机的一种常见结构型式，这是由于小型液压挖掘机的转台常布置得偏向一侧车桥，因此只在另一端设置两条支腿，这样既能满足稳定作业要求又能简化结构。图 6-22 所示为双支腿单缸驱动型式。它是用单个液压缸驱动两条支腿的伸缩，液压缸 1 的两端分别铰接于左、右两条支腿。当液压缸 1 伸长时，左、右两条支腿同时伸出，反之，当液压缸缩短时，两条支腿同时缩回。这种型式结构简单，操作方便，但由于液压缸较长，当其处于伸长状态而受力时，容易产生细长杆受压失稳现象，此外，两条支腿不能单独调整，因而这种结构难以适应车身两侧高低不平的场地，故一般只在某些小型挖掘机上使用。

2. 双支腿双缸驱动

图 6-23 所示为双支腿双缸驱动型式，它是由两个液压缸单独驱动各自的支腿。由于每条支腿可单独收放，因此，这种型式对路面的适应性好，因而支承效果好，同时在结构上也显得紧凑，液压缸长度较单液压缸驱动型式短，因此避免了受压失稳现象。由于以上优点，

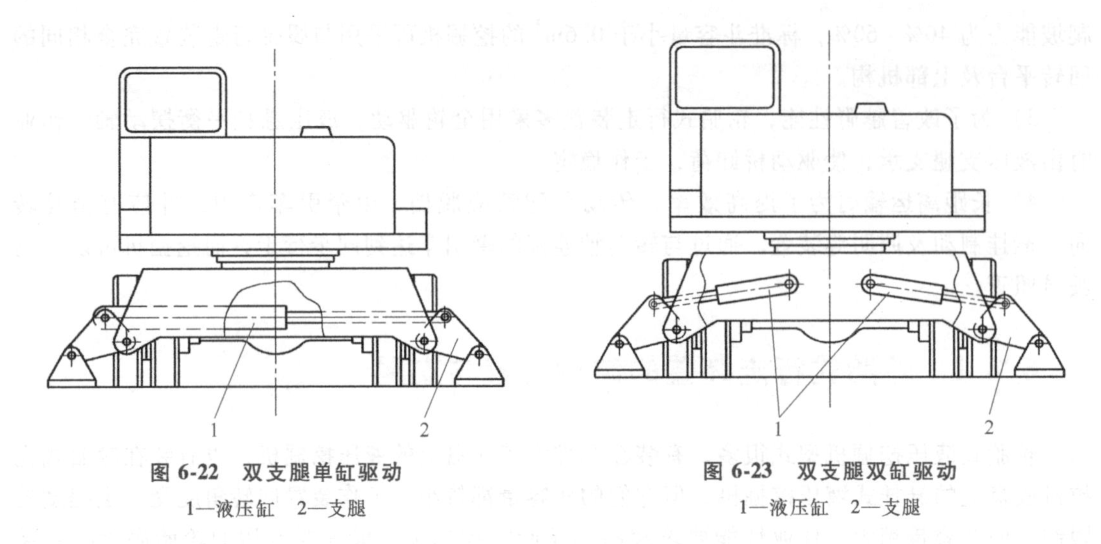

图 6-22 双支腿单缸驱动

1—液压缸 2—支腿

图 6-23 双支腿双缸驱动

1—液压缸 2—支腿

这种机构型式应用较多，图 6-24 所示为 LIEBHERR 公司 R914 上采用的这种结构，该机型的前端为推土铲。

图 6-24 LIEBHERR 公司 R914 上采用的双支腿双缸驱动型式

3. 横向收放支腿

这种结构的支腿是向车身两侧伸出的，如图 6-24 所示，也是采用较多的一种结构，其主要作用在于提高整机的侧向稳定性，防止整机侧翻。其布置位置大多在挖掘机纵向的两端（前、后位置）。

4. 纵向收放支腿

图 6-25 所示为纵向收放支腿，这种结构在支腿收放时其横向间距并不增加，也不会超出车身原有宽度，因此这种结构适合于在狭窄场地工作，但横向稳定性较差。

5. 任意收放支腿

图 6-26 所示为任意收放支腿，这种结构可任意调整支腿位置。悬臂支座 2 固定在车架的两侧，支腿 4 和支腿收放液压缸 3 用垂直销轴 1 铰接于支座 2 上。作业时支腿放下，支腿 4 连同支腿液压缸 3 可绕垂直销轴 1 做水平摆动以调整其纵、横向位置；行驶时支腿收起，紧贴于车架的两侧，使其横向尺寸不超过车身宽度。

这种支腿由于其位置灵活性，可根据需要调整支腿相对于车身的方位，因此对路面的适

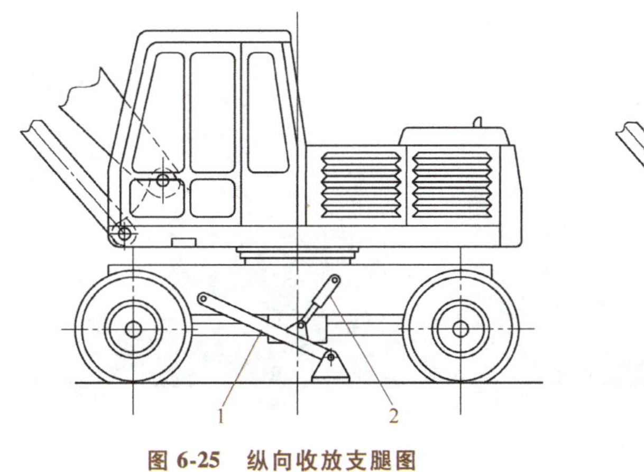

图 6-25　纵向收放支腿图

1—支腿　2—液压缸

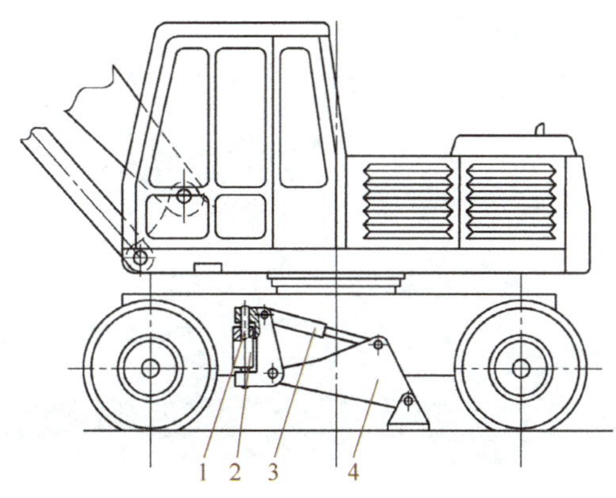

图 6-26　任意收放支腿

1—垂直销轴　2—支座　3—液压缸　4—支腿

应性较好，但由于需人工辅助调整，因而操作不便。

6. 双支腿加前推土铲布置方式

图 6-27 所示为目前中小型轮胎式挖掘机上普遍采用的一种结构，推土铲通常布置于机身前端，两条支腿则布置于机身的尾部。作业时前推土铲和支腿同时着地，提高整机的作业稳定性；推土作业时推土铲放下、支腿收起；行走时推土铲和支腿同时收起。这种结构的轮胎式挖掘机由于其具有推土功能，适合于平整场地，因此比较受用户的青睐。

图 6-27　装有前推土铲和后支腿的轮胎式液压挖掘机

7. 四支腿方式

大多数中型轮胎式挖掘机采用四支腿方案。作业时四条支腿支承于地面，使轮胎减载或离地，在减轻车桥和轮胎负载的同时提高作业稳定性。四条支腿一般对称布置于车身两侧，在纵向上，支腿一般布置于车身的两端，不仅可提高横向稳定性，也能够提高纵向稳定性，如图 6-28 所示。有时由于车身重心位置或转台位置的不同，将其中两条支腿布置于车架后端，而将另外两条支腿布置于前、后轮之间，但这种布置方式已很少见。

8. 步履式支腿

图 6-29 所示为瑞士 MENZI MUCK 公司生产的一种步履式行走装置。其行走部分由前、后各两个轮胎和两个带支承爪的可伸缩支腿组成，前面的两个轮胎直径较小。四个轮由各自液压马达独立驱动，这种支腿和轮胎可以通过液压缸操纵其上下、左右摆动，支腿或轮子可

图 6-28　装有四条支腿的轮胎式液压挖掘机

a) 行走状态　　　b) 复杂场地的作业

图 6-29　步履式液压挖掘机（MENZI MUCK）

分开或合并使其适应各种复杂的场地，并使其在运输状态下不超过要求的宽度。

由于采用这种特殊的支腿，挖掘机具有独特的性能，可以在山地、沼泽地、大坡度路面、河滩、冰雪路面、铁路导轨等作业场地行走，当遇到较高的障碍物时，还可将整个车身撑起，跨过障碍物。作业时支腿可伸长并用支承爪抓地，以防止车身移动。这种挖掘机的作业范围更大，稳定性更好。斗容量较大的步履式挖掘机为了克服较大的水平力也有用四个支承爪的。

6.2.2　轮胎式行走装置的传动方式

图 6-30 所示为轮胎式挖掘机专用底盘的基本结构组成及布置型式。由图 6-30 可见，轮胎式挖掘机的底盘一般由车架、传动系统、前、后桥、回转支承、制动系统等部件组成，除此之外，在车架上一般还连接有支腿伸缩机构。由于轮胎式挖掘机的行走速度不高，因此，后桥一般都是刚性悬挂的，而前桥制成中间铰接液压悬挂的平衡装置。

轮胎式行走装置有三种传动方式，分别是机械传动、液压机械传动和全液压传动。

1. 机械传动

机械传动是指行走部分采用机械传动，而工作装置仍采用液压传动，有文献把采用这种传动的挖掘机称为半液压传动的挖掘机，这在过去是较为常见的传动型式。图 6-31 所示即

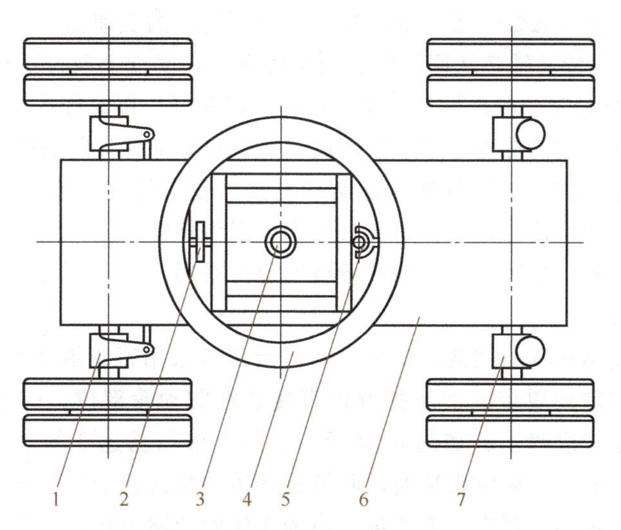

图 6-30　轮胎式行走装置构造

1—转向前桥　2—制动器　3—中央回转接头　4—回转支承　5—万向节　6—车架　7—后桥

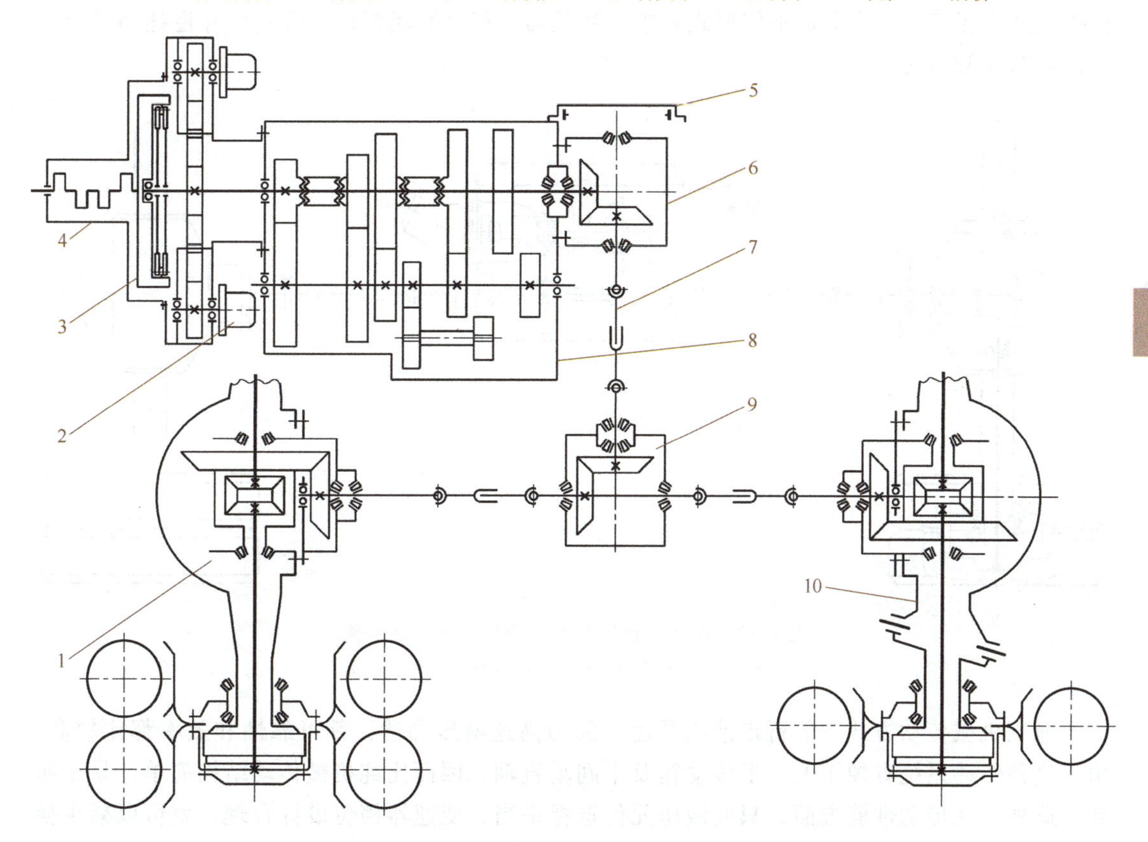

图 6-31　轮胎式挖掘机的机械行走传动机构

1—后桥　2—液压泵　3—离合器　4—发动机　5—停车制动器
6—上传动箱　7—垂直传动轴　8—变速器　9—下传动箱　10—前桥

为某型号轮胎式液压挖掘机的机械行走传动机构。发动机 4 的动力经离合器 3 分别传至液压泵 2（上、下各一个）、传动箱及行走变速器 8。作业时变速器处于空档位置，停车制动器结合；行走时可通过拨叉操纵有五个前进档和一个倒退档的变速器 8。变速器输出的动力经过上传动箱 6，由垂直传动轴 7 从回转中心通至底盘。在底盘上通过下传动箱 9 将动力传至前桥 10 和后桥 1。行走时，可根据需要使前桥接合或脱开，以改善挖掘机的通过性。

采用纯机械传动方式的优点是可以借用汽车的标准零部件，制造成本低，便于维修，同时，机械传动的效率也较高，但其缺点是结构复杂、在空间上不便于布置，且重量大。此外，用机械手动变速器换档动作慢，易带来冲击，牵引特性不佳，同时，难以吸收来自地面的冲击振动，故在行驶性能要求较高的挖掘机上很少采用。

2. 液压机械传动

液压机械传动是指在轮胎式液压挖掘机的行走部分采用行走液压马达作为二次动力源，但该液压马达并不像前述履带式液压挖掘机直接装在驱动轮部位，而是装在变速器的输入端，变速器则是固定在底盘上，如图 6-32 所示。行走液压马达 3 的输出轴直接接变速器 2 的输入端，变速器 2 的前、后输出轴通过联轴器和传动轴连接前桥 4 和后桥 1，在前、后桥中装有差速装置以满足转向要求。为了进一步增大轮胎的输出转矩，有的挖掘机还设有轮边减速装置。这类挖掘机的变速器操作一般用专设的气压或液压方式，其操作动力通过中央回转接头到达变速器。为满足不同型式要求，变速器一般设有越野档、公路档和拖挂档三个档位，如图 6-33 所示。

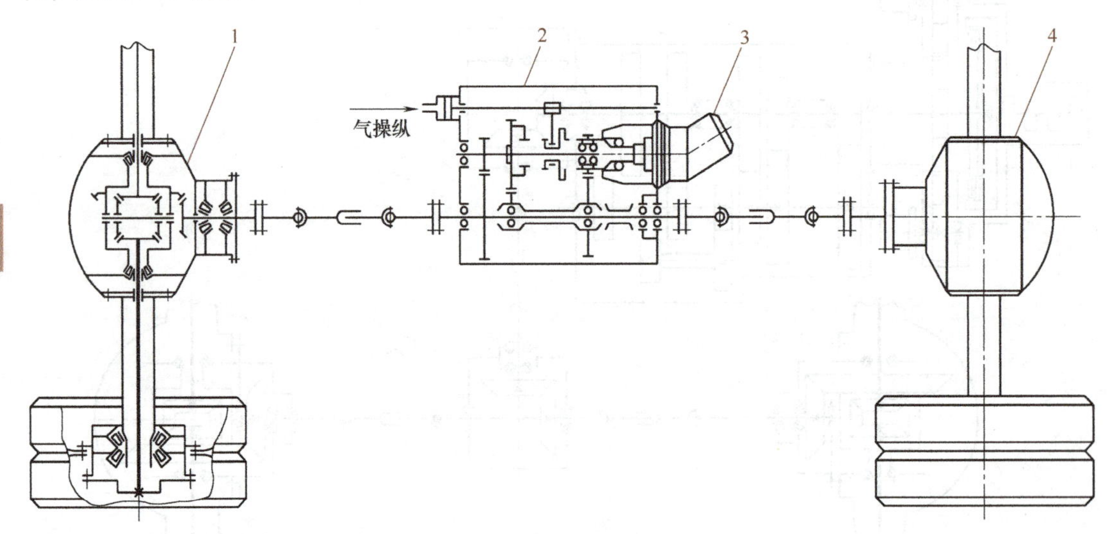

图 6-32 轮胎式行走装置的液压机械传动机构

1—后桥 2—变速器 3—行走液压马达 4—前桥

液压机械传动方式中的行走液压马达一般为高速液压马达，其可靠性和效率都比较高。由于这种传动系统省掉了上、下传动箱及中间垂直轴，因而比纯机械传动结构简单，易于布置。此外，在传动性能方面，只要液压元件选择得当、变速器档位设计合理，就可以减少换档冲击，并可在一定程度上吸收来自地面的冲击振动。

除上述两种传动方式外，另有一种采用两个高速液压马达驱动的方式，其原理是通过两个液压马达的串联或并联连接改变其输出转速和转矩，这样可进一步简化变速器并可获得较多档位数。当给两个液压马达串联供油时，每个液压马达都得到全部流量，速度高、输出转矩小，适用于高速行驶；当给两个液压马达并联供油时，每个液压马达只得到全部流量的一半，但其输出转矩也成倍提高，适合于低速越野行驶。

3. 全液压传动

所谓全液压传动，是指每个车轮都用一个液压马达独立驱动。当挖掘机直线行驶时，两侧轮胎的转速相同；而转向时由于内、外侧轮胎的转速不同，其速差由液压系统控制，使每个轮胎都能很好地适应各种行驶工况。

图 6-34 所示方案为采用高速液压马达加机械减速机构驱动车轮的轮胎式全液压驱动高速方案。驱动装置外壳 3 与驱动桥壳 5 固连，斜轴式高速液压马达 2 的输出转速经双排行星齿轮减速机构减速后驱动减速器的外壳 8 转动，车轮的轮辋与行星减速器外壳 8 固连，从而将动力转递至车轮。行星减速器外壳 8 用轴承 1 支承于驱动装置外壳 3 上。这种高速方案由于马达径向尺寸小，行星减速机构的轴向尺寸也较小，因此结构紧凑，可把整个驱动装置装于车轮轮毂内，同时，由于高速马达比低速马达效率高，而行星机构的传动比大，因此能很好地满足挖掘机的行驶要求，是目前比较普遍采用的一种结构。

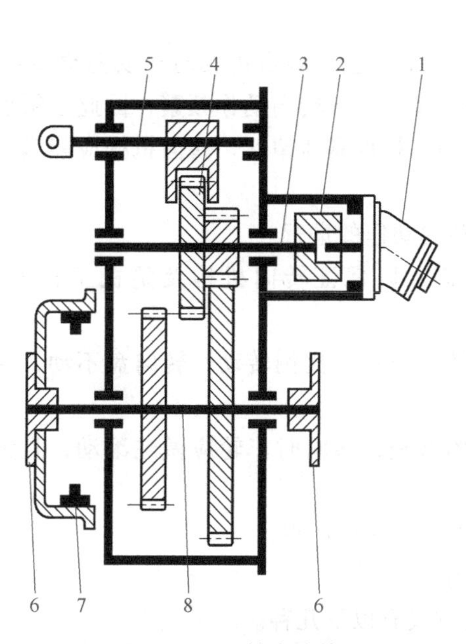

图 6-33　三档变速箱

1—高速液压马达　2—联轴器　3—变速轴
4—滑动齿轮　5—变速滑杆　6—输出圆盘
7—停车制动器　8—输出轴

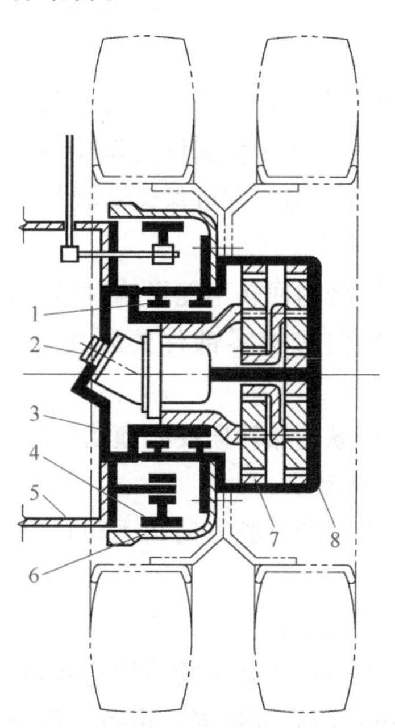

图 6-34　轮胎式全液压驱动行走机构高速马达方案

1—轴承　2—高速液压马达　3—驱动装置外壳
4—制动器　5—驱动桥壳　6—制动鼓
7—行星减速器　8—行星减速器外壳

6.2.3　轮胎式挖掘机的悬挂装置

由于轮胎式液压挖掘机行走速度不高，因此，一般使车架与后桥刚性连接，但为了减轻来自地面的冲击振动、改善行走性能，通常在前桥与车架之间设置摆动式悬挂平衡装置，如图 6-35 所示。车架与前桥 2 通过中间摆动铰销 3 铰接，在摆动铰销 3 两侧对称地设有两个悬挂液压缸 1，液压缸的一端（图中为大腔端）与车架连接，另一端（活塞杆端）与前桥 2

连接。控制阀4有两个阀位，当挖掘机处于作业状态时，控制阀4将两个液压缸的工作腔与油箱的连接断开，此时液压缸就将前桥2的平衡悬挂锁住了，前桥2与车架为近似刚性连接，提高了作业稳定性；当挖掘机处于行走状态时，控制阀4左移，使两个悬挂液压缸1的工作腔相通，并与油箱接通，车架可相对于前桥2做适当摆动，使前桥2能适应路面的高低变化，可左、右摆动使轮胎与地面保持良好接触，充分发挥其牵引力，同时又减轻了由于地面不平而引发的冲击振动。

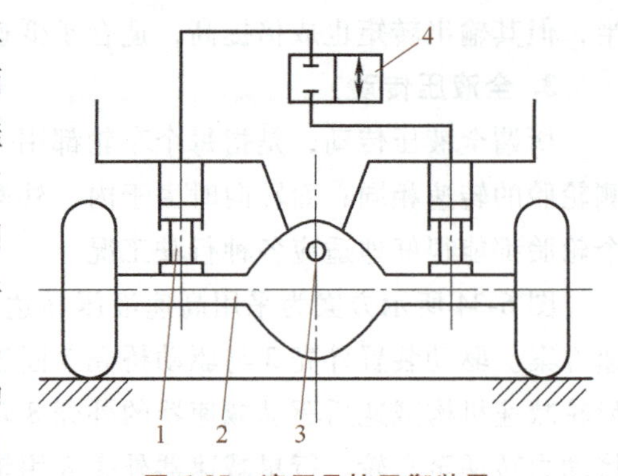

图 6-35 液压悬挂平衡装置

1—悬挂液压缸 2—前桥 3—摆动铰销 4—控制阀

6.2.4 轮胎式挖掘机的转向机构

轮胎式全回转液压挖掘机的驾驶室也布置在回转平台上，转台可相对于底盘做360°全回转，此外，由于挖掘机工作环境恶劣，作业场地崎岖不平，转向动作频繁，因此必须设计专用的转向机构，方可保证驾驶员顺利操纵轮胎转向。根据具体情况，转向机构应能满足下列要求。

1）转台的回转不能影响对转向机构的操纵和转向动作的进行。

2）转向机构零部件的强度和使用寿命要求高，以保证转向机构及整机工作安全、可靠。

3）操纵轮胎转向要有随动特性，轮胎的转角随转向盘成比例转动，转向盘不动，轮胎也应停止转动。

4）为保证行驶方向和运动轨迹准确、减轻轮胎磨损，转向时车轮应做纯滚动，且无横向摆动。

5）操纵要轻便、灵活以减轻驾驶员的劳动强度，提高生产率。

6）要尽可能减少轮胎传递到转向盘的冲击振动。

按照不同划分依据，轮胎式液压挖掘机的转向方式有以下几种。

1）按整机转向型式，可分为偏转车轮转向和折腰式转向等。

2）按转向机构的传动方式，可分为机械式转向、液压转向、液压助力转向、气压助力转向及电助力转向等。

3）按转向轮位置，可分为前轮转向、后轮转向和全轮转向等。

目前轮胎式液压挖掘机广泛采用偏转前轮液压转向方式，并利用反馈机械解决转向盘与转向轮之间的随动问题。轮胎式液压挖掘机偏转前轮液压转向是在转向器的操纵下，液压泵输出的液压油经中央回转接头进入转向液压缸，推动左转向节臂，使其绕转向节主销转动。通过转向横拉杆带动右转向节臂，使两侧转向轮同时偏转，从而实现转向。转向器由驾驶员操纵转向盘控制。

能实现转向的机构有多种，如机械传动式转向、液压助力转向、液压转向、静液压转向和气压助力转向等，以液压传动的转向应用最为普遍，以下介绍两种常见的结构型式。

1. 液压反馈式液压转向机构

图 6-36 所示为液压反馈式液压转向机构，它主要由反馈液压缸 2、转向阀 3 及转向液压缸 4 组成。若驾驶员向右转动转向盘 1，则杆 AC 被向左拉动，拉动开始时由于反馈液压缸 2 为闭锁状态，因此 C 点不动而成为支点，这样杠杆 AC 变为 $A'C$ 的位置，从而拉动转向阀 3 的阀芯左移，这使得高压油经转向阀 3 进入转向液压缸 4 的大腔，而转向液压缸 4 小腔的出油则进入反馈液压缸 2 的小腔，反馈液压缸 2 大腔的出油经转向阀 3 返回油箱。转向液压缸 4 的活塞杆伸出时会推动轮胎向右转动。此时由于转向液压缸 4 小腔的回油进入反馈液压缸 2 的小腔，使反馈液压缸 2 的活塞杆缩回，若转向盘 1 转动一定角度后停止转动，则水平拉杆与垂直杠杆的铰点 B'成为转动支点，使杠杆 AC 变为 AC' 状态，转向阀 3 的阀芯又回到中位，转向轮 5 就停止转动。

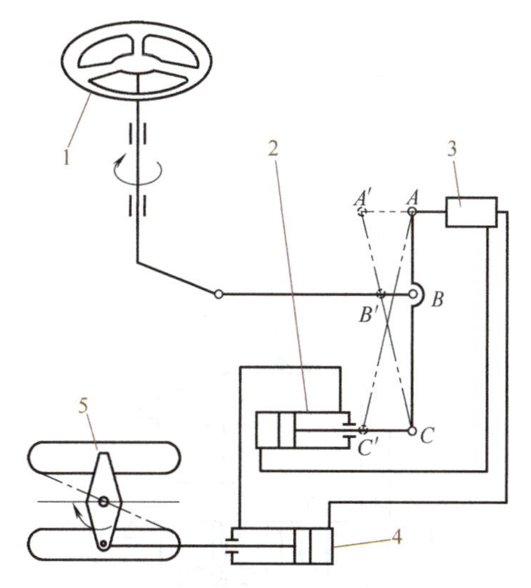

图 6-36　液压反馈式液压转向机构

1—转向盘　2—反馈液压缸　3—转向阀
4—转向液压缸　5—转向轮

这种转向机构结构简单，能实现随动操纵，缺点是行走速度高时不太稳定，对驾驶员有一定挑战。若液压泵发生故障，则只能拆除转向液压缸的连接销轴，用机械装置转向拖运。早期的 TY-45 等轮胎式液压挖掘机采用此种转向机构。

2. 摆线转子泵式液压转向机构

图 6-37 所示为摆线转子泵式液压转向机构，该转向机构由液压泵 1、转向器 2、转向节臂 5 及转向液压缸 6 等组成，它也是一种液压反馈式转向机构。

这种转向器的作用不仅可使轮胎的转动角与转向盘转角成正比，而且当液压泵出现故障时还能当手动泵用，以静压方式实现转向。该型转向机构在轮胎式挖掘机中应用很普遍，并且转向器已发展出一些型号产品，机构布置方便，故使用很多，例如，在国产 WLY60 和 WLY40 型等轮胎式液压挖掘机均采用这种转向机构。

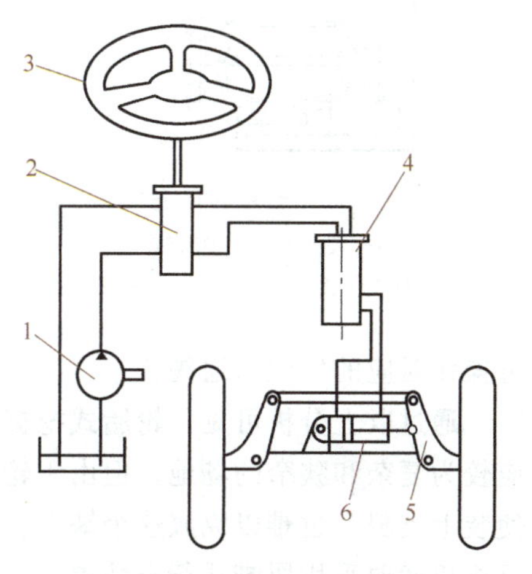

图 6-37　转子泵转向机构

1—液压泵　2—转向器　3—转向盘
4—中央回转接头　5—转向节臂
6—转向液压缸

为了使轮胎式挖掘机更加机动灵活，能适应比较狭窄的作业场地，有的挖掘机在转向机构中还增加了一套转向变换装置，如图 6-38 所示。在该转向装置中装了一个四位六通阀，它有Ⅰ、Ⅱ、Ⅲ、Ⅳ共 4 个阀位，可以按需要构成图 6-39 所示 4 种不同的转向方式。图 6-39a 所示为前轮转向，对应图 6-38 中的阀位Ⅰ；图 6-39b 所示为前、后轮四轮同时转向，对应图 6-38 中的阀位Ⅱ，这适合于车身较长的情况，可使转向半径较小；图 6-39c 所示为斜行转向，对应图 6-38 中的阀位Ⅲ，可使整个车身斜行，便于车子迅速离开或靠近作业面；图 6-39d 所示为后轮转向，对应图 6-38 中的阀位Ⅳ，便于倒车行走时转向。当需要实现以上特定的转向方式时，驾驶员

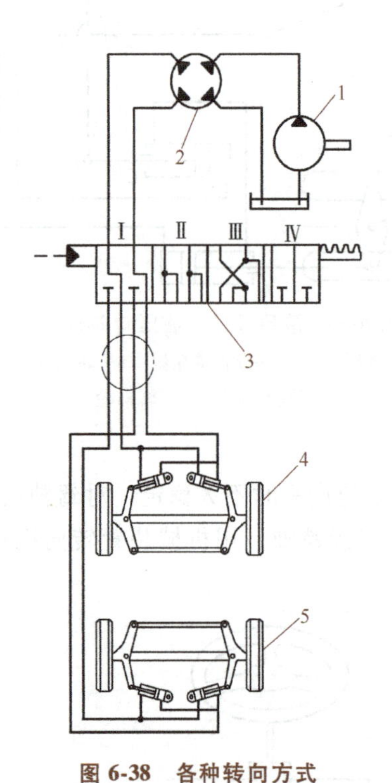

图 6-38 各种转向方式

1—转向泵 2—转向器

3—四位六通阀 4—前轮 5—后轮

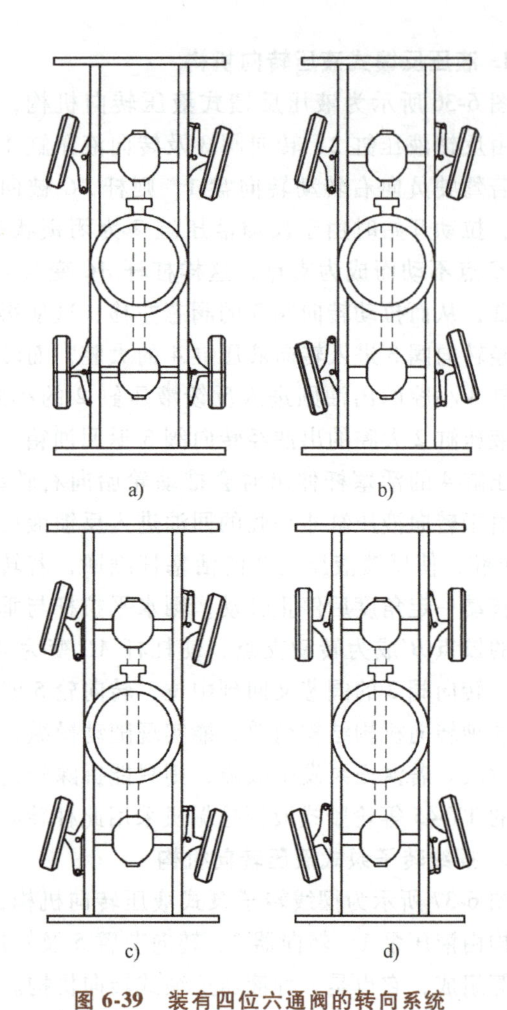

图 6-39 装有四位六通阀的转向系统

a) 前轮转向 b) 四轮转向 c) 斜行转向 d) 后轮转向

可操作对应的四位六通阀。

通过以上分析可见，轮胎式挖掘机具有机动灵活的优点，便于越野和公路行驶，也能适应较为复杂和狭窄的场地，但由于轮胎式挖掘机的接地比压较小，影响了其作业稳定性，即使装上支腿，也难以克服这个缺点，因此，到目前为止，它只适用于中小型挖掘机，大型挖掘机仍然要采用履带式行走装置。

6.3 履带式行走装置的设计

6.3.1 履带式液压挖掘机的行驶阻力分析

比起轮胎式行走装置，履带式行走装置的特点是牵引力大，通常每条履带的牵引力可达机重的35%~45%；接地比压小，一般在40~150kPa之间，因而越野性能及作业稳定性好；爬坡能力强，爬坡度一般为50%~80%，最大的可达100%；转弯半径小，灵活性好，因而履带式行走装置在液压挖掘上使用较为普遍。但履带式行走装置制造成本高，行走速度低，直线行驶和转向时功率消耗大，零件磨损快，因此，挖掘机远距离行驶时需借助于其他运输车辆。

根据前述构造部分的介绍，目前履带式液压挖掘机行走装置的组成结构已基本定型，并趋于标准化。其驱动装置一般是由高速液压马达与减速装置组成的，行走液压马达的性能及液压系统的控制特性决定了其行走速度、直线行驶和转向能力。因此，为了正确设计和选择行走液压马达，需要对履带式挖掘机进行牵引计算，掌握其行驶阻力及变化规律。

履带式挖掘机行驶中需要克服的阻力包括以下几部分。

1）土壤的变形阻力。

2）坡度阻力。

3）转向阻力。

4）履带行走装置的内阻力。

牵引力计算原则是行走装置的牵引力应大于上述各项阻力之和（不同行驶工况下其组成会有所不同），而又不应超过整机与地面的附着力。

1. 土壤的变形阻力

履带式挖掘机行驶时会挤压土壤使其产生变形，这部分阻力即由此得来。由文献［1］，双履带液压挖掘机单侧履带的运行阻力计算式为

$$F_{r1}=\frac{bp^2}{p_0} \tag{6-1}$$

式中，b为履带宽度（m）；p为履带的接地比压（kPa）；p_0为土壤抗陷系数，其意义为使土壤受压表面下陷1cm所需要的单位面积压力，其单位为“kPa /cm”。各类土壤的p_0值见表6-2。

表6-2　各类土壤的抗陷系数及最大容许比压

土的种类	抗陷系数p_0（kPa/cm）	最大容许比压p_{max} kPa
沼泽土	5~15	40~100
温黏土、松砂土	20~30	200~400
大粒砂、普通黏土	30~45	400~600
坚实黏土	50~60	600~700
温黄土	70~100	800~1000
干黄土	110~130	1100~1500

为简化实际计算过程，常引入运行比阻力（即单位机重的运行阻力）w_1进行计算，有

$$w_1=\frac{F_{r1}}{G}=\frac{bp^2/p_0}{2bLp}=\frac{p}{2Lp_0} \tag{6-2}$$

式中，L为履带接地长度（cm）；

w_1与路面种类等有关，可参考表6-3选取。

表 6-3 运行比阻力值

路面种类	运行比阻力	路面种类	运行比阻力
高级公路(沥青)	0.03~0.04	野路	0.09~0.12
中等公路(圆石砌)	0.05~0.06	深砂、沼地、耕地	0.10~0.15
坚实土路	0.06~0.09		

履带式挖掘机的运行阻力可按简化计算式计算，有

$$F_{\mathrm{T}}=w_1 mg\cos\alpha \tag{6-3}$$

式中，α 为坡度；m 为整机质量。

2. 坡度阻力 F_{r2}

坡度阻力是由挖掘机自重沿纵坡方向的分力所引起的，有

$$F_{r2}=mg\sin\alpha \tag{6-4}$$

3. 转向阻力 F_{r3}

履带式挖掘机转向时，接地段所做的运动是随瞬时转向中心的平动和绕瞬时转向中心的转动，即做复合运动。这种运动会使履带式挖掘机转向时同时受纵向和横向阻力作用。实验研究表明，履带式行走装置转向时所受到的阻力包括履带板与地面的摩擦阻力、履带挤压和剪切土壤的阻力以及刮土阻力等。现有文献研究结果认为履带板与地面的摩擦阻力最大，是构成转向阻力矩的主要原因。

在假设履带接地比压均布的前提下，根据文献［1］，挖掘机原地转向时单侧履带的转向阻力（牵引阻力）按下式计算：

$$F_{r3}=\frac{1}{4}\beta\mu G\frac{L}{B} \tag{6-5}$$

式中，β 为转向时履带板侧边刮土的附加阻力系数，取 $\beta=1.15$；μ 为履带与地面的摩擦系数；G 为挖掘机工作重量（kN）；L 为履带接地长度（m）；B 为履带中心距（m）。

在实际计算中，摩擦系数 μ 与履带板结构、转向半径、地面性质、接地段结构参数（接地长度、宽度）及接地比压分布情况等有关。文献［1］推荐范围为 $\mu=0.5\sim0.6$。也可按下式计算：

$$\mu=\frac{\mu_{\max}}{0.925+0.15\rho}\quad(\rho\geqslant0.5) \tag{6-6}$$

式中，$\mu_{\max}$ 为挖掘机以 $R=B/2$（单侧履带制动）转向半径转向时的最大转向阻力系数；ρ 为相对转向半径，$\rho=R/B$。

不同地面的最大转向阻力系数见表 6-4。

值得注意的是，式（6-6）不适合于转向半径 $R<B/2$ 的情况。此外，理论分析和实际情况表明，履带式挖掘机在非原地转向时内、外侧履带的阻力及消耗的功率并不相同，一般内侧履带吸收功率，外侧履带消耗功率。

表 6-4 不同地面的最大转向阻力系数 $\mu_{\max}$

地面性质	$\mu_{\max}$ 值	地面性质	$\mu_{\max}$ 值
干黏土和沙质地面(湿度≤8%)	0.8~1.0	硬土路	0.5~0.6

（续）

地面性质	μ_{max} 值	地面性质	μ_{max} 值
干泥沙土路（带黑土）	0.7～0.9	水泥路	0.68
湿泥沙土路（湿度 20%）	0.2～0.3	柏油路	0.49
松软土路	1.0	松雪地	0.15～0.25
农村土路	0.8	硬雪地	0.25～0.7
农村土公路	0.64	湿地、耕地	0.8～1.0
松软地面	0.6～0.7	沼泽地	0.85～0.9
黏性土壤	0.9	潮湿的黏质土	0.4～0.5

4. 履带行走装置的内阻力 F_{r4}

履带式行走装置运行时的内阻力包括驱动轮、导向轮、支重轮、托链轮、履带销轴间的内摩擦力及履带板与驱动轮啮合等的摩擦阻力、滚动阻力等项，这些因素可综合表示为履带式行走装置的效率。

（1）履带销轴间的摩擦阻力 F_{r41}　履带运行时，连接履带板的销轴间存在摩擦阻力，根据做功原理，双侧履带消耗的平均牵引力按下式计算：

$$F_{r41}=2\frac{T\mu d\pi}{zt} \tag{6-7}$$

式中，T 为履带张力（N），驱动轮在前和在后会有所不同；μ 为销轴与孔的摩擦系数；d 为履带销轴直径（m）；z 为驱动轮齿数；t 为履带节距（m）；

设 F'为驱动轮紧边张力，F''为驱动轮松边张力，则当驱动轮位于后部时

$$T=(F'+3F'')\frac{\pi\mu d}{zt}$$

当驱动轮位于前部时

$$T=(3F'+F'')\frac{\pi\mu d}{zt}$$

（2）支重轮的摩擦阻力 F_{r42}　这部分阻力由支重轮沿履带板的滚动阻力和轴颈的摩擦阻力组成，即

$$F_{r42}=\frac{G}{D_P}(\mu_0 d_0+2f) \tag{6-8}$$

式中，G 为作用在履带上的总重量（N）；D_P 为支重轮外径（cm）；d_0 为支重轮销轴直径（cm）；f 为滚动摩擦系数，$f=0.03～0.05$；μ_0 为支重轮销轴与轴套间的摩擦系数，$\mu_0=0.1$。

（3）驱动轮的摩擦阻力 F_{r43}　驱动轮的摩擦阻力 F_{r43} 的计算式为

$$F_{r43}=(F_A+F_B)\mu_0\frac{d_1}{D_1} \tag{6-9}$$

式中，F_A、F_B 分别为作用在左、右侧驱动轮轴承上的反力（N）；D_1 为驱动轮节圆直径（m）；d_1 为驱动轮销轴直径（m）；μ_0 为驱动轮销轴与轴套间的摩擦系数，$\mu_0=0.1$。

（4）导向轮的摩擦阻力 F_{r44}　导向轮的摩擦阻力 F_{r44} 的计算式为

$$F_{r44}=2T'\mu_0\frac{d_2}{D_2} \tag{6-10}$$

式中，T'为履带松边拉力（N）；D_2 为导向轮外径（cm）；d_2 为导向轮销轴直径（cm）；μ_0 为导向轮销轴与轴套间的摩擦系数，$\mu_0=0.1$。

将以上 4 种阻力合起来即构成履带行走装置两侧的总内阻力 F_{r4}，即

$$F_{r4}=F_{r41}+F_{r42}+F_{r43}+F_{r44} \tag{6-11}$$

除以上四种阻力外，还有履带与驱动轮之间的啮合阻力、托链轮内部的摩擦阻力，但这些阻力都很小，可以不予考虑；此外，由于挖掘机的行驶速度较低，行进中的风阻力也可不予考虑。

将各项阻力合起来得到总阻力，即

$$F_R=F_{r1}+F_{r2}+2F_{r3}+F_{r4} \tag{6-12}$$

式（6-12）为总阻力计算式，若计算单侧履带的阻力，则将式（6-12）除以 2 作为近似值，此外，式（6-12）右边的各项也应根据实际行驶情况有所改变，例如，直驶时无第三项转向阻力，而在启动加速或制动减速时还应考虑整机惯性力及各部件的转动惯性力矩，这部分可以近似用整机的平均加速度乘以整机质量代替。再如，假设挖掘机的行走速度为 1~2km/h，启动加速时间为 3s，则可通过计算这段时间的平均加速度得出挖掘机的启动惯性力，将其合并到式（6-12）中，从而计算出启动加速时挖掘机的总行驶阻力。此外，挖掘机在坡上斜向行驶时两侧履带的承重会有所不同，此时应按照挖掘机在坡上的方位分别计算地面给每侧履带的垂直载荷，以确定每侧履带的实际行驶阻力和所需牵引力，特别是在斜坡转向时，这种情况更为明显，这对要求机动性的高速履带挖掘机显得尤为重要。

理论和实践证明，以上几种运行阻力中，以坡度阻力和转向阻力为最大，它们往往要占到总阻力的 2/3，尤其履带式液压挖掘机在原地转向时，其阻力比绕一条履带转向时要大，但一般情况下低速履带挖掘机转向和爬坡不同时进行（高速履带挖掘机则不同）。

需要说明的是，以上计算过程适用于结构尺寸给定情况下进行详细计算的情况，初步计算时可按下式估计总阻力：

$$F_R=kG \tag{6-13}$$

式中，k 为系数，取值一般在 0.7~0.85 之间。另据有关文献，k 的取值：LIEBHERR 挖掘机的取值在 0.83~0.95 之间，CATERPILLAR 挖掘机的取值为 0.9 左右，HITACH 挖掘机的取值在 0.8 以上。供参考。

为了保证挖掘机的正常行驶，由两侧驱动轮产生的牵引力 F_Q 应能克服最大的行驶阻力 F_R，并小于履带和地面之间的最大附着力 F_φ，即

$$F_Q \leqslant F_\varphi=\varphi mg\cos\alpha \tag{6-14}$$

式中，φ 为履带和道路间的附着系数，见表 6-5；F_φ 为整机的地面附着力；m 为挖掘机工作质量（kg）；α 为坡度角。

表 6-5 履带和道路间的附着系数 φ

道路情况	平履带	具有尖筋的履带
公路	0.3~0.4	0.6~0.8
土路	0.4~0.5	0.8~0.9
不良道路	0.3~0.4	0.6~0.7
难以通过的断绝路	0.2~0.3	0.5~0.6
结冰的坚实道路	0.15~0.3	0.3~0.5

6.3.2　履带式液压挖掘机行走液压马达主参数的确定

1. 确定行走液压马达的输出转矩

从现有的大多数机型来看，行走驱动机构多采用高速液压马达与行星减速机构组合的传动方案，因此，应在首先考虑行走减速机构的传动比及效率的基础上，将行走牵引力转化为单侧行走液压马达所需的输出转矩，即单侧行走液压马达所需的最大输出转矩应满足

$$M_{mmax}=\frac{F_R}{2i_{xg}\eta_{xg}} \tag{6-15}$$

式中，i_{xg} 为行走减速机构传动比，可参考同类机型并结合减速机构型式初步选定；η_{xg} 为行走减速器的效率。

2. 确定行走液压马达的最高转速和排量

液压挖掘机的行走速度很低，大多数不超过 5.5km/h，要求无级变速，且由于作业要求多采用两档（高速档和低速档，高速档最高一般为 5.5km/h，低速档最高一般为 3.5km/h）。因此可在首先确定液压泵及液压马达结构的基础上确定行走液压马达的主参数。

驱动轮的最高转速取决于挖掘机的最大行走速度，计算式为

$$n_{qmax}=\frac{1000v_{max}}{60\pi D_q} \tag{6-16}$$

式中，v_{max} 为最大行走速度（km/h）；D_q 为驱动轮节圆半径（m）。

液压马达所需最高转速为

$$n_{mmax}=n_q i \tag{6-17}$$

式中，i 为行走减速机构传动比。

对变量液压马达来说，最高转速下的排量最小，因此，其最小排量按下式计算：

$$q_{mmin}=\frac{100Q_{max}\eta_{v1}\eta_{v2}}{n_{mmax}} \tag{6-18}$$

式中，Q_{max} 为工作液压泵的最大输出流量（L/min），需预先估计；η_{v1} 为工作液压泵至液压马达的容积效率；η_{v2} 为液压马达的容积效率；n_{mmax} 为液压马达的最高转速。

变量液压马达的最大排量取决于液压马达的进出口压差及所需的最大输出转矩，按下式计算：

$$q_{mmax}=\frac{M_{mmax}}{0.159\Delta p\eta_m} \tag{6-19}$$

式中，M_{mmax} 为液压马达所需最大输出转矩（N·m）；Δp 为液压马达的进出口压力差（MPa）；η_m 为液压马达的机械效率。

根据以上计算得到液压马达最高转速 n_{mmax}、最小排量 q_{mmin} 及最大排量 q_{mmax}，后即可通过查找企业产品目录确定行走液压马达型式。通常，企业的产品目录会给出液压马达的公称排量、最大和最小排量、额定转速、额定压力及最大和连续输出转矩等参数，设计人员可根据上述计算结果进行选择。对于定量泵系统，为了适应作业和行驶场地要求，行走液压马达最好选用有级变量液压马达（图 6-25），以便根据情况改变行走速度。

除以上方案外，还可直接采用低速大转矩马达直接与驱动链轮连接的方案，这种方案结

构简单，但占据空间较大，效率较低，且这种方案通常需要增加一级直齿减速机构，以满足牵引力需求。

6.3.3 行走机构主要性能校核

1. 最大牵引力校核

驱动轮的最大转矩为

$$M_{qmax}=M_{mmax}i\eta \tag{6-20}$$

式中，M_{mmax} 为液压马达的最大输出转矩（N · m）；η 为履带传动机构总机械效率，一般取0.75。

单侧履带的牵引力为

$$F_q=\frac{2M_{qmax}}{D_q} \tag{6-21}$$

挖掘机的整机牵引力为

$$F_Q=2F_q=\frac{4M_{mmax}i\eta}{D_q} \tag{6-22}$$

为了保证挖掘机正常行驶，F_Q 应能克服最大的行驶阻力 F_R，并小于履带和地面之间的最大附着力 F_φ。

2. 最大行走速度校核

挖掘机的行走速度取决于液压系统的结构型式或液压泵与液压马达自身的结构型式及其组合方式，结构不同，计算过程有所区别，以下对变量泵和变量液压马达组成的变量系统进行介绍，对定量泵和定量液压马达组成的定量系统不展开介绍。

若挖掘机的液压系统功率 P_y 已知，则有

$$P_y=\frac{F_Qv}{3600\eta k_r}=\text{常数} \tag{6-23}$$

式中，η 为行走传动机构的效率，取0.7~0.8；k_r 为泵或马达的变量系数（若采用定量泵和定量马达则 $k_r=1$）；F_Q 为牵引力（N），等于行驶阻力；v 为行走速度（km/h）。

当牵引力与阻力达到平衡时，挖掘机达到最大速度，因此可按式（6-23）验算挖掘机的最大行走速度。

采用变量系统的挖掘机具有无级变速性能，其行驶速度会随着阻力的增加而降低；反之，则会增大。而如前所述，行驶阻力与路面情况、转向半径、坡度等因素有很大关系，当牵引力与行驶阻力达到平衡时，速度达到最大值。

当采用定量系统时，若发动机功率余量不多，则可考虑适当降低行走速度，以满足牵引力需要，使挖掘机能在一般路面实现转向，甚至实现原地转向。

3. 原地转弯的能力校核

挖掘机原地转弯阻力由两部分组成，一部分为履带在地面的转弯阻力 F'_w，另一部分为履带的内阻力 F_n，参照文献［1］，挖掘机原地转弯阻力按下式估算：

$$F_w=F'_w+F_n=(0.7\sim0.8)\mu_{max}mg+0.06mg \tag{6-24}$$

式中，μ_{max} 为履带对地面接触处的阻力系数，对三筋履带 $\mu_{max}=0.5\sim0.6$；m 为挖掘机工作质量（kg）。

当如上述阻力 F_w 小于牵引力 F_Q 时，可实现原地转弯。

4. 爬坡能力校核

履带式液压挖掘机爬坡时需要克服运行阻力 F_T［按式（6-3）计算］、坡度阻力 F_{r2}［按式（6-4）计算］和履带内阻力 F_{r4}［按式（6-11）计算］。履带所能产生的最大牵引力大于或等于这些阻力之和，并小于或等于地面所能给予的最大附着力，即

$$F_T+F_{r2}+F_{r4}\leqslant F_Q\leqslant\varphi mg\cos\alpha \tag{6-25}$$

式中，φ 为履带与地面的附着系数。

在临界状态下可通过上式求得挖掘机所能爬的最大坡角 α，此坡角即代表挖掘机的最大爬坡能力。但值得注意的是，挖掘机在多数情况下还可借助工作装置的“帮助”爬高于上述坡度的坡，因此，挖掘机的实际爬坡能力往往高于按式（6-25）临界状态所计算的坡度。

思考题

6-1　请比较整体式 X 型行走架与 H 型行走架的各自的特点。

6-2　查找并对照国际标准（ISO、SAE 等）和我国国家标准，列出并分析履带的主要结构参数以及选型方法。

6-3　试查阅相关资料简要说明水陆两用挖掘机的行走装置的结构特点。

6-4　试给出履带式液压挖掘机实现变速（有级和无级）的几种传动方案。

6-5　分析轮胎式液压挖掘机行走机构的几种传动方案，比较其优缺点。

6-6　轮胎式挖掘机的四条支腿可否单独伸出和缩回，如需要此项功能，该如何给出解决方案？

6-7　试通过实例机型比较金属履带和橡胶履带各自的结构特点和应用情况。

6-8　试分析履带式液压挖掘机转向阻力（矩）的成因。

6-9　观察实际机型并查阅相关资料分析轮胎式液压挖掘机的推土铲传动机构。

6-10　试分析轮胎式挖掘机的接地情况和接地比压。

第 7 章 反铲液压挖掘机的整机稳定性与安全性分析

反铲液压挖掘机的整机稳定性包括整机在作业、停车、特定运行工况下的车身稳定性等。挖掘机的稳定性影响整机作业、行驶及停放时的安全性，并影响挖掘力的发挥、作业效率、底盘和平台的受力以及回转支承的可靠性等，也是相关部件结构设计的计算依据。整机稳定性涉及整机的姿态、各部件的重量、重心位置和工况的选择，因此本章将采用矢量分析方法建立挖掘机在典型工况、任意姿态下的稳定系数计算式并分析其稳定性。

7.1 整机稳定性的概念

反铲液压挖掘机的整机稳定性是指机器在作业、停车、特定运行工况下抵抗倾翻的能力，足够的稳定性可以在工作或非工作状态下保证挖掘机行驶和作业安全，避免事故发生，也能使挖掘机的性能得到充分发挥，同时也可使回转支承磨损均匀，延长整机的使用寿命。下面介绍与稳定性有关的倾覆线、稳定力矩、倾覆力矩和稳定系数。

1. 倾覆线

从理论上看，倾覆线是指整机处于倾覆或失稳的临界状态时，假想围绕其转动的一条直线。对于履带式挖掘机，根据工作装置与履带的相对位置，挖掘方式分为纵向和横向两种情况，如图 7-1 和图 7-2 所示。

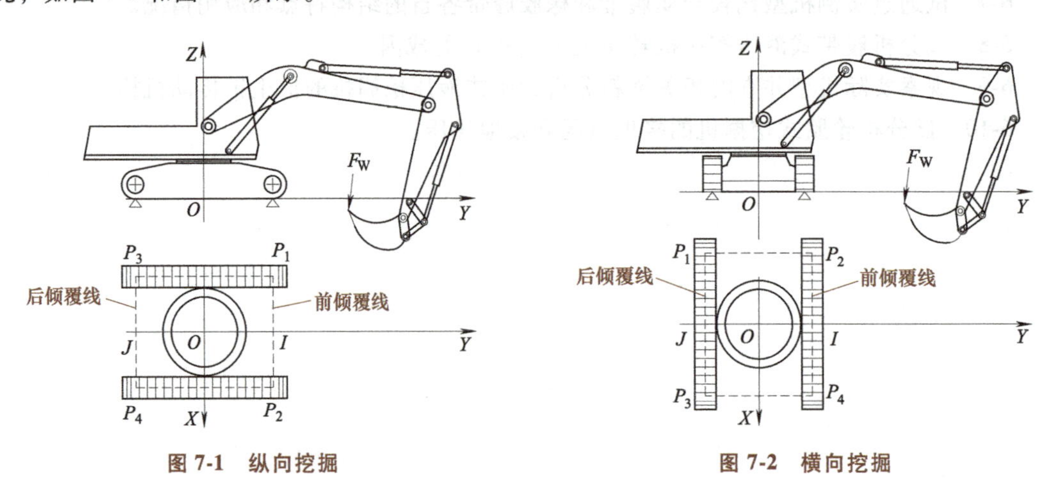

图 7-1 纵向挖掘

图 7-2 横向挖掘

为便于观察，两图的俯视图都省去了平台和工作装置。如图 7-1 所示，纵向挖掘是指工作装置平行于履带行走方向的作业方式，这时的前、后倾覆线取为两侧驱动轮或两侧导向轮的中心连线在地面上的投影，即从俯视图看为反映履带中心距的线段，如图 7-1 中的虚线 P_1P_2 和 P_3P_4，在主视图中用小三角的上顶点标记。如图 7-2 所示，横向挖掘是指工作装置所在平面垂直于履带行走方向的作业方式，为安全起见，这时的前、后倾覆线取为两侧履带对称中心线在地面的投影，即图 7-2 中的虚线 P_2P_4 和 P_1P_3，相应地，在主视图中用小三角的上顶点标记，图中字母 I、J 分别标记前、后倾覆线的中点。

2. 稳定力矩 M_1

对应于不同的倾覆趋势和倾覆线，稳定力矩是指阻止整机发生倾覆的所有力矩之和。

3. 倾覆力矩 M_2

对应于不同的倾覆趋势和倾覆线，倾覆力矩是指使整机发生倾覆的所有力矩之和。

4. 稳定系数 K

用于量化挖掘机稳定性，稳定系数是指挖掘机在特定工况下对倾覆线的稳定力矩 M_1 与倾覆力矩 M_2 之比的绝对值，其值大于 1 才稳定，对稳定系数的计算通常应考虑风载和坡度的影响，后文将详细介绍。

7.2 整机稳定性工况选择及稳定性分析

计算稳定系数的传统方法是首先选定一种工况，根据该选定工况采用数学中的解析方法计算，但这不便于从全局的观点考虑整机稳定性，为此，采用数学中的矢量分析手段，从动态的观点出发，建立任意姿态下的稳定系数计算公式。当任选一个工况及液压缸长度和坡度参数时，可以利用计算机可视化技术快速获得相应的稳定系数，结果精确可靠、直观明了，以下是具体过程。

7.2.1 建立坐标系

建立如图 7-3 所示的空间直角坐标系，其中，坐标原点为回转中心线与停机面的交点，Z 轴垂直水平面向上为正，Y 轴水平向前，X 轴垂直于 YZ 平面。各部件所受重力及重心位置标示于图 7-3 中，其中，各部件重量为 G_i（$i=1$，2，…，11），挖掘阻力为 F_W，风载为 F_f。

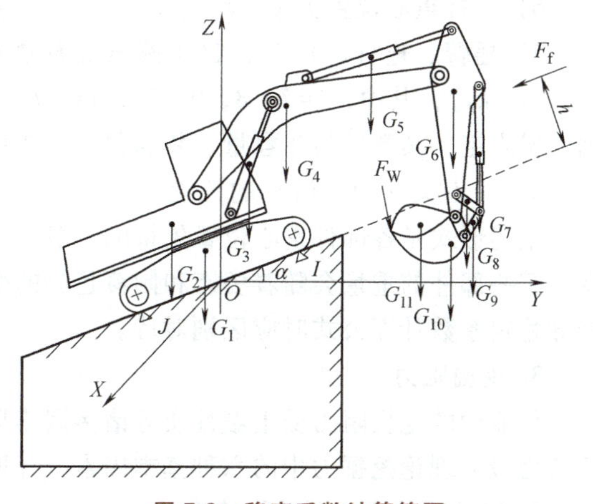

图 7-3　稳定系数计算简图

7.2.2 影响整机稳定性的因素及其数学表达

如图 7-3 所示，挖掘机在空间的姿态受铲斗液压缸长度、斗杆液压缸长度、动臂液压缸长度、转台回转角、机身侧倾角和坡道角六个几何参数的影响，此外，还与各部件重量 G_i

(i=1～11) 及其重心位置、挖掘阻力 F_W、行驶时的启、制动加速度与转台的启、制动加速度、机身迎风面积 A 和风载 F_f 等密切相关。限于篇幅，下面只讨论一般意义上的整机静态稳定性，而不涉及其动态稳定性，各重要影响因素的意义如下。

1. 坡度

坡度影响着整机的姿态，是影响稳定性的主要因素之一，它主要受作业场地的限制。

2. 各部件的重量及重心位置矢量

各部件的重量和重心位置由设计人员通过分析计算或估计给出。各部件的重量标记为 G_i (i=1，2，…，11)，按顺序，下部车架及行走部分重量为 G_1，回转平台重量为 G_2，动臂液压缸重量为 G_3，动臂重量为 G_4，斗杆液压缸重量为 G_5，斗杆重量为 G_6，摇臂、连杆、铲斗、铲斗液压缸及物料的重量分别为 G_7、G_8、G_9、G_{10} 及 G_{11}，如图 7-3 所示。各部件重心位置在坐标系 $OXYZ$ 下的矢量标记定义如下。

1）下部车架及行走部分的重心位置矢量：$\boldsymbol{r}_1=f_1(\alpha_X，\alpha_Y，\alpha_Z)$，该重心位置除与自身结构有关外主要取决于停机面的坡度，因此它是停机面坡度的函数，其中，α_X、α_Y、α_Z 分别为停机面法向量与 X、Y、Z 坐标轴的夹角。

2）上部转台（除第 1 部分和工作装置外）的重心位置矢量：$\boldsymbol{r}_2=f_2(\alpha_X，\alpha_Y，\alpha_Z，\varphi)$，其中，$\varphi$ 为转台转角。

3）动臂液压缸重心位置矢量：$\boldsymbol{r}_3=f_3(\alpha_X，\alpha_Y，\alpha_Z，\varphi，L_1)$，其中，$L_1$ 为动臂液压缸长度。

4）动臂重心位置矢量：$\boldsymbol{r}_4=f_4(\alpha_X，\alpha_Y，\alpha_Z，\varphi，L_1)$。

5）斗杆液压缸重心位置矢量：$\boldsymbol{r}_5=f_5(\alpha_X，\alpha_Y，\alpha_Z，\varphi，L_1，L_2)$，其中，$L_2$ 为斗杆液压缸长度。

6）斗杆重心位置矢量：$\boldsymbol{r}_6=f_6(\alpha_X，\alpha_Y，\alpha_Z，\varphi，L_1，L_2)$。

7）摇臂、连杆、铲斗、铲斗液压缸及物料的重心位置矢量：$\boldsymbol{r}_i=f_i(\alpha_X，\alpha_Y，\alpha_Z，\varphi，L_1，L_2，L_3)$，其中，$i$=7，8，9，10，11，$L_3$ 为铲斗液压缸长度。物料重量考虑与否应根据工况来定，其重量与斗容量、装满程度、斗口倾角等因素有关。

8）斗齿尖（中间齿）的位置矢量：$\boldsymbol{r}_V=f_V(\alpha_X，\alpha_Y，\alpha_Z，\varphi，L_1，L_2，L_3)$。

上述形式是各部件重心位置矢量的一般表达式，这些矢量随着括号中各参数的变化而改变。某些部件的重量会随着姿态和倾覆趋势的变化改变其对整机稳定性所起的作用，因此在推导稳定系数计算公式时应区别对待。

3. 挖掘阻力

作业中的挖掘阻力受土壤性质等诸多因素限制，本处出于分析稳定性临界状态的目的，只考虑最大理论挖掘力中的六种基本因素，并取其最小值。

4. 行驶时的启、制动加速度

该类参数来自于发动机和传动系统的性能限制以及驾驶员的操作情况，它们主要影响挖掘机上坡启动和下坡制动时的稳定性，为避免发生翻车事故，该类因素应引起足够的重视。

5. 转台的启、制动加速度

挖掘机转台在作业过程中启、制动频繁，由于上部转台连同工作装置的重量和转动惯量较大，尤其在坡道上作业时会产生很大的惯性力和惯性力矩，因此必须考虑转台启、制动过程对稳定性的影响。

6. 风载

风力影响挖掘机的作业稳定性，严重时会引发安全事故，在具体分析计算时，需考虑风力的等级和迎风面积。

7.2.3　不同工况的稳定系数分析

根据挖掘机的不同工况，稳定性分类及稳定系数的取值范围见表7-1。

表7-1　稳定性分类及稳定系数的取值范围

稳定性分类	作业稳定性				自身稳定性	行走稳定性	
工况描述	挖掘前倾稳定性	挖掘后倾稳定性	横向满斗停车稳定性	斜坡满斗回转紧急制动稳定性	斜坡横向停车稳定性	上坡启动稳定性	下坡制动稳定性
稳定系数 K	$K\geqslant1$	$K\geqslant1$ 或 $K\leqslant1$	$K>1$	$K>1$	$K\geqslant1.25$	$K\geqslant1.25$	$K\geqslant1.25$

对履带式挖掘机，由于履带中心距一般小于履带接地长度，因此横向作业时的稳定性一般低于纵向作业时的稳定性，所以，一般以横向作业工况作为稳定性分析的主要危险工况之一。对轮胎式挖掘机，作业中通常是支腿着地，因而应考虑支腿的作用；而在运动中，由于后桥与底盘连接的特殊性，又分为“一次失稳”和“二次失稳”，其分析计算过程较为复杂。因此下面根据不同工况，运用数学与力学原理推导出稳定力矩 M_1、倾覆力矩 M_2 及稳定系数 K 的一般化计算公式。

首先假设挖掘机重量沿纵向对称分布，即各部件重心位置处于纵向对称平面 yoz 内，以下为具体工况的稳定性计算过程。

1. 挖掘作业前倾

如图7-4所示，铲斗挖掘、斗口水平朝上，斗齿上作用有挖掘阻力，风自后面吹来，整机有绕前倾覆线（I 点）向前倾覆的趋势。

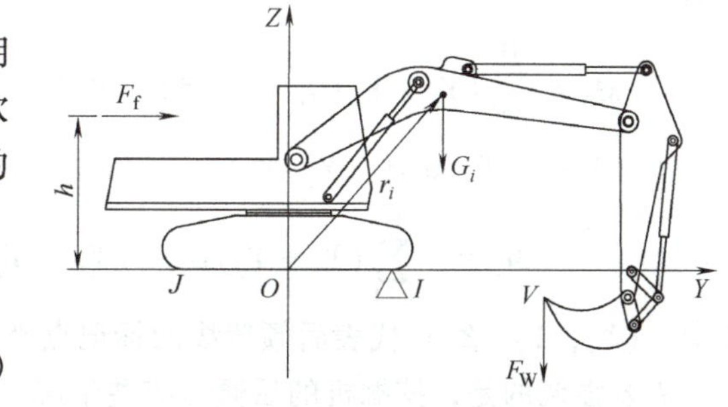

图7-4　挖掘作业前倾稳定性分析

当 $(Y_i-Y_I)G_i\geqslant0$ 时，稳定力矩为

$$M_1=\sum_{i=1}^{11}(Y_i-Y_I)G_i \tag{7-1}$$

当 $(Y_i-Y_I)G_i<0$ 且 $(Y_V-Y_I)F_{WZ}-(Z_V-Z_I)F_{WY}<0$ 时，倾覆力矩为

$$M_2=\sum_{i=1}^{11}(Y_i-Y_I)G_i+(Y_V-Y_I)F_{WZ}-(Z_V-Z_I)F_{WY}-F_fh \tag{7-2}$$

式中，(X_i, Y_i, Z_i) 为前述各部件重心位置坐标分量（m）；(X_I, Y_I, Z_I) 为前倾覆线标记点 I 的坐标分量（m）；(X_V, Y_V, Z_V) 为斗齿的位置坐标分量（m）；(F_{WX}, F_{WY}, F_{WZ}) 为挖掘阻力分量（kN）；F_f 为风阻（kN），$F_f=Aq$，A 为迎风面积（m^2），q 为风压，推荐取 $q=0.25$kPa，下同；h 为风载荷作用中心到停机面的垂直距离（m）；G_i 为各部件重量（kN），$i=1\sim11$，按顺序依此代表下部车架及行走部分、平台、动臂、动臂液压缸、斗杆液

压缸、铲斗、铲斗液压缸、摇臂、连杆及物料的重量，G_i 公式中应代以负值。

2. 最大挖掘深度处挖掘作业后倾稳定性

如图 7-5 所示，斗齿尖位于最大挖掘深度处，铲斗挖掘，齿尖上作用有挖掘阻力 F_W，F、Q、V 三点一线，且垂直于停机面，此时挖掘阻力臂较大，整机有绕后倾覆线（J 点）向后倾翻趋势。

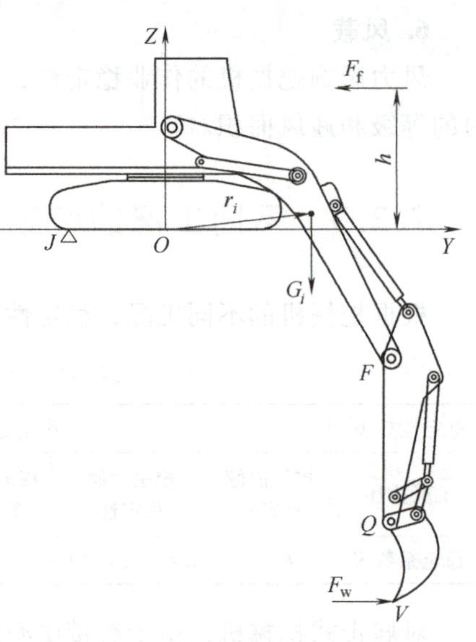

图 7-5 最大挖掘深度处挖掘作业后倾稳定性分析

当 $(Y_i-Y_J)G_i\leqslant 0$ 时，稳定力矩为

$$M_1=\sum_{i=1}^{11}(Y_i-Y_J)G_i \tag{7-3}$$

当 $(Y_i-Y_J)G_i>0$ 且 $(Y_V-Y_J)F_{WZ}-(Z_V-Z_J)F_{WY}>0$ 时，倾覆力矩为

$$M_2=-\sum_{i=1}^{11}(Y_i-Y_J)G_i+(Y_V-Y_J)F_{WZ}-(Z_V-Z_J)F_{WY}+F_fh \tag{7-4}$$

3. 停机面最大挖掘半径处挖掘作业后倾稳定性

如图 7-6 所示，斗齿位于停机面最大挖掘半径处，铲斗挖掘，齿尖上作用有挖掘阻力 F_W，整机有绕后倾覆线（图 7-6 中用 J 点标记）向后倾覆的趋势。

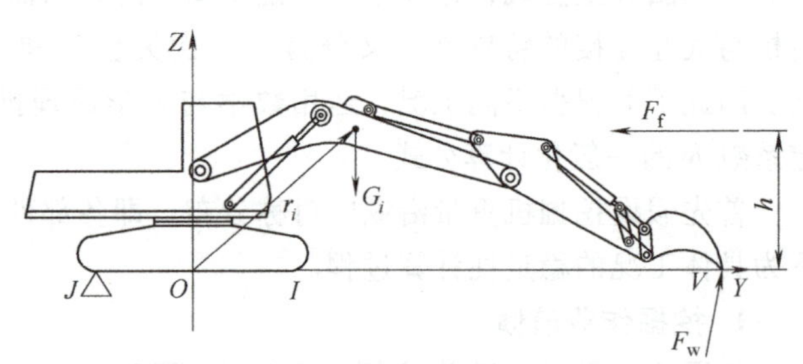

图 7-6 停机面最大挖掘半径处挖掘作业后倾稳定性分析

当 $(Y_i-y_J)G_i\leqslant 0$ 时，稳定力矩为

$$M_1=\sum_{i=1}^{11}(Y_i-Y_J)G_i \tag{7-5}$$

当 $(Y_i-Y_J)G_i>0$ 且 $(Y_V-Y_J)F_{WZ}-(Z_V-Z_J)F_{WY}>0$ 时，倾覆力矩为

$$M_2=-\sum_{i=1}^{11}(Y_i-Y_J)G_i+(Y_V-Y_J)F_{WZ}-(Z_V-Z_J)F_{WY}+F_fh \tag{7-6}$$

式中，$(X_J,\ Y_J,\ Z_J)$ 代表后倾覆线的标记点坐标，其余符号的意义同前。

需要强调的是，挖掘机的后倾在有些情况下是允许的，也是必须具备的性能。当挖掘机爬陡坡或跨越一些特殊的障碍物时，工作装置前伸、铲斗齿尖着地，这时应能将机身前部抬起；另一方面，在挖掘地面以下土壤时，为防止前翻，伸出的工作装置必须有足够的力量撑住地面，此时的稳定系数必须小于等于 1，如图 7-5 和图 7-6 所示的姿态即属于这种情况。

4. 横坡停车稳定性

如图 7-7 所示，挖掘机横向停在斜坡上，满斗静止，风自坡上方吹来，整机有向坡下倾翻的趋势，前倾覆线用 I 点标记。

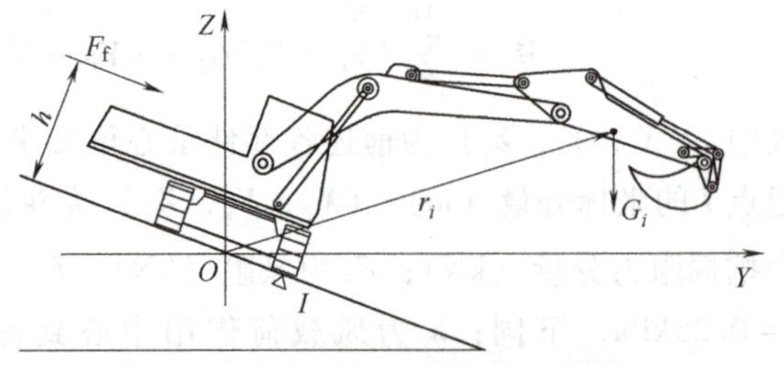

图 7-7 横坡停车的稳定性分析

当 $(Y_i-Y_I)G_i \geqslant 0$ 时，稳定力矩为

$$M_1 = \sum_{i=1}^{11}(Y_i - Y_I)G_i \tag{7-7}$$

当 $(Y_i-Y_I)G_i<0$ 时，倾覆力矩为

$$M_2 = \sum_{i=1}^{11}(Y_i - Y_I)G_i - F_f h \tag{7-8}$$

5. 斜坡满斗回转紧急制动稳定性

如图 7-8 所示，此时挖掘机停于斜坡上，满斗，且铲斗伸出的幅度较大。当从挖掘位置转至卸料位置时，有时需要对转台进行紧急制动，如果恰好转至图中位置，则制动时产生的惯性力和惯性力矩有使整机向坡下倾翻的可能，因此必须对此时的稳定性进行分析计算。图中倾覆线用点 J 标记。

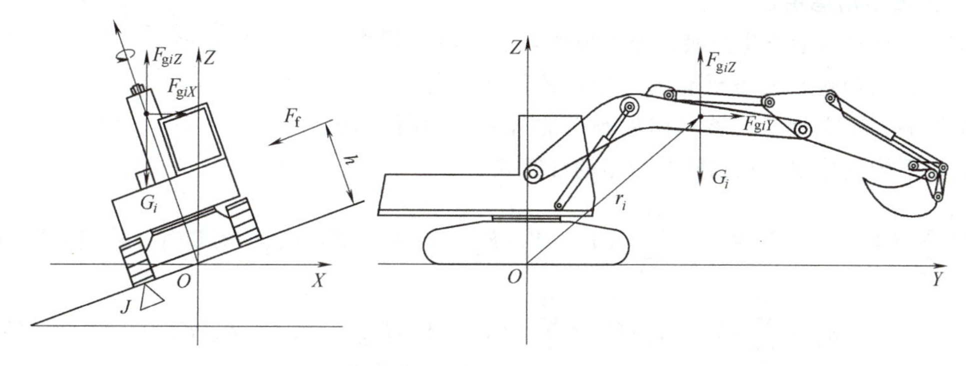

图 7-8　斜坡满斗回转紧急制动的稳定性分析

当 $\sum_{i=1}^{11}(X_i - X_J)G_i \leqslant 0$ 且 $(Z_i - Z_J)F_{giX} - (X_i - X_J)F_{giZ} \geqslant 0$ 时，稳定力矩为

$$M_1 = -\sum_{i=1}^{11}(X_i - X_J)G_i + \sum_{i=1}^{11}[(Z_i - Z_J)F_{giX} - (X_i - X_J)F_{giZ}] \tag{7-9}$$

当 $\sum_{i=1}^{11}(X_i - X_J)G_i > 0$ 且 $(Z_i - Z_J)F_{giX} - (X_i - X_J)F_{giZ} < 0$ 时，倾覆力矩为

$$M_2 = -\sum_{i=1}^{11}(X_i - X_J)G_i + \sum_{i=1}^{11}[(Z_i - Z_J)F_{giX} - (X_i - X_J)F_{giZ}] - F_f h \tag{7-10}$$

式中，(F_{giX}，F_{giY}，F_{giZ}）为各部件的惯性力，与部件重心至回转中心的垂直距离及回转制动角速度及角加速度有关。要获得该值，首先得求得各部件重心位置至回转中心的垂直距离，然后根据运动参数求得其法向加速度和切向加速度，并进一步求得其惯性力，最后将求得的惯性力在坐标轴 X、Y、Z 方向分解。参阅文献［1］，此时的稳定系数大于等于 1 即可。详细过程见运动分析部分。

6. 斜坡横向停车稳定性

如图 7-9 所示，车身行走方向与坡度方向垂直，工作装置全部收起，风自上坡方向吹来，整机有向下坡方向倾翻的趋势，倾覆线用点 J 标记。

当 $\sum_{i=1}^{11}(Y_i - Y_J)G_i \leqslant 0$ 时，稳定力矩为

$$M_1 = \sum_{i=1}^{11}(Y_i - Y_J)G_i \tag{7-11}$$

当 $\sum_{i=1}^{11}(Y_i - Y_J)G_i > 0$ 时，倾覆力矩为

$$M_2 = \sum_{i=1}^{11}(Y_i - Y_J)G_i + F_f h \tag{7-12}$$

车身重心位置靠后，在挖掘机作业时起稳定作用，但在停车或空载时，挖掘机会有向后倾翻的趋势，当挖掘机横向停于斜坡上（图 7-9），坡度较大且有风自前面吹来时，挖掘机向后倾翻的危险性很大，因此，这种工况下的稳定系数要求大于等于 1.25，以避免发生倾覆事故，应尽量避免这种停机方式。

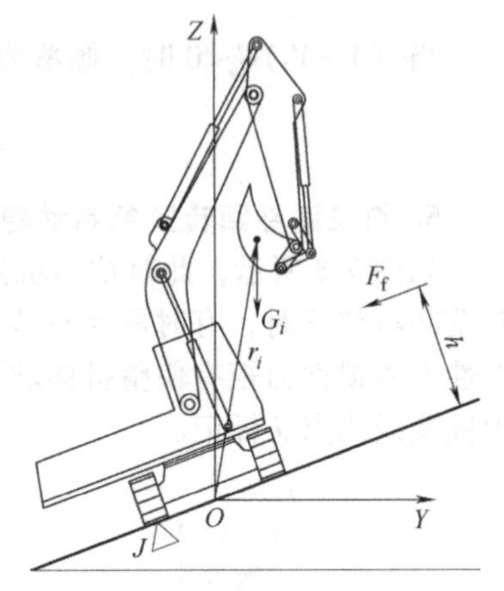

图 7-9　斜坡横向停车稳定性分析

7. 上坡启动稳定性

挖掘机行驶时会发生颠簸，而上坡的坡度有时也很大，上坡时的突然加速会使整机有向后倾翻的趋势，若再考虑风力的影响，则必须考虑整机向后倾翻的可能，如图 7-10 所示。以下为其稳定力矩和倾覆力矩的计算式。

当 $\sum_{i=1}^{11}(Y_i - Y_J)G_i \leqslant 0$ 且 $\sum_{i=1}^{11}[(Y_i - Y_J)F_{giZ} - (Z_i - Z_J)F_{giY}] \leqslant 0$ 时，稳定力矩为

$$M_1 = \sum_{i=1}^{11}(Y_i - Y_J)G_i + \sum_{i=1}^{11}[(Y_i - Y_J)F_{giZ} - (Z_i - Z_J)F_{giY}] \tag{7-13}$$

当 $\sum_{i=1}^{11}(Y_i - Y_J)G_i > 0$ 且 $\sum_{i=1}^{11}[(Y_i - Y_J)F_{giZ} - (Z_i - Z_J)F_{giY}] > 0$ 时，倾覆力矩为

$$M_2 = \sum_{i=1}^{11}(Y_i - Y_J)G_i + \sum_{i=1}^{11}[(Y_i - Y_J)F_{giZ} - (Z_i - Z_J)F_{giY}] + F_f h \tag{7-14}$$

8. 下坡制动稳定性

下坡时的突然制动会使整机有向前倾翻的趋势，若再考虑风力的影响，则必须考虑整机的这种稳定性，如图 7-11 所示。以下为其稳定力矩和倾覆力矩的计算式。

当 $\sum_{i=1}^{11}(Y_i - Y_J)G_i \geqslant 0$ 且 $\sum_{i=1}^{11}[(Y_i - Y_I)F_{giZ} - (Z_i - Z_I)F_{giY}] \geqslant 0$ 时，稳定力矩为

$$M_1 = \sum_{i=1}^{11}(Y_i - Y_I)G_i + \sum_{i=1}^{11}[(Y_i - Y_I)F_{giZ} - (Z_i - Z_I)F_{giY}] \tag{7-15}$$

当 $\sum_{i=1}^{11}(Y_i - Y_J)G_i < 0$ 且 $\sum_{i=1}^{11}[(Y_i - Y_I)F_{giZ} - (Z_i - Z_I)F_{giY}] < 0$ 时，倾覆力矩为

$$M_2 = \sum_{i=1}^{11}(Y_i - Y_I)G_i + \sum_{i=1}^{11}[(Y_i - Y_I)F_{giZ} - (Z_i - Z_I)F_{giY}] - F_f h \tag{7-16}$$

以上是常见的 3 类共 8 种稳定性工况的稳定力矩和倾覆力矩的计算公式，其稳定系数统一表示为

$$K = \left|\frac{M_1}{M_2}\right| \tag{7-17}$$

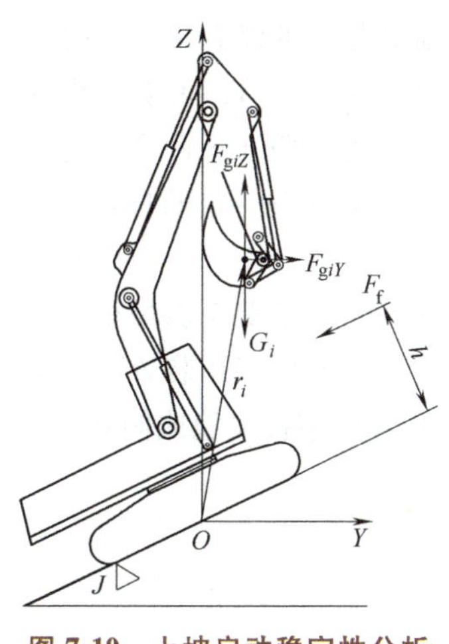

图 7-10　上坡启动稳定性分析

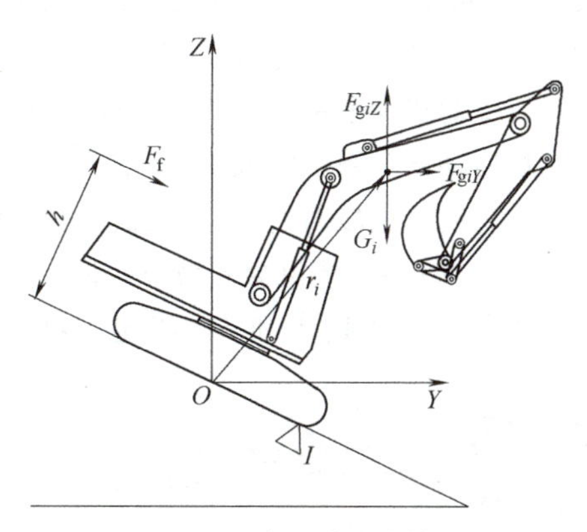

图 7-11　下坡制动稳定性分析

在计算稳定力矩和倾覆力矩时，由于挖掘机车身受坡度的影响，工作装置姿态不断调整，因此某些情况下起稳定作用的部件可能转化为起倾覆作用；反之，某些情况下起倾覆作用的部件也会转化为起稳定作用。所以，在计算稳定力矩和倾覆力矩时需要做出必要的判断，以确保稳定系数计算的正确性。

图 7-12 为利用自研软件“EXCAB_T”计算的某机型在上述 8 个工况下的稳定系数。“稳

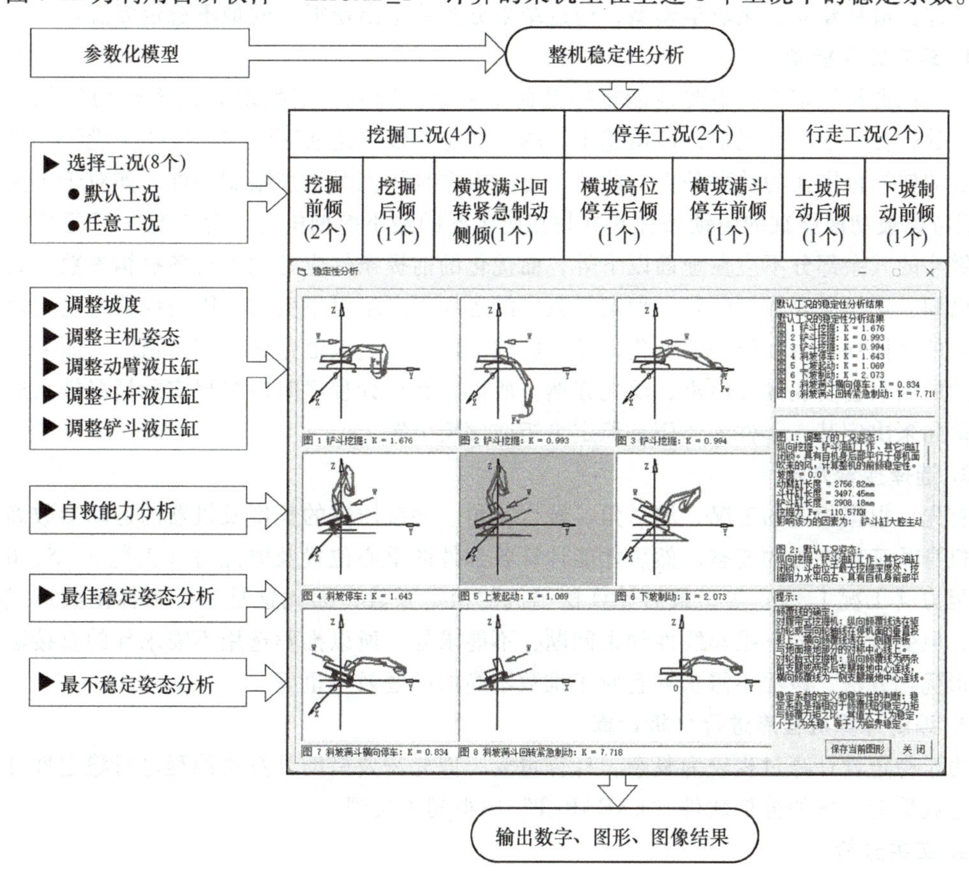

图 7-12　某机型 8 种工况下的整机稳定性分析数字影像结果

定性分析”界面中，图 1~图 3 所示的 3 个工况为铲斗挖掘工况。可以看出，工况 1 的稳定系数大于 1，可保证该工况的顺利挖掘；工况 2 和 3 的稳定系数略小于 1，说明整机处于临界失稳状态，在两个工况下挖掘，整机会前部抬起向后倾翻，同时也说明在这两个工况位姿下，挖掘机可以撑起机身前部防止机身向前倾翻，也表明了这台挖掘机具备一定的自救脱困能力；工况 5 上坡启动稳定系数略大于 1，说明在此坡度上坡起动时，挖掘机接近于向后倾翻的临界状态，因此为防止上坡时后翻，挖掘机应缓慢加速，避免事故发生；工况 7 斜坡横向满斗停车的稳定系数为 0.834，整机会向坡下一侧倾翻，说明此时的坡度太大且工作装置伸出太远，应避免这种情况。工况 4、6 和 7 的稳定系数都明显大于 1，不会发生整机失稳或倾翻事故。

7.3 最不稳定姿态的确定

关于工作装置最危险姿态的确定，传统的方法大多是基于经验确定相应的危险姿态，但这样确定的姿态并非稳定性最差的姿态或是最危险的姿态。此外，由于早期分析计算手段的限制，采用解析法由人工计算，这不仅效率低而且精度差，为此，编者提出了利用计算机进行全局搜索找出最不稳定姿态的方法，其计算精度和效率都比较高。利用这种方法确定挖掘机的最不稳定姿态需要建立数学模型，为此，首先要确定目标函数，然后是确定设计变量和约束条件，最后建立优化数学模型，通过结果分析确定出挖掘机的最不稳定姿态。

1. 建立数学模型

反映挖掘机稳定性的主要性能指标是稳定系数，因此，把稳定系数 K 作为优化问题的目标函数，在一定的工况下，该值越小，越不稳定。以三组液压缸的长度作为设计变量，各液压缸的伸缩范围作为约束条件，此外，还应根据具体工况增加限制条件，如对于工况 1 和 2 还应考虑被动液压缸的闭锁条件并寻找相应工况的最小挖掘机力，对工况 3~7 还应考虑斗齿及铲斗的其余部分不应在地面以下等，而优化的前提条件应是挖掘机各机构参数及其他参数都已知。这里需要强调的是，稳定系数中的各项不是绝对不变的，因为组成稳定力矩和倾覆力矩的具体项目会因姿态的变化而相互转化。例如，当坡道角超过某一值时，原来是起稳定作用的因素会变成倾覆因素，反之亦然。所以，在设计程序时应根据实际情况插入适当的判断语句来决定某一部件的作用是稳定力矩或倾覆力矩。

2. 选择搜索方法

首先，根据相应的工况、坡道角、转台转角、各液压缸的长度及机器的运动参数确定挖掘机机身及工作装置的姿态，然后才能计算各部件的重心位置及惯性力（工况 3、5、6）和挖掘阻力（工况 1、2）等，最后计算挖掘机的稳定系数，因此这是一个目标函数形式较为复杂、但变量不多的三维非线性约束问题，不能求导，所以推荐选用不需求导的直接法，如复合形优化方法，该法不需求导且对于维数不高的问题效率也好。

3. 编制计算机程序进行分析计算

由于稳定性计算过程较为复杂，计算量大，因此需要借助计算机编程进行稳定性分析计算，这在编者开发的分析软件“EXCAB_T”中得到了实现。

4. 结果分析

图 7-13~图 7-19 所示为运用传统方法和全局搜索方法对前述 8 种工况进行实例分析对比

结果。其中，F_f 代表风载荷，其风压按文献取为 250Pa；稳定系数大于 1 为稳定，稳定系数等于或接近于 1 为临界稳定，稳定系数小于 1 为失稳；用小三角形标记处代表垂直于图面的倾覆线。

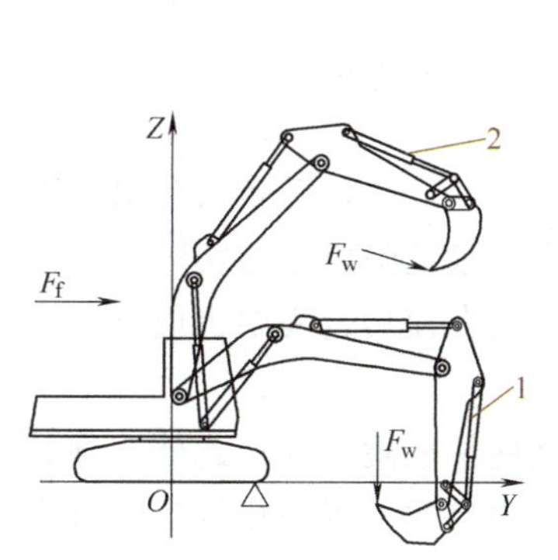

图 7-13　挖掘作业前倾稳定性

1—原姿态，$K=1.505$

2—最不稳定姿态，$K=0.995$

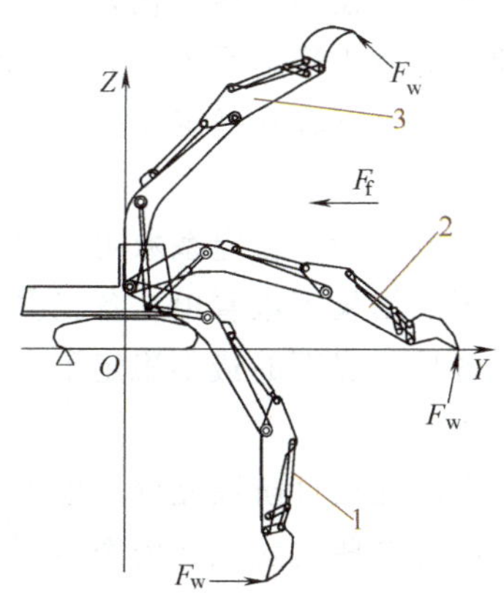

图 7-14　挖掘作业后倾稳定性

1—原姿态，$K=1.030$

2—原姿态，$K=0.994$

3—最不稳定姿态，$K=0.992$

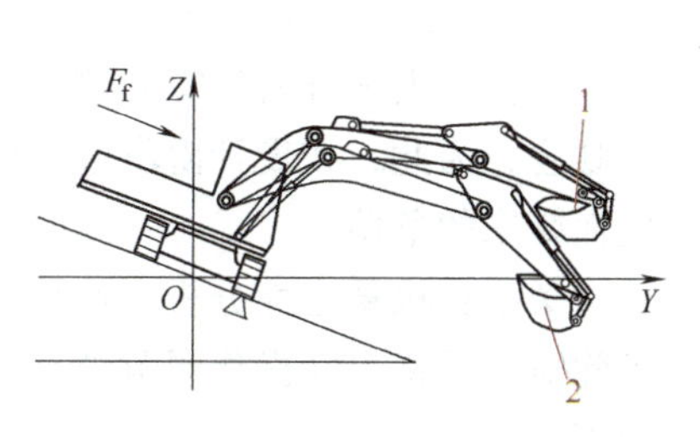

图 7-15　斜坡满斗停车时的稳定性

1—原姿态，$K=0.957$

2—最不稳定姿态，$K=0.895$

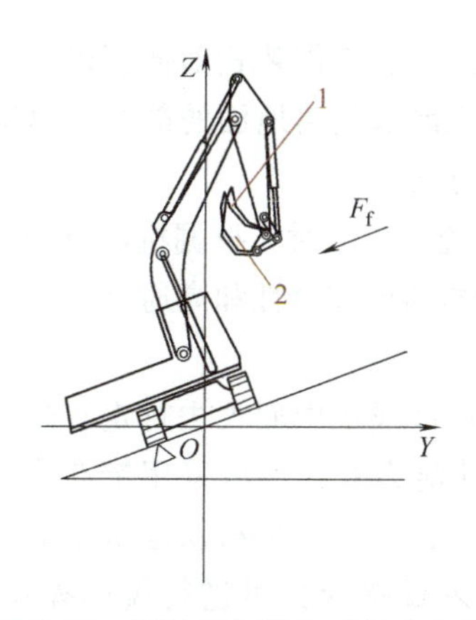

图 7-16　斜坡横向停车时的稳定性

1—原姿态，$K=1.641$

2—最不稳定姿态，$K=1.640$

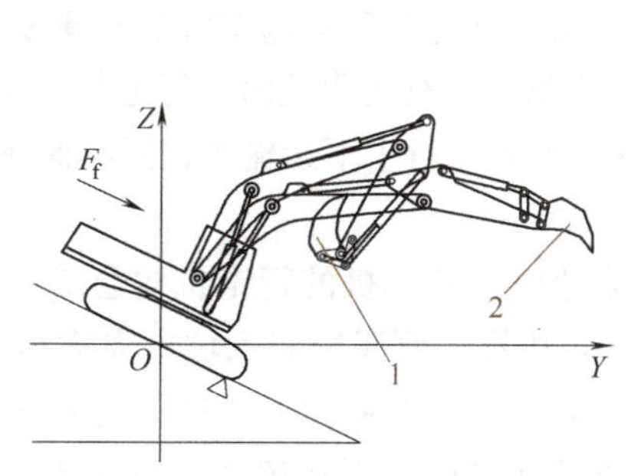

图 7-17　下坡制动时的稳定性

1—原姿态，$K=0.538$

2—最不稳定姿态，$K=0.507$

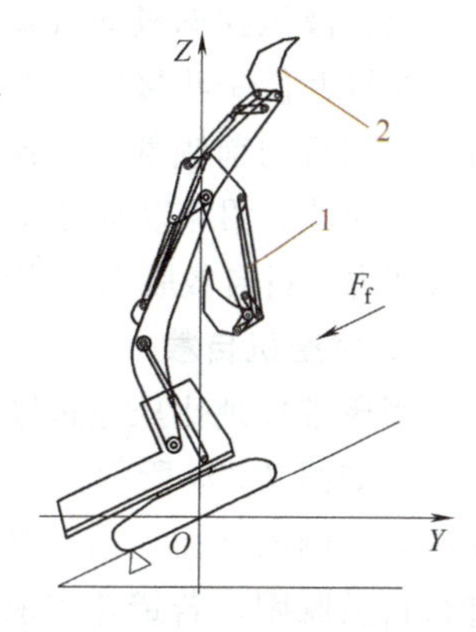

图 7-18　上坡启动时的稳定性

1—原姿态，$K=1.157$

2—最不稳定姿态，$K=0.904$

由图 7-13～图 7-19 可以看出，用全局搜索手段找出的不稳定姿态的稳定系数均比按经验确定姿态的小。在某些情况下，最不稳定姿态下的挖掘力小于经验姿态的挖掘力。由计算结果可知，图 7-13 和图 7-14 所示结果中最不稳定姿态的稳定系数均小于且接近于 1，说明这两个姿态为临界稳定姿态，通过进一步的分析还可以知道，这两种姿态下的

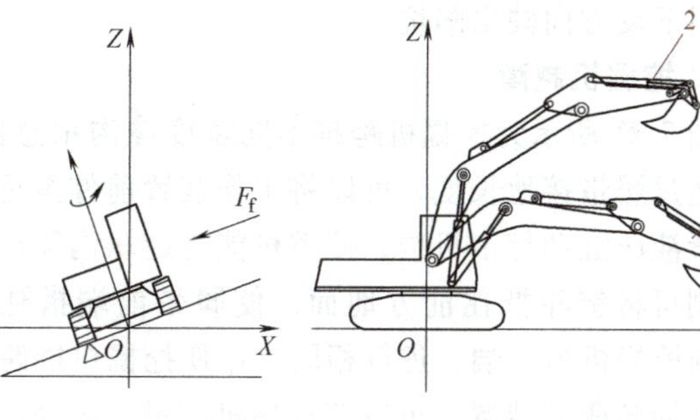

图 7-19　斜坡满斗回转紧急制动时的稳定性

1—原姿态，$K=0.807$　2—最不稳定姿态，$K=0.222$

整机最大挖掘力是由整机稳定性决定的，且为整机稳定性决定的挖掘力中的最小值，称之为最不稳定姿态的原因也在于此。由于整机稳定性限制了挖掘力的发挥，使得由此而限制的最大挖掘力在该姿态下起到了平衡作用，即在临界稳定状态下，稳定力矩和阻力矩的绝对值应相等，因此，从这个意义上讲，理论的最小稳定系数应为 1，但由于在计算中会不可避免地存在一些误差，此外，由于在这两种工况下临界稳定姿态有很多，因而将挖掘力最小的姿态定为最不稳定姿态。

对其他工况，由于没有挖掘阻力的平衡，稳定系数可能会小于 1，这时就必然会引起整机倾翻。从上述分析计算的数字和图形结果不难看出，各工况下的最危险姿态与实际情况基本吻合，为此，在设计阶段应考虑各种工况下的最不稳定姿态，而在使用过程中也应避免由此而带来的危险。

关于整机稳定性分析，设计人员应在设计阶段充分考虑到这些最危险情况；此外，驾驶员除需要严格遵守操作规范外，还应对这些危险工况姿态做到心中有数，以防止发生整机失稳事故。

7.4 反铲液压挖掘机的自救与越障能力

反铲液压挖掘机的自救能力是指当整机停在坚实的水平地面上、工作装置前伸至远端或适当位置并使铲斗接触地面时，操作任何一组液压缸都能使整机前部脱离地面的能力，这对防止挖掘机向前倾翻、跨越沟壕、自行上下运输车等具有重要意义。

在泥沙、沼泽以及突起、沟槽等非结构化地面上行走与进行施工作业时，挖掘机能够通过自身能力进行自救脱困、跨越障碍及自行上下运输车，同时保证机器的安全性和高通过性。

1. 挖掘机自救

当履带接地比压超过极限值时，挖掘机的行走机构会陷入泥沙或坑中而失去行走和通过能力。如图 7-20a 所示，当行走机构一侧履带陷入坑中失去移动能力时，可以采用铲斗支撑住深陷一侧的地面，抬起沉陷履带，并在履带下面铺设枕木或钢板，将挖掘机从陷坑中驶出进行自救脱困。若铲斗支承处地面过软，则在铲斗下方铺设枕木或钢板方可进行脱困操作。如图 7-20b 所示，当行走机构两侧履带同时沉陷时，可以操纵工作装置使动臂与斗杆的夹角约为 90°，将铲斗支承住地面，并在两侧履带下方铺设枕木或钢板，然后操纵行走机构使整机前进驶出沉陷区；也可以将铲斗抵住地面，伸展前臂，同时倒车，使机器在工作装置推力的作用下反方向驶出陷坑。

2. 挖掘机越障

图 7-21 所示为挖掘机跨越不同宽度壕沟示意图。挖掘机遇到壕沟无法通过时，若壕沟宽度超过履带接地长度，可以将工作装置前伸至远端，并使铲斗接触坚硬地面，然后操纵工作装置液压缸和行走机构，使整机能跨越壕沟障碍物边界线；若壕沟宽度未超出履带接地长度，则可将铲斗抵住前方地面，使履带前端搭住壕沟另一端地面，然后将工作装置旋转 180°到挖掘机另一端，进行相同操作使挖掘机能跨越壕沟。将铲斗抵住地面，同时操纵行走机构和回转驱动装置，可以使挖掘机越过一定高度的垂直障碍。在越障过程中，挖掘机不发生倾翻且不受障碍阻滞，同时保持稳定姿态与移动能力。

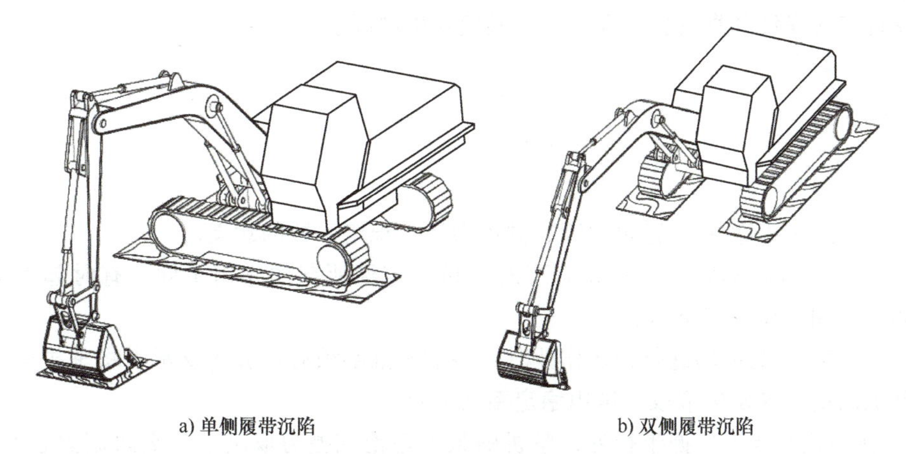

a) 单侧履带沉陷　　b) 双侧履带沉陷

图 7-20　反铲液压挖掘机自救脱困示意图

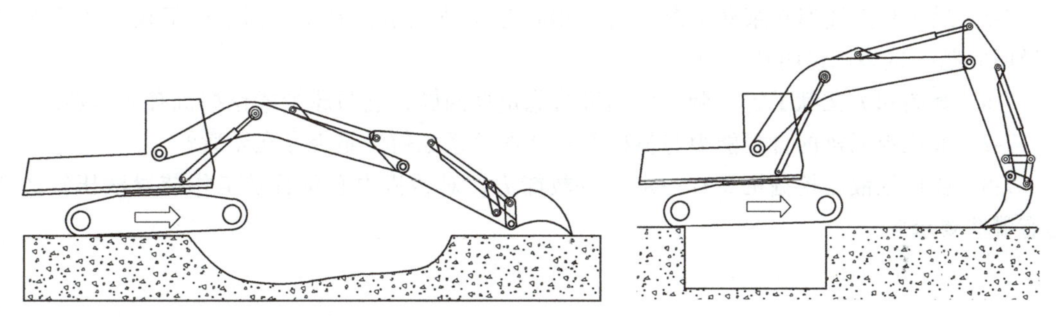

图 7-21　挖掘机跨越壕沟

图 7-22 所示为挖掘机跨越垂直壁障碍物的情况：将铲斗支承在垂直壁上部地面，下降动臂使履带前段翘起，回缩斗杆同时操纵行走机构使机器行走大约整个履带接地长度的三分之一，然后抬起大臂并旋转 180°至挖掘机的另一端，此时缓慢下降动臂并外伸斗杆，将铲斗底面支地使整机成水平状态，再操纵行走机构使挖掘机跨越垂直壁障碍。如果挖掘机向下跨越垂直壁障碍，则可按照图 7-22 所示的相反顺序操作。

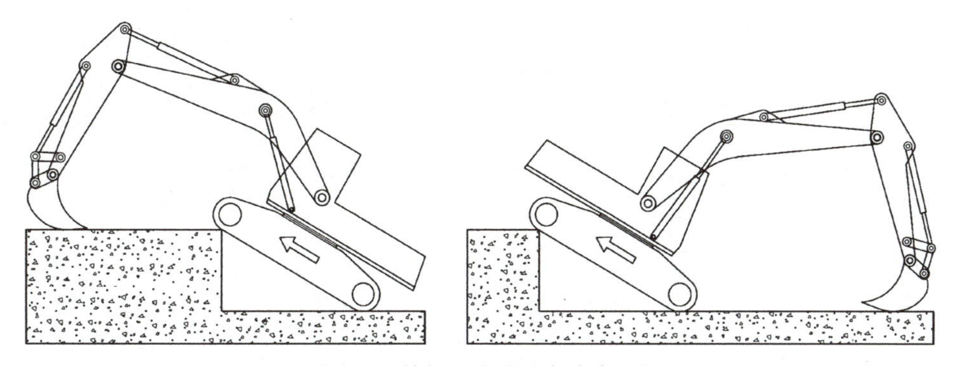

图 7-22　挖掘机跨越垂直壁障碍物

3. 挖掘机自行上下运输车

挖掘机可以通过工作装置和行走机构的配合，实现自行上下运输车的功能，这与上下跨越垂直壁障碍的操作顺序基本相同，但需要注意挖掘机行走前一定要确定导向轮的前后位置，并在行走时保证其直线行驶性能，以避免发生倾翻事故。

思考题

7-1 简要说明倾覆线、稳定力矩、倾覆力矩、稳定系数的意义。

7-2 同一部件在不同工况和姿态下对整机稳定性所起的作用不同，有时起稳定作用，有时起倾覆作用，请举例说明。

7-3 当铲斗伸到远端进行挖掘作业时，各液压缸必须有足够的支承力将整机前部抬起，以避免整机向前倾翻发生事故，试用稳定系数解释。

7-4 在停机面最大挖掘半径处，整机的最大理论挖掘力取决于什么限制因素？试从稳定性角度解释。

7-5 最不稳定姿态在某些工况下可以用稳定系数表示，但在挖掘工况下仅用该系数难以说明问题，试举例说明其原因。

7-6 查阅相关文献了解轮胎式挖掘机的稳定性问题，它与履带式挖掘机有何区别。

7-7 液压挖掘机的自救能力与整机稳定性的关系如何？是否存在矛盾？

7-8 要保证液压挖掘机具有一定的自救能力，对整机中心位置及工作装置液压缸的能力有哪些要求？

第 8 章 反铲液压挖掘机关键零部件的力学性能分析

挖掘机作业工况的复杂性使得各部件受力十分复杂，在极其恶劣的工况或不当操作下某些部位甚至会发生断裂，因此掌握各部件受力情况是对各部件进行结构设计的基础。作业过程中挖掘机各部件的动作速度虽小，但受力很大，为此，本章主要从静力学角度出发，基于作业时工作装置的空间受力特征对反铲液压挖掘机各部件进行详细的受力分析，建立它们的空间受力矢量表达式；在此基础上，介绍关键零部件的静强度分析方法，最后对挖掘机工作装置在破碎工况下的动态特性和疲劳寿命分析方法进行简单介绍。

静力学分析的已知条件和假设前提为：①已知各部件重量、重心坐标和铰接点坐标；②不考虑传动效率；③不考虑工作装置的运动速度、加速度及惯性力；④除各部件重力外，工作装置所受外载荷作用在斗齿上，分为两部分，第一部分是在工作装置纵向对称平面内沿斗齿运动轨迹切线方向所受的最大挖掘阻力，该值等于考虑第 4 章讨论的 6 种限制因素后得出的整机理论最大挖掘力，但与其方向相反，如图 8-1 所示；第二部分是横向挖掘阻力，该力的产生受挖掘作业中的工况位姿、物料特性及转台制动力矩等因素影响。

8.1 关键零部件的空间受力分析

图 8-1 所示为液压挖掘机工作装置在平面内的受力简图，$G_3 \sim G_{11}$ 依次为动臂液压缸、动臂、斗杆液压缸、斗杆、铲斗液压缸、摇臂、连杆、铲斗及斗内物料的重量。

8.1.1 铲斗及铲斗连杆机构的受力分析

对铲斗及铲斗连杆机构进行受力分析的步骤如下。

1. 求连杆 *HK* 施加于铲斗垂直于 *QK* 方向的力 F_{Kv}

铲斗的受力如图 8-2 所示。

将连杆 HK 对铲斗的力分解为沿 QK 方向的力 F_{Ku} 和垂直于 QK 方向的力 F_{Kv}，对 Q 点建立力矩平衡方程得

$$\sum M_{QX}=F_{W3}l_3+F_{Kv}l_{QK}+G_{10}Y_{Q10}+G_{11}Y_{Q11}=0 \tag{8-1}$$

式中，Y_{Q10}、Y_{Q11} 分别为 Q 点指向铲斗重心位置、物料重心位置的矢量在 Y 轴上的分量；G_{10}、G_{11} 分别为铲斗和物料的重量，应带以负值。

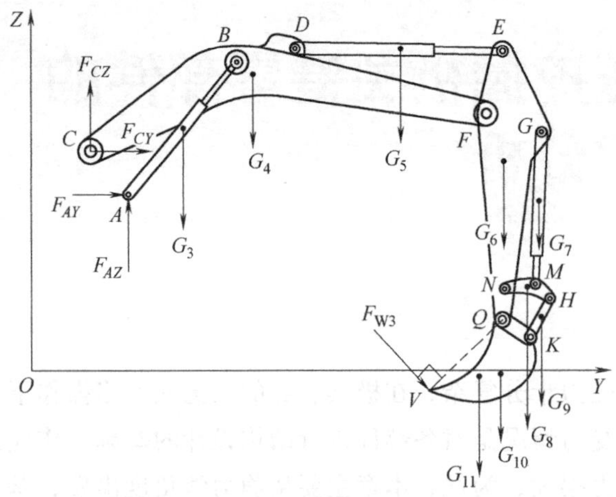

图 8-1　工作装置的整体受力

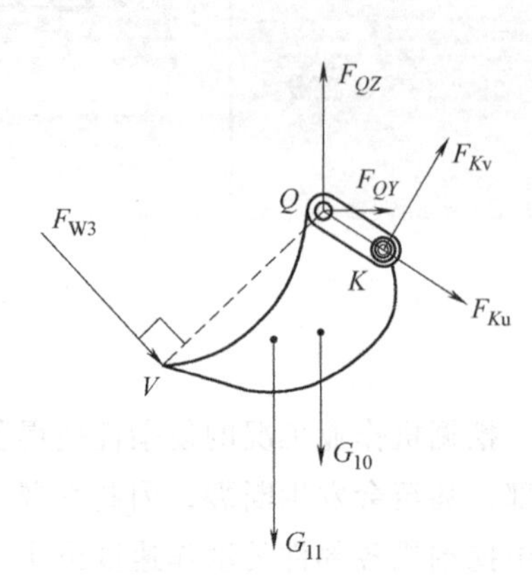

图 8-2　铲斗的受力图

可得

$$F_{Kv}=-\frac{F_{W3}l_3+G_{10}Y_{Q10}+G_{11}Y_{Q11}}{l_{QK}} \tag{8-2}$$

将 F_{Ku} 和 F_{Kv} 转化到坐标系 YOZ 下，得

$$\begin{bmatrix}F_{KX}\\F_{KY}\\F_{KZ}\end{bmatrix}=\begin{bmatrix}1&0&0\\0&\cos\varphi_{QK}&-\sin\varphi_{QK}\\0&\sin\varphi_{QK}&\cos\varphi_{QK}\end{bmatrix}\begin{bmatrix}0\\F_{Ku}\\F_{Kv}\end{bmatrix}=\begin{bmatrix}0\\F_{Ku}\cos\varphi_{QK}-F_{Kv}\sin\varphi_{QK}\\F_{Ku}\sin\varphi_{QK}+F_{Kv}\cos\varphi_{QK}\end{bmatrix} \tag{8-3}$$

式中，φ_{QK} 为 Q 点指向 K 点的矢量与 Y 轴的夹角，当 Q 和 K 点坐标已知时，可求得该值。

2. 分析连杆 *HK* 受力，求 *K* 点处沿 *QK* 方向的受力及 *H* 点的受力

连杆 HK 的受力如图 8-3 所示，其中 $F'_{KY}=-F_{KY}$，$F'_{KZ}=-F_{KZ}$。对连杆建立力和力矩平衡方程得

$$\sum M_{HX}=Y_{HK}F'_{KZ}-Z_{HK}F'_{KY}+G_9Y_{H9}=0 \tag{8-4}$$

$$\sum F_Y=F'_{KY}+F_{HY}=0 \tag{8-5}$$

$$\sum F_Z=F'_{KZ}+F_{HZ}+G_9=0 \tag{8-6}$$

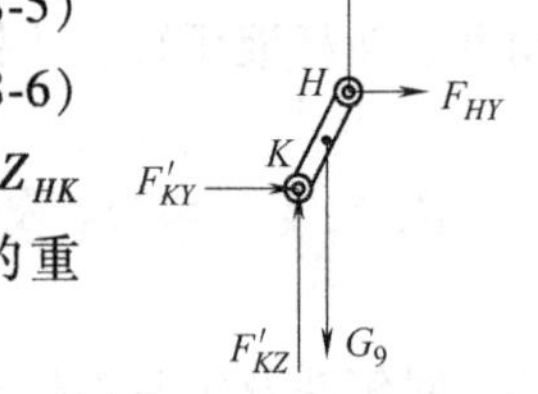

图 8-3　连杆的受力图

式中，Y_{H9} 为 H 点指向连杆重心位置的矢量在 Y 轴上的分量；Y_{HK}、Z_{HK} 分别为 H 点指向 K 点的矢量在 Y、Z 轴上的分量；G_9 为连杆所受的重力，应代以负值。

将式（8-3）代入式（8-4）得

$$F_{Ku}=\frac{F_{Kv}(Y_{HK}\cos\varphi_{QK}+Z_{HK}\sin\varphi_{QK})-G_9Y_{H9}}{Z_{HK}\cos\varphi_{QK}-Y_{HK}\sin\varphi_{QK}} \tag{8-7}$$

将式（8-2）代入式（8-7）即可求得 F_{Ku}，再将 F_{Ku}、F_{Kv} 代入式（8-3）即可求得铲斗在 K 点的受力 F_{KY}、和 F_{KZ} 以及连杆在 K 点的受力 F'_{KY}和 F'_{KZ}。

通过式（8-5）和式（8-6）可求得在 H 点摇臂施加于连杆的力 F_{HY} 和 F_{HZ}，即

$$F_{HY}=-F'_{KY} \tag{8-8}$$

$$F_{HZ}=-F'_{KZ}-G_9 \tag{8-9}$$

对铲斗建立受力平衡方程，求铲斗在 Q 点的受力，有

$$\sum F_Y = F_{QY} + F_{KY} = 0 \tag{8-10}$$

$$\sum F_Z = F_{QZ} + F_{KZ} + G_{10} + G_{11} = 0 \tag{8-11}$$

由式（8-10）和式（8-11）得

$$F_{QY} = -F_{KY} \tag{8-12}$$

$$F_{QZ} = -F_{KZ} - G_{10} - G_{11} \tag{8-13}$$

3. 分析摇臂受力，求摇臂上所受的力

摇臂受力如图 8-4 所示，其中，$F'_{HY} = -F_{HY}$，$F'_{HZ} = -F_{HZ}$，对 N 点建立力矩平衡方程得

$$\sum M_{NX} = Y_{NH} F'_{HZ} - Z_{NH} F'_{HY} + F_{Mv} l_{NM} + G_8 Y_{N8} = 0 \tag{8-14}$$

式中，Y_{NH}、Z_{NH} 分别为 N 点指向 H 点的矢量在 Y、Z 轴上的分量；F_{Mv}、F_{Mu} 分别为铲斗液压缸施加在摇臂 M 点处的力沿 NM 方向和垂直于 NM 方向的分量；Y_{N8} 为 N 点指向摇臂重心位置的矢量在 Y 轴上的分量；F'_{HY}、F'_{HZ} 分别为连杆施加在摇臂上的力在整机坐标系 YOZ 的分量；G_8 为摇臂所受的重力，应带以负值。

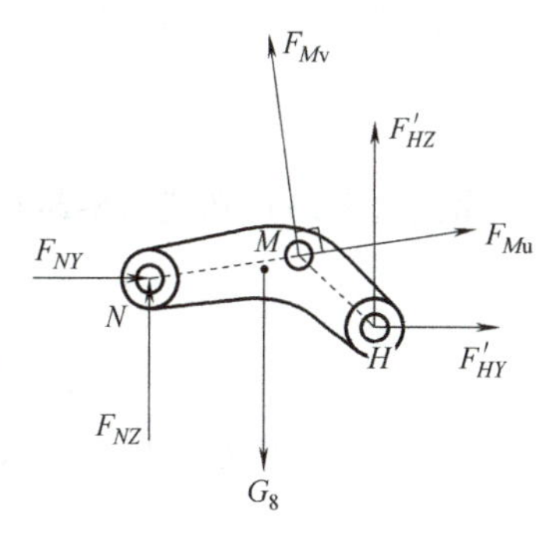

图 8-4　摇臂的受力图

由式（8-14）得

$$F_{Mv} = \frac{Z_{NH} F'_{HY} - Y_{NH} F'_{HZ} - Y_{N8} G_8}{l_{NM}} \tag{8-15}$$

将 F_{Mu} 和 F_{Mv} 转化到整机坐标系 YOZ 下，得

$$\begin{bmatrix} F_{MX} \\ F_{MY} \\ F_{MZ} \end{bmatrix} = \begin{bmatrix} 1 & 0 & 0 \\ 0 & \cos\varphi_{NM} & -\sin\varphi_{NM} \\ 0 & \sin\varphi_{NM} & \cos\varphi_{NM} \end{bmatrix} \begin{bmatrix} 0 \\ F_{Mu} \\ F_{Mv} \end{bmatrix} = \begin{bmatrix} 0 \\ F_{Mu}\cos\varphi_{NM} - F_{Mv}\sin\varphi_{NM} \\ F_{Mu}\sin\varphi_{NM} + F_{Mv}\cos\varphi_{NM} \end{bmatrix} \tag{8-16}$$

式中，φ_{NM} 为 N 指向 M 的矢量与 Y 轴的夹角，已知 N 和 M 坐标时，可求得该值。

4. 分析铲斗液压缸 GM 受力，求 M 点处的受力及全部受力

铲斗液压缸的受力如图 8-5 所示，其中，$F'_{MY} = -F_{MY}$，$F'_{MZ} = -F_{MZ}$。对铲斗液压缸建立力和力矩平衡方程得

$$\sum M_{GX} = Y_{GM} F'_{MZ} - Z_{GM} F'_{MY} + Y_{G7} G_7 = 0 \tag{8-17}$$

$$\sum F_Y = F'_{MY} + F_{GY} = 0 \tag{8-18}$$

$$\sum F_Z = F'_{MZ} + F_{GZ} + G_7 = 0 \tag{8-19}$$

式中，Y_{G7} 为 G 点指向铲斗液压缸重心位置的矢量在 Y 坐标轴上的分量；Y_{GM}、Z_{GM} 分别为 G 点指向 M 点的矢量在 Y、Z 坐标轴上的分量；G_7 为铲斗液压缸所受的重力，应带以负值。

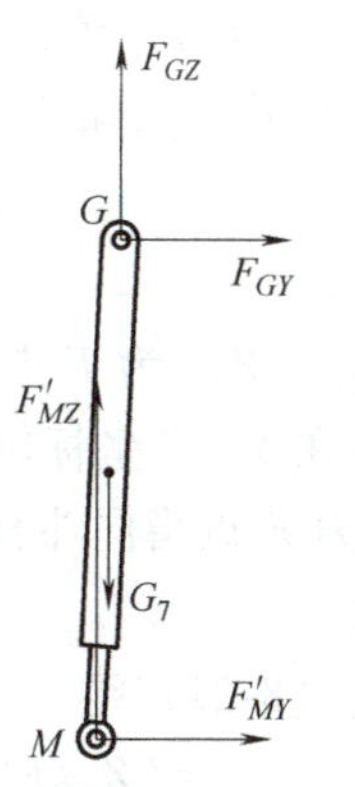

图 8-5　铲斗液压缸的受力图

将式（8-16）代入式（8-17）得

$$F_{Mu} = \frac{F_{Mv}(Y_{GM}\cos\varphi_{NM} + Z_{GM}\sin\varphi_{NM}) - Y_{G7}G_7}{Z_{GM}\cos\varphi_{NM} - Y_{GM}\sin\varphi_{NM}} \tag{8-20}$$

将式（8-15）代入式（8-20）即可求得 F_{Mu}，再将 F_{Mu}、F_{Mv} 代入式（8-16）即可求得摇臂在 M 点的受力 F_{MY} 和 F_{MZ} 以及铲斗液压缸在该点的受力 F'_{MY} 和 F'_{MZ}。

通过式（8-18）和式（8-19）得出铲斗液压缸在 G 点的受力为

$$F_{GY}=-F'_{MY} \tag{8-21}$$

$$F_{GZ}=-F'_{MZ}-G_7 \tag{8-22}$$

5. 求摇臂上 N 点的受力

对摇臂建立力平衡方程得

$$\sum F_Y=F_{NY}+F_{MY}+F'_{HY}=0 \tag{8-23}$$

$$\sum F_Z=F_{NZ}+F_{MZ}+F'_{HZ}+G_8=0 \tag{8-24}$$

由式（8-23）和式（8-24）得

$$F_{NY}=-F_{MY}-F'_{HY} \tag{8-25}$$

$$F_{NZ}=-F_{MZ}-F'_{HZ}-G_8 \tag{8-26}$$

8.1.2 斗杆及斗杆机构的受力分析

基于铲斗连杆机构受力，斗杆上 G、N、Q 点的力用牛顿第三定律获得，因此斗杆及斗杆机构的受力分析只需求 D、E、F 点的受力。其分析方法有两种，其一是将斗杆和铲斗连杆机构作为整体，所受外力为各部件重力 $G_6\sim G_{11}$、铲斗齿尖上的挖掘阻力 F_{W3}、F 点动臂对斗杆的作用力 F'_{FY}和 F'_{FZ}和 E 点斗杆液压缸对斗杆的作用力 F'_{EY}和 F'_{EZ}，铲斗连杆机构与斗杆在 G、N、Q 处的力视为内力，如图 8-6a 所示；其二是隔离斗杆，其受力为 G_6、G 点铲斗液压缸对斗杆的作用力 F'_{GY}和 F'_{GZ}、N 点摇臂对斗杆的作用力 F'_{NY}和 F'_{NZ}、Q 点铲斗对斗杆的作用力 F'_{QY}和 F'_{QZ}、E 点斗杆液压缸对斗杆的作用力 F'_{EY}和 F'_{EZ}和 F 点动臂对斗杆的力F'_{FY}和 F'_{FZ}，如图 8-6b 所示。选择第二种方法进行分析。

1. 求斗杆液压缸 GE 施加于斗杆上垂直于 FE 方向的受力 F_{Ev}

图 8-6b 中，将 E 点的受力转化为沿 FE 方向的力 F_{Eu} 和垂直于 FE 方向的力 F_{Ev}，如图 8-7 所示。其中，$F'_{GY}=-F_{GY}$，$F'_{GZ}=-F_{GZ}$，$F'_{NY}=-F_{NY}$，$F'_{NZ}=-F_{NZ}$，$F'_{QY}=-F_{QY}$，$F'_{QZ}=-F_{QZ}$

对 F 点建立力矩平衡方程得

$$\begin{aligned}\sum M_{FX}=F_{Ev}l_{FE}+Y_{FG}F'_{GZ}-Z_{FG}F'_{GY}+Y_{FN}F'_{NZ}-Z_{FN}F'_{NY}+\\ Y_{FQ}F'_{QZ}-Z_{FQ}F'_{QY}+Y_{F6}G_6=0\end{aligned} \tag{8-27}$$

式中，Y_{FG}、Z_{FG} 为 F 点指向 G 点的矢量在 Y、Z 坐标轴上的分量；Y_{FN}、Z_{FN} 为 F 点指向 N 点的矢量在 Y、Z 坐标轴上的分量；Y_{FQ}、Z_{FQ} 为 F 点指向 Q 点的矢量在 Y、Z 坐标轴上的分量；Y_{F6} 为 F 点指向斗杆重心位置的矢量在 Y 坐标轴上的分量；G_6 为斗杆所受的重力，应带以负值。

由式（8-27）得

$$F_{Ev}=(Z_{FG}F'_{GY}-Y_{FG}F'_{GZ}+Z_{FN}F'_{NY}-Y_{FN}F'_{NZ}+Z_{FQ}F'_{QY}-Y_{FQ}F'_{QZ}-Y_{F6}G_6)/l_{FE} \tag{8-28}$$

根据坐标变换原理，F_{Eu}、F_{Ev} 与 F'_{EY}和 F'_{EZ}满足的关系为

$$\begin{bmatrix}F'_{EX}\\F'_{EY}\\F'_{EZ}\end{bmatrix}=\begin{bmatrix}1&0&0\\0&\cos\varphi_{FE}&-\sin\varphi_{FE}\\0&\sin\varphi_{FE}&\cos\varphi_{FE}\end{bmatrix}\begin{bmatrix}0\\F_{Eu}\\F_{Ev}\end{bmatrix}=\begin{bmatrix}0\\F_{Eu}\cos\varphi_{FE}-F_{Ev}\sin\varphi_{FE}\\F_{Eu}\sin\varphi_{FE}+F_{Ev}\cos\varphi_{FE}\end{bmatrix} \tag{8-29}$$

式中，φ_{FE} 为 F 点指向 E 点的矢量与 Y 轴的夹角，已知 F 和 E 坐标时，可求得该值。

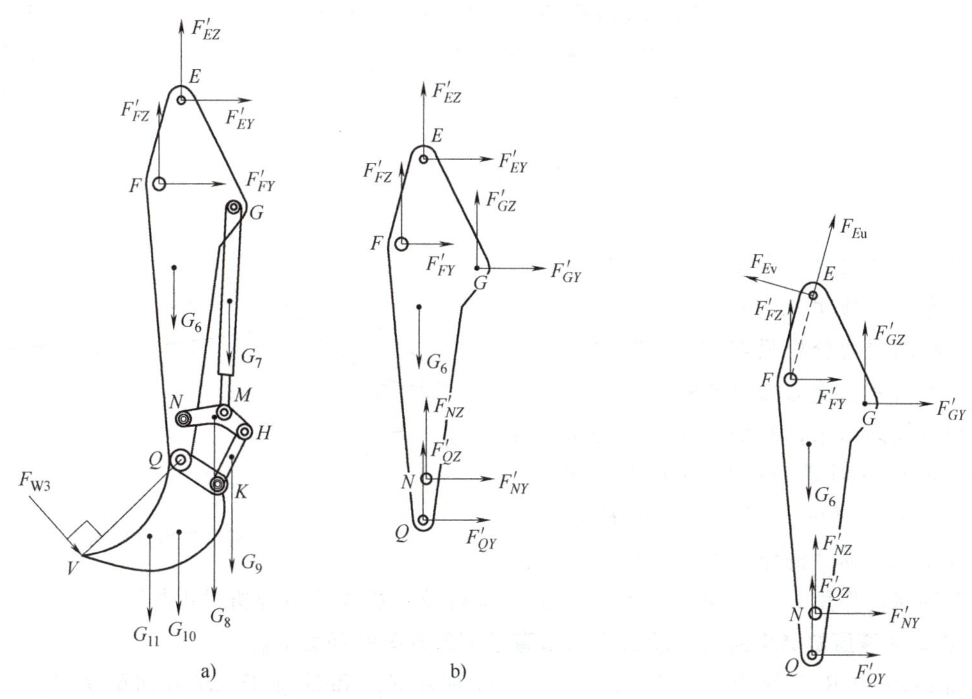

图 8-6　斗杆及铲斗连杆机构受力图

图 8-7　斗杆受力图

2. 分析斗杆液压缸 DE 受力，求 E 点处的受力及斗杆液压缸的全部受力

斗杆液压缸受力如图 8-8 所示，其中，$F_{EY}=-F'_{EY}$，$F_{EZ}=-F'_{EZ}$。

对斗杆液压缸建立力和力矩平衡方程得

$$\sum M_{DX}=Y_{DE}F_{EZ}-Z_{DE}F_{EY}+Y_{D5}G_5=0 \tag{8-30}$$

$$\sum F_Y=F_{DY}+F_{EY}=0 \tag{8-31}$$

$$\sum F_Z=F_{DZ}+F_{EZ}+G_5=0 \tag{8-32}$$

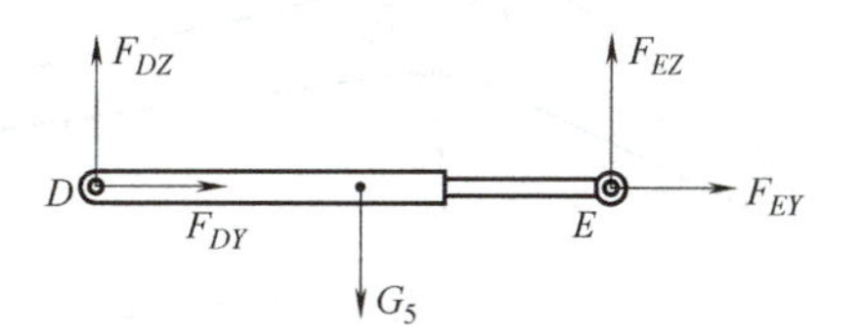

图 8-8　斗杆液压缸的受力图

式中，Y_{D5} 为 D 点指向斗杆液压缸重心位置的矢量在 Y 坐标轴上的分量；Y_{DE}、Z_{DE} 分别为 D 点指向 E 点的矢量在 Y、Z 坐标轴上的分量；G_5 为斗杆液压缸所受的重力，应带以负值。

将式（8-29）代入式（8-30）得

$$F_{Eu}=\frac{F_{Ev}(Y_{DE}\cos\varphi_{FE}+Z_{DE}\sin\varphi_{FE})-Y_{D5}G_5}{Z_{DE}\cos\varphi_{FE}-Y_{DE}\sin\varphi_{FE}} \tag{8-33}$$

将式（8-28）代入式（8-33）求得 F_{Eu}，再将 F_{Eu}、F_{Ev} 代入式（8-29）可求得斗杆在 E 点的受力 F'_{EY}和 F'_{EZ}以及斗杆液压缸在该点的受力 F_{EY} 和 F_{EZ}。

由式（8-31）和式（8-32）得出斗杆液压缸在 D 点的受力为

$$F_{DY}=-F_{EY} \tag{8-34}$$

$$F_{DZ}=-F_{EZ}-G_5 \tag{8-35}$$

3. 求斗杆上 F 点的受力

对斗杆建立力平衡方程得

$$\sum F_Y = F'_{FY} + F'_{EY} + F'_{GY} + F'_{NY} + F'_{QY} = 0 \tag{8-36}$$

$$\sum F_Z = F'_{FZ} + F'_{EZ} + F'_{GZ} + F'_{NZ} + F'_{QZ} + G_6 = 0 \tag{8-37}$$

则有

$$F'_{FY} = -F_{EY} - F'_{GY} - F_{NY} - F'_{QY} \tag{8-38}$$

$$F'_{FY} = -F_{EZ} - F'_{GZ} - F_{NZ} - F'_{QZ} - G_6 \tag{8-39}$$

8.1.3　动臂及动臂机构的受力分析

动臂机构的铰接点为 A、B、C、D、F，D、F 点的受力用牛顿第三定律获得，因此动臂及动臂液压缸的受力分析只需求 A、B、C 三处的受力。动臂机构的受力如图 8-9 所示。

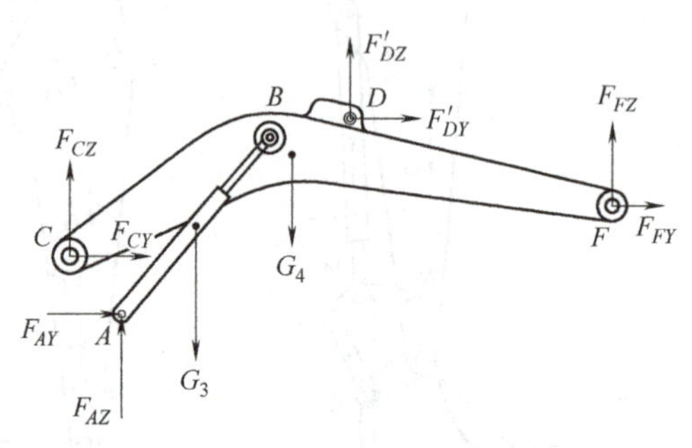

图 8-9　动臂机构受力分析图

将动臂隔离出来，其受力包括重力 G_4、在 B 点动臂液压缸对动臂的作用力 F_{BY} 和 F_{BZ}、在 C 点机身对动臂的作用力 F_{CY} 和 F_{CZ}、在 D 点斗杆液压缸对动臂的作用力 F'_{DY}和 F'_{DZ}、在 F 点斗杆对动臂的作用力 F_{FY} 和 F_{FZ}（图 8-10）。动臂及其机构受力分析过程如下。

1. 求动臂液压缸 AB 施加于动臂上沿垂直于 CB 方向的受力 F_{Bv}

将图 8-10 中 B 点的受力转化为沿 CB 方向的力 F_{Bu} 和垂直于 CB 方向的力 F_{Bv}，如图 8-11 所示。其中，$F'_{DY}=-F_{DY}$，$F'_{DZ}=-F_{DZ}$，$F_{FY}=-F'_{FY}$，$F_{FZ}=-F'_{FZ}$。

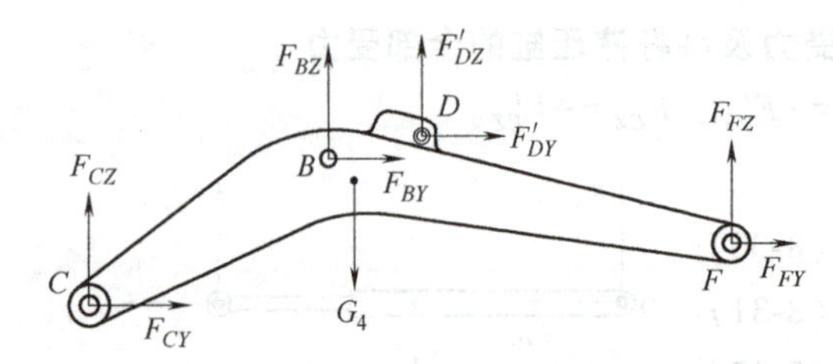

图 8-10　动臂受力分析图 1

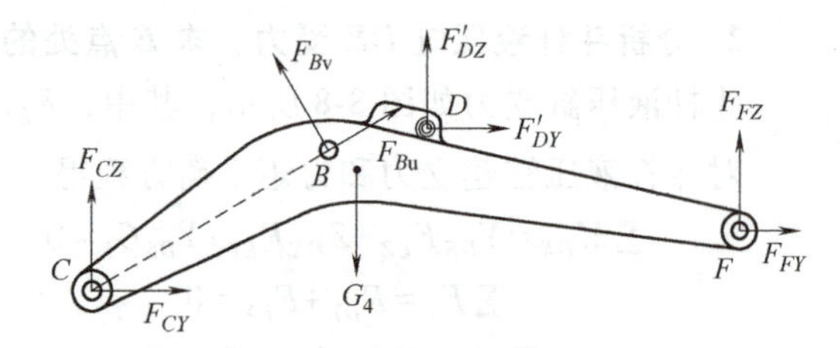

图 8-11　动臂受力分析图 2

在 C 点建立力矩平衡方程得

$$\sum M_{CX} = F_{Bv} l_{CB} + Y_{CD} F'_{DZ} - Z_{CD} F'_{DY} + Y_{CF} F_{FZ} - Z_{CF} F_{FY} + Y_{C4} G_4 = 0 \tag{8-40}$$

式中，Y_{CD}、Z_{CD} 为 C 点指向 D 点的矢量在 Y、Z 坐标轴上的分量；Y_{CF}、Z_{CF} 为 C 点指向 F 点的矢量在 Y、Z 坐标轴上的分量；Y_{C4} 为 C 点指向动臂重心位置的矢量在 Y 坐标轴上的分量；G_4 为动臂的重力，应代以负值。

由式（8-40）得

$$F_{Bv} = \frac{Z_{CD} F'_{DY} - Y_{CD} F'_{DZ} + Z_{CF} F_{FY} - Y_{CF} F_{FZ} - Y_{C4} G_4}{l_{CB}} \tag{8-41}$$

根据坐标变换原理，F_{Bu}、F_{Bv} 与 F_{BX}、F_{BY}、F_{BZ} 满足

$$\begin{bmatrix} F_{BX} \\ F_{BY} \\ F_{BZ} \end{bmatrix} = \begin{bmatrix} 1 & 0 & 0 \\ 0 & \cos\varphi_{CB} & -\sin\varphi_{CB} \\ 0 & \sin\varphi_{CB} & \cos\varphi_{CB} \end{bmatrix} \begin{bmatrix} 0 \\ F_{Bu} \\ F_{Bv} \end{bmatrix} = \begin{bmatrix} 0 \\ F_{Bu}\cos\varphi_{CB} - F_{Bv}\sin\varphi_{CB} \\ F_{Bu}\sin\varphi_{CB} + F_{Bv}\cos\varphi_{CB} \end{bmatrix} \tag{8-42}$$

式中，φ_{CB} 为 C 指向 B 的矢量与 Y 轴的夹角，已知 C 和 B 坐标时，可求得该值。

2. 分析动臂液压缸 AB 受力，求 B 点的受力及动臂液压缸的全部受力

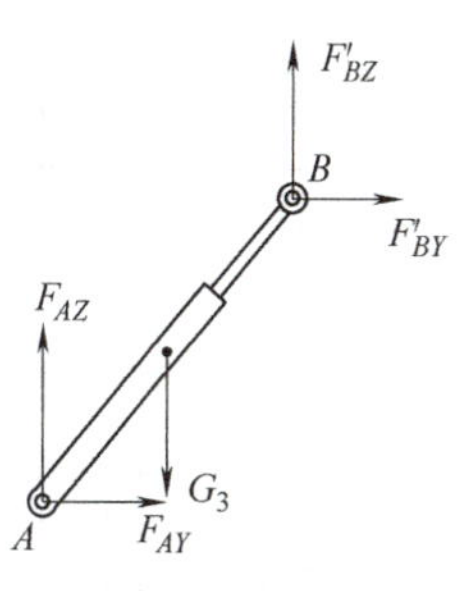

图 8-12　动臂液压缸受力图

动臂液压缸的受力如图 8-12 所示，其中，$F'_{BY}=-F_{BY}$，$F'_{BZ}=-F_{BZ}$。对动臂建立力和力矩平衡方程得

$$\sum M_{AX}=Y_{AB}F'_{BZ}-Z_{AB}F'_{BY}+Y_{A3}G_3=0 \tag{8-43}$$

$$\sum F_Y=F_{AY}+F'_{BY}=0 \tag{8-44}$$

$$\sum F_Z=F_{AZ}+F'_{BZ}+G_3=0 \tag{8-45}$$

式中，Y_{A3} 为 A 点指向动臂液压缸重心的矢量在 Y 轴上的分量；Y_{AB}、Z_{AB} 为 A 点指向 B 点的矢量在 Y、Z 坐标轴上的分量；G_3 为动臂液压缸所受的重力，应代以负值。

将式（8-42）代入式（8-43）得

$$F_{Bu}=\frac{F_{Bv}(Y_{AB}\cos\varphi_{CB}+Z_{AB}\sin\varphi_{CB})-Y_{A3}G_3}{Z_{AB}\cos\varphi_{CB}-Y_{AB}\sin\varphi_{CB}} \tag{8-46}$$

将式（8-41）代入式（8-46）即可求得 F_{Bu}，再将 F_{Bu}、F_{Bv} 代入式（8-42）即可求得动臂在 B 点的受力 F_{BY} 和 F_{BZ} 以及动臂液压缸在 B 点的受力 F'_{BY}和 F'_{BZ}。

由式（8-44）和式（8-45）得出动臂液压缸在 A 点的受力为

$$F_{AY}=-F_{BY} \tag{8-47}$$

$$F_{AZ}=-F_{BZ}-G_3 \tag{8-48}$$

3. 求动臂上 C 点的受力

对动臂建立力平衡方程得

$$\sum F_Y=F_{CY}+F_{BY}+F'_{DY}+F_{FY}=0 \tag{8-49}$$

$$\sum F_Z=F_{CZ}+F_{BZ}+F'_{DZ}+F_{FZ}+G_4=0 \tag{8-50}$$

则有

$$F_{CY}=-F_{BY}-F'_{DY}-F_{FY} \tag{8-51}$$

$$F_{CY}=-F_{BZ}-F'_{DZ}-F_{FZ}-G_4 \tag{8-52}$$

上述分析是在不考虑偏载和横向载荷的情况下工作装置在纵向对称平面内的受力分析，若考虑挖掘阻力的不对称性及横向载荷，则根据工作装置的结构特点，它只能在 C、F、Q 三处承受横向受力和转矩，即此情况不会影响其他铰接点的受力分析结果，其分析也可用数力学中三维空间的矢量分析原理进行。

8.1.4　计入偏载及横向力作用时的空间受力分析

偏载是指挖掘阻力 $\boldsymbol{F}_W$ 不对称的情况，如图 8-13 所示。因物料中时常夹杂石块，作用在斗齿上的 $\boldsymbol{F}_W$ 不均布在各斗齿上，极端情况下，该力可能只作用在侧齿上，这就给工作装置带来了附加转矩和弯矩。根据工作装置的结构特点，该附加转矩和弯矩由铲斗与斗杆铰接点 Q、斗杆与动臂铰接点 F 及动臂与机身铰接点 C 三处承受，如图 8-14 所示，并且不影响其余铰接点在工作装置纵向对称平面内的受力。

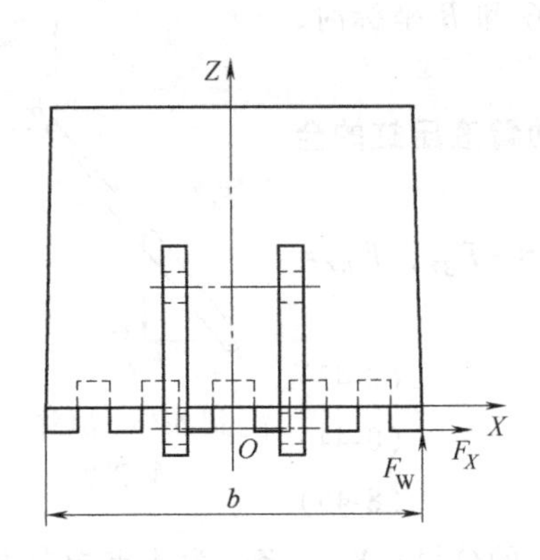

图 8-13　挖掘阻力不对称情况

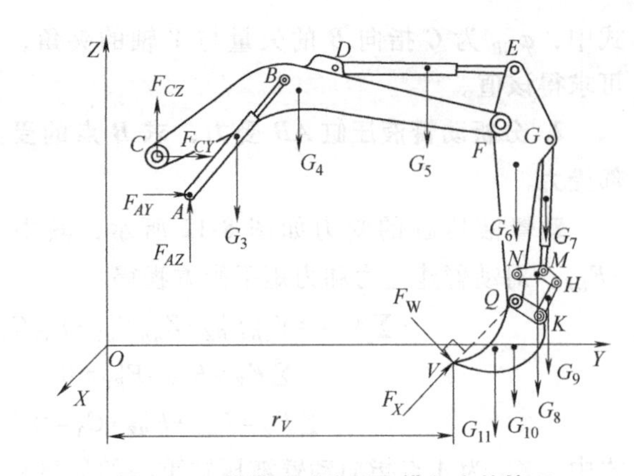

图 8-14　载荷不对称及有横向力的情况

$\boldsymbol{F}_w$ 的方向可由矢量 $\overrightarrow{QV}$ 旋转 90°获得，故将其转化成矢量形式为

$$\boldsymbol{F}_W = F_W \begin{bmatrix} 0 \\ (Z_Q - Z_V)/l_{QV} \\ (Y_V - Y_Q)/l_{QV} \end{bmatrix} \tag{8-53}$$

式中，l_{QV} 为 Q、V 两点在纵向平面内的距离，等于铲斗长度 l_3；F_W 为整机最大理论挖掘力的绝对值；Y_Q、Z_Q 分别为 Q 点在固定坐标系下的位置坐标；Y_V、Z_V 分别为 V 点在固定坐标系下的位置坐标。

当侧齿遇障碍时形成横向载荷 $\boldsymbol{F}_X$，其大小取决于转台的制动力矩和齿尖距至回转中心的垂直距离，计算式为

$$F_X = M_{TZ}/r_V \tag{8-54}$$

式中，M_{TZ} 为转台制动力矩；r_V 为齿尖至回转中心的垂直距离。

横向载荷 $\boldsymbol{F}_X$ 的作用位置可根据具体作业工况确定，一般与切向挖掘阻力施加于同一位置，其方向自铲斗受力一侧的外侧垂直于工作装置纵向对称平面指向斗齿尖，如图 8-14 所示。$\boldsymbol{F}_X$ 可表示为矢量形式，即

$$\boldsymbol{F}_X = F_X \begin{bmatrix} -1 \\ 0 \\ 0 \end{bmatrix} = \frac{M_{TZ}}{r_V} \begin{bmatrix} -1 \\ 0 \\ 0 \end{bmatrix} \tag{8-55}$$

将式（8-53）和式（8-55）合并为斗齿上承受的一个空间力矢量形式，得

$$\boldsymbol{F}_V = \boldsymbol{F}_W + \boldsymbol{F}_X = \begin{bmatrix} -F_X \\ F_W(Z_Q - Z_V)/l_{QV} \\ F_W(Y_V - Y_Q)/l_{QV} \end{bmatrix} \tag{8-56}$$

注意：力作用点 V 的 X 坐标 X_V 不为零，假设其为铲斗前部宽度的一半，即 $0.5b$，如图 8-13 所示。

则根据空间力矩计算原理可得出如下分析计算结果。

1）考虑横向力和偏载时，铲斗在 Q 点所受的附加力矩和横向力分别为

$$\boldsymbol{M}_Q=\begin{bmatrix}M_{QX}\\M_{QY}\\M_{QZ}\end{bmatrix}=\begin{bmatrix}0\\r_{QVZ}F_X+r_{QVX}F_W(Y_V-Y_Q)/l_{QV}\\-r_{QVX}F_W(Z_Q-Z_V)/l_{QV}-r_{QVY}F_X\end{bmatrix}\tag{8-57}$$

$$F_{QX}=\frac{M_{TZ}}{r_V}\tag{8-58}$$

式中，r_{QVX}、r_{QVY}、r_{QVZ} 分别为 Q 点指向斗齿上受力点 V 的矢量在固定坐标系的分量。

2）考虑横向力作用时，斗杆在 Q 点和 F 点所受的附加力矩和横向力分别为

$$\boldsymbol{M}'_Q=\begin{bmatrix}M'_{QX}\\M'_{QY}\\M'_{QZ}\end{bmatrix}=\begin{bmatrix}0\\-r_{QVZ}F_X-r_{QVX}F_W(Y_V-Y_Q)/l_{QV}\\r_{QVX}F_W(Z_Q-Z_V)/l_{QV}+r_{QVY}F_X\end{bmatrix}\tag{8-59}$$

$$F'_{QX}=-\frac{M_{TZ}}{r_V}\tag{8-60}$$

$$\boldsymbol{M}'_F=\begin{bmatrix}M'_{FX}\\M'_{FY}\\M'_{FZ}\end{bmatrix}=\begin{bmatrix}0\\r_{FVZ}F_X+r_{FVX}F_W(Y_V-Y_Q)/l_{QVO}\\-r_{FVX}F_W(Z_Q-Z_V)/l_{QV}-r_{FVY}F_X\end{bmatrix}\tag{8-61}$$

$$F'_{FX}=\frac{M_{TZ}}{r_V}\tag{8-62}$$

式中，r_{FVX}、r_{FVY}、r_{FVZ} 分别为 F 点指向斗齿上受力点 V 的矢量在固定坐标系的分量。

3）考虑横向力作用时动臂在 F 点和 C 点所受的附加力矩和横向力分别为

$$\boldsymbol{M}_F=\begin{bmatrix}M_{FX}\\M_{FY}\\M_{FZ}\end{bmatrix}=\begin{bmatrix}0\\-r_{FVZ}F_X-r_{FVX}F_W(Y_V-Y_Q)/l_{QV}\\r_{FVX}F_W(Z_Q-Z_V)/l_{QV}+r_{FVY}F_X\end{bmatrix}\tag{8-63}$$

$$F_{FX}=-\frac{M_{TZ}}{r_V}\tag{8-64}$$

$$\boldsymbol{M}_C=\begin{bmatrix}M_{CX}\\M_{CY}\\M_{CZ}\end{bmatrix}=\begin{bmatrix}0\\r_{CVZ}F_X+r_{CVX}F_W(Y_V-Y_Q)/l_{QV}\\-r_{CVX}F_W(Z_Q-Z_V)/l_{QV}-r_{CVY}F_X\end{bmatrix}\tag{8-65}$$

$$F_{CX}=\frac{M_{TZ}}{r_V}\tag{8-66}$$

式中，r_{CVX}、r_{CVY}、r_{CVZ} 分别为 C 点指向斗齿上受力点 V 的矢量在固定坐标系的分量。

上述力矩计算式为矢量形式，实际分析中还可根据具体部件的方位和结构特点旋转为相对于各部件方位的转矩和弯矩，以便进一步分析结构的受力和绘制受力图。

8.1.5　回转平台的受力分析

回转平台的受力包括：①自身重力及其上所属部件重力的合力 G_2；②动臂和动臂液压缸与回转平台铰接点 A、C 处的作用力和力矩，可以将这些力和力矩以简化的形式施加于转

台回转中心处，也可根据转台或回转支承的具体结构形式施加在相应位置上，如图 8-15 所示；③底架通过回转支承施加于回转平台的力和力矩，即图 8-15 所示的力矢量 $\boldsymbol{F}_{O'X}$、$\boldsymbol{F}_{O'Y}$、$\boldsymbol{F}_{O'Z}$ 和力矩矢量 $\boldsymbol{M}_{O'X}$、$\boldsymbol{M}_{O'Y}$、$\boldsymbol{M}_{O'Z}$，其中 O' 点为回转支承滚道中心；④回转机构产生的回转驱动力矩或制动力矩。

除部分小型机及微型机外，绝大部分挖掘机的转台与动臂的铰接点 $C(C_1$、$C_2)$ 及转台与动臂液压缸的铰接点 $A(A_1$、$A_2)$ 为双耳板结构。由于工作装置受侧向力和转矩的作用，因此铰接点 C 两侧支座的受力不相同（除对称载荷作用下），即 $F_{CY1} \neq F_{CY2}$，$F_{CZ1} \neq F_{CZ2}$，由于存在超静定问题，F_{CX1} 和 F_{CX2} 根据具体结构或受力情况确定，可假定 $F_{CX1}=-F_{CX}$，$F_{CX2}=0$ 或 $F_{CX1}=0$，$F_{CX2}=-F_{CX}$；对于两侧动臂液压缸与回转平台的铰接点 A_1、A_2，由于液压回路的作用其受力相等，即 $F_{AY1}=F_{AY2}$，$F_{AZ1}=F_{AZ2}$，$F_{AX1}=F_{AX2}=0$。

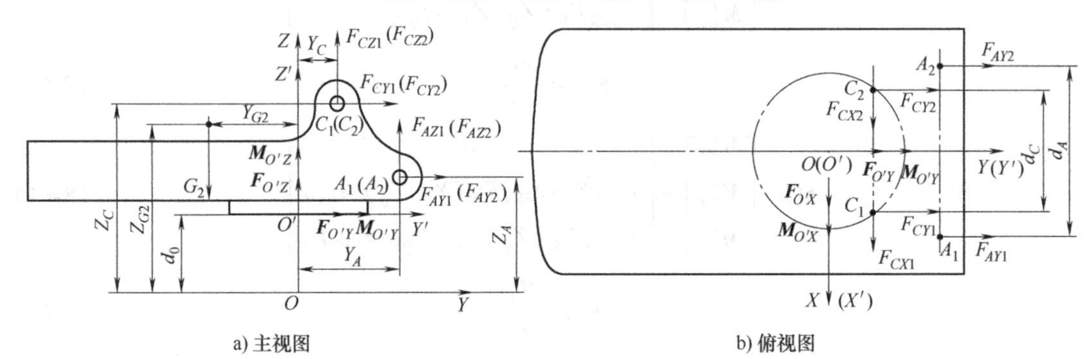

a) 主视图　　b) 俯视图

图 8-15　转台受力分析图

对 O' 点取矩并建立转台的力和力矩平衡方程组得

$$F_{CX1}+F_{CX2}+F_{O'X}=0 \tag{8-67}$$

$$F_{CY1}+F_{CY2}+F_{AY1}+F_{AY2}+F_{O'Y}=0 \tag{8-68}$$

$$F_{CZ1}+F_{CZ2}+F_{AZ1}+F_{AZ2}+F_{O'Z}-G_2=0 \tag{8-69}$$

$$\begin{gathered}Y_C F_{CZ1}-(Z_C-d_0)F_{CY1}+Y_C F_{CZ2}-(Z_C-d_0)F_{CY2}+M_{O'X}-G_2 Y_{G2}+Y_A F_{AZ1}-\\(Z_A-d_0)F_{AY1}+Y_A F_{AZ2}-(Z_A-d_0)F_{AY2}=0\end{gathered} \tag{8-70}$$

$$(Z_C-d_0)F_{CX1}-\frac{d_C}{2}F_{CZ1}+(Z_C-d_0)F_{CX2}+\frac{d_C}{2}F_{CZ2}+M_{O'Y}=0 \tag{8-71}$$

$$\frac{d_C}{2}F_{CY1}-Y_C F_{CX1}-\frac{d_C}{2}F_{CY2}-Y_C F_{CX2}+M_{O'Z}=0 \tag{8-72}$$

因两侧动臂液压缸施加于转台的力对称，故式（8-71）和式（8-72）中不考虑铰接点 A_1、A_2 的作用。

由式（8-67）得底架对回转平台的 X 向力为

$$F_{O'X}=-F_{CX1}-F_{CX2}=\frac{M_{\mathrm{TZ}}}{r_V} \tag{8-73}$$

将式（8-51）、式（8-52）、式（8-68）、式（8-69）相结合，得

$$F_{CY1}+F_{CY2}=-F_{CY} \tag{8-74}$$

$$F_{CZ1}+F_{CZ2}=-F_{CZ} \tag{8-75}$$

由式（8-47）和式（8-48）得

$$F_{AY1}+F_{AY2}=-F_{AY} \tag{8-76}$$

$$F_{AZ1}+F_{AZ2}=-F_{AZ} \tag{8-77}$$

因此，

$$F_{O'Y}=F_{CY}+F_{AY} \tag{8-78}$$

$$F_{O'Z}=F_{CZ}+F_{AZ}+G_2 \tag{8-79}$$

式中，F_{CY}、F_{CZ} 和 F_{AY}、F_{AZ} 分别为 Y、Z 方向上 C 点动臂所受合力和 A 点动臂液压缸所受合力的分力。

转台两侧支座与动臂铰接处的受力需考虑因偏载产生的附加力矩 M_C，有

$$M_{CY}=F_{MCZ}d_C=r_{CVZ}F_X+r_{CVX}F_w(Y_V-Y_Q)/l_{QV}$$

$$M_{CZ}=F_{MCY}d_C=-r_{CVX}F_w(Z_Q-Z_V)/l_{QV}-r_{CVY}F_X$$

式中，F_{MCY} 和 F_{MCZ} 的角标 Y 和 Z 表示力的作用方向；d_C 为动臂两侧支座的距离。

由此，转台与动臂两侧铰接点的支座受力表示为

$$F_{CY1}=-\frac{F_{CY}}{2}+\frac{r_{CVX}F_w(Z_Q-Z_V)/l_{QV}+r_{CVY}F_X}{d_C} \tag{8-80}$$

$$F_{CY2}=-\frac{F_{CY}}{2}-\frac{r_{CVX}F_w(Z_Q-Z_V)/l_{QV}+r_{CVY}F_X}{d_C} \tag{8-81}$$

$$F_{CZ1}=-\frac{F_{CZ}}{2}+\frac{r_{CVZ}F_X+r_{CVX}F_w(Y_V-Y_Q)/l_{QV}}{d_C} \tag{8-82}$$

$$F_{CZ2}=-\frac{F_{CZ}}{2}-\frac{r_{CVZ}F_X+r_{CVX}F_w(Y_V-Y_Q)/l_{QV}}{d_C} \tag{8-83}$$

将式（8-80）~式（8-83）代入式（8-70）~式（8-72）得底架给转台的作用力矩为

$$M_{O'X}=Y_CF_{CZ}-(Z_C-d_0)F_{CY}+Y_AF_{AZ}-(Z_A-d_0)F_{AY}+G_2Y_{G2} \tag{8-84}$$

$$M_{O'Y}=(Z_C-d_0)\frac{M_{TZ}}{r_V}+r_{CVZ}F_X+\frac{r_{CVX}F_w(Y_V-Y_Q)}{l_{QV}} \tag{8-85}$$

$$M_{O'Z}=-Y_C\frac{M_{TZ}}{r_V}-r_{CVY}F_X-\frac{r_{CVX}F_w(Z_Q-Z_V)}{l_{QV}} \tag{8-86}$$

至此，底架给转台的 3 个作用力和 3 个作用力矩都已求出。为详细分析回转支承的受力，还可将力和力矩按一定规律分布于回转支承的滚道上，以进一步分析回转支承或底架的强度问题，详细参见文献[1]。

8.1.6　履带式液压挖掘机的接地比压分析

履带式液压挖掘机的接地比压与其行走装置结构及地面情况密切相关。挖掘机作业时，其工作装置的重心位置随时发生变化，其接地比压也在随转台的转动或工作装置的动作而发生变化，若掌握了转台与底架间相互作用力及力矩的变化规律，则可在一定假设下分析履带接地比压的变化规律。为了简化分析结果，下面假设接地比压为线性分布。

分析履带式液压挖掘机的接地比压之前，应先掌握地面给挖掘机的合力大小及作用点。图 8-16 所示为挖掘机的整机受力图，其中，F_W 为切向挖掘阻力，F_X 为平行于 X 方向的横

向挖掘阻力，这两个参数的大小、作用点及方向已知，$G_1 \sim G_{11}$ 分别为底盘、回转平台、工作装置上各部件及斗内物料的重量。F_{DX}、F_{DY}、F_{DZ}、M_{DX}、M_{DY}、M_{DZ} 分别为地面作用于履带接地中心的合力和合力矩在三个坐标轴上的分量。

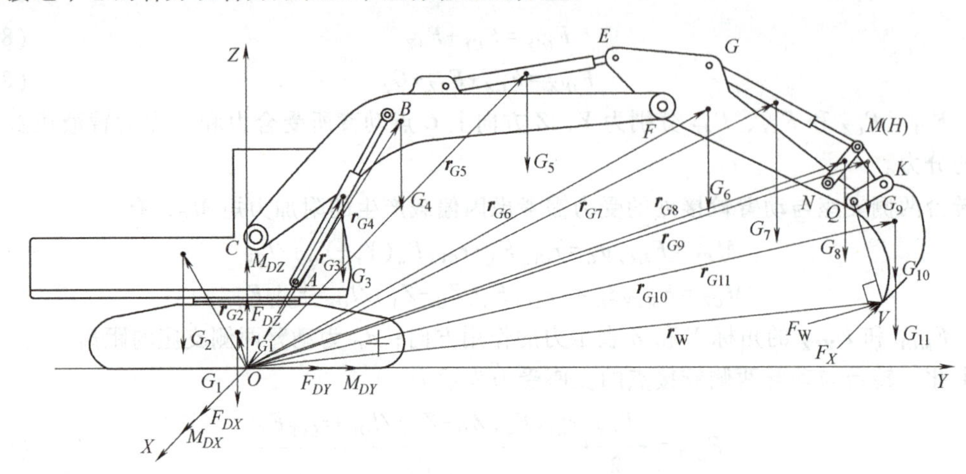

图 8-16　挖掘机整机受力分析图

设整机在水平面上纵向挖掘，工作装置位于纵向对称平面内，据几何关系及力学原理建立平衡方程得

$$\sum F_X = F_X + F_{DX} = 0 \tag{8-87}$$

$$\sum F_Y = F_{WY} + F_{DY} = 0 \tag{8-88}$$

$$\sum F_Z = F_{WZ} + F_{DZ} - \sum_{i=1}^{11} G_i = 0 \tag{8-89}$$

$$\sum M_{OX} = -\sum_{i=1}^{11} r_{GiY} G_i + r_{WY} F_{WZ} - r_{WZ} F_{WY} + M_{DX} = 0 \tag{8-90}$$

$$\sum M_{OY} = r_{WZ} F_X - r_{WX} F_{WZ} + M_{DY} = 0 \tag{8-91}$$

$$\sum M_{OZ} = r_{WX} F_{WY} - r_{WY} F_X + M_{DZ} = 0 \tag{8-92}$$

式中，F_{WY}、F_{WZ} 为挖掘阻力在 Y、Z 轴的分量；r_{WX}、r_{WY}、r_{WZ} 为挖掘阻力作用位置的坐标分量，$r_{WX}=b/2$；r_{GiY} 为各部件重心位置矢量在坐标轴上的分量。

根据式（8-87）~式（8-92）可求得地面给履带的作用力和力矩，其表达式为

$$F_{DX} = -F_X, F_{DY} = -F_{WY}, F_{DZ} = -F_{WZ} + \sum_{i=1}^{11} G_i \tag{8-93}$$

$$M_{DX} = \sum_{i=1}^{11} r_{GiY} G_i - r_{WY} F_{WZ} + r_{WZ} F_{WY} \tag{8-94}$$

$$M_{DY} = r_{WX} F_{WZ} - r_{WZ} F_X \tag{8-95}$$

$$M_{DZ} = r_{WY} F_X - r_{WX} F_{WY} \tag{8-96}$$

求出履带所受的力和力矩后，将 F_{DZ} 和 M_{DX}、M_{DY} 简化为 Z 向力，设其作用点为（e_X，e_Y，e_Z），则

$$e_X=-\frac{M_{DY}}{F_{DZ}}, e_Y=\frac{M_{DX}}{F_{DZ}}, e_Z=0 \tag{8-97}$$

简化结果如图 8-17 所示。同样，也可将 F_{WX}、F_{WY} 和 M_{DZ} 简化为停机面（XY 平面）内的合力，并求出其作用点。

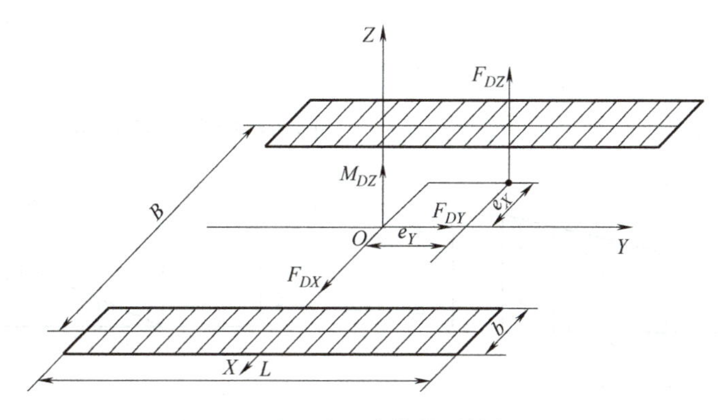

图 8-17　地面作用力的最后简化结果

求出 Z 向合力的作用点后，将其分解到两侧履带上，研究两侧履带的接地比压分布规律，由于两侧履带为面接触，因此这是一个多解问题。可假设两侧履带所受的垂直集中压力分别为 $F_{DZ\mathrm{l}}$ 和 $F_{DZ\mathrm{r}}$，这两个力分别作用在各自履带的纵向对称中心线上，左侧作用点为（$B/2$，$e_{Y\mathrm{l}}$，0），右侧作用点为（$-B/2$，$e_{Y\mathrm{r}}$，0），在这两个位置上的 $F_{DZ\mathrm{l}}$ 和 $F_{DZ\mathrm{r}}$ 最大。B 为履带中心距，根据静力学平衡方程得

$$F_{DZ\mathrm{l}}=F_{DZ}\left(0.5+\frac{e_X}{B}\right) \tag{8-98}$$

$$F_{DZ\mathrm{r}}=F_{DZ}\left(0.5-\frac{e_X}{B}\right) \tag{8-99}$$

式中，$F_{DZ\mathrm{l}}$、$F_{DZ\mathrm{r}}$ 分别为左、右履带所受垂直方向的集中力。

将 e_X 和 F_{DZ} 代入式（8-98）和式（8-99）可求得在垂直方向上两侧履带的合力。

以下分析假设履带的接地比压为线性分布，具体分布情况如图 8-18 所示（以左侧履带为例）。

如图 8-18 所示，坐标原点 O'为单侧（左侧）履带几何接地中心，z'轴平行于 Z 轴，y'轴平行于 Y 轴，且与单侧履带的纵向对称中心线重合，p_{lp} 为平均接地比压。如图 8-18d 所示，$L_1'=3(L/2-e_{\mathrm{n}})$为履带实际承压长度。为便于分析计算，可将图 8-18 所示分布情况分为 2 类，即全履带接地长度接触情况（图 8-18a～图 8-18c）和部分履带接地长度接触情况（图 8-18d）。

由此可推得第一种情况下履带两端的接地比压为

$$\begin{cases} p_{\mathrm{l}a}=\dfrac{F_{DZ\mathrm{l}}}{bL}\left(1-\dfrac{6e_Y}{L}\right) \\ p_{\mathrm{l}b}=\dfrac{F_{DZ\mathrm{l}}}{bL}\left(1+\dfrac{6e_Y}{L}\right) \end{cases} \quad (|e_Y|\leqslant L/6) \tag{8-100}$$

式中，b 为履带宽度。

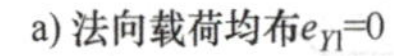
a) 法向载荷均布$e_{Y1}=0$

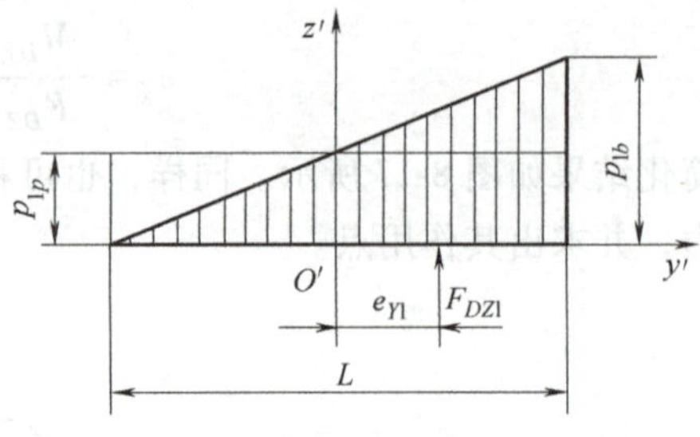

b) 法向载荷在全履带接地长度上成三角形分布$|e_{Y1}|=L/6$

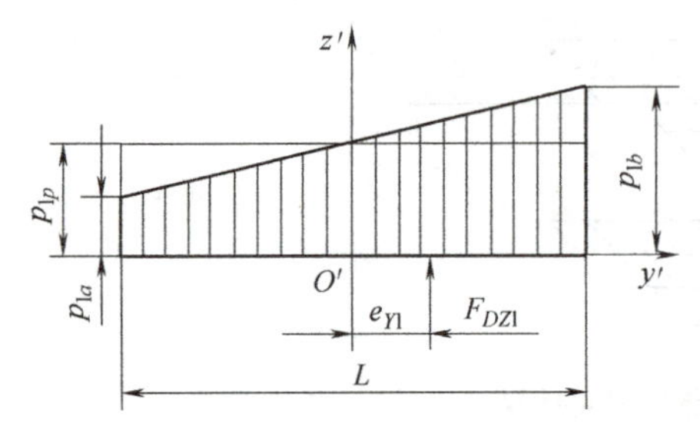

c) 法向载荷梯形分布$|e_{Y1}|<L/6$

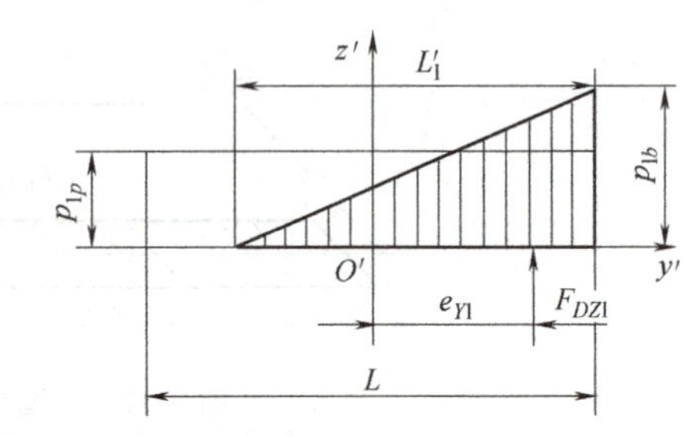

d) 法向载荷在部分履带接地长度上成三角形分布$|e_{Y1}|>L/6$

图 8-18　履带接地比压为线性分布时的 4 种情况

不同 e_Y 下履带接地比压分布如图 8-18 所示，当 $L/6<|e_Y|<L/2$ 时，左侧履带接地段两端的接地比压为

$$\begin{cases} p_{1a}=0 \\ p_{1b}=\dfrac{2F_{DZ1}}{L_1'b} \end{cases} \qquad \left(e_Y>\frac{L}{6}\right) \tag{8-101}$$

式中，$L_1'=3\left(\dfrac{L}{2}-e_Y\right)$。

$$\begin{cases} p_{1a}=\dfrac{2F_{DZ1}}{L_1'b} \\ p_{1b}=0 \end{cases} \qquad \left(e_Y<-\frac{L}{6}\right) \tag{8-102}$$

式中，$L_1'=3\left(\dfrac{L}{2}+e_Y\right)$。

右侧履带的计算式与左侧相同，但由于两侧履带的法向载荷偏离履带接地中心的位置不一定相同，因此，两侧履带的接地比压分布规律也不一定相同。

上述分析是基于挖掘机停机面为水平面、工作装置纵向对称平面与整机行进方向一致的情况，若挖掘机在坡上作业，且工作装置成斜向状态，此情况复杂，分析过程也会复杂，但运用矢量力学掌握各铰接点位置和斗齿挖掘阻力的情况下，也不难推出接地比压的计算式。

8.2 主要结构件的强度分析

液压挖掘机的结构件包括工作装置各部件（除液压缸外）、回转平台、底架、履带架等，这些构件一般由不同形状和厚度的板类材料焊接而成，因而统称为结构件。

8.2.1　静态强度分析方法及其判定依据

静态强度分析方法有两类，一类是基于材料力学强度理论的传统方法，该方法分析过程简单，不需要借助分析软件，但分析精度较低，适合于结构简单、规则的零部件；另一类是基于弹性力学的有限元方法，该方法分析精度较高，需要专门的分析软件，分析过程复杂，适合于结构和受力十分复杂的零部件。随着计算机软硬件的快速发展和广泛使用，后者在机械行业得到了广泛使用。有限元方法的基本步骤如下。

1）根据结构件特点，简化模型，建立有限元网格模型（图8-19）。简化模型时，应考虑该部分是否须重点关注，是否产生较大应力集中和较大变形，若是，则尽量按原结构呈现；若否，则可简化。在建立网格模型时，应考虑网格数目和计算时间，由于较细密的网格模型会使计算时间较长，因此，建立有限元网格模型的基本原则是：在满足要求和精度的前提下，尽量简化，以提高计算速度，减少计算时间。

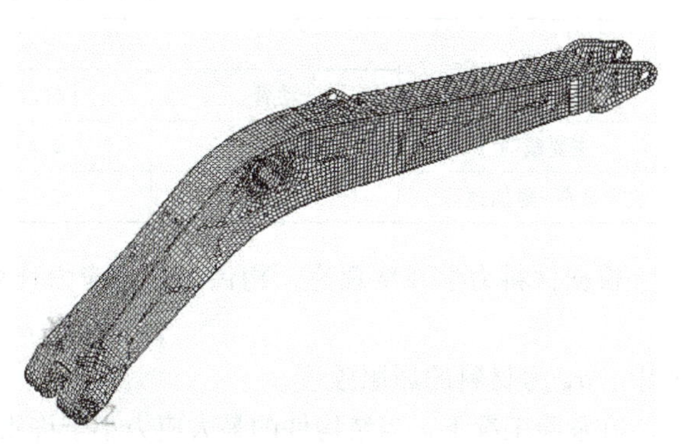

图8-19　某机型的动臂有限元网格模型

2）根据挖掘机的作业特点，对其最危险的作业工况进行受力分析，获得各结构件铰接点处的受力。

3）根据结构件的结构特点，将约束施加在网格模型上，输入材料的机械力学特性参数，并计算。

4）分析结果。结果主要是对结构件的应力和应变进行分析，进而得到危险工况下危险部位的应力和应变，通常在数据后处理中可直接得到应力、应变云图，简单明了，节约分析时间。

由于挖掘机的结构、运动及作业对象多变，因此对结构件强度分析的判定依据有所不同，对于静强度分析来说，主要依据挖掘机的载荷规律及结构件的工作部位来判定。但结构的复杂性、载荷的多变性和不确定性导致精确计算较为困难，切实可行的方法是：采集挖掘机实际作业工况下的实验数据，分析载荷变化规律，获得不同挖掘机在不同作业条件下的载荷谱，并将其作为设计载荷标准和分析结构件强度的依据。

在静强度分析计算中，常采用提高安全系数的方法来解决动载荷和计算局限性的问题，但工作装置各结构件所承受的动载荷不同，因此，应采用不同的安全系数。

单斗液压挖掘机属于周期性作业机械，其作业过程中常出现周期性载荷，同时因为物料的不确定性，结构件有时会受到突变载荷或横向载荷的作用，综合这些载荷的规律，并结合实验数据分析和结构破坏情况可知：70%的结构件破坏属于疲劳强度问题。在文献［1］中将载荷分为主要载荷和附加载荷。主要载荷包括工作装置的自重、运动中的惯性力和惯性力矩、正常作业时的挖掘阻力（切向挖掘阻力和法向挖掘阻力），挖掘阻力被认为是均匀作用在铲斗斗齿上并对称于铲斗纵向对称平面；附加载荷是在偏载工况下形成的，包括侧齿遇障时产生的偏心力矩和横向阻力。

分析计算中，若仅考虑主要载荷，则应适当提高安全系数；若同时考虑主要载荷和附加载荷，则可适当降低安全系数。此外，工作装置多为焊接结构件，考虑到焊接工艺及焊接变形等问题，也应适当提高安全系数。表 8-1 显示了工作装置各部件应选择的安全系数范围。对于工作对象级别在Ⅲ级及Ⅲ级以下的小型挖掘机，安全系数可取较小值；对于中型挖掘机，安全系数可取较大值；对于矿山采掘型挖掘机，可根据需要适当提高安全系数，如按表 8-1 中对应的值再提高一级。

表 8-1 挖掘机主要结构件的安全系数选择范围

载荷	结构件安全系数			
	动臂	斗杆及摇臂	铲斗及连杆	转台
主要载荷	1.8~2	2.5~3	3~4	—
主要载荷+附加载荷	1.5~1.8	2~2.5	2.5~3.5	1.5~1.8

根据材料力学强度理论，构件的许用应力计算式为

$$[\sigma]=\sigma_S/n \tag{8-103}$$

式中，σ_S 为材料的屈服强度。

在危险工况下，当结构件的最大应力小于许用应力时，即满足强度要求，否则，应修改结构参数。值得注意的是最大应力不应比许用应力小太多，否则会浪费材料，增大结构件自重。

8.2.2 静态强度分析工况和计算位置的选择

根据反铲液压挖掘机的工作特点，静强度分析工况应考虑如下 5 类。

1）铲斗液压缸工作、其他液压缸闭锁、在斗齿尖上发挥最大挖掘力的工况。

2）斗杆液压缸工作、其他液压缸闭锁、在斗齿尖上发挥最大挖掘力的工况。

3）考虑回转惯性力和惯性力矩的影响，应分析动臂和斗杆满载铲斗在最大回转半径时发生突然启动和紧急制动的工况，因为这种工况会产生较大的横向摆动力矩。

4）考虑动载时工作装置的启动和制动工况。

5）对某个铰接点产生最大作用力和力矩的工况，该工况下，承受最大作用力的铰接点附近会产生很大的内应力和应力集中，若有焊缝，则应特别重视。

这 5 类工况还应确定工作装置的姿态，即各部件的相对位置，前两种工况还应考虑挖掘阻力的对称情况和是否存在横向力的问题。

对于工作装置的姿态，因正、反铲挖掘机结构和作业特点不同，故它们的姿态也不同。传统分析中常根据实验和经验来判断最危险工况和姿态，但这种方法不能涵盖全部姿态而有其局限性。随着计算机技术的发展，现在已将传统的经验方法和计算机全局分析手段相结合，找出挖掘阻力最大的姿态，确定最危险的工况。本书编者研发的挖掘机分析软件“EXCAB_T”已具备该功能，并在多台实物机上进行了验证，其结果准确、可靠。

对于挖掘阻力不对称情况，取作用在侧齿上的极限情况进行分析，对工作装置产生的附加转矩或弯矩可在工作装置受力分析中计算得到，但考虑到挖掘机工作装置的结构特点，所产生的附加转矩可认为只作用在铲斗与斗杆铰接处（Q 点）、斗杆与动臂铰接处（F 点）以

及动臂与机身铰接处（C 点），如图 8-14 所示。此外，横向阻力也是要考虑的，理论和实验证明：横向阻力会给动臂和斗杆带来很大的附加转矩和弯矩，而横向阻力的最大值取决于回转平台的制动力矩和斗齿尖至回转中心线的垂直距离，由式（8-54）计算得到。

对于法向挖掘阻力，据文献［1］可知：该力客观存在且变化较大，与切向挖掘阻力相比较小，理论分析中可忽略此力。

某些情况下的挖掘力或阻力不大，但某个铰接点上会受到最大作用力，此时会在该作用力作用的局部范围产生较大的内应力，这也是导致结构损坏的主要原因之一。因此，有必要对更多工况甚至在全部范围内对工作装置进行受力分析，以找出某个铰接点处的最大作用力，这个工作必须借助计算机才行。

选定工况和姿态后，首先应计算整机最大理论挖掘力，即斗齿上所承受的最大挖掘阻力；然后对工作装置进行受力分析。整机最大理论挖掘力受多种因素限制，理论分析时应考虑几种主要的确定因素，如工作液压缸的最大挖掘力、各闭锁液压缸限制的最大挖掘力、整机前倾（后倾）及滑移限制的最大挖掘力、各部件的重量和重心位置等，具体分析过程参见第 4 章，工作装置铰接点的受力分析参见第 8.1 节。

8.2.3　工作装置的静强度分析

1. 动臂的静强度分析

（1）确定动臂强度分析的危险工况　动臂的强度分析应以动臂可能承受的最大载荷工况，即最危险工况进行计算，可选定如图 8-20 所示的位置 1、2、3 工况。

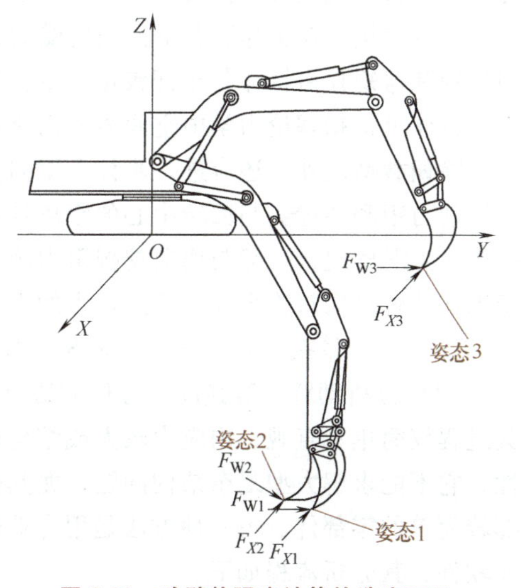

图 8-20　动臂静强度计算的选定工况

工况 1：姿态 1 如图 8-20 所示，动臂液压缸全缩、动臂处于最低位置，动臂与斗杆铰接点 F、斗杆与铲斗铰接点 Q、斗齿尖 V 三点一线且垂直于停机面，即斗齿尖处于最大挖掘深度位置；铲斗液压缸工作、其他液压缸闭锁，切向挖掘阻力 F_{W1} 作用在角齿上，同时有侧向力 F_{X1} 作用。

该工况下，F_{W1} 对动臂与机身铰接点 C 的作用力臂接近最大，动臂液压缸的作用力臂最小，因此动臂液压缸的作用力很大，据经验和仿真发现：多数挖掘机在该处存在动臂液压缸闭锁不住的情况，而整机最大挖掘力并不是很大。

工况 2：姿态 2 如图 8-20 所示，动臂液压缸全缩、动臂最低，动臂与斗杆铰接点 F 和斗杆与铲斗铰接点 Q 垂直于停机面，铲斗在发挥最大挖掘力处；铲斗液压缸工作、其他液压缸闭锁，切向挖掘阻力 F_{W2} 作用在角齿上，同时受侧向力 F_{X2} 作用。

工况 2 与工况 1 的主要区别是铲斗的转角不同，F_{W2} 达到铲斗挖掘最大位置，其对铰接点 C 的作用力臂较小，该位置动臂液压缸不能完全闭锁，因而动臂液压缸的作用力最大。

工况 3：姿态 3 如图 8-20 所示，动臂液压缸和斗杆液压缸的作用力臂都最大，铲斗液压缸工作，工作装置处于发挥最大挖掘力姿态，切向挖掘阻力 F_{W3} 作用在角齿上，同时受侧向力 F_{X3} 作用，此时工作装置的姿态取决于其结构参数，可通过几何作图或仿真获得。

工况 1~3 是根据经验选定的工况，并不能涵盖全部危险工况，考虑到人工计算的局限性，可借助分析软件选择某个铰接点受力最大的工况或动臂整体受力最大的工况，本书编者研发的软件“EXCAB_ T”可计算任意工况下的铰接点受力，图 4-21 所示即为利用软件“EXCAB_ T”分析得出的 3 种挖掘工况下的理论最大挖掘力位姿。

需要说明的是：图 8-20 所示的 3 种工况位姿都是铲斗液压缸工作，这是因为在上述姿态下，反铲挖掘机的铲斗液压缸工作时的挖掘力一般大于斗杆液压缸工作时的挖掘力。由于法向挖掘阻力的大小和方向没有确切的作用规律，因此，上述 3 个工况暂未考虑斗齿上所受的法向阻力。根据文献［1］及有关实验可知：挖掘时斗齿所受法向阻力确实存在，只是其值和方向不易确定，且影响较小，从理论角度出发，可不予考虑；另一方面，如果在上述工况中考虑了法向阻力，则在建立整机理论挖掘力的平衡方程初期就应将其按一定比例计入，就不会出现分析结果与初始条件相互矛盾的情形，否则在计算出整机理论挖掘力后再考虑法向阻力，就会导致计算结果与初始条件相互矛盾。基于此原因，各部件的强度分析所施加的载荷均不考虑法向阻力。

（2）分析工作装置的受力　选定工况后，先计算斗齿尖的最大理论切向挖掘力（参见第 4 章），然后计算各铰接点的受力和力矩，确定动臂各铰接点的力和力矩。有偏载和横向力时，应将整机最大理论切向挖掘力转化为施加于角齿尖（侧齿尖）的挖掘阻力。该过程不改变各铰接点在工作装置平面内的受力情况，但会给相关部件带来附加转矩和弯矩，该附加转矩和弯矩仅由铲斗与斗杆铰接点 Q、斗杆与动臂铰接点 F 及动臂与机身铰接点 C 三处承受，具体可根据理论力学中空间力系简化原理进行分析。

除偏载情况外，还应进一步计入横向力的作用，横向力的具体数值可根据回转平台的最大制动力矩和斗齿尖与回转中心的距离计算得到，参见式（8-54）。横向力的作用位置可根据作业工况确定，一般与切向挖掘阻力施加于同一点上，其方向自铲斗受力一侧的外侧垂直于工作装置纵向对称平面。确定该力的大小和方向后，同样利用力的简化原理将该力简化至 Q、F、C 三个铰接点处，具体见第 8.1 节。

（3）分析动臂的静强度　分析方法有两种，一种方法是用材料力学方法求解强度问题，其过程较简单、直观，内应力较大或结构薄弱之处通常用经验判断，因其理论和方法的局限性，它不能求解大型复杂结构问题，尤其是非线性问题，精度较低，因此只适合结构和受力都较简单的零部件。另一种方法是用专业软件求强度问题，如利用 ANSYS、ALGOR 等有限元软件，其分析流程如下。

1）建立网格模型。动臂结构复杂，受力点较多，建模时要保证模型真实性。有限元模型通常有梁单元、二维三角形（四边形）单元、三维四面体（棱柱体）实体单元等。动臂通常由板类零件焊接而成，各铰接处使用轧制管类或铸钢件，因此可采用二维板单元或二维板单元与三维实体单元相结合的方法构建动臂模型。动臂整体的有限元模型如图 8-19 所示。网格多为自动生成，但在结构复杂、施加载荷及应力、应变较大等部分，可将网格加密，提高结果详细度和精度，但网格过密会增加计算成本和误差。

对于由不同板厚或材料组成的零部件，应将部件按照板厚和材料分为不同特性的单元，防止在进行应力磨平处理时出现不准确的平均应力。

2）定义单元属性及材料特性。选择单元类型为线性或非线性；选择材料特性为材料的抗拉强度为 450~650MPa，屈服强度为 275~345MPa，泊松比为 0.3，密度均为 $7800\mathrm{kg/m^3}$。大部分工作装置由不同厚度的材料焊接而成，其焊接性、低温韧性、经济性及综合性能较好。

3）确定边界条件、施加约束。静强度分析中，约束主要用于限制部件的自由度。据动臂特点可知：动臂在 C 点可转动不能移动，在 B 点不能移动和转动，D 和 F 点会因受力产生较大的位移或变形。为使结果符合实际情况，在 C 处两端对称位置上各选一单元节点，约束其中一个单元节点沿 X、Y、Z 向位移，约束另一个单元节点沿 Y、Z 向位移；在 B 处纵向对称平面上选一单元节点约束其沿 Y 或 Z 向位移。故此，用 6 个约束限制了动臂的 3 个转动和 3 个移动的运动自由度。

4）施加载荷。将受力分析得到某工况下各铰接点的力和力矩施加于相应的铰接点上。施加力时，将铰接处的集中力转化为多个节点上的分力，可避免产生过大误差；对于力矩，可以力矩矢量形式施加，也可将力矩矢量转化为力偶施加于单元节点上。偏载情况下动臂的 C、F 处有力矩，这两处的结构一般为对称结构，建议将这两处的力矩转化为力偶。可将多个工况下的载荷分工况同时施加到模型上，便于集中处理，提高运算效率。

5）求解。根据不同的问题和目的选用不同的求解方法，在 ANSYS 中有波前法（默认）、稀疏矩阵直接解法、雅可比共轭梯度法等求解器。此外，求解时间与结构复杂度、模型大小、求解方法、计算机配置等因素有关。

6）分析结果。挖掘机结构件的静强度分析主要关注应力和应变，同时应保障求解结果的可靠性。图 8-21 所示为某工况下动臂的应力及变形云图，该工况的最大应力为 782.662MPa，位于集中力施加处。总之，动臂与其液压缸铰接点上方腹板与上翼板连接处应力较大，强度薄弱。为了解部件危险区，可对比多个工况结果，获得其变化规律，指导结构设计。

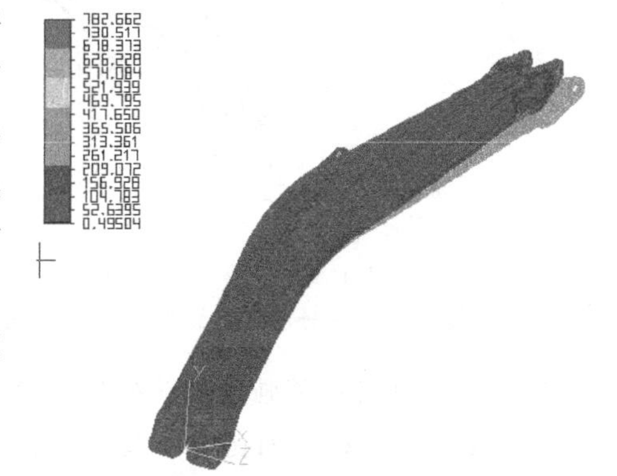

图 8-21　动臂分析结果云图

2. 斗杆的静强度分析

（1）斗杆强度分析确定危险工况　斗杆的强度分析应以斗杆可能承受最大载荷的工况，即最危险工况作为计算工况，初选时可与动臂计算工况相同，也可根据经验选定如图 8-22 所示的工况 1~3。

工况 1：姿态 1 如图 8-22 所示，该工况动臂液压缸全缩，动臂处于最低位置，斗杆液压缸作用力臂最大，动臂与斗杆铰接点 F、斗杆与铲斗铰接点 Q、斗齿尖 V 三点一线；铲斗液压缸工作，其他液压缸闭锁，切向挖掘阻力 F_{W1} 作用在角齿上，同时有侧向力 F_{X1} 作用。该工况下，F_{W1} 对 F 点产生的平面弯矩接近最大，而 V 点离回转中心较近，因此存在很大的横向阻力，考虑偏载，斗杆受较大的横向弯矩和转矩作用。

工况 2：姿态 2 如图 8-22 所示，该工况对应动臂液压缸和斗杆液压缸的力臂最大、铲斗转至发挥最大挖掘力位置；铲斗液压缸工作，其他液压缸闭锁，切向挖掘阻力 F_{W2} 作用在角齿上，同时有侧向力 F_{X2} 作用。该工况下，各液压缸力臂最大，因而整机的理论挖掘力或 F_{W2} 接近于最大，再加上偏载和横向载荷作用，所以斗齿尖距回转中心的距离比工况 1 大，导致横向阻力比工况 1 小，因此斗杆仍承受很大的平面弯矩、横向弯矩及转矩的共同作用。

工况 3：姿态 3 如图 8-22 所示，该工况对应整机最大理论挖掘力位置。考虑到各种限制因素，整机最大理论挖掘力姿态并不一定是三组液压缸力臂最大时的姿态；该工况下铲斗液压缸工作，无偏载和横向力。

工况 1~3 均是铲斗液压缸工作，均未考虑斗齿上所受的法向阻力，其原因与动臂工况相同。

（2）分析工作装置受力　分析方法与动臂部分相同。斗杆的受力分析结果如图 8-23 所示。

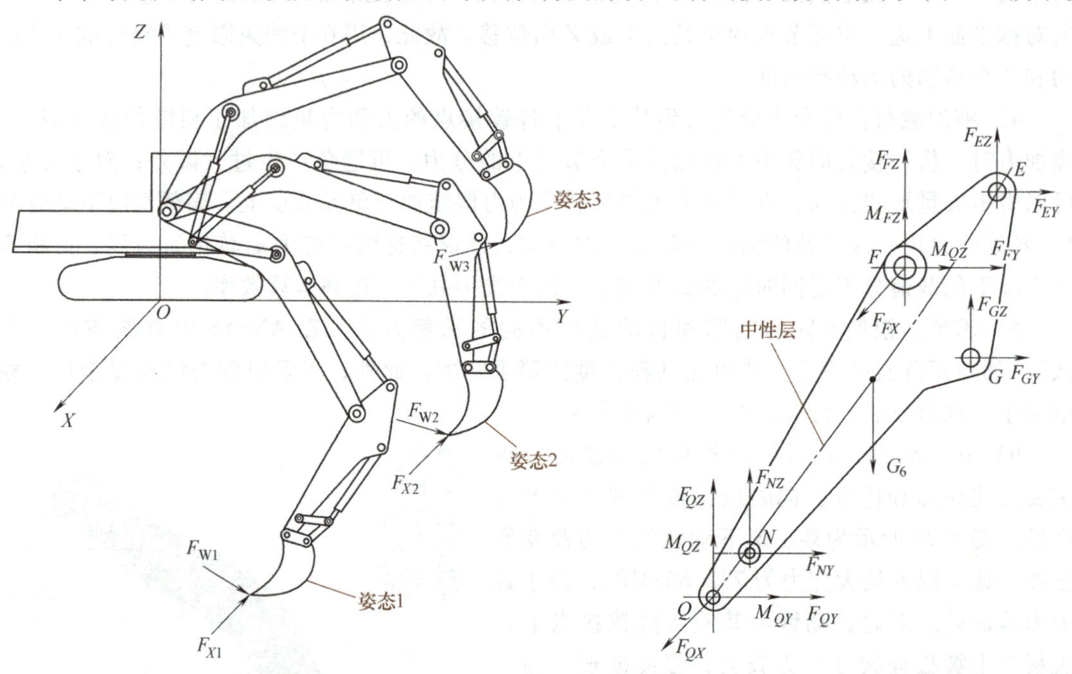

图 8-22　斗杆静强度计算的选定工况　　**图 8-23　斗杆受力示意图**

（3）分析斗杆的静强度　斗杆静强度分析步骤与动臂相同。图 8-24 所示为斗杆的有限元网格模型。该结构目前在中小型反铲液压挖掘机上普遍采用，是由各种形状的板类零件焊接而成的封闭箱形结构，内部铰接点支座处常焊有加强筋。

施加约束：F 处两侧对称单元节点中，约束其中一个节点沿 X、Y、Z 向位移，约束另一个节点沿 Y、Z 向位移；E 处内表面上选一节点约束其沿 Y 或 Z 向位移。

施加载荷：斗杆液压缸的作用力平均施加在 E 点两侧支座的内表面上；铲斗液压缸和摇臂的作用力分别施加在 G 和 N 点两侧对称的内表面上；有偏载和横向力时，斗杆的 F 和 Q 处有力矩和横向力作用，将力矩转化为力偶施加到成纵向对称的相应节点上。

确定单元特性和材料特性后，可对斗杆进行强度计算。图 8-25 所示为斗杆的应力、应变云图，该工况的最大应力为 460.625MPa，位于集中力施加处。该工况下应力较大部分位于斗杆前部腹板与下翼板的连接处，达 206MPa，该处是结构强度的薄弱部分。

3. 铲斗的静强度分析

铲斗由不同厚度的板类零件焊接而成。为提高铲斗强度、刚度和耐磨性，斗后壁及斗底焊接有不同的加强筋；为便于切土，斗刃上焊接有齿座并装有斗齿，且斗齿和齿座的材料与斗体不同。

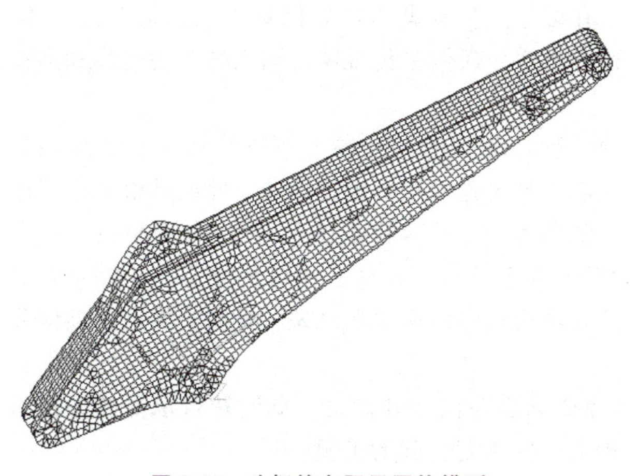

图 8-24　斗杆的有限元网络模型

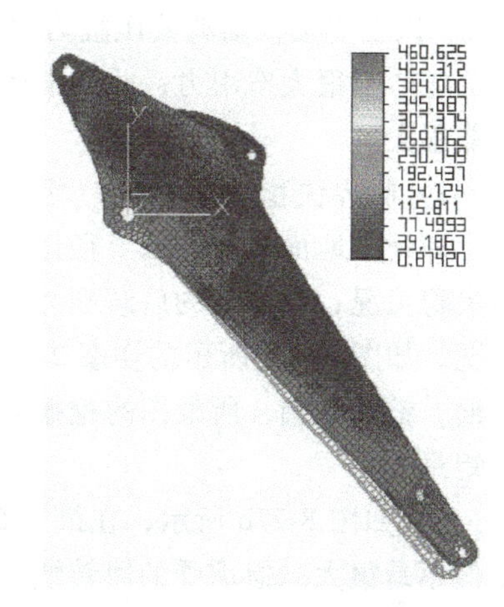

图 8-25　斗杆的应力应变云图

图 8-26 所示为铲斗的有限元网格模型。该模型是根据不同板厚、材料等划分为不同子结构而组成的有限元网格模型。计算中，在双耳板的 4 个铰接处施加 6 个约束，分别限制铲斗的 3 个转动和 3 个移动的自由度。

铲斗静强度分析工况主要考虑铲斗发挥最大挖掘力、有偏载和横向力的情况，也可参照动臂和斗杆的计算工况。施加载荷时，将选定工况下的最大挖掘阻力和横向阻力施加于边齿（角齿）上，此时铲斗会承受很大的扭曲作用。通过分析可知：偏载工况下，铲斗侧壁与横梁铰接处应力最大（接近 300MPa），同时，耳板与斗后壁及耳板与横梁连接处存在较大的应力集中，在选择材料和焊接工艺时应特别注意。对于铲斗来说，斗齿是直接参与挖掘的主要零部件，其受力工况十分恶劣，作业中除存在明显磨损外，还可能发生断裂，因此，在分析中还应校核斗齿强度以及斗齿与齿座的连接强度。

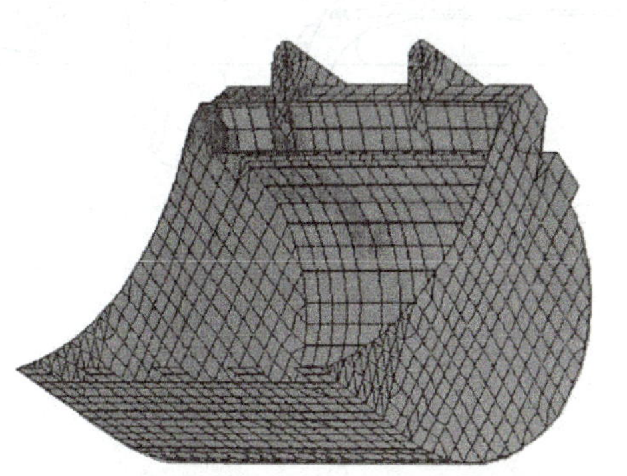

图 8-26　铲斗的有限元网格模型

8.2.4　回转平台的静强度分析

转台的主要作用是安装各类部件并承受工作装置的作用载荷和重量，转台主要由各种形状的板类零件焊接而成，承载部分主要是纵梁、横梁及回转座圈。为保证回转支承有足够的刚度，应先保障回转座圈有足够的刚度。对于转台的分析计算，传统方法是将其简化为交叉梁系，然后按简支梁或悬臂梁进行计算，但这种简化方式与实际情况相差甚远，且交叉梁系的超静定次数很高，用材料力学和结构力学的方法难以求解，因此，已被有限元分析手段取代。

1. 转台强度分析的工况选择

计算工况，然后选择使主梁产生最大弯矩的工况，具体步骤如下。

1）最大挖掘深度时铲斗挖掘、铲斗液压缸处于最大挖掘力位置，如图 8-27a 所示的姿态 1。该工况下，动臂液压缸力臂最小，有可能产生动臂液压缸闭锁不住的情况，在 A、C 点可能产生很大作用力；此外，还可能使整机产生后倾失稳现象，因而转台的受力和力矩都可能很大。

2）临界失稳工况较多，可选择两种工况作为参考：一种为斗齿伸到地面最远端的工况，即处于地面最大挖掘半径位置，铲斗液压缸工作而进行挖掘作业，此时整机处于后倾临界失稳工况，对转台的后倾翻力矩最大，如图 8-27a 所示的姿态 3；另一种为整机前倾失稳工况，如图 8-27a 所示的姿态 2，可取动臂上、下铰接点连线水平时的姿态，斗杆垂直于停机面，铲斗挖掘，所发挥的挖掘力最大并使整机产生前倾失稳现象，此时对转台的前倾稳定力矩最大。

3）如图 8-27b 所示，在最大卸载半径姿态满斗回转并制动，此时转台承受的倾覆力矩虽然不是很大，但承受的回转惯性力矩较大，属于复合载荷工况。

4）挖掘机改装起重装置且当起重力矩最大时为最大起重工况。

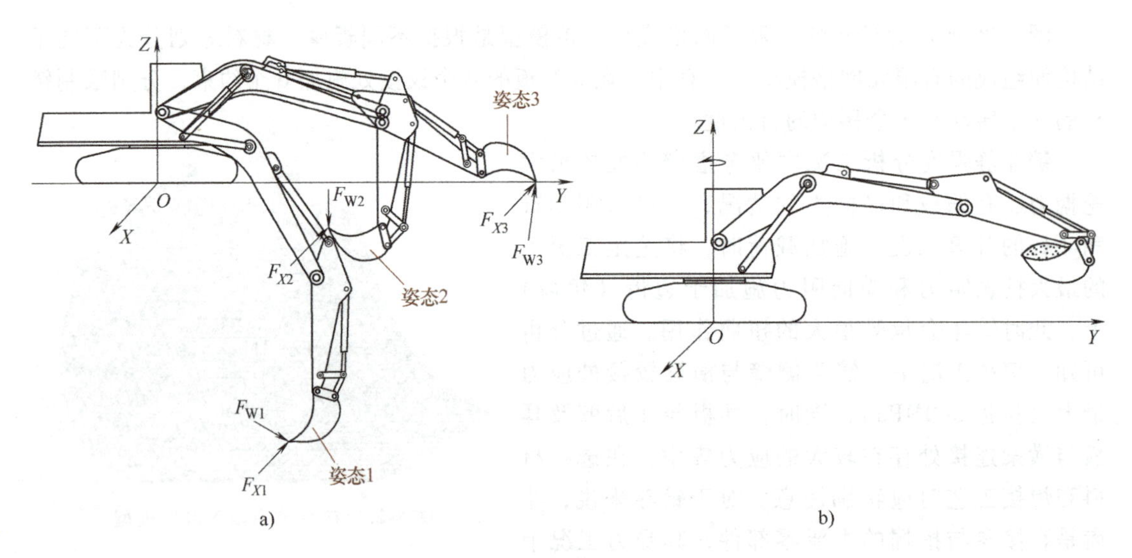

图 8-27　转台静强度分析工况位姿

2. 转台载荷的形式

转台的载荷主要来自 5 个方面：①转台上所属各部件的重量；②动臂及动臂液压缸铰接点施加在转台上的力和力矩；③底架通过回转支承作用于转台上的载荷，该部分可简化为垂直载荷、倾覆力矩和径向载荷；④回转机构连接处由回转驱动机构引起的载荷；⑤由转台的启、制动而产生的惯性载荷。

3. 转台载荷的施加方式

在转台有限元模型上施加载荷的方式为：①对于各部件的重力，可根据转台上各部件重量及布置位置确定；②对于动臂和动臂液压缸的作用力，以分布形式施加于支座内周单元节点上；③对于底架对转台的作用力和力矩，若不考虑回转支承，仅研究转台的受力及强度，则可将底架施加于转台的轴向力、径向力、倾覆力矩以及回转机构产生的周向力矩按各自的分布规律施加于转台环形座圈的底层单元节点上。将轴向载荷均布于转台底层单元节点上，倾覆力矩和径向载荷的施加参见底架部分。

8.2.5　履带式液压挖掘机底架的静强度分析

液压挖掘机有履带式和轮胎式等，它们的行走装置不同，因此底架的结构型式也不同。履带式行走装置主要结构件包括回转支承座、X 形底架和履带架；轮胎式行走装置主要结构件包括回转支承座、车架主梁、支腿装置等。图 6-1 ~ 图 6-3 所示为履带式液压挖掘机的行走结构件，中心部位为回转支承座，其上连接回转支承，通过 X 形支承梁与两侧履带架焊接为一体。目前，大多数中小型挖掘机采用的是整体式 X 形行走架，该结构将回转支承座、中部 X 形底架及两侧履带架连接为整体结构型式，统称为底架，其基本组成为板类材料，回转支承座为环形实体以增加刚度。在受力上，一方面利用回转支承承受来自转台及所属部件（包括工作装置）的载荷（轴向力、径向力、倾覆力矩和周向力矩）；另一方面，利用驱动轮、导向轮和支重轮承受来自地面的载荷。

对于底架的分析，传统方法是将底架（含回转支承座）或底架与横梁、履带架隔离开分别计算，将底架、横梁视为简支梁，按抗弯强度进行计算，许用应力按脉动载荷选用。底架结构复杂，超静定次数非常高，因此，该方法不能准确反映实际结构，且受方法本身的局限，其计算精度很低。目前，多用有限元方法进行分析。图 8-28 所示为整体式 X 形行走架的网格模型，利用专用的有限元分析计算软件可对该模型进行结构强度、刚度及动态特性分析。

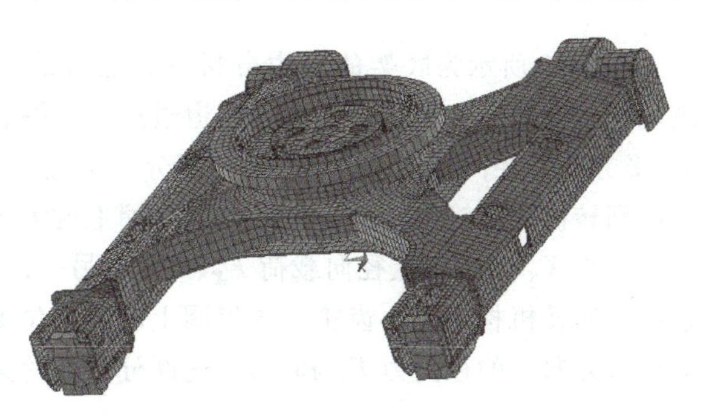

图 8-28　整体式 X 形行走架的有限元网格模型

1. 底架强度分析的工况选择

对于底架的强度分析，可以选择转台强度分析中的 4 类工况，此外，还应考虑以下 2 种工况。

1）斜向作业工况（图 8-29）：底架承受自身重力且占比较大，应考虑挖掘机斜向作业，即工作装置纵向对称平面位于一侧导向轮支点与另一侧驱动轮支点连线所在的垂直平面上，整机处于前、后倾或侧倾失稳的临界状态，因为前部一侧导向轮或驱动轮承受的载荷较大，所以与 X 形行走架连接的一侧承受的载荷很大。

2）满斗动臂下降制动工况（图 8-30）：该工况为铲斗满斗，从最大卸载高度下降动臂至最大卸载半径过程中动臂制动，工作装置及斗内物料会产生较大的惯性载荷，对底架可能产生很大冲击作用。

在挖掘作业工况下，挖掘机行走速度较低，行走时底架主要承受各部件重力、惯性力或力矩作用，工况相对安全，强度分析时可不予考虑。

2. 底架载荷的形式

底架的载荷主要来自如下 3 个方面。

（1）转台的载荷　包括转台上所属各部件的重量及挖掘阻力，通过转台和回转支承施加于底架上的径向力、倾覆力矩及由回转驱动机构通过齿圈施加于底架上的转矩或切向力。

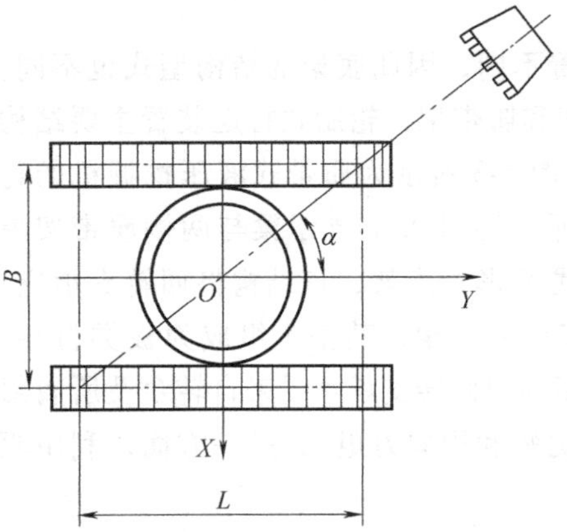

图 8-29　底架强度分析之斜向作业工况

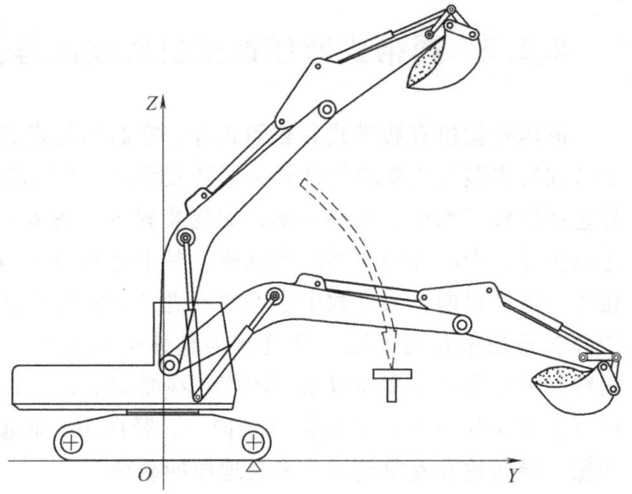

图 8-30　底架强度分析之满斗动臂下降制动工况

图 8-31 所示为底架的受力分析图，底架的一部分载荷来自转台，由回转支承外座圈、滚动体传给回转支承滚道，再由滚道通过内齿圈、连接螺栓传给底架，这部分载荷可简化为 X、Y 方向上径向载荷 F_X、F_Y 的一部分、垂直载荷 $G_{Z'}$、倾覆力矩 M_X 和 M_Y；另一部分载荷是由回转机构的输出轴小齿轮通过内座圈上的齿传给连接螺栓再作用到底架上，这部分载荷可简化为 X、Y 方向上径向载荷 F_X、F_Y 的另一部分和转矩 M_Z。F_X 和 F_Y 各部分的具体数值取决于回转机构输出小齿轮在内齿圈上的具体位置，为简化起见，可将两部分合起来表示为 X 和 Y 方向上的径向力 F_X 和 F_Y，这部分载荷的具体求法可参见第 8.1.5 小节的内容。

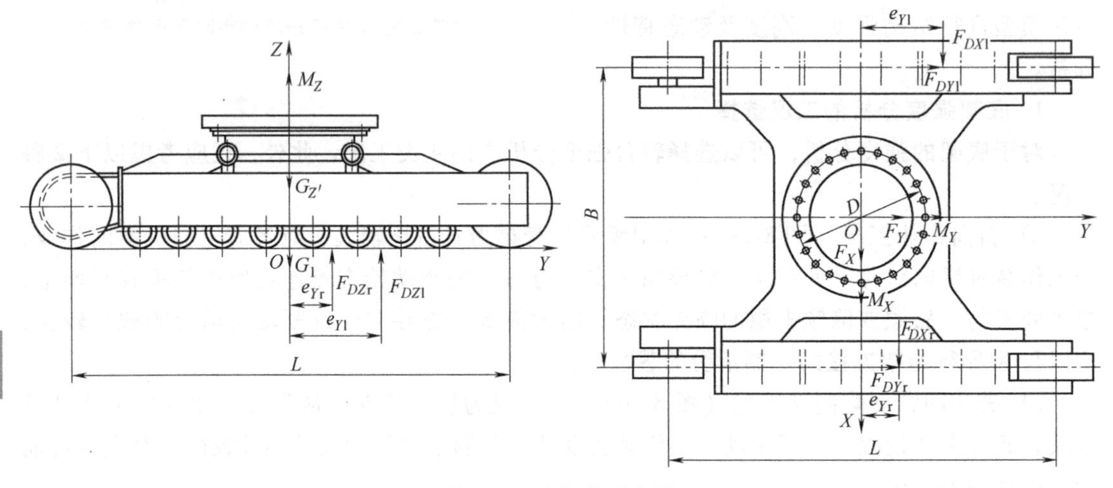

图 8-31　底架的受力图

（2）底架的自重　这部分载荷包括底架及其上所属部件（如行走液压马达及减速机构）的重量 G_1。

（3）地面通过履带、支重轮、导向轮和驱动轮施加于履带架上的力和力矩　这部分载荷包括垂直于停机面的沿 Z 方向的力 F_{DZl} 和 F_{DZr}、在停机面内沿 X 和 Y 方向的力 F_{DXl}、F_{DXr} 和 F_{DYl}、F_{DYr}，其求法参见 8.1.5 小节。

3. 底架载荷的施加方式

底架模型施加的载荷应根据实际情况确定。对于内齿圈及回转支承滚道为一体的模型，可将载荷施加于滚道和内齿圈上；对于不包含内齿圈和滚道的模型，可将载荷施加于连接螺栓中心或中心所在圆周的单元节点上。

（1）施加载荷的假定　下面根据载荷分布及变形情况简要介绍不包含内座圈和滚道时载荷的施加方式，首先做以下假定。

1）假定转台给底架的载荷只通过连接螺栓传递，其作用力位于连接螺栓中心轴线上，沿连接螺栓轴线方向（轴向载荷）或垂直于轴线方向（径向载荷）。

2）按照弹性接触理论，载荷和变形的关系为 $F=k\delta^{1.5}$。

3）路面作用于履带的垂直载荷（F_{DZ1}、F_{DZr}）成线性分布，停机面内的横向载荷（F_{DX1}、F_{DXr}）与垂直载荷成线性关系，它们通过支重轮、导向轮和驱动轮作用于履带架上；Y 向载荷（F_{DY1}、F_{DYr}）也与垂直载荷成线性关系，但其作用位置会因整机的移动趋势不同而有所不同。如图 8-32a 所示，假定进行挖掘作业时，导向轮在前，驱动轮在后，整机处于制动状态，当铲斗处所受挖掘阻力的水平分力指向 Y 轴正向时，整机有前移趋势。以左侧履带为例，此时，履带张紧段为 AB 段、BC 弧段和 CD 段，若忽略履带自重和 CD 间履带的倾角，则导向轮承受水平向后的 Y 向力，其值为 $2F_{DY1}$，该力最终通过导向轮支承座作用在履带架上。在驱动轮中心位置，上部履带段的张紧作用可简化为水平向前的 Y 向力 F_{DY1} 和顺时针方向的力矩 M_{q1}，该力和力矩最终通过驱动轮支承座作用在履带架上。当铲斗所受挖掘阻力的水平分力与 Y 轴正向相反时，整机有后移趋势。以左侧履带为例，履带张紧段为 AB 段，如图 8-32b 所示，可忽略导向轮所承受履带松弛段的重量，在驱动轮中心位置，因 AB 段的张紧作用，履带承受水平向前的 Y 向力 F_{DY1} 和逆时针方向的力矩 M_{q1}，该力和力矩通过驱动轮支承座作用在履带架上。

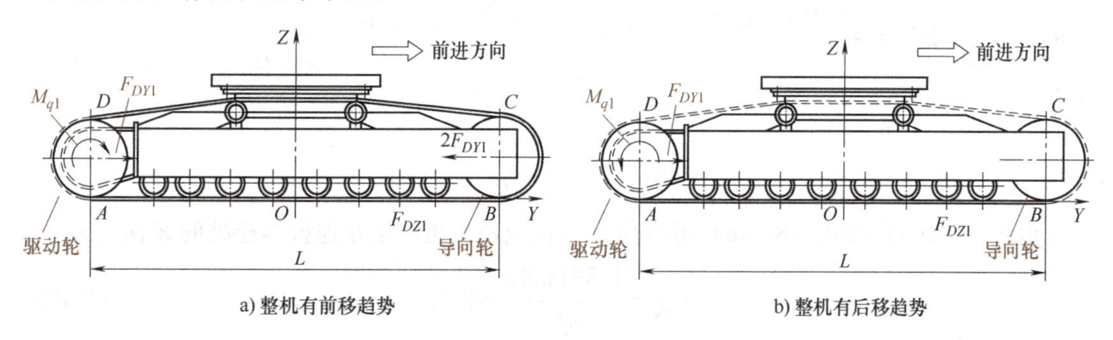

a) 整机有前移趋势　　b) 整机有后移趋势

图 8-32　地面给底架的 Y 向力在履带架上的简化

（2）载荷的具体施加方式　下面将这些载荷的具体施加方式进行简单介绍：

1）轴向力的施加方式。转台的轴向载荷 $G_{Z'}$ 通过回转中心线，这部分载荷可均布于连接螺栓中心所在圆周的单元节点上，每个节点上承受的载荷为

$$F_{GZ'}=\frac{G_{Z'}}{n} \tag{8-104}$$

式中，n 为连接螺栓的数目。

2）倾覆力矩的施加方式。严格来讲，回转支承内座圈与回转支承座之间为面接触，但因二者间的相互作用难以从理论上得出精确解，因此可认为二者的相互作用只发生在连接螺

栓中心上，这样假设对接触面间的计算结果是不可信的，但由圣维南原理知：合力矩等效，对远端产生的影响很小，因此可用此方法。

如图 8-33 所示，假定在连接螺栓中心线所处圆周上存在微小的弹性接触变形 $\delta_{M\varphi}$，它与该点的 Y 坐标大小成比例，即最大的 Y 值对应最大的变形量 $\delta_{M\varphi\max}$，当 $Y=0$ 时，$\delta_{\varphi}=0$，它们的关系可表示为

$$\delta_{M\varphi}=\delta_{M\varphi\max}\cos\varphi$$

按照弹性接触理论，接触面间的正压力 $F_{M\varphi}$ 与变形 $\delta_{M\varphi}$ 间的关系为

$$F_{M\varphi}=k\delta_{M\varphi}^{1.5}$$

则有

$$F_{M\varphi\max}=k\delta_{\varphi\max}^{1.5}$$

$$F_{M\varphi}=F_{M\varphi\max}\cos^{1.5}\varphi \tag{8-105}$$

设 $\Delta\varphi=2\pi/n$ 为连接螺栓的角节距，则单位弧长上的载荷为

$$F_{\mathrm{d}\varphi}=\frac{F_{M\varphi}}{\dfrac{D}{2}\dfrac{2\pi}{n}}=\frac{nF_{M\varphi\max}}{\pi D}\cos^{1.5}\varphi$$

式中，D 为连接螺栓中心线所在的圆周直径；n 为连接螺栓的数目。

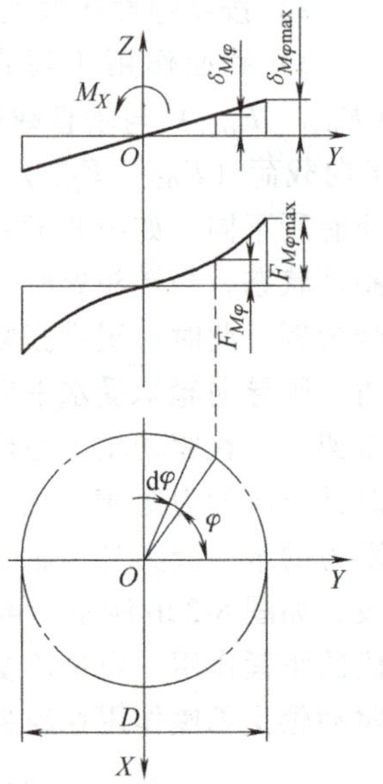

取微小的弧段 $\mathrm{d}l$，Z 向载荷对 X 坐标轴的力矩为

$$dM_X=F_{\mathrm{d}\varphi}\mathrm{d}l\frac{D}{2}\cos\varphi=\frac{nDF_{M\varphi\max}\cos^{2.5}\varphi}{4\pi}\mathrm{d}\varphi$$

对该微小力矩在整个圆周上积分，则倾覆力矩值 M_X 为

$$M_X=4\int_0^{\pi/2}\mathrm{d}M_X=4\frac{nDF_{M\varphi\max}}{4\pi}\int_0^{\pi/2}\cos^{2.5}\varphi\mathrm{d}\varphi=\frac{0.7189nDF_{M\varphi\max}}{\pi}$$

图 8-33 倾覆力矩的施加方式

则有

$$F_{M\varphi\max}=\frac{1.391\pi M_X}{nD} \tag{8-106}$$

由式（8-105）和式（8-106）可得角 φ 处由倾覆力矩产生在连接螺栓处的 Z 向力为

$$F_{M\varphi}=\frac{1.391\pi M_X}{nD}\cos^{1.5}\varphi \tag{8-107}$$

需要说明的是：X 轴两侧的作用力方向相反，如图 8-33 所示，它们成反对称。

3）径向力的施加方式。考虑回转支承中滚动体的结构和受力特点，假定径向力通过回转支承滚动体只作用到 X 轴一侧的连接螺栓上，并且与回转支承结构（内啮合或外啮合）有关，如图 5-6、图 5-7 所示。下面分析仍假定连接螺栓处的径向剪切变形（垂直于连接螺栓轴线方向）符合余弦规律，即

$$\delta_{H\varphi}=\delta_{H\varphi\max}\cos\varphi$$

如图 8-34 所示，假定转台施加于底架的径向力 F_H 沿 Y 轴正向，当回转支承为外啮合式时，F_H 通过左侧回转支承滚动体传给滚道，并通过连接螺栓作用到底架上，此时，在 F_H 作用线方向上的滚动体受力最大，因而其变形也最大。

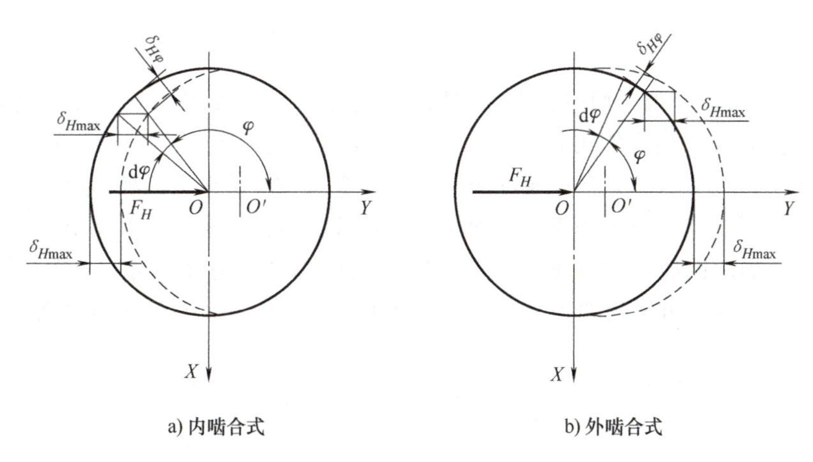

a) 内啮合式　　b) 外啮合式

图 8-34　转台施加于底架的径向力的分布方式

根据弹性接触理论，假设载荷与变形的关系为

$$F_{H\varphi}=k\delta_{H\varphi}^{1.5}$$

则有

$$F_{H\varphi\max}=k\delta_{H\varphi\max}^{1.5}$$

$$F_{H\varphi}=F_{H\varphi\max}\cos^{1.5}\varphi \tag{8-108}$$

则单位弧长上的径向载荷为

$$F_{\mathrm{d}\varphi}=\frac{F_{H\varphi}}{\dfrac{D}{2}\dfrac{2\pi}{n}}=\frac{nF_{H\varphi\max}}{\pi D}\cos^{1.5}\varphi$$

取微小的弧段 $\mathrm{d}l$，则其上的 Y 向力为

$$\mathrm{d}F_{HY}=F_{\mathrm{d}\varphi}\mathrm{d}l\cdot\cos\varphi=\frac{nF_{H\varphi\max}\cos^{2.5}\varphi}{2\pi}\mathrm{d}\varphi \tag{8-109}$$

以图 8-34a 所示的内啮合式为例，在 $0.5\pi\sim1.5\pi$ 范围内对式（8-109）积分得

$$F_H=2\int_{0.5\pi}^{\pi}\mathrm{d}F_{HY}=\frac{nF_{H\varphi\max}}{\pi}\int_{0.5\pi}^{\pi}\cos^{2.5}\varphi\mathrm{d}\varphi=\frac{0.7189nF_{H\varphi\max}}{\pi}$$

则有

$$F_{H\varphi\max}=1.391\frac{\pi F_H}{n} \tag{8-110}$$

由式（8-110）和式（8-108）可得角 φ 处由径向力产生在连接螺栓处的径向力为

$$F_{H\varphi}=1.391\frac{\pi F_H}{n}\cos^{1.5}\varphi \tag{8-111}$$

计算得出的 $F_{H\varphi}$ 的作用位置和方向与回转支承结构及 F_H 的方向有关，当 F_H 的方向与 Y 轴正向相反时，连接螺栓的受力位于图 8-34 中关于 X 轴对称的位置上。

4）横向力及转台启、制动力矩的施加方式。转台启、制动及回转过程中，回转小齿轮会对齿圈施加作用力并由底架承受，利用力的简化原理，将该力简化为作用于回转中心的横向力 F_X 和回转力矩 M_Z，如图 8-31 所示。其中，F_X 可通过上述方法分布于底架上，M_Z 可认为是均布于连接螺栓中心的切向力，即

$$F_{\tau}=\frac{2M_Z}{nD} \tag{8-112}$$

5）地面通过履带施加于履带架上的作用力的施加方式。如图 8-32 所示，施加于驱动轮和导向轮的 Y 向力和 X 向力矩可视为集中力，可按其作用位置将它们分别施加于驱动轮和导向轮的轴线上；履带的部分自重通过托链轮轴线施加于履带架上；横向力 F_{DXl}、F_{DXr} 和 Z 向力 F_{DZl}、F_{DZr} 通过支重轮施加于履带架上，具体施加方法参见 8.1.5 小节，但应按照支重轮的作用位置施加，同时，应考虑地面横向阻力的分布方式与计算方法，由于地面情况复杂，目前只能以一定的方法近似计算，但要保证上述 4 个力及铲斗处横向力满足平衡条件。

8.2.6 工作装置轻量化及拓扑优化技术

大型液压挖掘机工作装置重达几十到上百吨，占整机质量的比重较大，在保证工作装置强度、刚度和稳定性要求的前提下，应对其进行轻量化研究。利用专业软件的拓扑优化模块对工作装置进行结构优化，将结构轻量化作为一种特殊的形状优化问题来处理，是寻找结构内部材料合理分布的可行解决方案，实现工作装置的轻量化对节约材料、减轻受力和节约能耗具有现实意义。

对工作装置进行拓扑优化，需先建立几何结构的有限元模型以及载荷和边界条件，然后设定目标函数和约束条件，以减少结构整体质量为目标函数，以保证结构刚度作为约束条件。以挖掘机动臂为例，拓扑优化的具体流程如下。

（1）建立三维模型并设置参数　用三维软件建立动臂的几何模型，然后导入 ANSYS Workbench 中，定义其弹性模量、泊松比、密度等参数。

（2）构建有限元模型　选择单元类型，生成有限元模型（图 8-35），为便于后期对拓扑优化结果进行图像处理，建议采用六面体单元对动臂进行均匀化网格划分。

（3）设置载荷和约束　根据动臂在各工况下的约束和载荷情况，设置各工况下相应的载荷和边界条件，并施加到有限元模型中。

（4）求解　对动臂在各工况下分别进行求解，获得各工况下的计算结果。

（5）分析求解结果，建立轻量化模型　求解结束后，利用拓扑优化求解器对结果进行图像处理，然后整合各工况的优化结果，获得一个包括各工况拓扑优化结果的轻量化方案，完成轻量化的三维模型。图 8-36 所示为动臂在某工况下的拓扑优化结果。图中深色部分为可去除区域，中间色调为可保留区域，灰色区域为必须保留部分。由图 8-36 所示结果可以

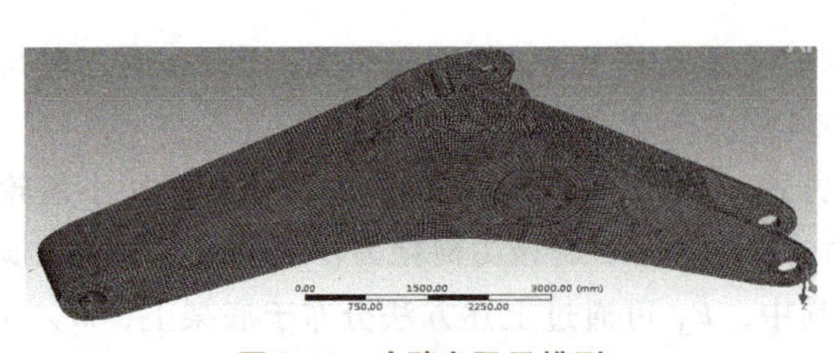

图 8-35　动臂有限元模型

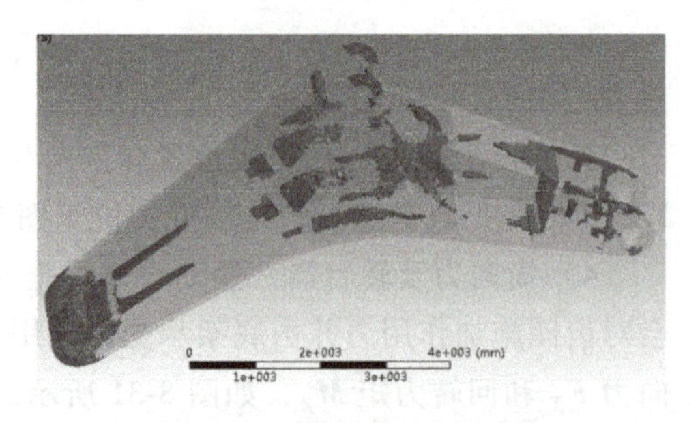

图 8-36　动臂拓扑优化结果

看出：可去除的深色不规则形状区域较多，很难定量描述和参数化，只能得到动臂在该情况下的结构密度分布，其中含有锯齿状的跳跃边界，该边界与网格大小有关，网格划分越细，锯齿状越圆润。

为便于对工作装置动臂拓扑优化结果进行处理，结合各工况拓扑分析结果，利用图像处理方法用样条曲线对动臂模型进行重构，得到光滑的轻量化模型，如图 8-37 所示。

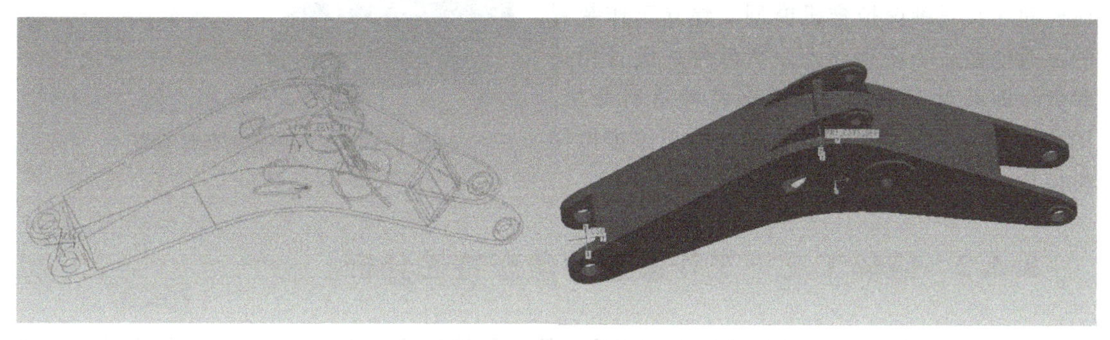

图 8-37 动臂轻量化模型

(6) 轻量化模型的有限元分析 进行轻量化后动臂重量减少，需要进一步分析其力学性能。参照前述流程对动臂轻量化模型进行有限元分析，图 8-38 所示为动臂轻量化后在某工况下的应力和应变云图。

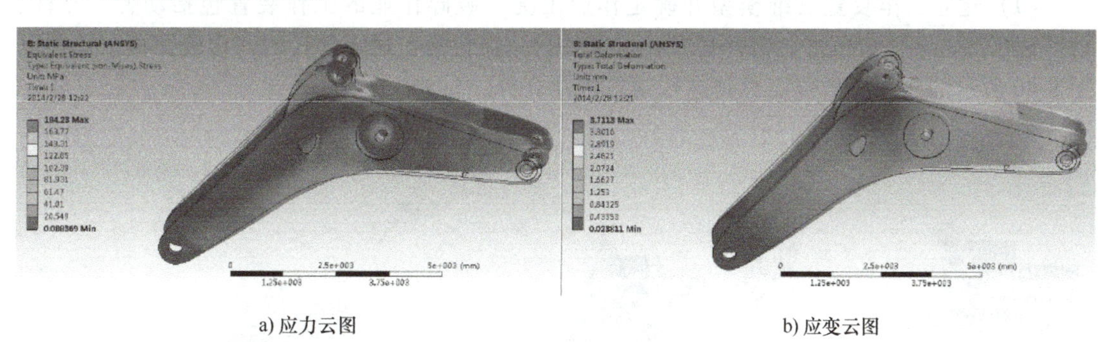

a) 应力云图　　b) 应变云图

图 8-38 轻量化后动臂的有限元分析结果

从图 8-38 可以看出：经拓扑优化处理轻量化后，没有明显的出现应力集中的部位，其应变云图颜色变化也比较平缓，最大变形发生在动臂和斗杆铰接处，满足了刚度要求。

8.3 工作装置的动态特性分析及相关技术

挖掘机进行挖掘作业时载荷变化具有周期性，且工作装置的振动与结构固有特性及外部激励有关，是一种复杂的周期振动。设计初期应避免其固有频率与外部激振频率接近，以防止发生共振，避免引起结构破坏。

挖掘机的动载荷主要来源于部件的启动加速和制动减速、部件间的接触碰撞、液压系统的冲击、作业过程中由物料引起的阻力变化等。挖掘机工作装置动态特性分析包括整体模型的建立及处理、载荷谱的选择与施加、分析方法的选择与计算以及结果分析等方面，涉及软件工具的选择和具体的技术问题。

8.3.1　工作装置三维模型的建立

对挖掘机工作装置进行动态特性分析前，应先建立其三维虚拟样机模型。建立工作装置的三维模型后，将其导入分析软件，设置相关参数，即可对工作装置的动态特性进行分析，图 8-39 所示为利用专业软件建立的三维虚拟样机模型。

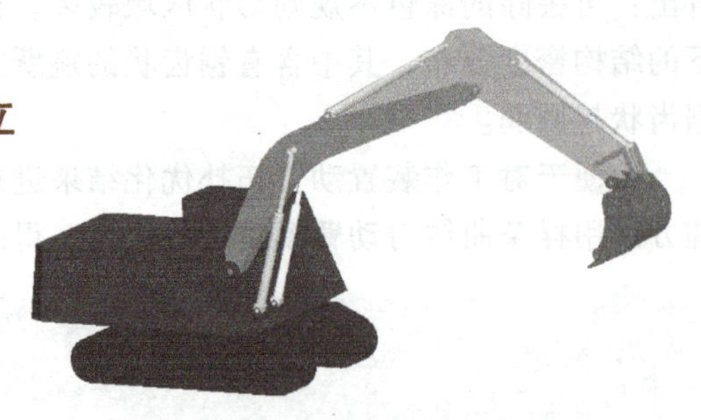

图 8-39　工作装置装配体模型

8.3.2　破碎工况下工作装置的动态特性分析

破碎作业是反铲液压挖掘机除挖掘工况外第二种较为常见的作业工况，挖掘机进行破碎作业时，其工作装置在剧烈的冲击振动下易产生共振，导致结构变形和关键位置疲劳损坏，本节选择特定型号的反铲液压挖掘机，以其典型破碎工况为例，介绍工作装置的动态特性分析方法。

（1）建立工作装置三维模型并确定作业工况　破碎作业的工作装置包括动臂、斗杆、动臂液压缸、斗杆液压缸、破碎锤及相应部件，建立包括上述零部件的三维装配模型，并以图 8-40 所示的 3 种典型位姿对其进行动态特性分析。

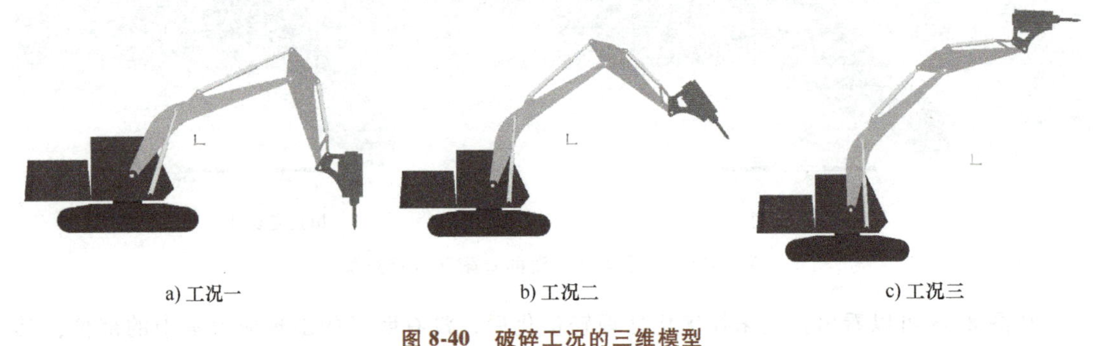

a) 工况一　　b) 工况二　　c) 工况三

图 8-40　破碎工况的三维模型

（2）建立工作装置的有限元模型　将三维模型导入动态特性分析软件中，通过设置材料属性、划分网格、添加约束、设置接触面类型等建立工作装置的有限元模型，如图 8-41 所示。

挖掘机破碎作业的工作装置构件多、尺寸大，划分网格时需选择合适的网格单元尺寸，同时，各构件结构的复杂程度不同，使用单一尺寸会降低求解精度，因此用切割法对工作装置进行网格划分。切割后单一的完整构件被分割成若干子块，为了模拟真实的结构特点，将各子块组成一个多部件体，这些被分割的子块之间就能共享拓扑，且各子块接

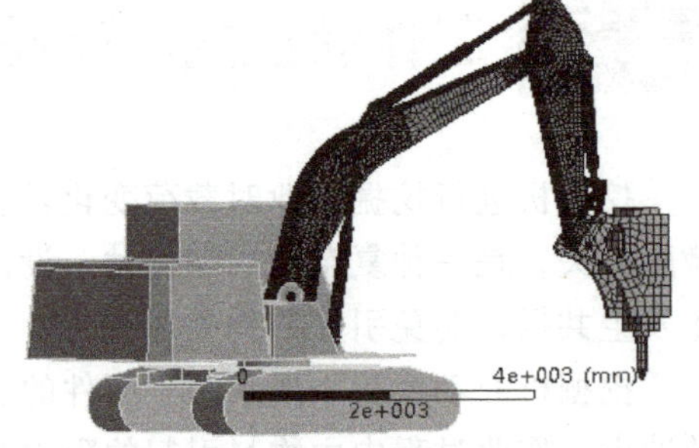

图 8-41　工作装置有限元模型

触处各节点共享，这样处理不仅使得每个子块的网格划分互相独立，而且实现了工作装置真实结构的模拟。

（3）分析工作装置固液耦合状态下的模态，确定挖掘机工作装置的振动特性　挖掘机工作装置有四组液压缸，即破碎锤液压缸、斗杆液压缸及两组动臂液压缸，由于液压缸的无杆腔和有杆腔内都充满了高压液压油，考虑工作装置的振动特性时，将液压油和机械部分同时考虑在内，需要进行固液耦合问题求解。固液耦合实际上是场间（流场与固体变形场之间）的相互作用，由于耦合机理不同，固液耦合的求解方法也不同。求解方法一般有两种，一种是两场交叉迭代，在各个时步间耦合迭代，收敛后再向前推进；另一种是直接全部同时求解。工作装置的各组液压缸完成固液耦合设置后，使用 Workbench 平台求解，模态求解阶数选择 8 阶。

图 8-42 所示为工作装置的部分振型图，前 5 阶中工作装置的固有频率较低，从第 6 阶开始，固有频率出现了阶跃，数值大幅提升。

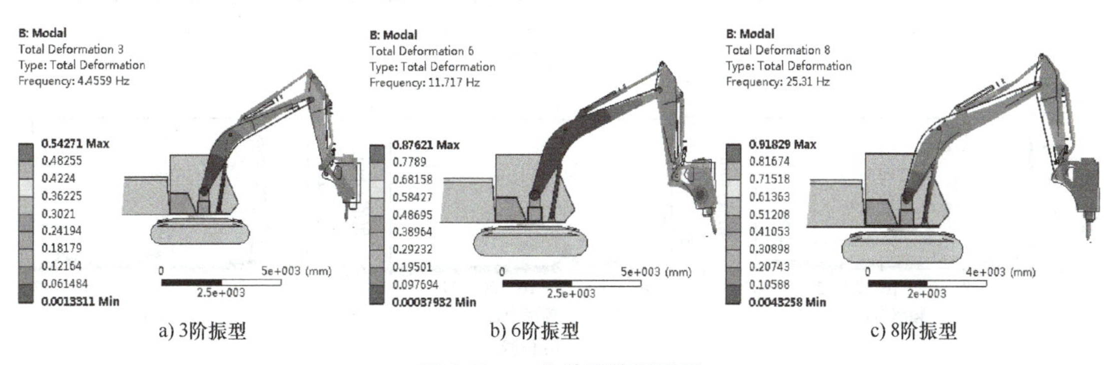

图 8-42　工作装置的振型图

（4）分析工作装置的谐响应，获得工作装置关键部位的幅频特性曲线　谐响应分析用于研究机械结构在持续作用的谐载荷下的动态特性，其主要目的是探讨工作装置关键部位在持续动力载荷作用下的动态特性。破碎工况下，液压系统和被破碎的物料使破碎锤受到持续的周期冲击力，使工作装置产生持续的周期响应，载荷频率不同，工作装置响应的幅值也不同，这种具有交变性的响应位移会对工作装置的疲劳寿命产生直接影响。

谐响应分析求解方法有模态叠加法、缩减法和完全法。模态叠加法求解速度快，求解精度较适中，其解法是从前面的模态分析结果中获得各阶模态，再将处理过后的各阶模态加起来求解；缩减法可以考虑预应力，使用缩减矩阵求解，速度比模态叠加法慢；完全法求解精度较高，但求解速度很慢，允许非对称矩阵，但不能分析加载有预应力的谐响应，本例选择模态叠加法进行求解。

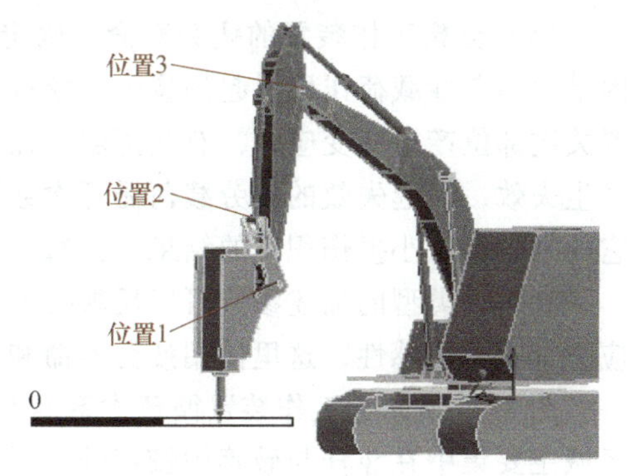

图 8-43　谐响应分析位置

选取工作装置的 3 个关键位置进行谐响应分析，如图 8-43 所示，位置 1 是破碎锤与斗杆的铰接处；位置 2 是摇臂连杆与破碎锤液压缸的连接处；位置 3 是斗杆与动臂的铰接处。破碎作业中，这 3 个关键位置不仅承受剧烈冲击振动，而且还必须反复运动满足各种作业需要，因此可能最早先出现疲劳磨损或失效。

工作装置的谐响应分析结果如图 8-44 所示，可以看出，当工作装置处于工况一时，若载荷频率较高，各关键位置在 X 向和 Y 向，即工作装置的纵向和竖直方向没有大的响应位移，比较平稳，在 Z 向，即工作装置的横向，响应位移在整个频率段起伏明显，但相比前两个位置，其响应幅值较小。总体上，低阶载荷频率对工作装置关键部位的响应贡献明显，载荷频率与工作装置的固有频率接近时就会出现共振现象，关键位置的响应位移迅速增大，对工作装置的疲劳破坏和使用寿命带来严重影响。

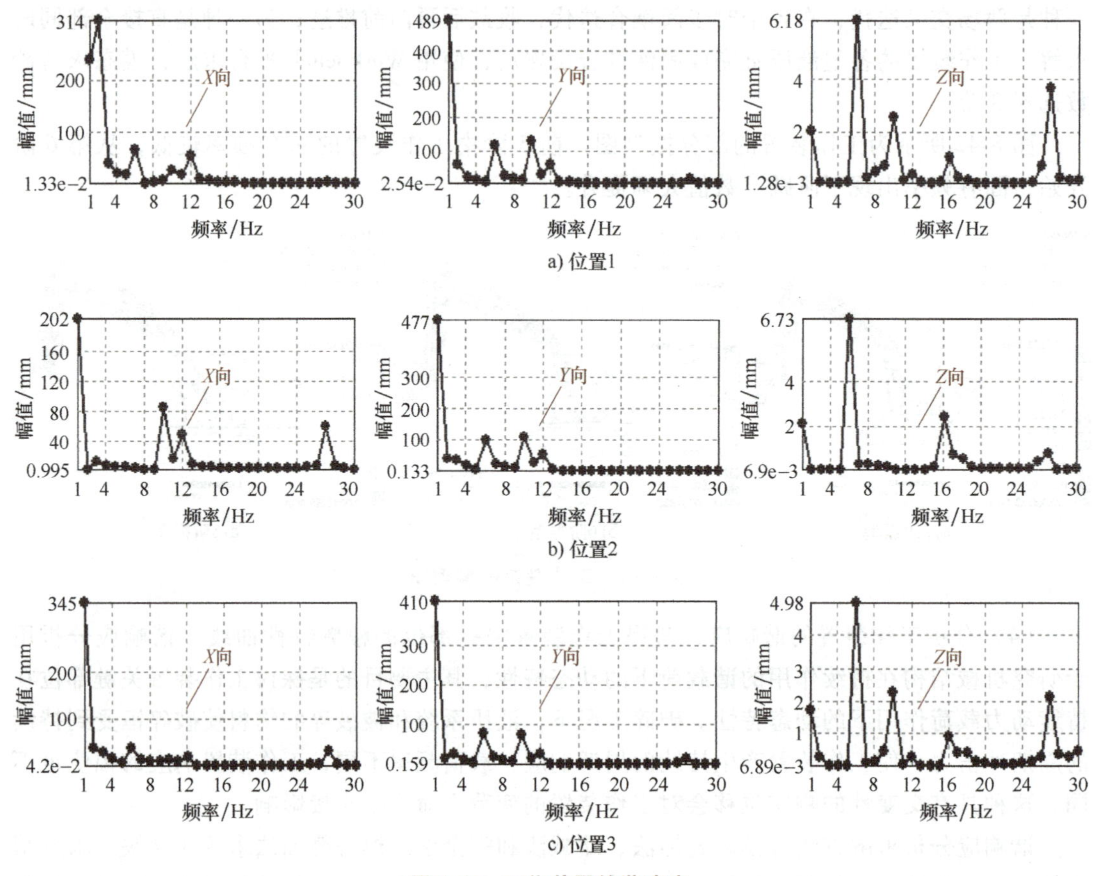

图 8-44 工作装置的谐响应

（5）分析工作装置的疲劳寿命，确定工作装置疲劳危险区域 结构失效的一个常见原因是由周期性载荷作用引起的疲劳，挖掘机在作业时都会产生周期性冲击振动，并在工作装置关键部位产生交变应力，有些薄弱点在交变载荷的持续作用下，超过一定循环次数时就会发生失效，引起失效的疲劳载荷循环次数就是疲劳寿命。疲劳失效是一个较为漫长的过程，它的发生是微小损伤积累的结果，而每一次动载荷的循环都会带来极其微小的损伤。

有多种类型的描述参数可以反映疲劳分析结果，如疲劳寿命、安全系数因子、等效交变应力、疲劳敏感性，这里使用疲劳寿命和安全系数因子作为疲劳分析查看结果。

图 8-45 所示为工作装置循环次数 $\leqslant 1\times10^{9}$ 次的疲劳寿命云图，可见工作装置的低寿命区域主要集中在斗杆与破碎锤铰接处、摇臂与斗杆铰接处、摇臂和连杆以及液压缸铰接处、连杆的外表面、动臂与斗杆的铰接处以及动臂与转台的铰接处。这些区域的共同特点就是都

处于两个部件的连接部位，其中，动臂与斗杆铰接处的循环次数最低为 2.5721×10^5 次，若该机型挖掘机在破碎工况下以 7Hz 的打击频率进行作业，每天破碎锤作业 2 次，每次 0.5h，在此工况下连续工作 11 天后，动臂与斗杆的铰接处就会出现疲劳损坏。

图 8-46 所示为疲劳安全系数云图，安全系数因子是指结构所能承受的疲劳极限应力与结构计算所得应力的比值，从图 8-46 中可以看出疲劳寿命较低的部位安全系数都比较低。三组液压缸中，相比于铲斗液压缸和斗杆液压缸，动臂液压缸的安全系数最低，可见，当工作装置处于工况一时，尤其要注意对动臂液压缸的保护。与斗杆相比，动臂的疲劳安全系数较低，其中，上动臂下翼板的安全系数低于上翼板的安全系数，下动臂上翼板的安全系数低于下翼板的安全系数。

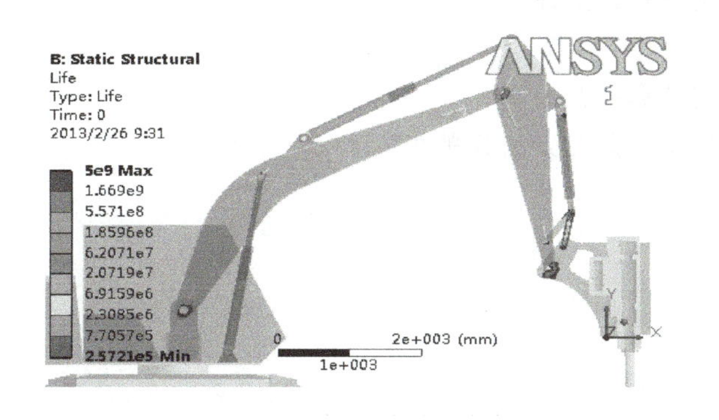

图 8-45　工作装置的疲劳寿命云图

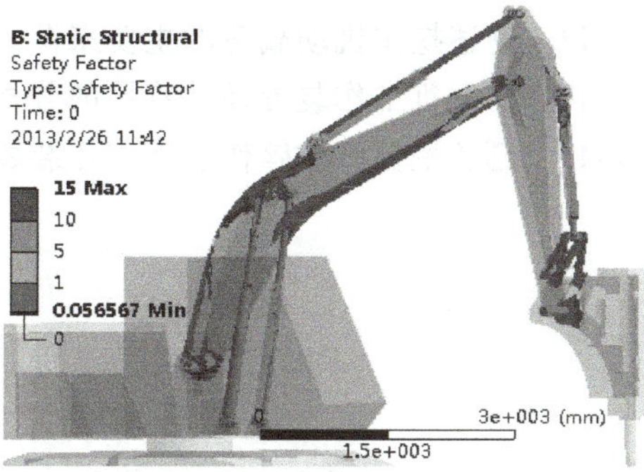

图 8-46　工作装置的疲劳安全系数云图

挖掘机进行破碎作业时，影响工作装置动态特性及寿命的因素较多，延长使用寿命需要从多方面入手。

1）破碎锤与挖掘机主机的匹配至关重要，最好是一机一配。

2）由于动臂液压缸承受了更严重的疲劳载荷，相比其他液压缸应当给予更多的关注。

3）对各部件铰接处的合理保养和优化设计有助于提高整机的作业性能并延长工作装置的寿命。

4）选择合理的破碎作业姿态有助于改善工作装置的受力而延长其使用寿命。

5）需要制订严格的作业规范并保证驾驶员严格按照规范进行作业。

思考题

8-1　从结构上说明偏载和横向力影响哪些铰接点的受力或力矩。为什么？

8-2　偏载和横向力是否会影响工作装置平面内的受力？为什么？

8-3　当偏载和横向力同时存在时，其值应如何确定？

8-4　封闭箱形结构同时受到弯扭作用时，其角点的合成内应力应如何确定？试用材料力学中的强度理论解释。

8-5　圣维南原理如何解释集中力作用附近的计算内应力问题？

8-6　主要载荷和附加载荷单独作用时，分析某实物机型工作装置的强度问题，并对比结果。

8-7　各个部件的危险工况是否完全相同？为什么？实际分析时应如何考虑每个部件的危险工况？

8-8　结构相同、尺寸不同的挖掘机，其工作装置的内应力及其变化规律是否相同？有无相似性？

8-9　实际结构中转台驱动机构的驱动力矩是如何传递的？载荷又应如何施加于分析模型上？

8-10　结合本章示例，分析相关部件最危险工况和应力最大部位，分析结果对其结构设计和使用有何借鉴作用？

8-11　什么是拓扑优化？其流程包括哪些？

8-12　用什么方法对拓扑优化后的结构进行定量描述？

8-13　阐述挖掘机动载荷的主要来源。

8-14　挖掘机工作装置动态特性的分析包括哪些？

8-15　延长挖掘机破碎作业下工作装置使用寿命的方法有哪些？

第9章 挖掘机的液压系统

9.1 反铲液压挖掘机的工况特点及其对液压系统的要求

挖掘机液压系统将发动机输出的机械能转化为液压能，然后将液压能转化为驱动工作装置、行走装置、回转装置和其他辅助装置的机械能，实现挖掘机的各种动作。能量在此过程中发生了两次转化，即从机械能到液压能再到机械能，因此，液压系统的结构型式、性能和效率对挖掘机的性能发挥有着十分重要的影响。液压挖掘机的基本动作包括工作装置的摆动、转台的回转和整机的行走，这些动作有时需要单独发生，有时则需要同时进行，除此之外还有液压操作系统以及各种附加作业装置的动作，如破碎、夹钳等，因此，在设计液压系统前必须明确这些动作的特点和要求。

9.1.1 反铲液压挖掘机的工况特征

液压挖掘机的作业过程包括以下几个基本动作：动臂举升和下降，斗杆收放，铲斗挖掘、收斗和卸料，转台左、右回转，整机行走（直线行驶和转向）。此外，液压挖掘机为了提高发动机的功率利用率和作业效率，主机还需要具备其动作速度与外负载自动适应的能力，工作过程中能实现两个或两个以上动作同时协调进行；对于多泵多回路系统，应能通过不同回路的合流供油提高作业速度。

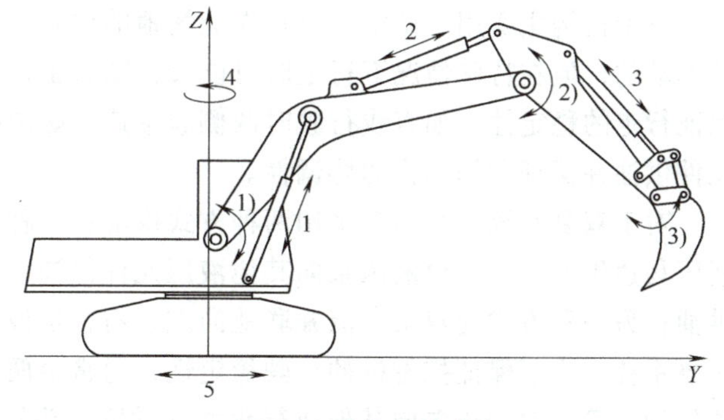

图 9-1 挖掘机的动作

挖掘机的工况特征决定了各液压执行元件动作时的压力和流量需求，控制系统必须满足对同时动作的各液压元件的流量分配和功率分配要求，以协调各部件的动作。图 9-1 所示为反铲液压挖掘机一个循环作业周期所包括的基本动作：挖掘、满斗举升同时回转、卸料、空斗返回。图 9-2 所示为挖掘作业循环中各部件动作的流程及大致时间。

除以上基本作业循环过程中包括的几个基本动作外，挖掘机还应能完成以下动作。

1. 平整场地工况

在平整场地或挖掘斜坡时，通常需要动臂、斗杆甚至铲斗同时动作，以使斗齿尖在做直线运动的同时使铲斗保持一定切削角度。该工况需要斗杆收回、动臂抬起，甚至铲斗调整切削角，因此希望斗杆和动臂分别由独立液压泵供油，保证彼此独立、协调动作，为了便于控制，液压缸动作不能太快。

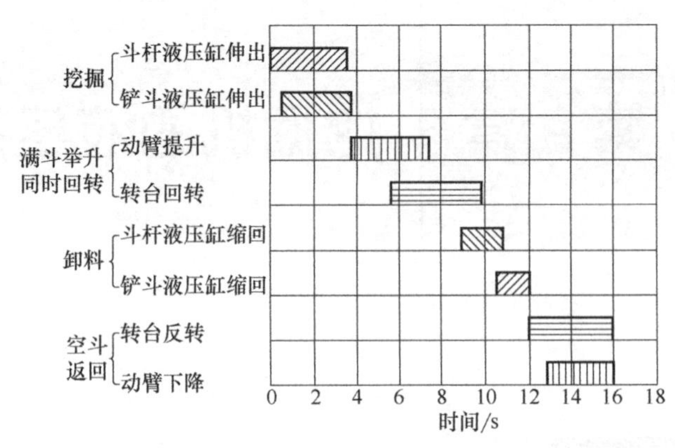

图 9-2 挖掘机作业循环过程的动作流程及时间

2. 侧壁挖掘工况

当进行沟槽侧壁掘削和斜坡切削时，为了有效地进行垂直掘削，还要求向回转液压马达提供液压油，产生必要的回转力矩，以保证铲斗贴紧掌子面侧壁，因此需要同时向回转液压马达和斗杆供油。

3. 单独动作工况

除复合动作外，某个部件的单独动作也不少见，此时为了提高作业速度，需要把不同回路的液压油进行汇合，即实现合流供油。例如，单独采用斗杆或铲斗挖掘时，为了提高挖掘速度，一般采用双泵合流，个别也有采用三泵合流的。

4. 复合动作的动作协调性

当动臂、斗杆、铲斗及回转液压马达做复合动作时，为了防止动作相互干扰、保证各部件协调动作，液压系统应能调节各部件所需流量，如采用节流措施进行流量分配。特别是利用单泵向多个元件供油时，更要注意流量的协调分配。

5. 短时挖掘力增大工况

由于挖掘过程中经常出现碰到石块、树根等坚硬障碍物而挖不动的现象，此时需要短时间增大挖掘力，因此希望液压系统具有瞬时增压功能。

6. 伴随行走的复合动作工况

行走机构主要用于调整主机在作业场地的位置和姿态，因此，挖掘过程中行走机构一般是不动的，但在特殊情况下行走时可能会伴随着工作装置的动作。在这种情况下，一方面要保证行走的稳定性，如直线行驶时两侧履带速度必须相等；另一方面，还必须向工作装置各元件供油并保证它们动作的协调性。

对于双泵系统，目前常采用两种方式供油：一种方式为一台液压泵并联地向左、右行走液压马达供油，另一台液压泵向其他液压元件供油，多余的油液通过单向阀向行走液压马达供油；另一种方式为双泵合流并联地向左、右行走液压马达和其他液压元件同时供油。对于三泵系统，为了保证挖掘机的行驶稳定性，通常由两台液压泵分别向左、右行走液压马达单独供油，第三台液压泵向其他执行元件（动臂、斗杆、铲斗和回转）供油。

9.1.2 反铲液压挖掘机对液压系统的要求

由上述工况特征可知，液压挖掘机需频繁启动、制动和换向，物料的不确定性导致外负载变化很大，冲击和振动频繁，作业环境恶劣，因此挖掘机的液压系统需要满足以下几点要求。

1. 动作协调性要求

液压系统应保证动臂、斗杆、铲斗和转台既能单独动作，又能实现稳定协调的复合动作，机动性要好。对履带式挖掘机，左、右两侧履带要独立驱动，能实现原地转向；对轮胎式挖掘机，转向半径要小，在远距离转场时要有较高的行驶速度；各部件的运动要可逆并能实现无级变速。

2. 操作灵活性要求

为了提高作业效率并减轻驾驶员的劳动强度，液压系统应操作灵活、简单、省力，因而要尽量采用电液伺服操作系统和自动控制系统，使挖掘机能按照驾驶员的操纵意图方便地实现各种协调稳定的动作。

3. 安全可靠性要求

液压系统本身及各主要液压元件应有良好的过载保护装置和缓冲装置，以保证系统在频繁的负载变化、剧烈冲击振动条件下的可靠性；回转要有可靠的制动和减速装置，行走机构要能实现可靠而稳定的直线行驶和转向动作，并能有效防止超速溜坡现象。要防止机身、动臂、斗杆和铲斗因自重而产生失速现象；对轮胎式液压挖掘机的支腿液压缸，要防止发生软缩现象；应保证系统散热良好，维持系统的热平衡，主机连续工作时液压油温通常不应超过85℃，或者温升不大于45℃；应采取良好的密封和防尘措施，以防止液压油污染和元件损坏。

4. 节能和环保要求

液压系统应尽可能充分利用发动机的功率，在提高使用经济性的同时降低排放。当负载变化时，液压系统应能与发动机的功率良好匹配，尽量提高发动机的功率利用率，如采用变量泵全功率匹配方案等；尽可能减少液压系统自身的消耗，即降低各个液压元件和管路的损耗；应尽可能降低溢流损失和空载不工作状态下液压泵的输出能量和回油能耗。

5. 维护便易性要求

液压系统需要定期保养和维护，因此要求便于在现场条件下更换易损件并实施必要的维护。

6. 经济实用性要求

使用经济性要求，一方面是要求挖掘机的作业效率高，另一方面是要求使用费用低，这就要求液压系统有较高的可靠性、较高的燃油经济性及较低的维护费用。此外，在满足使用要求的情况下，应尽量减少系统的元件数和复杂程度，实现零部件的标准化、组件化和通用化，以降低挖掘机的制造和使用成本。

7. 附加功能要求

液压系统要留有更换其他作业装置的接口和相应的操作装置，以保证各种作业要求。此外，还应考虑特殊环境下的作业要求，如高原、高温、高寒、沼泽、水下等特殊环境。

9.2 液压系统的主要类型和特点

9.2.1 液压泵的主要性能参数及液压系统分类

1. 液压泵的工作压力

液压泵的工作压力是指其输出压力，即泵出口处的油液压力，它是指液压泵为了克服阻力（包括管路阻力和外负载等）所必须要产生的压力，它随阻力的增大而升高，随阻力的减小而降低。液压泵的工作压力取决于外负载的大小。液压泵的压力一般分为两种，即额定压力和峰值压力。额定压力是指在额定转速下、使用寿命期限内、保证规定容积效率的条件下，液压泵连续供油情况下所输出的最高压力。峰值压力是指泵在短时间内超载时所允许的极限压力，它取决于液压泵壳体等零件的强度及液压密封件的性能等。

2. 液压泵的排量

液压泵的排量是指在无泄漏的情况下，泵轴每转一周所排出油液的容积，其大小完全取决于液压泵密封工作腔容积的大小。对于定量泵，该值为定值；对于变量泵，则可以由调节机构进行调节。

3. 液压泵的流量

液压泵的流量有理论流量与实际流量之分。理论流量是指不考虑泵的泄漏情况下的流量，它取决于液压泵的结构参数和转速，计算式为

$$Q=qn/1000 \tag{9-1}$$

式中，Q 为泵的理论流量（L/min）；q 为泵的理论排量（mL/r）；n 为泵的转速（r/min）。

液压泵的实际流量是指液压泵出口处实际输出的流量。由于油液泄漏不可避免，因此液压泵的实际流量小于其理论流量，是理论流量与其容积效率的乘积。

4. 液压泵的转速

为了保证液压泵正常工作，驱动泵的原动机的转速应与液压泵的额定转速相适应。液压泵的额定转速是指在额定输出功率、正常连续工作情况下的转速。这个转速基本上应保持为恒定值，超过该值将使液压泵吸油不足而产生气穴，低于该值将使相对漏损量增加、容积效率降低，影响液压泵的正常工作。

5. 液压系统的分类

按照不同的分类依据，液压系统可分为如下不同类型：按液压泵特性，液压系统可分为定量系统、变量系统和定量+变量复合系统；按油液的循环方式，液压系统可分为开式系统和闭式系统；按系统中工作液压泵的数目，液压系统可分为单泵系统、双泵系统和多泵系统；按向执行元件供油的方式，液压系统可分为串联和并联系统、顺序单动系统和复合系统。

9.2.2 定量系统

工作液压泵为定量泵的系统称为定量系统，定量系统所用定量泵的排量不变，而流量只随液压泵的输入转速变化，通常液压泵的输入转速只随发动机的输出转速变化，而发动机的输出转速相对不变（额定情况下），因此，定量泵或定量系统的流量相对稳定，不随外负载变化，但其有效的利用功率会根据外负载而变，当外负载很大时，动作速度的降低会浪费一部分功率。

定量系统多采用结构简单、价格低廉的齿轮泵，齿轮泵的排量恒定且额定压力和总效率都较低，因而不适合在中大型挖掘机上采用。但也由于定量系统具有结构简单、价格低廉、耐冲击性好的特点，目前仍在小型农用挖掘机上使用。

1. 单泵定量系统

图 9-3 所示为一个单泵定量系统的工作原理图及其特性曲线。由于定量泵的流量恒定，因此其输出功率 P 与液压泵出口压力 p 成正比，关系式为

$$P=\frac{pQ}{60} \tag{9-2}$$

式中，p 为液压泵出口压力（MPa）；Q 为液压泵流量（L/min）。

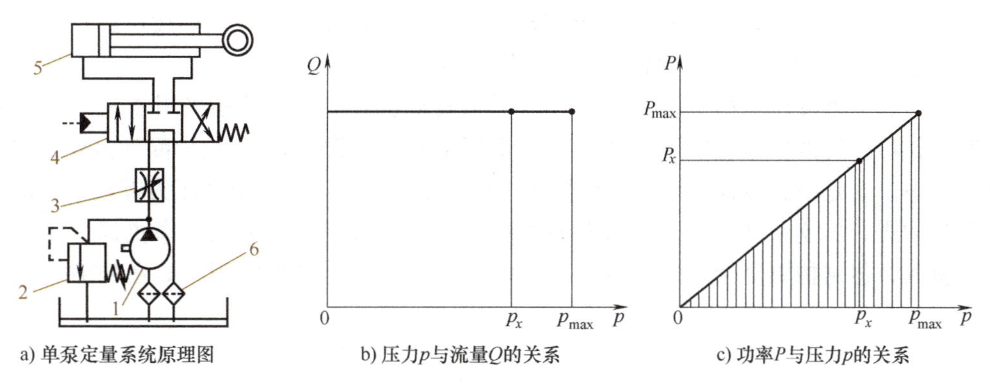

图 9-3　单泵定量系统的工作原理及其特性曲线

1—定量泵　2—主安全阀（溢流阀）　3—可调节流阀　4—控制阀　5—工作液压缸　6—滤油器

按照上述关系，为了克服最大的外负载，定量系统的液压泵功率就必须根据所克服的最大外负载及对应的工作速度来确定。而实际情况表明，挖掘机的最大外负载出现的几率并不高，通常定量系统的平均外负载仅为最大外负载的 60% 左右，因此，这种单泵定量系统只利用了发动机功率的 60%，这就不可避免地引起功率的巨大浪费；此外，定量系统一般只能通过节流调速方式来调节执行元件的动作速度，如图 9-3a 中的可调节流阀 3，多余的流量需从溢流阀 2 流回油箱，这部分损失会引起油温的升高。

2. 双泵定量系统

双泵定量系统由两台定量泵构成，有双泵单回路和双泵双回路两种类型。

（1）双泵单回路定量系统　图 9-4a 所示为由定量泵 1 和 2 构成的双泵单回路系统，泵 1 的设定压力高于泵 2 的。当外负载较小而使主回路压力小于 p_2 时，泵 1 和泵 2 同时向主回路供油，系统获得的流量为 Q_1+Q_2，此时系统的特性曲线为图 9-4b 所示的 *ABC* 段；当外负

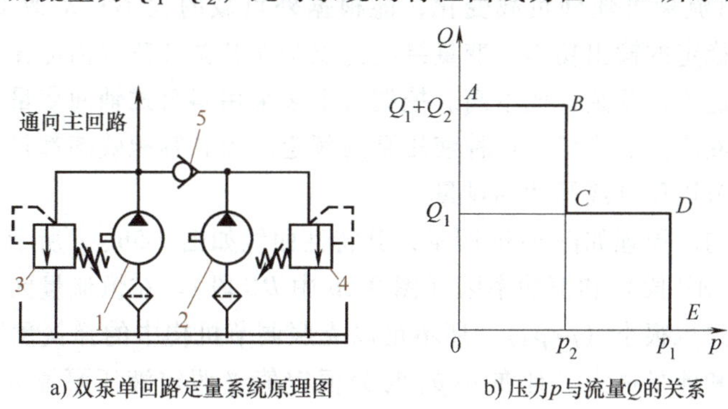

图 9-4　双泵单回路定量系统

1、2—定量泵　3、4—溢流阀　5—单向阀

载增大而使主回路压力高于 p_2 时，单向阀 5 关闭，泵 2 的油不能供向主回路，只有泵 1 向系统供油，流量较小，为 Q_1，此时系统的特性为图 9-4b 所示的 *CDE* 段。这样可根据外负载的大小有级地调节供向系统的流量，从而改善液压系统功率利用。

（2）双泵双回路定量系统　双泵双回路定量系统是由两台定量泵各自组成一条独立的回路，在每条回路中分配不同的执行元件，以保证至少有两个执行元件能同时工作。为了保证挖掘机复合动作的顺利进行并均衡两台液压泵的负载，常按以下方式对上述执行元件进行分组：其中回路 1 包括左（或右）行走液压马达、回转液压马达、斗杆液压缸；回路 2 包括右（或左）行走液压马达、动臂液压缸、铲斗液压缸。

对于中、大型液压挖掘机，为了更好地利用发动机功率，有的还采用了三泵三回路系统，其中，给回转液压马达单独设立了一条闭式回路，而其余部件则被分配到另外的双泵双回路系统中。这是因为转台的转动惯量很大、启制动频繁，所需流量和压力都较小，而回转液压马达的进、出流量又相等。比起双泵系统来，三泵系统的功率利用率更高，动作更灵活、更协调，但结构更复杂，成本也更高，但在某些机种上更加实用，如在伸缩臂式挖掘机上。

9.2.3　变量系统

定量系统依靠节流调速，存在功率浪费又会引起系统发热，因此，一般只用在小型机及作业要求不高的挖掘机上。对于中大型机，一般采用容积变量系统，容积变量系统采用容积调速方式，功率利用率高又能自动实现无级变速。

容积变量系统有以下 3 种组合方式：变量泵+定量马达（或液压缸）、定量泵+变量马达、变量泵+变量马达。

变量机构的型式有很多，按照变量特性有恒功率式、恒压式和恒流量式等；按照控制方式有手动式、机动式、电动式、液动式和电液比例式等；按照调节机构的型式有机械式和液压式等，实际应用中，常常根据不同的需要将各种调节方式组合使用。

1. 恒功率变量系统

恒功率变量系统的特点是根据变量泵出口压力调节输出流量，使液压泵输出流量与出口压力的乘积，即输出功率近似保持恒定。也即当变量泵的输入转速相对不变时（额定转速下），变量泵的输出流量可随外负载变化，能根据外负载的大小自动改变液压泵的输出流量，从而维持相对稳定的输出功率。变量泵的优点是在其调节范围内能充分利用发动机的功率，但其结构和制造工艺复杂，成本高。挖掘机上多采用斜盘式轴向变量柱塞泵，通过改变斜盘的倾角来改变液压泵的排量，这种液压泵的额定压力和容积效率都较高，但需要一套专门的调节机构来调节液压泵或马达的排量。

恒功率变量机构的原理如图 9-5a 所示，其特性曲线如图 9-5b、c 所示。特性曲线分为恒流量区（图 9-5b 中 *AB* 段）和恒功率区（图 9-5b 中 *BC* 段）。在恒流量区，外负载很小，因而液压泵的输出压力也很小（$p<p_0$），还不足以克服调节机构中的弹簧预紧力，因而变量泵的摆角最大，排量和流量最大，且在 $p<p_0$ 时为恒定值（假定液压泵输入转速不变），流量只随液压泵输入转速变化；当外负载使液压泵出口压力增大至大于 p_0 时，调节机构右端的液压油压力克服弹簧压力而使阀芯向左移动而减小斜盘摆角，液压泵的排量和流量随之减

小，进入恒功率区（图 9-5b 中 BC 段）。外负载越大，泵出口压力越高，阀芯左移量越大，斜盘摆角越小，泵输出流量也越小，随外负载的增加，液压泵出口压力会继续升高，直至阀芯移到极限位置，泵输出流量就不再减小。而外负载减小时，液压油压力也减小，液压泵的输出流量随之增大，工作装置的动作速度加快。当 $p_0<p<p_{max}$ 时，由于输出流量与出口压力为反比关系，系统运行在恒功率状态，从而充分利用了发动机的功率。

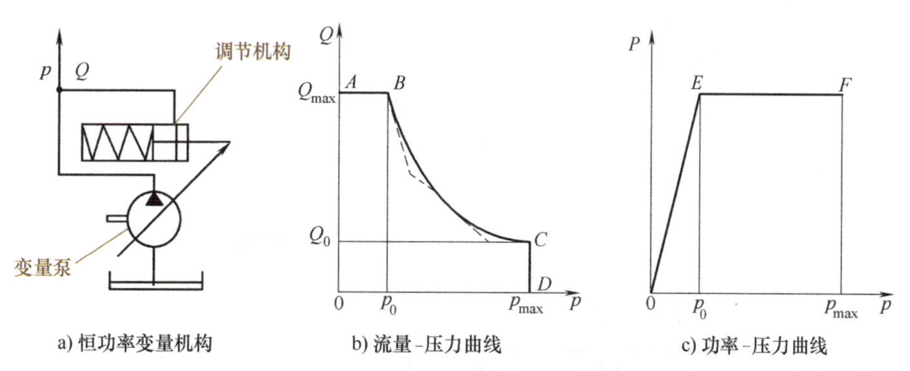

a) 恒功率变量机构　b) 流量-压力曲线　c) 功率-压力曲线

图 9-5　恒功率变量的机构原理及特性曲线

在恒功率区，理论上压力和流量的乘积为常数，但由于变量泵的调节是依靠若干段弹簧实现的，因而实际上的流量-压力曲线是由若干段折线组成的，如图 9-5b 中虚折线所示。

变量泵的变量范围用变量系数 R 或调节系数 x_p 表示，变量系数 R 的表达式为

$$R=\frac{p_{max}}{p_0}=\frac{q_{pmax}}{q_{p0}} \tag{9-3}$$

式中，p_0 为液压泵的起调压力；p_{max} 为系统最大工作压力，由系统安全阀的设定压力决定；q_{p0} 为液压泵的最小排量；q_{pmax} 为液压泵的最大排量。

调节系数 x_p 表达式为

$$x_p=\frac{q_p}{q_{max}} \tag{9-4}$$

斜盘式变量柱塞泵的斜盘最大摆角一般为 20°~30°，最小摆角接近 0°，R 值可接近于 40 甚至更大。对单向变量泵，$0\leqslant x_p\leqslant 1$；对双向变量泵，$-1\leqslant x_p\leqslant 1$。中小型液压挖掘机常采用双泵双回路变量系统，一般可根据两回路的变量调节有无关联而将这类系统分为分功率变量系统和全功率变量系统。

（1）分功率变量系统　分功率变量系统是指双泵双回路系统的两台工作泵用各自独立的调节机构来改变液压泵的排量，每台泵的排量只受自身所在回路的压力调节，在每台泵自身的变量范围内实现独立恒功率调节，与另一回路无关。图 9-6 所示为这种变量系统的原理和特性曲线。由图 9-6 可以看出，对分功率变量系统，只有当两条回路的压力都处在各自的调节范围内时（$p_0<p<p_{1max}$ 和 $p_0<p<p_{2max}$），才可充分发挥发动机的功率。如果某条回路的压力低于其变量泵起调压力 p_0，即使另一条回路的压力在调节范围内，回路整体也不能充分利用发动机的全部功率。

（2）全功率变量系统　全功率变量系统是指双泵双回路系统的两台工作泵共用一个调节机构或用两条回路的压力之和来改变两台液压泵的排量，两台泵的摆角和排量相同、流量相等，两条回路相互关联，因此称为全功率变量系统，如图 9-7 所示。

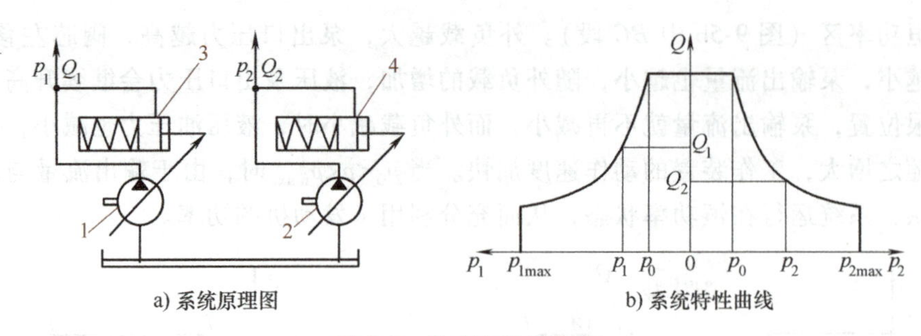

a) 系统原理图　　b) 系统特性曲线

图 9-6　分功率变量系统

1、2—变量泵　3、4—调节机构

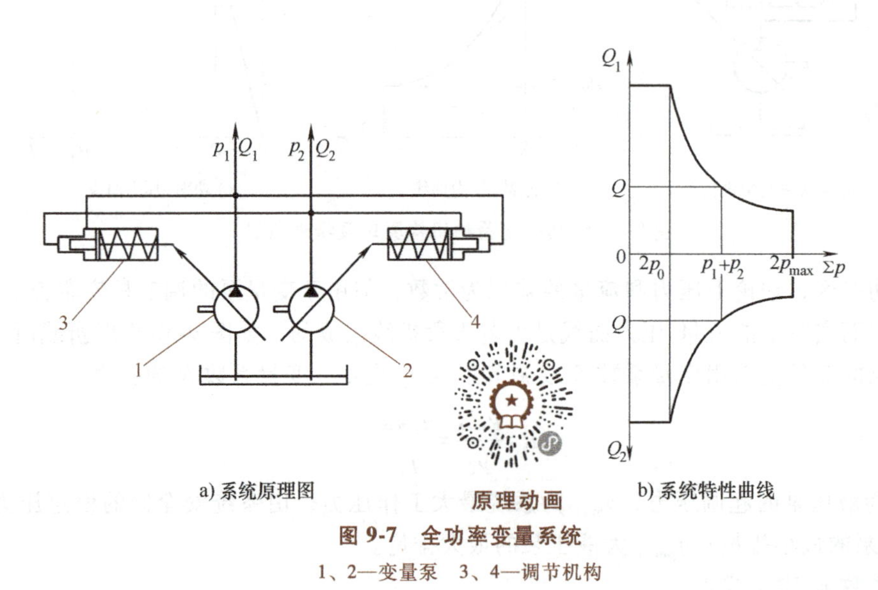

a) 系统原理图　　b) 系统特性曲线

图 9-7　全功率变量系统

1、2—变量泵　3、4—调节机构

在该系统中，决定工作泵流量的是两条回路的压力之和，因此，当两条回路的压力之和满足

$$2p_0<p_1+p_2<2p_{\max} \tag{9-5}$$

系统发挥出全部功率，且两台泵的流量相等。

虽然两台泵的流量相等，但由于回路压力可能不等，因此泵功率可能不等，但只要两条回路的压力之和在变量范围内，则两台泵的功率之和不变，恒等于系统的额定功率，即当 $2p_0<p_1+p_2<2p_{\max}$ 时，有

$$p=(p_1+p_2)Q=C \tag{9-6}$$

但对于全功率变量系统，还有可能存在一台泵满负载运转，而另一台泵负载为零的情况，此时，应考虑将负载为零的泵直接卸荷或将其合流供向流量需求较大的其他元件。

全功率变量系统的调节机构一般有机械联动式和液压耦联式，如图 9-8 所示。机械联动调节机构的两台泵采用公共的调节器，由连杆将两台泵的变量机构连接起来。调节器由滑阀 4、弹簧 5 和梯形柱塞 6 组成，滑阀 4 和梯形柱塞 6 构成的环形腔面积和端部面积相等，来自两条主回路的控制油分别进入端部腔室和环形腔室，推动柱塞移动，柱塞再通过连杆 3 带动两台变量液压泵的变量机构进行变量。

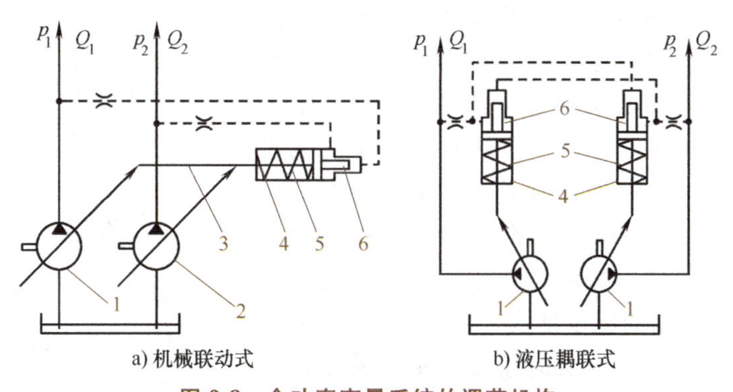

图 9-8　全功率变量系统的调节机构

1、2—变量泵　3—连杆　4—滑阀　5—弹簧　6—梯形柱塞

液压调节机构是指两台泵各有一个独立的调节器，两条回路的控制油各通向自身液压泵调节器的环形腔室和另一台泵的端部腔室，实现两台泵同步调节，如图 9-8b 所示。由于每个调节器的环形腔室和端部腔室面积相等，因此两台泵的变量效果相同，从而实现了全功率变量。

2. 定量系统、分功率变量系统和全功率变量系统的比较

变量系统的发动机功率一般是根据挖掘机工作中需要克服的平均外负载及其对应的作业速度来确定。定量系统的发动机功率按最大外负载确定，而变量系统则按平均外负载确定。当作业速度相同时，同等级挖掘机采用定量系统所需功率约为变量系统的 1.3~1.4 倍，其功率利用平均只有 60%左右，而采用变量系统在变量范围内理论上可得到 100%的功率利用率。

定量系统的优点是结构简单、流量稳定，因此所驱动元件的动作速度稳定，运动轨迹易于控制。由于定量泵不常在满负载条件下工作，因此泵的寿命较长；但由于一般采用节流调速，系统发热和密封元件失效的情况较多，功率利用率和使用效率低，因此，一般只有小型和微型挖掘机才采用定量系统。分功率变量系统的功率利用率较高，但由于需要单独调节各回路的流量，各部件的动作配合比较困难，尤其在行走时，驾驶员必须经常手动调速以保证两条履带按照驾驶员的意图运动以实现稳定行驶和转向。全功率变量系统的功率利用率高，系统发热小，由于两台泵的流量始终相同，易于实现稳定的直线行驶运动及协调的复合动作，当一条回路负载很大时，由于两台泵的流量相等，仍可达到较快的作业速度。由于协调控制较为复杂，因此往往还需要在回路中采用更加复杂的附加调节机构。全功率变量系统结构复杂、液压泵寿命较短，制造、使用和维护成本都较高，适合于中、大型挖掘机。

3. 恒压力变量系统（压力切断控制系统）

为解决系统主回路压力过高产生的溢流回油发热及能量损失问题，现代液压挖掘机大多采用了恒压力变量系统，即压力切断控制系统。其基本原理是当回路压力达到系统设定压力时，通过压力截流阀大幅度减小工作液压泵的排量，使其几乎不再输出流量，而仅补充内部泄漏的油液，起近似无溢流、无能量损失的卸荷作用，从而大大减小系统的损失。

图 9-9 所示为恒压控制的变量系统工作原理图。变量泵 1 的调节器 3 由节流阀前压力 Δp 控制。正常情况下，顺序阀 5 关闭，变量泵 1 在调节器 3 的弹簧 2 作用下以一定摆角输出液压油。当外负载增大时，主回路的压力升高，当压力达到一定值时，顺序阀 5 开启，主回路的部分油液进入控制油路，节流阀 4 的作用使顺序阀 5 与节流阀 4 之间油路具有一定的压力

Δp，该部分油液压缩弹簧 2 使工作泵摆角减小，从而减小工作泵的输出流量，这个过程一直进行到工作泵的输出流量与执行元件所需流量达到平衡为止。由于液压泵的摆角被减至最小，因此，此时液压泵的输出流量除了系统渗漏和少量控制油外，全部供给执行元件，几乎没有溢流损失。控制油路中的压力 Δp 与所通过的液压油流量成比例，当液压泵流量大大超过执行元件所需流量时，控制油流量增大，使 Δp 升高，从而使液压泵摆角进一步减小，泵的输出流量也减小，这样进入顺序阀 5 和节流阀 4 的流量也会减少，Δp 降低，使调节器的阀芯左移，增大液压泵的摆角，泵的输出流量随之增加，直至达到平衡为止。

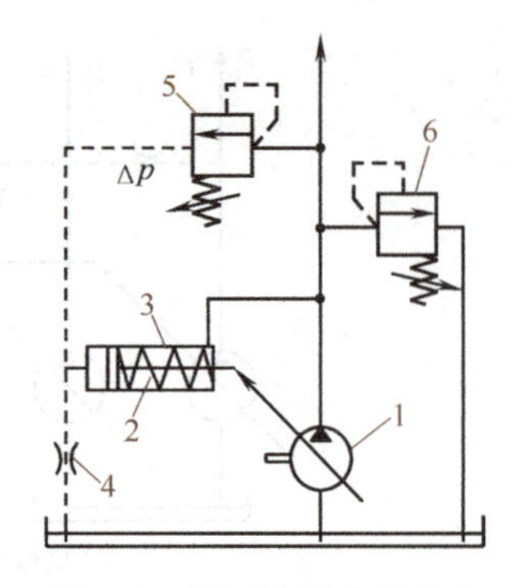

图 9-9　恒压控制变量系统

1—变量泵　2—调节器弹簧　3—调节器　4—节流阀　5—顺序阀　6—安全阀

在恒压变量系统中，只要顺序阀工作，就可以保证主回路的压力基本稳定，且基本没有溢流损失，但当外负载极大，导致执行元件不能运动时，恒压调节只能使液压泵摆角转至最小，流量降至最低，而不能降至零，因而液压系统仍存在少量溢流，因此，为了保证系统安全，在主回路中设置了安全溢流阀 6，使其调定压力略高于顺序阀 5 的压力。

4. 恒功率与恒压组合的变量系统

将恒功率调节与恒压调节方式组合起来就构成恒功率与恒压组合的变量系统。图 9-10 所示为这种系统的原理图和特性曲线。变量泵 1 和 2 构成两个主回路，两泵转速相等，流量相等，出口压力分别为 p_1 和 p_2，两泵的控制油分别进入调节器 3 和 4，形成液压耦联调节。当 $2p_0< p_1+p_2<2p_m$ 时，实现全功率调节。当任一回路超负载时，高压油打开顺序阀 7 或 8 进入恒压调节液压缸 5 或 6，进行恒压调节，使液压泵供油量和执行元件的需油量达到平衡，基本消除了溢流损失。图 9-10b 所示为这种系统的特性曲线。当 $p_0<p<p_m$ 时，为恒功率调节，液压泵工作在 *BC* 段，实现恒功率调节；当外负载增大到使系统压力 $p_m<p<p_{max}$ 时，顺序阀开启，系统工作在 *CD* 段，实现恒压调节。

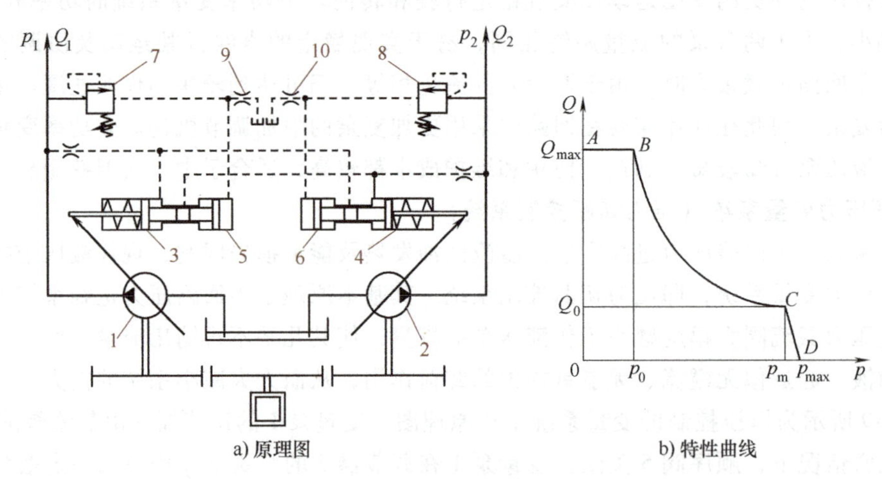

图 9-10　恒功率与恒压组合调节的变量系统

1、2—变量泵　3、4—调节器　5、6—恒压调节液压缸　7、8—顺序阀　9、10—节流阀关于上述概念，有的文献称之为恒功率与压力切断组合调节的变量系统，其本质和工作原理相同，图9-11所示为另一种被称为恒功率与压力切断组合调节的变量系统，其中的压力截流阀3和4实际上就是顺序阀，该系统的特性曲线也与图9-10b所示曲线相同。

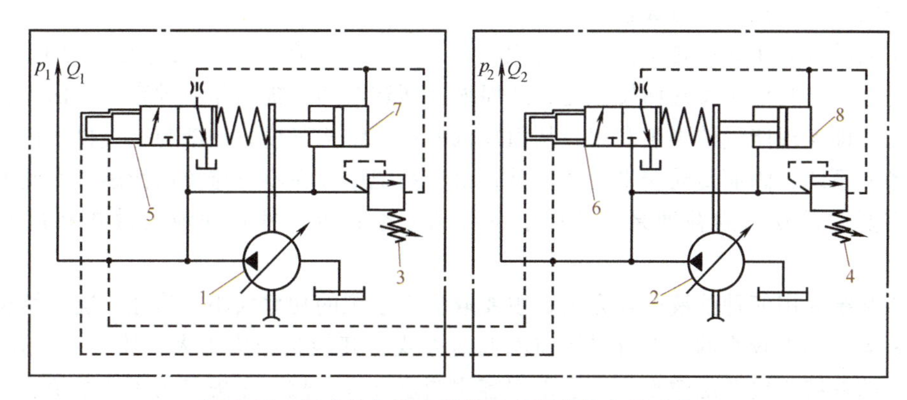

图9-11　恒功率与压力切断组合调节的变量系统

1、2—变量泵　3、4—压力截流阀　5、6—恒功率调节器　7、8—压力切断调节液压缸

9.2.4　开式与闭式系统

开式系统是指液压泵从油箱吸油，将其泵出的液压油经各种控制阀后供给执行元件，回油再经过换向阀回到油箱。这种系统结构较为简单，其油箱有散热和沉淀杂质的作用。但因油箱中的液面与空气接触，空气易于渗入油中，导致机构运动不稳定并产生噪声、振动等。

闭式系统的液压泵出油口直接与执行元件的进油口相连，其进油口直接与执行元件的回油口相连，油液在液压泵与执行元件之间进行封闭循环。闭式系统结构紧凑，油液与空气接触机会少，空气不易渗入系统，故传动较平稳。工作机构的变速和换向靠调节泵或马达的变量机构来实现，避免了开式系统在换向过程中所产生的冲击和能量消耗。闭式系统的缺点是结构较复杂，油液的散热和过滤条件较差，同时还需要一个小流量的补油泵和小油箱来补偿系统中的泄漏。

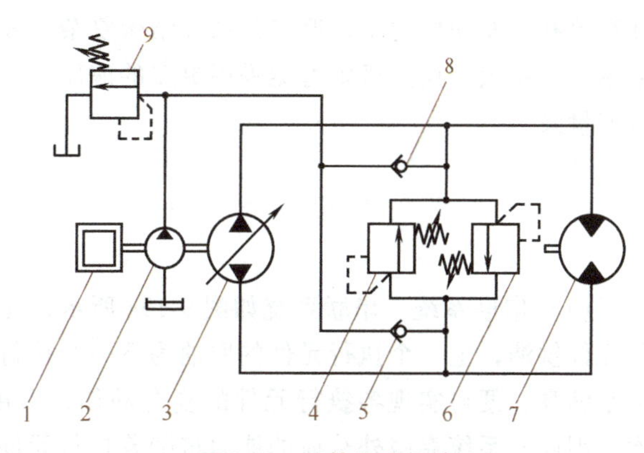

图9-12　回转闭式系统

1—发动机　2—补油液压泵　3—双向变量液压泵　4、6—溢流阀　5、8—单向阀　7—回转液压马达　9—安全阀

大型液压挖掘机常采用独立的转向闭式系统，图9-12所示为挖掘机回转闭式回路原理图。该系统采用了双向变量液压泵3，溢流阀4、6和单向阀5、8组成缓冲补油回路，以避免回转液压马达的冲击和吸空现象。此外，为避免系统的泄漏，还增设了一个小流量的补油液压泵2和小油箱。

闭式回转回路一般是独立的回路，液压油从双向变量液压泵3到回转液压马达7，再由回转液压马达 7 直接返回双向变量液压泵 3。因此，液压马达的转向和转速都是由液压泵的摆角以及油液出口压力和流量决定的。但在该液压泵中一般装有转矩控制装置，该装置由先导阀的油压控制，驾驶员可通过改变先导阀手柄的倾角来控制转台的转速和转矩，并使转台转动所需的转矩与控制压力成正比。

采用回转独立闭式回路可使回转机构的运动与工作装置或行走机构的运动不发生关系，在进行复合动作时便于实现回转优先，从而缩短回转时间、提高作业效率；可回收转台制动时的动能，即实现能量的再生利用，从而降低能耗；结构紧凑，油液与空气接触机会少，空气不易渗入系统，因而传动较平稳。但是，由于系统中存在不可避免的泄漏，因此回转闭式回路还需要增设专门的补油泵，增加了系统的复杂程度，并且油液的散热和过滤条件也较差。

液压系统采用何种油液循环方式，主要取决于系统的功率大小、作业工况、结构尺寸和环境因素等。功率较小的系统宜采用节流调速方式，其能量损失不大，故常采用开式系统；功率较大的系统需要考虑效率，一般采用容积调速方式，故可考虑采用闭式系统。但当一台泵向多个执行元件供油时，由于各执行元件的动作速度需要单独调节，故一般采用开式系统；当主机工作环境恶劣且系统空间尺寸受限时，可采用闭式系统。此外，由于单活塞杆双作用液压缸的大、小腔流量不等，因此闭式系统中的执行元件一般为液压马达。

9.2.5 单泵与多泵系统

单泵系统结构简单、成本低，不适合于具有多个执行元件且各元件的负载压差较大的系统。多泵系统通过把各执行元件分组，可以应对各元件的负载压差较大的问题，同时还可保证有效利用发动机功率，但多泵系统结构复杂，成本高。目前，中型挖掘机多采用多泵或三泵系统，特大型挖掘机则可能采用更多的液压泵，例如，HITACHI 公司的 EX8000 采用了 16 台变量泵。

9.2.6 串联与并联系统

（1）串联系统　串联系统如图 9-13a 所示，在串联系统中，由一台液压泵依次向一组执行元件供油，上一个执行元件的回油为下一个执行元件的进油，因此，只要液压泵的出口压力足够高，便可实现各执行元件的复合动作，但由于每经过一个执行元件压力就要降低一次，因此，系统克服外载荷的能力将随着执行元件数量的增加而降低。串联系统中各执行元件获取的液压泵供油量不一定相等，这取决于执行元件的结构特性。

（2）并联系统　并联系统如图 9-13b 所示，在并联系统中，一台液压泵可以同时向一组执行元件供油，各执行元件的工作压力（进口压力）相等，都等于工作液压泵的出口压力，但获得的流量只是液压泵输出流量的一部分。但由于系统中各执行元件的负载大小可能不等，因此，油液容易流向阻力较小的元件，并且液压泵的出口压力也近似等于阻力较小的执行元件的进口压力。因此，在并联系统中，只有各执行元件上外载荷相等，才能实现同时动作。各执行元件负载压差较大而需要复合动作时，必须在各支路上设置适当的节流阀，以增大负载压力较小的支路上的阻力，但这样会增大节流损失，引起系统发热。

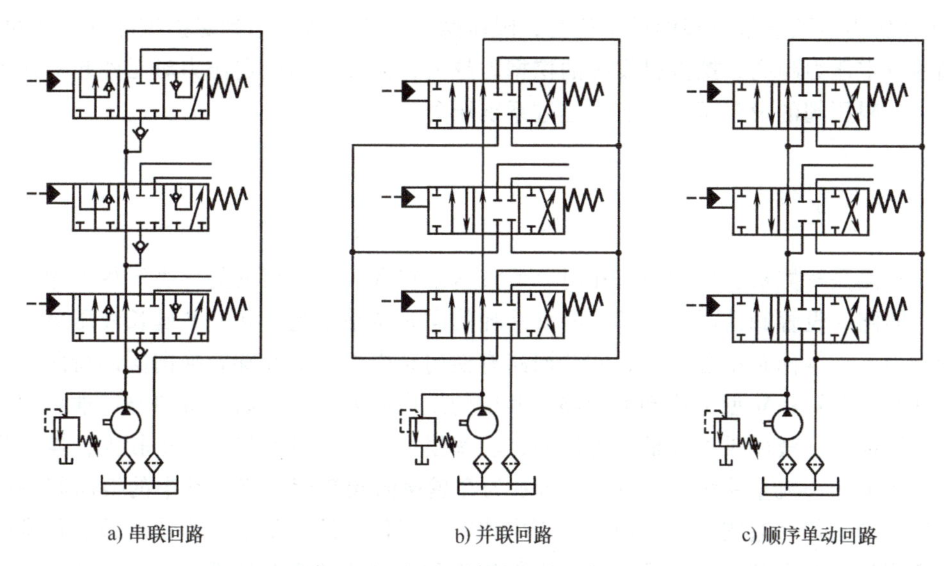

a) 串联回路　　b) 并联回路　　c) 顺序单动回路

图 9-13　液压系统的几种组合方式

除串联和并联系统外，还有顺序单动回路，如图 9-13c 所示。该回路的特点是液压泵单独向每一个执行元件供油，当一个执行元件工作时，其后的油路被切断，因而每个执行元件可以获得液压泵最大的流量和压力，但复合动作无法由单泵系统实现，必须由两台以上液压泵实现。

9.3 液压挖掘机的基本回路

9.3.1 限压回路

在液压系统中，为了防止过载、保护系统元件，一般要设置限压回路，它是通过限压阀来限制系统整体或某一局部回路的压力，使其不超过设定值。限压阀一般称为溢流阀，当用于维持系统压力恒定时称为溢流阀；当用于保护和防止系统过载时称为安全阀；当被安装在系统回油路上，用于产生一定的回油阻力，以改善执行元件的运动平稳性时，称为背压阀。作为系统整体的安全阀，通常设置在主泵出口处，以限制整个系统的工作压力不超过一定值，该压力通常称为挖掘机的系统压力；在某些元件与系统主油路断开而产生闭锁压力时，为了保护该元件，可在该元件处设置溢流阀。

通常，在液压挖掘机执行元件的进油和回油路上各设置一个限压阀，以限制其闭锁状态下的最大压力，当回路压力超过此限压阀的设定值时，限压阀打开，油液溢流回油箱，从而保护该部分的元件不受损坏。图 9-14 所示为一种用于限制动臂液压缸闭锁压力的限压回路。当斗杆液压缸和铲斗液压缸处于工作状态进行挖掘时，动臂液压缸成闭锁状态，即与主油路不通，此时在挖掘阻力的作用下，动臂液压缸无杆腔承受压力，该腔压力若不加以限制，就可能达到很大，甚至远远大于系统压力而使元件损坏，因此在该回路上设置了限压阀 2 和

3，当闭锁压力达到该限压阀的设定值时，限压阀 2 打开，从而达到保护该部分元件的目的。限压阀的设定压力越高，挖掘机发挥的挖掘力越大，但过大的设定压力对元件起不到保护作用，因此，限压阀的设定压力一般不超过系统压力的 25%。

9.3.2 卸荷回路

卸荷回路是挖掘机各机构不工作时，使液压泵在零压力或很低的压力下尽可能以最低功耗运转的回路，设置卸荷回路能够在降低功耗的同时减小系统发热，并延长液压泵及各部件的使用寿命。根据回路组合方式，卸荷回路有换向阀中位卸荷和穿越换向阀卸荷两种。

图 9-15a 所示为 M 型中位卸荷回路，其中的换向阀处于中位时进油口与回油口相通，结构简单，卸荷时，液压泵以极低压力运转，功率损失小。缺点是换向冲击较大，操作稳定性差，适合于低压小流量系统。图 9-15b 所示为穿越换向阀卸荷回路，其中的换向阀一般采用有过油通道的三位六通阀。当换向阀处于中位时，工作油液以最低压力依次通过各换向阀的过油通道到达油箱而卸荷，当换向阀在工作位置时，过油通道被切断，工作油液进入换向阀到达执行元件。这种卸荷回路操作平稳，工作可靠，常用于中高压和高压并联系统。

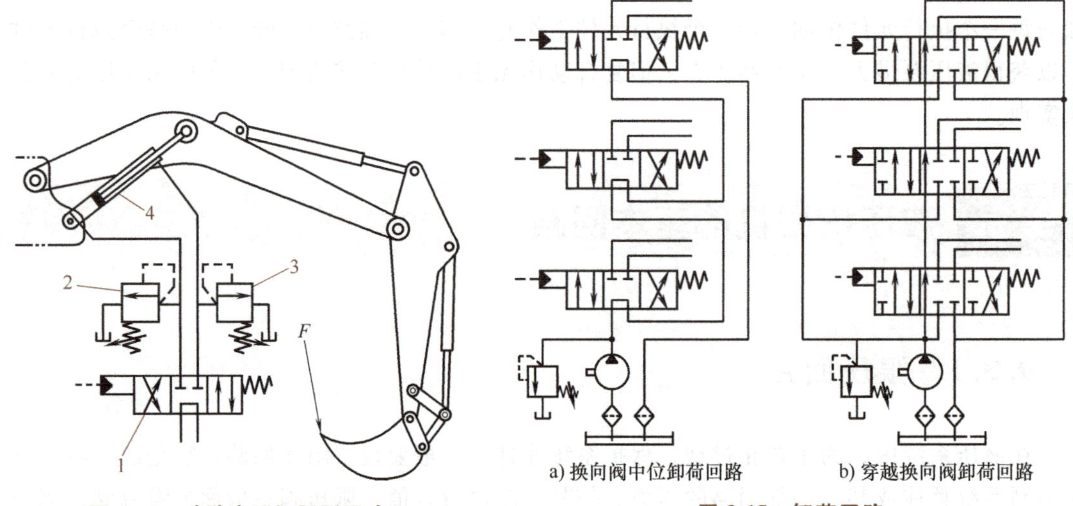

图 9-14 动臂液压缸限压回路

1—换向阀 2、3—限压阀 4—动臂液压缸

图 9-15 卸荷回路

9.3.3 调速和限速回路

按使执行元件速度改变方式的不同，调速回路分成无级变速型调速回路和有级变速型调速回路两类；按调速元件的结构原理的不同，又分为容积调速、节流调速和容积节流调速三类。容积调速是通过改变变量液压泵的摆角而改变其排量，从而达到调速目的的一种调速方式；节流调速则是通过改变节流阀的通流面积而改变流量的调速方式，这种调速方式结构简单，能够获得稳定的低速，缺点是功率损失大、效率低、温升大，作业速度受外负载的影响较大，常用于小型、压力不高的定量系统。

1）进油节流调速回路：图 9-16a 所示为进油节流调速回路，可调节流阀 4 与工作液压泵串联地连接在高压进油路上，可调节流阀 4 之前还装有溢流阀 3。从液压泵 2 泵出的液压油经节流阀 4、换向阀 5 到达液压缸 6。当外负载增大时，液压缸无杆腔压力增大，活塞杆移动速度降低，因此可减小节流阀的通流面积，使通过的流量减少，节流阀前后的压力差减小。由于采用的是定量泵，因此，泵出口的流量基本恒定，多余的流量就从溢流阀 3 溢流回油箱。反之，当外负载减小时，可增大节流阀的通流面积，从而增加输入到执行元件的流量。采用进油节流调速，由于经过的油液压力大，因而节流后的发热量大，导致进入执行元件的油温较高，泄漏增大，效率降低；此外，由于回油无阻尼，因此工作元件的运动平稳性较差。

2）回油节流调速回路：图 9-16b 所示为回油节流调速回路，可调节流阀 4 装在低压的回油路上，通过限制回油流量调节工作装置的运动速度。比起进油节流调速回路，回油节流阀的油液虽然也有发热，但由于发热后的油液直接进入油箱，可通过油箱散热，因而对系统的泄漏影响不大，而且回油节流产生的阻尼作用可使执行元件获得稳定的运动速度。

3）节流限速回路：为了避免工作装置在自重作用下产生运动中的失速现象，液压挖掘机常在工作装置油路中装设单向节流阀，构成节流限速回路，如图 9-17 所示。例如，为了防止动臂下降过程中工作装置因自重作用而下降导致事故，在其无杆腔上装设单向节流阀，这样就限制了动臂的下降速度。同样，在斗杆液压缸和铲斗液压缸的回路上也装设了这种装置。不仅如此，现代液压挖掘机为了节约能源，还会设置能量再生利用装置，以回收利用自重下降过程中产生的能量。

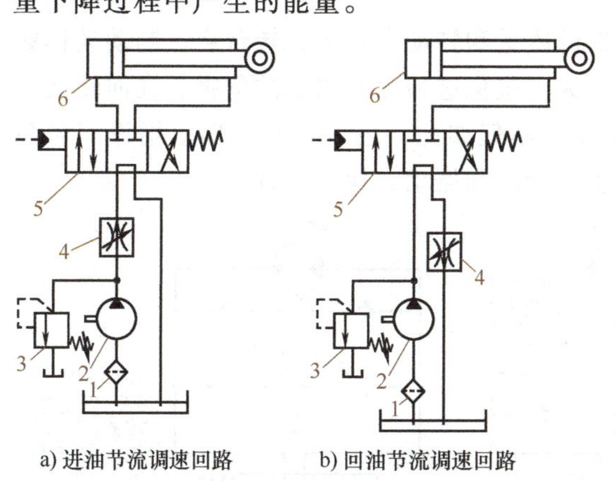

图 9-16　节流调速回路

1—过滤器　2—液压泵　3—溢流阀
4—可调节流阀　5—换向阀　6—液压缸

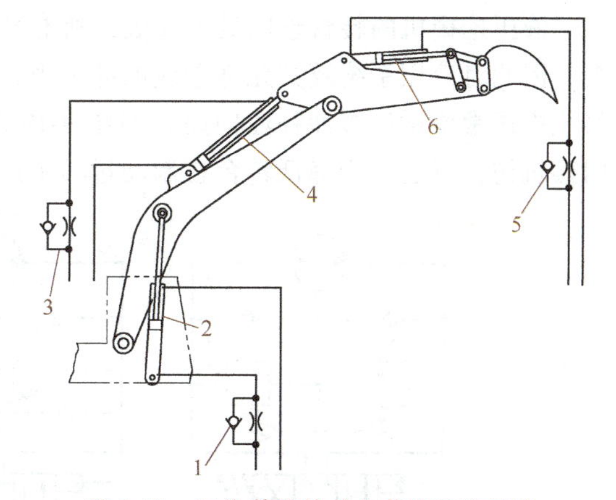

图 9-17　工作装置的单向节流限速回路

1、3、5—单向节流阀　2—动臂液压缸
4—斗杆液压缸　6—铲斗液压缸

9.3.4　行走限速补油回路

履带式液压挖掘机在下坡时，在自重作用下会自动加速，引起行走液压马达超速运转和吸空，并导致整机超速溜坡和事故的发生。为避免这种现象，需要限制行走液压马达的转速并对其吸油腔进行补油，图 9-18 所示为一种限速补油回路。

如图 9-18 所示，行走限速补油回路由压力阀 3、4，单向阀 2、6、7、10 和安全阀 8、9 组成。挖掘机正常行驶时，换向阀 1 处于右位，液压油经单向阀 2 进入行走液压马达的左腔；

液压油同时沿左侧控制油路推动压力阀 4，使其处于接通位置，以便使行走液压马达右腔的出油经压力阀 4 回到油箱。当挖掘机在自重作用下开始溜坡时，行走液压马达 5 超速运转，这时进油供应不及而使行走液压马达进油腔压力和压力阀 4 的控制油压力降低，于是，压力阀 4 的阀芯在弹簧作用下右移，使行走液压马达的回油通道被关小甚至关闭，行走液压马达减速或制动，这样就降低了挖掘机在坡上的行驶速度，防止了溜坡，保证了安全。

该回路中还设有单向阀 10 和 7，当挖掘机失速时，行走液压马达进油腔可通过这两个阀从油箱获得补油，从而避免吸空现象。而当回路压力超过安全阀 8、9 设定压力时，还可以打开这两个阀进行溢流，从而保证系统安全。

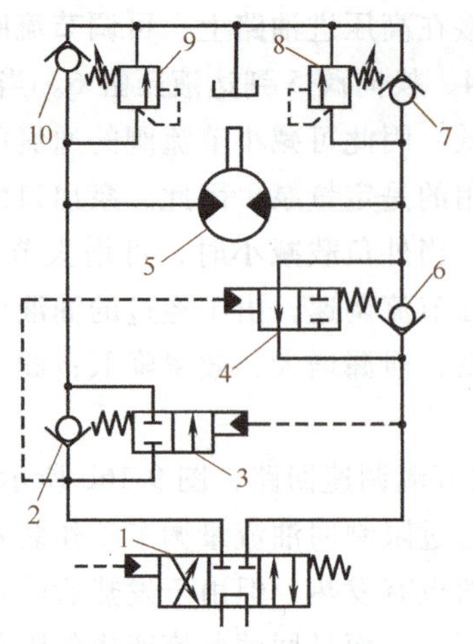

图 9-18　行走限速补油回路

1—换向阀　2、6、7、10—单向阀
3、4—压力阀　5—行走液压马达
8、9—安全阀

原理动画

9.3.5　回转缓冲补油回路

液压挖掘机的转台连同其上安装的所有部件的质量和转动惯量大，转台启、制动动作频繁，因此对液压系统及其元件造成的冲击很大，为了避免这种由此引起的危害，在回转液压系统中通常要增设缓冲补油回路，如图 9-19 所示。不仅如此，还可在此基础上增设回转防回摆机构，以进一步降低转台在制动过程中产生的冲击和振动，保护元件。

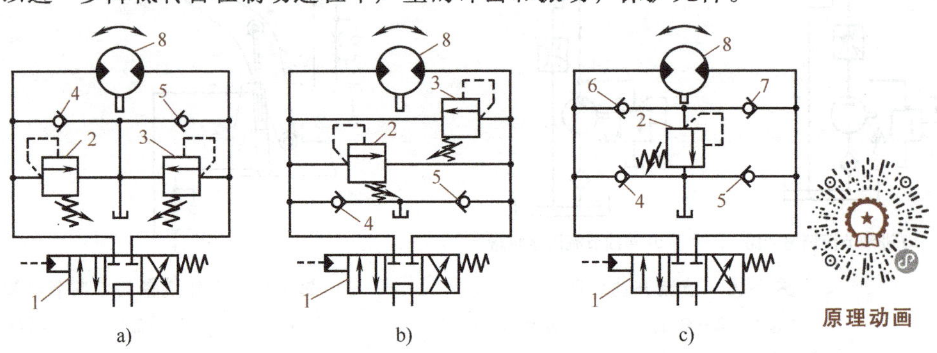

原理动画

图 9-19　回转缓冲补油回路

1—换向阀　2、3—溢流阀　4~7—单向阀　8—液压马达

图 9-19 所示为 3 种缓冲补油回路。如图 9-19a 所示，在液压马达 8 的两个进出油口处各设置一个单向阀和溢流阀，组成缓冲补油回路。当换向阀 1 在左位时，液压马达 8 左侧进油，转台回转，如果在转台转动过程中紧急制动，则换向阀 1 回到中位，此时液压马达 8 的进出油口被切断，但转台在转动惯性作用下，会带动液压马达 8 继续回转，此时液压马达 8 的进油腔（左侧）会产生吸空现象，而出油腔（右侧）则会产生很高的压力。液压马达 8 的吸空会导致空气进入油液，损坏油液、产生噪声并腐蚀元件，而过高的压力也会损坏元件。为避免这种现象，左侧油路可以通过单向阀 4 从油箱得到补油，而右侧油路当

压力达到一定值时会打开溢流阀 3，使多余的油液溢流回油箱，从而减小冲击振动，避免吸空现象。反之，当换向阀 1 处于右位使转台反转而进行制动时，则通过溢流阀 2 和单向阀 5 进行缓冲补油。这种结构回路的特点是溢流和补油分别进行，工作可靠、温升不大，但补油量较大。

如图 9-19b 所示，在转台紧急制动时，高压回路的溢流阀 2 或 3 不直接溢流回油箱，而是直接溢流到液压马达 8 的低压腔，低压腔不足的油液则还可通过单向阀 4 或 5 从油箱获得补油。这种结构回路由于高压油直接溢流到低压腔而可降低补油量，同时还可减小液压冲击并提高效率。

如图 9-19c 所示，回路在结构上少了一个溢流阀，但增加了单向阀 6 和 7，其工作原理与前两种回路基本相同。

由于转台转动惯量较大，转台制动带来冲击作用，因转台在制动过程中会产生一定程度的摇晃，这种摇晃对液压系统、工作装置结构件强度及驾驶员都会产生不利影响，因此，可在上述基础上增设回转防摇晃机构，利用一对反转防止阀消除转台摇晃，其工作原理将在本章 9.4.3 小节中介绍。

9.3.6　支腿顺序动作及锁紧回路

为了保证作业时的稳定性，轮胎式液压挖掘机一般都装有支腿，而作业开始和结束时支腿的收、放必须按照一定的顺序，因此需要在支腿回路中设置顺序阀。当支腿伸出并支承于地面后，还必须保证不发生软缩和串动等影响作业稳定性的现象，以免发生事故。

图 9-20 所示为轮胎式液压挖掘机的一种支腿顺序动作及锁紧回路。按照整机稳定性要求，支腿的动作顺序要求为：后支腿液压缸 9 先伸出，待其完全伸出后前支腿液压缸 8 伸出，所有支腿都伸出后用液压锁将各支腿锁紧，以保证作业稳定性；作业完成后，首先缩回前支腿液压缸 8，然后缩回后支腿液压缸 9。当换向阀 1 处在 A 位时，液压油从右路进入支腿液压缸 9 的无杆腔，使后支腿伸出，回油经单向阀 3 和换向阀 1 回到油箱；当后支腿液压缸 9 完全伸出后，继续供应的油压会升高，当油压达到顺序阀 4 的调定压力后会打开顺序阀 4 进入前支腿液压缸 8 的无杆腔使前支腿伸出，前支腿有杆腔的油液则通过左路油道和换向阀 1 返回油箱。当前、后支腿都伸出后用液压锁 6 和 7 分别将两支腿液压缸锁紧，以防其软缩。换向阀 1 在 B 位时，液压油首先进入前支腿液压缸 8 的有杆腔，使前支腿缩回，当前支腿完全缩回后，继续供应的油压会升高，当油压达到顺序阀 2 的调定压力后会打开顺序阀 2 进入后支腿液压缸的无杆腔使后支腿缩回，即以与伸出时相反的顺序缩回支腿。为了防止误动，在顺序回路中，顺序阀的调定压力应该高于前一动作的最高调定压力。

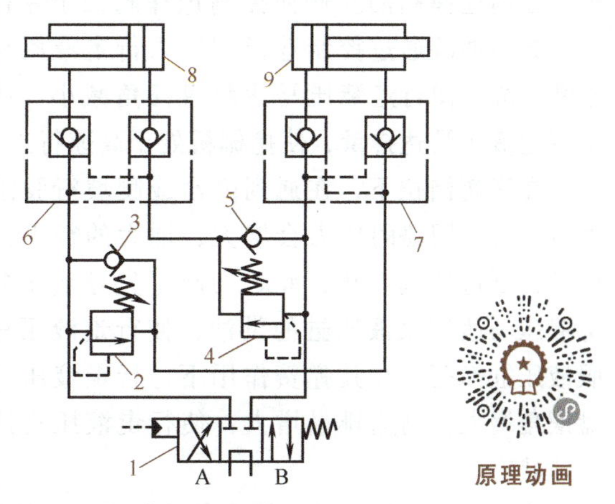

图 9-20　支腿顺序动作及锁紧回路

1—换向阀　2、4—顺序阀　3、5—单向阀

6、7—液压锁　8、9—支腿液压缸

9.4 执行元件的辅助控制回路

9.4.1 行走自动二速系统

在双泵双回路系统中，液压挖掘机的行走液压马达通常被设置在不同的回路中，由两台泵独立驱动，以便于提高转向时的灵活性，可通过踩动行驶踏板或扳动行驶手柄调节行驶速度。挖掘机的行驶过程分为非作业行驶和作业行驶，非作业行驶主要体现为在场地之间的移动，一般是单纯的行驶动作，转台和工作装置不工作，同时，为了提高机动性，在水平路面或下坡行驶时，希望挖掘机有较高的行驶速度；作业行驶是可能同时伴随着转台的转动或工作装置的运动的行驶过程，由于此时功率被分流，同时为了保证作业安全，因此挖掘机的行驶速度不能太高。为此，履带式挖掘机的行驶速度一般设置高速和低速两个档位，这可通过操纵行驶速度控制开关来实现。

图 9-21 所示为一种行走二速系统，主要由二速变量马达、行走液压马达伺服液压缸、行走速度控制开关、行走二速电磁阀、控制选择阀等组成，有高速和低速两个档位。

当行走速度控制开关处于高速挡位时，行走二速电磁阀通电，阀芯右移，左阀位接通，先导油液进入控制选择阀的左侧使控制选择阀处于左位；同时，先导油液通过控制选择阀进入行走液压马达伺服液压缸，使行走液压马达斜盘摆角减小，从而减小行走液压马达排量，使挖掘机处于高速行走状态。

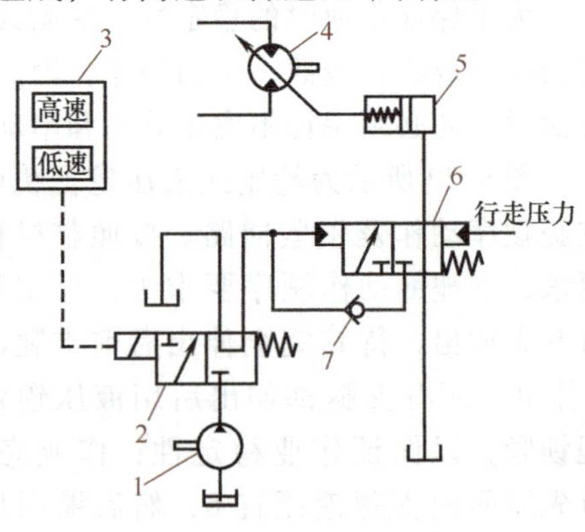

图 9-21　行走二速系统

1—先导液压泵　2—行走二速电磁阀　3—行走速度转换开关　4—行走液压马达　5—行走液压马达伺服液压缸　6—控制选择阀　7—单向阀

在高速档位下，在遇到障碍或爬坡行驶阻力增大时，行走回路的压力会增大，增大的行走压力会推动控制选择阀左移，此时切断了先导液压泵对行走液压马达伺服液压缸的供油，使行走液压马达伺服液压缸卸荷，在其弹簧作用下，行走液压马达斜盘摆角增大，马达排量增大，使行走液压马达处于低速状态。

当行驶速度控制开关调到低速档后，在遇到下坡而行驶阻力减小时，行走回路的压力会减小，使控制选择阀阀芯右移，先导油液又可供向行走液压马达伺服液压缸，行走液压马达自动回到高速位置上，使挖掘机高速行走。值得注意的是，只有在行走速度转换开关处在二速位置时，行走二速系统才起作用。

9.4.2 行走直驶控制系统

在行驶过程中，如果某个工作装置或回转机构工作（如放置管道或木材的作业工况），则工作液压泵不仅向行走液压马达供油，也能向回转和工作装置供油，这就会使给每台行走液压马达的供油存在差异，导致左、右行走液压马达转速不同而引起不应有的转向。直驶行走系统就是为了保证行驶过程中存在其他回路工作时挖掘机正常直线行驶。

采用直驶控制阀来解决直驶问题的核心思想是将两台工作泵的供油部分汇合后平行供向左、右两台行走液压马达，其余油液供向工作装置或回转机构，以实现复合动作，但在这种复合动作工况下，各部件的动作速度都比较低。

图 9-22 所示为直驶控制阀及相关回路。当先导控制油通向直驶控制阀并推动其阀芯左移时，两台工作液压泵向左、右行走回路供油以平行驱动这两台液压马达。但回转回路和工作装置回路只接受其中一台液压泵的部分供油，因此，在挖掘机行驶过程中，回转和工作装置不能要求大量的供油，它们的工作速度必须足够低以保证挖掘机稳定工作。余下的油液被左、右行走回路所共享。

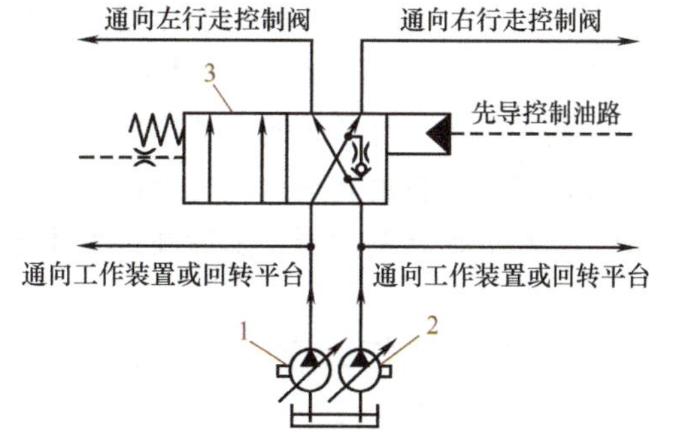

图 9-22　直驶控制回路原理

1，2—液压泵　3—直驶控制阀

在行走过程中，直驶控制阀能够在存在回转动作或工作装置动作时挖掘机也能直驶。直驶还改善了管道控制或木材放置工作。

9.4.3　转台回转摇晃防止回路

如前所述，转台回转摇晃防止机构是挖掘机转台回转停止后消除其摇晃的机构，其工作原理是：回转液压马达停止运转的过程中，反转防止阀两侧受卸荷压力作用，弹簧压缩。由于左、右压力相等，反转防止阀不能换向。回转液压马达停止运转后原出油口压力比进油口压力高，对回转液压马达产生反力作用，回转马达摇晃，此时原进油口压力比出油口压力高，对反转防止阀产生压力。因阀中有节流孔，产生时间滞后，滑阀移动，使液压马达进油口与出油口相通、两腔达到压力平衡，因此转台回转摇晃仅发生一次。

在转台被完全制动的瞬间，上部转台的惯性作用使上部结构和工作装置很难停止在要求的位置，这种惯性与回转液压马达出油口阻塞共同作用的结果引起回转液压马达和转台的摆动或摇晃，对结构强度产生不利影响、给液压系统带来了冲击并使驾驶员感到不适。为了避免这种现象，现代挖掘机多设置反转防止阀，通过设置该阀来平衡液压马达进、出油口压力以达到使转台平稳制动的目的，图 9-23 所示为一种回转防摇晃回路。

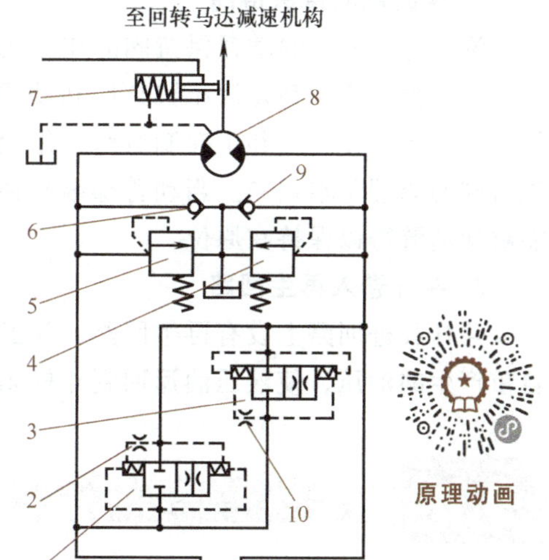

图 9-23　回转防摇晃回路

1、3—防回摆阀　2、10—节流阀

4、5—过载阀　6、9—补油单向阀

7—制动液压缸　8—回转马达

原理动画

如图 9-23 所示，当液压马达顺时针转动过程中被制动时，液压马达进、出油口的油路被切断，上部转台的惯性作用会带动液压马达继续回转，这使得液压马达原进油口压力降低、原出油口压力升高，在此压差作用下，回转液压马达连同转台会反向摆动，而节流阀 2 和 10 的迟滞作用会使反转防止阀（防回摆阀 1、3）阀芯两端产生压力差，在此压力差作用下，反转防止阀 1、3 的阀芯左移，使液压马达的进、出油口相通，液压马达便会逐渐停止摆动。当液压马达完全停止摆动后，反转防止阀阀芯两端的压差趋于相等，阀芯在弹簧力的作用下回复原位，液压马达的进、出油口又被阻断，转台便完全停止转动。另外，该回转机构的制动方式为弹簧压紧液压分离式，只要回转控制阀回到中位，制动压力便释放，制动器中的压盘便会在弹簧作用下将回转液压马达制动，避免机器不工作时转台的自由转动。当先导控制手柄动作时，先导液压油会首先通向回转液压马达制动液压缸释放回转制动器，随后高压油才通向回转液压马达驱动转台转动。

9.4.4 工作装置控制系统

1. 动臂下降再生阀

动臂再生回路的作用是：在动臂下降过程中，使动臂液压缸大腔的回油补偿到动臂液压缸的活塞杆腔。如图 9-24 所示，当动臂手柄位于下降位置时，先导控制阀的油液进入动臂再生阀的左端，推动动臂再生阀内的阀芯向右移动。此时，动臂液压缸大腔的回油通过动臂再生阀阀芯上的节流缝隙到达单向阀，单向阀打开，使动臂的部分回油与另一台泵的油汇合并流入动臂液压缸活塞杆端。由于动臂再生阀的作用，动臂下降时可充分利用其自重产生的油压，使液压油返回到动臂液压缸有杆腔，可加快动臂的下降速度，同时由于节流孔的作用，动臂的下降速度也不至于过快。除动臂外，斗杆和铲斗的回路中也可设置相同原理的再生回路。

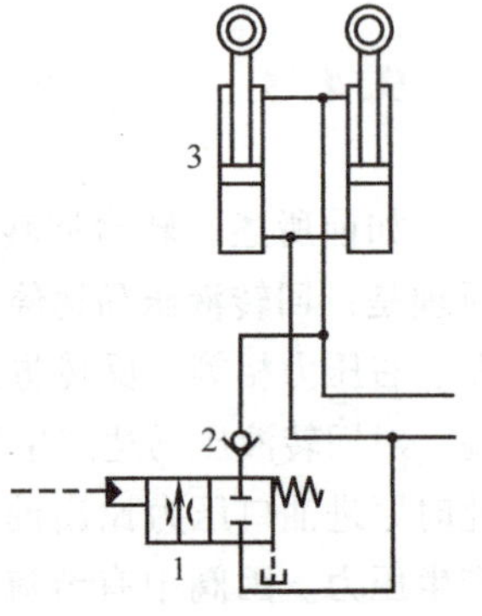

图 9-24 动臂下降再生回路
1—动臂再生阀 2—单向阀 3—动臂液压缸

2. 挖掘机动臂保持阀

液压挖掘机上的动臂保持阀的作用是防止动臂在自重作用下下降，它被安装在动臂液压缸缸底和动臂控制阀之间。动臂保持阀由安全阀、先导阀和主控制滑阀等组成，其工作原理与先导式溢流阀的原理基本相同。当动臂操纵杆回到中位时，动臂保持阀能够使动臂得以保持在原位。

3. 斗杆卷入再生回路

斗杆收进回路上设有再生回路，其工作原理与动臂再生回路相同，下降时可以充分利用自重产生的油压，使液压油返回到斗杆无杆腔，以加快下降速度。

9.5 液压挖掘机的控制系统

液压挖掘机控制系统主要是对发动机、液压泵、多路换向阀和执行元件（液压缸、液压马达）等所构成的动力系统进行控制。按控制功能，分为位置控制系统、速度控制系统和压力控制系统；按控制元件，分为发动机控制系统、液压泵控制系统、换向阀控制系统、执行元件控制系统和整机控制系统等。

液压挖掘机液压控制系统根据所取功率放大元件的不同分为泵控系统和阀控系统。泵控系统又称为容积式调速系统，它是以液压伺服泵（变量泵或变量马达）为功率放大元件，通过变量泵或变量马达的排量来调节执行元件的动作速度。理论上，泵控系统输出的液压油完全进入执行元件，没有溢流损失和节流损失，且工作压力随负载压力自动变化，效率高，发热小，但动态特性较差，且结构复杂，成本高。阀控系统又称为节流调速系统，它是通过改变回路中流量控制元件通流面积的大小来控制流入或流出执行元件的流量，进而调节速度。阀控系统的基本元件是节流阀再辅以溢流阀，但随着液压技术的发展，现代液压系统大多以伺服阀（电液伺服阀和电液比例阀）为功率放大元件，由伺服阀来控制进入执行元件的流量，从而控制其速度。阀控系统结构简单紧凑，动态特性好，但功率损失大，因而系统发热大。为了克服上述系统的缺点，20 世纪 90 年代，负载传感系统被开发出来，其基本原理是用压力补偿型变量泵给系统供油、用流量控制元件确定进入执行元件的流量以调节执行元件的速度，并使变量泵的输出流量自动与执行元件的所需流量相适应。这种控制系统没有溢流损失，可以保证各执行元件协调、稳定地动作，且效率高，目前在液压挖掘机上获得了广泛应用。

9.5.1　先导型控制系统

液压挖掘机操纵系统是用来操作并完成挖掘机的各种动作的重要环节。挖掘作业中，操作人员通过操纵系统控制油液流动方向并驱动各执行元件动作，同时，驾驶员还可以根据现场作业情况通过操纵系统来控制作业速度。

液压挖掘机操纵系统应满足的基本要求为：作业操纵系统要集中布置在驾驶室内，并符合人机工程学；作业操纵时的启动和制动应平稳，易于控制其速度和力量；操纵简单、轻便和直观，并易于实现复合动作；操纵机构的杠杆变形要小，机构组成的间隙和空行程要小；操作手柄和脚踏板的数量少，最好可以手脚联动，便于操作人员做复合操作；驾驶室应有良好的视野，应保证在 −40°~50°的范围内操作性能正常；对发动机及主要零部件的运行状态要有必要的反馈信息显示仪表。根据上述要求，目前大多数液压挖掘机的操作手柄及踏板布置位置如图 9-25 所示。

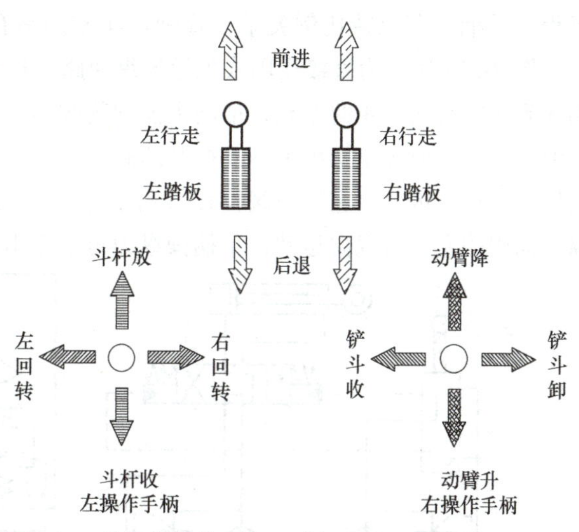

图 9-25　挖掘机操作手柄、踏板位置及操作动作示意图

换向阀的控制方式有直动型和先导型两大类，其中，由于直动型操作力很大且不能实现要求的控制特性，现已很少采用。先导型控制方式又分为机液先导型和电液先导型两大类，其中，机液先导型在中小型液压挖掘机上应用较多，电液先导型多用于大型液压挖掘机中，以下分别介绍其结构和工作原理。

1. 机液先导操纵系统

机液先导型是用手柄操作先导阀，由先导阀控制先导油液，再由先导油液控制换向阀，最后控制工作装置的控制方式。机液先导型的工作原理如图 9-26 所示。图 9-26 中 2 为阀体，独立的控制液压泵 1 将控制油经二位阀 7、单向阀 5 供向先导阀口 A，在图 9-26 所示位置时腔 A 与腔 B 相通，控制油液经腔 A、腔 B 流向主换向阀 6 的端部，推动主换向阀阀芯移动，从而控制执行元件动作。同时，控制油液沿着先导阀阀体内油道 E 进入阀芯 3 的底部油腔 D，对阀芯 3 底部施加向上的推力 F_0。控制油还经过单向阀 5 流入蓄能器 8，当腔 A 闭塞、蓄能器压力增大到一定值时，推动二位阀 7 的阀芯上移，使液压泵输出的控制油经二位阀 7 流回油箱，液压泵 1 卸荷。在主回路换向阀弹簧 9 的作用下，A、B、C、D 腔的压力升高，使阀芯 3 下端推力 F_0 加大，该力足够大时，推动阀芯 3 上移，封闭了 A、B 腔的通路，使 B、C 腔相通，控制油从 C 腔流回油箱。若手柄操纵力继续作用在先导阀上，力 F 通过弹簧 4 迫使阀芯 3 下移，使 A、B 腔重新相通。这样，随着主回路换向阀弹簧 9 的压缩，先导阀 D 腔中油液对阀芯 3 底部的推力增大，为克服此推力，需要相应增大作用在弹簧 4 上的操纵力 F，形成与手柄行程成比例增加的二次压力，从而使换向阀 6 的行程与手柄行程保持比例关系，驾驶员实施的是有感操纵。

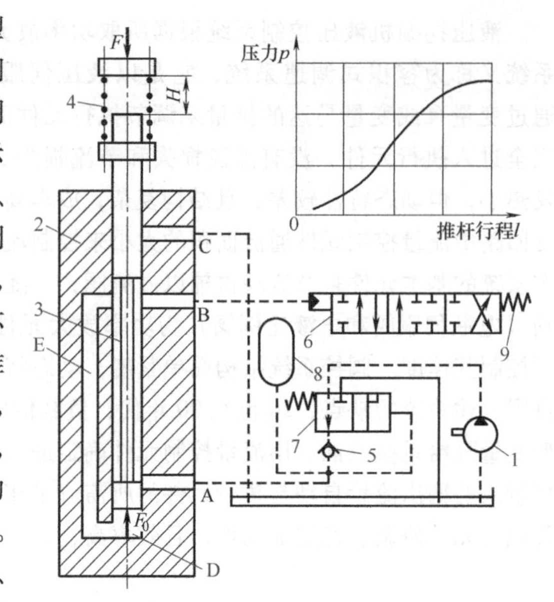

图 9-26　先导操纵的工作原理及特性曲线

1—液压泵　2—阀体　3—阀芯　4—弹簧　5—单向阀　6—主换向阀　7—二位阀　8—蓄能器　9—弹簧

图 9-27a 所示为直接作用式先导操纵回路，控制泵 1 将控制油供向先导阀 3，然后从先导阀 3 到达主换向阀 4 的左端，推动主控制阀阀芯右移，使液压缸 5 缩回。从先导阀 3 出来的控制油压力大小取决于操纵手柄 6 控制的阀芯移动行程，而主回路换向阀的行程又取决于控制油的压力大小，因此，主换向阀行程与先导阀行程保持近似的比例关系。这种先导阀一个即可操纵换向阀的左、右双向运动，手柄操纵力可小于 10N，在大型液压挖掘机上应用较多。

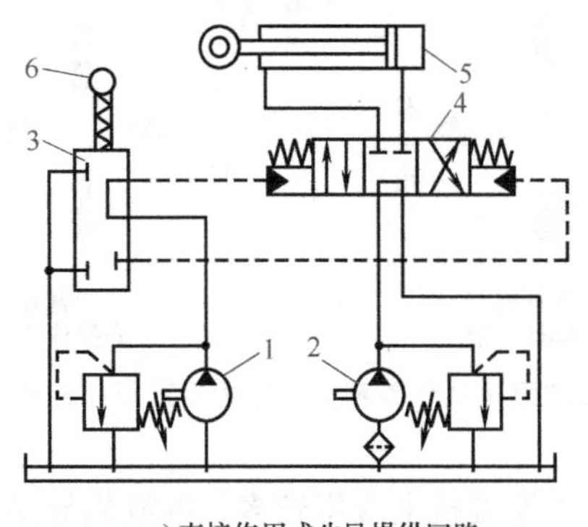

a) 直接作用式先导操纵回路

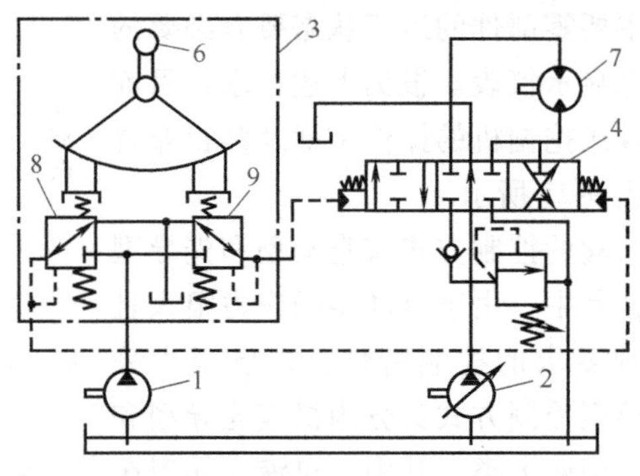

b) 减压阀式先导操纵回路

图 9-27　先导操纵回路

1—控制泵　2—主泵　3—先导阀　4—主换向阀　5—液压缸　6—操纵手柄　7—液压马达　8、9—小阀

图9-27b所示为减压阀式先导操纵回路，控制泵1将控制油供向先导阀3，然后从先导阀3到达主换向阀4的左、右两端，推动主换向阀4的阀芯左、右移动，使执行元件（液压马达7）工作。通向主控制阀的控制油压力同时会反馈到先导阀3中小阀8、9的底部，形成控制油的压力反馈，使主换向阀4的阀芯行程与操纵手柄6的行程成比例关系，实现有感操纵并保证操纵的灵敏性和可靠性。先导阀由成对的小阀8和9组成，分别操纵主换向阀的两端，以实现主换向阀阀芯的左、右移动。这种先导阀的手柄操纵力可小于30N，被广泛应用在各型液压挖掘机上。

液压挖掘机的先导操纵回路可以是独立回路，也可以从主油路系统引出。目前，大多数液压挖掘机采用的是独立液压操纵回路，由一台小型定量泵提供动力，控制回路压力一般不超过3MPa，液压泵流量在20L/min左右。为简化驾驶员操纵并便于执行元件的复合动作，现代液压挖掘机多采用双手柄操纵系统，即用两个手柄来操纵挖掘机的四个基本作业动作，如图9-25所示。

综上所述，机液先导操纵的优点为操纵轻便，驾驶员操作手柄的力一般在25N以内，减轻了驾驶员的工作强度并提高了生产率；结构简单，尺寸小，传动介质与主液压系统相同；可与主控制阀分开设置，便于布置；可自行组成完整的独立控制系统，适用于一切采用液压传动的工程机械。但由于先导操纵压力，受管路阻力影响，响应速度较慢，因而降低了控制精度，故操纵距离不宜太长。

2. 电液先导型操纵系统

电液先导型操纵回路的核心部件是电液伺服阀，它是一种将电气信号转换液压信号以实现液压系统压力与流量控制的转换装置，即由比例式或数字式电动机转换器操纵先导阀，再由先导油液控制主换向阀动作。它充分发挥电气信号传递快、线路连接方便、适于远距离控制且便于测量、比较和校正，以及液压传动输出功率大、惯性小和反应快等优点，如此结合，电液先导控制成为一种控制灵活、准确、精度高、反应灵敏、输出功率大的控制系统，且适合于计算机集中控制和自动化控制，是未来的发展方向。

图9-28所示为一种电液先导型控制系统的工作原理示意图，目前在大中型液压挖掘机上应用较多。

挖掘机先导控制系统的功能包括：通过压力信号实现发动机转速的自动控制，并在无液压操作时自动降低发动机转速；解除回转停车制动；按照液压系统载荷的大小自动提高或降低行驶速度；控制直驶控制阀，使工作装置操作进行期间保持直驶；控制装载或挖掘过程中阀类的各种动作。

9.5.2　负流量控制系统

挖掘机液压系统的流量匹配方式主要有三种：节流调速系统、负流量控制系统和正流量控制系统。

节流调速系统一般是采用定量泵供油的阀控调速系统，泵的出口油液经主阀芯分别与执行元件和油箱连通。主泵流向执行元件的流量与由溢流阀流入油箱的流量成相反的变化趋势。当流入执行元件的流量增加时，由溢流阀进入油箱的油液就减少；反之，当流入执行元件的流量减少时，由溢流阀进入油箱的油液就增加，损失就加大。由于无论操作手柄如何动作，泵的流量都保持恒定，因此为了使挖掘机具有较高的工作速度，定量泵的流量往往与执

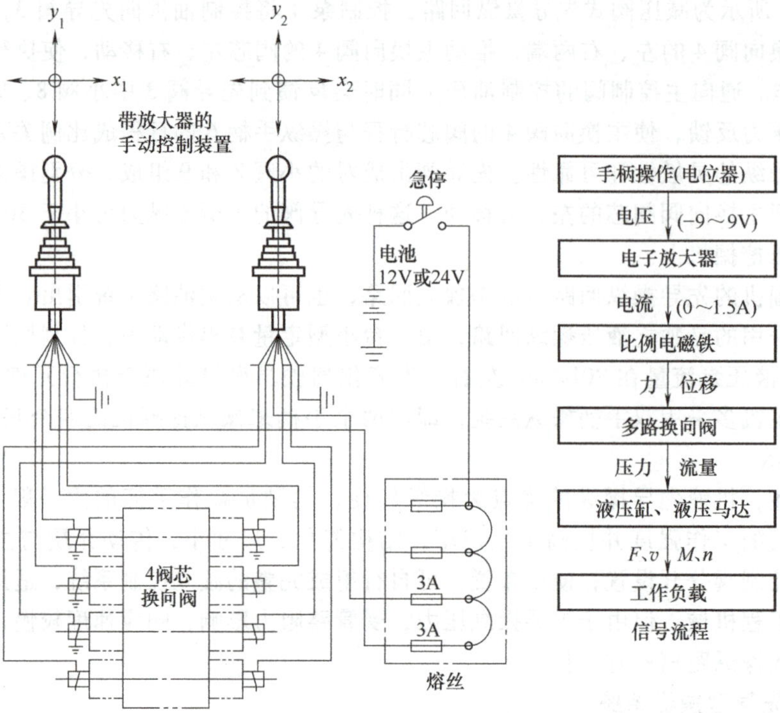

图 9-28　电液先导型控制系统及信号流程图

行元件的最高速度相匹配。但当执行元件由高流量需求变为低流量需求时，系统的剩余流量就会全部经溢流阀流回油箱，所以系统的流量和功率浪费比较严重。虽然由定量泵驱动的阀控调速系统结构简单，工作可靠，控制方便，制造成本低，但由于其使用经济性差，在中、大型挖掘机上已极少采用，而只在经济性要求不高的小型挖掘机上有部分采用。

图 9-29 所示为目前被广泛应用的负流量控制系统，它是变量泵驱动的阀控系统，是在节流调速系统的基础上，由变量泵 1 及其变量调节机构 2 和在主阀到油箱通路上增加的节流阀 3 组成的。泵变量调节机构 2 的控制压力为节流阀 3 的阀前压力，因此，变量泵的排量由节流阀 3 的阀前压力调定。通过节流阀 3 的流量越大，则节流阀前先导压力（泵变量调节机构控制压力）越大，泵的排量越小，即先导压力与泵排量成反比关系，故称为负流量控制。负流量控制系统能够使从主控制阀中位回到油箱而浪费的流量得到有效控制，并可将其限制在尽可能小的范围内，从而大大降低液压系统的能耗。

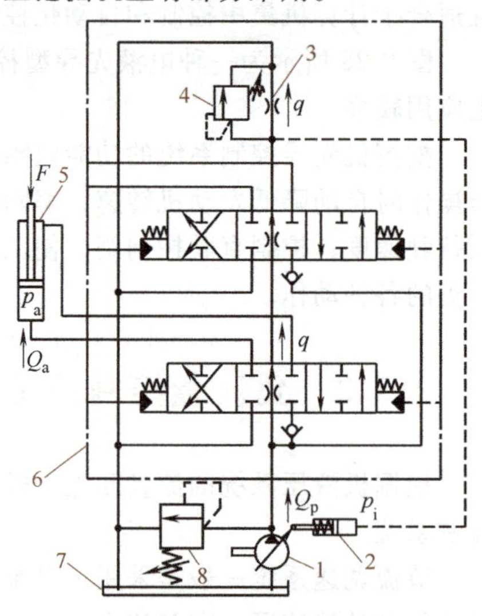

图 9-29　负流量控制系统

1—变量泵　2—变量调节机构　3—节流阀　4—溢流阀　5—液压缸　6—主控制阀组　7—油箱　8—主安全阀

当驾驶员加大手柄偏角时，来自先导阀的先导压力推动主控制阀阀芯移动，主泵流向执行元件的流量增大，执行元件的速度也相应加快，而流向油箱的流量减小，使节流阀 3 的阀前压力降低，变量泵 1 的排量在调节机构 2 的弹簧力作用下增加。当手柄偏角减小时，主控制阀节流口减小，变量泵 1 的流量更多地通过节流阀 3 流回油箱，节流阀 3 的阀前压力增大，使变量泵 1 的排量减小而降低供油量。与节流调速系统相比，该系统使流量和功率损失大大降低，但压力损失情况没有发生改变，因为主阀到执行元件之间和主泵出口到油箱之间仍有压降，因此，负流量控制系统的优点集中体现在对流量损失控制上。

变量泵的排量调节机构的调节作用使负流控制系统成为闭环控制系统，当执行元件的流量需求发生变化时，流量变化信息及时反馈到主泵调节机构，使系统的流量重新达到平衡。负流量控制系统中流量的动态匹配基本上保证了液压系统的经济性，但由于反馈所经过的中间环节较多，系统流量的匹配精度和时间响应成了主要问题。这种控制方式经过的中间环节包括手柄的动作、先导阀压力的改变、主阀位移的改变、主阀到油箱流量的改变、控制主泵调节机构控制压力的改变、主泵排量和流量的改变、适应先导压力改变造成的执行元件流量需求改变，如此多的环节会引起较严重的响应滞后，进而降低系统流量的匹配精度。可见，负流量控制系统虽然可以明显改善功率利用率，但其控制的实时性和准确性较差，改善这些特性应从系统流量信息反馈点的选取上着手，正流量控制系统可解决这些问题。

9.5.3　正流量控制系统

正流量控制系统如图 9-30 所示，它是在负流量控制系统的基础上改变反馈压力的选取点而构成的。正流量控制系统直接利用了操作手柄的先导压力来控制主泵排量，并使主泵的排量随液压泵变量机构的先导压力的上升而增加，故称为正流量控制系统。操纵手柄的先导压力同时并联控制主液压泵的摆角（排量）和主换向阀阀芯的位移，对先导压力的调节在控制了换向阀的同时改变了主泵的排量，克服了负流量控制系统中间环节过多、响应时间过长的问题。

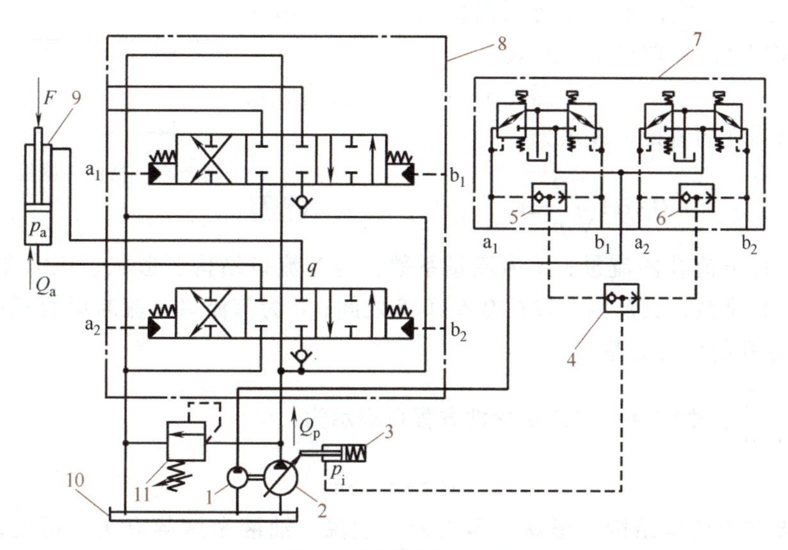

图 9-30　正流量控制系统

1—控制泵　2—主泵　3—变量调节机构　4~6—梭阀　7—先导阀
8—主控制阀组　9—液压缸　10—油箱　11—主安全阀

如图 9-30 所示，该系统采用了普通的 3 位 6 通阀组，中位卸荷。通过梭阀 5、6 和 4 检测出先导阀输出油口 a_1、b_1、a_2、b_2 的最高压力，把它输出到主液压泵的变量调节机构以控制主泵的排量。当操纵手柄在中位时，执行元件不工作，泵变量调节机构内无先导压力，变量泵摆角最小，只输出极小的流量。如果操作手柄偏转一定角度使执行元件动作，则首先在先导油路中建立起一个与手柄偏转角成正比的先导压力，该压力同时开启主换向阀并调节主泵的排量，主泵流量及由此产生的执行元件的动作速度与操纵手柄的偏转角成比例。由于主泵只输出执行元件所需的流量，因此系统能量损失小，发热少。合理配置主换向阀对先导压力的响应时间和主泵对先导压力的响应时间，理论上可以实现主泵流量供给对主换向阀流量需求的实时响应。因此，正流量控制系统不但功率损失小，还具有响应快速、流量匹配精度高等优点。但是，由于正流量控制系统引入了较多的梭阀，结构较为复杂，而且流量在一定程度上会受到负载影响，尤其是随发动机转速变化时，系统的调速稳定性无法得到保证，这是正流量控制系统的主要缺陷所在。而一个具有良好调速性能的系统，其调速稳定性应当与负载及发动机转速变化无关，并且当各部件做复合动作时应当协调一致、彼此间无速度干扰才行，而正流量系统中泵的排量取决于各先导压力中的最高值，因此难以保证各机构的协调动作，还需要加以改进。

9.5.4 负载传感控制系统

1. 负载传感控制的基本原理

阀控系统实质上是节流控制系统，例如，目前在液压挖掘机上广泛采用三位六通多路阀，其中滑阀的微调性能和复合操作性能差。采用负载传感控制系统，其控制阀不论是中位开式方式还是中位闭式方式，都附带有压力补偿阀，使进入执行元件的油液流量不受负载影响，在保证复合动作的同时，又可使各执行元件互不干涉，结合液压泵控制系统，功率利用率高。20 世纪 90 年代以来，在液压挖掘机上开始采用这种负载传感控制系统，取得了良好效果。

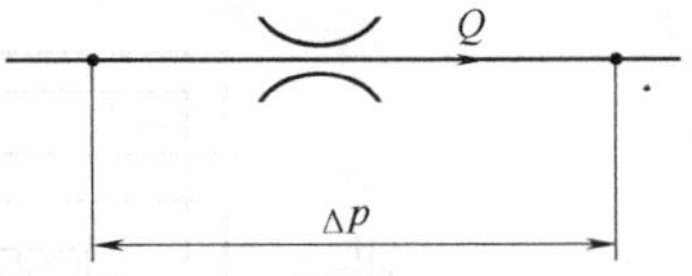

负载传感控制的基本原理如图 9-31 所示，根据伯努利方程，通过节流孔的流量可表示为

$$Q=\alpha A\sqrt{\frac{2}{\rho}\Delta p} \tag{9-7}$$

图 9-31　负载传感控制的基本原理

式中，Q 为通过节流孔的流量；α 为流量系数，与节流口结构、形状、压力差、油温等有关，可近似看作常数，其范围一般在 0.6~0.8 之间；A 为节流口过流断面面积；ρ 为油液密度；Δp 为节流孔前后压力差。

设 $K=\alpha\sqrt{\frac{2}{\rho}}$，则节流孔的流量特性方程可表示为

$$Q=KA\sqrt{\Delta p} \tag{9-8}$$

式中，系数 K 与节流口结构、形状、压力差、油温、油液密度等有关，可近似看作常数。由式（9-8）可知，通过节流孔的流量 Q 是过流断面面积 A、节流孔前后压力差 Δp 的函数，若 Δp 恒定，则 $Q=f(A)$，即通过节流孔的流量不受负载变化影响，正比于通流面积，这便

是负载传感控制的基本原理。

图9-32a、b所示分别为采用定量泵的中位开式负载传感系统和采用变量泵的中位闭式负载传感系统。系统中，主泵的出口压力为p_p，执行元件的负载压力为p_1，主泵的输出流量为Q_p，主泵的输出流量通过主阀节流孔进入执行元件（马达或液压缸）。主阀节流孔两端的压差为$\Delta p=p_p-p_1$，p_p作用在压力补偿阀（负载传感阀）下端，p_1和弹簧力F_s共同作用在压力补偿阀上端，压力补偿阀上端的开口面积为A_k。

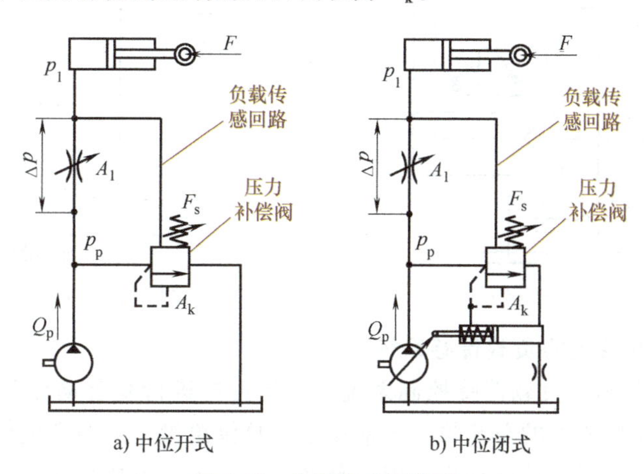

图9-32　负载传感系统图

当压力补偿阀受力平衡时，满足

$$p_p-p_1=\Delta p=\frac{F_s}{A_k}=定值 \tag{9-9}$$

此时，主泵维持一定的排量。

对于图9-32a所示情况，如果主阀节流孔开度A_1发生变化，则流入执行元件的流量将随之发生变化，此时，动态的Δp将大于或小于F_s/A_k，为恢复平衡，压力补偿阀的弹簧力F_s和开度A_k也随之发生变化，重新使$\Delta p=F_s/A_k$=定值，但由于压力补偿阀的开口面积A_k改变了，因此通过它流入油箱的流量也发生了相应的改变。

对于图9-32b所示情况，如果主阀节流孔开度A_1发生变化，动态的Δp将大于或小于F_s/A_k，为恢复平衡，压力补偿阀会通过变量泵调节机构自动调节主泵排量，进而改变主泵的输出流量，重新使$\Delta p=F_s/A_k$=定值。

压力补偿阀中的弹簧力F_s决定了主阀节流孔A_1处的压差Δp恒定不变，从而使进入执行元件（液压马达或液压缸）的流量正比于主阀的节流孔面积A_1，而多余的流量则通过压力补偿阀直接返回到油箱。

如上所述，当主泵所泵出的流量超过执行元件所需要的流量时，多余的油液将经过压力补偿阀返回油箱，油液在流经节流口时将压力能变为热能，只解决了滑阀的微调性能和复合操作性能问题，而没有解决节能问题。

2. 完全负载传感系统

图9-33所示为一种完全负载传感控制系统，采用由负载传感控制阀和负载传感变量泵组成的完全负载传感控制系统可以将主泵的输出流量调节至执行元件所需要的流量，如图9-34特性曲线所示，使主泵的输出流量始终等于执行元件需要的流量，系统基本无溢流

损失，从而解决了节能问题。在这种系统中，主泵的出口压力略高于负载压力，其压差在2MPa以内，即只有小部分能量损失。

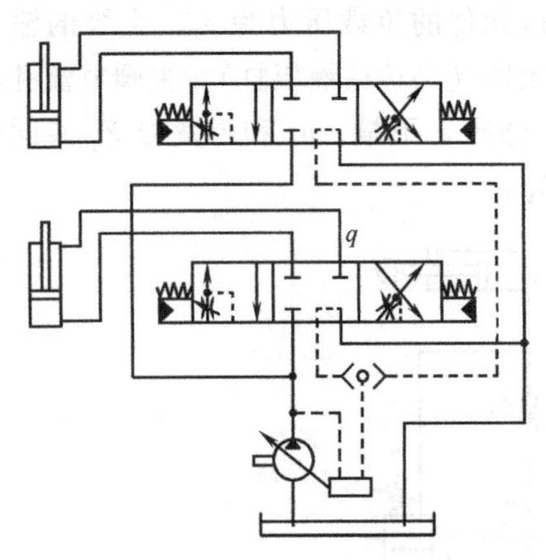

图 9-33　完全负载传感控制系统

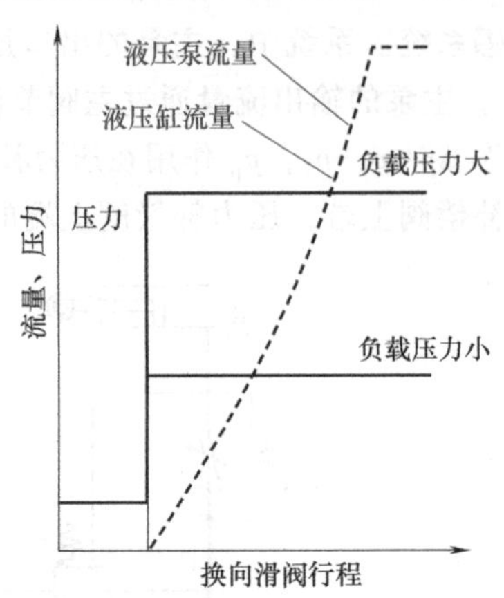

图 9-34　完全负载传感系统特性曲线

3. 带次级压力补偿阀的负载传感系统

图9-35所示为基本型负载传感控制系统，当挖掘机进行复合动作时，多个执行元件同时工作，如果执行元件所需的总流量大于液压泵的总供给量，则会产生供油不足现象，这就不能保证正在工作的执行元件的动作速度与负载压力无关，各执行元件的动作协调性也会受到影响。由于基本型负载传感控制系统中各执行元件的所需流量取决于各自的压差和各自的主阀节流孔面积，即 $Q_1=KA_1\sqrt{\Delta p_1}$，$Q_2=KA_2\sqrt{\Delta p_2}$，而 $\Delta p_1=p_p-p_1$，$\Delta p_2=p_p-p_2$，各执行元件的负载并不相等，因此 $\Delta p_1\neq\Delta p_2$。当 $Q_p<\sum Q$ 时，负载较小的执行元件可能需要较多的流量，但由于梭阀的作用，主泵的供油量是按照负载最大的执行元件的负载压力减少的，这会引起负载较小的执行元件供油量不足，进而会导致整个系统供油量不足，并引起各部件动作不协调。为此，博士力士乐公司开发了一种负载传感分流器LUDV（Last Unabhangige Durchfluss Verteilung）系统，解决了上述问题。

图9-36所示为带次级压力补偿阀的负载传感系统，即LUDV系统。相较于图9-35所示

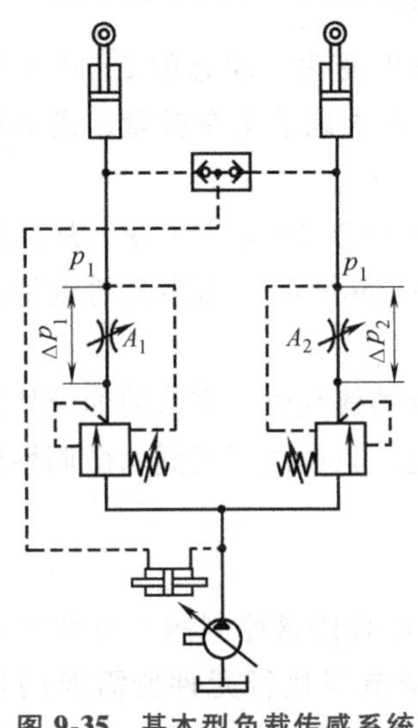

图 9-35　基本型负载传感系统

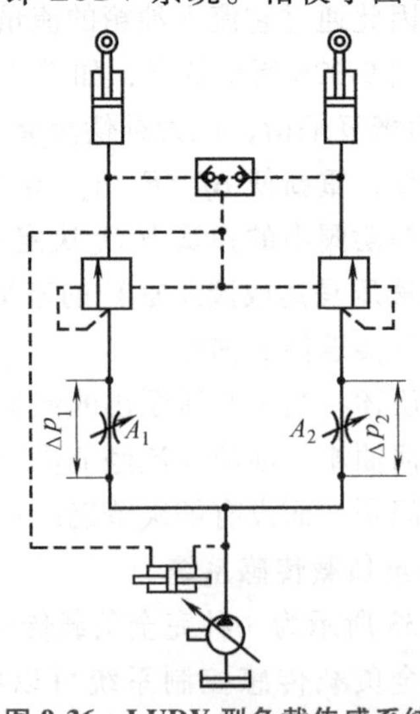

图 9-36　LUDV 型负载传感系统

的基本型负载传感系统，LUDV 系统中的压力补偿阀被置于主阀节流孔 A_1、A_2 之后，故被称为“带次级压力补偿阀的负载传感系统”。在此系统中，通过梭阀的作用，最高负载压力不但被反馈到变量泵上，也被反馈到各个执行元件的压力补偿阀上，使执行元件的节流孔压差始终保持相等，在图 9-36 所示回路中，$\Delta p_1=\Delta p_2$，这样就保证了各执行元件所获得的流量始终与节流孔面积成正比，使所有执行元件以相同速比减速，从而保证各执行元件动作的协调性。

LUDV 系统由一台变量泵为工作装置、行走装置和回转系统提供液压动力，所有执行元件都能按照驾驶员预设的运动轨迹始终独立平稳地工作，而与负载和泵流量大小无关。此外，该系统还作为分流器应用于履带式起重机上，保证履带式起重机三个独立动作（回转、变幅和起升）的协调性。

综合以上分析，与传统的液压系统相比，负载传感控制系统中定量泵的流量全部作用于负载，无溢流损失，能够降低挖掘机的能耗；执行元件的动作速度不受负载变化的影响，提高了控制精度，保证了复合动作的协调性。

9.6 液压系统的设计及性能分析

挖掘机液压系统的设计及性能分析要点包括系统结构与功能设计、系统主参数设计计算及液压元件的选择、系统性能校核及系统辅助元件的选择等，需要根据系统应具备的各项功能确定系统压力、最大流量、主要液压元件，并对系统损失及效率进行分析和热平衡计算。

9.6.1 明确设计要求、分析工况特征

液压挖掘机主机对液压系统的基本要求首先是满足负载的变化规律，具体要求包括挖掘过程中对挖掘力的要求、动臂举升过程中对举升力矩和速度的要求、转台回转时的回转力矩及转速要求、整机行走对两侧驱动轮的驱动力矩和转速要求等。在明确设计要求的基础上，应对主机进行工况分析，分析内容包括各部件的运动分析和动力学分析，复杂的系统还需编制负载和动作循环图，由此掌握各执行元件的负载和速度变化规律。通常从分析作业过程中各执行元件的最大负载及最大功率着手，以其峰值作为系统设计的依据。

1. 液压泵的负载规律

图 9-37 所示为双泵双回路挖掘机的液压泵实测负载曲线，可以看出，当将泵 1、泵 2 压力变化曲线叠加时，在挖掘阶段（Ⅰ+Ⅱ）和提臂加满斗回转阶段（Ⅲ+Ⅳ）的负载较大，因此可以根据这两个工况来确定系统压力、最大流量和发动机及液压泵的功率，以满足挖掘机的正常作业需求。在设计初期根据最常见的工况进行综合判断，得出负载峰值范围及其变化规律，并进行分析比较，来作为设计的依据。待满足主要的作业工况需求后，再考虑其他附加功能及工况需求。

掌握挖掘机各执行元件的运动规律和负载情况应从运动分析和动力学分析入手。运动分析可用位移循环图（L-t）和速度循环图（v-t）表示。对液压缸来说，其位移循环图为液压

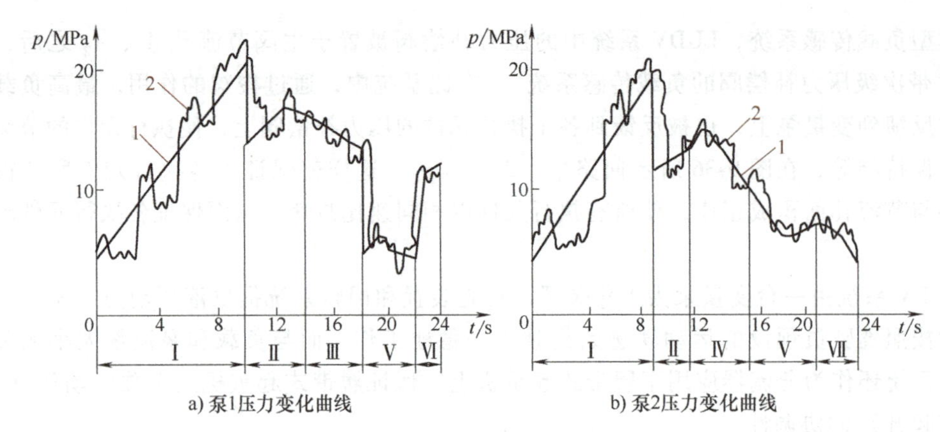

图 9-37　液压挖掘机液压泵负载图

1—平均负载　2—实际负载

Ⅰ—挖掘　Ⅱ—转斗　Ⅲ—转台满斗回传　Ⅳ—提臂　Ⅴ—卸载　Ⅵ—转台空斗返回　Ⅶ—降臂

缸活塞杆伸长量与时间的关系，而该曲线对时间的一阶导数可反映速度变化规律。动力学分析应将执行元件的运动和受力结合起来，分析运动过程中载荷的变化规律。

2. 液压缸的负载规律

液压挖掘机的工作装置一般都采用动臂液压缸、斗杆液压缸和铲斗液压缸来控制其动作；有的挖掘机还有推土铲，其升降动作也是液压驱动；此外，挖掘装载机的挖掘端工作装置的回转动作、伸缩臂的伸缩动作、轮胎式挖掘机的支腿动作等也是液压缸驱动。由于所驱动工作装置部件的不同，各液压缸的运动和动力学特性也不相同，因此，在设计初始阶段需要初步掌握这些液压缸的负载情况和要求。

液压缸的总负载包括自身重力、工作阻力、摩擦阻力、惯性阻力、密封阻力及回油阻力等，液压缸运动各个阶段的各种阻力表现会有所不同，应对不同阶段进行分段详细计算。对液压缸的流量和功率需求，可以通过绘制液压缸的负载-时间或负载-位移曲线，将各液压缸在同一时间（或位移）的阻力叠加，找出叠加后的最大负载和最大速度，将它们作为初选液压缸工作压力、所需流量和结构尺寸的依据。

3. 液压马达的负载规律

液压马达的负载规律取决于各机构的运行阻力大小及其变化规律，液压挖掘机的回转和行走系统中一般都采用液压马达，应根据具体情况区别对待其负载规律。对于回转液压马达和行走液压马达的阻力矩应按前面对应章节叙述来确定。

9.6.2　确定液压系统主要参数

液压系统的压力、流量及功率是液压系统的主参数，进行设计时，一般是先选定系统压力，然后根据所设计的执行元件的运动速度来确定流量，二者确定后，系统功率也就确定了。

液压系统工作压力应根据技术水平、可行性及经济性确定。外负载一定时，系统压力选得越高，液压元件的尺寸越小，结构越紧凑，但较高的工作压力对制造精度、装配工艺、密封性能和使用维护等的要求也较高，并且会增加液压振动和冲击，影响系统的可靠性及元件的使用寿命；同时，过高的系统压力需要元件及管路的壁厚尺寸很大，这样会反而增加元件的尺寸和重量。因此，确定系统压力的基本原则有：参考同类型、同等级、规格相近的机型或样机选取；考虑是否有相应压力等级的液压泵；考虑执行元件、各种阀类及其他辅助元件所能承受的工作压力；考虑制造能力、经济性、使用维护成本等因素。

目前，液压挖掘机所用工作压力及对应的吨位大致范围如下。

1）中高压：系统压力小于20MPa，主要用于机重小于15t，液压功率在40kW以下的小型挖掘机，现阶段已越来越趋向于采用更高的压力等级。

2）高压：系统压力小于32MPa，主要应用于中、大型机，各元件的技术水平、密封性能、经济性等能达到比较满意的平衡。

3）超高压系统：压力超过32MPa，对密封性能及元件的制造精度等要求大为提高，成本也随之提升，只有挖掘机总数的10%采用这一压力等级。

系统工作压力可综合考虑各因素，根据执行元件的最大负载来选取，在此基础上，根据最大负载和预估的系统及执行元件效率求出液压缸截面积、缸径和液压马达的排量，最后通过必要的性能分析、演算、修正并圆整后算出系统所需的最大流量，这样就可确定工作液压泵的主要参数（额定压力、最大排量、额定功率）。此外，在实际工作中也应考虑专业厂商、国际和国家标准，以便后期设备的购置和设计机型的配套。

9.6.3　液压系统方案的拟订

液压系统方案的拟订包括确定主回路的结构类型、主要液压元件的类型、控制方式等。其中，主回路的结构类型包括主回路油液循环方式，基本回路结构、调速方式等，需根据主机工作特点、负载情况及执行元件的工作速度等并参考同类机型确定。

1. 确定主回路的结构类型

（1）主回路油液循环方式　油液循环方式有开式和闭式两种，开式系统是目前液压挖掘机采用的主要循环方式，因其配有专门的液压油箱，在系统散热、过滤杂质等方面存在优势；闭式系统具有结构紧凑、效率高、可实现能量再生利用等优点，比较适合于回转机构。目前，大多数液压挖掘机采用工作装置的开式系统和回转机构的闭式系统相结合的方式。此外，为了保证各执行元件协调完成复合动作，一般对各执行元件回路采用并联布置，保证各执行元件可同时获得供油。

（2）回路调速方式　实现功率传递的调速回路，是系统的核心部分，其调速特性基本上决定了系统的性质、特点、用途、能耗水平和科技含量。调速回路有节流调速（阀控方式）、容积调速（泵控方式）及两者组合3种类型。容积调速具有效率高、调速范围大、发热和温升小等优点，但系统结构较复杂；节流调速具有结构简单、稳定性好等优势。综合上述两种调速方式的优势，绝大多数的挖掘机工作泵都采用变量泵，使系统供油量按照外负载大小自动改变，再辅以负流控制系统、负载传感系统等节流调速方式，以组合方式达到充分利用发动机功率、降低能耗的目的，同时保证各执行元件的协调动作，提高挖掘机的使用效率和作业精度。此外，还可将计算与信息技术引入其中，利用电子产品灵敏度高、响应速度快及便于集中控制的优点，大大提高挖掘机的整体性能。

(3) 基本回路　对执行元件进行运动方向、运动速度和压力进行控制，需要设置调速、限压、卸荷、缓冲补油、顺序动作、液压锁紧等基本回路，需要注意各回路之间的干涉问题，要在保证性能的基础上尽量简化。

(4) 操作控制方式　可以采用液压先导操作控制系统，也可采用电液比例式操作控制系统，液压先导操作控制系统的技术比较成熟，其经济性、操作便易性和精度均较好，是中小型液压挖掘机普遍采用的操作控制方式，在系统方案拟订时可优先考虑这种控制方式。

2. 确定主要液压元件的类型

工作液压泵是液压系统的心脏，其工作特性和可靠性与系统整体性能密切相关。为了充分利用发动机功率、达到节约能源、降低发热的目的，工作液压泵应首选变量泵，同时要考虑到系统工作过程中存在着过渡过程的动态压力，其值要比静态压力高出很多，因此所选液压泵的额定压力应比系统工作压力大25%以上，以使系统有一定的压力储备。对高压系统，压力储备取小值；对中低压系统，压力储备可取较大值。

执行元件的选择主要根据结构动能要求确定，对要求直线运动的工作装置用液压缸，对要求回转运动的回转机构和行走驱动轮用液压马达。对液压缸数量，一般小型机以下选用单动臂液压缸，中、大型机选用双动臂液压缸，斗杆液压缸和铲斗液压缸一般采用单缸；对特大型机，不仅动臂液压缸要采用双缸，斗杆液压缸和铲斗液压缸也可选择双缸，甚至多缸。

对回转液压马达，中小型机一般采用一台；大型机可选用多台，但应考虑多台回转液压马达工作时的同步问题。在回转机构中，为了保证足够的回转力矩、较高的传动效率及紧凑的结构，通常选择高速液压马达与行星减速机构组合的传动方式。

对行走液压马达，从机动性和空间布置上考虑，一般是左、右履带各采用一台液压马达驱动，并将其设置在不同的回路中。考虑到挖掘机在不同情况下对行驶速度的不同要求，可以采用变量液压马达，同时在行走液压马达输出轴上安装结构紧凑但传动比较大的行星减速机构以保证足够的牵引力。

9.6.4　系统初步计算及液压元件的选择

系统方案基本确定后，可以根据以下分析计算过程，初步确定主要元件的关键参数以实现元件选择，并分析系统的各项功能。

1. 液压缸的设计计算及其选择

液压缸的缸径 D 是根据选定的工作压力 p（近似为系统压力）和最大外负载 F_{max}，或者根据运动速度 v 和输入的流量 Q 按照相关计算得出基本结果，然后在GB/T 2348—2018中选取最靠近的标准值而得来的。液压缸有效作用面积 A_1（无杆腔面积）计算式为

$$A_1=\frac{F_{max}}{(p-p_0)\eta_j} \tag{9-10}$$

式中，F_{max} 为液压缸所承受的最大外负载（N）；p 为液压缸的工作压力（Pa）；p_0 为液压缸的回油背压（Pa）；η_j 为液压缸的机械效率，可取0.9~0.95。

缸径 D 为

$$D=2\sqrt{\frac{F_{max}}{\pi(p-p_0)\eta_j}} \tag{9-11}$$

液压缸的速度比定义为相同输入流量时有杆腔速度 v_2 与无杆腔速度 v_1 之比，即

$$\lambda_v=\frac{v_2}{v_1}=\frac{A_1}{A_2}=\frac{1}{1-\left(\frac{d}{D}\right)^2} \tag{9-12}$$

液压缸的活塞杆直径 d 按受力情况、缸径 D 及速度比 λ_v（单活塞杆）来确定，即

$$d=D\sqrt{\frac{\lambda_v-1}{\lambda_v}} \tag{9-13}$$

为了不使液压缸往复运动速度相差太大，一般推荐液压缸的速度比 $\lambda_v\leqslant 1.6$，另一方面，考虑液压缸的负载情况，当系统压力大于 7MPa 时，推荐活塞杆直径 $d=0.7D$。

液压缸所需流量根据工作装置的动作时间要求及活塞的移动速度确定，即

$$Q=\frac{A_1 v}{\eta_v}=\frac{\pi D^2 v}{4\eta_v} \tag{9-14}$$

式中，v 为液压缸的运动速度；η_v 为液压缸的容积效率。

在确定液压缸的主参数后，即可以对液压缸进行具体结构设计及选型。一般情况下，工程机械多采用双作用单活塞杆液压缸。在结构设计及选型完成后，一般还必须对液压缸进行强度校核、稳定性校核及缓冲计算，以保证液压缸能满足设计和使用要求。

2. 液压马达的设计计算及其选择

液压马达排量由其最大输出转矩（最大负载力矩）和进出口压力差确定，即

$$q=\frac{6.28M_{max}}{\Delta p\eta_j} \tag{9-15}$$

式中，M_{max} 为液压马达的负载力矩（N · m）；Δp 为液压马达进出口压力差（MPa）；η_j 为液压马达的机械效率，齿轮和柱塞式取 0.9~0.95，叶片式取 0.85~0.9。

对变量液压马达，式（9-15）得出的应为其最大排量。

液压马达所需的最大流量 Q_{max} 由其最高转速 n_{max} 和排量 q（变量液压马达为其最小排量）确定，即

$$Q_{max}=\frac{qn_{max}}{1000\eta_v} \tag{9-16}$$

式中，q 为液压马达排量（mL/r）；n_{max} 为液压马达的最高转速（r/min）；η_v 为液压马达的容积效率。

根据上述计算结果可以选择液压马达的定型产品。对定量系统，行走液压马达最好选用双速类型，以便调节牵引力和行走速度；对变量系统，可根据方案布置选择高速液压马达或低速大转矩液压马达。此外，在选用时还应考虑马达的最高工作转速、额定压力及安装尺寸。

3. 液压泵的参数确定及其选择

液压泵的主要参数包括额定压力、最大流量、最大排量（变量泵）及最大输入转矩等，这些参数也是选择液压泵的依据。

（1）确定液压泵的额定压力 p_p 液压泵额定压力根据液压执行元件所需最大压力 p 和液压泵出口到液压执行元件的压力损失 Δp 确定，有

$$p_p \geqslant k(p+\Delta p) \tag{9-17}$$

式中，k 为液压泵的储备系数，一般取 $k=1.05\sim1.25$；Δp 为液压泵出口到液压执行元件的压力损失，包括油液流经各种阀及其他液压元件的局部压力损失、各类管路的沿程压力损失等。对管路简单的节流阀调速系统，一般取 $\Delta p=0.2\sim0.5\text{MPa}$；对采用调速阀及管路复杂的系统，一般取 $\Delta p=0.5\sim1.5\text{MPa}$。

（2）确定液压泵的最大流量 Q_p　液压泵的最大流量是根据液压泵同时驱动多个执行元件时所需的最大流量并考虑液压泵磨损后容积效率的下降及系统的泄漏来确定的，有

$$Q_p=k(\sum Q)_{max} \tag{9-18}$$

式中，k 为系统泄漏系数，一般取 $k=1.1\sim1.3$，大流量取小值，小流量取大值；$(\sum Q)_{max}$ 为同时动作的执行元件所需的最大总流量。

（3）确定液压泵的最大排量　液压泵的最大排量取决于其最大流量及最大流量对应的转速（可取其额定转速）、容积效率等，可按以下两种方式选择。

1）按液压泵最大流量和额定转速选择，有

$$q_{pmax}=\frac{1000Q_p}{zn_p\eta_v} \tag{9-19}$$

式中，Q_p 为液压泵的最大总流量（L/min）；z 为液压泵数量；n_p 为液压泵额定转速（r/min）；η_v 为液压泵的容积效率。

2）按液压泵最大流量和发动机额定转速选择，有

$$q_{pmax}=\frac{1000Q_pi}{zn_e\eta_v} \tag{9-20}$$

式中，n_e 为发动机额定转速（r/min）；i 为发动机到液压泵输入轴之间的传动比。

3）计算液压泵的功率。当以上参数都确定后，就可计算液压泵所需的功率，有

$$P_p=\frac{p_pQ_P}{60\eta_j\eta_vR} \tag{9-21}$$

式中，Q_p 为液压泵的最大总流量（L/min）；p_p 为液压泵的额定压力（MPa）；η_v 为液压泵的容积效率；η_j 为液压泵的机械效率；R 为液压泵的变量系数，对定量泵取 $R=1$，对变量泵应按照实际情况选取。

4）选择液压泵的规格。根据以上所计算的液压泵额定压力 p_p 和最大流量 Q_p，通过查阅液压元件产品样本选择与之相当的液压泵规格型号。

4. 发动机功率的选择

发动机的输出功率包括系统中各元件及系统的功率消耗，包括主泵、先导泵、散热系统、照明系统、通风及空调系统、轮胎式挖掘机的转向系统、闭式系统的补油泵以及其他辅助系统的功率消耗。

对变量系统，考虑到变量泵经常在满负载情况下工作，功率利用率比较高，为保证发动机有必要的功率储备，延长发动机的使用寿命，并考虑到上述辅助系统的功率消耗，发动机功率初选经验公式为

$$P=(1.0\sim1.3)P_y \tag{9-22}$$

对定量系统，考虑到发动机功率利用率较低，损失较大，为降低功率浪费和系统发热，发动机功率可取得低些。例如，对双泵双回路定量系统，发动机功率初选经验公式为

$$P=(0.8\sim1.1)P_y \tag{9-23}$$

按照标准斗容量选择，对定量系统，有

$$P=95q \tag{9-24}$$

对变量系统，有

$$P=74q \tag{9-25}$$

式中，q 为挖掘机的标准斗容量（m^3）

在初选发动机功率时，除以上方法外，还可参考现有样机用比拟法确定。

5. 阀类元件的选择

阀类元件决定了液压泵向各个执行元件的供油方式和路线、各部件单独动作和复合动作时流量的分配情况、各执行元件的运动学和动力学特性以及整机的操纵性能，因此各种阀类元件的功能与结构的设计是液压系统设计中最重要和最复杂的内容。泵、马达、液压缸等多数是标准件或与配套厂商协作定制的成熟元器件，这些元器件只要根据系统要求确定主参数，进行结构选型设计即可。

阀类元件选择应注意阀的作用和工作特点、系统压力及阀承受的最大压力、阀的最大通流量、阀安装位置和固定方式、阀的压力损失、阀的工作性能参数和适用性等。同时还应注意应尽量选用标准定型产品，除非特殊情况或必要时才自行设计，其规格主要根据油液流经该阀时的最大压力和最大流量选取，确定型号时首先确定阀所承受的压力和流量最大值，然后从产品样本中选择所需阀的通径和压力。一般情况下，控制阀的额定流量应比系统管路实际通过的流量大一些，必要时，允许通过阀的最大流量超过其额定流量的 20%。对可靠性要求高的系统，为保证使用压力小于阀的标定压力，压力阀压力应使上述两种压力比较接近。

6. 管路和管接头的选择

液压系统中使用的油管可分为硬管和软管，硬管有无缝钢管、不锈钢管、铜管等，软管有橡胶软管、尼龙软管、金属软管、塑料软管等。无缝钢管适合于中高压系统，焊接钢管适合于低压系统。铜管有纯铜管和黄铜管两种，纯铜管易弯曲，便于装配，但承压能力较低，在 6.5~10MPa 以下；黄铜管不易弯曲，但承压能力较高，可达 25MPa。铜管抗振能力弱，易使油液氧化，应用较少。高压橡胶软管中夹有钢丝编织物，可承受一定的高压，尼龙管承压能力为 2.5~8MPa，多用于低压管道。橡胶软管耐高温能力较差，一般不超过 150℃；其弹性变形特性使软管能吸收压力脉动和冲击，但容易引起运动部件爬行，所以不宜装在液压缸和调速阀之间。选择油管时主要考虑其应具有足够的通流截面和承压能力，同时，应尽量缩短管路，避免急转弯和截面突变，以降低其压力损失。

选择油管时除根据使用场合考虑其类型和材质外，还要计算其主要尺寸参数，即管的内径和壁厚，然后按标准和专业厂商样本规格选取。

油管内径 d 的表达式为

$$d=4.6\sqrt{\frac{Q}{\pi v}} \tag{9-26}$$

式中，Q 为通过油管的最大流量（L/min）；v 为管道内允许的流速（m/s），一般吸油管取 $v=0.5\sim1.5$m/s，压力油管取 $v=2\sim5$m/s，回油管取 $v=1.5\sim2.5$m/s，短管和局部收缩处 $v\leqslant 10$m/s。

按式（9-26）计算的油管直径还需要按标准进行圆整。

金属油管的壁厚 δ 的表达式为

$$\delta=\frac{pd}{2[\sigma]} \tag{9-27}$$

式中，p 为最大工作压力（MPa）；d 为油管内径（m）；$[\sigma]$ 为油管材料的许用抗拉强度（MPa）。

对钢管，$[\sigma]=\sigma_b/n$，σ_b 为材料的抗拉强度（MPa），n 为安全系数，当 $p<7$MPa 时取 $n=8$，当 $p<17.5$MPa 时取 $n=6$，当 $p>17.5$MPa 时取 $n=4$；对铜管，$[\sigma]\leqslant 25$MPa。

对于软管，其内径的计算公式与硬管相同，可根据计算出的内径和工作压力按标准或产品样本选取。

目前，管接头基本为标准件，可根据结构需要按照相关标准、手册或元件样本进行选择。

7. 油箱的设计

油箱的作用是储油、散热、沉淀杂质、分离油中空气使其逸出，有开式和闭式两种。开式油箱油液液面与大气相通；闭式油箱油液液面与大气隔绝，其液面压力大于大气压力。开式油箱应用较多。

油箱应有足够的容积储存全部的油液，以满足系统传递动力及散热需要。其容积应保证系统中油液全部流回油箱时不溢出，油液液面高度不应超过油箱高度的 80%。吸油管口距油箱底面和侧面要有一定的距离，但吸油管距油箱底面最高点的距离不应小于 50mm，以保证泵的吸入性能并防止吸空，吸油管口要装设有足够通流能力的过滤器。吸油管和回油管的间距应尽量大，最好用一隔板隔开，以防回油管出来的温度较高并含有杂质的油立即被吸油管吸回系统。油箱底部应有适当斜度，并在最低处装设油塞，便于排尽残油。泄油管必须与回油管分开，不得合用一根管子，防止回油背压传入泄油管。一般情况下，泄油管端应在液面之上，以利于重力泄油并防止虹吸。加油口应装设滤网，防止杂质进入，油箱上部应有通气孔，这可通过装设通气注油器解决。油箱侧壁应装设油面指示计和温度计。油箱箱壁应涂耐油防锈涂料。

油箱容量的确定是设计油箱的关键，其计算方法根据不同出发点有所区别。

油箱的有效容量 V 可近似按液压泵流量确定，按照经验估算油箱容量的计算式为

$$V=k\sum Q \tag{9-28}$$

式中，k 为系数，低压系统取 $k=2\sim4$，中、高压系统取 $k=5\sim7$；$\sum Q$ 为同一油箱供油的各液压泵流量总和。

油箱有效容积是系统正常工作时油箱中的油液所占据的容积与系统中所含有的全部油液容积之和。而油箱的总容积是指有效容积与油箱中空气所占据的容积之和，空气占据的容积约为油箱总容积的 10%。

按照热平衡条件确定油箱容量，假设液压系统的发热量全部依靠油箱散出，则其散热面积 A 为

$$A=\frac{P_H}{k\Delta T} \tag{9-29}$$

式中，A 为油箱的有效散热面积（m^2），一般取与油液相接触的表面积和液面以上的表面积

的一半；P_H 为系统的总发热功率（kW），等于系统输入功率与有效功率之差；k 为油箱表面传热系数［$kW/(m^2 \cdot ℃)$］，通风差时取 $k=(8\sim9)\times10^{-3}$，通风良好时取 $k=15\times10^{-3}$，风扇冷却时取 $k=(110\sim150)\times10^{-3}$；$\Delta T$ 为油液允许工作温度与环境温度之差（℃）。

如果油箱的高、宽、长之比在 1∶1∶1~1∶2∶3 之间，则油箱的散热面积计算式为

$$A=6.66\sqrt[3]{V^2} \tag{9-30}$$

式中，V 为油箱的有效容积（m^3）。

如取 $k=15\times10^{-3}$，则油箱自然散热时的最小容积计算式为

$$V_{min}=\sqrt{\frac{10P_H^3}{\Delta T}} \tag{9-31}$$

按经验确定的油箱容积应大于等于式（9-31）求出的值。选定容积后应根据 GB 2876—81《液压泵站油箱公称容量系列》进行圆整。若实际工作中油箱温升过高，则应考虑增设冷却设备。

8. 过滤器的选择

按滤芯材料及过滤机制，可把过滤器分为表面型、深度型和吸附型 3 种，过滤器主要性能指标有过滤精度、压降特性和纳垢容量等。根据液压系统的使用要求，可按过滤精度、通流能力、工作压力、工作温度及油液黏度等条件按标准手册或专业厂商样本参数选择其规格型号。

9. 其他辅助元件的选择

液压系统的其他辅助元件一般有密封元件、连接件等，大多为标准产品，可参照相关标准手册或专业生产厂商的产品目录选择，不一一叙述。

9.6.5　液压系统性能分析

为了判断液压系统的性能是否满足设计要求，需要对液压系统的压力损失、热平衡效果、效率及动态特性等进行分析，通常采用简化的经验公式近似地进行验算。

1. 系统压力损失验算

压力损失包括局部压力损失和沿程压力损失两部分。当液压元件规格型号和管道尺寸确定之后，就可以按下式较准确地计算系统的压力损失，有

$$\Delta p=\sum\Delta p_f+\sum\Delta p_y+\sum\Delta p_v \tag{9-32}$$

式中，Δp_f 为油液流经管道的沿程压力损失；Δp_y 为管道的局部压力损失；Δp_v 为流经阀类元件的局部压力损失。

计算沿程压力损失时，如果为层流，则其计算式为

$$\Delta p_f=\frac{4.8\nu QL}{d^4}\times10^{-2} \tag{9-33}$$

式中，ν 为油液的运动黏度（cSt），$1cSt(mm^2/s)=10^{-6}m^2/s$；$Q$ 为通过管道的流量（m^3/s）；L 为管道长度（m）；d 为管道内径（m）。

管道的局部压力损失估算式为

$$\Delta p_y=(0.05\sim0.15)\Delta p_f \tag{9-34}$$

流经阀类元件的局部压力损失 Δp_v 可从产品样本中查出额定流量下的值。若通过阀的流量不是额定流量，则近似计算式为

$$\Delta p_{v}=\Delta p_{vn}\left(\frac{Q}{Q_{n}}\right)^{2} \tag{9-35}$$

式中，Δp_{vn} 为由样本查得的阀的额定压力损失；Q_n 为由样本查得的阀的额定流量或公称流量；Q 为通过阀的实际流量。

若按以上各式计算出来的 Δp 过大，应该重新调整有关元件的规格和管道尺寸。

关于阀类元件的局部压力损失，高压阀类的值为0.4~0.5MPa左右；对多片阀组，每片的压力损失应小于0.2MPa；单向阀应小于0.5MPa；调速阀小于1MPa。据统计，中小型液压挖掘机的全部压力损失在0.8~3MPa之间，个别的高达4MPa，而流量损失为总流量的5%~20%。

2. 系统发热温升验算

挖掘机液压系统发热源于内部的各种能量损失，如液压泵和执行元件的功率损失、溢流阀和节流阀的损失、液压阀及管道的压力损失等。这些能量损失转换为热能，使油液温度升高。油温升高使油液黏度下降、泄漏增加、效率降低，同时，使油分子裂化或聚合，产生树脂状物质，堵塞液压元件小孔，影响元件的使用寿命并降低系统的可靠性。一般情况下，若挖掘机液压系统正常工作油温为40~50℃，则一般允许最高油温度是70~85℃，最高不超过90℃，即温升不要超过35~45℃。

发热功率的计算可从两方面着手，一是直接通过发热元件的能量损失来计算，二是通过分析系统的输入功率和执行元件的有效输出功率来计算。

（1）按元件能量损失计算　液压泵功率损失引起的发热功率 P_{h1} 为

$$P_{h1}=1000P_{p}(1-\eta_{p}) \tag{9-36}$$

式中，P_p 为液压泵输入功率（kW）；η_p 为液压泵效率，取 $\eta_p=0.8\sim0.85$。

溢流阀损失引起的发热功率 P_{h2} 为

$$P_{h2}=16.7p_{e}Q_{e} \tag{9-37}$$

式中，p_e 为溢流阀的调定压力（MPa）；Q_e 为通过溢流阀溢出的流量（L/min）。

阀的压力损失引起的发热功率 P_{h3} 为

$$P_{h3}=16.7\sum\Delta p_{vi}Q_{vi} \tag{9-38}$$

式中，Δp_{vi} 为通过阀的压力损失（MPa）；Q_{vi} 为通过阀的流量（L/min）。

将以上3项合起来即为系统的总发热功率 P_h，即

$$P_{h}=P_{h1}+P_{h2}+P_{h3}=1000P_{p}(1-\eta_{p})+16.7(P_{e}Q_{e}+\sum\Delta P_{vi}Q_{vi}) \tag{9-39}$$

系统的自然散热主要依靠管路和油箱，其中，管路的发热和散热基本平衡，因此通常只计算油箱的散热，油箱的散热计算式为

$$P_{s}=\alpha A\Delta T \tag{9-40}$$

式中，α 为油箱表面传热系数［W/(m^2·℃)］，自然通风良好时取 $\alpha=15\sim17.5$，自然通风很差时取 $\alpha=8\sim9$，用风扇冷却时，取 $\alpha=20\sim30$，用循环水强制冷却时取 $\alpha=110.5\sim147.6$；A 为油箱散热面积（m^2）；ΔT 为系统温升（℃），$\Delta T=T_2-T_1$，其中 T_1 为环境温度，T_2 为系统达到热平衡时的温度。

当系统达到热平衡时，系统的发热量等于散热量，即 $P_s=P_h$，由此可得出热平衡时的

油液温度为

$$T_2 = T_1 + \frac{P_h}{\alpha A} \tag{9-41}$$

为保证系统正常工作，油温应满足的条件为

$$T_2 \leqslant [T]$$

式中，$[T]$ 为系统允许的最高温度（℃）。

若系统温升超过了允许值，则可通过增大油箱容积、增设冷却器或采取其他强制冷却措施。

（2）按系统输入功率和执行元件的有效输出功率计算　这种方法的基本思想是把液压系统当作整体的能量载体，发动机自液压泵输入轴对其输入能量，执行元件（液压缸、液压马达）向外输出能量，两者之差即为系统的损耗，即系统的发热量。则系统的发热功率 P_h 计算式为

$$P_h = P_{in} - P_{out} \tag{9-42}$$

式中，P_{in} 为系统输入功率（kW），即液压泵输入轴的输入功率；P_{out} 为系统输出功率（kW）。

系统输入功率计算式为

$$P_{in} = \frac{M_{in} n_{in}}{9549} \tag{9-43}$$

式中，M_{in} 为液压泵输入轴转矩（N · m）；n_{in} 为液压泵输入轴转速（r/min）。若是多台泵，应把每台泵的输入功率都计算在内。

对液压缸，系统输出功率计算式为

$$P_{out1} = Fv/1000 \tag{9-44}$$

对液压马达，系统输出功率计算式为

$$P_{out2} = M_m n_m / 9549 \tag{9-45}$$

式中，F 为液压缸外负载（N）；v 为液压缸伸缩速度（m/s）；M_m 为液压马达输出轴转矩（N · m）；n_m 为液压马达输出轴转速（r/min）。若出现多个执行元件同时动作的情况，应对各执行元件分别计算。

如将式（9-42）表示为系统效率的形式，则有

$$P_h = P_{in}(1-\eta) \tag{9-46}$$

式中，η 为液压泵的总效率。

按上述方法求得系统的发热功率后，仍按元件能量损失计算方法 1 计算系统的散热功率及温升。

当油箱自然散热不能满足温升限制要求时，可选用专用的散热装置，进行强制散热。国外工程机械多采用管片式散热器或其延伸产品，其优点是结构简单、制造维护方便、风阻小、易于布置，但材料性能要求较高。我国工程机械多采用铝制板翅式风冷冷却器，其优点是结构紧凑、冷却效果较好、成本低，但风阻大、易堵塞、不易清洗。

3. 系统冲击振动验算

液压系统的振动和冲击是由油液和运动机构的惯性引起的，一般发生在启动加速、制动减速或外负载突变的情况下，对系统安全和元件的寿命有很大影响，有必要对液压系统进行冲击振动验算，由于影响冲击和振动的因素太多，规律难以掌握，通常需借助计算机对系统

进行动态特性仿真。

由于液压振动和冲击的复杂性，实际工作中常根据液压元件的特性和挖掘机的作业特点通过控制先导阀来缓和主阀芯的换向速度，尽量避免突然换向。可以通过在阀芯棱边上开切口或槽，或者将其加工成半圆锥角为 2°~5°的节流锥面，以减缓滑阀完全关闭前的油液流速。可以在回油路上设置背压阀来减小工作负载突然变化引起的液压冲击。对由冲击负载引起的液压冲击，可在油路入口处设置安全阀或蓄能器，或者在执行元件进出口处设置安全阀或限压阀，也可通过在油管出入口处连接橡胶软管来吸收部分冲击能量。对于关键执行元件产生的冲击，可通过在系统回路上设置缓冲补油回路、节流限速回路等辅助回路，来缓解执行元件冲击带来的液压系统振动。适当增大管径、缩短管道长度、避免不必要的弯曲也可以起到减振的作用。

9.6.6 绘制系统图和编写技术文件

在系统方案确定和元件选型计算完成的基础上，经过对液压系统性能的验算和必要的修改后，便可绘制液压系统的工作图，它包括液压系统原理图、装配图和各种非标准元件设计图。液压系统原理图上要标明系统布置情况、各液压元件的型号规格。此外，还应针对挖掘机的不同作业工况绘制系统的作业工况原理图。

绘制系统原理图时应注意在满足功能要求的前提下，系统应尽量简单，元件数量和品种规格应尽可能少。系统原理图应能充分、清晰地反映液压系统的工作情况、动作特点，尤其是复合动作时各执行元件的协调动作情况。应在系统图中选择适当位置布置测压点，便于掌握整个系统的运行情况，也便于判断故障位置和原因。

装配图包括液压泵及变量调节机构装配图、操纵机构装配图、主控制阀组装配图、执行元件装配图、管路布置图及总装配图。绘制装配图时要充分考虑各种液压零部件在机器中的位置、规格尺寸、安装方式、维护便利性等，零部件的布置应力求结构紧凑、检修方便、散热条件好，同时还应注意减少振动和噪声。对自行设计的非标准件，应绘出装配图和零件图。

编写的技术文件应包括设计计算书、使用维护说明书等，对标准件、通用件及专用件应列出明细表及具体规格要求。

思考题

9-1 反铲液压挖掘机一个循环作业周期包括哪几个动作？大概需要多长时间？因此液压系统应满足哪些要求？

9-2 平整场地、伴随行走等某些特殊工况需要更多的执行元件同时动作，如何保证这些动作的协调性？

9-3 试说明如何实现短期挖掘力增大的工况要求。

9-4 对照本章所述液压系统主参数查找相关企业产品目录，分析这些技术参数的意义。

9-5 结合实际机型，分析定量系统和变量系统各自的结构和性能特点。

9-6　结合实际机型，试说明开式系统和闭式系统各自的特点以及分别适合于什么场合。

9-7　试说明串联系统和并联系统各自的特点。

9-8　试说明分功率变量系统和全功率变量系统各自的特点，从功率利用方面讲，现有中大型液压挖掘机采用何种系统比较好？

9-9　试介绍复合动作工况下某一动作优先的实际意义，并举例说明如何实现动作优先。

9-10　恒功率控制与压力切断控制的组合可以进一步减少功率浪费，这主要体现在什么情况下？这种控制方式比恒功率控制主要增加了什么液压元件？

9-11　从节能方面讲，回转机构采用闭式液压系统有何实际意义？

9-12　工作装置限压回路的压力比系统压力要高，为什么？其限压阀（安全阀）在什么情况下起作用？

9-13　结合本文所述并查阅相关文献，试比较机械操作、直接作用式先导操作、减压式先导操作和电液先导型操作的结构特点、工作原理和应用实例，分析它们的优缺点。

9-14　结合实际机型，分析现代挖掘机先导控制系统所具备的附加功能。

9-15　试分析负流控制系统、正流控制系统和负载传感控制系统各自的结构特点、工作原理，并从节能效果、动作灵敏性、协调性三方面分析各自的工作特性。

第 10 章　液压挖掘机自动控制技术及智能化

10.1　液压挖掘机动力控制及节能技术

挖掘机动力控制由传统的操作方式逐步发展为液压伺服控制、电液比例控制，直到计算机自动控制，目前，采用机电液联合控制技术是现代工程机械的重要标志之一。

机电液联合控制主要采用电子集成控制，以实现液压挖掘机的综合控制，目的是实现液压挖掘机的全自动化，以最大限度地降低挖掘机能耗并提高其生产率，其主要特点如下。

1）采用电子控制压力补偿的负载敏感系统。它主要由负载敏感控制阀和负载敏感变量泵组成，以使液压泵的输出流量始终等于执行元件所需要的流量，实现节能和精准作业要求。

2）采用电子控制动力调节系统。主要通过计算机对发动机和液压泵进行功率设定，确定发动机节气门开度和液压泵的排量。这样，可根据挖掘机不同工况的作业要求，采用不同的发动机输出特性和液压泵特性，其中的特性曲线绘制工作由计算机软件完成。

3）采用人工与电子联合控制的操纵系统。由于挖掘机的作业工况多变，操作复杂，尚不能离开人工操纵，但电子控制能起到重要的辅助调节作用。例如，在挖掘机整个作业过程中，驾驶员可以只操纵一个手柄，其余动作可通过自动化联锁来实现。但采用手动优先和干预原则，手动操作时自动控制系统暂停运作，以保证施工安全。

4）采用手持式终端故障诊断系统，可以及时发现和处理挖掘机的故障。

目前，液压挖掘机控制技术聚焦在发动机控制、液压油温度控制以及新能源动力系统控制技术，以下就相关控制系统及其原理进行简单介绍。

10.1.1　液压挖掘机的发动机控制系统

由柴油机的外特性曲线可知，柴油机表现为近似的恒转矩调节，其输出功率随转速的变化而变化，但输出转矩基本不变，所以不同的节气门开度对应着不同的柴油机转速和输出功率。对柴油机控制的目的是通过对节气门开度的调节实现对柴油机输出功率的控制。

柴油发动机以往多采用机械式离心调速器，负载变化会引起发动机转速的变化，无法实现对发动机转速的精确控制和对液压挖掘机复杂工况的自适应调节。而采用电子调速器控制发动机，可以使柴油机燃油喷射量为电子控制，喷油量与转速无关，因而无调速率问题，并且能按发动机的运行工况调整喷油规律和喷油状态，因此发动机能很好地适应负载的急剧变化，能根据负载变化迅速做出调整，从而提高燃油经济性。目前应用在液压挖掘机柴油机上的控制装置有电子调速器、电子节气门控制系统、自动怠速装置、电子功率优化系统等。

1. 发动机转速控制的恒功率变量系统

图 10-1 所示为由离心式平衡器调节控制油压力的发动机转速控制变量系统。当系统工作压力在 $2p_0 < p_1 + p_2 < 2p_m$ 时，主回路的高压油经单向阀、减压阀 7、控制回路 8 和调压阀 9 同时进入调节器 3 和 4。离心式平衡器 10 与发动机相连，用来控制调压阀 9 的开度。当外负载增大时，主回路压力升高，发动机转速降低，离心式平衡器 10 由于发动机转速降低而减小轴向推力，调压阀 9 在平衡器弹簧作用下增加开度，使控制油液顺利进入调节器 3 和 4，减小主泵摆角和排量，使主液压泵的输出功率与发动机转速相适应，即按发动机转速做全功率调节。当任何一回路超负载时，主回路液压油会打开顺序阀 5 或 6 进入调节器 3 或 4，使液压泵按恒压调节。图 10-1b 所示为该系统的特性曲线，由特性曲线可以看出，该系统为发动机转速控制的恒功率与恒压组合的控制系统，具有超载时的压力切断功能，能够大大减少溢流损失和能耗。

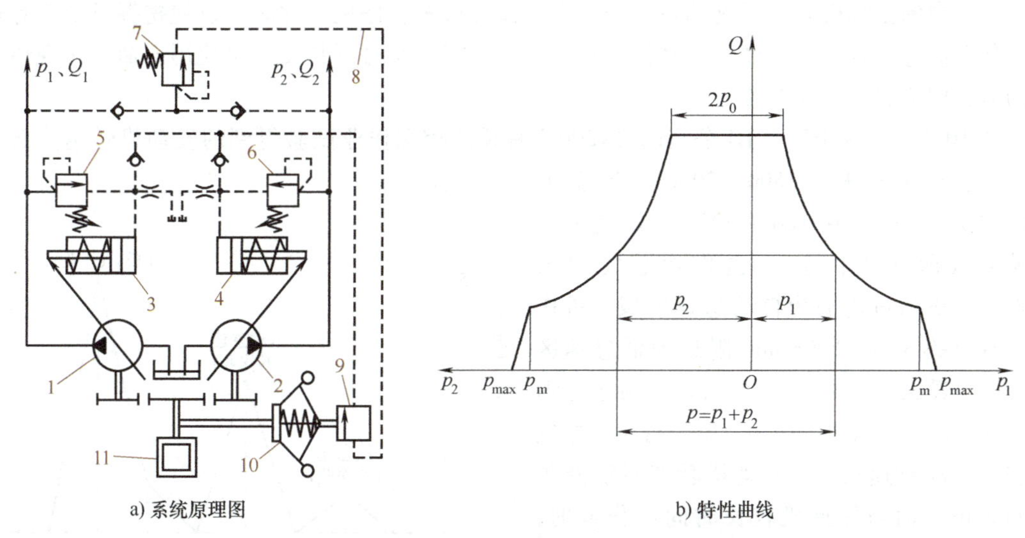

a) 系统原理图　　b) 特性曲线

图 10-1　发动机转速控制的恒功率变量系统

1、2—变量泵　3、4—调节器　5、6—顺序阀　7—减压阀　8—控制回路　9—调压阀　10—离心式平衡器　11—发动机

2. 电子调速系统

图 10-2 所示为康明斯公司开发的一种发动机电子调速器原理图。其主要思想是用微型计算机控制器对发动机燃烧系统和喷油泵变量系统进行联合控制，以提高发动机的各项综合性能，并降低能耗。转速传感器、齿条位置传感器等传感器使检测系统能够实时检测发动机的运行状况，将这些参数与发出的信号指令（目标参数）进行比较，再由控制器对发动机进行实时控制。另一方面，检测系统还可将发动机目标转速与实际转速的差值输入工作液压泵控制器，由比例电磁阀来调节工作液压泵的摆角和排量，使其达到液压泵的目标值，从而保证工作液压泵与发动机转速的合理匹配。

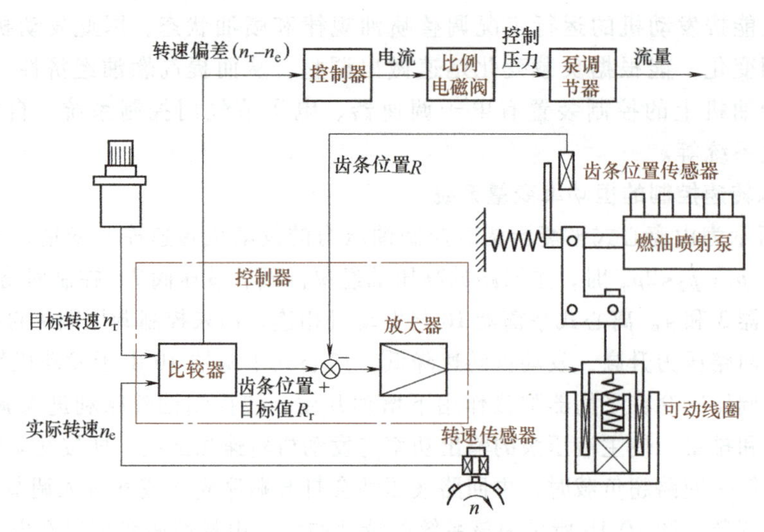

图 10-2　发动机电子调速器原理图

3. 自动怠速装置

作业中的挖掘机并非时刻都在动作，有时需要做短暂停机，此时可以使挖掘机处于怠速状态甚至低怠速状态，这样既可降低燃油消耗和噪声，又可延长发动机使用寿命。实现该功能的装置即为自动怠速装置。

图 10-3 所示为 HITACHI 公司的 ZX200 3 种模式挖掘作业试验得到的发动机转速分布规律图。发动机转速在 1800～2000r/min 范围为额定功率区域，在 1600～2000r/min 范围为 P 模式（即作业状态），占作业总时间的 60%，1200r/min 附近为自动怠速区域，占作业总时间的 30%；800r/min 附近为低怠速区域，用于暖机等，约占 8%的时段。由于操纵响应和燃油燃烧状况等原因，临时待机时挖掘机进入自动怠速状态，发动机转速只能降到 1200r/min。而当挖掘机较长时间不作业时，转速能进一步降至低怠速状态，即 800r/min。

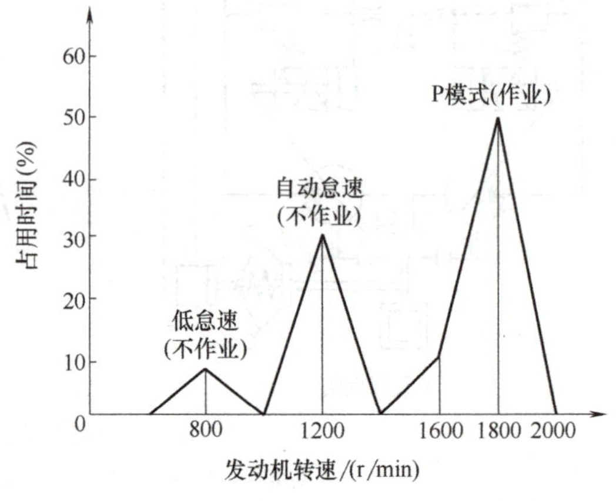

图 10-3　作业过程发动机转速分布规律

当各操纵手柄都处于中位时，液压系统各油路压力均小于正常工作状态时的压力。在切换怠速状态前，需要检测液压系统的压力确实小于设定的最低阈值，并经过数秒（一般 4s 左右）延时，而后再由控制器向节气门控制装置发出信号，使节气门处于低怠速位置。而当需要恢复工作时，驾驶员只需扳动操纵手柄，发动机转速就自动恢复，进入工作状态。

自动怠速是由操纵阀操纵联动控制的，过去只要操纵操纵阀，发动机就能马上恢复到高速状态，目前已将操纵阀手柄操纵量与发动机恢复转速联动，这样在微动操纵时可使发动机转速缓慢上升，防止了发动机转速的瞬间上升过高，进一步降低了能耗。

自动怠速装置一般是在液压回路中装两个压力开关和自动怠速开关来实现，挖掘机工作过程中两个压力开关都处于开启状态。当所有操纵手柄都处于中位时，两压力开关闭合。如果此时自动怠速开关处于接通位置，并且两个压力开关闭合 4s 以上，电子功率优化系统（EPOS）控制器便向自动怠速电磁换向阀提供电流，接通自动怠速驱动液压缸油路，液压缸活塞杆推动节气门拉杆，减少发动机的供油量，使发动机自动进入低速运转。当操纵手柄重新作业时，发动机将自动快速地恢复到原来的转速状态。

4. 电子功率优化系统

实验证明，液压泵吸收的功率在一定工况下有对应的平衡点，液压泵吸收功率的过分增加会降低单位油耗生产率，因此需要电子功率优化系统来根据作用工况和使用要求选择不同发动机动力模式，通常按以下 5 种工况控制发动机。

1）重负载工况：追求最大作业量，发动机设置在最大转速。该工况在进行高速强力掘削、高速行走时使用。

2）标准作业工况：要求发动机发挥额定功率的 88%左右，此时工作速率稍低。此工况主要是为了降低油耗和减少噪声，是常用模式，也是经济模式，该模式下作业时，发动机与液压系统处于最经济的匹配状态。

3）精细作业工况：要求发动机发挥额定功率的 50%~70%。该工况主要用于提高作业精度、进行微调控制和精细作业，尤其在狭小场地工作时可保证安全性，并可进一步降低噪声。

4）低怠速工况：该工况主要用在暂停作业时。

5）短期超载控制：该工况是为提高挖掘机的工作效率而设置的。挖掘机液压系统设定的最高压力有一定的余量，短时间超载工作一般不会对系统产生太大影响，但不能持续时间过长，否则有可能损坏系统和其他元器件。当液压系统压力略微超过设定的最高压力时，挖掘机依然可以做短时间的作业（大约为 8s），以使工作装置能克服瞬时较大阻力，提高作业效率。当如此工作的时间超过设定的短时超载作业时间时，控制器自动将发动机转速降低到怠速状态，同时发出声光报警，以提醒驾驶员改变操作方式。当系统压力降低到最高设定压力以下时，控制器自动使发动迅速恢复到原来的转速。

大宇 DH280 型挖掘机的电子功率优化控制系统（EPOS）简图如图 10-4 所示，该系统具备了以上所述的部分工况控制功能。该系统由模式选择开关、液压泵摆角（排量）调节器、电磁比例减压阀、EPOS 控制器、发动机转速传感器及发动机节气门位置传感器等组成。发动机转速传感器为电磁感应式，它固定在飞轮壳的上方，用以检测发动机的实际转速。发动机节气门位置传感器由行程开关和微动开关组成，行程开关安装在驾驶室内，与节气门拉杆相连；微动开关安装在发动机高压液压泵调速器上，两开关并联以提高工作的可靠性。如图 10-4 所示，动力模式选择开关有 F、S、H 三种模式，通过该选择开关，将选择的工况输入控制器，控制器控制发动机使其稳定工作在相应的动力模式下。

重载作业模式（H）：当模式选择开关处于 H 位置时，节气门拉杆处于最大供油位置，发动机以额定功率运转，EPOS 控制器的端子上有电压信号，EPOS 控制器会连续地通过转速传感器检测发动机的实际转速，并与控制器内所设定的发动机额定转速值相比较。实际转速若低于设定的额定转速，EPOS 控制器便增大驱动电磁比例减压阀的电流，使其输出压力增大；同时还通过液压泵调节器减小斜盘摆角、降低泵的排量，直至发动机实测的转速与设定的额定转速相等为止。反之，若发动机的实测转速高于额定转速，EPOS 控制器便减小驱动电流，同时通过调节器增大泵的排量，最终使发动机工作在额定转速附近。转速传感器与

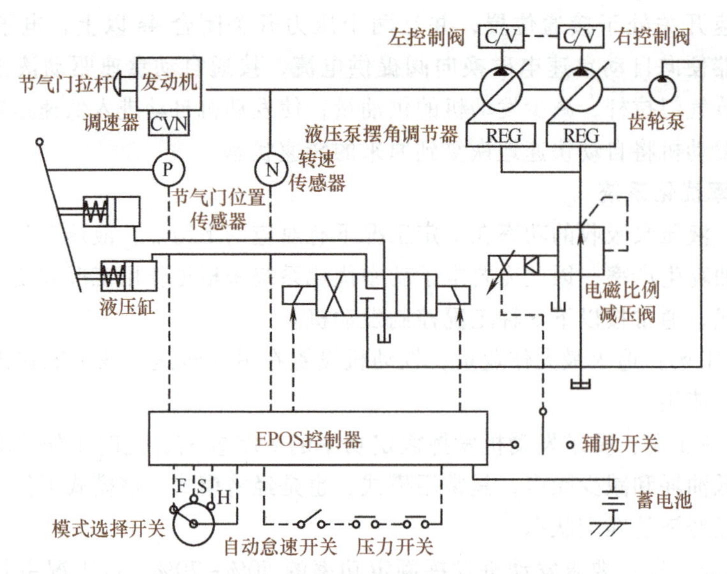

图 10-4　DH280 挖掘机的电子功率优化控制系统

压力传感器同时参与调节泵的流量，使液压泵完全吸收发动机的功率。

标准作业模式（S）：模式选择开关处于 S 位置时，控制器切断通向电磁比例减压阀的控制电流，使转速传感控制不起作用，液压泵吸收的发动机功率为发动机额定功率的 85%左右。

精细作业模式（F）：模式选择开关处于 F 位置时，EPOS 控制器使减速电磁换向阀通电，该换向阀向燃油喷射泵调速器拉杆液压缸供油，关小发动机节气门，使发动机转速降至额定转速的 80%；同时通过液压泵调节器控制液压泵的排量，使液压泵吸收发动机功率的 68%左右。

10.1.2　液压油温度控制系统

过高的油液温升不仅使系统的效率下降，还会引发油液品质急剧下降、系统密封失效、可靠性下降、元件使用寿命大大降低，最终影响到系统功能的正常发挥，严重时造成停机故障，因此，必须把液压油温度控制在合理的范围内。一般要求是，当系统达到热平衡状态时，液压油散热口温度（即液压系统最高温度）不应超过 80℃。

图 10-5 所示为一种油温控制与节能控制装置组成的综合控制系统，其原理如下：

1）油温控制装置与节能控制装置组合后处于预警工作状态，该装置工作时先将热熔式超温保护器设定在合理的温度范围之内，然后闭合磁钢式限温开关，使温度控制开关在自锁功能的控制下断开。

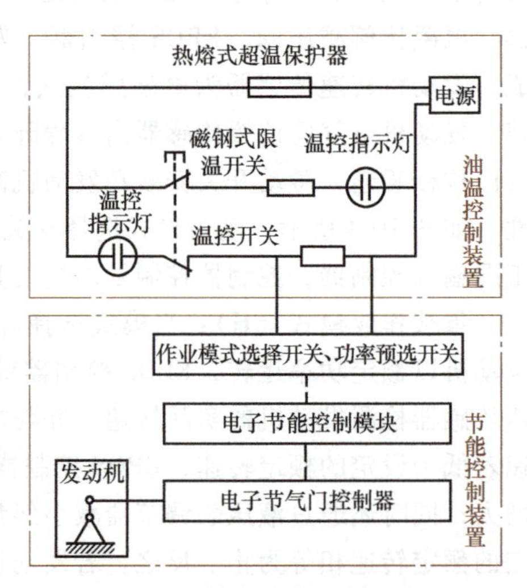

图 10-5　液压系统油温控制原理

当油液温度升高到热熔式超温保护器的设定温度时，磁钢式限温开关自动断开，而温度控制开关吸合。同时，温度控制指示灯发亮，给出报警指示。

2）报警指示信号通过电子节能控制模块的作业模式选择开关和节气门电子控制器，对柴油机的节气门开度进行控制，使柴油机转速降低，从而减小液压泵的流量和液压系统的各种能量损失，控制液压系统的热量产生，避免油液温度持续上升。

3）当温度预警解除后，磁钢式限温开关的吸合作用消除油液升温对电子节能控制模块的影响，从而使挖掘机恢复正常工作状态。此外，当油温处于预警状态时，也可人工操纵电子节气门控制器使柴油机的节气门喷油量逐步减小至零，达到停机状态。

10.1.3　挖掘机的节能技术

据统计，大型挖掘机的能量使用效率仅有约 20%，其中关键的液压系统的能量利用率仅为约 30%，是影响液压挖掘机效率的主要因素之一。挖掘机液压系统的能耗主要包括溢流损失、沿程压力损失、元器件局部损失以及动能和势能的损失。节能技术是指在不降低设备性能和工作效率的前提下，降低设备的能源消耗。

目前节能技术主要从三方面开展工作，一是提升发动机性能，降低油耗；二是提高液压系统效率，即改善液压元件性能，减少能量损失，同时对挖掘机液压系统进行优化改进，提升其能量利用率；三是对挖掘机工作过程中的可回收能量进行回收再利用。下面就发动机节能技术、振动掘削技术以及能量回收技术进行介绍。

1. 柴油机节能技术

传统挖掘机多采用柴油机作为动力源，通过采用新技术提高柴油机燃烧效率成为提高挖掘机能效的重要手段。柴油机主要采用燃烧室优化、涡轮增压、燃油泵匹配、电控燃油喷射等技术提高燃烧效率，减少能耗。

燃烧室优化可以改善燃烧过程，主要是通过改进燃烧室形状、优化喷油器自身结构，改进喷孔角度，提高喷油压力来提高燃油雾化质量、促进燃油与空气的混合，改善燃烧过程的燃烧效率。

涡轮增压技术主要是利用发动机排出的废气来驱动涡轮，与涡轮同轴的压气机随之旋转，压缩吸入的空气，进而提高进气量，增大发动机的输出功率和转矩，提高燃油效率。

燃油泵匹配技术主要是通过合理的设计和选择燃油泵，使燃油泵与发动机功率匹配，协同工作，保证燃油供应的连续性和稳定性。同时，燃油泵具备压力调节功能、脉动控制功能，因而可以提高燃油利用率和发动机性能。

电控燃油喷射技术主要是根据发动机的不同工况需求，利用电子控制单元（ECU）对燃油喷射系统进行精确控制的技术。该技术可实现喷油量、喷油正时、喷油压力及喷油速率的综合控制，从而根据发动机的不同工况需求，提供最佳空燃比的混合气，以提高发动机的动力性、经济性和降低排放污染。

2. 振动掘削技术

振动掘削技术是通过对挖掘机铲斗施加振动，以降低挖掘作业时的土壤阻力而提高挖掘效率和能效的技术。其具体实施过程是：将某种有规律的振动载荷（正弦波、三角波）施加于液压挖掘机的执行机构（斗杆液压缸、铲斗液压缸），使执行机构在挖掘作业时以某种方式（频率、振幅、速度）做往复运动，从而使铲斗在进行挖掘作业的同时伴有振动。研究表明，采用振动掘削方式可以使掘削阻力降低到70%左右，功率消耗降低到80%左右，在对黏土和冻土进行挖掘作业时，振动掘削相比静态掘削能够降低约40%的挖掘阻力，其液压原理如图10-6所示。

以铲斗液压缸振动掘削为例，其液压回路是基于对输入该缸无杆腔和有杆腔的油液流量的控制而实现的，所以采用电液比例流量先导阀控制主换向阀的振动掘削控制系统，其原理如图10-6所示。铲斗液压缸5由电液比例换向阀4控制，电液比例流量先导阀的开度与控制信号大小成正比；铲斗液压缸的进、出油量也与控制信号的大小成正比。挖掘作业中，当铲斗液压缸无杆腔的压力上升到一定值时，信号发生器产生控制信号，电液比例换向阀4高频换向，同时蓄能器3开始为铲斗液压缸提供能量。

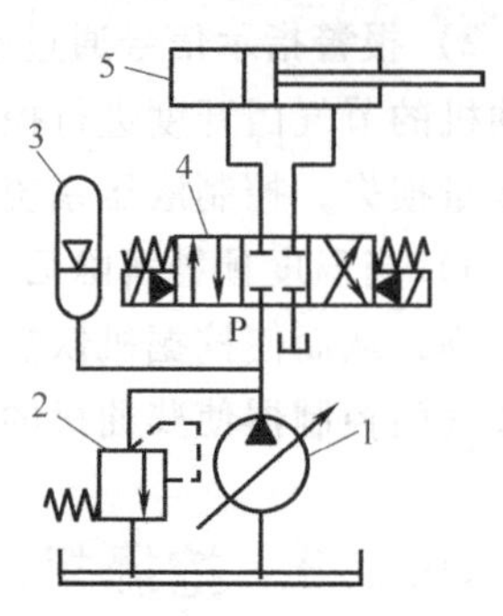

图10-6　振动掘削液压原理图

1—液压泵　2—溢流阀　3—蓄能器
4—电液比例换向阀　5—铲斗液压缸

3. 能量回收技术

采用能量回收技术，可通过储能元件对势能和动能进行有效回收，并在需要时加以利用，从而提高能源的利用率，并保障液压挖掘机的高效作业。当前液压挖掘机能量回收技术按可回收能量类型分为势能回收和动能回收。

（1）势能回收　势能回收是指将下降势能储存在储能装置中，并在液压系统需要补偿时释放。液压挖掘机中，主要针对动臂进行势能回收。

动臂的主要能量损失是动臂下放时的势能损失。挖掘机作业时，动臂通过提升或下放来与铲斗、斗杆进行配合完成作业。在动臂下放过程中，动臂活塞杆无杆腔液压油流回油箱，通过调节换向阀的开口面积（无杆腔液压油的流量）来控制下降的速度。动臂下降过程中的势能大多因为换向阀的开口节流而损失掉了，只有小部分液压能转变为动能。同时为了防止动臂下降速度过快，需要在动臂油路上装单向节流阀，以起到阻尼作用。这不仅会使下降势能转变为热能，导致液压系统整体温度升高，还会对挖掘机整机的工作稳定性产生不良影响。

图10-7所示为一种挖掘机动臂能量回收系统原理图。当动臂开始上升时，换向阀5换到右位，换向阀6接通，换向阀8断开，动臂液压缸内的活塞受到无杆腔液压油的推力开始向上运动。动臂液压缸11有杆腔的油液通过换向阀5和6流回油箱，完成油路循环Ⅰ。当动臂执行下降动作时，换向阀6断开，换向阀7和8接通，动臂液压缸11内的活塞开始执行下降动作。此时动臂液压缸11无杆腔的液压油通过换向阀5左位，进入蓄能器，把重力势能以液压能的形式进行储存，完成油路循环Ⅱ。当蓄能器回收结束、挖掘机继续进行动臂上升作业时，换向阀6和8接通，利用之前动臂下降使蓄能器9内预先存储的液压油，经换向阀8对液压泵3增压，压力变大的液压油在油路Ⅰ中进行工作循环，完成动臂上升动作。系统中的蓄能器吸收动臂下降时的重力势能，并将其转化为液压能进行存储。动臂再上升时，蓄能器能量释放，辅助液压泵完成动臂上升，从而达到节能效果。

动臂势能的电气式能量回收系统基本流程是，工作装置下落，通过动臂液压缸将重力势能转化为液压能，再通过液压马达将液压能转化为机械能，通过与液压马达相连的发电机将机械能转化为电能，再利用蓄电池或超级电容将电能存储起来。

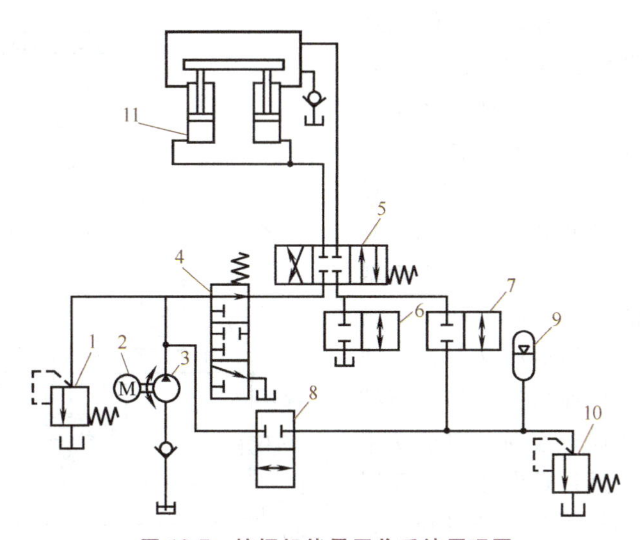

图 10-7　挖掘机能量回收系统原理图

1—溢流阀　2—电动机　3—液压泵　4—二位三通换向阀　5—三位四通换向阀
6、7、8—二位二通换向阀　9—蓄能器　10—溢流阀　11—动臂液压缸

一种电气式能量回收系统基本原理如图 10-8 所示，该系统既可以回收动臂的重力势能，也可以回收挖掘机回转制动的动能。动臂、斗杆和铲斗液压缸的液压油通过液压马达和发电机将重力势能转化为电能，电能再通过电动机为主泵提供转矩，从而实现能量回收利用。

液压挖掘机所有的执行元件都是靠液压传动的，液压式势能回收回路更容易集成在传统的液压回路中，混合动力挖掘机则可以选择电气式势能回收系统。动臂下落的时间通常只有 3～4s 的时间，因为蓄电池在充电的过程中要经过化学反应，所以在短时间内完成能量储存是很大挑战，相比之下，超级电容更加适合作为储能元件，但是电容存在寿命问题。

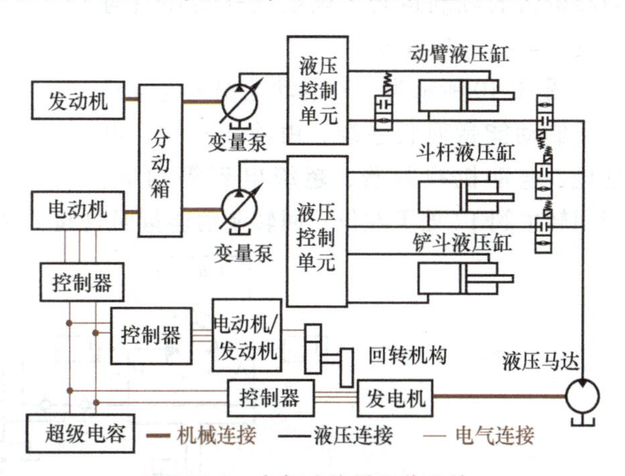

图 10-8　电气式能量回收系统

（2）动能回收　动能回收主要针对液压挖掘机回转机构。液压挖掘机在每个工作循环中都要进行两次回转，回转运动惯量较大，回转能耗很大，而且在整个加速过程中，其动能都通过制动溢流耗散掉，大大降低了能量利用率。据统计，回转机构的运动约占液压挖掘机整个工作循环时间的 50%～70%，能量消耗占 25%～40%，回转液压系统的发热量占总发热量的 30%～40%，回转动作能耗在总能耗中所占比重最大，因此回转系统节能的实现将会在很大程度上提高液压挖掘机的能量利用率和实现液压挖掘机的节能。

图 10-9 所示为一种液压式回转制动能量回收系统，该系统以液压蓄能器作为储能装置，采用全液压式自动控制，实现回转制动能量回收，能够实现制动能量的回收和再利用，在不影响操作习惯和操作性能的前提下能够保证回转机构正常、高效作业。

以正转为例，当挖掘机处于回转减速制动阶段时，需求功率较小，蓄能器 15 处于回收制动能量状态，当定量回转液压马达 11 进出油路压力差达到回转转换阀 8 的设定值时，回转转换阀 8 关闭，蓄能器 15 在定量回转液压马达 11 作用下不断储存高压油液，回收制动能量，其压力会逐渐增大，当压力超过蓄能器液控卸荷阀 7 的设定压力时，蓄能器液控卸荷阀 7 打开，油液经多路阀 6 的第二出油口回油箱。当挖掘机处于回转启动加速阶段时，需求功率大，需要主、辅动力源共同供能来保证回转的顺利进行。蓄能器 15 处于能量释放状态，能量释放分配控制系统通过控制和调节电磁比例调速阀 17 的通断与开口面积大小来分配主、辅动力源各自提供的流量，在复合恒功率-负流量动力控制下合理分配主、辅动力源各自提供的能量大小以保证回转机构的顺利运转。该系统采用左右对称设计，反转时亦然。

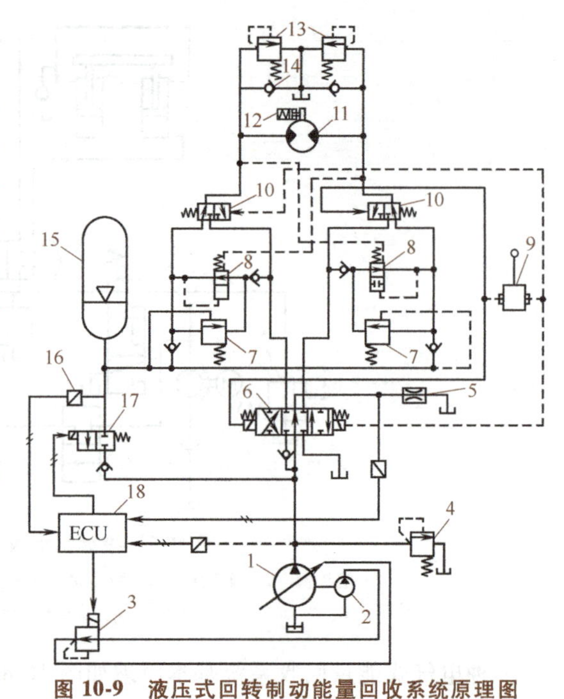

图 10-9　液压式回转制动能量回收系统原理图

1—变量液压泵　2—先导泵　3—电磁比例减压阀　4—溢流阀　5—负流量控制节流阀　6—多路阀　7—蓄能器液控卸荷阀　8—回转转换阀　9—操作手柄　10—液控换向阀　11—定量回转液压马达　12—机械制动器　13—过载缓冲阀　14—单向阀　15—蓄能器　16—压力传感器　17—电磁比例调速阀　18—电子控制器

图 10-10 所示为一种混动挖掘机电气式回转制动能量回收系统，由液压马达、电动机、电动机控制器、超级电容等构成。当回转主阀 17 处于左位、回转制动能量回收阀 13 处于下位时，变量泵 2 输出的液压油进入

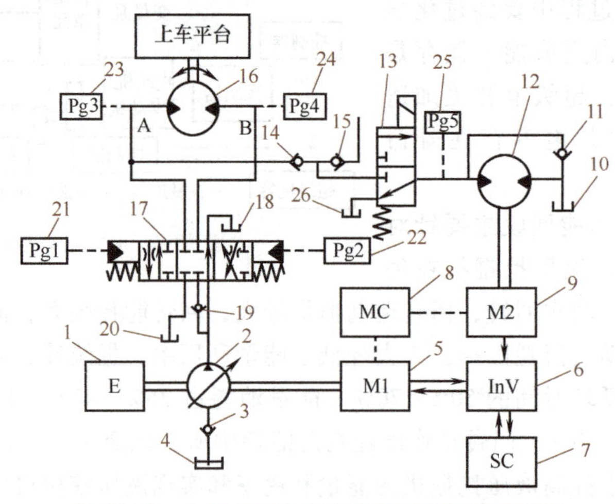

图 10-10　电气式回转制动能量回收系统原理图

1—发动机　2—变量泵　3、11、14、15、19—单向阀　4、10、18、20、26—油箱　5—电动机　6—整流/逆变器　7—超级电容　8—电动机控制器　9—发电机　12—回收液压马达　13—回转制动能量回收阀　16—回转液压马达　17—回转主阀　21～25—压力传感器

回转液压马达 16 的 B 口，回转机构转动加速，能量回收系统不起作用。当回转主阀 17 处于中位、回转制动能量回收阀 13 处于上位时，回转机构制动减速并在惯性作用下继续转动，回转液压马达 16 工作在泵工况，大部分高压油经回转制动能量回收阀 13 进入回收液压马达 12 带动发电机 9 发电，通过整流/逆变器 6 进入超级电容 7，电动机控制器 8 调节发电机-马达转速进而调节回转液压马达 16 出口的压力，实现回转液压马达减速制动。上述过程可以控制液压挖掘机回转机构减速制动至指定位置，并完成回转制动的能量回收。

10.2 新能源挖掘机及其关键技术

新能源挖掘机是指采用非传统石化燃料作为动力来源的挖掘机，旨在减少对化石燃料的依赖，降低环境污染，并提高能效。目前，新能源挖掘机主要分为纯电动挖掘机和混合动力挖掘机，下面就其特点和关键技术进行介绍。

10.2.1 纯电动挖掘机

纯电动挖掘机完全依靠动力蓄电池、电源系统提供的电能驱动电动机，进而驱动液压系统或行走系统进行作业。纯电动挖掘机具有零排放、零污染、低噪声、高效率、低使用成本、智能化水平高等特点。

1. 供电方式

纯电动挖掘机按供电方式可以分为电池供电型、外接电源供电型、电网供电型和电池电网复合供电型 4 种，如图 10-11 所示。

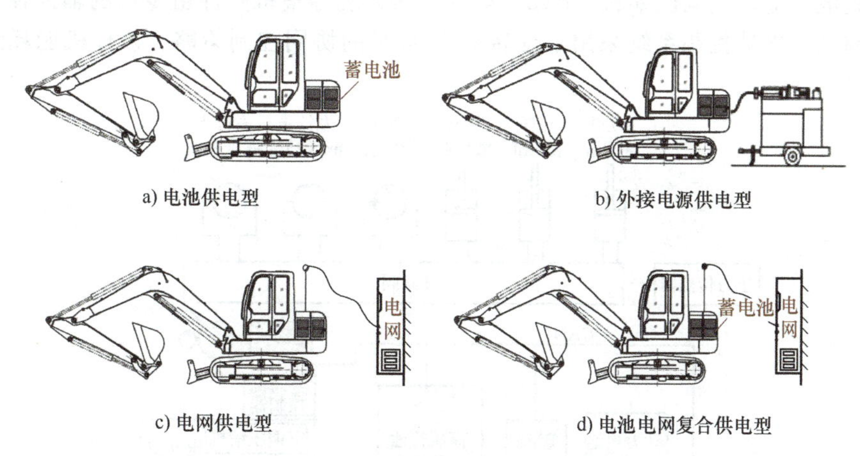

图 10-11　电动工程机械的供电类型

2. 技术方案

电动挖掘机对不同的执行机构可采用不同的驱动模式，见表 10-1。电动挖掘机可采用表中不同驱动模式的组合实现作业。

表 10-1 电动挖掘机驱动模式

执行机构	驱动模式	特点
直线运动机构	动力电池-电动缸	电动缸技术、无液压损失
	动力电池-电动泵-阀-液压缸	采用传统阀控技术
	动力电池-电动泵-液压缸	采用新型电液控制技术
旋转运动机构	动力电池-电动机-减速器	电驱动技术，无液压损失
	动力电池-电动泵-阀-液压马达-减速器	采用传统阀控技术
	动力电池-电动泵-液压马达-减速器	采用泵控马达技术

目前常见的电动挖掘机技术方案有如下几种。

1）单电动机方案：动力电池系统是整机能量源，动力电池把电能输送给电动机，电动机驱动液压主泵，液压泵再把能量输送到液压缸、回转液压马达和行走液压马达等执行元件。动力电池系统属于高压系统，通过 DC/DC 转换把高压电转换为 24V 低压电，从而为各车载设备提供电源。

2）双电动机方案：在单电动机方案的基础上增加一个电动机，把原来由液压主泵驱动的回转机构改为由另一电动机驱动，其余部分与单电动机方案完全相同。

3）三电动机方案：在双电动机方案的基础上，把原来由液压主泵驱动的行走机构改为由电动机驱动，其余部分与方案 2）完全相同。

4）全电动方案：包括工作装置在内的所有执行驱动机构全部采用电驱动。

华侨大学与日本 HITACHI 联合研发了一款 7t 电动挖掘机，其系统原理如图 10-12 所示。该系统采用电压等级为 550V 的液冷磷酸铁锂离子电池作为储能元件，采用 35kW 永磁同步电动机驱动液压泵，该电动机的额定转速和峰值转速分别为 2000r/min 和 3000r/min，额定转矩和峰值转矩分别为 174N · m 和 348N · m，同时，系统配备了 DC/DC 转换器，为 24V 铅酸蓄电池充电。电动空调压缩机、PTC、电动散热系统等整机附件由专用的辅助控制器根据整车需求驱动。电液控制系统采用了变转速-变排量的协同控制策略，该样机能耗约为每小时 10～20kW · h。

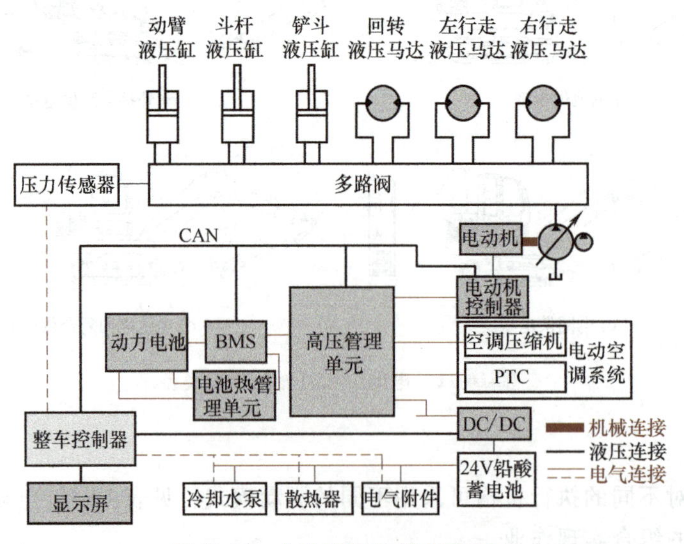

图 10-12 电动挖掘机系统原理图

某锂电池供电的 8t 轮胎式电动挖掘机系统原理如图 10-13 所示。该系统采用伺服电动机和变量泵，能量存储单元采用磷酸铁锂离子电池，电池容量为 110kW·h，电池电压额定值为 550V。压力信号通过负载敏感多路阀的压力检测端口反馈至电动机控制器，由电动机实现压力补偿控制。系统集成了变恒功率控制策略，通过灵活的电动机控制，可提高泵的输出压力响应。专用电动液压泵的动态响应时间在 150ms 以内。通过排量和转速的合理组合，泵和电动机可以在综合高效区域内工作。与传统发动机挖掘机相比，燃油节省率约为 75%，总能耗约为每小时 12~25kW·h。

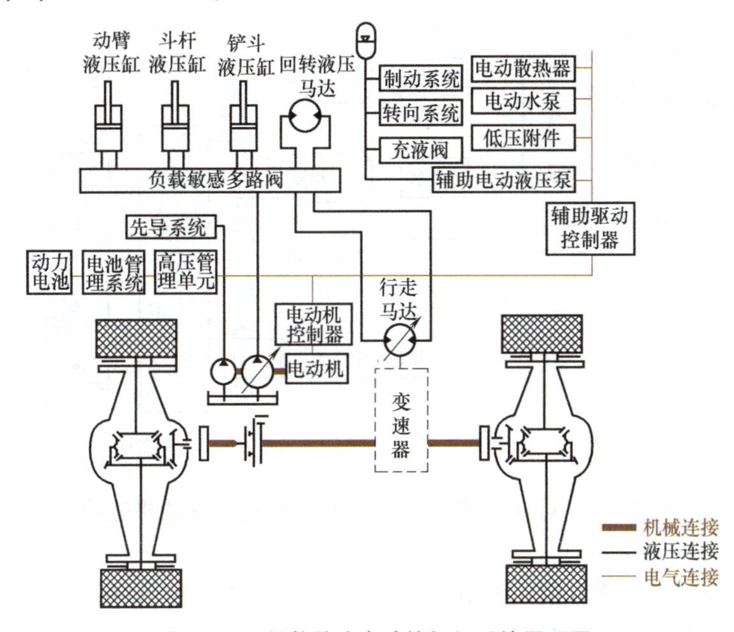

图 10-13　纯轮胎式电动挖掘机系统原理图

10.2.2　混合动力挖掘机

混合动力挖掘机主要分为油电混合动力和油液混合动力系统两大类。而新能源混合动力挖掘机主要指油电混合动力挖掘机。油电混合动力系统结合内燃机和电动机两种动力源，并利用动力电池或超级电容等作为储能元件，通过控制系统优化动力输出，实现节能减排。

混合动力挖掘机利用内燃机和电动机的互补性，在不同工况下实现动力的优化分配和高效利用。其工作原理涉及动力系统的组成、工作模式的切换、能量回收和液压系统控制等多个方面。

油电混合动力系统根据发动机和电动机驱动布局方式的不同可分为串联式、并联式和混联式三种，如图 10-14 所示。

2007 年，日本神钢推出首台串联式油电混合动力挖掘机 SK70H，图 10-15 所示为其系统原理图，该挖掘机以发动机和发电机、超级电容和电池为动力源，各执行机构均由电动机泵驱动供能，整机动力源主要由发动机发电提供，当整机需求功率大于发动机输出功率时，由发动机和储能单元共同为整机供能，当整机需求功率小于发动机输出功率时，调整发动机在

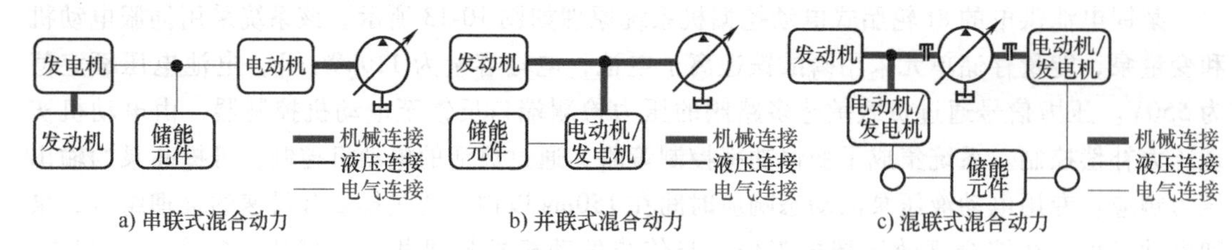

图 10-14　挖掘机混合动力系统结构类型

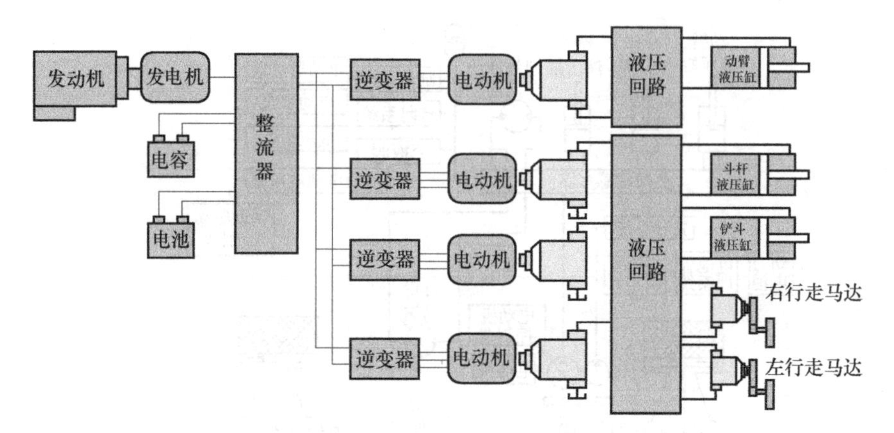

图 10-15　神钢串联式油电混合动力挖掘机结构原理

燃油经济性最佳区间内工作，同时为储能单元充电，可减少发动机输出功率波动，提高挖掘机的燃油经济性。

增程式混动液压挖掘机方案如图 10-16 所示。该方案是一种串联式混动系统，基于电动机+电回转方案的双电动机方案，增加发动机和发电机作为增程机组，实现串联型混合动力系统。当纯电储能系统无法满足整车续驶需求时，打开增程机组为整车供电，增程机组实时检测整车运行情况，使发动机稳定工作在高效区域，这样在节能减排的同时也能延长作业续驶时间。发动机为电池供电，锂电池再驱动主泵电动机，因磷酸铁锂电池对瞬时能量吸收能力的上限及电能转化过程中的损耗，实际纯油工作时，燃油消耗量并不会得到大幅度减少。该系统仍需要定期充电，增程器起辅助作用才能达到节能减排、降低能耗和节约使用费用的目的。

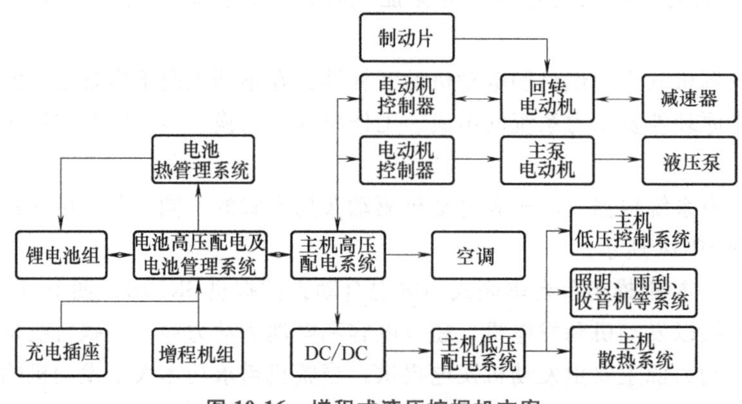

图 10-16　增程式液压挖掘机方案

小松 PC200-8 液压挖掘机混动原理如图 10-17 所示。该系统为并联式混动系统，发动机通过动力耦合器与电动机、主泵连接，同时利用电动机驱动回转，发动机输出的能量主要用于驱动主泵，多余或不足的部分由电动机吸收或补充。通过使发动机稳定工作在燃油经济区实现节能。日立建机混合动力挖掘机 ZX200 采用了并联式总成结构，其能量回收系统分为两部分，采用回转电动机驱动回转机构和回收回转制动能量，采用定量液压马达和发电机的组合回收动臂下降势能。

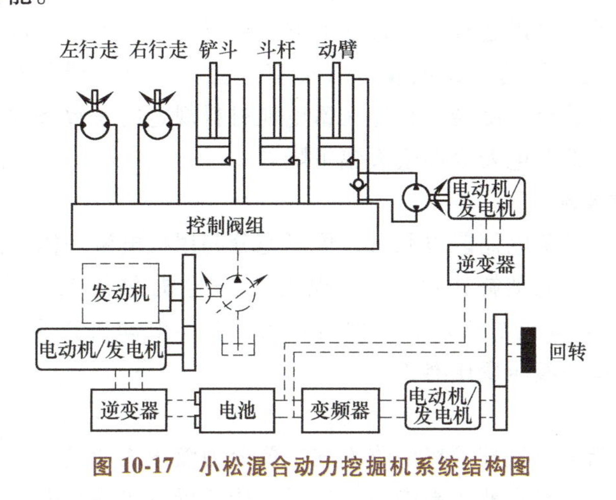

图 10-17　小松混合动力挖掘机系统结构图

10.2.3　新能源挖掘机关键技术

1. 高性能、低成本的储能技术

面对各类应用场景，希望挖掘机具备长寿命、低成本、大负载、高能量密度、恶劣环境工作能力以及支持快速充电的储能技术，新能源挖掘机需要高性能储能蓄电池技术取得突破。

2. 专用基于液压参数反馈的电动机驱动专用控制器

考虑到电动挖掘机用电动机多目标优化控制的特点，基于液压挖掘机在实际工作过程中液压泵出口压力容易测量的特点，以液压泵出口压力、负载敏感信号和先导压力反馈等信息作为电动机控制器的反馈信号，提出适用于液压挖掘机的迭代学习控制策略以及基于云模型的模糊控制策略，实现动力系统的转矩预测及转矩直接控制是挖掘机电动化的一个非常关键的核心技术。

3. 基于变转速控制的新型动力协调控制

采用电动机代替内燃发动机后，与内燃发动机的调速性能相比，电动机在速度控制的静、动态性能参数方面都获得了较大的提高。此外，电动机过载能力强，其峰值功率一般为其额定功率的 2 倍以上。与内燃发动机相比，电动机高效区间也相应增大。充分利用电动机良好的转速控制特性、过载能力和高效特性，与传统的液压控制技术相结合是挖掘机采用电驱动系统后最为重要的关键技术之一。包括基于变转速控制的负载敏感控制、基于双变系统的负载敏感控制、基于变转速的正流量控制、变恒功率控制、自动怠速控制等。

4. 整机辅助驱动控制技术

去掉内燃发动机后，原有的空调压缩机、散热器驱动单元等需要单独驱动。此外，考虑到液压系统主泵和先导泵对电动机驱动特性不同，因此，电动挖掘机一般将主泵和先导泵分离。因此，电动挖掘机除了主泵驱动电动机，空调压缩机、散热器电动机、先导泵等附件的功率占了整机功率的10%~20%，附件之间并不是简单的启停逻辑控制，而是需要根据整机工况对不同的附件进行优化协调控制。

5. 供电技术

履带式挖掘机是移动不便，如何为整机储能单元进行充电是其关键技术之一。行走型挖掘机的移动相对较灵活，可以通过自行移动的方式进行充电。但挖掘机整机的吨位较重，行走过程消耗的电量较大，目前的充电技术（交流、稳压直流）仍然存在一定的技术瓶颈，例如，实现超高功率负载充电困难，只能在蓄电池材料规定的参数条件下设计充电速率，此外，大功率充电模式下的充电安全性会大幅下降。

6. 整机电液控制技术

当电动挖掘机自身具备电储能单元后，可以充分利用机电液一体化的优势进一步提高液压驱动系统的效率，包括电动缸技术、基于电动机/发电机-液压泵/液压马达的闭式液压系统（EHA）、基于伺服电动机液压泵的新型组合泵、新型电动机直驱式液压缸/泵技术、新型电动机变转速控制型的液压变压器等。

7. 能量回收技术

当前液压挖掘机能量回收技术按回收方式主要分为液压式能量回收系统和电气式能量回收系统，前者储能装置主要是液压蓄能器，后者储能装置主要是蓄电池和超级电容。液压式能量回收系统最常用的储能原件是蓄能器，蓄能器可以实现液压油的快速充放，并且可以吸收液压冲击，消除脉动、噪声，其功率密度大，使用寿命长。蓄能器在同质量情况下，比超级电容、蓄电池、飞轮等元件储存的能量高，功率密度大，可满足挖掘机瞬间大功率的工况，缺点主要是安装空间较大。液压式能量回收系统与电气式能量回收系统相比，一般而言其能量转换环节少，效率高，而电气式能量回收系统中能量转换存在液压泵、电动机/发电机、变频整流元、储能元件等多个环节，整体效率略低。

8. 大功率电传动驱动技术

大功率甚至超大功率驱动是保证高功率等级挖掘机动力性能的首要因素。挖掘机械的功率等级较大，常规的中型液压挖掘机的功率为100~300kW，大型液压挖掘机的功率甚至达到了数千千瓦以上。因此大功率电传动驱动技术也是电动挖掘机的关键技术之一。

10.3 挖掘机智能作业技术

面对新一轮产业革命，数字化、智能化、网络化、无人化正逐渐成为工程机械行业的主要发展趋势。人工智能、5G、物联网、大数据、云计算、先进传感等高新技术为工程机械开展智能化提供了技术支持。工程机械作业环境复杂、工况多、施工困难、危险性高，该领域自身迫切需要开展智能化转型升级。《中国工程机械行业“十四五”发展规划》指出，工程机械要以智能化、信息化为发展目标，不断提高工程机械的智能化、无人化程度，提升系统的数字化、智能化控制。本节将围绕挖掘机械智能作业相关的智能网联技术、环境动态多信息感知等内容展开介绍。

10.3.1　挖掘机智能网联技术

1. 液压挖掘机的远程遥控技术

（1）传统点对点无线遥控技术　遥控挖掘机可以通过有线或无线电路装置，实现挖掘机操纵。无线遥控挖掘机工作时，在远距离操纵装置内，操纵手柄的位移量转换为电压，再由 A/D 转换器转换成数字值，各操纵手柄的操作信号用无线电进行发射处理，其信号被发射到挖掘机上。挖掘机接收的信号与发射时的相反，转换成电流值，通过电磁比例减压阀，使执行元件（液压缸或液压马达）动作。其他动作也是靠接收无线信号后通过电磁阀来使执行元件动作的。

图 10-18 所示为长安大学利用工业无线传输技术设计的远程操纵挖掘机人机交互系统，该系统通过人机交互平台或远程遥控发射器发送控制指令，机载端接收到控制指令后，通过 CAN 总线通信协议传输信号实现具体的功能。该系统无线传输部分采用工业级无线射频模块组，分别布置在机载端和远程遥控端，其工作频率为 433MHz，其稳定遥控距离应在 150m 以内。

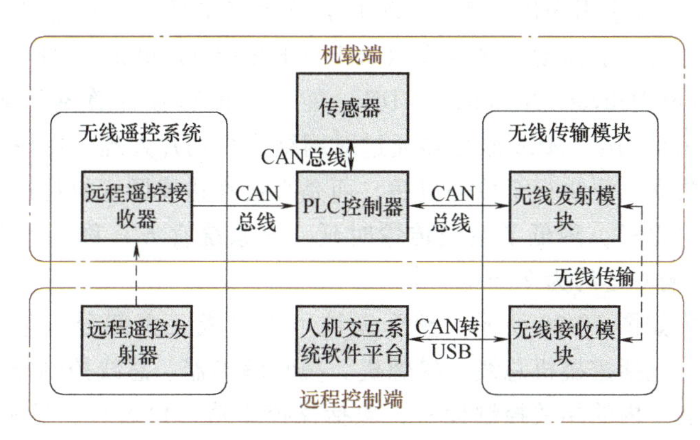

图 10-18　远程遥控挖掘机系统结构图

基于传统工业无线电技术的工程机械远程遥控系统具有遥控化改装方便、使用简单等特点，但由于技术本身的限制，其具有遥控距离近、抗干扰能力差、时延高、丢包严重等问题，因此主要适合短距离、视距范围内的遥控作业。

（2）基于 5G 技术的远程遥控技术　第五代移动通信技术（5th Generation Mobile Communication Technology，5G）是一种高速率、低时延、高可靠、高并发的现代通信技术，是实现人机物互联的网络基础设施。5G 技术用户体验速率达 1Gbps，峰值速率可以达到 10～20Gbit/s，可满足高清视频、虚拟现实应用等场合的大数据量传输；其空中接口时延低至 1ms，可满足自动驾驶、远程医疗等实时应用需求；其用户连接能力达 100 万连接/km^2，可满足大规模物联网通信的需要。

2019 年，山东联通与临工集团联合建设了基于 5G 移动通信的挖掘机远程遥控项目，操作人员实时控制位于矿场的无人驾驶挖掘机，同步回传真实作业场景及全景视频实况，该项目可实现 100km 外的高可靠、低时延的挖掘机动作远程遥控，其远程控制挖掘机系统组网方案如图 10-19 所示。

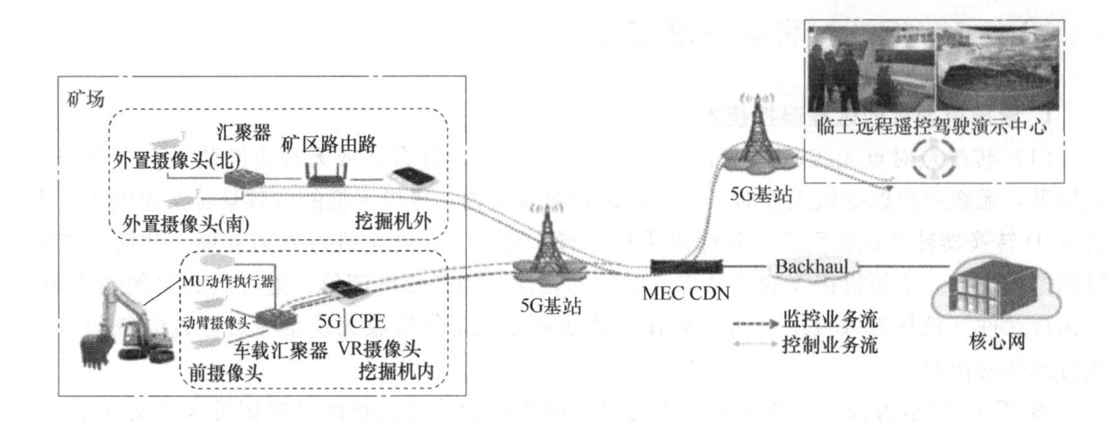

图 10-19 远程控制挖掘机系统组网图

该系统主要由无人驾驶挖掘机、矿场监测设备、5G 通信网络、远程控制室演示中心等组成。该项目在矿场挖掘机端和远程控制端分别建设了一套 5G 非独立组网（Non-Standalone，NSA）基站，通过应用先进的 5G 移动通信技术将矿场与远程控制室相连。此外，该项目在边缘园区机房布置了移动边缘计算（Mobile Edge Computing，MEC）服务器，具备内容分发网络（Content Delivery Network，CDN）能力，该边缘计算网络系统通过 Backhaul（回程网络）与核心网相连。MEC 服务器通过对网络进行切片处理，使该远程遥控系统的控制信号及图像视频数据无须绕行至核心机房，而是直接在边缘园区机房进行转发，从而缩短了端到端数据传输的路径，降低了系统传输时延。该系统官方宣称整体视频信号时延约为 300ms，控制指令传输时延约为 25ms。

该项目功能模块如图 10-20 所示，整个系统可以分成三大部分，即控制器、5G 网络、挖掘机。挖掘机部分包括挖掘机总线、摄像机、视频解码器、总线控制器、GPS 等；控制器模块主要指远端控制室内的相关控制设备，包括操控座椅、仪表台、显示器、视频编码器、远端控制器、VR 头盔等。其中，操控座椅包括手柄、转向盘、节气门、制动器、电气开关等，远端控制器将控制信号通过 5G 网络传送至现场挖掘机。5G 网络部分则利用 2 套 NSA 5G 基站，使矿场和远程控制室的信号分别通过 5G 网络进行通信。

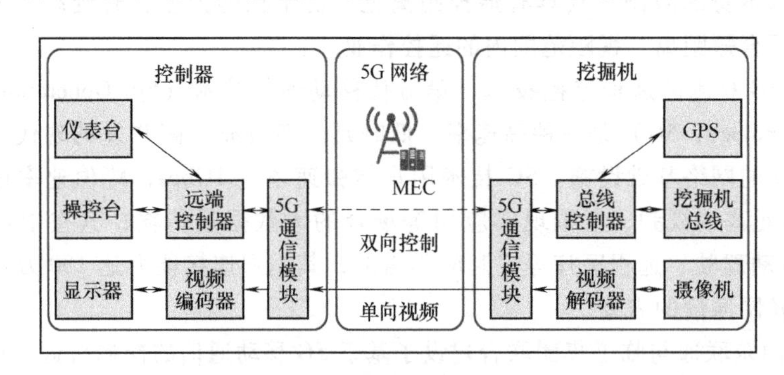

图 10-20 远程控制挖掘机功能模块图

工作时，操作人员通过操作操控台上的机械电子设备，所产生的控制信号将经过远端控制器，经由 5G 通信模块通过 5G 网络发送至挖掘机端。挖掘机上安装的 5G 通信模块接收到控制信号后，将其发送给挖掘机端现场总线控制器，总线控制器根据控制信号输出控制量给对应的执行机构以完成所需动作。此外，挖掘机端安装的相机可实时采集作业现场的图像信息，与车辆状态信息一并经由 5G 通信模块、5G 网络传输到远端控制室，并在显示器和仪表台上进行实时显示，操作人员可据此了解挖掘机自身状态及作业现场情况，并做出下一步动作判断。

该套系统的主要优势：一是采用 5G+MEC 技术替代原有工业无线方案，不仅可以降低客户的网络成本，扩大远程遥控的范围，而且扩展了远程遥控挖掘机的应用场景和商业模式；二是引入 VR 全景视频技术，利用 5G 通信的高带宽能力传输挖掘机现场全景视频，提高了远程遥控操作的体验和精准性。

2. V2X 网联技术

工程机械行业目前正朝着电动化、智能化、网联化的方向发展，迫切需要现代化的基础通信和连接技术。因此，车联网（Vehicle-to-Everything，V2X）技术成为工程机械行业实现智能网联的重要技术路径。如图 10-21 所示，车联网技术可实现车与车（Vehicle-to-Vehicle，V2V）、车与人（Vehicle-to-Pedestrian，V2P）、车与路（即车与交通基础设施，Vehicle-to-Infrastructure，V2I）、车与网络/云（Vehicle to Network/Cloud，V2N/V2C）的通信连接和高效准确的信息交互。车联网技术结合人工智能、大数据、云计算、视觉和雷达感知、高精度地图和高精度定位等技术，满足目前智能工程机械在安全作业、效率提升和信息服务等方面的要求。

目前，V2X 技术标准主要有两条技术路线，分别是专用短程通信技术（Dedicated Short Range Communication，DSRC，即 IEEE802.11p）标准、蜂窝车联网（Cellular Vehicle-to-Everything，C-V2X）标准，C-V2X 标准包含 LTE-V2X（基于 4G 网络）和 5G NR-V2X（基于 5G 网络）。DSRC 主要基于 WLAN 技术，适用于 V2V 和 V2I 场景，不具备蜂窝通信能力。C-V2X 利用现有蜂窝网络并采用相同的通信协议，它支持 V2X 和互联网/云连接以及无线远程升级（Over The Air，OTA）更新的能力。C-V2X 技术可分为两种工作模式，分别是 PC5 模式和 Uu 模式。PC5 模式允许直连 V2X 消息传递，而 Uu 模式允许通过蜂窝网络间接连接 V2X 消息传递。C-V2X 标准在技术指标、商用部署难度等方面表现更优。

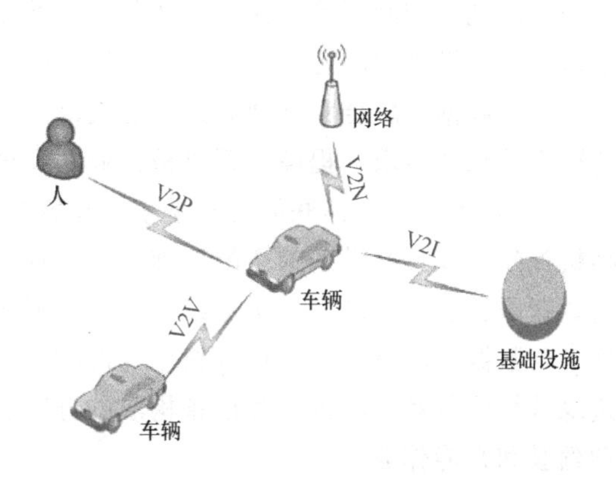

图 10-21　V2X 技术的四种互联型式

C-V2X 车联网组网及其车路云协同应用如图 10-22 所示，其中，运营商的“端边云协同架构”在车联网表现为“车路云协同架构”。其中，网络实体包括车载终端（On Board Unit，OBU）、路侧设备（Road Side Unit，RSU）和移动边缘计算（Mobile Edge Computing，MEC）设备，RSU 一般安装在交通路口和必要的路段，连接交通信号灯、路侧感知设备（如视频、激光雷达等），为车辆提供路侧实时信息。实际产品中有 RSU 集成 MEC 功能。目前基于 5G 的 5G NR-V2X 技术能满足远程遥控作业及自动驾驶的要求。

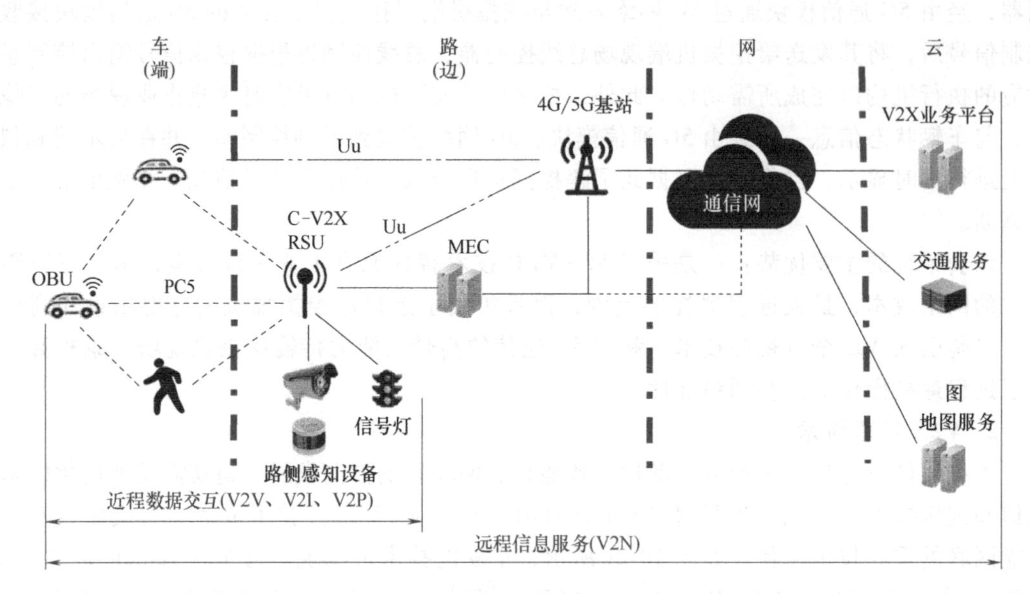

图 10-22　C-V2X 车联网系统组网及其车路云协同应用

V2X 技术在工程机械领域具有以下应用优势。

1）精确的信息感知能力。V2X 技术可以使工程机械车辆获得更广泛、更精确的信息感知能力，例如，有效获取道路、工作场域的实时信息，识别危险情况以帮助识别和警告人类驾驶员或机器控制可能忽视的其他危险，助力完成复杂环境下的机群作业，可以实现施工场地内设备与设备间的协同，并扩展为异构多域的车路协同感知，同时结合移动边缘计算技术实现更大数据量融合和处理后的、更大范围的信息传播，从而满足非视距盲区感知、有遮挡情况下的感知需求，提高工程机械作业的安全性。

2）强大的智能网联能力。基于单车智能的自动驾驶和智能作业的技术路线主要依赖工程机械的车载计算设备的智能处理能力，存在算力需求随着自动驾驶和智能作业级别上升成指数级增长、成本高昂等明显缺陷。基于 C-V2X 构建网联智能，依托 C-V2X 技术提供计算任务与数据、决策结果、控制指令的低时延、高可靠传输能力，实现由车载计算设备、路侧边缘计算设备和中心云计算设备构成的分级、网络化智能决策与控制，助力分阶段演进的自动驾驶和智能作业。

3）降低单车智能系统成本。自动驾驶和智能作业的工程机械一般由高精度毫米波或激光雷达、视频传感、高精度定位系统、车载计算平台、通信及计算芯片和机械本身构成，制造、维护、测试等成本很高，存在单车智能的传感器数量多、精度要求高、计算复杂且算力要求高等问题，而利用 V2X 路侧端的智能感知能力，以及车车、车路协同的智能网联能力，可以降低单车智能的能力要求，降低单车智能成本。

V2X 技术在工程机械领域具有广阔的应用前景，例如，在特定场景和限定区域（如施工道路、建筑工地、矿山等）可以发挥其重要作用，复杂环境的露天矿区是典型的非道路场景，可以利用 V2X 智能网联技术提升其作业施工安全性，实现中低速工程机械自动驾驶、智能作业，典型的矿区 V2X 应用基本框架如图 10-23 所示。

露天矿区具备封闭管理、路线固定、车辆和机械行驶速度低、路况可控等特点，是自动

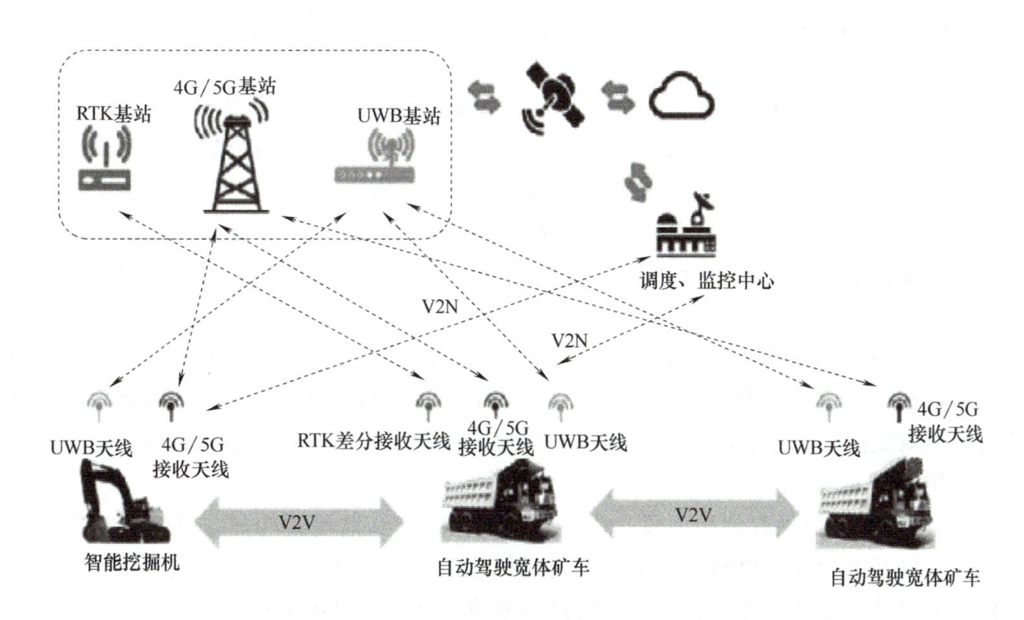

图 10-23　露天矿区 V2X 技术应用基本框架

驾驶和智能作业最可能商业化落地的场景之一。露天矿区道路弯曲，坡度较大，视线不佳，交叉路口存在感知盲区，作业面存在深度差异，容易出现安全事故，与单车车载摄像头、激光雷达相比，V2X 拥有更广的感知范围，具有突破视觉死角和跨越遮挡物的信息获取能力，同时通过车车协同、车路协同共享实时作业状态信息，进行盲区感知补充，实现路径规划、紧急避让，进而避免安全事故。

利用 V2X 技术可以助力实现矿区场景下的中低速智能网联无人驾驶和智能作业，特别是有效应对极端情况和成本难题。基于 C-V2X 提供的通信和连接能力，实现工程机械和设备的智能网联化，并协同单车的智能控制管理，支撑无人驾驶和智能作业中所需要的信息实时共享与交互、协同感知和协同控制，提供远程遥控能力，实现机群编队行驶和集群作业。

利用 V2X 技术可以开展矿区作业的辅助路径规划及调度，提高生产效率。借助 V2X 网联设备，将作业设备获取的信息及作业面情况上传至云平台，云平台根据 V2X 设备上传的信息进行综合评估，优化全局路径，并将最新的作业面信息广播至附近车辆和机械，协助车辆和机械进行局部的路径和作业规划。

V2X 技术以 C-V2X 为核心，融通“人-机-路-网”关键要素，不仅可以支撑工程机械感知更多的信息，促进自动作业技术的创新和应用，为实现施工作业精细化管控提供强有力支撑，还有利于构建智能感知、智慧决策的施工作业体系，促进工程机械施工服务新模式、新业态发展，因而对于提高工程效率、节约能源消耗、减少环境污染、降低事故发生率、改善施工管理等方面均具有十分重要的意义。

10.3.2　挖掘机定位导航与环境感知技术

挖掘机要提高工作效率，实现自动驾驶和智能作业需要具备定位导航与环境感知能力。需要全球导航卫星定位系统与惯性导航系统以及高精度地图配合，才能实现良好的定位导航效果。环境感知则包括激光雷达、车载相机、毫米波雷达、挖掘机工作位姿检测系统等技术。

1. 定位导航技术

（1）全球导航卫星定位系统　全球导航卫星定位系统（Global Navigation Satellite System，GNSS）包括美国的 GPS（Global Position System）、中国的北斗 BDS（Bei Dou Navigation Satellite System）、俄罗斯的 GLONASS 以及欧盟的 Galileo 等。

GNSS 的三维导航和定位能力具有全球覆盖、全天时、全天候、连续性等优点，可以提供先进的测量、定位、导航和授时功能。GNSS 一般由三部分组成，即空间卫星部分、地面监控部分和用户接收部分。

1）空间卫星部分又称为空间段，空间卫星的排布可以满足在地球上的任何地点和时刻均能观测到至少 4 颗几何关系较好的卫星以进行定位，空间卫星可向用户连续播发用于进行导航定位的测距信号和导航电文，并接收来自地面监控系统的各种信息和命令，以维持系统的正常运转。

2）地面监控部分又称为地面段，由主控站、注入站和监测站构成，其主要功能是跟踪空间卫星，对其进行连续观测，确定卫星的运行轨道及卫星钟差，同时可向卫星发布各种指令，调整卫星的轨道及时钟读数，进行故障修复或启用备用星等工作。

3）用户接收部分又称为用户段，主要接收空间段和地面段提供的导航、定位和授时服务。主要使用接收机来测定从接收机至空间卫星的距离，并可根据卫星星历以及某观测瞬间的卫星空间位置等信息求出三维位置、三维运动速度和钟差等参数。我国北斗系统还创新融合了导航与通信能力，独具短报文通信和国际搜救等功能。

（2）惯性导航技术　利用 GNSS 可以方便地获取位置信息，但其更新频率低，约为 10Hz，而且在隧道、森林等路段，GNSS 信号容易中断，无法满足自动驾驶和智能作业的要求。因此，必须借助其他传感器和定位手段来共同增强定位精度，惯性导航技术是其中最重要的部分。

惯性导航系统（Inertial Navigation System，INS）简称惯导系统，是基于牛顿定律，不依赖外部信息而仅靠系统本身就能对车辆进行连续的三维定位和三维定向的自主导航系统。惯性导航系统基本结构如图 10-24 所示，主要包括惯性测量单元（Inertial Measurement Unit，IMU）、信号预处理单元和机械力学编排模块。

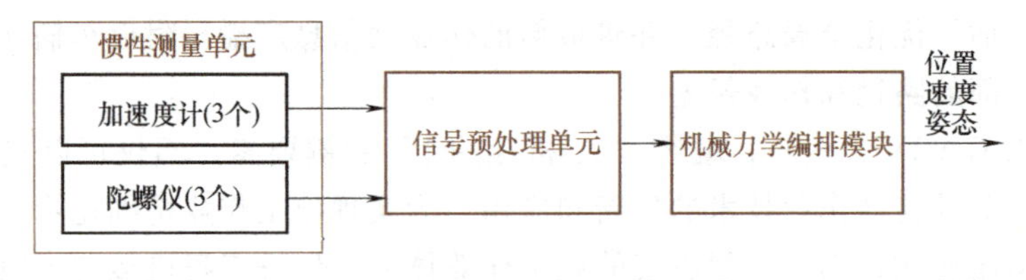

图 10-24　惯性导航系统模块

该系统通过加速度计测量得到载体在惯性参考系中的加速度，通过陀螺仪测量载体的旋转运动，然后进行惯性坐标系到导航坐标系的转化，再将角速度进行积分运算，结合载体的初始运动状态，就能推算出载体的位置和姿态信息。

INS 作为自主式的导航技术，可以实现航位推算，与 GNSS 相互补。一方面，INS 帮助载体在盲区位置补充定位，另一方面 GNSS 也能对 INS 进行实时纠偏，帮助用户终端得到连续的高精度导航数据。

2. 高精度地图技术

高精度地图也称为高精地图、自动驾驶地图、自主导航地图、智能高精地图等。

高精度地图作为支撑无人系统自动驾驶和智能作业的时空数据集，具有高精度（高地图数据精度）、高丰富度（高地图数据类型）、高实时性（高地图更新频率）等特点。高精地图面向无人系统行驶环境采集和生成地图数据，根据无人驾驶需求建立道路、作业环境模型，可以对路网环境生成精确的三维表征（厘米级精度），如包括道路环境的几何结构、标识位置、周边环境的点云模型。此外，高精度地图包含丰富的辅助信息和语义信息，如道路数据和道路周围相关的固定对象信息。此外，高精度地图可以将系统探测出的变化实时上传，并同步给其他智能网络车辆和装备，具有较高的实时性。

高精度地图数据的采集是高精地图构建的基础，一般采用移动测绘车采集道路环境信息，再完成三维云点数据处理和加工。还可采用无人机航测产生高精度正射影像图，再通过自动与人工相结合的方式进行数据矢量化加工处理，增加属性和拓扑结构建立等加工流程，产生高精度地图。

一种车载移动测量系统如图 10-25 所示，其采集的数据包括激光点云、光学图像、组合导航信息等。数据采集完成后，利用多传感器时间与空间同步技术、多传感器数据配准和融合技术等关键技术，再经过自动化的 GNSS 组合导航解算，生成解算成果。

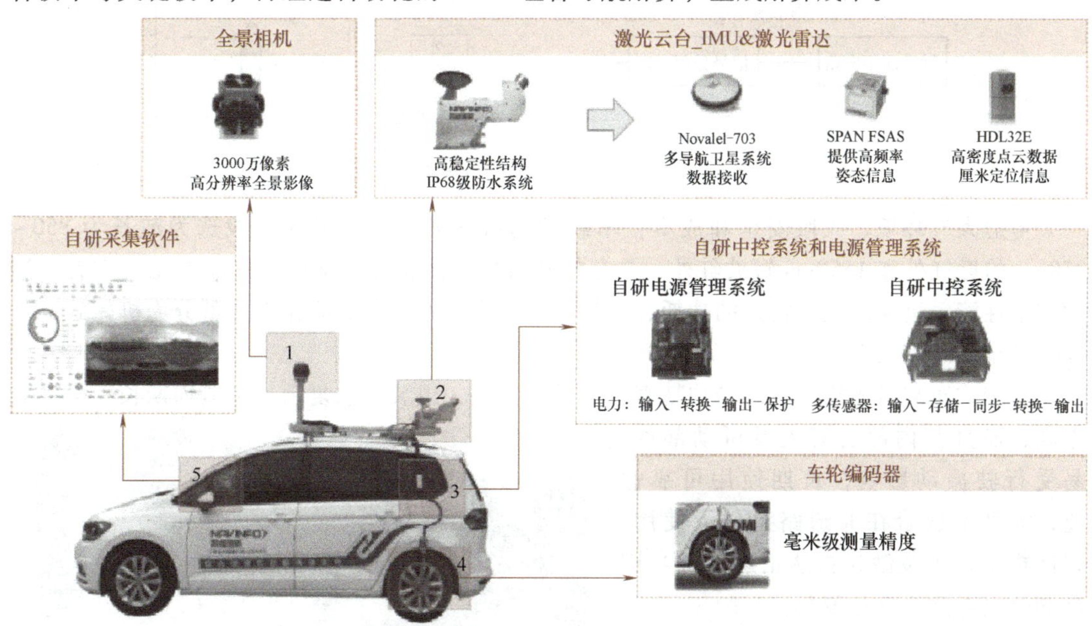

图 10-25 高精度地图车载移动测量系统

3. 环境感知技术

（1）激光雷达　激光雷达又称为光学雷达（Light Detection and Ranging，LiDAR），是一种先进的光学遥感技术，使用人眼安全的激光束以 3D 形式准确地显示地形环境，提供百万级的高分辨率 3D 云点视图，如图 10-26 所示。LiDAR 可使无人系统能够“看到”周围环境，创建不断变化的周围环境的精确地图，实现安全、精确的导航和作业。激光雷达因其精度高、功耗低、抗干扰能力强等特点，在环境感知、自动驾驶中具有重要地位。

激光雷达基于激光测距技术。激光测距系统按照测距方法可以分为飞行时间测距法

(Time of Flight，ToF)、基于相干探测的调频连续波测距法（Frequency Modulated Continuous Wave，FMCW）以及三角测距法。飞行时间法激光雷达通过测量激光发射到接收的时间，计算出距离，称为直接检测激光测距仪；调频连续波激光雷达是利用多普勒效应，间接测量距离和速度，称为相干探测激光测距仪；三角测距法利用相似三角形的原理，测算出物体距离。

图 10-26　无人驾驶和无人作业时的激光雷达云点图

目前，商用车载激光雷达主要是 ToF 脉冲式雷达，脉冲式激光雷达系统主要由发射模块、接收模块和处理模块三部分组成，结构如图 10-27 所示，其涉及的关键技术包括激光器技术、光学系统设计技术、激光扫描技术、信号处理技术等。

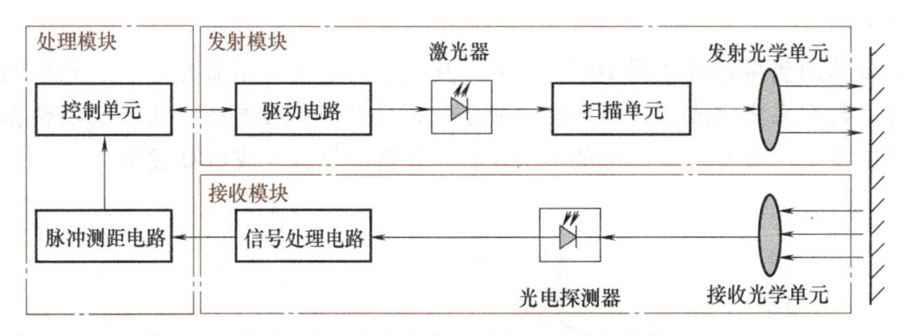

图 10-27　脉冲式激光雷达系统基本结构

考虑大气环境、人眼安全和成本，车载激光雷达激光器的激光一般选为波长为 850～950nm 的近红外和 1550nm 短波红外，具有较好的穿透性和抗干扰性。扫描单元决定着雷达的扫描性能，进而决定着雷达的功耗、重量、尺寸和成本。车载激光雷达可分为机械式、半固态及全固态三类。

机械式车载激光雷达内部结构精密，零件数量多，组装工艺复杂，制造周期长，生产成本高，而且其内部含有大量可动部件，易受行驶振动影响，长期使用可靠性差，尤其不适合在非道路条件下使用，目前机械式车载激光雷达正逐步被半固态和全固态激光雷达取代。

图 10-28　Built Robotics 公司无人挖掘机上安装的车载相机

（2）车载相机　车载相机能够捕捉到环境中的图像，提供视觉信息，被誉为“自动驾驶之眼”，是自动驾驶领域的核心传感设备，如图 10-28 所示。车载摄像头主要通过镜头和图像传感器实现图像信息的采集，可实现广角度、长距离视觉感知，结合计算单元和算法能够进行目标检测，目前已经广泛应用于各类工程机械设备。

车载相机有多种分类方法。根据摄像头 CMOS 镜头数量，可分为单目、双目、三目车载相机；根据摄像头的视角，可分为标准广角、窄视角车载相机；根据车载相机安装位置，可分为前视、后视、环视、侧视及内视车载相机；根据功能，可分为行车辅助、驻车辅助、夜视辅助、车内驾驶员监控等车载相机。

无人感知系统上常用单目、双目和三目车载相机。单目相机可用于动态和静态物体检测，通过图像匹配进行目标识别，并通过图像大小估算目标距离，单目相机的主要缺点是视野受镜头限制且测距精度较低。双目相机类似人类双眼，依靠两个平行布置的相机产生的视差进行计算，利用精确的双目三角测距原理，可以得到图像的深度信息，即可算出相机与前方障碍物的距离，实现更高的识别精度和更远的探测范围，双目相机的主要缺点是双目测距原理对两个镜头的安装位置和距离要求较高、相机标定较为复杂。三目相机是三个不同焦距单目相机的组合，能较好地弥补单目相机感知范围有限的问题。

（3）毫米波雷达　相较于激光雷达和车载相机，毫米波雷达不受天气的影响，即使在最恶劣的天气和光照条件下也能正常工作，穿透烟雾能力很强。毫米波雷达被广泛应用于车载距离探测，如用于自适应巡航、碰撞预警、盲区探测、自动紧急制动等，其结构如图10-29所示。

图10-29　毫米波雷达结构

毫米波雷达通过发射波长在毫米段的无线电波并接收反射信号来测定车辆与物体间的距离。毫米雷达毫米波介于厘米波与光波之间，工作频率为30~300GHz，波长为1~10mm，兼有微波制导和光电制导的优点。车载毫米波雷达根据频率的不同，可分为24GHz、77GHz和79GHz，毫米波雷达工作频率越高，探测距离越远，分辨率也越高，但其体积及发射天线的尺寸也相对更大。

与激光雷达、超声波雷达和摄像头等传感器相比，毫米波雷达具有全天候、探测范围大、体积小、干扰少、性价比高等特性，在环境监测传感器中成为一种能够准确感知定位的主流解决方案。

（4）挖掘机工作位姿检测系统　智能挖掘机的作业需要利用工作位姿检测系统，实时监测挖掘机机体及各个工作机构的位置和姿态。挖掘机的位姿检测一般有接触式检测和非接触式检测两种技术路线。

接触式检测是指在工作装置上安装传感器来测量其姿态，例如，在液压缸上安装位移传感器、倾角传感器、旋转编码器等来测量液压缸伸缩量、工作装置运动角度、转台旋转角度，进而通过运动学求解来获取工作装置和整机的位姿信息，如图10-30所示。

非接触式检测是以光电、电磁等技术为基础，在不接触被测物体的情况下得到机器姿态信息的测量方法。非接触式检测还可分为视觉检测和非视觉检测。视觉检测主要利用工业相机获取工作装置的图像信息，结合机器视觉算法检测和提取人工特征（如固定在工作装置上的标靶）和目标特征（如挖掘机工作装置上直线特征），从而获得挖掘机工作装置的姿态信息。非视觉检测则利用激光、毫米波雷达等对工作装置液压缸长度或工作装置变化角度进行测量，实现工作装置姿态信息的测量。

1）基于倾角传感器的挖掘机位姿检测系统。基于倾角传感器的挖掘机位姿检测系统以动态倾角传感器为核心，与组合导航系统等传感定位元件相结合来确定挖掘机的位置和工作

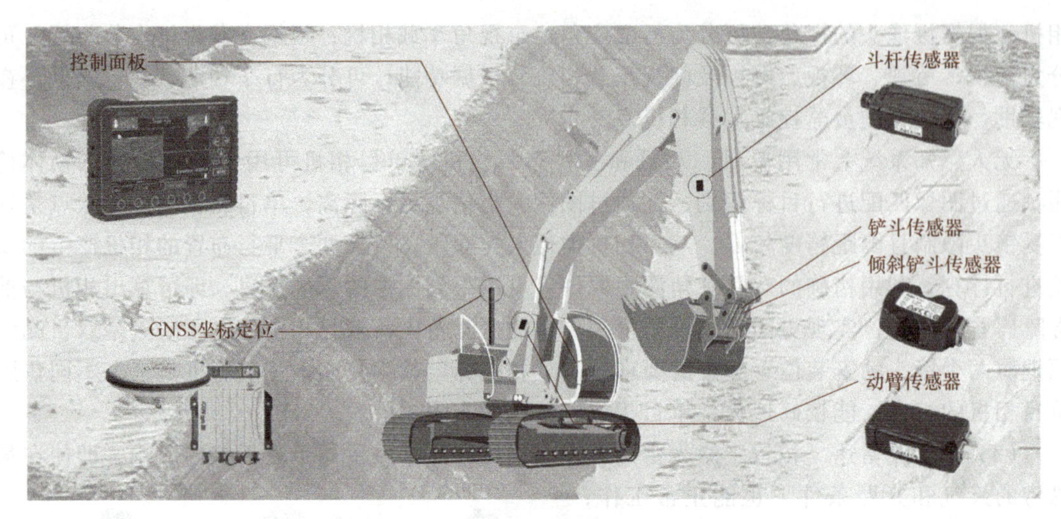

图 10-30　挖掘机智能三维位姿引导系统

位姿。动态倾角传感器的工作原理类似惯性测量单元（Inertial Measurement Unit，IMU），内置 MEMS（Micro-Electro-Mechanical，微机电系统）加速度计和陀螺仪，可以测量运动载体横滚、俯仰、角速度和加速度的惯性姿态参数，适用于运动或振动状态下的倾角测量。典型的挖掘机三维位姿测控系统结构如图 10-31 所示，选用三个动态倾角传感器分别固定在动臂、斗杆及连杆上；将 RTK（Real-time Kinematic，实时动态载波相位差分）技术与 IMU 结合的组合导航系统水平安装在回转平台上。通过测量挖掘机动臂、斗杆和铲斗角度，组合导航系统精确测量回转机构航向角度，同时进行挖掘机底盘的定位定姿，实现挖掘的三维定位定姿，用于无人挖掘机或三维挖掘引导系统。

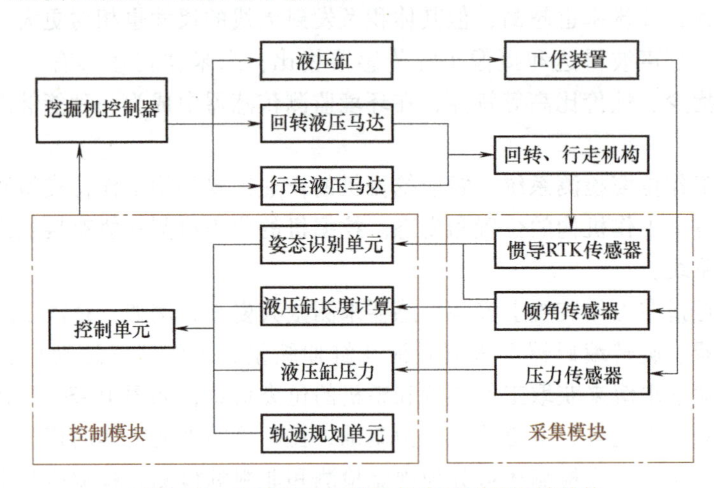

图 10-31　某挖掘机三维工作姿态测控系统结构

位姿识别主要是确定挖掘机各关键部件的位置和姿态信息，即确定挖掘机回转机构中心、底盘中心的相对回转角度以及铲斗齿尖在全局坐标系下的位置和姿态信息。利用组合导航系统获取挖掘机回转机构中心的位姿，即获得挖掘机在全局坐标系下的绝对位置以及横滚角、俯仰角和偏航角信息；获取挖掘机底盘相对于回转平台的转动角度信息，再结合挖掘机回转平台的姿态信息即可得到挖掘机底盘的绝对位姿信息；利用倾角传感器得到动臂、斗杆和铲斗的变化角度，就可以计算出铲斗齿尖相对于挖掘机回转平台的相对位置和姿态信息，再根据回转机构中心的绝对姿态信息，即可得到铲斗齿尖的空间绝对姿态信息。

除了上述三维测量方案外，也可不安装组合导航系统，而安装动态倾角传感器、平台旋转传感器、斗杆激光接收器，进而检测激光扫平仪发射的水平激光相对于接收器零位的高度，完成二维空间的车体定位，为实现挖掘机的二维空间轨迹精确测量与挖掘机深度控制打下基础。如图 10-32 所示，Leica、MOBA 等公司的二维挖掘机引导系统就采用了上述方案。如果仅将激光传感器安装在斗杆上，配合旋转激光扫平仪一起使用，利用其提供的激光参考高度面，即可实时引导挖掘的深度，如图 10-32b 所示。

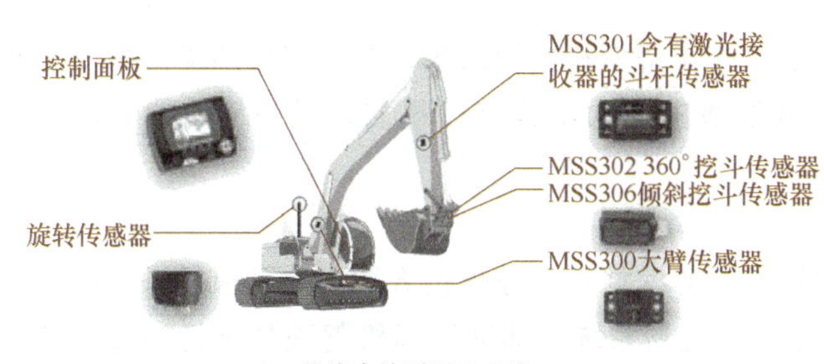

a) 二维姿态检测引导系统

b) 一维姿态检测引导系统

图 10-32　Leica 公司的挖掘机二维姿态检测引导系统和一维姿态检测引导系统

2）基于机器视觉的挖掘机位姿检测系统　主要分为有靶标法和无靶标法。无靶标法只需要图像采集与处理系统，依据图像特征进行挖掘机执行机构监测。有靶标法通过识别安装在挖掘机机械执行机构上的靶标，利用机器视觉技术得到工作装置的位姿。相对于无靶标法，有靶标法可以实现更高精度的位姿测量。

传统的无靶标挖掘姿态检测常使用 RGB 图像进行二维设备姿态估计，目标检测算法大致分为基于手工特征（Feature-Based）的传统目标检测方法和基于深度神经网络（主要使用卷积神经网络）的检测方法两种。可使用定向梯度直方图（HOG）和支持向量机（SVM）技术检测挖掘机图像获得工作装置姿态，也可使用背景剔除和 k-means 算法估计挖掘机的结构框架来粗略估计挖掘机的姿态。特别是随着 AI 技术的快速发展，深度学习和基于卷积神经网络的方法被研究用于挖掘机姿态估计，可以直接从图像估计三维姿态，也可以先估计二维姿态，再利用堆叠沙漏网络等方法利用二维姿态估计结果，对三维位姿进行预测和重构。

典型的有靶标位姿检测法需要在挖掘机铰接点等位置安装可识别靶标。该方法主要针对拍摄获取到的挖掘机彩色图像，首先进行彩色空间转换，再对图像滤波去噪，进行二值化处理，再通过轮廓提取相关算法完成对标识圆心坐标的提取，再结合相机图像与工作平面间的映射关系得到挖掘机的位姿。如图 10-33 所示，美国内华达大学在矿用液压挖掘机工作装置和机身上固定白底黑色标靶，同时利用多台相机来测量工作装置的三维姿态信息和铲斗轨迹。

10.3.3　挖掘机作业规划与控制技术

挖掘机作业规划主要包括作业任务规划和挖掘动作规划，作业任务规划的目的是制订适

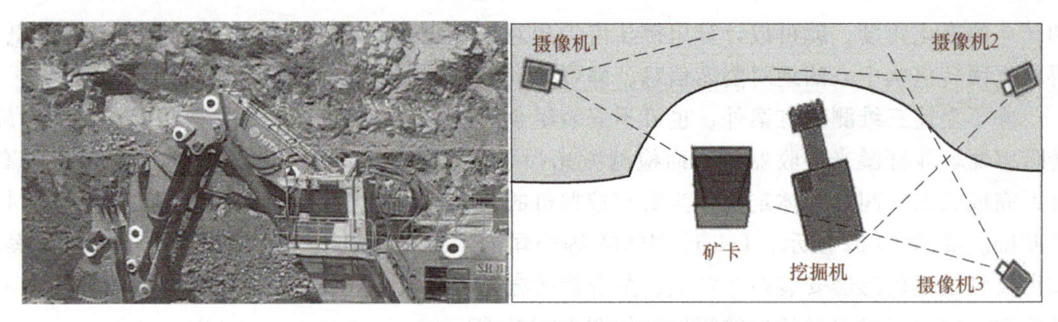

图 10-33　基于标靶的挖掘机视觉姿态检测

当的任务规划策略，在给定的施工现场创建移动路径和挖掘区域，避免与已知障碍物发生碰撞。动作规划的目的是通过对挖掘机工作装置的运动轨迹进行规划，得到最优的轨迹和效率，完成挖掘、回转、卸料等作业动作。

1. 挖掘机任务规划

（1）挖掘机任务规划概述　施工现场常用的挖掘机任务规范方法主要是依靠工程师现场测量和规划，利用基于 GNSS 的辅助施工定位规划系统，辅助挖掘机驾驶员进行施工任务规划。该系统通过 GNSS 定位建图，并利用人机交互系统显示与工程设计相关的土方工程设备的位置以及相关配置的实时信息，提供给设备操作人员作为指导，以高效和协作的方式管理施工设备，提高作业效率。Trimble 公司的辅助施工定位规划系统如图 10-34 所示。

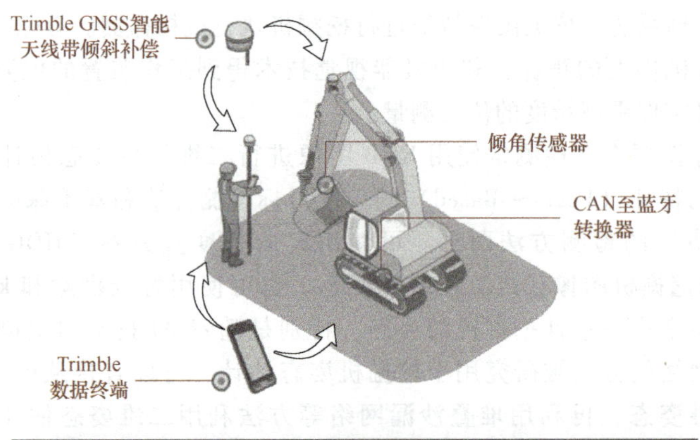

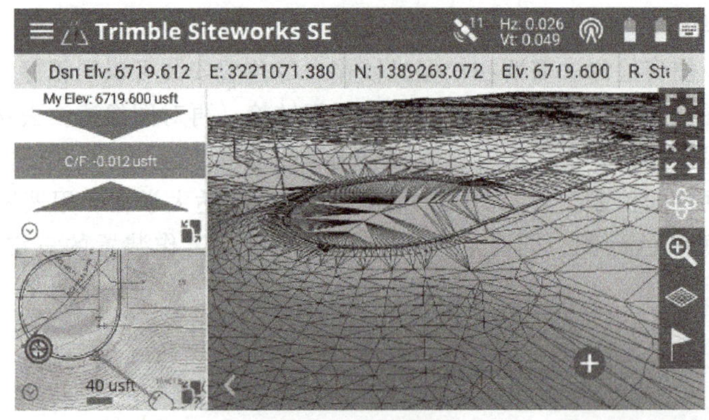

图 10-34　Trimble Siteworks 辅助施工定位规划系统

随着无人挖掘技术的发展，自主任务规划也成为研究重点。智能挖掘机的自主任务规划用于确定挖掘机在工作区域内的作业策略和最佳作业路径，即在宏观层面上指导挖掘系统的规划决策系统，控制执行机构按照什么样的轨迹运行，从而实现预定的挖掘目标。挖掘机任务规划需要能够分析工作区域的地形，包括坡度、高度、障碍物等，以确定哪些区域是适合挖掘的，哪些区域存在潜在风险或障碍物。

如图 10-35 所示，自主任务规划需要获取施工现场精确的三维模型生成高精度地图，为任务规划提供数据基础；在施工过程中，工作环境在不断变化，智能挖掘机必须与变化着的土方和工作边界相互协调配合，并随着土方工程的进度而不断变化；此外，土方施工常常要与其他施工机械进行合作，通常要与自卸货车相互配合才能完成作业。

图 10-35　典型的土方施工环境及任务规划的影响因素

施工现场的三维建模可以在地面使用 LiDAR、全站仪等测绘设备，也可以使用无人机利用多角度图像或 LiDAR 采集测绘信息，如图 10-36 所示。测绘系统对 LiDAR 采集的点云数据进行裁剪、拼接之后，就可以构建施工现场的二维正射影像以及全局三维模型，并实现数据的采集、更新。

图 10-36　无人机利用 LiDAR 测绘施工现场

（2）任务规划方法　挖掘机作业任务规划算法主要有点对点规划法（Point-to-Point，PTP）和完全覆盖路径规划法（Complete Coverage Path Planning，CCPP）。PTP 算法一般用来生成点与点之间的路径，而 CCPP 算法一般用来生成一个可以覆盖整个区域的移动路径。

PTP 算法主要用于特定的场地条件，面对多个障碍物，从一个点移动到另一个点而不引起碰撞，并实现路径最优。有多种优化技术用于解决 PTP 问题，如 A* 算法、Dijkstra 算法、RRT 算法等。PTP 算法主要考虑多个因素影响下的点与点之间最短路径，然而，实际作业中自主挖掘机不仅要实现点到点的移动，还需要考虑在整个开挖环境中执行挖掘任务，就必须考虑 CCPP 全覆盖路径规划算法。

CCPP 全覆盖路径规划指的是在一定区域或空间范围内获取一条走遍除障碍物外所有区域的最短路径。全覆盖路径规划算法又分为在线式和离线式两种情况，离线式是假定环境因素已知，包括覆盖区域形状、面积和障碍物分布等，而在线式是在环境信息完全或部分未知的情况下，利用机体搭载的传感器对目标控件进行实时扫描。牛耕式单元分解法（Boustrophedon Cellular Decomposition，BCD）是典型的离线式全覆盖路径规划的行走方式，如图 10-37 所示，机械沿某一直线行至区域边界底端，转向，然后再沿与之前同样方向的另一直线继续运行。此外，全覆盖路径规划方法还有随机方法、内外螺旋法等，具体分析时可用格栅法、拓扑图法、模版模型法等。

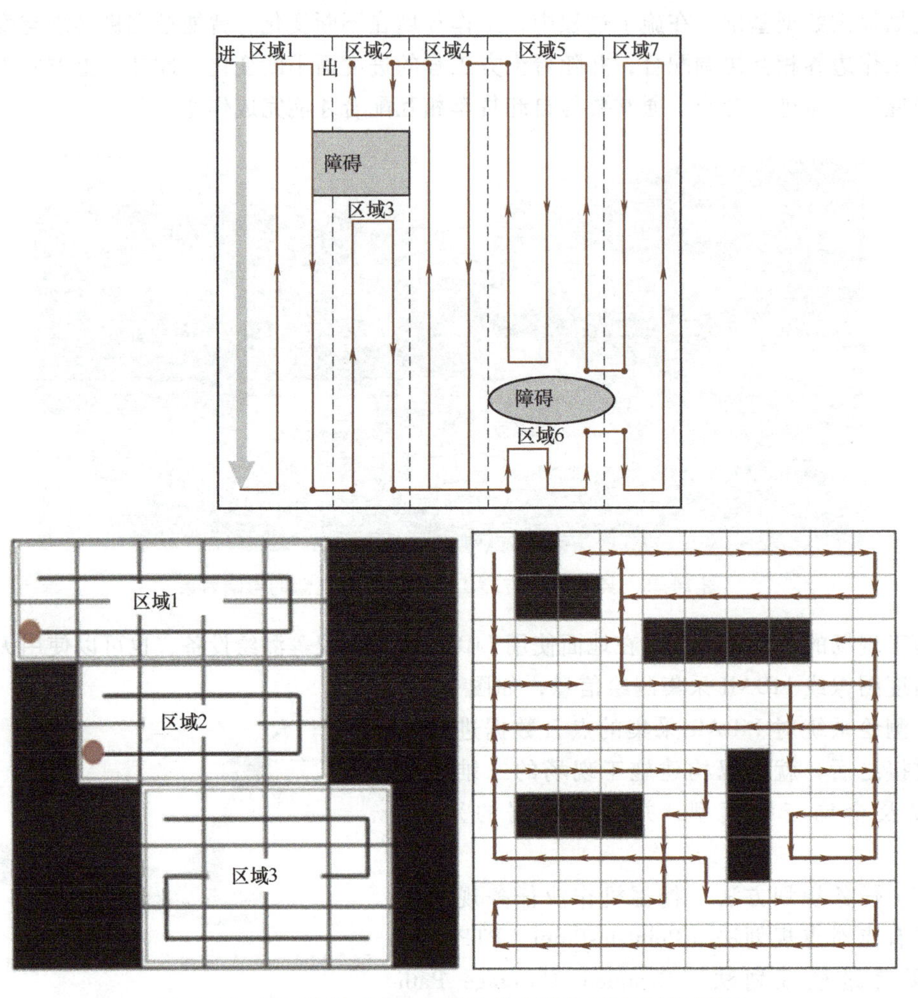

图 10-37　基于牛耕式单元分解法的全覆盖路径规划示意图

在线式主要有基于生物激励神经网络的栅格法、基于生成树的栅格覆盖法等。这些算法有各自的特点和优势，在一定程度上实现了对覆盖路线的有效规划。任务规划算法的未来研究将会涉及更多非结构化环境中的动态障碍，实现挖掘作业过程的动态规划。

2. 动作规划

要实现挖掘机的智能作业，除实现自主任务规划外，还需要对挖掘动作进行规划和控制，即对挖掘机工作装置的运动轨迹进行规划和控制。轨迹规划是实现智能挖掘机姿态控制的重要组成部分。轨迹规划是指构建一条从起点到终点，无碰、高效、节能的运动序列。不经过轨迹规划，直接通过目标点对挖掘机姿态进行控制，会使挖掘机工作装置出现抖动振荡、动作不够平顺等问题，而影响挖掘机的工作效率和使用寿命。因此，需要对挖掘机工作装置的运动轨迹进行合理规划，提升挖掘机动作的平顺性，保证挖掘机的工作效率和使用寿命。

动作规划通常在关节空间和笛卡儿空间两种坐标系内。关节空间路径规划对关节角、角速度及角加速度进行规划，由于直接规划控制变量，因此控制方便，但需经过运动学求正解以得到工作空间轨迹。笛卡儿空间路径规划直接规划铲斗末端的位移、速度与加速度，便于进行工作任务分解，但需经过运动学求逆解以得到关节变量，计算量较大，控制不便。目前常用的动作规划函数有 3 次样条插值函数、高次多项式插值函数、B 样条函数、非均匀有理 B 样条函数等。针对不同的作业工况，选择最佳的轨迹规划方法并进行优化，规划出吻合度更高的齿尖轨迹是现阶段国内外的研究重点。

由于挖掘机的机械结构、所受力矩等条件的限制，需要对运动机构的速度、加速度进行约束，得到最优挖掘轨迹。最优挖掘轨迹指一条能够使一个或多个性能指标达到最优，且满足相关约束条件的轨迹。其中，挖掘时间和能量消耗是寻径时主要考虑的两个指标。

1）基于时间最优的轨迹规划。挖掘时间与生产效率挂钩，因此以挖掘时间最短为目标的动作规划是目前的研究热点之一，例如，太原科技大学的研究人员基于分段多项式插值函数，采用差分进化算法获得了运动时间最短的挖掘轨迹。但是，采用优化算法进行时间最优的轨迹优化时，往往将约束条件直接作为判断条件使用，这样每迭代一次都需要对约束条件进行判断，整个寻优过程时间较长，甚至搜索不到最优解。

2）基于能量利用最优的轨迹规划。为降低挖掘机能耗，韩国斗山公司研究人员采用 B 样条函数对执行机构位移进行参数化处理，建立了泵的最大流量与执行机构运动约束之间的耦合关系，实验结果表明挖掘机运动平稳，与熟练操作员相比，能显著降低能耗和机械磨损。还有研究人员建立了矿用挖掘机挖掘力与能耗的数学模型，采用不同幂次的高阶多项式规划了以能量消耗最低为目标的挖掘轨迹，取得了良好效果。

单一指标最优往往满足不了某些具体的作业需求，因此需要多种优化指标综合最优的轨迹规划方法。重庆大学改进了土-铲斗相互作用模型，采用 B 样条对铲斗齿尖进行了时间最优、能量利用最优及机器损伤最小的多目标轨迹规划。随着人工智能技术的发展，通过无监督的强化学习，试错的同时与环境之间不断交互学习，能够更好地完成挖掘机的动作规划。

3. 轨迹控制

轨迹控制在挖掘机自主作业中起着至关重要的作用。轨迹控制的实现需要不断地监测系统状态，并对系统进行调整，以实现预期的运行目标。通常包括以下步骤。

状态检测：系统使用各种传感器监测系统的状态，如位置、速度、负载等。

误差计算：将传感器采集到的实际状态与期望状态进行比较，计算出系统的当前误差。

控制器调节：控制器根据误差信号调整系统的输入，以减小误差并使系统输出接近期望值。

动作执行：根据控制器的输出信号，执行相应的调节动作，如调整挖掘机的速度、方向、铲斗位置等。

循环执行上述步骤，直至系统输出达到预期目标或误差降至可接受范围。

根据不同的控制目标，挖掘机铲斗轨迹控制一般可分为以控制精度为目标的位置伺服控制和以力适应为目标的柔顺控制两类。

（1）位置伺服控制　挖掘机电液伺服系统是典型的非线性系统，主要表现在比例阀死区、间隙、流量压力非线性、阀控非对称缸动态响应不对称、非线性摩擦、系统参数随温度变化等；联合动作时，还存在流量耦合、结构动力学耦合和负载不确定性。这些影响因素要求轨迹控制方法具有一定的适应性和鲁棒性。目前，位置伺服控制方法主要有 PID 控制、滑模变结构控制、自适应鲁棒控制、时延控制等，还有智能控制，即利用人工智能技术有效处理非线性等不确定性问题，将其与控制技术相结合，可有效处理挖掘机轨迹控制问题。

（2）柔顺控制　柔顺控制主要针对挖掘阶段，包括被动柔顺控制和主动柔顺控制。被动柔顺控制一般通过柔性关节或装置来实现，硬件要求高。主动柔顺控制根据力反馈进行主动力控制，可分为直接力和间接力控制。在直接力柔顺控制领域，美国加州理工大学提出了基于铲斗位置的混合位移/力控制策略，当铲斗处于挖掘阶段时为力控制，自由运动时为位移控制，但在控制模式切换的瞬间系统可能会失稳。与直接力控制相比，间接力控制在挖掘机领域得到了更广泛的应用。

位置伺服控制可以保证铲斗高精度完成挖掘动作，柔顺控制则可以降低挖掘力对机械臂的冲击。位置伺服控制比较适合挖掘力较小的场合，如松散、沙质土壤工况。柔顺控制在坚硬土壤或存在障碍物的环境中具有更强的顺应性，但是需要响应快、可靠性强的力传感器，而且其控制系统比位置伺服控制系统更加复杂。

10.4 挖掘机智能运维技术

10.4.1 挖掘机工况监测与故障诊断系统

挖掘机智能化需要将数字化技术、人工智能技术和网络技术赋能传统挖掘机，集智能自主作业、智能感知、远程遥控、智能诊断等功能于一体。工况监测与故障诊断技术是确保装备高效可靠运行的关键，相应的挖掘机工况监测与故障诊断系统也称为挖掘机智能监测系统。

1. 挖掘机工况监测与故障诊断系统的主要作用

1）实时监测挖掘机工作状态、提升挖掘机运行管理水平。工程机械远程监控系统以现场正在进行作业的机械设备为对象，监测其运行状态和施工进度，并且将监测到的结果传送回监控中心以便进行数据统计和分析。工程师通过该类系统可以获得每台机器的当前状态，如位置、工作状态、燃油量、水温、排放情况等，以及各类汇总数据，如挖掘时间、实际工作时间、实际工作比、平均油耗、总碳排放等，并生成相关的各种报告。此外，还可以进行规则管理，建立地理围栏、时间围栏，实现防盗护油等，从而加强设备管理和运营能力。

2）主动健康状态监测，实现故障预测、预警和主动维护。挖掘机智能监测系统可以实时监测挖掘机整机和柴油机、液压系统等各子系统的工作状态，实现故障预测、预警，实现基于状态的维护（Condition Based Maintenance，CBM），变被动维修为主动维护。通过开展主动健康状态监测，系统主动向用户提供机器维修保养方案，同时，驾驶员能够通过此系统向监控中心反馈在施工过程中遇到的问题，监控中心的专家对其给予远程指导。挖掘机智能监测系统的应用可以大幅降低关键施工期内的故障发生率，延长设备健康使用寿命，提高故障诊断及维护的快速性和准确性，从而有效保证工程机械的安全生产与施工。

3）为产品持续改进和开发提供数据支持。挖掘机智能监测系统为产品研发与改进提供数据依据。利用远程实时状态监测系统，可以对运行的产品进行跟踪测试，同时可以利用监控中心存储的海量的运行数据、历史故障数据开展数据挖掘工作，找出设备中故障率较高的部位，并分析故障原因，探究是人为操作不当还是挖掘机设计生产不合理，从而在大量数据分析的基础上对挖掘机提出改进方案，或是制订更加严谨的挖掘机操作规范。

2. 挖掘机监测系统组成与功能

将检测和故障诊断技术与人工智能技术、信息通信技术、物联网技术、地理信息系统相结合，成为新型的挖掘机智能监测系统，实现智能化的工程施工、高效率的故障诊断、科学的管理，提高生产效率和安全性。

挖掘机监测系统一般由车载终端、无线通信网络、远程监控管理平台组成，车载终端采集、处理挖掘机工况信息并通过无线模块把工况信息发送到远程监控管理平台。平台进行数据的接收、处理、分析、存储、实时显示，并进行故障诊断、远程控制等。无线通信网络则负责建立远程监控管理平台与车载终端间通信连接。日本小松公司的 KOMTRAX 无线监测系统如图 10-38 所示。某电动挖掘监测系统总体方案及网络链路图如图 10-39 所示。

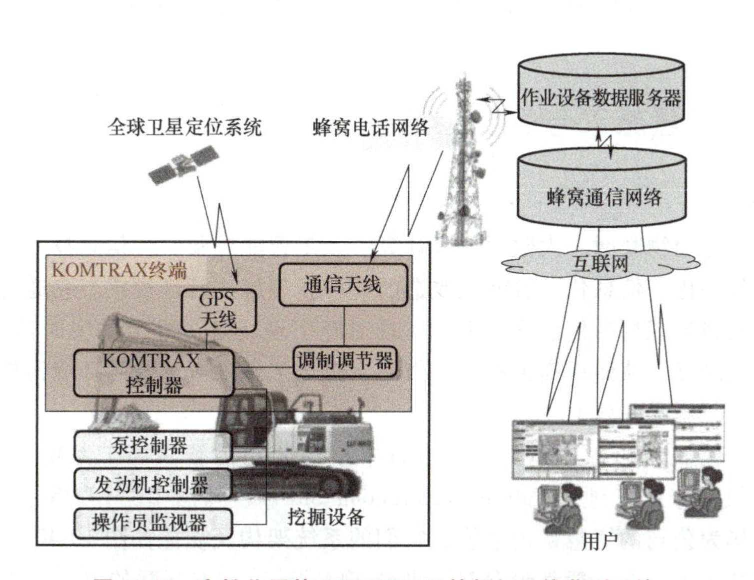

图 10-38　小松公司的 KOMTRAX 挖掘机无线监测系统

通过挖掘机智能监测系统，任何联网的挖掘设备都能在终端系统安全、迅速地接收到通过 GPRS、LTE、5G 网络以及 GPS 发送的遥测数据信息，监测单机或机群的位置、运行状况和性能。挖掘机智能监测系统通过机械故障报告、故障警报和远程诊断等方式，可以尽快找到设备的故障原因，并及时解决问题。凭借燃油消耗监控、实时定位、操作时间及速度监控等功能，使设备的操作和调度方案更加优化。

液压挖掘机的运行与维护贯穿挖掘机的整个产品生命周期，因此可开发故障诊断与健康监测运维平台。运维平台一般可分为基础设施平台、自动化平台、数据运营平台、业务调度平台、用户服务平台。自动化、智能化的运维平台可以帮助工程师低成本、高效率地完成用户的产品或服务交付以及质量保障。

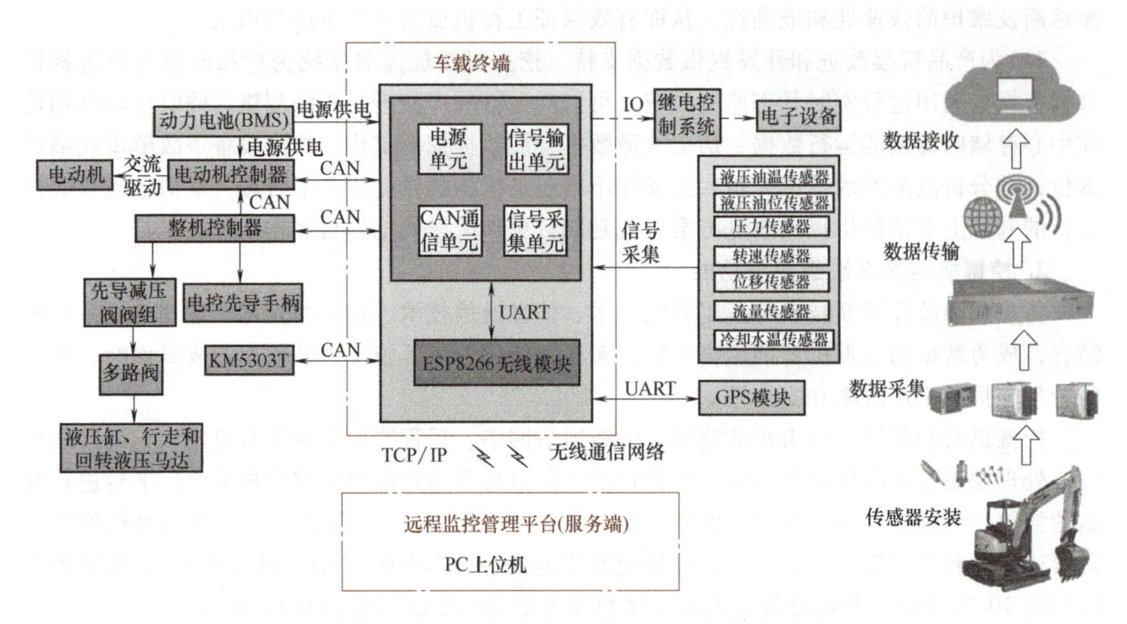

图 10-39　某电动挖掘监测系统总体方案及网络链路图

10.4.2　智慧施工与智能挖掘机

1. 智慧施工

智慧施工是应用物联网、大数据、云计算、人工智能等新一代信息技术对建筑、矿山等施工场地进行数字化、信息化、智能化改造的一种新型施工管理模式。它通过提升施工装备的智能化水平和施工现场的信息化水平，实现对施工现场各个环节的实时监控、数据分析、智能预警和优化调度，从而提高工地生产效率，降低工地安全风险和环境污染，降低运营成本，提升工地施工质量和效益。

目前比较有代表性的智慧施工方案有日本小松公司的智慧施工系统（Smart Construction)、日立建机的未来工地（Future Construction Sites)、韩国 DEVELON 公司的 Concept-X 施工系统以及华为公司的智慧矿山系统，它们的系统架构及功能如图 10-40~图 10-42 所示。

各类的智慧施工方案一般都包含基于机械-现场-云端三方互联的 ICT 施工信息平台、自动化的施工工地测量系统、无人化和智能化施工设备，通过各部分的有机结合，准确、高效地完成现场施工项目，从而提高生产率，降低成本和风险，具有如下特点。

(1) 信息互联与感知交互　在进行智慧施工的过程中，利用感知基站、智能挖掘机等智能设备收集施工现场的设备位置和运行状态、工人位置和生物识别信息以及随着工作的进展而变化的地形等实时数据，可实现整个施工环境的全面感知和数字化。同时，智慧施工建设有 ICT 信息平台，利用 5G、IoT、V2X、机器视觉、云计算、边缘计算等现代信息技术实现智慧施工中各环节的状态感知、信息互联、数据共享，同时利用高速 ICT 平台、远程遥控和监测技术、数字孪生技术、虚拟现实技术实现施工各环节中人员、机械和施工环境间的信息可视化和信息交互。

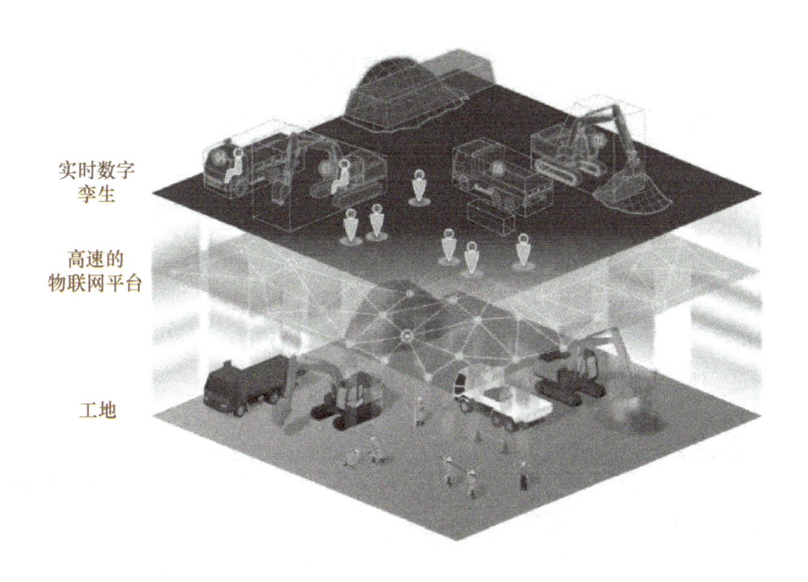

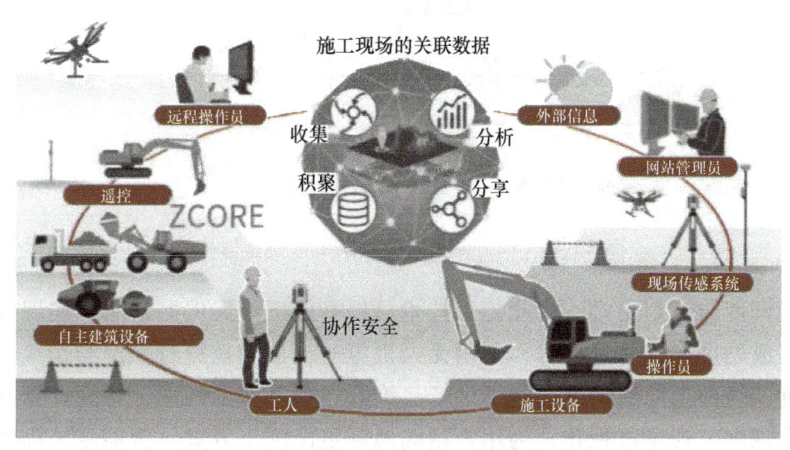

图 10-40　日立建机的未来工地系统

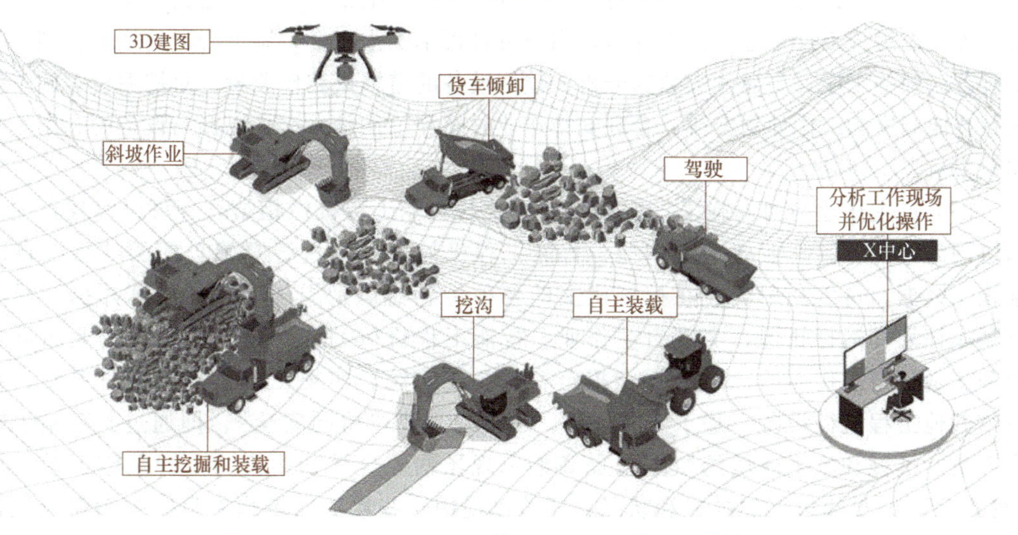

图 10-41　DEVELON 公司的 Concept-X 施工系统构架

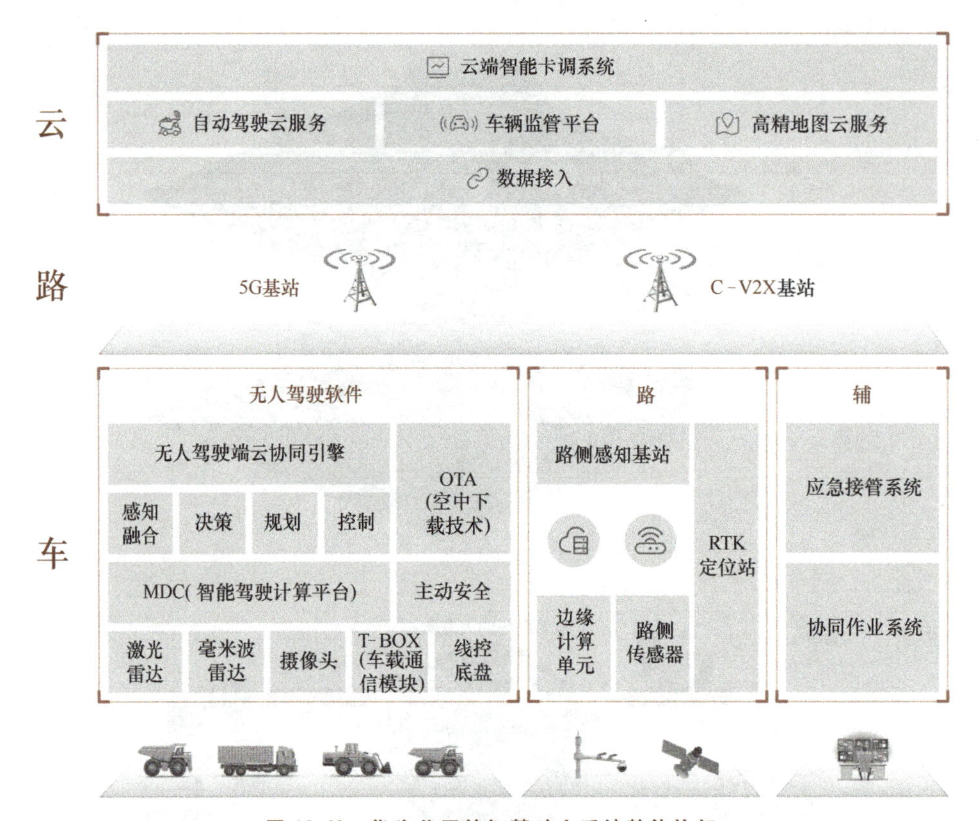

图 10-42　华为公司的智慧矿山系统整体构架

（2）智能调度与计划安排　智能施工技术可提高施工方案编制效率，实现智能调度。智能施工系统集成先进三维测量技术，利用无人机等对施工场地进行三维测量，可不受现场树木、车辆干扰，轻松生成高精度的施工现场三维数据和高精度地图，快捷计算并获得施工土方量，从而实现施工现场可视化，为用户精确地制定出施工方案。智能施工提供的云端服务可将现场实际数据与施工图数据进行对比，自动计算出施工土方量。通过对工期、成本的对比，可轻松对施工计划进行模拟推演，用户可自行基于土方量编制出合理的施工计划，自动编排各工种的工序表。通过大数据分析，预测设备的需求量和作业量，对挖掘机等施工设备进行智能调度和工作计划安排，合理安排作业时间和工作量。这可以提高设备的利用率和工作效率。

（3）自主作业与协同施工　智慧施工系统与智能工程机械相结合，可以实现自主作业和协同施工，提高作业效率。例如，智能工程机械可以通过智慧施工的云端系统自动下载施工数据，可以利用安装在挖掘机上的各种传感器识别周围环境，估算并执行局部工作顺序计划和运行轨迹，实现自主作业。智能工程机械的感知系统可以对作业面进行拍摄和测量，将工作面的三维数据上报至智慧施工系统，实现三维数据的实时更新，并分享给其他工程机械设备。基于协同施工，还可以实现“协同安全”，即通过共享施工现场内人员、机械和施工环境的数据来提高整个现场的安全性和生产力。智慧施工系统可以“可视化”人员和机器的位置和状况，还可以使用这些数据来提醒人员并控制建筑设备的移动，从而确保整个工地的安全，累积的相关数据用于分析施工现场的风险，并共享结果以提高安全性。

（4）实时监测与质量保证　智慧施工系统可以对配备智能监测系统的智能挖掘机的作业过程进行实时监测和记录，远程监控和诊断机器数据，通过数据分析，可以及时发现作业中的问题和不足之处，并进行相应的调整和改进，这可以提高设备的作业质量和稳定性，减少人工干预和返工现象。此外，还能够参考天气预报和其他外部信息，为可能的风险做好准备。智慧施工系统通过物联网和大数据分析技术，实现了对挖掘机设备的远程监控、自动化管理、故障诊断、实时预警等功能。智慧施工系统可以实现挖掘设备的安全防护和预警，通过实时监测设备的运行状态和周边环境，系统可以自动识别潜在的安全隐患和危险因素，并及时采取相应的防护措施同时发出预警信号，减少安全事故的发生和设备的损坏风险。

2. 智能挖掘机

在新一轮科技革命的背景下，智能化、自主化已成为挖掘机未来主要发展趋势。依据技术发展和应用情况，智能挖掘机的研究可以分为基于 ICT 技术的远程遥控挖掘、基于轨迹规划的自动辅助挖掘、面向现场工况的自主作业三个主要阶段。前两个阶段相关技术相对较为成熟，其中基于轨迹规划的自动挖掘是目前各厂家的重点研究和应用方向。通过位姿传感系统结合复杂的控制算法实现工作装置的轨迹规划，一定程度上实现挖掘装备的柔性控制，能够辅助操作人员初步实现在自动装载、直沟挖掘、一键平地等特定作业环节的自主控制，缺点是其应用场景与功能不易更迭。

面向现场工况的自主作业挖掘机的研究重点是在非确定环境下实现智能化自主作业，要求挖掘机具有感知复杂工况并进行实时建模的能力，并据此自主规划作业流程。在施工过程中，自主完成环境感知、任务规划、动作规划、驱动控制等工作，并检测作业效果，最终实现开放环境中的多机协调合作任务。

百度 RAL 实验室联合马里兰大学等单位开展了无人挖掘机作业系统（Autonomous Excavator System，AES）的研究。AES 的硬件结构如图 10-43 所示。AES 核心包含一套以三维环境感知、实时运动规划、鲁棒运动控制为核心的 AI 算法，其系统框架如图 10-44 所示。

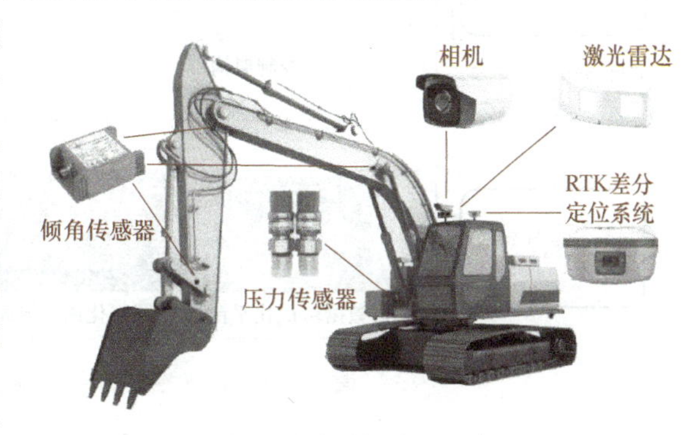

图 10-43　百度无人挖掘机作业系统硬件系统

百度 AES 使用多种传感器融合和感知算法，感知模块利用低成本相机和激光雷达实时生成高精度的三维环境地图，通过计算机视觉和深度学习等算法，可以检测作业环境中的运输货车、障碍物、石块、标识和人员等，并对货车、障碍物等物体进行准确的三维姿态估计，同时也可以识别作业物料材质等信息，从而支持无人挖掘机在不同的工况和恶劣环境下进行无人化作业，保证了 AES 系统的作业效率、鲁棒性和泛化能力。作业和运动规划模块融合了数据驱动的学习算法和优化算法，可以有效计算挖掘位置和挖掘机铲斗轨迹，确保提升作业效率的同时降低机械损耗。高精度运动控制系统通过高精度运动闭环控制算法，能够实现挖掘机各机构的精准运动控制，解决了传统工程机械中运动控制无法闭环、轨迹难以跟踪、跟踪精度差等难题，有效实现挖掘机各机构的精准运动控制。

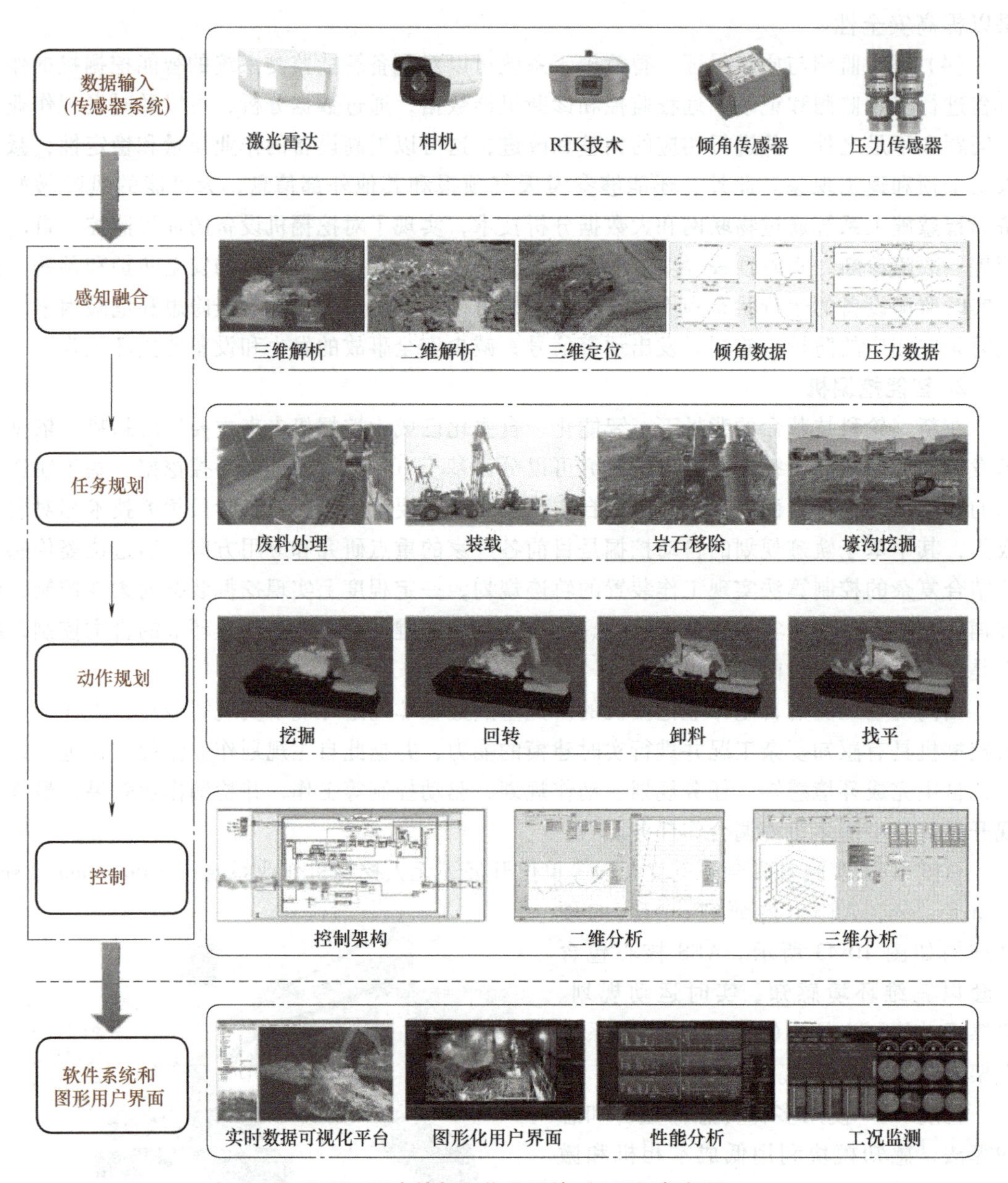

图 10-44　无人挖掘机作业系统（AES）框架图

此外，AES 还包含一整套软件和界面设计，协助终端用户完成系统的操作、部署和使用。

苏黎世联邦理工学院基于 Menzi Muck 公司的轮腿式挖掘机，研发了无人挖掘机，如图 10-45 所示。该无人挖掘机配备激光雷达、GNSS、动态倾角传感器组合、电液伺服控制系统、中央计算单元等一系列感知、计算、控制元件，结合 ROS（Robot Operating System，机器人操作系统），具备状态估计、定位、环境感知、运动规划和控制能力，能对工作装置、底盘系统、行驶驱动系统进行精确控制，实现自主作业，应用于挖掘、筑垒石墙、林业施工等不同自主专业场景。

美国 Built Robotics 公司开发的智能挖掘机系统主要应用于挖掘机后装市场，装备了各类

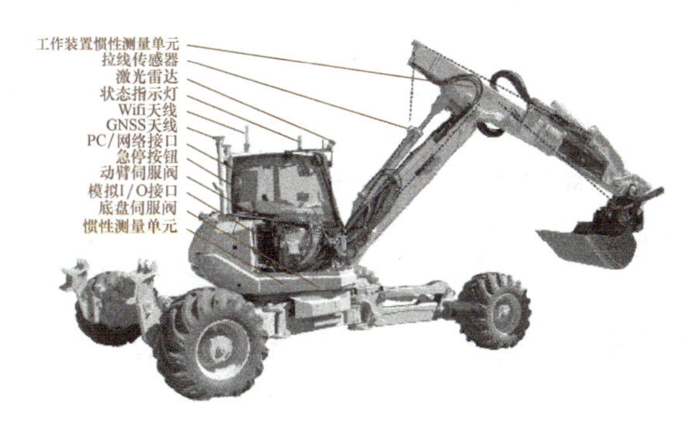

a) 系统结构

b) 自动筑垒石墙

c) 自动挖掘

d) 半自主远程操作

图 10-45　苏黎世联邦理工学院研发的无人挖掘机

感知系统，具备机器学习能力，可实现自主挖掘、自主打桩等作业，作业精度高，生产效率高，且具备多重安全防护措施，以避免安全事故。

3. 智能挖掘机其他技术

1）挖掘机智能称重系统。挖掘机智能称重系统用于测量铲斗中的负载重量，监控和分析其产量和工作效率。挖掘机智能称重系统主要由控制显示装置、动臂液压缸油液压力传感器、动态倾角传感器等组成，控制器由上述传感器获取挖掘机的动臂位置、斗杆位置、动臂液压缸油液压力、挖掘机车身角度位置等信号数据，经称重力学模型计算得到物料重量。对每一铲的物料重量自动计量后，将该计量结果传送给操作人员和调度系统，并对铲-装-运各作业进行分析和优化，达到发挥设备最大运能和优化匹配的目的。

2）挖掘机防碰撞系统。智能挖掘机还需要通过传感器技术和智能化算法来使避开工作环境中的人员和障碍，保障作业安全。

挖掘机避障可分为移动避障与机械臂避障两种。移动避障是挖掘机在移动过程中，避免与周围人员和障碍物的碰撞；机械臂避障是挖掘机工作装置在挖掘、回转、装载等过程中，避免与周围障碍物的碰撞，机械臂避障的空间维度较高，实现难度较大，要配合执行机构，保证挖掘、联合控制和避障同步完成。

一般的移动避障系统在挖掘机避障过程中要进行实时位置探测、极限位置确定、距离计算、系统预警等步骤。如图 10-46 所示，小松开发的 KomVision 防碰撞系统利用车身四周安装的摄像头，在监视器上显示周围工作环境，并可检测挖掘机周围情况，自动检测人员，当在检测区域或停止控制区域检测到人员时，蜂鸣器会提醒，并控制挖掘机降低行驶速度，促进安全场景的实现。

图 10-46　KomVision 安全检测系统

思考题

10-1　液压挖掘机综合控制系统的主要特点有哪些？

10-2　电子功率优化系统（EPOS）的工作原理是什么？

10-3　挖掘机的节能技术主要有哪些类型？

10-4　挖掘机能量回收技术有些？各自有什么特点？

10-5　纯电动挖掘机和混合动力挖掘机在结构上有何区别？各自工作特点是什么？

10-6　挖掘机的远程遥控技术有哪些？各自工作特点是什么？

10-7　V2X 技术在工程机械领域有哪些应用优势？

10-8　挖掘机如何实现导航定位？

10-9　RTK 实时动态差分定位法的基本原理是什么？

10-10　智能挖掘机的环境感知技术有哪些？

10-11　高精度地图如何构建？其应用领域有哪些？

10-12　激光雷达的种类有哪些？工作特点是什么？

10-13　毫米波雷达相较于其他传感设备有何特点？

10-14　基于倾角传感器的挖掘机位姿检测系统工作原理是什么？

10-15　挖掘机任务规划的作用和规划方法有哪些？

10-16　挖掘机轨迹规划和控制的作用和方法有哪些？

10-17　智慧施工的作用和特点是什么？

10-18　请阐述智能挖掘机的现状和未来发展情况。

参考文献

[1] 同济大学. 单斗液压挖掘机［M］. 北京：中国建筑工业出版社，1986.

[2] 曹善华. 单斗挖掘机［M］. 北京：机械工业出版社，1989年.

[3] 苏子孟. 中国工程机械行业改革开放40年回顾与展望［J］. 工程机械，2019，50（1）：2-7.

[4] 苏子孟.《中国制造2025》工程机械产业新机遇［J］. 工程机械与维修，2015（7）：28-29.

[5] 陈正利. 我国挖掘机行业的形成与发展、现状及前景［J］. 建设机械技术与管理，2004（11）：25-29.

[6] 中国工程机械工业协会. 工程机械定义及类组划分：GXB/TY 0001—2011［S］. 北京：中国工程机械工业协会，2011.

[7] 张玉川，蔡禺. 进口液压挖掘机国产化改造［M］. 成都：西南交通大学出版社，1999.

[8] 邸鹏远，张晓春，史文辉. 液压挖掘机行业状况分析［J］. 建设机械技术与管理，2008（12）：105-107.

[9] 史青录. 液压挖掘机［M］. 北京：机械工业出版社，2011.

[10] 任小青. 液压挖掘机节能技术的发展综述［J］. 机床与液压，2009，37（8）：248-250.

[11] 中国工程机械工业协会. 工程机械行业"十四五"发展规划［Z］. 2021.

[12] 中华人民共和国生态环境部. 非道路柴油移动机械污染物排放控制技术要求：HJ 1014—2020［S］. 北京：中国环境科学出版社，2020.

[13] 刘希平. 工程机械构造图册［M］. 北京：机械工业出版社，1987.

[14] SUH C H，RADCLIFFE C W. Kinematics and Mechanisms Design［M］. NEW YORK：JOHN WILEY & SONS，1978.

[15] 史青录，赵宏伟. 矩阵和向量运算方法在刚体复合运动中的应用［J］. 太原重型机械学院学报，2000，21（1）：13-17.

[16] 哈尔滨工业大学理论力学教研室. 理论力学［M］. 北京：人民教育出版社. 1983.

[17] 史青录，连晋毅，张福生. 挖掘分析软件EXCA（R10.0）的研发［J］. 工程机械，2009（9）：1-5.

[18] 史青录，连晋毅，林慕义. 挖掘机最大理论挖掘力的确定［J］. 太原科技大学学报，2007（1）：32-36.

[19] 史青录，林慕义，康健. 挖掘机的最不稳定姿态研究［J］. 农业机械学报，2004（5）：32-35.

[20] 王泽林，史青录，赵霖. 反铲液压挖掘机铲斗最大挖掘力评价指标研究［J］. 建筑机械，2019（5）：100-104.

[21] 赵霖，史青录，王泽林. 反铲液压挖掘机斗杆最大挖掘力评价指标研究［J］. 建筑机械，2019（4）：76-80.

[22] 中国机械工业联合会. 土方机械 液压挖掘机 起重量：GB/T 13331—2005［S］. 北京：中国标准出版社，2005.

[23] 中国机械工业联合会. 液压挖掘机 试验方法：GB/T 7586—2008［S］. 北京：中国标准出版社，2008.

[24] 中国机械工业联合会. 土方机械 安全：第5部分 液压挖掘机的要求：GB/T 25684. 5—2021［S］. 北京：中国标准出版社，2021.

[25] 中国机械工业联合会. 回转支承：JB/T 2300—2011［S］. 北京：机械工业出版社，2011.

[26] 史青录，张聪，李占龙. 回转支承的计算机数据库建模与可视化选型方法［J］. 工程机械，51

(11)：1-5.

[27] 史青录，张福生，连晋毅．挖掘机动臂强度的对比分析［J］．工程机械，2009，40（7）：40-43.

[28] 李芳民．工程机械液压与液力传动［M］．北京：人民交通出版社，2009.

[29] 林慕义，张福生．车辆底盘构造与设计［M］．北京：冶金工业出版社，2007.

[30] 王满增，祖炳洁，贾粮棉．液压挖掘机的负荷传感技术［J］．石家庄铁道学院学报，2003（B07）：128-130.

[31] 唐伯尧，李加文，李从心．挖掘机液压系统及功率损失分析［J］．机床与液压，2004（5）：108-109；118.

[32] 赵波，刘杰，戴丽，等．挖掘机液压系统的节能技术分析［J］．流体传动与控制，2007（4）：40-42.

[33] 高峰，冯培恩，潘双夏．液压挖掘机节能控制综述［J］．工程机械与维修，2001（12）：40-43.

[34] 刘述学，等．工程机械地面力学［M］．北京：机械工业出版社．1992.

[35] 汪明德，赵毓芹，祝嘉光．坦克行驶原理［M］．北京：国防工业出版社，1983.

[36] 陈艳．大型液压挖掘机工作装置轻量化研究［D］．太原：太原科技大学，2014.

[37] 钟飞．挖掘机破碎作业工作装置动态特性及疲劳分析［D］．太原：太原科技大学，2013.

[38] 李亚军．中型履带式反铲液压挖掘机工作装置参数研究及仿真［D］．太原：太原科技大学，2017.

[39] 陈秀德，刘惠，蔚保国，等．北斗/GNSS 广域精密定位技术与服务：现状与展望［J/OL］．武汉大学学报（信息科学版），2023［2024-05-22］．https：//link. cnki. net/urlid/42. 1676. TN. 20240521. 1547. 001.

[40] 邵彦杰．基于 5G 无线通信的电动挖掘机远程遥控系统研究［D］．泉州：华侨大学，2022.

[41] 温时豪．基于无线通信的电动挖掘机远程遥控及监测系统设计［D］．泉州：华侨大学，2020.

[42] 马丹，陈文，张勇，等．基于 5G 网络的远程遥控业务实践及探索［J］．邮电设计技术，2020（1）：15-19.

[43] 曹光辉．关于挖掘机械智能化的几点思考［J］．建设机械技术与管理，2017，30（12）：25-27.

[44] 王巍．惯性技术研究现状及发展趋势［J］．自动化学报，2013，39（6）：723-729.

[45] JESSICA M，ISABEL D，CARLOS S Á，et al. 5g for Construction：Use Cases and Solutions［J］．Electronics，2021，1713（10）：1-14.

[46] 陈山枝．蜂窝车联网（C-V2X）及其赋能智能网联汽车发展的辩思与建议［J］．电信科学，2022，38（7）：1-17.

[47] 苏敏．基于露天矿区智能驾驶场景的 V2X 通信技术研究及应用［J］．数字通信世界，2020（11）：160-161；164.

[48] 刘爽，吴韶波．V2X 车联网关键技术及应用［J］．物联网技术，2018，8（10）：39-40；43.

[49] 钱勇，刘浩，廖晗菲，等．浅谈挖掘机电动化路线［J］．工程机械，2023，54（11）：86-90；10.

[50] 赵建，程中修，贾明剑．挖掘机电动化技术发展趋势［J］．建设机械技术与管理，2023，36（4）：25-30.

[51] 孙古令．增程式电动挖掘机动力系统及控制策略研究［D］．泉州：华侨大学，2021.

[52] 林元正．基于排量自适应-变转速的电动挖掘机动力总成系统研究［D］．泉州：华侨大学，2020.

[53] 耿亚杰．油液混合动力挖掘机动力系统研究［D］．太原：太原理工大学，2017.

[54] 史雪静．高精度地图构建及更新技术［J］．测绘通报，2024（S01）：261-265.

[55] 王立尧．液压挖掘机故障诊断与健康监测方法研究［D］．上海：上海交通大学，2021.

[56] 龙坍．基于嵌入式的挖掘机远程监控机载系统及其关键技术研究［D］．杭州：浙江大学，2011.

[57] 林倩，杨姝玥，刘林盛．浅析毫米波雷达在汽车电子中的应用［J/OL］．天津理工大学学报，1-7［2024-06-08］.

[58] 冯振楠．矿用无人挖掘机感知与作业规划研究及应用［D］．徐州：中国矿业大学，2023.

[59] 赵江营. 基于机器视觉的挖掘机自主作业运动规划研究 [D]. 西安：长安大学，2023.

[60] 徐国胜. 挖掘机工作装置动力学分析及其挖掘作业轨迹控制研究 [D]. 哈尔滨：哈尔滨工业大学，2021.

[61] 李运华，范茹军，杨丽曼，等. 智能化挖掘机的研究现状与发展趋势 [J]. 机械工程学报，2020，56 (13)：165-178.

[62] 李文新，刘建. 液压挖掘机载荷智能监控系统 [J]. 液压气动与密封，2022，42 (7)：50-53.

[63] 程增木. 自动驾驶之"眼"——车载摄像头技术的现在与未来（上）[J]. 汽车维修与保养，2022 (8)：43-46.

[64] 马伟，宫乐，冯浩，等. 基于视觉的挖掘机工作装置位姿测量 [J]. 机械设计与研究，2018，34 (5)：173-176；182.

[65] 杨华勇. 工程机械智能化进展与发展趋势 [J]. 建设机械技术与管理，2017，30 (12)：19-21.

[66] 杨华勇. 工程机械智能化进展与发展趋势（三）[J]. 建设机械技术与理，2018，31 (2)：44-46.

[67] 杨华勇. 工程机械智能化进展与发展趋势（四） [J]. 建设机械技术与管理，2018，31 (3)：36-37.

[68] 牛大伟. 基于 MEMS 传感器的挖掘机姿态检测系统的研究 [D]. 泉州：华侨大学，2015.

[69] 余杭. 基于激光雷达的 3D 目标检测研究综述 [J]. 汽车文摘，2024 (2)：18-27.

[70] 方震. 基于激光雷达的工程机械智能感知技术研究 [D]. 泉州：华侨大学，2023.

[71] 陈晓冬，张佳琛，庞伟凇，等. 智能驾驶车载激光雷达关键技术与应用算法 [J]. 光电工程，2019，46 (7) 28-40.

[72] 林添良，陈其怀，付胜杰. 电动挖掘机关键技术及应用 [M]. 北京：机械工业出版社，2020.

[73] 王天义，田勇，赵莺慧，等. 工程机械液压传动系统节能技术综述 [J]. 机械设计与制造工程，2022，51 (12)：1-5.

[74] 高有山，权龙，赵斌，等. 工程机械作业机构能量回收技术研究现状 [J]. 液压与气动，2019 (10)：1-10.

[75] 贺福强，杜希亮，周金松. 液压挖掘机动臂势能复合式再生系统的研究 [J]. 液压与气动，2017 (12)：70-75.

[76] 王欣，刘晓永，王盼盼，等. 工程机械液压系统节能技术综述与发展 [J]. 中国工程机械学报，2017，15 (3)：232-238.

[77] 刘昌盛，何清华，龚俊，等. 混合动力挖掘机回转制动能量回收系统建模与试验研究 [J]. 中南大学学报（自然科学版），2016，47 (5)：1533-1542.

[78] 林添良. 混合动力液压挖掘机势能回收系统的基础研究 [D]. 杭州：浙江大学，2011.

[79] 林元正，林添良，陈其怀，等. 电动工程机械关键技术研究进展 [J]. 液压与气动，2021，45 (12)：1-12.

[80] 史凌波. 电动挖掘机动力源匹配及流量控制方法的研究 [D]. 成都：西南交通大学，2020.

[81] 徐淼. 混合动力挖掘机动力总成参数设计与控制策略研究 [D]. 长春：吉林大学，2017.

[82] 韩红建. 电动挖掘机电控系统研究 [D]. 石家庄：石家庄铁道大学，2016.

[83] 王庆丰. 油电混合动力挖掘机的关键技术研究 [J]. 机械工程学报，2013，49 (20)：123-129.

[84] 贺利乐，刘小罗，黄天柱，等. 移动机器人全覆盖路径规划算法研究 [J]. 机械设计与制造，2021 (3)：280-284.

[85] 周林娜，汪芸，张鑫，等. 矿区废弃地移动机器人全覆盖路径规划 [J]. 工程科学学报，2020，42 (9)：1220-1228.

[86] ENGIN I C, MAERZ N H, BOYKO K J, et al. Practical Measurement of Size Distribution of Blasted Rocks Using LiDAR Scan Data [J]. Rock Mechanics and Rock Engineering, 2020, 53 (10): 4653-4671.

[87] JOHNS R L, WERMELINGER M, MASCARO R, et al. Autonomous Dry Stone [J]. Construction Robotics, 2020 (3, 4): 127-140.

[88] JUD D, HURKXKENS I, GIROT C, et al. Robotic Embankment [J]. Construction Robotics, 2021 (5): 101-113.

[89] NISKANEN I, IMMONEN M, MAKKONEN T, et al. Trench visualisation from a Semiautonomous Excavator With a Base Grid Map Using a TOF 2D Profilometer [J]. Journal of Visualization, 2023, 26 (2): 889-898.

[90] YOO H S, KIM Y S. Development of a 3D local terrain modeling system of intelligent excavation robot [J]. Ksce Journal of Civil Engineering, 2017, 21 (3): 565-578.

[91] ASSADZADEH A, ARASHPOUR M, LI H, et al. Excavator 3d Pose Estimation Using Deep Learning and Hybrid Datasets [J]. Advanced Engineering Informatics, 2023, 55 (1): 101875.

[92] JUD D, SIMON K, WERMELINGER M, et al. Heap-the Autonomous Walking Excavator [J]. Automation in Construction, 2021, 129 (9): 103783.

[93] KIM J, LEE D, JONGWON S. Task Planning Strategy and Path Similarity Analysis for an Autonomous Excavator [J]. Automation in Construction, 2020, 112: 103108.

[94] QUANG H LE, LEE J W, YANG S Y. Remote Control of Excavator Using Head Tracking and Flexible Monitoring Method [J]. Automation in Construction, 2017. 81 (9): 99-111.

[95] LEE J S, YOUNG H, PARK H, et al. Challenges, Tasks, and Opportunities in Teleoperation of Excavator toward Human-in-the-Loop Construction Automation [J]. Automation in Construction, 2022, 135 (3): 104119.

[96] SIEBERT S, JOCHEN T. Mobile 3d Mapping for Surveying Earthwork Projects Using an Unmanned Aerial Vehicle (Uav) System [J]. Automation in Construction, 2014, 41 (5): 1-14.

[97] TIWARI R, JEREMY K, GEORGE D, et al. Bucket Trajectory Classification of Mining Excavators [J]. Automation in Construction, 2013, 31: 128-39.

[98] KE Y, ZHOU C, DING L Y. Deep Learning Technology for Construction Machinery and Robotics [J]. Automation in Construction, 2023, 150 (6): 104852.

[99] ZHANG L J, ZHAO J X, LONG P X, et al. An Autonomous Excavator System for Material Loading Tasks [J]. Science Robotics, 2021, 6 (55): abc3164.

[100] 王建，徐国艳，陈竞凯，等. 自动驾驶技术概论 [M]. 北京：清华大学出版社，2019.

[101] 陈慧岩，熊光明，龚建伟，等. 无人驾驶汽车概论 [M]. 北京：北京理工大学出版社，2014.

[102] 刘少山，唐洁，吴双，等. 第一本无人驾驶技术书 [M]. 北京：电子工业出版社，2017.